高等学校电子信息类系列教材

微型计算机原理

（第六版）

姚向华　姚燕南　乔瑞萍　编著

西安电子科技大学出版社

内 容 简 介

本书为高等学校电子信息类规划教材，系第六版。全书共 10 章，内容分别为微型计算机基础知识、微型计算机组成及微处理器功能结构、80X86 寻址方式和指令系统、汇编语言程序设计、80X86 微处理器引脚功能与总线时序、半导体存储器及接口、存储器管理、中断和异常、输入输出方法及常用的接口电路、微型计算机系统。

本书的特点是：由浅入深，循序渐进，语言精练，并从应用角度出发，软硬件结合地讲述了基本原理及使用方法，每章都有习题与思考题。

本书可作为高等院校电子信息类专业及相近专业的教材，也可作为微机开发应用技术人员的参考用书。

★ 本书配有电子教案，有需要的老师可与出版社联系，免费提供。

图书在版编目(CIP)数据

微型计算机原理 / 姚向华，姚燕南，乔瑞萍编著. —6 版.
—西安：西安电子科技大学出版社，2017.2(2021.11 重印)
ISBN 978-7-5606 -4443-1

Ⅰ. ① 微…　　Ⅱ. ① 姚… ② 姚… ③ 乔…　　Ⅲ. ① 微型计算机—高等学校—教材　　Ⅳ. ① TP 36

中国版本图书馆 CIP 数据核字(2017)第 016278 号

责任编辑　马　琼　戚文艳

出版发行　西安电子科技大学出版社(西安市太白南路 2 号)
电　　话　(029)88202421　88201467　　　　邮　编　710071
网　　址　www.xduph.com　　　　　电子邮箱　xdupfxb001@163.com
经　　销　新华书店
印刷单位　陕西日报社
版　　次　2017 年 2 月第 6 版　2021 年 11 月第 16 次印刷
开　　本　787 毫米×1092 毫米　1/16　　印 张　31.25
字　　数　730 千字
印　　数　76 001～78 000 册
定　　价　65.00 元

ISBN 978 - 7 - 5606 - 4443 - 1/TP
XDUP 4735006-16
＊＊＊ 如有印装问题可调换 ＊＊＊

出 版 说 明

　　为做好全国电子信息类专业"九五"教材的规划和出版工作，根据国家教委《关于"九五"期间普通高等教育教材建设与改革的意见》和《普通高等教育"九五"国家级重点教材立项、管理办法》，我们组织各有关高等学校、中等专业学校、出版社，各专业教学指导委员会，在总结前四轮规划教材编审、出版工作的基础上，根据当代电子信息科学技术的发展和面向 21 世纪教学内容和课程体系改革的要求，编制了《1996—2000 年全国电子信息类专业教材编审出版规划》。

　　本轮规划教材是由个人申报，经各学校、出版社推荐，由各专业教学指导委员会评选，并由我们与各专指委、出版社协商后审核确定的。本轮规划教材的编制，注意了将教学改革力度较大、有创新精神、有特色风格的教材和质量较高、教学适用性较好、需要修订的教材以及教学急需、尚无正式教材的选题优先列于规划。在重点规划本科、专科和中专教材的同时，选择了一批对学科发展具有重要意义，反映学科前沿的选修课、研究生课教材列入规划，以适应高层次专门人才培养的需要。

　　限于我们的水平和经验，这批教材的编审、出版工作还可能存在不少缺点和不足，希望使用教材的学校、教师、学生和其他广大读者积极提出批评和建议，以不断提高教材的编写、出版质量，共同为电子信息类专业教材建设服务。

电子工业部教材办公室

前　言

本教材是在原电子工业部 1996—2000 年全国高等院校电子信息类专业规划教材《微型计算机原理》(第五版)的基础上修改而形成的。本次修订对第五版教材中部分讲述不够清楚或内容有错漏之处进行了调整。本教材修订后，以 80X86 系列微型计算机为样板机介绍了微处理器的发展过程及其功能结构特点，微型计算机的数据类型及其整机工作原理，寻址方式、指令系统与汇编语言程序设计(包括系统功能调用及混合编程语言的应用)，半导体存储器及存储器管理技术，中断、异常及输入输出接口技术，微型计算机系统的组成及其特点。

本教材在编写的过程中从应用角度出发，特别注重基本概念和应用方法及技巧的衔接，并做到了语言精练，内容由浅入深、循序渐进。在指令系统及汇编语言程序设计等章节不仅设置有大量实例，而且涉及到的程序均已在高版本的 MASM 6.13 及 TURBO C 3.0 上通过调试。

本教材具有软硬件结合、图文并茂、内容丰富、应用突出的特点，同时更注重反映当前微机新技术；不仅适合作为非计算机类工科院校本科生的教材，而且可作为工程技术人员的自学用书。

使用本教材时应注意先修"数字电子技术"课程。其教学方法应注重理论与实践相结合，要多上机、多实践，才能有较好的教学效果。

本修订版教材由姚向华副教授编写第 1、2、5、6、7、8、9、10 章，乔瑞萍副教授编写第 3、4 章，姚燕南教授统稿。薛钧义教授对本教材第六版的编写给予了大力支持和帮助，在此表示诚挚的感谢。

由于编者水平有限，书中难免还存在一些不足之处，殷切希望广大读者批评指正。

编　者
2016.12

第五版前言

国家教育部 1998 年调整了专业目录，各院校据此制订了新的专业教学计划，并从 1999 年入学新生开始执行新的专业教学计划。对电子信息类专业来说，根据新的专业教学计划，"微型计算机原理及接口技术"课程作为专业基础课已成为该类专业本科教学中的主干课程。这一事实距今已 10 年，并且作为高等学校电子信息类重点规划教材《微型计算机原理(第四版)》的出版时间(2000 年 2 月)也已有 8 年时间。多年来，我们作为教学第一线的教师已积累了丰富的教学经验，获取了大量的学生反馈信息，并形成了一整套自己的看法，2006 年 12 月在责任编辑夏大平主任的热情建议和大力支持下，经过半年多的努力，我们根据专业教学指导委员会对本课程的要求及微机技术迅猛发展的现状，结合自己的教学经验对本书第四版作了大量修订，于 2008 年 3 月完成了第五版的修订初稿，主要修订内容如下：

1. 第 3 章"80X86 寻址方式和指令系统"、第 4 章"汇编语言程序设计"从章节次序上已放到半导体存储器一章的前面，以便于学生能尽快学习汇编语言程序的编写和调试，增加学习的成就感和兴趣。从编写内容来说，这两章从文字上作了大量精简，时刻紧扣从应用角度出发这个宗旨；以尽快教会学生上机编、调程序为目的，书中给出大量经过高版本MASM 及 TURBO C3.0 调试通过的编程实例，并给出上机方法和技巧的说明。

2. 删去了原第 9 章"数学协处理器"一章，增加了"80X86 微处理器引脚功能与总线时序"一章，特别是对 80386/80486 的引脚功能与总线时序作了介绍。本章主要以阐明引脚功能及总线时序的特点和规律为出发点，增加了其系统性、概念性及可读性。

3. 考虑到微型计算机技术的迅猛发展，第 2 章"微型计算机组成及微处理器功能结构"及第 9 章"输入输出方法及常用的接口电路"两章都增加了新的内容，如精简指令集与复杂指令集计算机、哈佛结构微处理器及嵌入式微处理器等简要介绍以及 32 位 CPU 的接口等。

4. 为加强应用性，第 6 章"半导体存储器及接口"一章，突出了存储器与微处理器的接口技术，删掉了基本存储单元的原理电路等内容。

5. 第 8 章"中断和异常"一章改变了原来的编写思路，以阐明基本概念而不是以介绍某类微处理器某个芯片的具体功能为出发点，因而其可读性、概念性及系统性更强。

6. 第 10 章"微型计算机系统"一章删去了多媒体计算机简介及微型计算机操作系统简介，增加了系统中实用接口及常用外设的简介，这对增强学生使用微机系统的能力大有好处。

7. 第 7 章"存储器管理"一章只作了文字上的修改。

8. 为了便于教学和读者阅读，这次修订特增加了"本书主要缩略语英汉对照表"(放置在目录之前。)

本教材保留了原教材由浅入深、循序渐进、图文并茂、内容丰富及软硬件结合的特点，同时更注意反映当前微机新技术，并具有语言精练及突出应用的特点。不仅适合作计算机类工程院校本科生教材，而且可作为工程技术人员的自学用书。

使用本教材时应注意先修"数字电子技术"课程。其教学方法应注重理论与实践相结合，要多上机、多实践，才能有较好的教学效果。

本教材由姚向华博士编写第1、2、5～10章，乔瑞萍副教授编写第3、4章，姚燕南教授统稿。薛钧义教授对第五版的编写给予了大力支持和帮助，在此表示诚挚的感谢。

责任编辑夏大平副编审不仅对本书的再版修订给予了积极热情的建议和支持，而且在全书的编辑中，作风严谨，业务水平高，责任心强，待人诚恳热情，给编著者留下了难以磨灭的印象，在此表示衷心的感谢。最后，还要感谢多年来使用《微型计算机原理》第一版至第四版作教材，并对本教材的修编提出过建议及帮助的各位老师！

由于编者水平有限，书中难免存在一些不足之处，殷切希望广大读者批评指正。

编　者
2008 年 5 月

第 四 版 前 言

本教材系按原电子工业部的《1996—2000 年全国电子信息类专业教材编审出版规划》，由自动控制专业教学指导委员会编审、推荐出版。本教材由西安交通大学姚燕南、薛钧义担任主编，主审谢剑英，责任编委陈怀琛。

本教材的参考学时数为 90 学时。本教材主要内容是：以 80386/80486 为样板机，主要介绍了微型计算机的数据类型，微处理器结构及微型计算机工作原理，半导体存储器及存储器管理技术，寻址方式、指令系统与汇编语言程序设计(包括 DOS 系统功能调用的应用)，中断、异常及输入输出接口技术，最后对数学协同处理器、微机系统及其操作系统作了简介。在输入输出接口技术一章中，除对通用接口 8255A、8253/8254、8251 及 8237A 进行介绍外，还对多功能 I / O 接口电路 82380 作了介绍。在微机系统简介中对最新流行总线、外设及系统(包括多媒体微机系统)作了介绍。操作系统一节中对 DOS 和 Windows 操作系统都作了简介。本教材在编写过程中注意了由浅入深、循序渐进，对基本概念讲述清楚，并有大量实例，具有软硬结合、图文并茂、内容丰富及取材较新的特点，不仅适合作教材，而且可作为工程技术人员的自学用书。

使用本教材时应注意先修数字电子技术课程。其教学方法应注重理论与实践相结合，要多上机、多实践，这样才能有好的效果。

本教材由姚燕南编写第 1、2、3、5、7 章，薛钧义编写第 4、8 章，欧文编写第 9 章，姚燕南及欧文共同编写第 10 章，茹锋编写第 6 章。谢剑英及陈怀琛两位教授为本书提出了许多宝贵意见，谢剑英教授还为本书的审阅付出了辛勤的劳动。在此对陈怀琛及谢剑英两位教授表示诚挚的感谢。

由于编者水平有限，书中难免还存在一些缺点和错误，殷切希望广大读者批评指正。

编者
1998 年 12 月

第三版前言

本教材系由"自动控制"教材编委会评选审定,并推荐再版。

为了适应国民经济高速发展的需要,除对原稿基础部分在文字上作了进一步压缩和修订外,已将原来以 Z80 为背景机改为以 8086/8088 16 位机为背景机,讲述微型机原理、编程及接口技术,并尽量在全书中反映当前最新技术,力求做到既深入浅出,又具有一定的先进性。

本课程参考学时数为 100 学时,其主要内容为:(1) 计算机概述(第一、二、四章),介绍计算机的数制和码制,并从教学模型机入门,讲解计算机的整机工作原理。以 8085 及 8086/8088 为背景机介绍微型计算机的结构和组成。(2) 8086/8088 微处理机的指令系统、寻址方式、时序波形及汇编语言程序设计(第五、六、七章)。(3) 各种存储器和 I/O 接口电路以及中断处理和输入输出接口技术(第三、八、九章)。(4) 微型机系统及 IBM-PC 机;微机操作系统及 PC-DOS 简介(第十章)。使用本教材时应注重实践和应用。

本教材由姚燕南同志编写第一、二、三、四、八、十章;由薛钧义同志编写第五、六、九章;由薛钧义及姚燕南共同编写第七章。

本书在编写过程中得到胡保生教授及谢剑英教授的大力支持和指导,在此表示诚挚的感谢。由于编者水平有限,书中难免还存在一些缺点和错误,殷切希望广大读者批评指正。

编者

于西安交通大学 1994.1.18

作 者 简 介

姚向华　1973 年 6 月生，1996 年获西安交通大学工业电气自动化专业学士学位，1999 年获西安交通大学检测技术与自动化装置专业硕士学位，2002 年获西安交通大学控制科学与工程专业博士学位。毕业留校工作至今，主持或参与多项国家、省部级科研项目。曾获陕西省高等学校科学技术奖一等奖，陕西省科学技术奖一等奖。发表论文 20 余篇。主要著作有《微型计算机原理与接口技术》。

姚燕南　1941 年 3 月生，1964 年毕业于西安交通大学自动控制专业，留校任教至退休。长期从事微机控制系统方面的教学和科研工作，获得多项省部级科研及教学成果，公开发表论文 50 多篇，主要著作有《微型计算机原理》、《微型计算机原理与接口技术》、《微机控制系统及其应用》、《微机控制新技术》等。

乔瑞萍　1966 年 6 月生，副教授，毕业于西安交通大学模式识别与智能控制专业。自 1997 年起在西安交通大学电子与信息工程学院信息与通信工程系任教至今，长期从事微处理器系统的教学工作及图像、音视频实时处理的科研工作。主持或参与国家、省部级科研项目 25 项，教改项目 6 项，其中 9 项为主持人。出版编(译)著教材 12 部，其中 11 部为第一作者。发表研究论文 33 篇。申请授权专利 2 项。曾多次指导研究生在 TI DSP 大奖赛中获奖。所制作的"微机原理及应用"教学多媒体课件在第 3 届"全国高等学校计算机课件评比"中获三等奖。获得国防科学技术进步奖三等奖 1 项和中国兵器工业集团公司科学技术奖励进步奖三等奖 1 项。

本书主要缩略词英汉对照表

(E)AX：	(Extend) Accumulator Register，(扩展)累加寄存器
(E)BP：	(Extend) Base Pointer，(扩展)基址指针寄存器
(E)BX：	(Extend) Base Register，(扩展)基址寄存器
(E)CX：	(Extend) Counter Register，(扩展)计数寄存器
(E)DI：	(Extend) Destination Index，(扩展)目的变址寄存器
(E)DX：	(Extend) Data Register，(扩展)数据寄存器
(E)IP：	(Extend) Instruction Pointer，(扩展)指令指针寄存器
(E)SI：	(Extend) Source Index，(扩展)源变址寄存器
(E)SP：	(Extend) Stack Pointer，(扩展)堆栈指针寄存器
AB：	Address Bus，地址总线
AF：	Auxiliary Carry Flag，辅助进位标志
AGP：	Accelerated Graphics Port，加速图形端口
AL：	AccumuLator，累加器
ALE：	Address Latch Enable，地址锁存允许
ALU：	Arithmetic Logic Unit，算术逻辑部件
ASCII：	American Standard Code for Information Interchange，美国标准信息交换码
AT：	Advanced Technology，先进技术，PC/AT 是 IBM 公司 PC 机的第二代升级产品，引入了标准的 16 位 ISA 总线以及采用了当时最新的英特尔 80286 处理器
ATA：	AT Attachment，AT 计算机上的附加设备
AU：	Address Unit，地址部件
BCD：	Binary-Coded Decimal，二进制编码的十进制数
BCR：	Breakpoint Control Register，断点控制寄存器
BHE：	Bus High Enable，高位数据总线允许
BIOS：	Basic I/O System，系统基本输入输出系统
BIU：	Bus Interface Unit，总线接口单元
BSR：	Breakpoint Status Register，断点状态寄存器
BTB：	Branch-Target Buffer，分支目标缓冲
CAS：	Column Address Strobe，列地址选通脉冲
CB：	Control Bus，控制总线
CF：	Carry Flag，进位标志
CGA：	Color Graphics Adapter，彩色字符/图形显示适配器

CISC: Complex Instruction Set Computer，复杂指令集计算机

CL: CAS Latency，列地址选通脉冲时间延迟

CMOS: Complementary Metal Oxide Semiconductor，互补金属氧化物半导体

CPL: Current Privilege Level，当前特权级

CPU: Central Processing Unit，中央处理单元

CR: Control Register，控制寄存器

CRT: Cathode Ray Tube，阴极射线管(显示器基本部件)

CS: Code Segment，代码段

CU: Control Unit，控制部件

DB: Data Bus，数据总线

DDR: Double Data Rate SDRAM，双速率同步内存

DF: Direction Flag，方向标志位

DIMM: Double In-line Memory Module，双边接触内存模组

DMA: Direct Memory Access，直接存储器访问

DOS: Disk Operation System，磁盘操作系统(一类操作系统的名称)

DPL: Descriptor Privilege Level，描述符优先级

DR: ① Data Register，数据寄存器；② Debug Register，调试寄存器

DRAM: Dynamic RAM，动态 RAM

DS: Data Segment，数据段

DSP: Digital Signal Processor，数字信号处理器

ECC: Error Checking and Correcting，错误检查和纠正

EDVAC: Electronic Discrete variable Automatic Computer，离散变量自动电子计算机
(冯·诺依曼与莫尔小组合作研制的第一台现代意义的通用计算机)

EDO: Extended Data Output RAM，扩展数据输出内存

EGA: Enhanced Graphics Adapter，增强型彩色字符/图形适配器

EIA: Electronic Industry Association，美国电子工业协会

EISA: Extension Industry Standard Architecture，扩展标准体系结构总线(由 Compaq、
AST、Zenith、Tandy 等公司开发)

EM: Emulate Processor Extension Flag，仿真协处理器扩充标志

EMC: Electro Magnetic Compatibility，电磁兼容性

EMS: Expanded Memory System，扩充内存系统(1985 年，Lotus、Intel 和 Microsoft
三家共同定义)

ENIAC: Electronic Numerical Integrator And Computer，电子数字积分计算机(第一台
电子计算机)

EOI: End of Interrupt，中断结束

EPIC: Explicitly Parallel Instruction Computers，精确并行指令计算机

EPL: Effective Privilege Level，有效特权级

EPROM: Erasable Programmable ROM，可改写的只读存储器

ES: Extra Segment，附加段

ET: Extension Type Flag，扩充类型标志

EU: Execution Unit，执行部件

FWH: FireWare Hub，固件中心

GDT: Global Descriptor Table，全局描述符表

GDTR: Global Descriptor Table Register，全局描述符表寄存器

I/O: Input/Output，输入/输出

IBF: Input Buffer Full，输入数据满

I^2C: Inter Integrated Circuit，由 PHILIPS 公司开发的两线式串行总线

ICH: I/O Controller Hub，I/O 控制中心

ICW: Initialization Command Words，初始化命令字

ID: Instruction Decode，指令译码器

IDE: Intelligent Drive Electronics，智能驱动电路

IDT: Interrupt Descriptor Table，中断描述符表

IDTR: Interrupt Descriptor Table Register，中断描述符表寄存器

IDU: Instruction Decode Unit，指令译码部件

IF: Interrupt-enable Flag，中断标志位

IMR: Interrupt Mask Register，中断屏蔽寄存器

IOPL: I/O Privilege Level，输入/输出特权标志

IR: Instruction Register，指令寄存器

IRR: Interrupt Request Register，中断申请寄存器

ISA: Industrial Standard Architecture，工业标准结构总线

ISR: Interrupt Server Register，中断服务寄存器

IU: Instruction Unit，指令部件

IVT: Interrupt Vector Table，中断矢量表

LB: Local Bus，局部总线

LDT: Local Descriptor Table，局部描述符表

LDTR: Local Descriptor Table Register，局部描述符表寄存器

MAR: Memory Address Register，内存地址寄存器

MCA: Micro Channel Architecture，微通道总线结构(IBM 公司于 1987 年推出了 32 位总线结构)

MCGA: Multicolor Graphics Array，多彩色图形阵列

MCH: Memory Controller Hub，存储控制中心

MDA: Monochrome Display Adapter，单色(黑白)字符显示适配器

MMX: Multi-Media eXtensions，多媒体扩展(Intel 第六代处理器的扩展指令系统)

MMU: Memory Manage Unit，存储器管理部件

MP: Monitor Processor Extension Flag，监控数学协处理器扩充标志

MPU: Microprocessor Unit，微处理器

NMI: No Maskable Interrupt，非屏蔽中断

NT: Nested Task，嵌套任务标志

OBF: Output Buffer Full，输出缓冲器满

OCW: Operation Command Words，操作命令字

OF: Overflow Flag，溢出标志

OTR: Operand Temporary Register，操作数暂存器

PA: Physical Address，物理地址

PC: ① Personal Computer，个人计算机(IBM 推出的个人计算机标准)；

② Program Counter，程序计数器

PCI: Peripheral Component Interconnect，外部部件互连

PE: Protection Enable，允许保护标志

PF: Parity Flag，奇偶标志

PFU: Pre-Fetch Unit，指令预取部件

PG: Paging Flag，允许分页标志

PGA: Pin-Grid Array，引脚网格阵列(一种芯片封装形式)

PIC: Programmable Interrupt Controller，可编程中断控制器

PLA: Programmable Logic Array，可编程逻辑阵列

PowerPC: Performance Optimization With Enhanced RISC Performance Computing，1991 年 IBM、Motorola、Apple 组成 AIM 联盟，合作开发出基于 POWER 微结构的 PowerPC 微处理器系列产品

PPI: Programmable Peripheral Interface，可编程外围接口

PPU: Peripheral Processor Unit，外围处理机

PROM: Programmable ROM，可编程序只读存储器

PS: Personal System，个人系统(IBM 的计算机标准，1990 年发布，主要针对家庭用户)

PSW: Program States Word，程序状态字

RAM: Random-Access Memory，随机读写内存

RAS: Row Address Strobe，行地址选通脉冲

RF: Resume Flag，重新启动标志

RISC: Reduced Instruction Set Computer，精简指令集计算机

ROM: Read-Only Memory，只读存储器

RPL: Requestor Privilege Level，请求特权级别

SAR: System Address Register，系统地址寄存器

SCI: Serial Communication Interface，串行通信接口

SDRAM: Synchronous DRAM，同步动态随机存储器

SF: Sign Flag，符号标志

SIMM: Single In-line Memory Module，单边接触内存模组

SMM: System Management Mode，系统存储器管理模式

SOC: System On Chip，片上系统

SPI: Serial Peripheral Interface，串行外围设备接口

SRAM: Static RAM，静态 RAM

SS：　　　Stack Segment，堆栈段

SSE：　　Streaming-Single instruction multiple data-Extensions，单指令多数据流扩展

TAC：　　Access Time from CLK，存取时间

TC：　　　Timing and Control，定时与控制部件

TCK：　　Clock Cycle Time，内存时钟周期

TF：　　　Trap Flag，跟踪(陷阱)标志位

TLB：　　Translation Look side Buffer，转换旁视缓冲存储器

TR：　　　①　Task State Register，任务状态寄存器；②　Test Register，测试寄存器

TS：　　　Task Switched Flag，任务转换标志

TSS：　　Task State Segment，任务状态段

TTL：　　Transistor-Transistor Logic，晶体管—晶体管逻辑电平模式

UART：　Universal Asynchronous Receiver/Transmitter，通用异步接收/发送装置

UMB：　Upper Memory Blocks，上位内存或上位内存块(由挤占保留内存中剩余未用的空间而产生)

USB：　　Universal Serial Bus，通用串行总线

VGA：　　Video Graphics Adapter，视频图形阵列

VESA：　Video Electronics Standard Association，视频电子标准协会

VHDL：　Very-High-speed integrated circuit hardware Description Language，硬件描述语言

VM：　　Virtual 8086 Mode Flag，虚拟 8086 方式标志

WB：　　Write Back，回写

WT：　　Write Through，写通

XMS：　eXtend Memory System，扩展内存系统(1　MB 以上的内存)

ZF：　　　Zero Flag，零标志

目　　录

第 1 章 微型计算机基础知识

1.1 计算机和微处理器发展概述

微处理器(Microprocessor Unit，MPU)或微处理机是微计算机中的中央处理单元(Central Processing Unit)，简称 CPU。它是将计算机的控制逻辑和运算单元集成在一个芯片上实现的。通常，微处理器中不包含内存储器及输入/输出接口电路。内存储器是独立于 CPU 之外的芯片或芯片组；输入/输出接口电路也常独立地做在一个芯片上。由于输入/输出设备的多样性，使得接口电路各有特色。有时，为了满足特殊外部设备的要求，用户还必须自己设计专用的接口电路。

微型计算机由微处理器、内存储器、输入/输出设备及其接口电路组成。若将微处理器、内存储器及输入/输出接口电路集成在一个芯片上，则称其为单片微型计算机。微型计算机再加上软件便构成一个微型计算机系统。

微处理器内大多数操作中的数据位数(如 8 位、16 位、32 位等)是它的重要特征，根据这个位数分别称这些微处理器为 8 位 CPU、16 位 CPU、32 位 CPU 等。同时，也将相应的微型计算机称为 8 位机、16 位机、32 位机。

1.1.1 机械计算器时代

英文 computer 主要指的是电子计算机，而在电子计算机发明之前，用于计算的机器就已经存在，但是不叫计算机(computer)，而是叫计算器(calculator)。

1642 年，数学家 Blaise Pascal 发明了一种机械式的计算器，被认为是所有机械式计算器的基础。1971 年瑞士人沃斯(Niklaus Wirth)把自己发明的高级语言命名为 Pascal，以表达对前辈的敬意。

1822 年，英国数学家巴贝奇(Charles Babbage)发明差分机，专门用于航海和天文计算。这是最早采用寄存器来存储数据的计算机，体现了早期程序设计思想的萌芽。

1.1.2 电子时代

1889 年，赫尔曼·霍勒斯(Herman Hollerith)研制了穿孔卡片，这是电脑软件的雏形。制表机采用电气控制技术取代纯机械装置，这是计算机发展中的第一次质变。以穿孔卡片记录数据，体现了现代软件的思想萌芽。制表机公司的成立，标志着计算机作为一个产业初具雏形。

霍勒斯于 1896 年创立了制表机公司(Tabulating Machine Company)，1911 年该公司并入

CTR(计算制表记录)公司，这就是著名的 IBM 公司的前身。1924 年，托马斯·沃森一世把 CTR 更名为国际商用机器公司——IBM。

1938 年，德国科学家朱斯(Konrad Zuse)制造出 Z-1 计算机，这是第一台采用二进制的计算机。在接下来的四年中，朱斯先后研制出采用继电器的 Z-2、Z-3 和 Z-4。Z-3 使用了 2600 个继电器，它在 1944 年美军对柏林进行的空袭中被炸毁。

1944 年，美国科学家艾肯(Howard Hathaway Aiken)在 IBM 的支持下，研制成功机电式计算机 MARK-Ⅰ。这是世界上最早的通用型自动机电式计算机之一，它取消了齿轮传动装置，以穿孔纸带传送指令。

MARK-Ⅰ外壳用钢和玻璃制成，长 15 m，高 2.4 m，自重 31.5 t，使用了 15×10^4 个元件和 800 km 的电线，每分钟进行 200 次运算。

1943 年，英国科学家图林(Alan Turing)研制成功第一台"巨人"计算机，专门用于破译德军密码。"巨人"算不上真正的数字电子计算机，但在继电器计算机与现代电子计算机之间起到了桥梁作用。

第一台"巨人"有 1500 个电子管，5 个处理器并行工作，每个处理器每秒处理 5000 个字母。二战期间共有 10 台"巨人"在英军服役，平均每小时破译 11 份德军情报。

1946 年 2 月 15 日，世界上第一台通用数字电子计算机 ENIAC 研制成功，承担开发任务的"莫尔小组"由四位科学家埃克特(John Presper Eckert)、莫克利、戈尔斯坦、博克斯组成，总工程师埃克特当时年仅 24 岁。

ENIAC 长 30.48 m，宽 1 m，占地面积 170 m²，30 个操作台，约相当于 10 间普通房间的大小，重达 30 t，耗电量 150 kW，造价 48 万美元。它使用 17 000 多个真空电子管，70 000 个电阻，10 000 个电容，1500 个继电器，6000 多个开关，每秒执行 5000 次加法或 400 次乘法，计算速度是继电器计算机的 1000 倍、手工计算的 20 万倍。

1.1.3　微处理器发明之前的技术准备

1938 年，信息论的创始人、美国科学家香农(Claude Elwood Shannon)发表论文《继电器和开关电路的符号分析》，首次阐述了如何将布尔代数运用于逻辑电路，奠定了现代电子计算机开关电路的理论基础。

1939 年，阿塔纳索夫(John Vincent Atannsoff)提出计算机三原则：
① 采用二进制进行运算；
② 采用电子技术来实现控制和运算；
③ 采用把计算功能和存储功能相分离的结构。

1939 年，阿塔纳索夫还设计并试制数字电子计算机的样机"ABC 机"，但未能完工。

阿塔纳索夫关于电子计算机的设计方案启发了 ENIAC 开发小组的莫克利，并直接影响到 ENIAC 的诞生。1972 年美国法院判决 ENIAC 的专利权无效，阿塔纳索夫拥有作为第一个电子计算机方案提出者的优先权。

1940 年，美国科学家维纳(Norbert Wiener)阐述了自己对现代计算机的五点设计原则：
① 数字式而不是模拟式；
② 以电子元件构成并尽量减少机械装置；
③ 采用二进制而不是十进制；

④ 内部存放计算表；

⑤ 内部存储数据。

维纳在 1948 年完成了著作《控制论》，这不仅使维纳成为控制论的创始人，而且对计算机后来的发展和人工智能的研究产生了深刻的影响。

1936 年，24 岁的英国数学家图林(Alan Turing)发表著名论文《论可计算数及其在密码问题的应用》，提出了"理想计算机"，后人称之为"图林机"。图林通过数学证明得出理论上存在"通用图林机"，这为可计算性的概念提供了严格的数学定义，图林机成为现代通用数字计算机的数学模型，它证明通用数字计算机是可以制造出来的。

图林发表于 1940 年的另一篇著名论文《计算机能思考吗？》，对计算机的人工智能进行了探索，并设计了著名的"图林测验"。1954 年图林英年早逝，年仅 42 岁。

1944～1945 年间，美籍匈牙利科学家冯·诺依曼(John von Neumann)在第一台现代计算机 ENIAC 尚未问世时注意到其弱点，并提出一个新机型 EDVAC 的设计方案，其中提到了两个设想：采用二进制和"存储程序"。这两个设想对于现代计算机至关重要，也使冯·诺依曼成为"现代电子计算机之父"，冯·诺依曼机体系延续至今。

1947 年，贝尔实验室的肖克莱(William Shockely)、巴丁(John Bardeen)、布拉顿(Walter Houser Brattain)发明点触型晶体管；1950 年又发明了面结型晶体管。相比电子管，晶体管体积小、重量轻、寿命长、发热少、功耗低，电子线路的结构大大改观，运算速度则大幅度提高。

1958 年，美国物理学家基尔比(Jack Clair Kilby)和诺伊斯(Robert Noyce)同时发明集成电路。同年，TI(德州仪器)公司制成第一个半导体集成电路，它是一个助听器。

1969 年，法庭判决基尔比和诺伊斯为集成电路的共同发明人，集成电路的专利权属于基尔比，集成电路内部连接技术的专利属于诺伊斯，他们都因此成为微电子学创始人并获得巴伦坦奖章。

1.1.4　微处理器时代

1.　第一代微处理器

1971 年 1 月，Intel 公司的霍夫(Marcian E.Hoff)研制成功世界上第一块 4 位微处理器芯片 Intel 4004，标志着第一代微处理器问世，微处理器和微机时代从此开始。因发明微处理器，霍夫被英国《经济学家》杂志列为"二战以来最有影响力的 7 位科学家"之一。

1971 年 11 月，Intel 推出 MCS-4 微型计算机系统(包括 4001ROM 芯片、4002RAM 芯片、4003 移位寄存器芯片和 4004 微处理器)，其中 4004 包含 2300 个晶体管，尺寸规格为 3 mm × 4 mm，支持 45 条指令，最初售价为 200 美元。

1972 年 4 月，霍夫等人开发出第一个 8 位微处理器 Intel 8008。由于 8008 采用的是 P 沟道 MOS 微处理器，因此仍属第一代微处理器。Intel 8008 可寻址空间为 16 KB，支持 48 条指令。

2.　第二代处理器

1) 8080 处理器

1973 年 8 月，霍夫等人研制出 8 位微处理器 Intel 8080，以 N 沟道 MOS 电路取代了 P

沟道，第二代微处理器就此诞生。

从 Intel 8008 开始，微处理器已经能够每次处理一个完整的字节。8 位微处理器 Intel 8080 标志着微处理器的发展进入第二代，为微型计算机的诞生做好了最后的准备。

8080 可寻址范围 64 KB，运算速度是 8008 的 10 倍，同时还支持 TTL(晶体管—晶体管逻辑)电平模式。

2) 8085 处理器

1977 年，Intel 公司推出了 8085 处理器。8085 的速度比 8080 的要快，但其最主要的改进在于集成了内部时钟发生器和内部系统控制器，提高集成度意味着 8085 的成本要低于 8080，而性能却更加稳定。

3. 第三代微处理器

第三代微处理器的典型产品是 1978 年 Intel 公司的 8086 CPU、Zilog 公司的 Z8000 CPU 和 Motorola 公司的 68000 CPU。它们均为 16 位微处理器，具有 20 位地址总线。8088 CPU 是 Intel 公司 1979 年推出的 8 位副产品，或称准 16 位机(内部数据总线 16 位，外部数据总线 8 位)。1981 年 IBM 公司采用 8088 CPU 研制出风靡全球的 PC(Personal Computer)机(时钟频率为 4 MHz)，使 8086/8088 CPU 成为世界上最主要的微处理器结构。

1982 年 Intel 公司又生产了 80186/80188 及 80286 CPU，它们也属于 16 位微处理器，其中 80186/80188 的功能与 8086/8088 CPU 完全一样，只是将 8086/8088 微处理器及其系统中所需要的支持芯片都集中在一个芯片上。80286 CPU 却是在 8086 CPU 基础上增加了许多功能。它具有 24 位地址总线，并具有多任务系统所必需的任务转换功能、存储器管理功能及各种保护功能，即能以多任务方式运行 8086 应用程序。

8086/8088、80186/80188、80286 以及以后的 80386、80486 CPU 等形成了 80X86 系列微处理器。80X86 系列微处理器的每一代产品都配有相应的浮点运算协处理器，又称数学协处理器，如 8087、80187、80287、80387 等。

16 位微处理器组成的微型计算机系统已能替换部分小型计算机的功能，采用了多种高级编程语言，并普及了 CP/M 及 MS-DOS 磁盘操作系统，其中高档 16 位微处理器(如 80286)组成的微机系统(如 IBM PC/AT)，时钟频率为 6～20 MHz，采用了多用户操作系统。

4. 第四代微处理器

第四代微处理器的典型产品是 1984 年 Motorola 公司推出的 68020(HCMOS)以及 1985 年、1990 年 Intel 公司先后推出的 80386、80486(CHMOS 工艺)。它们均为 32 位微处理器，具有 32 位地址总线，其中 80386 又分 80386SX 和 80386DX 两种。80386SX 内部数据总线 32 位，外部数据总线 16 位，配用 80287 协处理器；80386DX 内部及外部数据总线均为 32 位，配用 80387 协处理器。80386 CPU 具有完善的段页式存储器管理机制，时钟频率为 12.5～40 MHz。

80486 CPU 在 16 mm × 11 mm 芯片上集成了约有 120 万只晶体管，它相当于将 80386、80387 及 8 KB 高速缓冲存储器集成在一块芯片上(若芯片上没有数学协处理器，则称其为 80486SX)，时钟频率可达 33～120 MHz，性能也较 80386 有较大提高。

32 位微处理器采用多用户多任务操作系统，如 UNIX、Windows 等，具有丰富的多种高级编程语言，主要用于个人计算机和工作站。

5．第五代微处理器

第五代微处理器的典型产品是 1993 年 Intel 的 Pentium(奔腾，Intel586)，IBM、Apple 和 Motorola 合作生产的 Power PC。Pentium 微处理器数据总线 64 位，地址总线 32 位，具有两条超标量流水线、两个并行执行单元、高性能浮点处理单元及 16 KB 高速缓冲存储器。工作频率为 50 MHz、66 MHz、133 MHz 和 166 MHz。Power PC 是一种精简指令集计算机 RISC(Reduced Instruction Set Computer)，也是一种优异的 64 位数据总线微处理器。特点是指令格式规整，功能简单，从而使指令译码电路也变得简单，译码速度更快。另外，指令系统设计较为紧凑，只设置了一些使用频率高的常用指令，因而指令条数少，指挥指令的控制逻辑电路也简单，指令执行速度快。Power PC 中也采用了先进的超标量流水线技术及双高速缓存。与精简指令集相对应的是复杂指令集计算机 CISC(Complex Instruction Set Computer)，Pentium 微处理器便是 CISC。

6．第六代微处理器

第六代微处理器的典型产品是 Intel 公司的 Pentium Pro、MMX Pentium 和 PentiumⅡ，AMD 公司的 AMD-K6、AMD-K6-2、AMD-K6-3 等。

Pentium Pro 微处理器于 1995 年推出，属于多芯片模式或称双腔 PGA(Pin-Grid-Array)，它将 CPU 芯片(550 万个晶体管)和二次高速缓冲存储器(1550 万个晶体管)集成在一个 387 脚的陶瓷封装内，比 Pentium 微处理器更为先进。采用三条超标量流水线，有 5 个并行执行单元以及 8 KB 一次程序高速缓冲存储器和 8 KB 一次数据高速缓冲存储器(简称缓存)，并采用错序执行、动态转移预测等技术。Pentium Pro 微处理器的主振频率为 200 MHz、250 MHz，每秒能作 2.5 亿次浮点运算。此外，在多媒体运用方面 Pentium Pro 也显示出更优越的特性。

Pentium Pro 微处理器的性能虽优越，但全速同步二级高速缓存与 CPU 封装在一起，使其价格居高不下(全速同步高速缓存需要价格昂贵的高速静态 RAM 支持)，不能成为第六代微处理器主流产品。面对这种情况，Intel 公司一面加紧开发研制新产品，一面对 Pentium 进行改进。在提高 Pentium 芯片主振频率的同时，加入了多媒体扩展技术 MMX(Multimedia Extension)，并于 1997 年 1 月推出 MMX Pentium(多能奔腾)。多能奔腾微处理器出台后迅速占领市场，成为第六代微处理器典型产品之一。

PetiumⅡ 微处理器是 1997 年 5 月推出的另一种第六代微处理器，它是对 Pentium Pro 进行改进并增加多媒体扩展功能后推出的，是 Pentium Pro 与 MMX Pentium 的结合。无论在运行速度上，还是多媒体处理方面，均呈现出高性能，且价格较低，得到很好普及。

第五代及第六代微处理器的性能和速度都已经与中小型计算机抗衡，能采用 DOS、UNIX、Windows 95 及 Windows NT、Windows 98 等多种操作系统，使用多种高级编程语言，特别是 Visual Basic、Visual C++、Visual FoxPro 等语言的使用，更使它们放出夺目的光彩。

1999 年 9 月，AMD 公司推出了 Athlon 微处理器。它采用先进的 V6 总线接口及增强的 RISC 技术，增加了多媒体指令，具有三条可以支持更高时钟频率的超标量流水线，并对其浮点处理部件进行了全新设计，使其能更快地处理复杂的浮点指令。Athlon 微处理器的主振频率可达 200～400 MHz，甚至于 2000 年 3 月达到 1 GHz。系统总线的数据传输率达 3.2 Gb/s 或更高。2000 年 3 月，Intel 公司推出 Pentium Ⅲ 微处理器，主振频率达 1 GHz。Intel 公司的 PentiumⅡ/Ⅲ采用双独立总线构架，即一条总线连接二级高速缓存，另一条总线主要连接内存，提高了微处理器的并行处理功能，使现代的高速信息处理如 DVD 技术的实现成为可能。

　　2000 年 6 月 Intel 推出 Pentium 4 产品，主振频率为 1.4 GHz、1.5 GHz。采用 0.18 μm 铝连线、256 KB 二级高速缓存，内部晶体管数为 4200 万个，核心尺寸为 170 mm²，工作电压为 1.7/1.75 V，最大工作电流为 57.4 A，散热功率为 75.3 W。2002 年元月 Intel 又推出主振频率达 2.0 GHz 和 2.2 GHz 的新 Pentium 4 微处理器，它采用 0.13 mm 铜连线工艺，具有 512 KB 的二级高速缓存，内部晶体管数为 5500 万个，核心尺寸为 146 mm²，工作电压为 1.5 V，最大工作电流为 44.3 A，散热功耗为 52.4 W。Pentium 4 2 GHz CPU 性能的提升主要表现在多任务环境中处理后台任务的能力方面，如病毒检查、加密和文件压缩等。与此同时，AMD 公司也推出 Athlon XP2000+微处理器，采用 0.18 μm 铜工艺，工作频率为 1.67 GHz，工作电压为 1.75 V，二级高速缓存容量为 256 KB，并具有 384 KB 的内置全速高速缓存(一级高速缓存)容量，可以支持 3DNOW! 指令，使多媒体应用程序可以发挥出更高的性能。

1.2　常用数制与编码表示方法

1.2.1　计算机中常用的数制

　　在讨论计算机组成原理与汇编语言之前，有必要规定一系列通用的信息表示方法来交流数据。需要说明的是，微型计算机原理是从机器语言层面上来研究计算机的，而构成计算机的数字电路仅有两种状态：开和关。因此，二进制是研究计算机以及用汇编语言编程的最常用的数制。下面，将主要介绍几种计算机常用的数制：二进制、十进制、八进制和十六进制。

　　通常表示一个数时，每个数字表示的量不但取决于数字本身，而且取决于所在的位置，这种表示方法被称为位置表示法。在位置表示法中，对每一个数位赋予一定的位值，称为权。每个数位上的数字所表示的量是这个数字和权的乘积。相邻两位中高位的权与低位的权之比如果是个常数，则此常数称为基数，用 X 表示，则数 $a_{n-1}\cdots a_0 a_{-1}\cdots a_{-m}$ 所表示的量 N 为

$$N = a_{n-1}X^{n-1} + a_{n-2}X^{n-2} + \cdots + a_0 X^0 + a_{-1}X^{-1} + \cdots + a_{-(m-1)}X^{-(m-1)} + a_{-m}X^{-m}$$

式中，从 $a_0 X^0$ 起向左是数的整数部分，向右是数的小数部分；$a_i(n-1\geqslant i\geqslant -m)$ 表示各数位上的数字，称为系数，它可以在 0，1，$\cdots$，X-1 共 X 种数中任意取值；m 和 n 为幂指数，均为正整数。正由于相邻高位的权与低位的权相比是个常数，因而在这种位置计数法中，基数(或称底数)X 的取值不同便得到不同进位制数的表达式。

　　1. 十进制

　　十进制是人们在日常生产生活中最常用的数制，当 X=10 时，得十进位制数的表达式为

$$(N)_{10} = \sum_{i=-m}^{n-1} a_i 10^i$$

其特点是：系数 a_i 只能在 0~9 这 10 个数字中取值；每个数位上的权是 10 的某次幂；在加、

减运算中，采用"逢十进一"、"借一当十"的规则。例如：

$$(1392.67)=1\times10^3+3\times10^2+9\times10^1+2\times10^0+6\times10^{-1}+7\times10^{-2}$$

2．二进制

由于计算机是由数字电路组成的，因此，二进制是计算机中最常用的数值。当 X=2 时，得二进制数的表达式为

$$(N)_2=\sum_{i=-m}^{n-1}a_i2^i$$

二进制的特点是：系数 a_i 只能在 0 和 1 这两个数字中取值；每个数位上的权是 2 的某次幂；在加、减运算中，采用"逢二进一"、"借一当二"的规则。例如：

$$(10111.011)_2=1\times2^4+0\times2^3+1\times2^2+1\times2^1+1\times2^0+0\times2^{-1}+1\times2^{-2}+1\times2^{-3}$$

二进制中，各数位上的系数只有 0 和 1 两种取值，用电路实现时最为方便，因而它是电子计算机内部采用的计数制。以后还可以看到，除了物理实现方便以外，二进制计数制的运算也特别简单。

3．八进制与十六进制

由于 1 位八进制数对应 3 位二进制数，1 位十六进制数对应 4 位二进制数，因此，当二进制数列很长时，可以用八进制数或十六进制数来表示。当 X=8 时，得八进制数的表达式为

$$(N)_8=\sum_{i=-m}^{n-1}a_i8^i$$

八进制的特点是：系数 a_i 只能在 0～7 这 8 个数字中取值；每个数位上的权是 8 的某次幂；在加、减运算中，采用"逢八进一"、"借一当八"的规则。例如：

$$(137.56)_8=1\times8^2+3\times8^1+7\times8^0+5\times8^{-1}+6\times8^{-2}$$

同理，当 X=16 时，得十六进制数的表达式为

$$(N)_{16}=\sum_{i=-m}^{n-1}a_i16^i$$

十六进制的特点是：系数 a_i 只能在 0～15 这 16 个数字中取值(其中 0～9 这 10 个数字借用十进制中的数码，10～15 这 6 个数可用两种方法表示，即 A、B、C、D、E、F 或 $\bar{0}$ $\bar{1}$ $\bar{2}$ $\bar{3}$ $\bar{4}$ $\bar{5}$，常用前者表示)；每个数位上的权是 16 的某次幂；在加、减法运算中，采用"逢十六进一"、"借一当十六"的规则。例如：

$$(32AF.EB)_{16}=3\times16^3+2\times16^2+10\times16^1+15\times16^0+14\times16^{-1}+11\times16^{-2}$$

八进制计数制和十六进制计数制常常在人们书写计算机程序时被采用。

表 1.1 列出了四种进位制中数的表示法，其中 B 是 Binary 的缩写，表示该数为二进制数；Q 表示该数为八进制数(Octal 的缩写为字母'O'，为区别于数字'0'而写为'Q')；H 是 Hexadecimal 的缩写，表示该数是十六进制数；十进制数后面可采用符号 D(Decimal)，也可不写符号。

表 1.1 十进制、二进制、八进制、十六进制数码对照表

十进制	二进制	八进制	十六进制
0	0000B	0Q	0H
1	0001B	1Q	1H
2	0010B	2Q	2H
3	0011B	3Q	3H
4	0100B	4Q	4H
5	0101B	5Q	5H
6	0110B	6Q	6H
7	0111B	7Q	7H
8	1000B	10Q	8H
9	1001B	11Q	9H
10	1010B	12Q	AH 或 $\overline{0}$H
11	1011B	13Q	BH 或 $\overline{1}$H
12	1100B	14Q	CH 或 $\overline{2}$H
13	1101B	15Q	DH 或 $\overline{3}$H
14	1110B	16Q	EH 或 $\overline{4}$H
15	1111B	17Q	FH 或 $\overline{5}$H

1.2.2 计算机中信息的编码表示

上已述及，在计算机内部采用二进制计数制，但实际应用中，需要计算机处理的信息是多种多样的，如各种进位制的数据，不同语种的文字符号和各种图形信息等。为此，计算机中必须有一套遵从某种公共约定的编码系统，以便用相应的二进制编码来表示各种进位制数、各种不同语种的文字符号、各种图形信息等。下边介绍最常用的三种编码表示：十进制的二进制编码表示，字母与字符的二进制编码表示及汉字的二进制编码表示。当然，除了这三种最常用的编码表示外，计算机中还有其他的编码表示，如指令系统中每条指令的操作码及操作数的编码表示等。

1. 二进制编码的十进制数

二进制编码的十进制数(Binary Coded Decimal，BCD)是用二进制编码来表示十进制数据。由于实际应用中一般计算问题的原始数据大多数是十进制数，而十进制数又不能直接送入计算机中参与运算，必须用二进制数为它编码(也就是 BCD 码)后方能送入计算机。送入计算机的 BCD 码或经十—二转换程序变为二进制数后参与运算，或直接由计算机进行二—十进制运算(即 BCD 码运算)。计算机进行 BCD 码运算时仍要用二进制逻辑来实现，不

过要设法使它符合十进制运算规则而已。用二进制数为十进制数编码，每一位十进制数需要四位二进制数表示。四位二进制数能编出 16 个码，其中 6 个码是多余的，应该放弃不用。而这种多余性便产生了多种不同的 BCD 码。在选择 BCD 码时，应使该 BCD 码便于十进制运算，便于校正错误，便于求补并便于与二进制数相互转换。

最常用的 BCD 码是四位二进制数的权分别为 8、4、2、1 的 BCD 码，称为 8421BCD 码，见表 1.2。它所表示的数值规律与二进制计数制相同，最容易理解和使用，也最直观。例如，若 BCD 码为 1001 0001 0101 0011.0010 0100B(或 9153.24H)，则很容易写出相应的十进制数为 9153.24。

表 1.2　BCD 编码表

十进制	8421 BCD 码	十进制	8421 BCD 码
0	0000B	8	1000B
1	0001B	9	1001B
2	0010B	10	0001　0000B
3	0011B	11	0001　0001B
4	0100B	12	0001　0010B
5	0101B	13	0001　0011B
6	0110B	14	0001　0100B
7	0111B	15	0001　0101B

2. 美国信息交换标准码

由于计算机硬件只能识别二进制数，字母和字符也必须用二进制编码来表示。目前，用来表示字母和字符的二进制编码方式有多种，最常用的是 ASCII 码。它是美国信息交换标准码(American Standard Code for Information Interchange)，多用于输入/输出设备(如电传打字机)上。它能用 6 位、7 位二进制数对字母和字符编码。7 位 ASCII 码可表示 128 种字符，见表 1.3。其中包括字母、数字和控制符号。例如字母 A 的 ASCII 码为 100 0001B 或 41H；字母 T 的 ASCII 码为 101 0100B 或 54H；数字 9 的 ASCII 码为 011 1001B 或 39H 等。8 位 ASCII 码是在 7 位 ASCII 码基础上加一个奇偶校验位而构成的。计算机中为防止数码在传送过程中出错，可采用具有检错能力的校验码，常用的校验码有奇偶校验码和"五中取二"码等。限于篇幅，这里仅介绍奇偶校验码。

所谓奇偶校验码，就是说对每一组二进制编码配置一个二进制位(称为奇偶校验位)，通过将该位置"0"或置"1"，而使每组二进制编码中"1"的个数为奇数(即形成奇校验码)或偶数(即形成偶校验码)。例如，若在 7 位 ASCII 码前加一位校验位所形成的 8 位 ASCII 码，即是具有奇偶校验功能的码。作为例子，表 1.4 示出 0～9 这 10 个具有奇校验功能的 ASCII 码或称 8 位奇校验 ASCII 码。同样，可很容易得出 8 位偶校验 ASCII 码。

表 1.3　7 位 ASCII 码

高位 $b_6b_5b_4$　低位 $b_3b_2b_1b_0$		0H 000B	1H 001B	2H 010B	3H 011B	4H 100B	5H 101B	6H 110B	7H 111B
0H	0000B	NUL	DLE	SP	0	@	P	`	p
1H	0001B	SOH	DC1	!	1	A	Q	a	q
2H	0010B	STX	DC2	"	2	B	R	b	r
3H	0011B	ETX	DC3	#	3	C	S	c	s
4H	0100B	EOT	DC4	$	4	D	T	d	t
5H	0101B	ENQ	NAK	%	5	E	U	e	u
6H	0110B	NCK	SYN	&	6	F	V	f	v
7H	0111B	BEL	ETB	'	7	G	W	g	w
8H	1000B	BS	CAN	(	8	H	X	h	x
9H	1001B	HT	EM	)	9	I	Y	i	y
AH	1010B	LF	SUB	*	:	J	Z	j	z
BH	1011B	VT	ESC	+	;	K	[	k	{
CH	1100B	FF	FS	,	<	L	\	l		
DH	1101B	CR	GS	-	=	M	]	m	}
EH	1110B	SO	RS	.	>	N	↑	n	~
FH	1111B	SI	US	/	?	O	←	o	DEL

表 1.4　0～9 的 7 位 ASCII 码和 8 位奇校验 ASCII 码

7 位 ASCII 码	8 位奇校验 ASCII 码	7 位 ASCII 码	8 位奇校验 ASCII 码
011 0000B	1011 0000B	011 0101B	1011 0101B
011 0001B	0011 0001B	011 0110B	1011 0110B
011 0010B	0011 0010B	011 0111B	0011 0111B
011 0011B	1011 0011B	011 1000B	0011 1000B
011 0100B	0011 0100B	011 1001B	1011 1001B

奇偶校验码中，校验位只用来使每组二进制编码中"1"的个数具有奇偶性，并无其他信息内容，故在信息处理中常应将该位屏蔽掉。

奇偶校验码常用于数据传送中，用来检测被传送的一组代码是否出错。例如对奇校验码来说，由于校验位的补奇作用，已使每组二进制编码"1"的个数为奇。若传送过程中少一个"1"或多一个"1"，都会使"1"的个数为偶，据此即可发现数据传送出错。偶校验码与奇校验码一样，也具有同样的检错能力。但是，奇(偶)校验码只能发现有无出错，却不能判断出错位置。并且，奇(偶)校验码对传送中出现两个"1"或两个"0"的双重差错是无能为力的。

3. 汉字的二进制编码表示

计算机用于事务处理时，需要输入、处理和输出汉字。汉字也必须用若干位二进制编码来表示，方能为计算机识别和处理。然而，到底需要多少位二进制编码来表示汉字呢？显然，这主要取决于一个计算机所能输入、存储和处理的汉字个数。1981 年我国制定了中华人民共和国标准信息交换用汉字编码，即 GB2312-80 国标码。该标准编码定义了一级和二级汉字字符集及其编码，共收录了 7445 个汉字和图形符号，分为三部分。

1) 字母、数字和符号

字母、数字和符号共 682 个，它们是：

(1) 包括间隔符、标点、运算符、单位符号和制表符在内的一般符号，共 202 个；

(2) 序号 60 个，包括 1.～20.(20 个)、(1)～(20)(20 个)、①～⑩(10 个)、（一）～（十）(10 个)；

(3) 数字 22 个,包括 0～9 和 I～XII；

(4) 英文字母大小写各 26 个，共 52 个；

(5) 日文平假名 83 个；

(6) 日文片假名 86 个；

(7) 希腊字母大小写各 24 个，共 48 个；

(8) 俄文字母大小写各 33 个，共 66 个；

(9) 汉语拼音符号 26 个；

(10) 汉语注音字母 37 个。

2) 一级常用汉字

一级常用汉字共 3755 个，按汉语拼音排列。

3) 二级常用汉字

二级常用汉字共 3008 个，按偏旁部首排列。

GB2312 国标字符集是排列成 94 行×94 列的二维码表。每个汉字或符号在码表中都有各自固定的位置，对应着一个唯一的位置编码，即该汉字或符号所在的行号(亦称区号)和列号(亦称位号)的二进制编码(区号及位号均为 7 位二进制编码，且区号在左，位号在右，共14 位二进制编码)，称为区位码。这就是说，字符集中的每个汉字、符号或标准图形都可用唯一的区位码表示。实际应用中，将区位码的区号和位号分别加 100000B(32)，便形成相应的国标码，例如汉字"常"的区位码为

$$0010011B\ 0000011B(13H\ 03H)$$

则对应的国标码为

$$0110011B\ 010011B(33H\ 23H)$$

为区别汉字编码与 ASCII 码，通常汉字编码的存储和传送以内码方式进行。对于一台计算机来说，可以有多种汉字输入方式，即对应着多种汉字输入码，但汉字的内码却是统一的。所谓汉字的内码，是将国标码的区号及位号均扩展为 8 位，且将各自的最高位置"1"而成。例如，汉字"常"的国标码为

$$011\ 0011B\ 010\ 0011B(33H\ 23H)$$

机器内码为

$$1011\ 0011B\ 1010\ 0011B(B3H\ A3H)$$

1.3 微型计算机中的数据的表示方法

1.3.1 常用数据类型

为了解决一个实际问题而在微型机上编程时，首先要熟悉微型机中的数据类型。80X86系列微机中，常用的数据类型包括带符号整数、无符号整数、BCD数(包括压缩的和非压缩的二—十进制码)、字符串、位、浮点数。

1. 数据在内存储器中的存储方式

微型机中的内存储器(简称内存)用来存储参加运算的操作数、运算的中间结果和最后结果。数据在内存中常以字节(Byte，8位二进制数称为一个字节)为单位进行存储。所以，可以说内存储器是有唯一地址的字节的有序阵列。一个字节占用内存的一个地址，称为一个存储单元。存储单元的地址从 0 开始，直到 CPU 所能支持的最高地址。80386 有 32 根地址总线，共有 $2^{32}(4G \approx 4 \times 10^9)$ 个存储单元。

当二进制数的位数超过 8 位，且为 8 位的倍数时，就需用多个相邻字节来存放。通常称两个相邻字节组成的 16 位二进制数为一个字(Word)，称 4 个相邻字节组成的 32 位二进制数为一个双字(Dword 或 Double Word)。在 80X86 系列微机中，多字节数据的存储采取高位字节在地址号高的存储单元中，低位字节在地址号低的存储单元中的规则，见图 1.1。

注意，图 1.1 中所示的存储方式并不是所有计算机都采用的方法。低位字节在地址号低的存储单元中的规则被称为小端法(little endian)，以 Intel 及其兼容处理器为核心的计算机都采用这种方法；与之相对应的存储方式，即低位字节在地址号高的存储单元被称为大端法(big endian)，以 IBM、Motorola 和 SUN 生产的处理器为核心的计算机则大多采用此方法来存储数据。

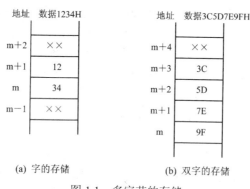

图 1.1 多字节的存储

对于一个字数据来说，若用来存储它的相邻两个存储单元的最低地址号为 m，则该字中低位字节数据便存放于地址号为 m 的存储单元中；高位字节数据存储在地址号为 m + 1 的存储单元中，且称该字的地址为 m。对于一个双字数据来说，若用来存储它的相邻 4 个存储单元的最低地址号为 m，则该双字的最低字节存放于地址号为 m 的存储单元中；最高字节存放在地址号为 m + 3 的存储单元中，且称该双字的地址为 m。

2．整数

80X86 系列微处理器中，参加运算的整数操作数可为 8 位长的字节、16 位长的字；80386/80486 CPU 及其以后的微处理器中，参加运算的整数操作数还可为 32 位长的双字。整数分带符号数和无符号数两种。

1) 无符号数

所谓无符号数，是指字节、字、双字整数操作数中，对应的 8 位、16 位、32 位二进制数全部用来表示数值本身，没有用来表示正负数的符号位，因而只能为正整数。它们在内存中的存放格式见图 1.2，其中位 0 为最低有效位 LSB，位 7、位 15、位 31 分别为字节、字、双字的最高有效位为 MSB。

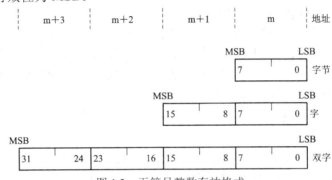

图 1.2　无符号整数存放格式

2) 带符号整数

带符号整数编码的表示法常用的有三种：原码、补码和移码，它们同样具有字节、字及双字三种不同长度的整数类型。

● 原码

对一个二进制数而言，若用最高位表示数的符号(常以"0"表示正数，"1"表示负数)，其余各位表示数值本身，则称为该二进制数的原码表示法。例如，设 $X = + 1011100B$，$Y = -1011100B$，则$[X]_原 = 01011100B$，$[Y]_原 = 11011100B$。$[X]_原$和$[Y]_原$分别为 X 和 Y 的原码，是符号数值化了的数，可在计算机中使用，称为机器数。原来的带正负号的数 X 和 Y 称为相应机器数的真值。原码$[X]_原$和真值 X 之间的关系如下：

(1) 正数的原码表示：设 $X = + X_{n-2}X_{n-3}\cdots X_1X_0$(n−1 位二进制正数)，则

$$[X]_原 = 0X_{n-2}X_{n-3}\cdots X_1X_0$$

它是一个 n 位二进制数，其中最高位为符号位。

(2) 负数的原码表示：设 $X = -X_{n-2}X_{n-3}\cdots X_1X_0$(n−1 位二进制负数)，则

$$[X]_原 = 1X_{n-2}X_{n-3}\cdots X_1X_0 = 2^{n-1} + X_{n-2}X_{n-3}\cdots X_1X_0$$
$$= 2^{n-1} - (- X_{n-2}X_{n-3}\cdots X_1X_0) = 2^{n-1} - X$$

它也是一个 n 位二进制数，其中最高位为符号位。

(3) 零的原码表示：在二进制原码表示中有正零和负零之分，即

$$[+ 0]_原 = 000\cdots 00B \text{ (n 位二进制数，最高位为符号位)}$$
$$[-0]_原 = 100\cdots 00B \text{ (n 位二进制数，最高位为符号位)}$$

综上所述，原码和真值的关系可归纳为如下数学定义式：

当 X≥+0 时，$[X]_原 = X$

当 X≤−0 时，$[X]_原 = 2^{n-1} - X$

● 补码

(1) 补码的定义。根据同余的概念

$$X + NK = X \qquad \mathrm{mod}\ K$$

其中 K 为模，N 为任意整数。该式的含义是，数 X 与该数加上其模的任意整数倍之和相等。当 N = 1 时，得

$$[X]_{补数} = X + K \qquad \mathrm{mod}\ K$$

当 0≤X<K 时，$[X]_{补数} = X$

当 −K≤X<0 时，$[X]_{补数} = X+K$

设计算机中一个机器数的字长为 n，则当两个机器数相加时，若和的最高位产生进位，便会丢掉，这正是在模的意义下相加的概念。相加时丢掉的进位即等于模。

一个二进制数，若以 2^n 为模(n 为二进制数位数，它通常与计算机中机器数的长度一致)，它的补码叫做 2 补码，以后把 2 补码简称补码，即

当 $0≤X≤2^{n-2}$ 时，$[X]_补 = X$

当 $-2^{n-1}≤X≤0$ 时，$[X]_补 = 2^n + X$

同理，一个十进制数若以 10^n 为模，它的补码叫做 10 补码。

可以看出，正数的补码与原码相同，只有负数才有求补码的问题。

(2) 补码的求法。

① 根据定义求。即

$$[X]_补 = 2^n + X = 2^n - |X| \qquad X<0，\mathrm{mod}\ 2^n$$

即负数 X 的补码等于模 2^n 加上其真值，或说减去其真值的绝对值。例如：X = − 1010111B，n = 8，则

$$[X]_补 = 2^8 + (-1010111B)$$
$$= 100000000B - 1010111B = 10101001B \qquad \mathrm{mod}\ 2^8$$

这种方法因为要作一次减法，很不方便。

② 利用原码求。设负数

$$X = - X_{n-2}X_{n-3}\cdots X_1X_0 = -\sum_{i=0}^{n-2} X_i 2^i$$

则

$$[X]_原 = 2^{n-1} + \sum_{i=0}^{n-2} X_i 2^i = 2^{n-1} + X_{n-2}X_{n-3}\cdots X_1X_0$$

$$[X]_补 = 2^n + X = 2^{n-1} + \left(2^{n-1} - \sum_{i=0}^{n-2} X_i 2^i\right)$$

其中，$2^{n-1} = \sum_{i=0}^{n-2} 2^i + 1$，所以

$$[X]_{补} = 2^{n-1} + \left(\sum_{i=0}^{n-2} 2^i - \sum_{i=0}^{n-2} X_i 2^i \right) + 1 = 2^{n-1} + \sum_{i=0}^{n-2} (1-X_i)2^i + 1$$

$$= 2^{n-1} + \sum_{i=0}^{n-2} \overline{X_i} 2^i + 1 = 2^{n-1} + \overline{X_{n-2}}\ \overline{X_{n-3}} \cdots \overline{X_1}\ \overline{X_0} + 1$$

这里定义 $\overline{X_i} = 1 - X_i$。即当 $X_i = 1$ 时，$\overline{X_i} = 0$；当 $X_i = 0$ 时，$\overline{X_i} = 1$，也就是说，$\overline{X_i}$ 是 X_i 的变反。上式表明一个负数的补码等于其原码除符号位不变外，其余各位按位求反，再在最低位加 1。如：

$$X = -101\ 0111B$$

则

$$[X]_{原} = 1101\ 0111B$$

$$[X]_{补} = 1010\ 1000B + 1 = 1010\ 1001B$$

如果将 $[X]_{补}$ 再求一次补，即将 $[X]_{补}$ 除符号位不变外其余各位变反加 1，就得到 $[X]_{原}$，用公式表示为

$$[X]_{补}]_{补} = [X]_{原}$$

证明从略。例如：

$$[X]_{原} = 1101\ 0111B,\ [X]_{补} = 1010\ 1001$$

则

$$[[X]_{补}]_{补} = 1101\ 0110B + 1 = 1101\ 0111B = [X]_{原}$$

③ 简便的直接求补法。在上述将 $[X]_{原}$ 除符号位外变反加 1 的方法中，因为要在按位变反后的最低位加 1，所以如果变反后的最低位是 1，则要变成 0，并产生一个进位加到次低位。如果次低位也是 1，它也变成 0 并产生一个进位加到上一位。这进位一直传递上去，直到某一位原是 0，进位才中止。这样直接从原码求它的补码就应当：从最低位起，到出现第一个 1 以前(包括第一个 1)原码中的数字不变，以后逐位取反，但符号位不变。

【例 1.1】　试用直接求补码法求 $X_1 = -101\ 0111B$ 及 $X_2 = -111\ 0000B$ 的补码 $[X_1]_{补}$ 和 $[X_2]_{补}$。

　　解　$X_1 = -1010111B$

$$[X_1]_{原} = 1\ \underbrace{10101}_{取反}\ \underbrace{11B}_{\text{第一个1不变}}$$
符号位不变

由原码求补码：　　　　　$[X_1]_{补} = 1\ 0101001B$

$X_2 = -111\ 0000B$

$$[X_2]_{原} = 1\ \underbrace{11}_{取反}\ \underbrace{10000B}_{\text{第一个1及其后边各位不变}}$$
符号位不变

由原码求补码：　　　　　$[X_2]_{补} = 1\ 00\ 10000B$

● 移码

移码是在数的真值上加一个偏移量形成的，它的定义如下：

$$[X]_{移} = 2^{n-1} - 1 + X \qquad 2^{n-1} \geqslant X > -2^{n-1}$$

其中 X 表示二进制数真值，n 表示包括符号位和数值部分在内的二进数位数，$2^{n-1} - 1$ 为偏移量。例如，若 $X = +10010B = 18$，$Y = -10010B = -18$，则 $[X]_{移} = 110001B$，$[Y]_{移} = 001101B$。

根据移码定义，可得如下结论：移码在数轴上表示的范围恰好相当于它的真值在数轴上的表示范围向正方向移动 $2^{n-1}-1$ 个单位(见图 1.3)，故有移码(即偏移二进制码)之称。

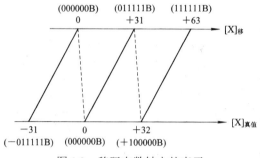

图 1.3   移码在数轴上的表示

3) 带符号数的运算

上已述及，计算机中带符号数的表示法有原码、补码及移码。用原码表示数时，仅仅是将真值的符号位用一位二进制数来表示，因而原码数的运算完全类同于正负数的笔算。比如两个正数相减，如果被减数的绝对值小于减数的绝对值，笔算时，就必须把两者颠倒过来再作减法，并把求得的差加上负号。用计算机实现时，过程是先比较两个数绝对值的大小，然后决定是颠倒过来相减还是直接相减，最后在结果前面加上正确的正负号。由于原码数的运算类同于笔算，因此处理过程非常繁琐，要求计算机的结构也极为复杂。但是，原码法表示数时，最大的优点是直观。浮点数的有效数字常用原码表示，二进制乘除法运算时，也多采用原码表示法。

若计算机中的带符号二进制数以补码形式表示，则当两个二进制数进行补码加减法运算时，一方面可以使符号位与数一起参加运算；另一方面还可以将减数变补与被减数相加来实现，即

$$[X \pm Y]_{\text{补}} = [X]_{\text{补}} + [\pm Y]_{\text{补}} \qquad |X|, |Y|, |X+Y| < 2^{n-1}$$

其中，$[-Y]_{\text{补}} = [Y]_{\text{变补}}$。它是将 $[Y]_{\text{补}}$ 包括符号位在内全部变反加 1 求得的，也可先由 $[Y]_{\text{补}}$ 求出 $[-Y]_{\text{原}}$，再求 $[-Y]_{\text{补}} = [Y]_{\text{变补}}$。

【例 1.2】   用补码进行下列运算(设 $n = 8$)：

(1) $(+18)+(-15)$ (2) $(-18)+(+15)$ (3) $(-18)+(-11)$

解   (1)

$$
\begin{array}{r}
0001\ 0010B\quad [+18]_{\text{补}} \\
+\quad 1111\ 0001B\quad [-15]_{\text{补}} \\
\hline
1\quad 0000\ 0011B\quad [+3]_{\text{补}}
\end{array}
$$

↑   最高位(符号位)为0, 结果为正

符号位的进位，丢掉

(2)

$$
\begin{array}{r}
1110\ 1110B\quad [-18]_{\text{补}} \\
+\quad 0000\ 1111B\quad [+15]_{\text{补}} \\
\hline
1111\ 1101B\quad [-3]_{\text{补}}
\end{array}
$$

最高位(符号位)为1, 结果为负

(3)

$$
\begin{array}{r}
1110\ 1110B\quad [-18]_{补} \\
+\quad 1111\ 0101B\quad [-11]_{补} \\
\hline
1\quad 1110\ 0011B\quad [-29]_{补}
\end{array}
$$

　　　　　　　↑　　最高位(符号位)为1, 结果为负

符号位的进位, 丢掉

【**例 1.3**】　　用补码进行下列运算(设 n = 8):

(1) 96 −19　　　　　(2) (−56) − (−17)

解　(1) X = 96, Y = 19, 则

$$[X]_{补} = [X]_{原} = 0110\ 0000B$$
$$[Y]_{补} = [Y]_{原} = 0001\ 0011B$$
$$[-Y]_{补} = 1110\ 1101B$$

$$
\begin{array}{r}
0110\ 0000B\quad [X]_{补} \\
+\quad 1110\ 1101B\quad [-Y]_{补} \\
\hline
0100\ 1101B\quad [X-Y]_{补}=[X-Y]_{原}=+77
\end{array}
$$

　　　　　　　　↑

符号位为 0, 结果位为正

(2) X = −56, Y = −17, 则

$$[X]_{原} = 1011\ 1000B$$
$$[X]_{补} = 1100\ 1000B$$
$$[Y]_{原} = 1001\ 0001B$$
$$[Y]_{补} = 1110\ 1111B$$
$$[-Y]_{补} = 0001\ 0001B$$

$$
\begin{array}{r}
1100\ 1000B\quad [X]_{补} \\
+\quad 0001\ 0001B\quad [-Y]_{补} \\
\hline
1101\ 1001B\quad [X-Y]_{补}
\end{array}
$$

　　　　　　↑

符号位为1, 结果位负数的补码, 可对[X−Y]_{补}
再求补, 得[X-Y]_{原}=1010 0111B

　　符号位为 1, 结果为负数的补码, 可对[X−Y]_{补}再求补, 得[X-Y]_{原} = 1010 0111B
　　由于补码进行减法运算是可用加法来代替, 且符号位也可以和数一起参加运算的, 使计算机的运算速度大大提高, 同时也简化了计算机的硬件结构。因而, 计算机在进行加减运算时, 都采用补码法表示数。然而, 采用补码法表示数时, 最大的缺点是其表示方法与人们习惯的表示法不一致。从它的表示形式来判断一个数真值的大小很易出错。例如, 若 X = +10010B = +18, Y = −10010B = −18, 则[X]_{补} = 010010B, [Y]_{补} = 101110B, 很容易按人们的习惯表示法判断出 101110B＞010010B(即 −18＞+ 18)而出错。
　　移码法表示数时, 克服了补码表示法与人们习惯表示法不一致的缺点。它使最小的负数变为 0, 最大的正数变为最大数(11…11), 见表 1.5。因而, 采用移码法表示数时可很方便地判断出其真值的大小。移码表示法常用作模/数(A/D)转换器和数/模(D/A)转换器的双极性

编码，也可用在浮点数的阶码中。

表 1.5　带符号整数格式

十进制值	原　码	补　码	移码(偏移量 = 127)
128	—	—	1111 1111B
127	0111 1111B	0111 1111B	1111 1110B
126	0111 1110B	0111 1110B	1111 1101B
⋮	⋮	⋮	⋮
2	0000 0010B	0000 0010B	1000 0001B
1	0000 0001B	0000 0001B	1000 0000B
0	0000 0000B	0000 0000B	0111 1111B
−0	1000 0000B	—	—
−1	1000 0001B	1111 1111B	0111 1110B
−2	1000 0010B	1111 1110B	0111 1101B
⋮	⋮	⋮	⋮
−126	1111 1110B	1000 0010B	0000 0001B
−127	1111 1111B	1000 0001B	0000 0000B
−128	—	1000 0000B	—

注：—表示此项为无此值项。

4) 无符号数的运算

对两个无符号数进行补码加/减运算，无疑下面公式是正确的：

$$[X]_补 + [Y]_补 = [X \pm Y]_补 \qquad X, Y \ 及(X \pm Y)都小于 2^n$$

这就是说，两个无符号数进行加法运算，只要和的绝对值不超过整个字长，就不溢出，则和也一定为正数的补码形式，它等于和的原码；两个无符号数相减，可用减数变补与被减数相加来求得。减数变补，意即将整个减数变反加 1，或者说用模 2^n 减去减数，即

$$[Y]_{变补} = 2^n - Y$$

这样

$$X + [-Y]_补 = X + [Y]_{变补} = X + 2^n - Y = 2^n + (X - Y) = X - Y \qquad \mathrm{mod} \ 2^n$$

由此得出如下两点结论：

(1) 若 $X \geqslant Y$，则二者直接相减时无借位，差值为正，$X + [Y]_{变补}$ 的和必大于 2^n，最高位有进位，得到的和为正数$[X-Y]$的补码。它等于$[X-Y]_原$。

(2) 若 $X < Y$，则二者直接相减时有借位，差值为负，但 $X + [Y]_{变补}$ 的和必小于 2^n，最高位无进位，得到的和为负数$[X-Y]$的补码。

在计算机中，对两个无符号数进行补码减法运算时，要判断结果是正数还是负数，必须看减数变补与被减数相加时有无进位。有进位，表示二数直接相减无借位，结果为正；无进位，表示二数直接相减有借位，结果位为负。

【例 1.4】　用补码进行下列运算(n = 8)：

(1) 96 − 19　　　(2) 19 − 96

解　(1) X = 96，Y = 19，则

$$X = 0110 \ 0000B$$

$$Y = 0001\ 0011B$$

$$[-Y]_{补} = [Y]_{变补} = 1110\ 1101B$$

$$\begin{array}{r} 0110\ 0000B \quad X \\ +\quad 1110\ 1101B \quad [-Y]_{补} \\ \hline 1\ 0100\ 1101B \quad [X-Y]_{补} \end{array}$$

由于减数变补与被减数相加时，最高位有进位，表示二数直接相减时，最高位无借位，结果位为正，故

$$[X-Y]_{原} = [X-Y]_{补} = 0100\ 1101B = 77$$

(2) X = 19，Y = 96，则

$$X = 0001\ 0011B$$

$$Y = 0110\ 0000B$$

$$[-Y]_{补} = [Y]_{变补} = 1010\ 0000B$$

$$\begin{array}{r} 0001\ 0011B \quad X \\ +\quad 1010\ 0000B \quad [-Y]_{补} \\ \hline 1011\ 0011B \quad [X-Y]_{补} \end{array}$$

由于减数变补与被减数相加时，最高位无进位，表示二数直接相减时，最高位有借位，结果为负数的补码。

综上所述，不管参加运算的两个 n 位二进制数是带符号的补码形式，还是无符号的数，对计算机来说，处理方法都是一样的。作加法时，直接将二数相加即可；作减法时，是用减数变补与被减数相加来实现的。只不过两种情况下，结果的正负判别方法不同而已。若参加运算的两数为带符号的补码形式，则结果的正负以最高位(符号位)来判别，最高位为 0 是正数，最高位为 1 是负数(见例 1.2 及例 1.3，以运算结果不溢出为条件)；若参加运算的两数为无符号的数，则加法结果必为正数(以运算结果不溢出为条件)，没有符号位。而减法结果的正负应以最高位有无进位来判断：减数变补与被减数相加时最高位有进位，表示两数直接相减时无借位，结果为正；减数变补与被减数相加时最高位无进位，表示两数直接相减时有借位，结果为负(见例 1.4)。

实际运算时，若将补码加/减法的公式稍作改变，便可得

$$[X \pm Y]_{补} = [X]_{补} + [\pm Y]_{补} = [X]_{补} \pm [Y]_{补}$$

即对加法来说，二数补码之和等于和的补码；而对减法来说，二数补码之差等于差的补码。

【例 1.5】　用公式 $[X]_{补} - [Y]_{补} = [X-Y]_{补}$ 重作下列减法运算(设 n = 8)：

(1) 96−19　　　　(2) 19−96

解　(1) X = 96，Y = 19，则

$$[X]_{补} = [X]_{原} = 0110\ 0000B$$

$$[Y]_{补} = [Y]_{原} = 0001\ 0011B$$

$$\begin{array}{r} 0110\ 0000B \quad [X]_{补} \\ -\quad 0001\ 0011B \quad [Y]_{补} \\ \hline 0100\ 1101B \quad [X-Y]_{补} = [X-Y]_{原} = 77 \end{array}$$

若将二数看做有符号数，则差的符号位为 0，表明结果为正；若将二数看做无符号数，由于 0110 0000B(96)>0001 0011B(19)，二数相减时最高位无借位，结果为正。

(2) X = 19，Y = 96，则

$$[X]_{补} = [X]_{原} = 0001\ 0011B$$

$$[Y]_{补} = [Y]_{原} = 0110\ 0000B$$

$$\begin{array}{r} 0001\ 0011B\quad X \\ -\quad 0110\ 0000B\quad Y \\ \hline 1011\ 0011B\quad [X-Y]_{补} \end{array}$$

由于 0001 0011B(19)＜0110 0000B(96)，二数相减时最高位有借位，所得差为负数的补码。

根据本例可见，对减法来说，既可采用减数变补与被减数相加的方法来实现，也可采用两个补码数直接相减的方法来实现，两种方法可获得完全相同的结果。

5) 溢出判别

当两个带符号的二进制数进行补码运算时，若运算结果的绝对值超过运算装置的容量，数值部分便会发生溢出，占据符号位的位置，从而引起计算出错。这和补码运算过程中的正常溢出(符号位的进位)性质上是不同的。正常溢出是以 2^n(n 为二进制数的位数)为模的溢出，它被自然丢失，不影响结果的正确性。例如某计算装置共 5 位字长，除符号位外还有 4 位用来表示数值，补码运算中的溢出和符号位的进位举例说明如下：

$$\begin{array}{r} +13\quad 01101B \\ +\quad +7\quad 00111B \\ \hline +20\quad 10100B \\ \uparrow \\ 溢出 \end{array} \qquad \begin{array}{r} -4\quad 11100B \\ +)\quad -4\quad 11100B \\ \hline -8\quad 1\ 11000B \\ \uparrow \\ 符号位进位，自然丢失 \end{array}$$

任何一种运算都不允许发生溢出，除非是只利用溢出作为判断而不使用所得的结果。所以当溢出发生时，应使计算机停机或进入检查程序找出溢出原因，然后作相应处理。

微型机中常用的溢出判别法是双高位判别法。为讲清双高位判别法，首先引进两个附加的符号，即

C_s：表征最高位(符号位)的进位(对加法)或借位(对减法)情况。如有进位或借位，$C_s = 1$；否则，$C_s = 0$。

C_p：表征数值部分最高位的进位(对加法)或借位(对减法)情况。如有进位或借位，$C_p = 1$；否则，$C_p = 0$。

设微型计算机的字长为 n，则两个带符号数的绝对值都应小于 2^{n-1}。因而只有当两数同为正或同为负，并且和的绝对值又大于 2^{n-1} 时，才会发生溢出。两个正数相加，若数值部分之和大于 2^{n-1}，则数值部分必有进位 $C_p = 1$，而符号位却无进位 $C_s = 0$。这种 $C_s C_p$ 的状态为"01"的溢出称为"正溢出"。

【例 1.6】　试判断下面加法的溢出情况：

$$\begin{array}{r} 0101\ 1010B\quad +90 \\ +\quad 0110\ 1011B\quad +107 \\ \hline 1100\ 0101B\quad +197 \end{array}$$

$C_s = 0$，$C_p = 1$，正溢出，结果出错

两个负数相加，若数值部分绝对值之和大于 2^{n-1}，则数值部分补码之和必小于 2^{n-1}，$C_p = 0$，而符号位肯定有进位 $C_s = 1$。这种 $C_s C_p$ 的状态为"10"的溢出称为"负溢出"。

【例 1.7】 试判断下面加法的溢出情况：

$$
\begin{array}{r}
1001 \quad 0010B \quad [-110]_{补} \\
+ \quad 1010 \quad 0100B \quad [-92]_{补} \\
\hline
10011 \quad 0110B \quad +54
\end{array}
$$

$C_s = 1$，$C_p = 0$，负溢出，结果出错

综上所述，可以看出当 C_s、C_p 的状态不同时(为 01 态或 10 态)，产生溢出。那么两数相加不溢出时，C_s、C_p 的状态又怎样呢？不溢出时，C_s、C_p 的状态总是相同的。请看下面几例。

【例 1.8】 两个正数相加，和的绝对值小于 2^{n-1} 时，$C_s = 0$，$C_p = 0$，无溢出发生。

$$
\begin{array}{r}
0010 \quad 1101B \quad +45 \\
+ \quad 0010 \quad 1101B \quad +45 \\
\hline
0101 \quad 1010B \quad +90
\end{array}
$$

$C_s = 0$，$C_p = 0$，无溢出，结果正确

【例 1.9】 两个负数相加，其和的绝对值小于 2^{n-1} 时，$C_s = 1$，$C_p = 1$，无溢出发生。

$$
\begin{array}{r}
1111 \quad 1110B \quad [-2]_{补} \\
+ \quad 1111 \quad 1110B \quad [-2]_{补} \\
\hline
1111 \quad 1100B \quad [-4]_{补}
\end{array}
$$

$C_s = 1$，$C_p = 1$，无溢出，结果正确

【例 1.10】 一个正数和一个负数相加，和肯定无溢出。若和为正数，则 $C_s = 1$，$C_p = 1$；若和为负数，则 $C_s = 0$，$C_p = 0$。

$$
\begin{array}{r}
1000 \quad 1011B \quad [-117]_{补} \\
+ \quad 0111 \quad 1001B \quad +121 \\
\hline
1 \quad 0000 \quad 0100B
\end{array}
\qquad
\begin{array}{r}
1111 \quad 0100B \quad [-12]_{补} \\
+ \quad 0000 \quad 1001B \quad +9 \\
\hline
1111 \quad 1101B \quad -3
\end{array}
$$

$C_s = 1$，$C_p = 1$，无溢出，结果正确 　　　　　　 $C_s = 0$，$C_p = 0$，无溢出，结果正确

以上分析了两数相加时，溢出情况的判别。两数相减时，溢出情况的判别完全可以归类于上述情况。即减数变补与被减数相加或两个补码数直接相减后，若 C_s 和 C_p 同为 0 或同为 1，便无溢出发生，只有当 C_s 和 C_p 为 10 或 01 状态时才会发生溢出。

【例 1.11】 设 X = 90，Y = 107，试对减法操作：X - Y 进行溢出判别。

解 (1) 采用公式 $[X-Y]_{补} = [X]_{补} - [Y]_{补}$ 进行减法运算，并判断溢出情况。

$$
\begin{array}{r}
0101 \quad 1010B \quad X \\
+ \quad 0110 \quad 1011B \quad Y \\
\hline
1110 \quad 1111B \longrightarrow 1001 \quad 0001B
\end{array}
$$
$$\text{求补}$$

$C_s = 1$，$C_p = 1$，两个正数相减无溢出，但有借位，结果为负，其原码为 1001 0001B = -17

(2) 采用公式 $[X - Y]_{补} = [X]_{补} + [-Y]_{补}$ 进行减法运算，并判断溢出情况。

·22· 微型计算机原理

$$
\begin{array}{r}
0101\ 1010B \quad X \\
+\ 1001\ 0101B \quad [-Y]_{补} \\
\hline
1110\ 1111B \longrightarrow 1001\ 0001B \\
求补
\end{array}
$$

$C_s = 1$，$C_p = 1$，由于减数变补与被减数相加时，最高位及次高位均无进位，表明二数直接相减时最高位和次高位均有借位，即 $C_s = 1$，$C_p = 1$，无溢出

【例 1.12】 设 $X = -110$，$Y = 32$，试对减法操作：$X - Y$ 进行溢出判别。

解 (1) 采用公式 $[X-Y]_{补} = [X]_{补} - [Y]_{补}$ 进行减法运算，并判断溢出情况。

$$
\begin{array}{r}
1001\ 0010B \quad [-110]_{补} \\
-\ 0010\ 0000B \quad [+32]_{补} \\
\hline
0111\ 0010B
\end{array}
$$

$C_s = 0$，$C_p = 1$，负溢出

负数减正数，结果应为负，但由于结果的绝对值超过数值部分的容量，产生溢出

(2) 采用公式 $[X-Y]_{补} = [X]_{补} + [-Y]_{补}$ 进行减法运算，并判断溢出情况。

$$
\begin{array}{r}
1001\ 0010B \quad [-110]_{补} \\
-\ 1110\ 0000B \quad [-32]_{补} \\
\hline
1\ 0111\ 0010B
\end{array}
$$

$C_s = 0$，$C_p = 1$，负溢出

由于减数变补与被减数相加时，最高位与次高位分别有进位和无进位，表明二数值直接相减时最高位及次高位分别无借位及有借位，即 $C_s = 0$，$C_p = 1$，结果有溢出

6) 算术移位

二进制数在寄存器或存储器中进行算术移位时，每左移一位，它表示的量的绝对值应增大 1 倍(如果没有溢出)；每右移一位，它表示的量的绝对值应减少一半。为此，在各种情况下对溢出的空位应补入不同的数。

(1) 对于正数，左移或右移时空位都补以 0。

例如：一个正的 8 位二进制数为

$$
\begin{array}{lll}
& 0000\ 1110B & +14 \\
左移一位后为 \quad \leftarrow & 0001\ 1100B \leftarrow 补\ 0 & +28 \\
右移一位后为 \quad 补\ 0 \rightarrow & 0000\ 0111B & +7
\end{array}
$$

(2) 补码法表示的负数，左移时最低位补以 0，右移时最高位补以 1。

例如：一个负的 8 位二进制补码数为

$$
\begin{array}{lll}
& 1111\ 0010B & [-14]_{补} \\
左移一位后为 \quad \leftarrow & 1110\ 0100B \leftarrow 补\ 0 & [-28]_{补} \\
右移一位后为 \quad 补\ 1 \rightarrow & 1111\ 1001B \rightarrow & [-7]_{补}
\end{array}
$$

7) 有关 0 的问题

表 1.5 列出带符号整数各种表示法的比较。从表 1.5 中可看出，原码表示法中出现 +0 和 −0。补码表示法中，1000 0000B 表示 −128，而不是 −0。从下列两例中可看出这种表示法是正确的。

【例 1.13】 设 $[-128]_{补} = 1000\ 0000B$，则下列运算正确。

```
        -64        1100 0000B                    -128       1000 0000B
    +)  -64    +   1100 0000B                +)  +127   +   0111 1111B
    ────────────────────────────            ────────────────────────────
        -128       11000 0000B = [-128]补        -1         1111 1111B = [-1]补
```

符号位进位丢掉

【例 1.14】　若误认为 $[-0]_补 = 1000\ 0000B$，运算便会出错：

```
        -0                              1000 0000B
    +)  +1                          +   0000 0001B
    ──────────────                  ────────────────────────────
        +1                              1000 0001B = -127 + 1
```

因此，一个 n 位带符号二进制数补码所能表示的最大正数是 $2^{n-1}-1$，最小负数的数值是 -2^{n-1}。例如：

8 位字长，用补码所表示的数值范围是 $-128 \sim +127$；

16 位字长，用补码所表示的数值范围是 $-32\ 768 \sim +32\ 767$；

32 位字长，用补码所表示的数值范围是 $-2G \sim +(2G-1)$。

其中 G 约为 10^9。

一个 n 位无符号整数所表示的数值范围是 $0 \sim 2^n-1$。例如：

8 位无符号整数所表示的数值范围是 $0 \sim 255$；

16 位无符号整数所表示的数值范围是 $0 \sim 65\ 535$；

32 位无符号整数所表示的数值范围是 $0 \sim (4G-1)$；

表 1.6 给出常用的几种 2 的次幂的缩简表。从表 1.5 也可看出移码表示法中也没有 -0 这个数，或说移码没有 $+0$ 和 -0 之分。

表 1.6　2 的次幂的缩简表

简　　写	2 的次幂	十进制值
1K	2^{10}	1024
4K	2^{12}	4096
16K	2^{14}	16 384
32K	2^{15}	32 768
64K	2^{16}	65 536
2G	2^{31}	2 147 483 648
4G	2^{32}	4 294 967 296

3. 字符串

字符串是 80X86 系列微处理器处理的数据类型之一。字符串包括字节串、字串和双字串(仅在 80386/80486 CPU 及其以后的微处理器中才有)，它们分别是字节、字、双字的相邻序列，其格式见图 1.4。80386 中对字符串的操作包括字符串的传送转移，两个字符串的比较，在一个字符串中查找关键字或用固定的值填充字符串等。

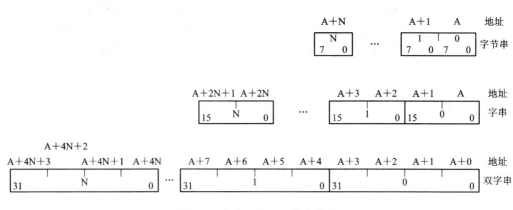

图 1.4 字节、字、双字字符串

4. 位及位串

80X86 系列 CPU 中都支持对某一二进制位的操作，这是十分重要的，因为操作数用单一的位来表示是很常用的。例如，用某一二进制位来表征一个打印机忙(位值为 1)或闲(位值为 0)等。位操作数总是位于位串中。对位操作只有 80386/80486 CPU 及其以后的微处理器才有。一个位串最长可包含 2^{32} 个位，图 1.5 示出位串在内存中的布局。一个位在位串中的地址称为位偏移量，用 32 位带符号二进制整数来表示，取值范围为 −2G～(2G−1)。

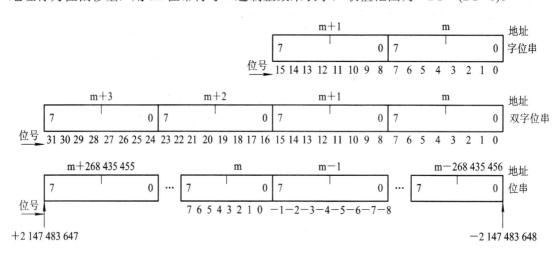

图 1.5 位串在内存中的布局

图 1.5 中最长的位串包含 $2^{29}(2^{32} \div 8)$ 个字节，从字节(m−2^{28})到字节(m + 2^{28}−1)。位偏移量由地址和余数组成。位偏移量除以 8，可得到该位所在字节的地址；位偏移量除以 8 后取余数，便得到被检索位在所在字节中的位置。

图 1.6 给出两个求偏移量的例子，例 1 的偏移量为 23，故得字节地址为 2，余数为 7，即该位在第 m+2 字节中的第 7 位；例 2 中位偏移量为 −18，得字节地址位为 −3，位余数为 6，即该位在第 m−3 字节的第 6 位。

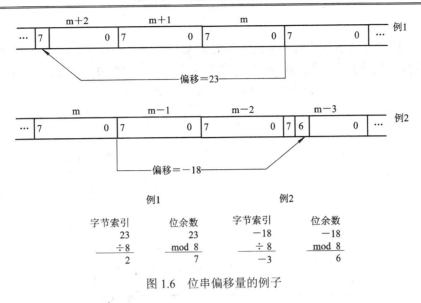

图 1.6　位串偏移量的例子

5. 组合 BCD 数、分离 BCD 数及 ASCII 码

80X86 系列微处理器中支持组合 BCD 数及分离 BCD 数，可对这两种 BCD 数进行加、减、乘、除运算，其中乘、除法运算只能对分离 BCD 数进行。

所谓组合 BCD 数，是指用一个字节表示 2 位 BCD 数，例如：组合 BCD 数 0101 0100B ＝ 54H，其十进制值为 54。

所谓分离 BCD 数，是指一个字节只能用低 4 位表示 BCD 数，高 4 位为 0。例如：分离 BCD 数 0000 0101B ＝ 05H，其十进制值为 5。

作为常用的操作数类型之一，80X86 系列微处理器也支持 ASCII 码，并可把 ASCII 码表示的十进制数经一定变换后，作为分离 BCD 码进行加、减、乘、除运算。

1.3.2　数学协处理器的数据格式

80X86 系列的数学协处理器包括 8087、80287、80387 等。它们分别与 8086/80186、80286、80386 相配，80486 的数学协处理器已集成在芯片内部。数学协处理器的主要任务是支持浮点运算。80387 等数学协处理器可支持 7 种数据类型，它们的二进制位数与十进制值大致范围列于表 1.7。

表 1.7　80387 支持的数据类型

数 据 类 型	二进制位数	十进制值大致范围
字整数	16	$-32\ 768 \leqslant X \leqslant 32\ 767$
短整数	32	$-2 \times 10^9 \leqslant X \leqslant 2 \times 10^9$
长整数	64	$-9 \times 10^{18} \leqslant X \leqslant 9 \times 10^{18}$
压缩 BCD 数	80	$-99 \cdots 99\ \leqslant X \leqslant 99 \cdots 99 (18\ 位)$
短实数	32	$-3.39 \times 10^{-38} \leqslant X \leqslant 3.39 \times 10^{38}$
长实数	64	$-1.80 \times 10^{-308} \leqslant X \leqslant 1.80 \times 10^{308}$
临时实数	80	$-1.19 \times 10^{-4932} \leqslant X \leqslant 1.19 \times 10^{4932}$

1. 整型数

80387 支持的三种整型数格式见图 1.7,它们都以二进制补码形式表示。可以看出,80387 支持的字整数和短整数分别与 80386 支持的带符号字及双字整数相对应;80387 支持的长整数 80386 不支持,而 80386 支持的字节整数 80387 不支持。

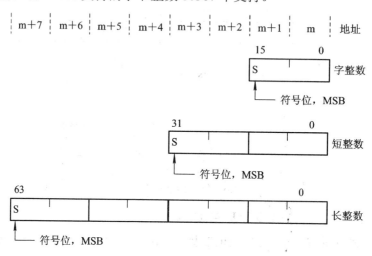

图 1.7　80387 的整型数(二进制补码)

2. BCD 码

80387 支持的 BCD 数为 80 位的压缩 BCD 数。80 位二进制数可以表示 20 位 BCD 数。但在 80387 支持的 BCD 数中,只用了 18 位 BCD 数。这正好与某些高级语言的标准符合,而最高 8 位二进制数中用一位二进制数表示 BCD 数的符号(该位为 0 表示为正,为 1 表示为负),其余 7 位二进制数没有用。80387 的 BCD 数格式见图 1.8。其中每一位 BCD 数 d_i 均采用 8421 BCD 码。

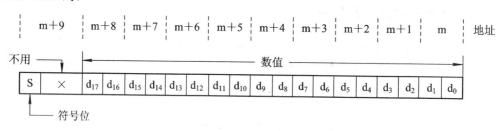

图 1.8　80387 的 BCD 数据类型

3. 实型数

这里所谓的实型数,是指以浮点数格式表示的带小数点的数。如同十进制数一样,任何一个二进制数可以表示成如下形式:

$$N = \pm S \cdot 2^j$$

其中 j 称为指数,S 称为有效数字或尾数。在计算机中若把一个二进制数分成指数和尾数两部分来表示,则这种方法叫做浮点表示法(或称科学表示法)。80387 中一般实型数格式见图 1.9,其中符号位表示实型数的符号。若符号位为 1,表示该数为负;反之为正。指数通常采用偏移二进制码(移码表示法)来表示，称为偏移指数或增阶指数，它实际上指明了实型数中小数点的位置。尾数是实型数中的有效数字部分。由于浮点表示法中同一个数可以有多种表示形式，例如：$2 = 10B = 1000.0B \times 2^{-2} = 100.0 \times 2^{-1} = 10.0B \times 2^{0} = 1.0B \times 2^{+1} = 0.1 \times 2^{+2}\cdots$因而，80387 规定，任何实型数只能用如下格式表示：

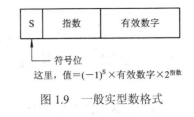

图 1.9 一般实型数格式

$$1.\times\times \cdots \times\times \cdot 2^{n} \quad (\times 表示 1 或 0)$$

这就是说实型数中的尾数部分小数点前有且仅有一位，该位永远为 1。

表 1.7 中三种实型数的浮点表示格式见图 1.10。对 32 位的短实型数来说，符号位 1 位、指数 8 位、有效数字 23 位；对 64 位的长实型数来说，符号位 1 位、指数 11 位、有效数字 52 位；对临时实型数来说，符号位 1 位、指数 15 位、有效数字 64 位。由于 80387 规定尾数部分小数点前仅有一位，且该位永远为 1，在短实型数及长实型数中，这个 1 便未占位置，而以隐藏的方式给出。图中"隐藏 1"便是这个位于小数点前的永远为 1 的位。例如，若尾数为 0101…001B，则它的有效数字实际应为 1.0101…001B。这样无疑可以增加有效数字的位数，提高数据表示的精度。图 1.10 中三种实型数的指数部分均采用移码表示的带符号整数，其移码的偏移量分别为 127、1023 和 16 383，指数范围分别为 –127～ +128、–1023～ +1024、–16 383～16 384。例如，在短实型数中，若指数为 1000 0001B，则表示应将有效数字乘以 2^2(1000 0001B–0111 1111B = 0000 0010)。

图 1.10 中临时实型数实际上是 80387 内部实型数格式，又称扩展实型数。程序设计中，无论采用何种类型的数(短整数、BCD 数、长实数等)，80387 均将其转换成临时实型数进行处理，以便提高运算精度，扩大运算范围。临时实型数共占用 80 位二进制位，其中 64 位尾数部分没有隐藏位，而是将位 63 永远固定为 1 来表示规格化数。这样做是很自然的，因为临时实型数是 80387 内部直接参加运算的数，因而规格化实型数的正常化的 1 应该占据尾数的最高位(即位 63 表示小数点前的仅有一位 1)来参加运算。

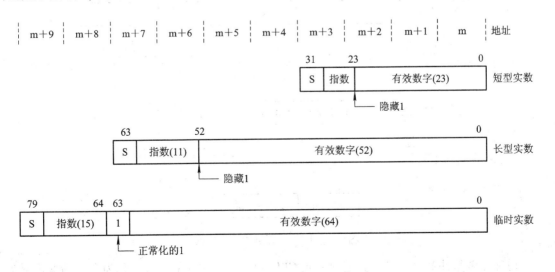

图 1.10 80387 的实数类型

1.4 计算机的基本结构及其整机工作原理

作为本门课程的开始，首先介绍计算机的基本结构。在此基础上，通过介绍指令及程序的执行过程来建立计算机的整机工作原理概念，从而为以后各章节内容的学习起到提纲挈领的作用。

为使读者能尽快建立起计算机整机工作原理的基本概念，本节采用一个假想的简化计算机作为模型机进行介绍。

1.4.1 简化计算机的基本结构

1. 概述

简化计算机的结构框图见图 1.11。图中虚线以上部分为运算器和控制器，构成计算机的中央处理单元(Central Processing Unit)，简称 CPU。虚线以下为 RAM 和 I/O 接口电路。RAM 的容量为 256×8bit(位)，即 256 个存储单元，每个存储单元为 8 位二进制数。I/O 接口电路是输入设备键盘、输出设备 CRT 显示器和 CPU 之间的缓冲和连接部件。键盘用来输入原始操作数及解题程序，CRT 用来显示运算结果。

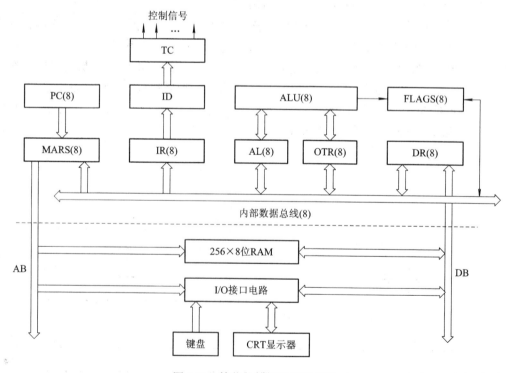

图 1.11 简化计算机的结构框图

通常，微型计算机中，中央处理单元 CPU 做成一个独立的芯片，称为微处理器或微处理机。存储器是位于 CPU 之外的另一种芯片，称为内存储器或主存储器。它是计算机的一个记忆装置，用来存放以二进制编码形式表示的程序、原始操作数、运算和处理的中间结果及最后结果，需要时可以把它们读出来。

　　一个存储器包含很多存储单元，被存储的二进制信息分别存放在这些存储单元之内。每个存储单元都有自己的编号，叫做地址。计算机中存储单元的地址也采用二进制编码方式表示。例如，本模型机中存储器有 256 个存储单元，地址编号可以是 0～255。256 个存储单元若要用二进制编码表示地址号，则需 8 位二进制数，即二进制和十六进制表示的地址编号分别为 0000 0000B～1111 1111B 及 00H～FFH。显然，存储器的存储单元数越多，所需要的地址信号位数越多，并且地址信号位数 P 与存储单元数 N 成幂指数关系，即 $N=2^P$。例如 1024 个存储单元需要 10 位二进制的地址信号，4096 个存储单元需要 12 位二进制的地址信号等。同时，存储器中每个存储单元的内容(所存的二进制编码信息)都有固定的位数，叫做字长。微型计算机中，存储器的每个存储单元一般存放一个字节的二进制信息，一个字节为 8 位二进制数。这里必须注意，存储单元的地址及存储单元的内容是两个截然不同的概念，不得混淆。存储器中所存二进制编码信息基本上分两类，一类是程序中的指令码，一类是操作数。它们在外表上毫无区别，但程序设计人员必须十分清楚哪些地址编号的存储单元存放的是指令码，而哪些地址编号的存储单元存放的是操作数。这样，存储单元的地址编号也分两类，即指令地址和操作数地址。在微型计算机执行程序时，存储单元的二进制地址信号，不管是指令地址还是操作数地址均由 CPU 发出，以便选中某个存储单元，并对其进行存和取的操作。

　　在计算机技术中，当从存储单元中提取一个数据时，这数据在内存中不消失，可以说是"取之不尽"。所以计算机对存储器的"取"、"存"与日常理解的并不完全一致。存储器的"取"和"存"有专门的术语，叫做"读"和"写"。所谓只读存储器(ROM)，是指计算机运行(执行程序)期间只能读出不能写入的存储器，而所谓随机存取存储器(RAM)，是指计算机运行期间既可读又可写的存储器。

　　CPU 内部各部件通过内部数据总线交换信息，该内部数据总线经具有三态控制功能的数据寄存器(Data Register，DR)驱动后与外部数据总线(Data Bus，DB)相连。CPU 之外的内存储器及 I/O 接口电路均通过外部数据总线 DB 与 CPU 相连。CPU 对存储单元进行操作，存/取二进制编码信息(即存储单元内容)须经外部数据总线 DB 进行。

2．运算器的结构和功能

　　运算器主要包括算术逻辑部件(Arithmetic Logic Unit，ALU)、累加器(Accumulator，AL)、操作数暂存器(Operand Temprary Register，OTR)及标志寄存器(Flags)，它们均是 8 位字长。一般计算机中的 ALU 是直接执行各种操作和运算的部件，它在控制器的控制下完成各种算术运算(如加、减、乘、除等)、逻辑运算(如与、或、非、异或等)以及其他操作(如取数、送数、移位等)。在模型机中，假设 ALU 仅为一个 8 位全加器，可以实现两个补码数的加、减运算。累加器 AL 用来存放两个操作数中的一个，如被加数或被减数，并且还用来存放运算的结果。运算的最终结果将以人所能接受的方式通过 CRT 显示出来。操作数暂存器 OTR 用来存放两个操作数中的另一个，如加数或减数。累加器和操作数暂存器都属于 CPU 内部的通用寄存器，用来存放操作数和运算的中间结果。微型计算机中通用寄存器的数目有多个，组成一个通用寄存器组。而且，通用寄存器的数目越多，CPU 运行起来越方便，也越快。原始操作数通常通过键盘送入内存，CPU 执行程序时再由内存取出。标志寄存器用来存放运算结果的特殊信息。如运算结果的正、负情况用符号标志(Sign Flag，SF)来表示，它反映运算结果最高位的状态。在不溢出的情况下，若运算结果最高位为 1，则 SF = 1，表明结果为负；否则 SF = 0，表明结果为正。又如运算结果最高位的进位(对加法)或借位(对减法)情况用进位标志(Carry Flag，CF)来表示。加法运算时，若最高位有进位，则 CF = 1；否则 CF = 0。减法运算时，若减数变补与被减数相加时，无进位(即二数直接相减时有借位)，则 CF = 1；否则，CF = 0。再如运算结果的溢出情况可用溢出标志(Overflow Flag，OF)来表示。若运算结果有溢出，则 OF = 1；否则，OF = 0。

3．控制器的结构和功能

1) 控制器的结构

简化计算机中的控制器主要包括程序计数器(Program Counter)或指令指针(Instruction Pointer，IP)、指令寄存器(Instruction Register，IR)、指令译码器(Instruction Decode，ID)、内存地址寄存器(Memory Address Register，MAR)及定时与控制部件(Timing and Control，TC)等。计算机的整个工作过程就是执行程序的过程。程序就是一系列按一定顺序排列的指令。指令就是指挥机器工作的指示和命令。控制器靠指令指挥机器工作，人则用指令表达自己的意图并交给控制器指挥机器执行。

2) 指令、程序和指令系统

为了对数据进行运算和处理，计算机必须能够完成一些基本动作。例如，对数进行四则运算和逻辑运算，把数由某处送到另一处等，这些动作就称为操作。被操作的信息称为操作数。各种计算机由于规模大小和功能强弱不同，可以进行几十种到几百种操作，但在同一时间内一般只能进行一种操作。所以如果是连续做各种操作，就必须编好顺序依次进行。

通知计算机进行什么操作的手段是向计算机发出相应的指令。指令是一组二进制编码信息，它主要包括两个内容：① 告诉计算机进行什么操作；② 指出操作数或操作数地址。通常，一条指令执行一种操作。因而，要解一个数学题目，必须先按解题步骤把所需指令按顺序排好。如求 2a + b 的值，就需先安排进行 2a 操作的指令，然后再安排进行 2a + b 操作的指令。这种按解题顺序编排好的，用一系列指令表示的计算步骤叫做程序。计算机执行一个解题程序时，便按顺序执行这些指令。如果需要改变指令的执行顺序，也由指令给出。改变顺序之前，有时要根据某些条件，判断是否改变顺序，这些条件也要由指令规定。因而，可以说要让计算机能自动完成某项运算或数据处理任务，不仅需要计算机硬件的支持，而且还需计算机软件(程序)的配合。一台计算机所能执行的各种不同指令的全体叫做计算机的指令系统。每一台计算机均有自己特定的指令系统。这个指令系统反映了计算机的基本功能，是在设计计算机时规定下来的。

不同的机器可能有不同的指令内容和格式。一条指令通常包括两方面的内容：一是指出机器执行什么操作，即给出操作要求；二是指出操作数在存储器或通用寄存器组中的地址，即给出操作数地址。 在计算机中，操作要求和操作数地址都由二进制编码表示，分别称为操作码和操作数地址码。所以，一条指令的基本格式如下：

操作码	地址码

整条指令以二进制编码的形式存放在存储器中，此整条指令的二进制编码称为指令的机器代码或简称指令码。在微型计算机中，通常用一个字节不能充分表示各种操作码和地址码，故有一字节指令、二字节指令或多字节指令。

早期的计算机直接采用机器码(亦称机器语言)进行程序设计。由于机器码不便记忆和理解，编程非常困难和繁琐，且易出错，为此，人们采用指令助记符(Mnemonic，通常是指令功能的英文缩写)来代替指令机器码中的操作码，而用一些符号(Symbol)来代替操作数或操作数地址。例如，8086/8088 CPU 中指令 MOV AL，84H 表示把数 84H 传送到寄存器 AL 中，而指令 ADD AL，[3000H]表示将内存单元地址号为 3000H 的内容与 AL 的内容相加，结果送回 AL 寄存器等。用指令助记符代替指令机器码进行编程称为汇编语言编程。显然，这要比机器语言编程方便了许多。但这必须配备翻译程序(称为汇编程序)，要把助记符和操作数或操作数地址的符号翻译成机器码，计算机才能识别。

3) 控制器的功能

上已述及，为使计算机能自动执行一个解题程序，就必须将程序中的指令按解题顺序预先存放在内存中。同时，计算机在执行程序时应能把这些指令自动按顺序逐条取出并执行。为此，必须要有一个追踪指令地址的程序计数器 PC(或指令指针 IP)。程序开始执行时，由计算机的操作系统给 PC(或 IP)赋一个初值，这个初值便是内存中要执行的解题程序的起始地址。然后，每取出一个指令字节，PC(或 IP)的内容便自动加 1，指向下一个指令字节地址，从而保证指令的顺序执行。只有当程序需要转移时，PC 才置入新值，以便转移到所需要的指令处。

程序中每一条指令均指明了计算机该做怎样的一种操作。为了完成一条指令所规定的操作，计算机的运算器、内存储器等部件必须在控制器的控制下，相应地完成一系列基本动作，而这些基本动作又必须按时间先后次序、互相配合、有节奏地完成。为此，首先必须由指令寄存器(IR)根据 PC 所指指令地址接收要被执行的指令操作码，直接送指令译码器(ID)进行译码。然后，该操作码译码信号便作为一条指令的特征信号，送定时及控制部件，变成一系列按时间顺序排列的控制信号，发向运算器、控制器、存储器及 I/O 接口电路等，从而控制它们完成该指令所规定的操作。存储器和 I/O 接口电路由于位于 CPU 之外，故定时及控制部件向它们发的控制信号需经外部控制总线(Control Bus，CB)传送(图中未画)。

如果指令执行中需要从内存或 I/O 接口中取操作数，该操作数的地址由指令的操作数地址部分给出。

内存地址寄存器(Memory Address Register，MAR)具有三态控制功能，它接收 PC 发来的指令地址或来自指令的操作数地址，经三态控制并驱动后，至外部地址总线(AB)送存储器或 I/O 接口电路。地址总线(AB)是单向的，即存储器或 I/O 接口电路的地址信号均由 CPU 发出。

由于 MAR 及数据(寄存器 DR)具有三态控制功能，只有当 CPU 需要通过 AB 及 DB 访问存储器或 I/O 接口时，CPU 内部的地址信号、数据信号才能与 AB 及 DB 连通；否则，它们之间会呈现高阻(即断开)状态。

4．内存储器的结构及工作原理

设简化计算机中的内存储器由 256 个存储单元组成，每个存储单元存放 8 位二进制信息，可给出该内存储器的结构框图见图 1.12。由图可见，它由存储阵列、地址译码器、三态数据缓冲器及控制电路组成。本例中，256 个存储单元需要 8 位地址信号为其编码，也可用 2 位十六进制数来表示地址号，如 00H、01H、…、FFH 等。从 CPU 发来的 8 位指令地址或操作数地址经地址总线(AB)送入存储器的地址译码器进行译码，从而选中所需要的存储单元，进行读/写操作。

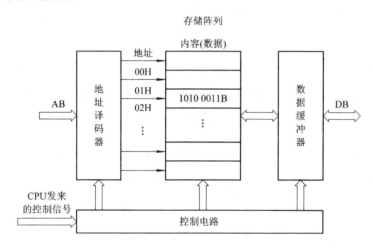

图 1.12　简化计算机的内存储器结构

三态数据缓冲器对 RAM 来说是双向的，它用来将存储单元的数据进行三态缓冲控制后，与 CPU 的外部数据总线(DB)相连。只有当存储器中的存储单元被选中时，存储器内部的数据信号线才能与外部数据总线(DB)连通；否则，将呈现高阻(即断开)状态。存储器中的控制电路则接收来自 CPU 的控制信号(如"访问存储器信号"、"读信号"或"写信号"等)，经组合变换后对存储器的地址译码、数据存取操作等进行控制。

1) 读操作

若已知图 1.12 中 02H 存储单元的内容为 1010 0011B(即 A3H)，则读出时，首先由 CPU 的 MAR 发出 8 位二进制地址信号 0000 0010B(即 02H)，经地址总线(AB)送存储器的地址译码器。同时，由 CPU 的控制部件发出"访问存储器信号"和"读信号"等，这些控制信号经存储器的控制电路组合变换后送往存储器相应部件，从而选中 02H 号存储单元，并将其内容 A3H 经三态数据缓冲器及 DB 送至 CPU 中某寄存器(如累加器 AL)。数据信息 A3H 从存储单元 02H 中读出至 CPU 后，02H 中的内容并不改变。

2) 写操作

若要把 CPU 中某寄存器(如 AL)的内容写入到存储器的某存储单元中，则首先由 CPU 的 MAR 发出地址信号(如 01H)，经地址总线(AB)送存储器的地址译码器，并由 CPU 的控制部件发出"访问存储器信号"及"写信号"等，经控制总线(CB，图中未画)送往存储器相应部件，从而选中 01H 号单元。然后，CPU 就将要写入的数据经 DB 写入到 01H 号单元。数据写入 01H 号单元后，该单元原存数据将被新写入的数据信息所代替。如若 01H 单元原内容为 0AH，

AL 中的内容为 05H，则将 AL 的内容写入 01H 单元后，01H 单元的内容变为 05H。

1.4.2　计算机的整机工作原理

计算机通过执行一个解题程序来完成一个具体问题的求解，而一个解题程序由若干条指令组成。因此，要了解计算机如何执行一个程序(即计算机的整机工作原理)则必须首先了解控制器为完成一条指令所采取的控制步骤。

控制器完成一条指令的全过程需要三个步骤：

(1) 取指令：按照程序所规定的次序，从内存储器取出当前要执行的指令，并送控制器的指令寄存器中。

(2) 分析指令：对所取的指令进行分析，即根据指令中的操作码确定计算机应进行什么操作。

(3) 执行指令：根据指令分析的结果，由控制器发出完成操作所需要的一系列控制信号，以便指挥计算机有关部分完成这一操作。同时，还要为取下一条指令做好准备。

由此可见，控制器的工作过程就是取指令、分析指令和执行指令的过程。周而复始地重复这一过程，就构成了执行指令序列(程序)的自动控制过程。

下边以两数求和的简单程序为例，具体说明一条指令及一个程序的执行过程。两数求和可用如下的汇编语言程序来实现：

```
MOV    AL，[90H]      ;内存单元 90H 的内容送累加器 AL
ADD    AL，[91H]      ;内存单元 91H 的内容与累加器内容相加，和送累加器
HLT                   ;暂停
```

通常，汇编语言程序须经汇编程序翻译成机器码放入内存，并由操作系统指定起始地址后，才能执行。这里，假定 MOV AL，[90H]和 ADD AL，[91H]及 HLT 三条指令的机器码分别为 8E90H、1591H 和 F4H。其中 8EH、15H 和 F4H 均为指令操作码，而 90H、91H 均为操作数地址码。同时，假定这三条指令已放入起始地址为 00H 的内存区。该简单程序及其操作数在内存中的存储情况如下：

地址	内容(指令码或操作数)	对应的指令助记符或操作数说明
00H	1000 1110B	MOV　AL，[90H]
01H	1001 0000B	
02H	0001 0101B	ADD　AL，[91H]
03H	1001 0001B	
04H	1111 0100B	HLT
⋮	⋮	
90H	0100 0011B	被加数
91H	0010 0001B	加数

至于如何通过键盘将程序和原始操作数送入内存，又如何通过 CRT 将运算结果显示出来，将在第 10 章进行介绍。

1. 第一条指令 MOV AL，[90H]的执行过程

1) 取指令过程

第一条指令的取指令过程由如下几个步骤完成：

(1) 由于程序的起始地址为 00H，即(PC)= 00H，该 PC 值通过 MAR、AB 送内存的地址译码器。与此同时，PC 的内容自动加 1，为取出下个指令字节做好准备，即(PC) = 01H。

(2) 在控制部件发出的"取指令操作码信号"和"读信号"控制下，选中内存的 00H 号单元。

(3) 从内存单元 00H 中读出操作码 8EH，经 DB 送指令寄存器(IR)，使(IR) = 8EH，完成取指令操作码的操作。

2) 分析指令过程

将 IR 的内容(操作码 8EH)直接送 ID 进行译码，并将译码信号送定时与控制部件，完成分析指令的操作。

第一条指令的取指令和分析指令过程见图 1.13。

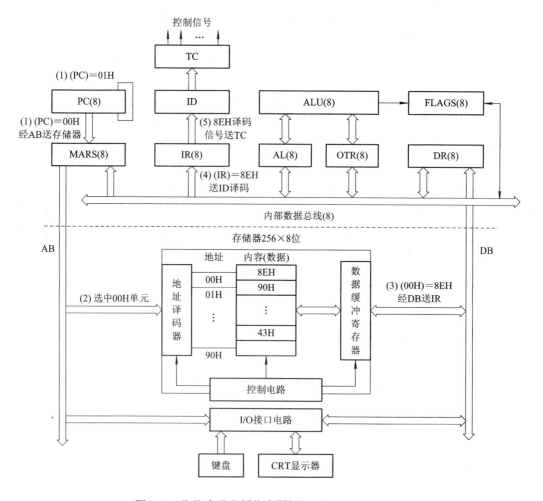

图 1.13 取指令及分析指令图例(MOV AL，[90H])

3) 执行过程

定时及控制部件接收到操作码译码信号 8EH 后，产生为执行该指令所需的一系列按时间顺序排列的控制信号，并按控制信号的先后次序完成如下执行指令的操作(见图 1.14)：

(1) (PC) = 01H，该值经 MAR 及 AB 送存储器的地址译码器。与此同时，完成 PC 自动加 1 的操作，使(PC) = 02H。

(2) 经存储器的地址译码器译码后，选中 01H 单元。

(3) 在"访问存储器信号"及"读信号"的控制下，取出 01H 单元的内容 90H。

(4) 根据分析指令操作码得知，该数 90H 为操作数地址，须经 DB、DR、CPU 内部数据总线送 MAR。同时，(MAR) = 90H 经 AB 送存储器的地址译码器，选中 90H 号单元。

(5) 读出 90H 号单元的内容 43H，该值经 DB、DR 及 CPU 内部数据总线送累加器 AL。至此完成了第一条指令的执行，使(AL) = 43H。

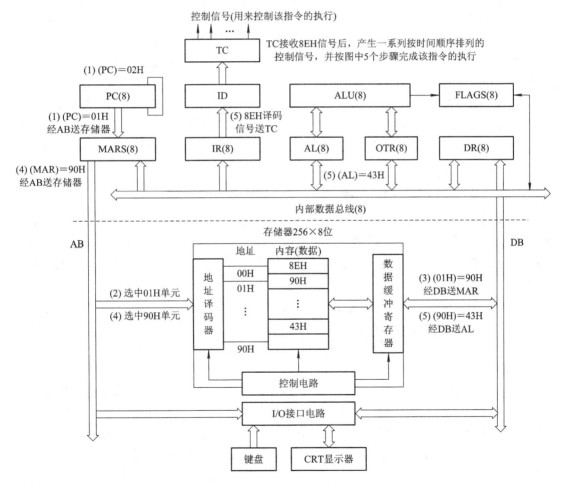

图 1.14　执行指令图例(MOV　AL，[90H])

2. 第二条指令 ADD　　AL，[91H]的执行过程

1) 取指令及分析指令过程

(1) (PC) = 02H，该值同样经 MAR、AB 送存储器的地址译码器，并在"取指令操作码

信号"及"读信号"控制下，取出 02H 单元的内容 15H，经 DB、DR、CPU 内部数据总线送 IR，完成了第二条指令的取指令操作。与此同时，自动完成(PC) + 1 的操作，使(PC) = 03H。

(2) IR 的内容(操作码 15H)直接送 ID 进行译码，并将译码信号送定时与控制部件，完成分析指令的操作。

2) 执行过程

定时及控制部件接收到操作码译码信号 15H 后，产生为执行该指令所需的一系列按时间顺序排列的控制信号，并按控制信号的先后次序完成如下执行指令的操作：

(1) (PC) = 03H，该值经 MAR 及 AB 送存储器的地址译码器。与此同时，完成 PC 自动加 1 的操作，使(PC) = 04H。

(2) 存储器在"访问存储器信号"及"读信号"的控制下，取出 03H 单元的内容 91H。

(3) 根据分析指令操作码得知，该数 91H 为操作数地址，须经 DB、DR、CPU 内部数据总线送 MAR。

(4) (MAR) = 91H 经 AB 送存储器的地址译码器，选中 91H 单元。

(5) 读出 91H 单元的内容 21H，该值经 DB、DR 及 CPU 内部数据总线送操作数暂存器 OTR 中，使(OTR) = 21H。

(6) 执行加法操作：(AL) + (OTR) = 43H + 21H = 64H，并将和送 AL 中，使(AL) = 64H。同时，以加法执行结果影响标志位。根据本例情况，由于和的最高位无进位，CF = 0；和的最高位为 0，SF = 0，结果为正。采用双高位判别法判断和无溢出，OF = 0。至此完成了第二条指令的执行。

3. 第三条指令 HLT 的执行过程

(1) 取指令过程。(PC) = 04H，此值经 MAR、AB 送存储器的地址译码器，并在"取指令操作码信号"及"读信号"控制下，取出 04H 单元的内容 F4H，经 DB、DR、CPU 内部数据总线送 IR，完成了第三条指令的取指令操作。与此同时，自动完成 (PC) + 1 的操作，使 (PC) = 05H。

(2) 分析指令过程。IR 的内容(操作码 F4H)直接送 ID 进行译码，并将译码信号送定时与控制部件，完成分析指令的操作。

(3) 定时及控制部件接收到操作码译码信号 F4H 后，产生一系列控制信号，使 CPU 暂停一切操作。

至此已完成了两数求和程序的执行。从该例中可清晰地看到简化计算机中运算器、控制器、存储器等各部件的功能及其相互间的配合关系，从而掌握计算机的整机工作原理。虽然，作为例子的解题程序很简单，简化计算机的模型也很简单，但计算机中一条指令及一个程序的执行过程却是典型的，具有普遍意义。比如 8 位微型计算机内一条指令的执行过程便是分为取指令、分析指令和执行指令三个步骤串行进行的，与简化计算机完全一致。至于 16 位机、32 位机的改进措施均是在取指令、分析指令和执行指令这些基本操作基础上进行的。因而只要掌握了计算机整机工作原理的基本概念，再去学习更高级、更复杂的计算机技术，便会变得清晰和容易。

习题与思考题

1. 在计算机内部为什么要采用二进制数而不采用十进制数？

2. 设机器字长为 6 位，写出下列各数原码、补码和移码：

    10101   11111   10000

    –10101   –11111   –10000

3. 利用补码进行加/减法运算比用原码进行运算有何优越性？

4. 移码有何优越性？多用在何种场合？

5. 设机器字长为 8 位，最高位为符号位，试对下列各算式进行二进制补码运算：

(1) $16 + 6 = ?$ (2) $8 + 18 = ?$

(3) $9 + (-7) = ?$ (4) $-25 + 6 = ?$

(5) $8 - 18 = ?$ (6) $9 - (-7) = ?$

(7) $16 - 6 = ?$ (8) $-25 - 6 = ?$

6. 设机器字长为 8 位，最高位为符号位，试用"双高位"判别法判断下述二进制运算有没有溢出产生。若有，是正溢出还是负溢出？

(1) $43 + 8 = ?$ (2) $-52 + 7 = ?$

(3) $50 + 84 = ?$ (4) $72 - 8 = ?$

(5) $-33 + (-37) = ?$ (6) $-90 + (-70) = ?$

7. 何谓字符串及位串？它们之间有何不同？

8. 已知位 b_i 及 b_j 在位串中的地位(位偏移量)分别为 92 和 –88，试求它们各自在位串中的字节地址及其所在字节中的位置。

9. 将下列十进制数变为 8421 BCD 码：

(1) 8069   (2) 5324

10. 将下列 8421 BCD 码表示成十进制数和二进制数：

(1) 01111001B   (2) 10000011B

11. 写出下列各数的 ASCII 代码：

(1) 51   (2) 7F   (3) AB   (4) C6

12. 何谓整型数和实型数？各有哪几种类型？每种类型数据的二进制位数及数值范围是多少？

13. 80387 中压缩 BCD 数占用的二进制位数是多少？能表示的十进制位数是多少？

14. 试将下列各数表示成短实型数，其中尾数用原码表示，指数用移码表示：

(1) 100.0101B   (2) –100.0101B   (3) 0.001010B   (4) –0.001010B

15. 1971 年世界上第一个微处理器问世以来，已有几代微处理器产品问世？每一代的典型产品及其特点是什么？

第2章 微型计算机组成及微处理器功能结构

本章介绍微型计算机的组成和作为微型计算机主体的微处理器的功能结构。重点介绍采用传统"复杂指令集计算机"(Complex Instruction Set Computer，CISC)技术的80X86系列微处理器，并对采用精简指令集计算机(Reduced Instruction Set Computer，RISC)技术的微处理器及哈佛结构微处理器也作了简要介绍。

2.1 微型计算机的组成及工作原理

典型的微型计算机硬件组成示于图 2.1，它由下列几种大规模集成电路通过总线连接而成。

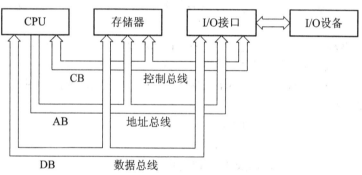

图 2.1 微型计算机的硬件组成

2.1.1 微处理器

微处理器亦称微处理机，是微型计算机的中央处理部件，简称 CPU(Central Processing Unit)。它是用来实现运算和控制功能的部件。它的字长亦即微型计算机的字长，是指 CPU 中大多数操作的操作数的字长，也就是 CPU 数据总线的位数。8086/8088 及 80286 CPU 的数据总线均为 16 位，称为 16 位微处理器；80386/80486 CPU 的数据总线为 32 位，称为 32 位微处理器；Pentium 级微处理器数据总线为 64 位。

2.1.2 存储器

图 2.1 中的存储器是指微型计算机的内存储器。它通常由 CPU 之外的半导体存储器芯片组成，用来存放程序、原始操作数、运算的中间结果数据和最终结果数据。包括 RAM(Random Access Memory)和 ROM(Read Only Memory)。

2.1.3　输入/输出设备及其接口电路

输入/输出(Input/Output，I/O)设备统称为外部设备，简称 I/O 设备，是微型计算机的重要组成部分。输入设备的任务是将程序、原始数据及现场信息以计算机所能识别的形式送到计算机中，供计算机自动计算或处理用。微型机中常用的输入设备包括键盘、鼠标器、数字化仪、扫描仪、A/D 转换器等。输出设备的任务是将计算机的计算和处理结果或回答信号以人能识别的形式表示出来。微型机中常用的输出设备包括显示器、打印机、绘图仪、D/A 转换器等。软磁盘、硬磁盘及其驱动器对微型机来说，既是输入设备又是输出设备。只读激光盘(CD-ROM)及其驱动器属于微型机的输入设备。软磁盘、硬磁盘及光盘又统称为计算机的外存储器。

输入/输出设备的种类很多，有电子式、电动式、机械式等，它们的工作速度一般较 CPU 要低。同时，输入/输出设备处理的信息种类也与 CPU 不完全相同。CPU 只能处理数字量，而外部设备不仅能处理数字量，还能处理模拟量等。因而，外部设备(简称外设)与 CPU 间的硬件连线和信息交换不能直接进行，必须经过接口电路进行协调和转换。接口电路是微处理器与输入/输出设备联系的必经之路，它的性能随微处理器性能和外设种类的不同而有很大差异，其灵活性和应用范围是很大的。接口电路的主要职责是将微处理器和输入/输出设备之间的信息统一起来。

I/O 接口电路(I/O Interface)的种类很多，常用的有：8255A 可编程并行接口电路、8253 可编程定时/计数电路、8251 可编程串行接口电路、8237 直接存储器存取电路(DMA)、82380 多功能 I/O 接口电路等。

2.1.4　总线

由图 2.1 可看出，微型机在结构形式上采用总线结构。各组成部件(即各种大规模集成电路的芯片)都通过一组公共的、具有逻辑控制功能的信号线联系起来，这组信号线称为总线，通常分为以下 3 类。

1.　数据总线 DB(Data Bus)

数据总线用来在 CPU 和其他部件间传送信息(数据和指令代码)，具有三态控制功能，且是双向的。这就是说，CPU 可以通过数据总线接收来自其他部件的信息，也可以通过数据总线向其他部件发送信息。通常，总线中信号线的条数称为总线宽度。数据总线的宽度与 CPU 中大多数操作数字长相同。因而，8 位机、16 位机、32 位机数据总线的宽度分别为8 位、16 位、32 位。

2.　地址总线 AB(Address Bus)

地址总线用于传送 CPU 要访问的存储单元或 I/O 接口的地址信号。地址信号一般由 CPU 发出送往其他芯片，故属单向总线，但也具有三态控制功能。地址总线的宽度视 CPU 所能直接访问的存储空间的容量而定。大多数 8 位微型机的地址总线为 16 位，存储空间容量为 64KB；16 位微型机地址总线的位数相互间存在差异。对 8086/8088 CPU 来说，地址总线为 20 位，存储容量为 1 MB；对 80286 CPU 来说，地址总线为 24 位，存储空间容量为 16 MB；80386/80486 及 Pentium CPU 的地址总线为 32 位，存储空间容量为 4 GB；Pentium II、Pentium III CPU 的地址总线为 36 位，存储空间容量为 64 GB。

3．控制总线 CB(Control Bus)

控制总线是 CPU 向其他部件传送控制信号，以及其他部件向 CPU 传送状态信号及请求信号(如中断请求信号)的一组通信线。控制总线的宽度对不同的 CPU 来说，有较大的差异。

2.2　8086/8088 及 80286 微处理器

8086/8088 以及 80186、80286 微处理器均属 Intel 公司生产的第三代 16 位微处理器。它们与第二代 8 位微处理器的区别不仅是数据总线的位数增加了 1 倍，更重要的是采取了流水线处理技术。具体来说，是将指令执行部件和总线接口部件分为两个独立的部分，并可并行操作。图 2.2 示出串行处理和流水处理的情况。一个简单的微处理器，如 8 位微处理器，它们在执行一条指令时，指令取出、指令译码、数据取出、指令执行和结果存储是串行进行的，见图 2.2(a)。16 位微处理器(如 8086/8088 CPU)中，由于指令执行部件和总线接口部件相互独立，可并行操作，进行流水线处理：若一条指令执行过程中不需要从存储器取操作数和向存储器存储结果，即不占 CPU 总线时间，总线接口部件便可对下一条要执行的指令预取，见图 2.2(b)。显然，采用流水线技术提高了指令执行速度。80186 芯片上集成了除存储器之外的全部 8086 处理器和许多外围电路，包括 DMA 单元、时钟、定时器、中断控制器、总线控制器、片选及就绪信号发生器等。因而，由 80186 组成的微机系统结构得到很大简化。80286 CPU 较 8086/8088 CPU 又有较大提高。下面简要叙述它们各自的功能结构及特点。

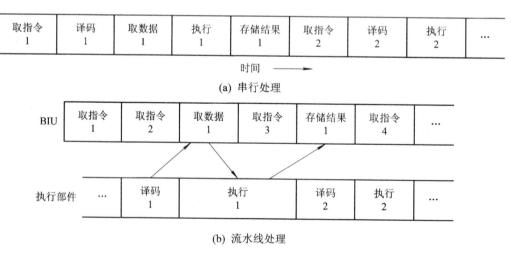

图 2.2　串行处理和流水线处理

2.2.1　8086/8088 CPU 的功能结构

8086 CPU 为典型的 16 位微处理器，它具有 16 位的内部数据总线和 16 位的外部数据总线。8088 CPU 的内部数据总线也是 16 位，但外部数据总线却只有 8 位，因而称为准 16

位微处理器。这两种微处理器在其他方面几乎完全相同。例如，它们都为 40 条引脚的双列直插式组件，采用单一 +5 V 电源和 5 MHz 单相时钟；均具有 20 位地址总线，可寻址 1 MB 的内存地址空间和 64 KB 的 I/O 地址空间；二者具有完全兼容的指令系统，并均能与 8087 数学协处理器相连，以提高数据的运算速度和扩大数据运算范围等。8086/8088 CPU 的指令系统称为原始 X86 指令集。这一指令集一直包含在 X86 兼容芯片中，包括现在的 Pentium 4 和 Athlon XP 等。

8086/8088 CPU 设计时受到芯片封装的限制，数据总线和地址总线分时复用，这虽节省了芯片引脚，却使逻辑变得复杂，速度也降低了。

1. 8086/8088 CPU 的内部结构

8086/8088 CPU 的内部结构见图 2.3。它由执行部件(Execution Unit，EU)和总线接口部件，(Bus Interface Unit，BIU)两部分组成。EU 包括算术逻辑单元(Arthmetc Logic Unit，ALU)、16 位标志寄存器、寄存器阵列(4 个 16 位通用寄存器、2 个 16 位指针寄存器和 2 个 16 位变址寄存器)、指令译码器及控制电路。BIU 包括 4 个 16 位段寄存器、1 个 16 位指令指针、1 个地址加法器、1 个指令流队列和总线控制电路。EU 是执行指令的部件，它从 BIU 的指令流队列中取指令，发出相应的控制命令序列，从而执行指令。执行指令中所需操作数地址由 EU 单元计算出 16 位偏移量部分送 BIU，由 BIU 将其与段基址(段寄存器内容)合成，最后形成一个 20 位的内存单元物理地址。同时，BIU 根据物理地址与内存单元交换数据。此外，BIU 也可根据 EU 请求与 I/O 接口电路交换数据。

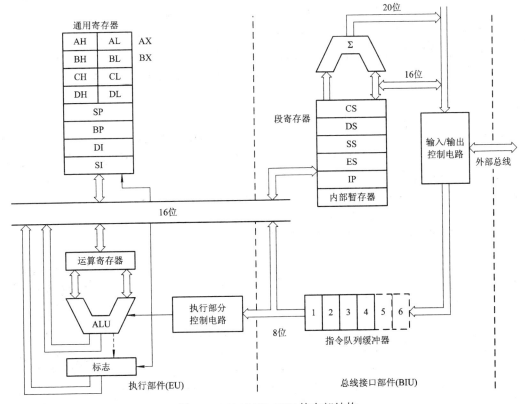

图 2.3　8086/8088 CPU 的内部结构

2. 指令流队列(Instruction Stream Queue)

指令流队列实际上是一个内部的存储器阵列，它类似一个先进先出的栈。8086/8088 CPU 的指令流队列最多能保存 6 个/4 个指令字节。只要队列出现 2 个/1 个空字节，同时 EU 也未要求 BIU 进入存取操作数的总线周期，BIU 便自动从内存单元顺序取指令字节，并填满指令流队列。当执行转移指令时，BIU 使指令流队列复位，并从新的地址单元取出指令，立即送 EU 执行。然后，自动取出后继指令字节以填满指令流队列。由于 EU 在执行一条指令时必须等待 BIU 从存储器或 I/O 接口取操作数后方能运算，因而当 BIU 同时收到 EU 请求存取操作数和预取指令请求时，BIU 将先进行存取操作数的操作。

需说明的是，这里提到的"总线周期"通常是指 CPU 通过外部总线对存储器或 I/O 接口进行一次访问所需要的时间。对 8086 来说，仅当 BIU 需要补充指令流队列中的空缺，或当 EU 在执行指令过程中需要经外部总线访问存储单元或 I/O 端口时，才需要申请并执行一个总线周期。

显然，指令流队列的设置使指令的取出和执行同时并行进行，大大加快了程序的运行速度。

3. 标志寄存器 FLAGS

8086/8088 的标志寄存器 FLAGS 为 16 位，共有 9 个标志，见图 2.4。其中 6 个为状态标志，3 个为控制标志。状态标志用来寄存 ALU 运算结果的特殊信息。每个特殊信息用 FLAGS 中的一位来表示，称为一个状态标志位。运算类指令执行后处理器自动置位适当的状态标志位，并可用程序对其测试和判断。6 个状态标志分别为：

(1) CF(Carry FIag)：进位标志。算术运算指令执行以后，运算结果最高位(字节运算时为第 7 位，字运算时为第 15 位)若产生进位(加法时)或借位(减法时)，则该标志置 1，否则置 0。CF 标志通常作为无符号数加法运算有无溢出及比较两数大小的判别标志，并支持多精度的加、减运算。

(2) PF(Parity FIag)：奇偶标志。PF 表示算术或逻辑运算结果低 8 位中 1 的个数的奇偶性。如果 1 的个数为偶数，该标志位置 1，否则置 0。奇偶标志常用来检验数据传送是否出错。检验方法可用偶校验或奇校验。例如，利用偶校验码进行数据传送时，在传送过程中若正确无误，PF= 1，否则 PF = 0。

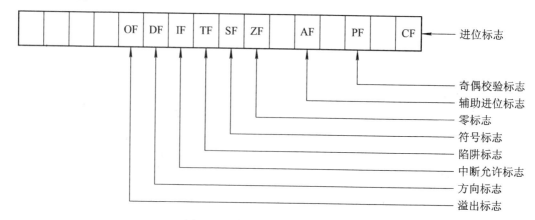

图 2.4　8086/8088 的标志寄存器

(3) AF(Auxiliary Carry Flag)：辅助进位标志。加法运算过程中，若第 3 位有进位，或减法运算过程中，第 3 位需要借位，则 AF＝1，否则，AF＝0。AF 标志常用于 BCD 数的校正运算中。

(4) ZF(Zero Flag)：零标志。运算指令执行后，结果全零(各位都为零)时，该标志置 1，否则置 0。ZF 标志的功能也很多，例如，在比较和异或操作之后使用 ZF 标志可判断二数是否全等，或数据在输入/输出传送过程中是否出错。

(5) SF(Sign Flag)：符号标志。该标志的状态总是与运算结果最高位的状态相同，因而它用来反映带符号数运算结果的正负情况。即 SF＝1，表示结果为负；SF＝0，表示结果为正。

(6) OF(Overflow Flag)：溢出标志。带符号数加减运算结果产生溢出时，OF＝1，否则 OF＝0。带符号数的溢出判别采用 1.2 节中所叙述的双高位判别法。当 $C_s \oplus C_p = 1$ 时，产生溢出，$C_s \oplus C_p = 0$ 时，不产生溢出(其中 C_s 表示符号位的进位，C_p 表示数值部分最高位的进位)。若要判断两个带符号数 a 与 b 的大小(a–b)，必须采用如下规则进行判断：

$OF \oplus SF = 1$，表示 a＜b；

$OF \oplus SF = 0$，表示 a≥b。

可以看出，微处理器选择这一组状态标志，可以只用一套指令便可方便地对无符号数、带符号数及 BCD 数进行运算，并判断其溢出情况和比较两数大小。

3 个控制标志各具有一定的控制功能，即：

(1) DF(Directon Flag)：方向标志。该标志用于指定字符串处理命令的步进方向。当 DF＝1 时，字符串处理指令以递减方式由高地址向低地址方向进行；当 DF＝0 时，字符串处理指令以递增方式，由低地址向高地址方向进行。该标志可用指令置位或清零。

(2) IF(Interrupt-Enable Flag)：中断允许标志。该标志用于控制可屏蔽的硬件中断。IF＝1，可接受并响应中断；IF＝0，中断被屏蔽，不能接受中断。该标志可用指令置位和复位。

(3) TF(Trap Flag)：陷阱标志，或称单步操作标志。该标志用于控制单步中断。当 TF＝1 时，如果执行指令，就产生单步中断。即 CPU 每执行一条指令便自动产生一个内部中断，使微处理器转去执行一个中断服务程序，以便为用户提供该条指令执行后各寄存器的状态等。单步中断用于程序调试过程中。

4. 寄存器阵列

EU 单元中的寄存器阵列包括 4 个 16 位通用寄存器，2 个 16 位指针寄存器和 2 个 16 位变址寄存器。BIU 单元中的寄存器阵列包括 4 个段寄存器和 1 个指令指针。

1) 通用寄存器

4 个 16 位通用寄存器为 AX、BX、CX、DX。它们又都可分别作为 2 个 8 位寄存器用，分别命名为 AH、BH、CH、DH 及 AL、BL、CL、DL。一般来说，8086/8088 CPU 的这 4 个通用寄存器既可用来存放源操作数，又可用来存放目标操作数和运算结果，十分灵活方便。然而，在某些指令中，这 4 个寄存器却有着隐含的专门用法。

(1) AX：累加器，用于乘法、除法及一些调整指令。

(2) BX：基址寄存器，用来存放存储器操作数的基地址。

(3) CX：计数寄存器，用于保存许多指令的计数值，包括重复的串操作指令、移位、循环指令。

(4) DX：数据寄存器，是通用寄存器，用于保存乘法形成的部分结果，或者在除法指令执行之前，用于存放被除数的一部分。

2) 变址寄存器

(1) SI：源变址寄存器，用于串操作指令中寻址源数据串。

(2) DI：目标变址寄存器，用于寻址串操作指令的目标数据串。

3) 指针寄存器

(1) IP：指令指针寄存器(亦即程序计数器，PC)，它总是存放着下一条要取出指令在现行代码段内的偏移地址。IP 的存在对一条指令的执行来说是必不可少的，也是基本的，它用来追踪指令所在的地址。通常，程序中的指令是顺序排列的。当需要将欲执行的指令码取出时，首先根据 IP 的内容和代码段寄存器(CS)的内容确定出该要执行指令的地址。然后从此存储单元中取出欲执行的指令码。与此同时，IP 的内容便自动加1，以便为取出下一条指令做好准备。若一条指令不止一个字节，则每个字节的取出过程与此相同。CPU 每取出指令码的一个字节，IP 的内容便自动加1。当程序发生转移时，新的指令码偏移地址被自动置入 IP，取代已被加 1 了的地址值。IP 寄存器不能由程序员直接访问。

(2) BP：基址指针寄存器，用来存放现行堆栈段内一个数据区的基地址偏移量。

(3) SP：堆栈指针寄存器，用来存放现行堆栈段的段内偏移地址，并具有步进增量和减量的功能。

堆栈是一组寄存器或一个存储区域，用来存放调用子程序或响应中断时的主程序断点地址，以及其他寄存器的内容。比如，当主程序需要调用子程序时，有一组中间结果及标志位的状态需分别保留在通用寄存器及标志寄存器中，但被调用的子程序执行时，也需占用这些通用寄存器并影响标志。这样，除了在执行调用指令时将断点地址(调用指令后紧接着的一条指令地址)保存到堆栈中外，还必须将原主程序中保留在通用寄存器的中间结果及标志位状态保存到堆栈中。直到子程序执行完毕，返回主程序后再将这些中间结果及状态标志位的状态送回通用寄存器及标志寄存器中，以备主程序继续执行之用。

当将信息存入堆栈或从堆栈中取出信息时，都必须按照严格的规则进行。例如，进行子程序嵌套(见图 2.5)时，不仅需要把许多信息(包括断点地址和寄存器内容等)逐一存入堆栈并保留下来，还必须能把堆栈所保留的信息逐一正确地取出来并返回原处。因此，通常采用后存入的信息先取出来(即后进先出)的办法进行堆栈信息的存入和取出。

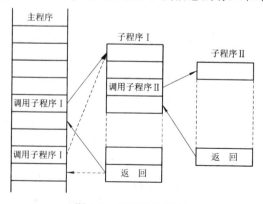

图 2.5　子程序的嵌套

堆栈组成的方法有两种：硬件堆栈和软件堆栈。微处理器内一组由寄存器构成的堆栈称为硬件堆栈。它的优点是访问的速度快；缺点是寄存器的数量即堆栈的深度有限。在存储器中开辟一个区域构成的堆栈称为软件堆栈。它的优点是堆栈的深度几乎没有限制；缺点是访问堆栈的速度较慢。80X86 系列微处理器均采用软件堆栈。下面以 8086 微处理器为例，简单叙述堆栈的工作原理。在 8086 中，堆栈被定义为由 SS：SP 寄存器对指出的存储区域。堆栈段的起始地址由 SS 段寄存器内容左移 4 位形成。堆栈段内的偏移地址由 SP 寄存器指出。由于 SP 为 16 位，在 8086 中堆栈的最大容量为 64 KB。图 2.6 示出堆栈的形式和术语，其中栈底为初始堆栈指针值(即 SP 初值)。当前栈顶即为当前 SP 值，它指向最后压入字的两个单元。

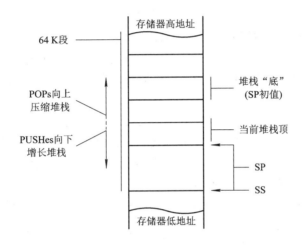

图 2.6　8086 堆栈形式

堆栈操作有两种：一种叫压入 (PUSH)，另一种叫弹出(POP)。对 8086、80286 CPU 来说，每次压入或弹出一个字，最后压入堆栈的字总是最先弹出来。堆栈的这种后进先出的特点是由堆栈指示器 SP 来控制的。SP 必须具有自动步进增量和减量的功能。在向下生成方式中，栈底占用较高地址，栈顶占用较低地址。当需要把一个字压入堆栈时，首先 SP 自动减 2，指向新的栈顶两个空单元，然后将要压入堆栈的一个字送入栈顶两个单元中。当要将堆栈中栈顶两个单元的一个字弹出堆栈时，先将 SP 所指栈顶两个单元的内容弹出，然后再将 SP 加 2 指向新的栈顶。80X86 CPU 中堆栈采用向下生成的方式。与向下生成方式相对应，还有向上生成的堆栈编址方式，即栈底占用较低地址，栈顶占用较高地址。由于堆栈指示器的设置，在某种特定情况下，它就能自动跟踪栈顶地址，而不需要在编程中考虑这种跟踪。例如，在执行调用指令时，能自动把断点地址压入 SP 所指的栈区存储单元。而执行返回指令时，又能自动按 SP 所指的栈存储单元将断点地址从栈区弹出，送到指令指针 IP 中去。

通常堆栈操作从不移动和擦除栈区存储单元内容，堆栈操作时仅是修改堆栈指针。但压入堆栈操作时，则是用新压入的数据取代栈区原存储单元内容。

4) 段寄存器

8086/8088 CPU 把 1 MB 的存储空间划分为若干个逻辑段。每个逻辑段的长度为 64 KB，并规定每个逻辑段 20 位起始地址的最低 4 位为 0000B。这样，在 20 位段地址中只有高 16

位为有效数字。称这高 16 位有效数字为段的基地址(简称段基址)，并存放于段寄存器中。8086/8088 CPU 的 BIU 单元中共有 4 个段寄存器：

   (1) CS：存放当前代码段的基地址，要执行的指令代码在当前代码段中。

   (2) DS：存放当前数据段的基地址，指令中所需操作数常存放于当前数据段中。

   (3) SS：存放当前堆栈段的基地址，堆栈操作所处理的数据均存放在当前堆栈段中。

   (4) ES：存放当前附加段的基地址，附加段通常也用来存放存储器操作数。

5. 微型计算机的总线结构

计算机系统中的总线结构往往影响到系统信息的传送方式和传送效率。大型和中小型计算机的连线多少不受限制。但在微型计算机中，由于大规模集成电路片数很少，每片引线数目也有限制，电路片内以及电路片之间信息传送结构(即总线结构)的设计更显得重要。通常，微型计算机系统的总线共有两种：内部总线和外部总线。外部总线，是指 CPU 与存储器及 I/O 结构电路之间的连接方式；内部总线，是指 CPU 内部各寄存器和 ALU 之间的连接方式。由图 2.3 看出，8086/8088 CPU 内部所有寄存器和 ALU 都接到同一总线上，数据可以在任何两个寄存器之间，或者任一个寄存器和 ALU 之间传送。当数据经内部总线送入被选寄存器或从被选寄存器取出时，由多路转换器选通。这种总线结构方式称为单总线结构。它的主要优点是比较经济并且节约硅片面积。它的主要缺点是操作速度较慢。

微处理器的内部总线结构除了单总线结构以外，还有多总线结构。多总线结构的优点主要是操作速度较快，缺点是占用硅片面积较大。

微处理器中的内部总线通过三态缓冲控制后与外部总线相连。外部总线亦即系统总线，前已述及，此处不再赘述。

2.2.2　80286 CPU 的功能结构

1. 80286 CPU 的主要性能

80286 CPU 是比 8086/8088 CPU 更为先进的 16 位微处理器。芯片上共集成 13.5 万只晶体管，具有 68 个引脚，采用四列直插式封装。地址线和数据线不再复用，分开设置 16 条数据线和 24 条地址线，从而使 CPU 的运算速度及可寻址的内存空间都较 8086 有提高。内存空间容量为 16 MB，时钟频率为 8～10 MHz。

80286 CPU 具有存储器管理和保护机构。它采用分段的方法管理存储器，每段最大为 64 KB，支持虚拟存储器。这就是说，80286 CPU 有两种工作方式：实地址方式和虚地址方式。运行实地址方式时，相当于一个快速的 8086 CPU。从逻辑地址到物理地址的转换与 8086 CPU 的相同，物理地址空间为 1 MB。运行虚拟保护方式时，可寻址 16 MB 的物理地址，提供 1 GB(2^{30}B)的虚地址空间，并能实现段寄存器保护、存储器访问保护及特权级保护和任务之间的保护等。因而，80286 CPU 能可靠地支持多用户系统。

80286 CPU 可以配接 80287 数学协处理器，并具有 8086/8088 CPU 的全部功能。8086/8088 CPU 的汇编语言程序不加修改便可在 80286 CPU 上运行。

2. 80286 CPU 的内部结构

80286 CPU 内部分为 4 个独立的处理部件：执行部件(EU)、地址部件(Address Unit, AU)、指令部件(Instruction Unit，IU)和总线接口部件(BIU)，见图 2.7。每个部件都可与其他部件异步并行操作。因而，80286 CPU 的运行速度较 8086 CPU 的快。

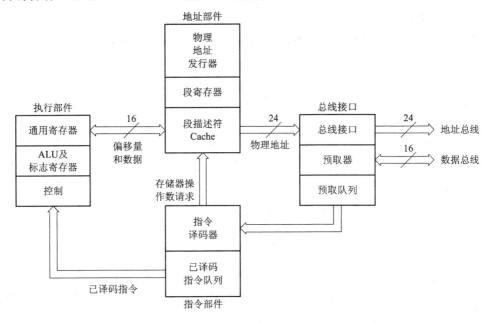

图 2.7　80286 CPU 的结构框图

1) 执行部件(EU)

EU 包括算术逻辑部件(ALU)及标志寄存器、通用寄存器队列和控制电路等。EU 中的控制电路接收已译码指令的 69 位内部码，根据指令的要求产生执行指令所需的控制电位序列后送入 EU 及其他部件，以便完成指令执行并以操作结果影响标志位。EU 中的通用寄存器用来暂存操作数和运算结果。此外，80286 还增加了 1 个 16 位的机器状态字(MSW)寄存器。

2) 地址部件(AU)

AU 包括物理地址发生器、段寄存器、段描述符高速缓冲存储器等。它是 80286 CPU 中的地址管理部件。

当 80286 CPU 运行于实地址方式时，与 8086 CPU 一样，AU 负责将段地址与偏移地址组合起来形成 20 位物理地址。当 80286 CPU 运行于保护方式时，每次对存储器存取操作(包括指令代码预取)时，AU 都必须做许可性检查和当前任务的段限制检查，以便测试本次存储器存取操作是否违反了存储器保护机制。若检查后存储器的存取操作是允许的，则 AU 就将逻辑地址(或虚拟地址)转换成 BIU 使用的物理地址。为了实现存储器存取操作的保护功能和加速逻辑地址向物理地址的转换，AU 中设置了一个段描述符高速缓冲存储器。它可以与 CPU 中其他部件并行工作，不需要单独占用 CPU 时间，且具有高速性能。

3) 指令部件(IU)

IU 包括指令译码器和已译码指令队列。当 BIU 从程序代码段预取来指令字节后，指令部件就将指令字节从预取队列中取出，送入指令译码器。指令译码器将每个指令字节译码变成 69 位的内码形式，并存入已译码指令队列中。已译码指令队列共可保存 3 条被译码指令的内部码，即容量为(69×3)位。

    4) 总线接口部件(BIU)

    BIU 包括总线接口电路、预取器和 6 B 的预取队列。BIU 负责处理 CPU 和系统总线之间的所有通信和数据传输。也就是说，BIU 处理对存储器和 I/O 设备进行访问时的总线操作，包括产生总线操作时使用的地址、命令和数据信号。

    与 8086/8088 CPU 一样，在 CPU 不使用总线进行操作数存取的空闲时间，BIU 中的预取器从内存程序区中预取代码存入 6 B 的预取队列中。只要预取队列中至少有 2 B 为空时，便可开始预取操作。由于执行指令时，执行部件必须等待数据从内存取出(如果需要)后方能执行运算，因而数据存取请求与预取指令请求同时发生时，BIU 将优先处理数据存取操作。控制转移类指令将使 6 B 预取队列清零，并从转移到的目标地址开始预取新的指令。

2.2.3 8086/8088 的存储器组织及其寻址

1. 数据在存储器中的存储情况

    前已叙及，数据在内存中以字节为单位进行存储，即将存储器空间按字节地址号顺序排列，称为字节编址。8086/8088 CPU 有 20 根地址线，能寻址 $1\mathrm{MB}(2^{20}\mathrm{B})$ 的存储空间。地址码是一个不带符号的整数，1 MB 存储空间的地址范围为 $0\sim(2^{20}-1)$。用十进制表示时地址范围为 0~1 048 576；但习惯使用十六进制表示，即 0000H~FFFFH。

    虽然存储器是按字节编址的，但在实际应用中，8086/8088 的一个变量可以是一个字节、一个字或一个双字等。

    1) 字节数据

    数据位数为 8 位，对应的字节地址可以是偶地址，也可以是奇地址。当 CPU 存取某字节数据时，只要给出对应的实际地址即可。

    2) 字数据

    连续存放的两个字节数据构成一个 16 位的字数据。8086/8088 中规定：字的高 8 位字节存放在高地址，字的低 8 位字节存放在低地址，且将低位字节的地址作为该字的地址。图 2.8 示出字、字节地址和位的约定。显然，字地址可以是偶数的，也可以是奇数的。8086 中还规定：若一个字的地址为偶地址，即偶地址对应低位字节，奇地址对应高位字节，则符合这种规则存放的字数据称为"规则字"。否则，若一个字的地址为奇地址，则称该字数据为"非规则字"。

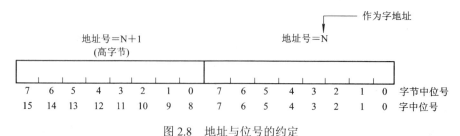

图 2.8 地址与位号的约定

3) 双字数据

连续存放的两个字(4 个字节)数据构成一个 32 位的双字数据。双字数据是以字为单位的。因此，它的存放规则及其地址也符合字数据的规定，即以最低位字节地址作为该双字的地址。

2. 存储器的分段结构和物理地址的形成

8086/8088 CPU 的地址总线为 20 位，可寻址的最大内存空间为 1 MB。每个存储单元的地址信号均为 20 位二进制码，称为物理地址。当 CPU 与某存储单元交换信息时，必须给出该单元物理地址，才能进行存取操作。8086/8088 CPU 的内存储器采用分段结构，将 1 MB 的内存空间分为若干段，每个段的字节数视需要而定，可多可少，但最多为 64 KB。段的起始地址(段首址)规定为：最低 4 位为 0，高 16 位为段寄存器内容(称为段基址或段地址)。段地址可以存放在代码段寄存器(Code Segment，CS)、堆栈段寄存器(Stack Segment，SS)、数据段寄存器(Data Segment，DS)和附加段寄存器(Extra Segment，ES)中。在 1 MB 的存储空间中，可以有 2^{16} 个段地址，任意相邻的两个段地址最少只相距 16 个存储单元。段内存储单元的地址可以用相对于段首位的 16 位偏移量来表示，这个偏移地址称为当前段内的偏移地址。用段地址(段寄存器内容)及偏移地址来指明某一内存单元地址时，称为以逻辑地址表示内存地址。逻辑地址的表示格式为

段地址：偏移地址

例如，C018：FE7F 表示段地址为 C018H，偏移地址为 FE7FH。已知逻辑地址，可求出对应的 20 位物理地址(见图 2.9(a))：

物理地址 = 段地址×10H + 偏移地址

因此，若逻辑地址为 C018：FE7F，则物理地址为 CFFFFH，见图 2.9(b)。存储器的分段结构在编程中稍嫌麻烦，但为模块化程序、多道程序及多用户程序的设计提供了方便。

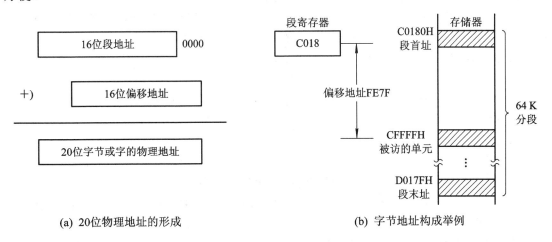

(a) 20位物理地址的形成　　　　　(b) 字节地址构成举例

图 2.9　20 位物理地址的构成及寻址举例

8086/8088 CPU 中 BIU 的加法器即用来完成物理地址的计算。段地址总是由段寄存器提供，CPU 可通过对 4 个段寄存器来访问 4 个不同的段，一个段最大可包括一个 64KB 的

存储器空间。由于相邻两个段首地址最少只相距 16 个单元,所以段与段是可以互相覆盖的。图 2.10 所示为一种分段的情况。在程序中,指令和数据所使用的地址都是相对于段首址(也称段基址)来安排的。只要改变段的基址,就改变了程序在存储器中的位置。

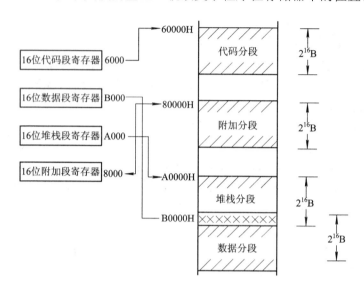

图 2.10　分段的实例

(图中堆栈段和数据段在此例中是重叠的,这用在存储共享的情况下)

3. 按信息的分段存储及分段寻址

在存储器中存储的信息可分为程序指令、数据和计算机系统的状态等信息。为了寻址和操作的方便,存储器的空间可按信息特征分段存储。所以一般将存储器划分为:程序区、数据区、堆栈区。在程序区中存储程序的指令代码;在数据区中存储原始数据、中间结果和最后结果;在堆栈区存储压入堆栈的数据或状态信息。8086/8088 CPU 中通常按信息特征区分段寄存器的作用。如代码段寄存器(CS)存储程序存储器区的段地址;数据段寄存器(DS)和附加段寄存器(ES)存储源和目的数据区的段地址;而堆栈段寄存器存储着堆栈区的段地址。

在 8086/8088 CPU 中,设置四个段寄存器的目的除了扩充寻址范围外,还为了便于存储器的读/写操作。

1) 对程序区的访问

程序可以放在单独划开的存储器区,此区称为程序存储区。在执行程序时需要有单独的段寄存器指定程序的段地址,利用指令指针(IP)作为程序段内的偏移量来控制取指令的地址。当前取指令的物理地址等于代码段寄存器(CS)的内容左移四位(即 ×10H)后的值加上指令指针(IP)的内容。如图 2.11(a)所示。

由于程序区独立划分后,可以把不同的作业,以至不同任务的程序分别放在不同的程序区,因而在作业或任务开始执行时,只要改变代码段寄存器的内容,就可以实现程序区的再定位作用。

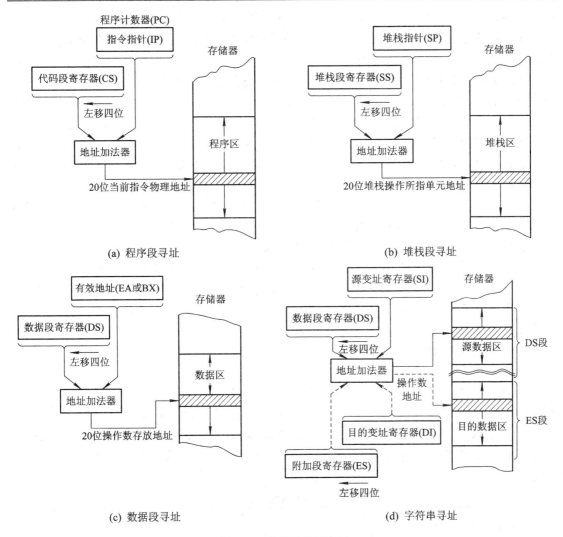

图 2.11　分段寻址示意图

2) 堆栈区的操作

不同的任务程序区往往要求有对应的堆栈区，以便在执行程序时进行各自的堆栈操作。程序更新时堆栈区也随之更新，所以需要独立的指定堆栈区的堆栈段寄存器(SS)。堆栈操作所指的物理地址等于堆栈段寄存器内容左移四位(即 ×10H)后，加上堆栈指针(SP)的内容，如图 2.11(b)所示。

3) 对数据区访问

不同任务的程序也最好有与之相对应的数据区，在执行指令时对区内的数据进行存取操作，所以要设置数据段寄存器(DS)。实际操作数物理地址等于数据段寄存器的内容左移四位，加上基址寄存器(BX)的内容或通过寻址获得的有效地址(EA)，如图 2.11(c)所示。

4) 字符串操作

在字符串操作时，是对存储器中两个数据块进行传送。这时需要在一条指令中同时指定源和目的两个数据区。因此，采用了指定源数据区的数据段寄存器(DS)和指定目的数据区的附加段寄存器(ES)。字符串的当前源、目的数的寻址方法如图 2.11(d)所示。

表 2.1 列出了各种访问存储器类型时所使用的段寄存器和段内偏移地址的来源。有关说明如下：

(1) 访问存储器时所用的段地址可以由指令中隐含的段寄存器提供，也可以由"可更换的段寄存器"提供。所谓指令中隐含的段寄存器，是指取指令及执行指令时 CPU 会自动选择的段寄存器。有些访问存储器的操作在指令之前插入一个字节的"段更换"前缀，就可以使用其他的段寄存器，这就为访问不同的存储器段提供了灵活性。有些类型访问存储器不允许进行"段更换"。如指令中隐含的由 CS、SS 及 ES 提供的段地址就不能更换其他段寄存器。又如指令 MOV AX，[2100H]，是一般数据传送类指令，隐含的段地址存放在段寄存器(DS)中，操作内容是：将 DS 所指数据段内，偏移地址为 2100H 的存储单元的内容传送到 AX 寄存器中。若在存储器操作数前加一个段更换前缀，即 MOV AX，ES:[2100H]，则源操作数便被指定为在 ES 段寄存器所指定的数据段内。

(2) 段寄存器 DS、SS 和 ES 的内容可以通过传送类指令置入或者进行变更。但代码段寄存器 CS 与上述三个段寄存器不同，由于它的内容是当前程序指令字节地址的一部分(另一部分为指令指针的内容)，因而只能通过 JMP、CALL、RET、INT 和 IRET 等指令或 ASSUME 伪指令来改变。

(3) 段内偏移地址的来源除由 IP、SP、SI 和 DI 寄存器提供外，还可由寻址方式求得的有效地址(EA)提供。

还应指出的是，当 8086/8088 CPU 复位时，除了 CS=FFFFH 外，CPU 中其他内部寄存器的内容均为 0。故复位后，指令的物理地址应为 CS 的值左移四位加上 IP 的内容(现为 0)，即为 FFFF0H。通常，在存储器编址时，将高地址端分配给 ROM，而在 FFFF0H 单元开始到存储器底部 FFFFFH 的 16 个单元中，可存放一条无条件转移指令，转到系统的初始化程序。

表 2.1 各种类型访问存储器时的段地址和偏移地址

访问存储器类型	隐含的段地址	可"段更换"的段地址	段内偏移地址来源
取指令码	CS	无	IP
堆栈操作	SS	无	SP
字符串操作源地址	DS	CS、ES、SS	SI
字符串操作目的地址	ES	无	DI
BP 用作基地址寄存器时	SS	CS、DS、ES	由指令寻址方式求得有效地址 EA
一般数据存取	DS	CS、ES、SS	由指令寻址方式求得有效地址 EA

2.2.4 8086/8088 的 I/O 地址空间

通常，CPU 与外部设备之间均需通过 I/O 接口进行连接。每个 I/O 接口都有一个或几个端口。一个端口对应 I/O 接口电路内的一个寄存器或一组寄存器。与每个存储单元都需要一个地址号一样，I/O 接口中的每一个端口也必须分配一个地址号，称为端口地址号。

8086/8088 CPU 用地址总线的低 16 位作为对 8 位 I/O 端口的寻址线,故共可访问 64 K(2^{16}) 个 8 位 I/O 端口。两个编号相邻的 8 位端口可以组合成一个 16 位的端口,且高位字节的地址号高,低位字节的地址号低,并规定以低位字节的端口地址作为该 16 位端口的地址。

2.3　80386/80486 CPU 的功能结构

2.3.1　80386 微处理器的功能结构

80386 CPU 是 32 位微处理器,具有 132 条引脚,并以网络阵列方式封装。其中数据总线和地址总线各 32 条,且不复用。时钟频率为 12.5 MHz 及 16 MHz。

80386 CPU 具有段页式存储器管理部件,4 级保护机构,并支持虚拟存储器。它有以下 3 种工作方式:

(1) 实地址方式。此方式下 80386 CPU 除相当于一个高速 8086/8088 CPU 外,还可在需要时,将操作数位数扩展为 32 位。同时,20 位地址总线不再与 32 位数据线复用。

(2) 虚拟地址保护方式。此方式支持多任务模式,分 80286 模式和 80386 模式两种。前者完全与 80286 兼容,采用 16 位操作数,CPU 可寻址 16MB 的物理地址空间和 1 GB 的虚地址空间。80386 模式的主要特点是采用段页式存储器管理和保护机制。操作数采用 32 位,CPU 可寻址 4 GB(2^{32}B)的物理存储器(实存)及 64 TB(2^{46}B)的虚拟存储空间。80386 的存储器管理部件(Memory Manage Unit,MMU)由分段部件和分页部件组成。分段部件用来对程序设计中使用的逻辑地址(段地址:偏移地址)进行管理,它通过一个特定的寻址器件将逻辑地址转换为线性地址,并实现了任务间的隔离及指令和数据区的再定位。逻辑地址空间和线性地址空间是按段组织的,每个段的最大地址空间为 4 GB,故对 64 TB 的虚拟存储器空间允许每个任务最多可用 16 K 个段。分页部件用来对物理地址空间进行管理。分段部件产生的线性地址,如果允许分页,便由分页部件将其转换为物理地址;如果不允许分页,线性地址便为物理地址。在分页部件管理下,程序和数据均以页为单位进入物理存储器,每页固定为 4 KB 存储空间,每个段可以包含一页或多页。分段部件和分页部件的多级保护机制,属硬件提供的保护。它使应用程序和操作系统互相隔离,并各自得到保护,从而使各种应用系统设计具备高度的完整性。

(3) 虚拟 8086 方式。此方式可在实地址方式运行 8086 应用程序的同时,利用 80386 CPU 的虚拟保护机构运行多用户操作系统及程序。即可同时运行多个用户程序,并能得到保护,使每个用户都感到自己拥有一台完整的计算机,非常灵活。

80386 CPU 有两种类型芯片:80386SX 和 80386DX。80386DX 芯片内部数据总线和外部数据总线均为 32 位,可寻址 4 GB 存储空间,其配接的数学协处理器为 80387。80386SX 的内部数据总线为 32 位,外部数据总线为 16 位,可寻址 16 MB 存储空间,配接的数学协处理器为 80287。80386SX 为准 32 位机。

1. 80386 CPU 的功能结构

80386 CPU 由 6 个独立的处理部件组成:总线接口部件(BIU)、指令预取部件、指令译码部件、执行部件、分段部件和分页部件,见图 2.12。80386 CPU 内部的这 6 个部件可独立并行操作，同一时间内既可对几条不同指令并行操作，又可对一条指令的几个微操作(如指令预取、译码、执行、存储器管理和总线访问等)同时并行执行。这样，便可使多条指令重叠执行，称为 6 级流水线方式。这种方式使 CPU 执行指令的速度较 80286 CPU 又有较大提高。此外，用于提高 80386 CPU 性能和指令执行速度的硬件措施还有 64 位桶形移位器、三输入地址加法器和早结束乘法器等。

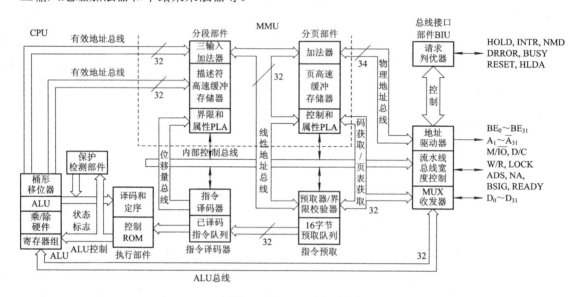

图 2.12 80386 功能结构框图

1) 总线接口部件

总线接口部件(BIU)由请求判优控制器、地址驱动器、流水线总线宽度控制、多路转换 MUX/收发器等部件组成，主要用于将 CPU 与外部总线连接起来。CPU 内部的其他部件都能与 BIU 直接通信，并将它们的总线请求传给 BIU。这样，指令、立即数和存储器偏移量均可在指令执行的不同阶段从存储器取出送至 CPU 内。但当多个总线请求同时发生时，为使程序的执行不被延误，BIU 经请求判优器控制将优先数据传输请求(包括立即数传输及偏移地址传输)。只有当不执行数据传输操作时，BIU 方可满足预取代码的请求。

2) 指令预取部件

80386 CPU 中指令代码的预取不再由 BIU 负责，而由一个独立的指令代码预取部件完成。指令预取部件由预取器及预取队列组成。预取器管理着一个预取指令指针和段预取界限。从分段部件来的线性地址和分段界限分别送到这里。当 BIU 不执行属于指令执行部分的总线周期时，若预取队列有空单元或发生一次控制转移时，预取器便通过分页部件向 BIU 发出指令预取请求。分页部件将预取指令指针送出的现行地址变为物理地址，再由 BIU 及系统总线从内存单元中预取出指令代码，放入预存队列中。80386 CPU 的预取队列可存放 16 字节的指令代码。进入预存队列的指令代码将被送指令译码器部件译码。预取器保持预取队列总是满的。

指令执行期间若要求通过 BIU 取回操作数，这一事件与指令代码预取相比较，具有较高的优先级。也就是说，BIU 分配给代码预取操作的优先级较低。

3) 指令译码部件

指令译码部件包括指令译码器及已译码指令队列两部分。它从代码预取部件的预取队列中读预取的指令字节并译码，变成很宽的内部编码，放入三层次的已译码指令队列中。这些内部编码中包含了控制其他处理部件的各种控制信号。因而，指令译码部件为指令的执行做好了准备。只要已译码队列中有空隙，而且预取队列中有指令字节，指令译码部件便以一个时钟周期译码一个指令字节的速度进行译码。如果指令中有立即数和操作数偏移地址，它们也从预取队列中取出。而且，不管一个立即数和一个操作数偏移地址的长度有多少字节，译码部件处理它们只需要一个时钟周期。

上述总线接口部件、代码预取部件及指令译码部件构成了 80386 CPU 的指令流水线。

4) 执行部件

执行部件由控制部件、数据处理部件和保护测试部件组成。它的任务是将已译码指令队列中的内部码变成按时间顺序排列的一系列控制信号，并发向处理器的其他处理部件，以便完成一条指令的执行。80386 CPU 中控制部件还用专门硬件来加速某种类型的操作，例如乘法、除法和有效地址的计算等。

数据处理部件在控制部件控制下执行数据操作和处理。它包含一个算术逻辑部件 ALU、8 个 32 位通用寄存器、一个 64 位桶形移位器和一个乘法器等。64 位桶形移位器在一个时钟周期可执行多个位的移动；乘法器为早结束乘法器，当没有有效数字可处理时，提前结束乘法运算，以便加快计算机运行速度。

保护测试部件用来监视存储器的访问操作是否违反程序静态分段的有关规定。这就是说，在保护方式下，对存储器的任何访问操作，包括运算，都将被严格控制。

执行部件中还设有一条附加的 32 位内部总线和专门的控制逻辑部件，并提供同时执行两条指令所需要的控制回路，可使每条访问存储器的指令的执行与前一条指令的执行部分地重叠起来并行执行。这又一次提高了 CPU 对指令的执行速度。

5) 分段部件

分段部件由三输入地址加法器、段描述符高速缓冲存储器及界限和属性检验用可编程逻辑阵列(Programmable Logic Array，PLA)组成。它的任务是把逻辑地址转换成线性地址。转换操作是在执行部件请求下由三输入专用加法器快速完成的，同时还采用段描述符高速缓冲存储器来加速转换。在逻辑地址向线性地址转换过程中，分段部件还要进行分段的违章检验。逻辑地址一旦转换成线性地址，便被送入分页部件。

6) 分页部件

分页部件由加法器、页高速缓冲存储器及控制和属性 PLA 组成。它的任务是将分段部件或代码预取部件产生的线性地址转化成物理地址。在操作系统软件控制下，若分页部件处于允许状态，便执行线性地址向物理地址的转换，同时还需要检验标准存储器访问与页属性是否一致。若分页部件处于禁止状态，则线性地址即为物理地址。

从线性地址到物理地址的转换实际上是将线性地址表示的存储空间再进行分页。页高速缓冲存储器也称转换旁视缓冲存储器(Translation Lookaside Buffer，TLB)，它用来加速线性地址到物理地址的转换。所谓旁视高速缓冲存储器，是指内存和 cache 能同时监视 CPU 访问存储器的一个总线周期，以便及时检测 cache 是否命中并快速进行处理。页是一个大小固定的存储块，每页存储空间有 4 KB。物理地址一旦由分页部件形成，立即送 BIU 以便进行存储器访问操作。

在 80386 CPU 中，分段部件、分页部件及总线接口部件构成了地址流水线。同时，分段部件和分页部件又构成了存储器管理部件(Memory Manage Unit，MMU)。

2．80386 CPU 的寄存器

80386 CPU 共有 34 个寄存器，包括 16 个基本寄存器、4 个控制存储器、4 个系统地址存储器、8 个调试寄存器和 2 个测试寄存器。

16 个基本寄存器包括 4 个 32 位通用寄存器、2 个 32 位变址寄存器、3 个 32 位指针寄存器、6 个 16 位段寄存器和 1 个 32 位标志寄存器，它们组成一个基本寄存器集，见图 2.13。

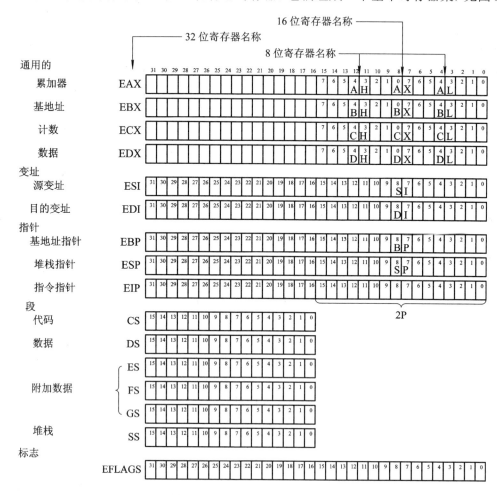

图 2.13　80386 CPU 的基本寄存器集

1) 通用寄存器

4 个通用寄存器是 EAX、EBX、ECX、EDX。它们均为 32 位，且低 16 位被独立命名为 AX、BX、CX、DX。这样，80386 CPU 便可与 8086 CPU、80286 CPU 的寄存器集兼容。再加上它们指令系统的兼容性，使得在 8086 CPU、80286 CPU 上编写的程序可以不加修改地在 80386 CPU 上运行。EAX、EBX、ECX、EDX 是在原 16 位通用寄存器集上扩充为 32 位时，加入代表扩充前缀的"E"形成的，并且它们的高 16 位没有独立命名，也不能独立

访问。因而，4 个通用寄存器的每一个既可当作 32 位寄存器，又可将低 16 位当作一个 16 位寄存器或 2 个独立的 8 位寄存器被访问。而且，对低 16 位寄存器或 32 位寄存器低位上的操作不影响高 8 位或高 16 位的内容。

4 个通用寄存器既可用来存放操作数，也可用来存放操作数地址，而且在形成地址的过程中还可进行加减运算。显然，这比 8086 更灵活方便。

4 个通用寄存器在某些指令中的隐含用法与 8086 一样，只不过寄存器的位数从 16 位扩展为 32 位。

2) 变址寄存器

变址寄存器包括源地址(Source Index)寄存器(ESI)和目的地址(Destination Index)寄存器(EDI)。它们都是 32 位寄存器，并且其低 16 位分别被命名为 SI 和 DI，以便和 8086、80286 相兼容。在串操作指令(如 MOVS)中，ESI(或 SI)常用来存放源操作数的偏移地址，而 EDI(或 DI)常用来存放目标操作数的地址。

在变址寻址方式中，ESI(或 SI)及 EDI(或 DI)用作地址计算，称为变址寄存器，存放存储器操作数的偏移地址。

ESI、EDI、SI、DI 也可与通用寄存器一样，用来存放 32 位或 16 位操作数。

3) 指针寄存器

80386 CPU 的指针寄存器包括基地址指针(Base Pointer)寄存器(EBP)、堆栈指针(Stack Pointer)寄存器(ESP)和指令指针寄存器(EIP)。

EBP 及 ESP 的低 16 位也分别被命名为 BP 和 SP(与 8086/80286 兼容)。这两个指针寄存器都是为堆栈区的数据操作而设计的，用来存放堆栈区的偏移地址。

ESP 具有自动步进增量和减量的功能。80386 CPU 的堆栈操作每次可以压入或弹出两个字节或两个字。

基址指针(EBP)不具有 ESP 的自动步进增量或减量的功能，但也必须与堆栈段寄存器(SS)一起使用。EBP 也指示堆栈段内的偏移地址，以便完成对栈内存储单元的操作。

指令指针寄存器(Instruction Pointer，EIP)又称指令指示器，是一个 32 位寄存器。它的低 16 位被独立命名为 IP(80386 运行于 8086 实地址方式时使用)。EIP(或 IP)与代码段寄存器(CS)一起指出下一条要执行的指令的地址。指令指示器不能由程序员直接访问。

4) 段寄存器和段描述符寄存器

段寄存器即段地址寄存器(Segment Address Register)。80386 中有 6 个 16 位段寄存器，它们是代码段寄存器(Code Segment，CS)，数据段寄存器(Data Segmrrent，DS)，堆栈段寄存器(Stack Segment，SS)以及附加数据段寄存器(Extra Data Segment)ES、FS 和 GS。其中 CS、DS、SS 与 8086/8088、80286 中的段寄存器完全一样。

80386 运行在实地址方式时，把 1 MB 的存储空间划分为若干个逻辑段。每个逻辑段的长度为 64 KB，并规定每个逻辑段 20 位起始地址的最低 4 位为 0000B。这样，在 20 位段起始地址中只有高 16 位为有效数字。称这高 16 位有效数字为段的基地址(简称段基址)，并存放于段寄存器中。80386 的 6 个段寄存器可同时存放 6 个段的基地址，它们规定了 6 个逻辑段，其中 CS 用来存放当前代码段的基地址，要执行的指令代码均存放在当前代码段中；DS 用来存放当前数据段的基地址，执行当前指令所需要的数据均存放在当前数据段中；SS 用来存放当前堆栈段的基地址，堆栈操作所处理的数据均存放在当前堆栈段中；ES、FS、

GS 用来存放当前附加段的基地址，附加段通常也用来存放存储器操作数。

在虚地址保护方式下，80386 的段基地址和段内偏移地址为 32 位。这时 6 个 16 位段寄存器的内容为段选择器。处理器将根据段选择器确定段基地址，并经分段部件和分页部件计算存储器的线性地址和物理地址。

为了加快线性地址的转换计算速度，80386 内部为每个段寄存器设置了一个程序员不可见的段描述符寄存器(也称段描述符高速缓冲寄存器)，见图 2.14。当段寄存器内容(段选择器)被指令确定后，80386 硬件便依段选择器作索引，从内存的某一个相应的段描述表中取出一个 8 B 的段描述符装入该段寄存器对应的段描述符寄存器中。段描述符包含有 4 B 的段基地址，这个段基地址便可作为分段部件进行线性地址转换计算用。由于采用了硬件方式寻址，加快了存储器访问速度。

	段寄存器	段描述符寄存器		
CS	16位选择符	32位段基址	20位段限	12位其他属性
SS	16位选择符	32位段基址	20位段限	12位其他属性
DS	16位选择符	32位段基址	20位段限	12位其他属性
ES	16位选择符	32位段基址	20位段限	12位其他属性
FS	16位选择符	32位段基址	20位段限	12位其他属性
GS	16位选择符	32位段基址	20位段限	12位其他属性

图 2.14　段寄存器及段描述符寄存器

5) 标志寄存器 EFLAGS

80386 的标志寄存器 EFLAGS 为 32 位寄存器。其中有 6 位状态标志、3 位控制标志、2 位保护方式标志及两个新增的标志，见图 2.15。

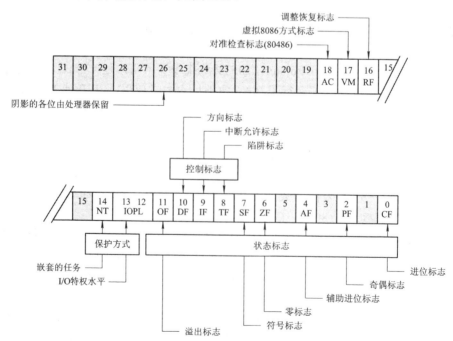

图 2.15　80386/80486 EFLAGS 寄存器

● 状态标志

6 个状态标志 CF、PF、AF、ZF、SF、OF 的含义与 8086 的完全相同。

需注意的是微处理器对状态标志 CF、ZF、SF 和 OF 的影响情况与参加运算的操作数位数相适应。也就是说，这 4 个状态标志支持 8 位、16 位和 32 位运算，其中最高位分别指位 7、位 15、位 31。

PF 及 AF 不管参加运算的操作数位数如何，PF 只反映低 8 位中 1 的个数的奇偶情况，AF 也只反映位 3 向位 4 的进位或借位情况。

● 控制标志

控制标志可用程序来置位或清零，具有一定的控制功能。80386 共有 7 个控制标志位，分三类。

(1) 与 8086/8088、80286 兼容的控制标志位共 3 个，即 TF、IF 及 DF。

(2) 保护方式标志。与 80286 一样，80386 有两个保护方式标志。它们只在保护方式下有效，8086 仿真方式(实方式)下无效。两个保护方式标志也可用程序来设置，以便控制处理器的运行，它们也属控制标志。

① 输入/输出特权标志(I/O Privilege Level，IOPL)。该标志占用两位二进制，四个状态，用来确定需要执行的 I/O 操作的特权级。IOPL 为 00 时，表示特权级最高；IOPL 为 11 时，表示特权级最低。若当前特权级在数值上小于或等于 IOPL(亦即当前特权级高于或等于 IOPL 所表示的特权级)，则 I/O 指令可执行。否则，便产生一个保护异常。

② 嵌套任务标志(NT)。NT 标志用来控制返回指令的运行。若 NT=0，表明发生中断时或执行调用指令时没有发生任务切换。因而，返回指令执行常规的从中断或过程返回主程序的操作(同一任务的返回)；若 NT=1，表明发生中断时或执行调用指令时发生了任务切换，亦即当前任务正嵌套在另一任务中。因而，返回操作通过任务切换来执行，处理器将把控制返回给调用该任务的任务(不同任务间的返回)。

(3) 80386 新增的控制标志。共有两个这类标志。

① 重新启动标志(Resume Flag，RF)。RF 标志亦称调整恢复标志，用来控制调试故障是否能被接受。当 RF=0 时，调试故障被接受并应答；当 RF=1 时，调试故障被忽略。

② 虚拟 8086 方式标志(Virtual 8086 Mode Flag，VM)。VM 标志用来控制处理器在哪种方式下运行。若 VM=1，处理器将在虚拟 8086 方式下运行；若 VM=0，处理器将在一般方式下运行。

以上 7 个控制标志中，对 RF、NT、DF 和 TF 这 4 个标志来说，运行在任何特权级下的程序都可将它们置位或清除。对 VM 及 IOPL 标志来说，只有在特权级为 0 的程序运行时才能将它们置位或清除，而 IF 标志却只能由具有 I/O 特权的程序置位或清除。RF 和 VM 标志的置位和清除只能由返回指令和任务切换来执行，其他控制标志的置位和清除可由状态标志返回指令(POPF)来执行。

图 2.15 中涂有阴影的 Flags 位为保留位，以便于处理器升级时扩展用。

6) 控制寄存器(Control Register)

80386 有 4 个 32 位的控制寄存器，见图 2.16。CR_0 寄存器包含 6 个系统标志，它们用来表示和控制整个系统的状态，而不是单个任务的状态。

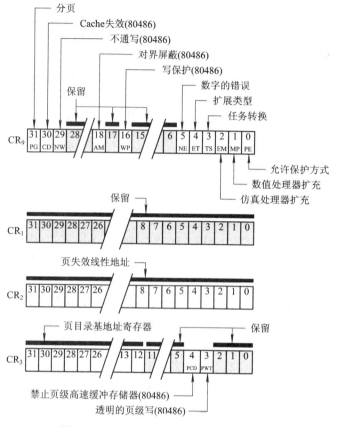

图 2.16　80386/80486 控制寄存器组

CR$_0$ 的 0～15 位称为机器状态字(Machine Status Word，MSW)，它是 80286 机器状态字的扩充。6 个系统标志如下：

(1) 允许保护标志(Protection Enable，PE)。它用来控制微处理器是否进入保护方式。若 PE 置位，则 80386 转换成保护方式。只要处理器在保护方式下，PE 标志就一直置位。PE 标志一旦置位，只能通过系统复位重新启动微处理器的方法来清除。PE 标志复位后，微处理器回到实地址方式。系统加电后，微处理器总是初始化为实地址方式。

(2) 监控数学协处理器扩充标志(Monitor Processor Extension Flag，MP)。它用来表示数学协处理器是否存在。因而，MP 也称数学协处理器存在标志(Math Present Flag)。若系统中有一个数学协处理器存在，MP 置位；否则 MP 清零。

(3) 仿真协处理器扩充标志(Emulate Processor Extension Flag，EM)。它用来表示是否用软件来仿真数学协处理器。如果 EM＝1，表示将采用软件仿真数学协处理器的功能。因而，系统对所有协处理器的操作码都产生一个"协处理不能使用"的出错信号。如果 EM＝0，表示未用软件仿真数学协处理器的功能。因而，所有协处理器的操作码都能在实际的数学协处理器 80387 或 80287 上执行。

(4) 任务转换标志(Task Switched Flag，TS)。该标志由硬件置位而由软件复位。当一个任务转换完成之后，TS 标志自动置 1。TS 标志一旦置位，下一条企图使用数学协处理器的指令将产生一个"无数学协处理器"的异常。TS 标志的这一功能使系统软件在允许其他任务使用协处理器之前，具有保存协处理器状态的机会。

以上 4 个系统标志和 80286 的相兼容。

(5) 扩充类型标志(Extension Type Flag，ET)。该标志是 80386 新增加的，它用来表示系统中所使用的数学协处理器的类型。该标志设置的必要性在于 80386DX 既可支持 80287，又可支持 80387。若系统内使用的数学协处理器是 80387，则 ET = 1；若系统中使用的数学协处理器为 80287 或没有使用数学协处理器，则 ET = 0。当 EM 置位时，ET 标志无效。

(6) 允许分页标志(Paging Flag，PG)。该标志表示处理器是否允许对存储器线性地址进行分页，并进行物理地址转换。若 PG = 1，允许分页，并由分页部件将线性地址转换成物理地址；若 PG = 0，禁止分页，这时线性地址直接当作物理地址来使用。

CR_1 是未定义的控制寄存器，供以后微处理器升级用。

CR_2 是页故障线性地址寄存器，它保存最后出现页故障的全 32 位线性地址，以便当产生页故障时，用来报告错误信息。CR_3 是页目录基地址寄存器，用来保存页目录表的物理基地址。由于一页存储空间为 4KB，页目录及页表中只需要分别给出页表地址和页的首址，并不涉及页内的 12 位地址信息，因而页目录基地址寄存器中的低 12 位不起作用，即使写入信息，处理器也不理会。

7) 系统地址寄存器(System Address Register)

系统地址寄存器用来保护操作系统所需要的保护信息和地址转换表信息。80386 共有 4 个系统地址寄存器(见图 2.17)。

图 2.17　80386 系统地址寄存器

(1) 全局描述符表寄存器(Global Descriptor Table Register，GDTR)。GDTR 为 48 位寄存器，用来保存全局描述符表的 32 位线性地址和 16 位界限。

(2) 中断描述符表寄存器(Interrupt Descriptor Table Register，IDTR)。IDTR 也为 48 位寄存器，用来保存中断描述符表的 32 位线性地址和 16 位界限。

(3) 局部描述符表寄存器(Local Descriptor Table Register，LDTR)。LDTR 为 16 位寄存器，用来保存当前任务的 LDT(局部描述符表)的 16 位选择符。

(4) 任务状态寄存器(Task State Register，TR)。TR 为 16 位寄存器，用来保存当前任务的 TSS(任务状态段)的 16 位选择符。

8) 调试寄存器(Debug Register)

80386 内有 8 个调试寄存器 $DR_0 \sim DR_7$(见图 2.18)，为程序调试提供了硬件支持。程序设计人员可利用它们定义 4 个断点，可方便地按照调试意图组合指令的执行和数据的读写。8 个寄存器中，$DR_0 \sim DR_3$ 为线性断点地址寄存器，共可保存 4 个断点地址；DR_4 和 DR_5 是 Intel 保留的备用调试寄存器；DR_6 为断点状态寄存器(Breakpoint Status Register)；DR_7 为断点控制寄存器(Breakpoint Cotrol Register)。

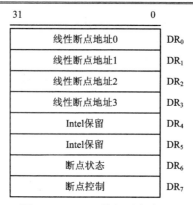

图 2.18　80386 的调试寄存器

9) 测试寄存器(Test Register)

80386 有两个 32 位测试寄存器 TR$_6$ 和 TR$_7$，见图 2.19。程序设计人员可在芯片加电后，用它们来测试分页部件中转换旁视缓冲器 TLB 的操作是否正确。TR$_6$ 是测试命令寄存器，用来存放测试用的命令。TR$_7$ 为数据寄存器，用来保存对 TLB 调试时的状态数据。

图 2.19　80386 的测试寄存器

2.3.2　80486 微处理器的功能结构

80486 是与 80386 完全兼容且功能更强的 32 位微处理器。芯片上共集成了 120 万个晶体管，有 168 条引线，采用网络阵列式封装。数据线及地址线均为 32 位，且不复用，可以寻址 4 GB 的物理地址空间和 64 TB 的虚拟地址空间。80486 的时钟频率为 25 MHz 和 33 MHz。80486DX 的时钟频率为 50 MHz；而 1992 年出现的 80486DX2 采用倍频技术，使 CPU 的工作速度达到芯片外部处理速度的两倍，因而使 CPU 的运行速度提高了 70% 。80486DX2 的时钟频率为 50 MHz 和 66 MHz，但外部工作频率(亦即主板的频率，或称系统频率)分别为 25 MHz 和 33 MHz。

80486 芯片由 1 个整数处理部件(CPU)、1 个浮点处理部件(数学协处理器)及 1 个指令/数据共用的高速缓冲存储器(cache)组成。由于这些部件被集成在一个芯片上，使 CPU 与数学协处理器的协调工作能在芯片内部以极快的速度进行。同时，芯片内 cache 的设置也使外部总线和外部部件对 CPU 处理速度的影响降低了许多。此外，80486 芯片在设计时采用了 (Reduced Instruction Set Computer，RISC)技术，也使 80486 CPU 的运行速度较 80386 有较大提高。

除了内部 cache 外，80486 还具有对外部高速缓冲存储器的回写和清除功能。这种功能很适合多处理器环境，保证外部 cache 的存储信息最大限度地为处理器服务。

80486 芯片中的整数部件与 80386 的结构类似。因而，80486 具有 80386 的所有功能，也有 4 级保护机构，支持虚拟存储。

1. 80486 CPU 的内部结构

80486 的内部功能结构可以细分为 9 个处理部件，如图 2.20 所示。9 个处理部件相互间可以并行操作。这种更大范围的并行流水线操作使 80486 能对大多数指令以 1 条指令每时钟周期的速度持续执行。9 个处理部件的功能和特点分述如下。

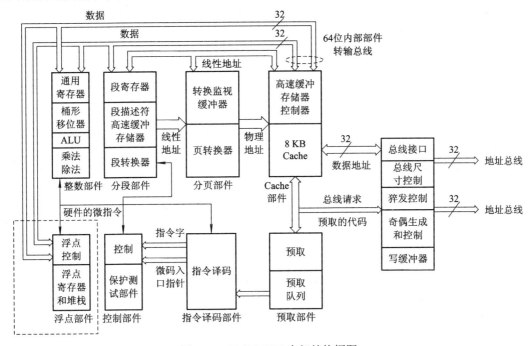

图 2.20　80486 CPU 内部结构框图

1) 总线接口部件

80486 的总线接口部件 BIU 负责与处理外部总线的连接。但是与其他处理器不同的是，在处理器内部，从其他处理部件来的存储器访问请求首先要经过高速缓冲存储器部件。对总线访问的所有请求，包括预取指令、读存储器和填充高速缓冲存储器都由 BIU 判优和执行。在向高速缓冲存储器填充数据时，BIU 一次便可从内存经外部总线读 16 个字节数据到高速缓冲部件。如果高速缓存的内容被处理器内部操作修改了，则修改的内容也由 BIU 写回到存储器中去。如果一个读请求所要访问的存储器操作数不在高速缓存中，则这个操作便由 BIU 控制直接对外部存储器进行。

在预取指令代码时，BIU 把从外部存储器取来的指令代码同时传送给代码预取部件和内部高速缓冲，以便在紧密编码循环中，下一次预取相同的指令，直接访问高速缓存。

BIU 采用写缓冲寄存器先将写操作数据暂存起来，等待外部存储器或 I/O 端口来取。当操作数的数据被缓冲寄存时，处理器便可执行其他操作，此称为写缓冲。80486 BIU 可缓冲寄存 4 个 32 位的写操作数据。地址、数据和控制信息都能被缓冲，这无疑将提高处理器的运行速度。

2) 高速缓冲存储部件

高速缓冲存储部件用来管理 80486 芯片上的 8 KB 高速缓冲 RAM。处理器中其他部件产生的所有总线访问请求在送达 BIU 之前，先经过高速缓存部件。如果总线访问请求能在高速缓存中得以解决，则该总线访问请求将立即得以满足，BIU 不必再产生总线周期，这种情况称为高速缓存命中。如果总线访问请求不能在高速缓存中得以解决，便称为高速缓存未命中。这时 BIU 将以一次 16 字节的传输方式将请求的存储单元内容送至高速缓存，这称为高速缓存的行填充。写操作时，检查整个高速缓存，若发现写操作的目标，则立即修改高速缓存的内容，并开始一个写总线周期，把修改的数据写回存储器，此称为高速缓冲存储器写通。

80486 中高速缓存部件及代码预取部件紧密耦合。一旦代码预取部件预取指令代码时未命中，BIU 将对高速缓存进行填充，从存储器取出的指令代码将同时送到高速缓存部件和代码预取部件。

3) 代码预取部件

在总线空闲周期时，代码预取部件向 BIU 发出预取指令的请求。预取的存储器地址由预取部件自身产生。预取周期将一次读 16 B 的指令代码，并存入 32 B 的预取队列中。如果高速缓冲存储器在指令预取时能命中，则不需要产生总线周期。当遇到跳转、中断、子程序调用等操作时，预取队列被清空。

4) 指令译码部件

指令译码部件的功能是从指令预取队列取机器码，并将其转换成对其他处理部件的控制信号等。译码过程分两步：首先要决定指令执行时是否需要访问存储器，若需要便立即产生总线访问周期，使存储器操作数在译码结束后能准备好；然后进行译码过程的第二步，产生对其他处理部件的控制信号等，为指令执行做好准备。

由于采用两步译码，且大多数指令都在一个时钟周期内译码完毕，80486 的指令译码部件中没有已译码指令队列。

5) 控制部件

80486 中控制部件单独设置而没有放在执行部件中。控制部件对整数部件、浮点部件和段部件等进行控制，使它们完成已译码指令的执行。

6) 整数部件

整数部件包括处理器的 4 个 32 位通用寄存器、2 个 32 位变址寄存器、2 个 32 位指针寄存器以及 1 个 64 位桶形移位器、算术和逻辑运算部件及标志寄存器等。它能在一个时钟周期内完成整数的传输、加/减运算、逻辑运算等。

7) 分段部件和分页部件

与 80386 一样，分段部件与分页部件一起构成存储器管理部件，用来实现存储器保护和虚拟存储器管理。分段部件用来将逻辑地址转化成线性地址，且采用段高速缓冲存储器来提高转换速度。分页部件用来完成物理存储器管理，把线性地址进行分页变为物理地址。为了提高线性地址到物理地址的转换速度，80486 的分页部件中也有转换旁视高速缓冲存储器(TLB)。

8) 浮点部件

80486 DX 的浮点部件与外部数学协处理器的功能完全一样，但当所需要的操作数存放在处理器内部的通用寄存器或内部的高速缓冲器中时，运行速度便会得到极大提高。如果操作数的存取需要访问外部存储器，为了减少运行时间，80486 采取成组传输数据的方法来提高效率。

486SX 称为没有数学协处理器的 80486。这实际上是将 486DX 中的浮点部件机械地禁止了(大多因为浮点部件有故障),而处理器的其他功能未变。486SX 与数学协处理器 487SX 相配,使用时功能与 486DX 的相同。

2. 80486 CPU 寄存器的新增功能

80486 CPU 寄存器与 80386 CPU 的基本一样,只是在标志寄存器 FLAGS 及 CR_0 控制寄存器的机器状态字中增加了一些标志位。

1) 控制寄存器 CR_0 低 16 位程序状态字中新增标志位

共新增 4 个标志,见图 2.16。

(1) 控制 CPU 内高速缓冲存储器(cache)操作方式的标志有两位。

① 禁止高速缓存标志 CD。若 CD = 1,片内高速缓存处于禁止状态,即主存的内容不拷贝到 cache 中。只有当 CD = 0 时,高速缓存才处于允许状态,即可将主存内容拷贝到高速缓存中。

② 高速缓存写通方式禁止标志 NW。程序运行期间应尽量保持高速缓存的内容与其对应的主存内容一致。在改变了高速缓存内容后,可采取写通(Write Through)法或写回(Write Back)法来修改相应主存的内容。当 NW = 1 时,表明不用写通法;当 NW = 0 时,表明用写通法。

(2) 写保护控制标志 WP。当 CR_0 中标志 PG = 1,在允许分页方式下时,若 WP = 1,则管理程序中出现对只读页面写操作,便会产生故障中断;若 WP=0,则可以有条件地对只读页面进行写操作。

(3) 对界屏蔽标志 AM。对界是指执行访问存储器指令时,所访问的数据类型与其起始地址间的关系。80486 规定,访问字型数据时其起始地址应为偶地址;访问双字型数据及 4 字型数据时其起始地址分别应为 4 的倍数和 8 的倍数等。否则便是未对准界限,简称未对界。若 AM = 1,表明允许 FLAGS 中的对界控制标志 AC 起作用;AM = 0,表明屏蔽掉 AC 标志的作用。

2) 标志寄存器 FLAGS 中新增标志位 AC

AC 称为对界检查标志,属控制标志,如图 2.15 所示。当 AM = 1,AC = 1 时,表明要进行对界检查。同时,若发现未对界,CPU 便产生一个异常中断。当 AM = 1,AC = 0 时,表明访问内存时可进行对界检查。当 AM = 0 时,AC 将失去对界控制权,也不会产生异常中断。

2.4　Pentium 级 CPU 的功能结构

2.4.1　Pentium 处理器

Pentium 处理器是 1993 年 3 月由 Intel 推出的第五代 CPU(32 位)Pentium。Pentium 处理器采用了 16 KB 的 cache、超标量结构和流水线技术。Pentium 处理器内部有两条流水线:U 流水线和 V 流水线。U 流水线处理复杂指令,V 流水线处理简单指令,这两条流水线每个配有 8 KB 的高速缓存。这样,处理器的速度大大加快。

2.4.2　Pentium Pro 处理器

Pentium Pro 处理器于 1995 年 11 月推出，为第六代 CPU(32 位)，中文名称为"高能奔腾"。Intel 公司在高能奔腾内部集成了 256～512 KB 的二级缓存，和 CPU 直接集成到一起与 CPU 内部时钟同步运行。

2.4.3　Pentium MMX 处理器

Pentium MMX 处理器于 1997 年 1 月推出，仍然是第五代 CPU，中文名称为"多能奔腾"。它是在原 Pentium 芯片中增加了处理多媒体数据的 MMX 指令集改进而成的。Pentium MMX 在原 Pentium 的基础上增加了片内 16 KB 数据缓存和 16 KB 指令缓存、4 路写缓存以及分支预测单元和返回堆栈技术，特别是新增加的 57 条 MMX 多媒体指令，使得 Pentium MMX 即使在运行非 MMX 优化的程序时也比同主频的 Pentium CPU 要快的多。

2.4.4　Pentium Ⅱ 处理器

Pentium Ⅱ 处理器于 1997 年 5 月推出，为第六代 CPU(32 位)。它的结构是将 Pentium Ⅱ CPU 芯片、Tag RAM(L2 cache 的管理和控制芯片)和 L2 cache 集成在一块电路板上，然后封装在单边接触盒(SEC)中。

2.4.5　Celeron 赛扬处理器

为了抢占低端市场，Intel 推出了 Celeron 赛扬处理器。英语中词根 Cele 就是加速的意思。由于没有片内 L2 缓存，其整数运算能力较差，但由于 L2 缓存对浮点运算影响不大，所以赛扬的浮点运算能力与 P Ⅱ 相当。

2.4.6　Pentium Ⅲ 处理器

Pentium Ⅲ 处理器是准 64 位处理器，拥有 32 KB 一级缓存和 512 KB 二级缓存(运行在芯片核心速度的一半以下)，包含 MMX 指令和 Intel 自己的"3D"指令——SSE(Streaming SIMD Extensions)。1999 年 10 月 25 日，Intel 发布了基于 0.18 μm 技术制造、开发代号为"Coppermine"的新一代 Pentium Ⅲ 处理器，核心集成了 2800 万个晶体管。

2.4.7　Xeon(至强)处理器

在高端服务器市场方面，Intel 发布了 Xeon (至强)处理器。Xeon 同样也采用了"Coppermine"核心和 0.18 μm 制造工艺。它采用 Slot2 接口，必须与 Intel GX/NX 控制芯片组的主板协同工作。

2.4.8　Pentium 4 处理器

2000 年 6 月 Intel 推出 Pentium 4 处理器，主振频率为 1.4 GHz、1.5 GHz。采用 0.18 μm 铝连线，整合 256 KB 二级 cache，内部晶体管数为 4200 万个，核心尺寸为 170 mm^2，工作

电压为 1.7/1.75 V，最大工作电流为 57.4 A，散热功率为 75.3 W。2002 年元月 Intel 又推出主振频率达 2.0 GHz 和 2.2 GHz 的新 Pentium 4 微处理器，它采用 0.13 μm 铜连线工艺，具有 512 KB 的二级高速缓存，内部晶体管数为 5500 万个，核心尺寸为 146 mm^2，工作电压为 1.5 V，最大工作电流为 44.3 A，散热功率为 52.4 W。Pentium 4 2 GHz CPU 性能的提升主要表现在多任务环境中处理后台任务的能力方面，如病毒检查、加密和文件压缩等。

2.5　精简指令集与复杂指令集计算机

CPU 是计算机的核心，从 Intel 的 4004 发展到现在，除了性能上的飞跃、架构的改变，其核心体系也发生了根本的改变。这些改变对整个处理器技术的发展具有深远的影响。

2.5.1　CISC 体系

CISC(Complex Instruction Set Computer，复杂指令集计算机)是一种为了便于编程和提高内存访问效率的芯片设计体系。早期的计算机使用汇编语言编程，由于内存速度慢且价格昂贵，使得 CISC 体系得到了用武之地。在 20 世纪 90 年代中期之前，大多数的微处理器都采用 CISC 体系——包括 Intel 的 80X86 和 Motorola 的 68 K 系列等。

2.5.2　RISC 体系

RISC 是精简指令集计算机(Reduced Instruction Set Computer)的英文缩写。RISC 技术是对 80X86 系列 CPU 采用的传统 CISC 技术的改进。采用 CISC 技术的 CPU 中指令功能很强，寻址方式也很丰富，这给程序设计带来方便。但指令机器代码的长度不等，给取指令及分析指令(即指令译码)带来困难，使其电路复杂效率低。为此 IBM 公司及美国一些大公司采用 RISC 技术设计了新的 CPU。在这种 CPU 中，指令条数很少且很规整，也很简单，这使取指令和分析指令变得方便和效率高，可以更多地使用流水线技术。

RISC 体系多用于非 X86 阵营高性能微处理器，包括 APPLE、SGI/MIPS、IBM、SUN、Compaq/Digital(DEC)、Motorola 等。

2.5.3　CISC 体系与 RISC 体系的比较

对于 CISC 体系和 RISC 体系的比较，支持 RISC 体系的认为它廉价和运行速度快，代表未来微处理器的发展特征；反对者则认为，虽然 RISC 体系的硬件产品制造变得简单，但软件的开发会变得更复杂，并不能代表未来的方向。实际上 RISC 和 CISC 体系结构的发展趋势是越来越接近的，可以说，RISC 和 CISC 是在共同发展的。

2.5.4　EPIC 体系与 X86 处理器的发展

EPIC(Explicitly Parallel Instruction Computing，精确并行指令计算)是 Intel 公司为高端处理器开发的纯 64 位架构(IA-64)，对应的微处理器为 Itanium(中文名称为安腾)。安腾是 Intel 与惠普(HP)合作开发的纯 64 位微处理器，包括了三级(L3)高速缓冲存储器，补充了现有的

L1 和 L2 高速缓冲存储器的不足,允许微处理器在每脉冲周期(IPCs)处理更多的指令。Itanium 的出现将使处理器逐渐告别 X86 时代。

2.6　哈佛结构微处理器简介

传统微处理器通常采用冯·诺依曼结构(又称为普林斯顿结构),即程序指令和数据共用一个存储器,且在微处理器内部地扯信息和数据信息共用一个内部总线。

哈佛结构将程序存储区和数据存储区从物理上分为两个存储器,且分别有各自的地址总线和数据总线。这样便使取指令和存取操作数的操作可以并行进行。

数字信号处理一般需要较大的运算量和较高的运算速度,为了提高数据吞吐量,在数字信号处理器中大多采用哈佛结构。数字信号处理器(Digital Signal Proccessor, DSP)除了具备普通微处理器的高速运算和控制功能外,还具有对数字信号实时处理的功能。

2.7　嵌入式微处理器简介

2.7.1　嵌入式系统

在嵌入式系统中,操作系统和应用软件集成于计算机硬件系统之中,从而具有软件代码少、高度自动化、响应速度快等特点,特别适合于要求实时和多任务处理的场合。

嵌入式系统在应用数量上远远超过了各种通用计算机,一台通用计算机的外部设备中就包含了 5～10 个嵌入式微处理器,键盘、鼠标、软驱、硬盘、显示卡、显示器、网卡、调制解调器、声卡、打印机、扫描仪、数字相机、USB 集线器等均是由嵌入式处理器控制的。

2.7.2　嵌入式系统的微处理器

嵌入式系统的核心部件是各种嵌入式处理器,分成下面几类。

1. 嵌入式微处理器

嵌入式处理器的基础是通用计算机中的 CPU。在应用中,将微处理器装配在专门设计的电路板上,只保留和嵌入式应用有关的功能,这样可以大幅度减小系统体积和功耗。嵌入式微处理器具有体积小、重量轻、成本低、可靠性高的优点。嵌入式微处理器目前主要有 Am186/88、386EX、SC_400、Power PC、68000、MIPS、ARM 系列等。

2. 嵌入式微控制器

嵌入式微控制器又称单片机,它将整个计算机系统集成到一块芯片中。嵌入式微控制器一般以某一种微处理器内核为核心,芯片内部集成 ROM/EPROM、RAM、总线、总线逻辑、定时/计数器、WatchDog、I/O 并行及位控口、串行口、脉宽调制输出(PWM)、A/D、D/A、FlashRAM、EEPROM 等各种必要功能和外设。微控制器是目前嵌入式系统的主流。微控制器的片上外设资源一般比较丰富,适合于控制,因此称为微控制器。微控制器的品种和数量最多,比较有代表性的通用系列包括 P51XA、MCS-51、MCS196/296、C166/167、MC68HC05/11/12/16、68300 等。

3. 嵌入式 DSP

嵌入式 DSP 有两个发展来源,一个是 DSP 经过单片化、电磁兼容性改造,增加片上外设成为嵌入式 DSP,例如 TI 的 TMS320C2000/C5000 等;二是在通用单片机或 SOC 中增加 DSP 协处理器,例如 Intel 的 MCS2296 和 Siemens 的 Tricore。

4. 嵌入式片上系统

随着 EDI 的推广和 VLSI 设计的普及化及半导体工艺的迅速发展,在一个硅片上可以实现一个更为复杂的系统,这就是嵌入式片上系统(System On Chip, SOC)。SOC 可分为通用和专用两类。通用系列包括 Siemens 的 TriCore,Motorola 的 M2 Core,某些 ARM 系列器件,Echelon 和 Motorola 联合研制的 Neuron 芯片等。专用 SOC 一般专用于某个或某类系统中,不为一般用户所知。其中有代表性的产品是 Philips 的 Smart XA,它将 XA 单片机内核和支持超过 2048 位复杂 RSA 算法的 CPU 单元制作在一块硅片上,形成一个可加载 JAVA 和 C 语言的专用的 SOC,可用于公众互联网的安全方面。

习 题 与 思 考 题

1. 8086/8088 CPU 中 BIU 部件和 EU 部件各包括哪些部件? 各自的功能是什么? 追踪指令地址的寄存器是什么?

2. 试述堆栈的功能、操作过程和特点以及堆栈指示器(SP)的作用。

3. 8086/8088 CPU 有哪几个状态标志? 哪几个控制标志? 各标志位的含义和功能是什么?

4. 8086/8088 CPU 的存储器组织为什么要采用分段结构? 逻辑地址和物理地址的关系是什么? 若已知逻辑地址为 B100H:A300H,试求物理地址。

5. 若已知一个字串的起始逻辑地址为 2000H:1000H,试求该字串中第 16 个字的逻辑地址及物理地址。

6. 若已知当前栈顶的逻辑地址为 3000H:200H,试问压入两个字后栈顶的逻辑地址和物理地址是什么? 若又弹出 3 个字后,则栈顶的逻辑地址和物理地址又是什么?

7. 试判断下列运算执行之后,OF、CF、ZF、SF、PF 和 AF 的状态:

(1) A400H + 7100H 　　　　(2) A323H – 8196H

(3) 46H – 59H 　　　　　　(4) 7896H – 3528H

8. 80286 CPU 相对于 8086 CPU 来说,有哪些改进和提高?

9. 80386 CPU 由哪 6 个部件组成? 各有何功能? 试说明 80386 CPU 较 80286 CPU 的先进之处,并说明 386SX 与 386DX 的区别。

10. 80386 CPU 有哪几种工作方式? 各有什么特点?

11. 80386 寄存器集由哪些寄存器组成? 它们的功能和特点是什么?

12. 80486 CPU 较 80386 CPU 的改进之处在哪里? 试述 486SX 与 486DX 的区别。

13. 何谓 CISC 技术及 RISC 技术? 各有何特点? 各自的代表性产品是什么?

14. 冯·诺依曼结构计算机的特点是什么? 哈佛结构计算机的特点是什么? 80X86 系列微处理器属于哪种结构?

第3章 80X86寻址方式和指令系统

3.1 概　述

由第2章可知，计算机的工作就是运行程序，而程序由存储在存储器中的指令序列构成。微处理器高效软件的发展要求对每条指令的寻址方式(Addressing Mode)都要相当地熟悉。机器语言指令由二进制代码组成。指令语句一般由操作码(Operating Code)和操作数(Operating Data)两部分组成，指令的一般格式如下：

操作码(OP.C)	操作数(OP.D)

这里，操作码由便于记忆的助记符表示(通常为英文单词缩写)，操作码表示计算机执行什么操作；操作数可能指明了参与操作的数本身，或规定了操作数的地址。8086/8088系统中一条指令的操作数可以是双操作数(源操作数和目的操作数)，也可以是单操作数，有的指令还可以没有操作数或隐含操作数。而80386/80486系统中的指令则有多个操作数。操作数主要分为三类：立即数、寄存器和存储器操作数。立即数即常数，是一个固定数值的操作数；寄存器操作数存放在CPU的某个寄存器中；存储器操作数则存放在内存的数据区中。

3.2 80X86的寻址方式

在高级语言中可以很方便地使用表格或数组等数据结构，而在汇编语言中如何描述表格或数组呢？这就需要指令采用合适的方式指定操作数的地址。寻找操作数所在地址的方法称为寻址方式。在80X86系统中，寻址方式通常分为两种：一种为寻找操作数的地址，称为数据寻址；另一种为寻找要执行的下一条指令的地址，即程序转移或子程序调用时的目的地址或入口地址，称为程序转移地址寻址方式。本章中使用MOV指令来描述数据寻址模式(Data-Addressing Modes)，它可实现在寄存器之间，寄存器与存储器之间操作数的传送。使用JUMP及CALL指令表明了怎样更改程序流程。

3.2.1 数据的寻址方式

本节中寻址方式一般针对源操作数而言，以通用传送指令MOV DST，SRC为例，SRC为源操作数，指令执行过程中原值保持不变；DST为目的操作数，原值不保留，MOV指令完成从源操作数向目的操作数拷贝数据的功能。下面分别介绍各种数据寻址方式。

1．立即寻址(Immediate Addressing)

操作数包含在指令码中，由指令给出。汇编语言可用多种方式描述立即数。立即操作数可以是常数，如果操作数以字母开头，汇编程序要求操作数在其前加 0。例如：在汇编语言中以 0A2H 描述操作数 A2H。ASCII 码字符也可用于描述立即数，例如：MOV AH，'B' 指令将 ASCII 码 B 所对应的数据 42H 放入寄存器 AH 中。

立即寻址通常用于给寄存器赋值，并且只适用于源操作数字段，不能用于目的操作数字段，要求源操作数与目的操作数长度一致。立即数可以是 8 位或 16 位的。在 80386 及其后继机型中，立即数也可是 32 位操作数。

【例 3.1】　MOV　AL，100

指令执行后，

　　(AL)=64H

【例 3.2】　MOV　CL，01001100B

指令执行后，

　　(CL)=4CH

【例 3.3】　MOV　AX，1234H

指令执行后，

　　(AX)=1234H

此例说明，立即数如果是多字节数，则高位字节存放在高地址中，低位字节存放在低地址中，如图 3.1 所示。

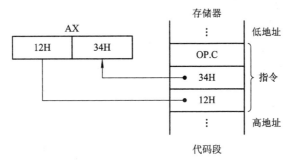

图 3.1　例 3.3 的执行情况

表 3.1 列举了一些立即寻址方式所用的示例。

表 3.1　立即寻址示例

指令	二进制位数	功 能 说 明
MOV　BL,64	8	将 8 位十进制立即数 64 送入 BL 寄存器中
MOV　AX,64H	16	将 2 位十六进制立即数 64H 送入 AX 寄存器中
MOV　CH,11001010B	8	将 8 位二进制立即数 11001010B 送入 CH 寄存器中
MOV　AX,'CB'	16	将 ASCII 码 CB 所对应的数据 43H、42H 放入寄存器 AX 中
MOV　EAX,12345678H	32	将 8 位十六进制立即数 12345678H 送入 EAX 寄存器中
MOV　EDI,100	32	将十进制立即数 100 送入 EDI 寄存器中

2. 寄存器寻址(Register Addressing)

寄存器寻址是一种最普遍的数据寻址方式，指令指定寄存器号，操作数存放在指令规定的 CPU 内部寄存器中。可用于寄存器寻址的为通用寄存器。在微处理器中，对于 8 位操作数，寄存器可以是 AH、AL、BH、BL、CH、CL、DH 和 DL；对于 16 位操作数，寄存器可以是 AX、BX、CX、DX、SP、BP、SI 和 DI。在 80386 及其后继机型中，对于 32 位操作数，32 位寄存器包括 EAX、EBX、ECX、EDX、ESP、EBP、EDI 和 ESI。在使用寄存器寻址方式时，MOV、PUSH 和 POP 指令也会使用到 16 位寄存器 CS、ES、DS、SS、FS 和 GS。但这些寄存器在指令中，使用的寄存器类型要匹配，8 位和 16 位，16 位和 32 位及 8 位和 32 位寄存器是决不能混用的。有些指令可除外，如：SHL AX，CL。我们将在后续的章节中详细说明。寄存器寻址不需要访问存储器，也不需要使用总线周期，操作在 CPU 内部进行，因而可取得较高的运算速度。

【例 3.4】　MOV　AX，BX

指令执行前，(AX) = 5678H，(BX) = 1234H；指令执行后，(AX) = 1234H，(BX) = 1234H。

除上述两种寻址方式外，以下各种寻址方式的操作数均在代码段以外的存储区中，寻址方式通过不同的途径求得操作数的偏移地址，即有效地址 EA(Effective Address)。

3. 直接寻址(Direct Addressing)

直接寻址由指令直接给出操作数的有效地址 EA，操作数本身在存储单元中，通常存放在数据段，默认的段寄存器为 DS。操作数有效地址格式为

　　　　[数值]　或　符号　或　[符号]

【例 3.5】　MOV　AX，[2040H]

指令执行情况如图 3.2 所示。执行结果为

$$(AX) = 6A4BH$$

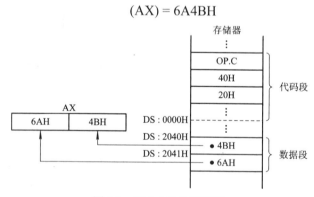

图 3.2　例 3.5 的执行情况

在汇编语言指令中可以用符号地址代替数值地址，如：

【例 3.6】　MOV　AX，[TABLE]；或 MOV AX，TABLE；这两者等价，此处 TABLE 为存放操作数单元的符号地址。

如果要对其他段寄存器所指出的存储区进行直接寻址，则在指令前必须用前缀指出段寄存器名。

【例 3.7】　MOV　AX，ES：[2000H]；将 ES 段的 2000H 和 2001H 两单元的内容传送到 AX 中。

在 80386 及其后继机型中，直接寻址中的有效地址为 32 位。

4．寄存器间接寻址(Register Indirect Addressing)

操作数的有效地址存放在基址寄存器或变址寄存器中，而操作数则在存储器中。根据表 2.1 的规定，对 16 位数进行寄存器间接寻址时可用的寄存器是基址寄存器 BX、BP 和变址寄存器 SI、DI。使用 BP 时默认的段寄存器为 SS，使用其他寄存器默认的段寄存器为 DS。在 32 位寻址时 8 个 32 位通用寄存器均可用。操作数有效地址格式为：[间接寻址的寄存器]。寻址寄存器放在方括号中。

【例 3.8】　MOV　BX，[BP]

指令执行前，(BP) = 4000H，指令执行情况如图 3.3 所示。执行结果为：(BX) = 50A0H。

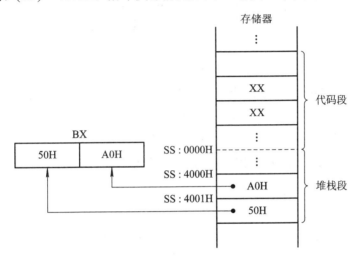

图 3.3　例 3.8 的执行情况

【例 3.9】　MOV　AX，ES：[SI]；指明源操作数在 ES 段。

寄存器间接寻址方式可用于表格处理，执行完一条指令后，只需修改寄存器的内容就可以取出表格中的下一项。

5．寄存器相对寻址(Register Relative Addressing)

操作数的有效地址为指令中规定的间接寻址寄存器的内容和指令中指定的位移量之和。操作数存放在存储器中。操作数有效地址格式为

位移量[间接寻址的寄存器]　或　[位移量 + 间接寻址的寄存器]

参与寻址的寄存器要加方括号。在 32 位寻址时，8 个 32 位通用寄存器均可用。16 位寻址时，可用的寄存器仍为 BX、BP、SI 和 DI。

【例 3.10】　MOV　AX，TAB[SI]

如果 TAB 为 16 位的符号地址，其值为 3080H，(SI) = 2000H，默认的段寄存器为 DS，则

$$EA = TAB + (SI) = 3080H + 2000H = 5080H$$

指令执行情况如图 3.4 所示。执行结果为(AX) = 1234H。

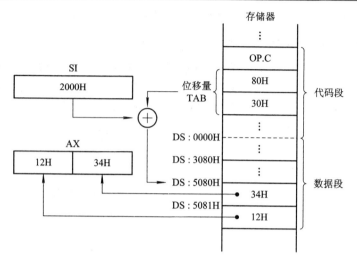

图 3.4 例 3.10 的执行情况

这种寻址方式可用于表格处理或访问一维数组中的元素。把表格的首地址设置为位移量，利用修改间接寄存器的值来存取表格中的任意一个元素。

表 3.2 列举了一些寄存器相对寻址方式所用的示例。

表 3.2 寄存器相对寻址示例

指　　令	二进制位数	功　能　说　明
MOV AX，ES:[DI+64H]	16	将 ES 附加段有效地址为 DI 加上 64H 中字的内容送入 AX 寄存器中
MOV CL，　ARRAY[SI]	8	将数据段有效地址为 SI 加上偏移量中字节的内容送入 CL 寄存器中
MOV DI，[EAX+0AH]	16	将数据段有效地址为 EAX 加上 0AH 中字的内容送入 DI 寄存器中
MOV EAX，　ARRAY[EBX]	32	将数据段有效地址为 EBX 加上偏移量中双字的内容送入 EAX 寄存器中

6. 基址变址寻址(Based Indexed Addressing)

操作数的有效地址是一个基址寄存器和变址寄存器的内容之和，操作数本身在存储单元中。操作数有效地址格式为：[基址寄存器][变址寄存器]。它所允许使用的寄存器及其对应的默认段见表 2.1。寄存器要放在方括号中。在 32 位寻址时，8 个 32 位通用寄存器均可用。

【例 3.11】　MOV　AX，[BX][SI]

如果

$$(BX) = 0200H, \quad (SI) = 0010H, \quad (DS) = 3000H,$$

则

$$EA = (BX) + (SI) = 0200H + 0010H = 0210H$$

$$物理地址 = (DS) \times 10H + EA = 3000H \times 10H + 0210H = 30210H$$

若 30210H 和 30211H 中分别存放的数值为 56H、78H，则指令执行结果(AX) = 7856H。

这种寻址方式同样适用于数组或表格处理，首地址存放在基址寄存器中，变址寄存器访问数组中各元素。因两个寄存器都可以修改，所以它比寄存器相对寻址方式更灵活。需要注意的是，两个寄存器不能均为基址寄存器，也不能均为变址寄存器。

7. 相对基址变址寻址(Relative Based Indexed Addressing)

操作数的有效地址为指令中规定的 1 个基址寄存器和 1 个变址寄存器的内容及指令中指定的位移量三者之和。操作数本身在存储单元中。它所允许使用的寄存器及其对应的默认段见表 2.1。在 32 位寻址时，8 个 32 位通用寄存器均可用。操作数有效地址格式为：位移量[基址寄存器][变址寄存器]，可以表示成多种形式组合。寻址寄存器要放在方括号中。

【例 3.12】　MOV　AX，TAB[BX][SI]

如果

$$(BX) = 1000H，(SI) = 2000H，TAB = 0150H$$

则

$$EA = (BX) + (SI) + TAB = 3150H$$

指令执行情况如图 3.5 所示。执行结果为(AX) = 1234H。

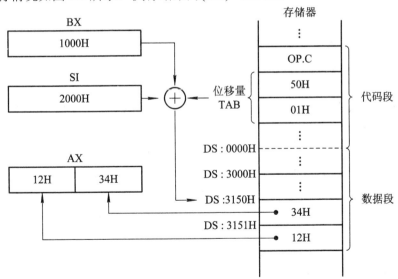

图 3.5　例 3.12 的执行情况

这种寻址方式为堆栈处理提供了方便，一般(BP)可指向栈顶，从栈顶到数组的首地址可用位移量表示，变址寄存器可用来访问数组中的某个元素。这种寻址方式通常用于对二维数组的访问。位移量为数组起始地址。基址寄存器和变址寄存器分别存放行和列的值，利用相对基址变址寻址就可以直接访问二维数组中指定的某个元素。

表 3.3 列举了一些相对基址变址寻址方式所用的示例。

表 3.3 相对基址变址寻址示例

指　　令	二进制位数	功　能　说　明
MOV AH, [BX+DI+20H]	8	将数据段有效地址为 BX, DI, 20H 三者之和中字节的内容送入 AH 中
MOV AX, TAB[BP][DI]	16	将堆栈段有效地址为 TAB, BP, DI 三者之和中字的内容送入 AH 中
MOV EAX, [EBX+ECX+2]	32	将数据段有效地址为 EBX, ECX, 2 三者之和中双字的内容送入 EAX 中

8. 隐含寻址(Concealed Addressing)

有些指令的指令码中不包含指明操作数地址的部分，而其操作码本身隐含地指明了操作数的地址。如：LODSB；表示 SI 的内容送到 AL，SI 指针加 1。该指令将在后面串操作指令部分详细介绍。

以上的数据寻址方式同样适用于与存储器单元统一编址的 I/O 端口，一个 I/O 口地址就是一个存储单元地址。对 I/O 端口的访问只能用存储器访问指令。如果 I/O 端口是按照独立的 I/O 空间编址的，则 I/O 口和存储器单元各有自己的地址，可以使用不同的指令，对外设访问用 IN 或 OUT 专用指令(这些内容将在后面详细描述)。对 I/O 端口的寻址有以下两种方式。

(1) 直接端口寻址方式。端口地址用 8 位地址码表示，在指令码中。格式如下：

　　　IN　　AL(AX or EAX), port8;

　　　OUT　port8, AL(AX or EAX)

如：IN AL，21H。这条指令表示从 I/O 地址为 21H 的端口中读取数据到 AL 中。

(2) 间接端口寻址方式。端口地址为 16 位，并规定存放在寄存器 DX 中。格式如下：

　　　IN　　AL(AX or EAX), DX;

　　　OUT　DX, AL(AX or EAX)

DX 中是 16 位端口地址，范围为 0000H～FFFFH。如：IN AL，DX。这条指令表示从 DX 寄存器内容所指定的端口中读取数据到 AL 中。

注意：端口寻址方式中 OP.D 形式表达上与存储器寻址方式中有所不同。

以下 3 种寻址方式中均涉及到比例因子，这些是 80386 及其后继机型中特有的寻址方式，8086/8088 不支持这几种寻址方式。保护模式下存储器寻址的物理地址计算在后面存储器管理一章中将详细介绍。在编程时都是用虚拟地址(逻辑地址)表示，即

　　　　　选择器：有效地址

9. 比例变址寻址(Scaled Indexed Addressing)

比例变址寻址使用 1 个变址寄存器的内容乘以比例因子与位移量之和来访问存储器。在 32 位寻址时，在不加段超越前缀时，除 ESP 以外的任何 32 位通用寄存器均可作为变址寄存器。比例因子可取 1、2、4 或 8，分别对应存储序列元素的大小为 1、2、4 或 8 个字节。当比例因子为 1 时将被隐含。操作数有效地址格式为

　　　　　位移量 [变址寄存器 * 比例因子]

或　　　　[位移量 + 变址寄存器 * 比例因子]

可以表示成多种形式组合。寻址寄存器要放在方括号中。

【例 3.13】　MOV　EAX,　ARRAY[4*EBX]

有效地址 EA = ARRAY + 4*EBX,将 DS:EA 中双字的内容送入 EAX 中。

10.　基址比例变址寻址(Based Scaled Indexed Addressing)

基址比例变址寻址使用 2 个 32 位寄存器来访问存储器(1 个基址寄存器和 1 个变址寄存器)。在 32 位寻址时,8 个 32 位通用寄存器均可用作基址寄存器,而变址寄存器则是除 ESP 以外的任何 32 位通用寄存器,在不加段超越前缀时,除 EBP、ESP 是默认 SS 为段选择器外,其余 6 个通用寄存器均以 DS 为默认段选择器。操作数的有效地址为变址寄存器的内容乘以比例因子与基址寄存器之和。同样,比例因子可取 1、2、4 或 8,分别对应存储序列元素的大小为 1、2、4 或 8 个字节。操作数有效地址格式为

　　　　[基址寄存器][变址寄存器 * 比例因子]

或　　　[基址寄存器 + 变址寄存器 * 比例因子]

可以表示成多种形式组合。寻址寄存器要放在方括号中。

【例 3.14】　MOV　AX,[EBX + 4*ECX]

有效地址 EA = EBX + 4*ECX,将 DS:EA 中字的内容送入 AX 中。

11.　相对基址比例变址寻址(Relative Based Scaled Indexed Addressing)

相对基址比例变址寻址操作数的有效地址为变址寄存器的内容乘以比例因子、基址寄存器的内容、位移量三者之和。它所允许使用的寄存器和比例因子同上。操作数有效地址格式为

　　　　位移量[基址寄存器][变址寄存器 * 比例因子]

或　　　[位移量 + 基址寄存器 + 变址寄存器 * 比例因子]

可以表示成多种形式组合。寻址寄存器要放在方括号中。

【例 3.15】　MOV　AL,ARRAY [EBP + 2*EDI]

有效地址 EA = ARRAY + EBP + 2*EDI,将 SS:EA 中字节的内容送入 AL 中。

3.2.2　程序转移地址寻址方式

前面介绍了 CPU 执行指令的过程,指令是按顺序存放在存储器中的,而程序执行顺序是由 CS 和 IP 的内容来决定的。当程序执行到某一转移或调用指令时,需脱离程序的正常顺序执行,而把它转移到指定的指令地址,程序转移及调用指令通过改变 IP 和 CS 内容,就可改变程序执行顺序。

根据程序转移地址相对于当前程序地址的关系,可分为段内、段外;又根据转移地址是否直接出现在指令中,分为直接、间接,所以有四种程序转移寻址方式:段内直接寻址、段内间接寻址、段间直接寻址及段间间接寻址。

1.　段内直接寻址(Intrasegment Direct Addressing)

段内直接寻址方式也称为相对寻址方式。指令码中包括一个位移量 disp,转移的有效地址为:EA = (IP) + disp。位移量在指令码中是用补码形式表示的 8 位或 16 位有符号数。当位移量是 8 位时,称为短程转移;当位移量是 16 位时,称为近程转移。指令的汇编语言格式为

　　　　JMP NEAR PTR　符号地址

　　　　JMP SHORT 符号地址

【例 3.16】 请看下列程序段中的 jmp short next 指令执行情况。

地址　　　机器码

5B1B:0017　　2BC3　　　　　　　　sub　　ax, bx

5B1B:0019　　B80000　　　　　　　mov　　ax, 0

5B1B:001C　　EB03　　　　　　　　jmp　　0021; 等效为 jmp short next, 转移到标号 next 处

5B1B:001E　　03C3　　　　　　　　add　　ax, bx

5B1B:0020　　41　　　　　　　　　inc　　cx

5B1B:0021　　50　　　　next: push　　ax

5B1B:0022　　BE0200　　　　　　　mov　　si, 2

本例中, jmp next 指令的当前 IP=001EH, 相对偏移量为 03H, EA = 001EH + 03H = 0021H, 因此指令跳转到 0021H 处执行指令。段内直接寻址过程如图 3.6 所示。

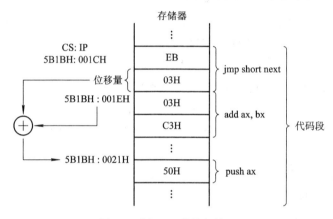

图 3.6　例 3.15 的执行情况

对于 386 及其后继机型中, 代码段的有效地址存放在 EIP 中, 位移量为 8 位或 32 位。

2. 段内间接寻址(Intrasegment Indirect Addressing)

程序转移的有效地址是一个寄存器或存储单元的内容。这个寄存器或存储单元的内容可以用数据寻址方式中除立即数以外的任何一种寻址方式获得, 所得到的转向的有效地址用来取代 IP 寄存器的内容。指令的汇编语言格式为

JMP　寄存器

JMP　存储单元

由于以上两种寻址方式仅修改 IP 的内容, 所以这种寻址方式只能在段内进行程序转移。

下面示例说明段内间接寻址的有效地址的计算方法。

【例 3.17】　JMP　BX

如果(BX) = 1020H, 则指令执行后

(IP) = 1020H

【例 3.18】　JMP　TABLE[BX][SI]

如果(DS) = 2000H, (BX) = 1020H, (SI) = 0002H, TABLE = 0010H, (21032H) = 1234H, 则指令执行后

$$(IP) = ((DS) \times 10H + (BX) + (SI) + TABLE)$$
$$= (2000H \times 10H + 1020H + 0002H + 0010H)$$
$$= (21032H) = 1234H$$

对于 386 及其后继机型，除 16 位寻址方式外，还可使用 32 位寻址方式，修改 EIP 的内容。

【例 3.19】　JMP　EBX

如果(EBX) = 20001002H，则指令执行后

(EIP) = 20001002H

3．段间直接寻址(Intersegment Direct Addressing)

指令中直接给出程序转移的代码段地址和偏移地址来取代当前的 CS 和 IP。指令的汇编语言格式为

JMP FAR PTR　符号地址；FAR PTR 表示段间转移的操作符

【例 3.20】　请看下列程序段中的 jmp far ptr next 指令执行情况。

地址	机器码	代码段 1
5B16:0017	2BC3	sub　ax，bx
5B16:0019	B80000	mov　ax，0
5B16:001C	EA24001B5B	jmp　5B1B:0024;等效为 jmp far ptr next
5B16:0021	03C3	add ax，bx
地址	机器码	代码段 2
5B1B:0024	50	next:　push ax
5B1B:0025	BE0200	mov　si，2

本例中，jmp far ptr next 指令等价于 jmp　5B1B:0024，执行该指令，程序跳转到代码段 2，(CS) = 5B1BH，(IP) = 0024H。段间直接寻址过程如图 3.7 所示。

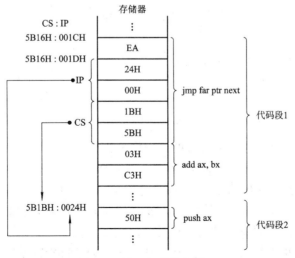

图 3.7　例 3.19 的执行情况

对于 386 及其后继机型，段间转移应修改 CS 和 EIP 的内容，方法与 16 位寻址方式相同。

4. 段间间接寻址(Intersegment Indirect Addressing)

程序转移的有效地址是一个存储单元中连续 4 个字节的内容。这个存储单元的内容可以用数据寻址方式中除立即数和寄存器方式以外的任何一种寻址方式获得,将所寻址的存储单元前 2 个字节内容送 IP,后 2 个字节内容送 CS。指令的汇编语言格式为

　　　　JMP DWORD PTR 存储单元

【例 3.21】　JMP　DWORD PTR [BX]

如果(BX) = 1034H,且从 1034H 开始的连续 4 个存储单元内容分别为 12H、34H、56H、78H,则指令执行后(IP) = 1234H, (CS) = 5678H。该指令的段间间接寻址过程如图 3.8 所示。

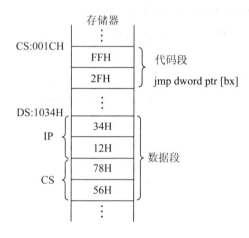

图 3.8　例 3.20 的执行情况

对于 386 及其后继机型,除 16 位寻址方式外,还可使用 32 位寻址方式,方法与 16 位寻址方式相同。

3.3　指　令　格　式

本节将介绍助记符指令格式和指令编码格式,并了解助记符指令是如何翻译成机器码的,即了解编译程序的工作。

3.3.1　助记符指令格式

汇编语言源程序中助记符指令书写的基本格式为

　　　　(标号): (前缀指令) 操作码 (操作数);(注释)

其中,操作码是指令语句中不可缺少的;带括号的项是可选项,如果有此项时,不能加括号;多个操作数间是以 ',' 隔开的;前缀指令与操作码、操作码与操作数之间必须以空格分开。

标号代表某条指令所存单元的符号地址。后边要加上冒号 ":"。标号为程序转移、循环提供了转移目标地址。标号由字母、数字(0,…,9)及特殊符号(?,·,@,—,$)组成,且通常以字母开头。字符总数必须不大于 31 个。不允许使用保留字(关键字),如 CPU 中的各寄存器名(AX,DS),指令助记符(MOV),伪指令(DB),表达式中的运算符(GE、LE)和属性操作符(PTR)等。

注释是为阅读方便而加的说明,并用分号';'作为间隔符。汇编程序对其不进行处理。指令各部分的详细说明,将在后续章节中加以介绍。

例如:

　　DONE: MOV　AX,　　BX　;　将寄存器 BX 的内容传送到 AX 中,BX 的内容不变

3.3.2　指令编码格式

指令编码格式是指每条指令所对应的二进制编码(即机器码)的表示格式。8086 指令系统的 16 位数操作指令由 1~7 个字节组成,其包括操作码、寻址方式及操作数部分(位移量、立即数),即

操作码	寻址方式	位移量	立即数
1~2 字节	0~1 字节	0~2 字节	0~2 字节

指令中的操作码和寻址方式字节基本格式如图 3.9 所示。

(a) 操作码字节　　　　　　　　　　　　　(b) 寻址方式字节

图 3.9　操作码和寻址方式字节格式

在操作码字节中,OPCODE 规定了处理器执行的操作,如加、减、传送等,具体操作采用编码表示。D 位规定了数据流的方向,指明了寻址方式字节指定的 R/M 和 REG 域之间的数据流动方向。当 D = 0 时,REG 域指定的寄存器操作作为源操作数;当 D = 1 时,REG 域指定的寄存器操作作为目的操作数,而源操作数来自 R/M 域中的存储器或另一个寄存器。W 位用于表示操作数的长度是字节或字。当 W = 0 时,操作数为字节;当 W = 1 时,操作数为字。寄存器地址编码与 W 位之间的编码关系如表 3.4 所示。

表 3.4　寄存器地址编码

REG	寄存器		REG	段寄存器
	W=1	W=0		
000	AX	AL	00	ES
001	BX	BL	01	CS
010	CX	CL	10	SS
011	DX	DL	11	DS
100	SP	AH		
101	BP	BH		
110	SI	CH		
111	DI	DH		

寻址方式字节中各个域的含义如下:

MOD 域:选择寻址类型,指定 R/M 域为寄存器还是存储器,如果为存储器,还要指定是否有偏移量,偏移量为 8 位还是 16 位。MOD 域与 R/M 域之间的组合关系如表 3.5 所示。

表 3.5　MOD 域与 R/W 域组合寻址方式

MOD R/M	存储器寻址			寄存器寻址	
	有效地址格式			W = 1	W = 0
	00	01	10	11	
000	[BX+SI]	[BX+SI+disp8]	[BX+SI+disp16]	AX	AL
001	[BX+DI]	[BX+DI+disp8]	[BX+DI+disp16]	BX	BL
010	[BP+SI]	[BP+SI+disp8]	[BP+SI+disp16]	CX	CL
011	[BP+DI]	[BP+DI+disp8]	[BP+DI+disp16]	DX	DL
100	[SI]	[SI+disp8]	[SI+disp16]	SP	AH
101	[DI]	[DI+disp8]	[DI+disp16]	BP	BH
110	16 位直接地址	[BP+disp8]	[BP+disp16]	SI	CH
111	[BX]	[BX+disp8]	[BX+disp16]	DI	DH

注：① W、MOD、R/M 分别代表操作码字节、寻址方式字节中相应的域值；

② [ ]为寄存器间接寻址的有效地址；

③ disp8、disp16 分别为 8 位或 16 位位移量。

REG 域：规定寄存器操作数。采用三位编码表示 8 个寄存器。

R/M 域：表示寄存器或存储器，受 MOD 域控制。如为寄存器，则与寄存器域相同，如为存储器，则有 8 种组合的寻址方式。

指令编码格式中的位移量表示指令中直接给出寻址方式所需的偏移量。8 位偏移量占 1 个字节，16 位偏移量占 2 个字节，低 8 位偏移量在前，高 8 位偏移量在后。立即数表示指令中直接给出操作数。同样，8 位立即数占 1 个字节，16 位立即数占 2 个字节，低 8 位在前，高 8 位在后。如需要了解指令编码的详细情况，请查阅指令编码相关手册。

下面以一条 MOV 指令为例，介绍手工汇编的过程。

【例 3.22】　写出指令"MOV　AL，[DI+0008]"的机器码。

MOV　AL，[DI+0008]的机器码由操作码字节、寻址字节和两个字节的偏移量构成。根据指令查阅指令编码相关手册得到操作码字节内容为：100010DW。指令有两个操作数，其中之一隐含于操作码字节中。从指令中得到目的操作数是 AL 的内容，若 D = 1，W=0，则操作码字节内容为 8AH。源操作数[DI+0008]由表 3.5 指定寻址字节中的 MOD(10B)和 R/M 域(101B)，寻址字节中的 REG 域由目的操作数寄存器 AL 指定，查表 3.4 得到 REG 域为 000B，则寻址字节内容为：10000101B=85H。最终得到的指令编码内容为：8A850800H。

8086 指令系统为了指定段寄存器，还提供了"段跨越前缀"的特殊字节，其格式如图 3.10 所示。

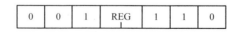

图 3.10　段跨越前缀字节格式

REG 域由表 3.4 的段寄存器指定。

80386/80486 指令系统的 32 位数操作指令由 1～14 个字节组成，其中包括前缀、操作

码、寻址方式及操作数部分，即

地址长度	操作数长度	操作码	寻址方式	位移量	立即数
0~1 字节	0~1 字节	1~2 字节	0~2 字节	0~4 字节	0~4 字节

其中，前缀由操作数长度前缀(66H)和地址码长度前缀(67H)组成；操作数由位移量、立即数组成。由于 80386/80486 指令编码较为复杂，在此仅对其格式做一简单介绍。

如需要了解指令编码的详细情况，请查阅 80386/80486 指令编码相关手册。

3.4　80X86 指令系统

指令系统是指微处理器所能执行全部指令的集合。不同微处理器具有不同的指令系统，这在微处理器设计时就已决定了。80X86 系列的 CPU 中，其指令系统的机器代码是完全向上兼容的。80X86 指令系统按功能可分为以下 9 类：

(1) 数据传送类指令；

(2) 算术运算类指令；

(3) 逻辑运算和移位类指令；

(4) 位操作指令；

(5) 串操作指令；

(6) 控制转移类指令；

(7) 处理器控制指令；

(8) 高级语言类指令；

(9) 操作系统型指令。

在讨论各类指令之前，先介绍指令操作数和指令功能说明中所用到的缩写符号，见表 3.6。

表 3.6　缩写符号及其说明

缩写符号	说　明	缩写符号	说　明
OPD	操作数	( )	表示寄存器的内容
DST	目的操作数	[ ]	表示存储单元的内容或偏移地址
SRC	源操作数	⟷	互相交换
REGn	n(8、16、32)位寄存器操作数	←	替代
AC	累加器操作数	∧	逻辑与
MEMn	n(8、16、32)位存储器操作数	∨	逻辑或
DISPn	n(8、16、32)位偏移量	⊕	异或
DATAn	n(8、16、32)位立即数	$\overline{X}$	X 的反码
PORT	输入输出端口地址(8 位立即数)		
EA	有效地址		
SEG	段寄存器操作数		

3.4.1　数据传送类指令

数据传送类指令用于实现立即数到寄存器或存储器、CPU 内部寄存器之间、寄存器与存储器之间、累加器与 I/O 口之间的数据传送。除标志位传送指令之外，数据传送类指令不会影响标志寄存器中的标志位。这类指令又分为通用数据传送、地址传送、标志传送和输入输出等 4 组指令。

1. 通用数据传送指令

通用数据传送指令包括最基本的传送指令、堆栈指令、数据交换指令、换码指令。指令的基本格式和操作如表 3.7 所示。

1) 基本的传送指令

基本的传送指令包括 MOV、MOVSX、MOVZX。其中 MOVSX、MOVZX 仅在 386 及其后继机型中可用。

● 传送指令(move)——MOV

指令格式：MOV DST，SRC

指令功能：将源操作数 SRC 的内容传送到目的操作数 DST 所指单元，而源操作数的内容保持不变，完成字节、字或双字传送。源操作数可以是通用寄存器(REGn)、段寄存器(SEG)、立即数(DATAn)和存储单元(MEMn)。目的操作数可以是 REGn、SEG、MEMn 和 DATAn。存储单元可通过数据寻址的各种寻址方式寻址。

在使用 MOV 指令时应注意以下几点：

(1) 目的操作数不得为立即数。如：MOV　12H，BL 为非法指令。

(2) 不影响标志位。

(3) 操作数类型必须一致。如：MOV　AX，BL 为非法指令，应为 MOV　AL，BL。

(4) 源操作数为非立即数时，两操作数之一必为寄存器。如：MOV　[DX], [SI]为非法指令，不能在两个存储单元之间进行数据传送。

(5) 目的操作数为段寄存器(CS 和 IP 或 EIP 不能作为目的寄存器)，源操作数不得为立即数。

(6) 不能在段寄存器之间进行直接数据传送。如：MOV　DS，ES 为非法指令。

几个不能传送操作的解决办法是通过 AX 作桥梁。

存储器←存储器：

　MOV　AX，MEM1

　MOV　MEM2，AX

段寄存器←段寄存器：

　MOV　AX，SEG1

　MOV　SEG2，AX

段寄存器←立即数：

　MOV　AX，DATA

　MOV　SEG，AX

表 3.7　通用传送指令

名称	指令格式	操 作 说 明
基本数据传送	MOV DST，SRC	(DST)←(SRC)
	MOVSX DST，SRC	(DST)←符号扩展(SRC)
	MOVZX DST，SRC	(DST)←零扩展(SRC)
堆栈	PUSH SRC	16 位指令:(SP)←(SP)−2；((SP)+1，(SP))←(SRC)
		32 位指令:(ESP)←(ESP)−4；((ESP)+3, (ESP)+2, (ESP)+1, (ESP))←(SRC)
	POP DST	16 位指令: (DST)←((SP)+1，(SP))；(SP)←(SP)+2
		32 位指令: (DST)←((ESP)+3, (ESP)+2, (ESP)+1, (ESP))；(ESP)←(ESP)+4
	PUSHA	所有 16 位通用寄存器(AX，CX，DX，BX，SP，BP，SI，DI)依次进栈；(SP)←(SP)−16
	POPA	弹出堆栈中 8 个字数据依次存入通用寄存器(DI，SI，BP，SP，BX，DX，CX，AX)；(SP)←(SP)+16
	PUSHAD	所有 32 位通用寄存器(EAX，ECX，EDX，EBX，ESP，EBP，ESI，EDI)依次进栈；(ESP)←(ESP)−32
	POPAD	弹出堆栈中 16 个字数据依次存入通用寄存器(EDI，ESI，EBP，ESP，EBX，EDX，ECX，EAX)；(ESP)←(ESP)+32
	PUSHF/ PUSHFD	16 位指令:(SP)←(SP)−2；((SP)+1，(SP))←(FLAGS)
		32 位指令:(ESP)←(ESP)−4；((ESP)+3, (ESP)+2, (ESP)+1, (ESP))←(EFLAGS)
	POPF/ POPFD	16 位指令: (FLAGS)←((SP)+1，(SP))；(SP)←(SP)+2
		32 位指令: (EFLAGS)←((ESP)+3, (ESP)+2, (ESP)+1, (ESP))；(ESP)←(ESP)+4
交换	XCHG DST，SRC	(DST)--(SRC)
	CMPXCHG DST，SRC	将(DST)与(AC)相比较，若(DST)=(AC)，将(SRC)→(DST)，置 ZF=1；若(DST)≠(AC)，将(DST)→(AC)，置 ZF=0
	XADD DST，SRC	① TEMP←(SRC)+(DST)；② (SRC)←(DST)；③ (DST)←TEMP
	BSWAP DST	将 32 位通用寄存器中字节次序变反
换码	XLAT/XLATB	(AL)←((BX 或 EBX)+ (AL))

● 带符号扩展传送指令(move with sign-extend)——MOVSX

指令格式：MOVSX REG16(32)，REG8(16)/MEM8(16)

指令功能：将源操作数符号扩展送入目的寄存器，可以是 8 位符号扩展到 16 位或 32 位，也可以是 16 位符号扩展到 32 位，源操作数可以是 8 位或 16 位的寄存器或存储单元的内容，而目的操作数则必须是 16 位或 32 位的寄存器。该指令执行后不影响标志位。

【例 3.23】　　MOVSX　　EAX，CX

如果(CX) = 0AB20H，则指令执行后，(EAX) = FFFFAB20H，CX 中的内容为负数，符号位 = 1。

● 零扩展传送指令(move with zero-extend)——MOVZX

指令格式：MOVZX REG16(32)，REG8(16)/MEM8(16)

指令功能：将源操作数作零扩展送入目的寄存器，不管源操作数的符号位是否为 1，高位均作零扩展。有关源操作数、目的操作数及对标志位的影响均与 MOVSX 的相同。

【例 3.24】　　MOVZX　　EAX，CL

如果(CL) = 0FAH，则指令执行后，(EAX) = 000000FAH，CL 中的符号位 = 1。

2) 堆栈指令

堆栈指令包括压栈 PUSH、PUSHA、PUSHAD、PUSHF、PUSHFD 和出栈 POP、POPA、POPAD、POPF、POPFD 等 10 条指令。除 POPF、POPFD 指令由装入值来确定标志位的值外，其余指令均不影响标志位。PUSHA/PUSHAD、POPA/POPAD 用于 386 及其后继机型。

堆栈是按"后进先出(LIFO)"方式工作的存储区域。规定由 SS 指示堆栈段的段基址，堆栈指针(E)SP 始终指向堆栈的顶部，(E)SP 的初值规定了所用堆栈区的大小。堆栈的最高地址叫栈底。进栈方向是由高地址向低地址发展。堆栈的存取在 16 位指令中必须以字为单位进行压入弹出操作。在 32 位指令中必须以双字为单位进行压入弹出操作。堆栈操作一般用于中断处理与子程序调用。

● 压栈/出栈指令——PUSH/POP

指令格式：PUSH SRC　　　；POP DST

指令功能：执行 PUSH 指令时，将(E)SP 的内容减 2(16 位指令中)或减 4(32 位指令中)，指向新的栈顶位置。压入堆栈的数据放在栈顶。低位字节放在低地址单元，高位字节放在较高地址单元。执行 POP 指令时，正好相反。每弹出一个字或双字至目的操作数地址中，(E)SP 的内容加 2 或加 4。

PUSH 指令的源操作数可以是通用寄存器(REG)、段寄存器(SEG)、立即数(DATA)和存储单元(MEM)，它可使用所有的寻址方式，但 8086 系统不允许使用立即数寻址方式。

POP 指令的目的操作数可以是通用寄存器(REG)、段寄存器(SEG)和存储单元(MEM)，不允许使用立即数寻址方式。CS 值可压入堆栈，但不能弹出一个字到 CS 寄存器。例如：

```
PUSH   CS
PUSH   1234H  ；在 8086 系统中非法，但在 386 及其后继机型中允许立即数进栈
POP    [EBX]
```

【例 3.25】　　PUSH　AX

如果(AX)=1234H，(SP)=0100H，则指令执行后，(SP) = 00FEH，指令执行情况如图 3.11 所示。

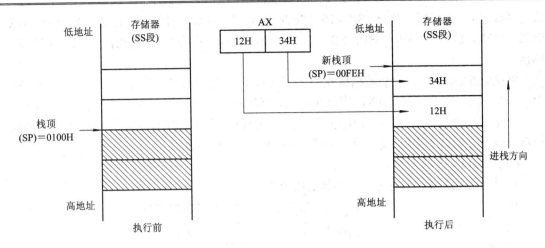

图 3.11　PUSH AX 的执行示意图

【例 3.26】　POP　AX

POP　AX 指令执行前与执行后的情况如图 3.12 所示。

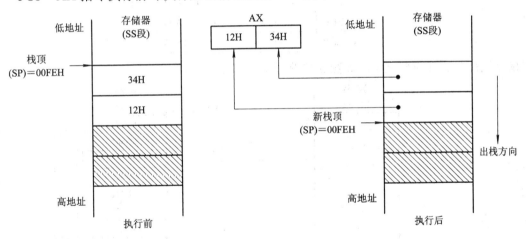

图 3.12　POP AX 的执行示意图

【例 3.27】　如果将 AX，BX 两个寄存器的内容互换，则可执行下列程序段实现。

　　PUSH　AX

　　PUSH　BX

　　POP　　AX

　　POP　　BX

如果保持寄存器进出栈前后内容不变，则出栈的顺序与进栈的顺序相反。

● 所有寄存器压栈/出栈指令——PUSHA/PUSHAD(push all registers)；POPA/POPAD(pop all registers)

　　指令格式：PUSHA　　　　　　；POPA

　　　　　　　PUSHAD　　　　　 ；POPAD

　　指令功能：PUSHA 将所有 16 位通用寄存器(AX，CX，DX，BX，SP，BP，SI，DI)

依次进栈,指令执行后,(SP)←(SP)–16 仍指向栈顶;PUSHAD 将所有 32 位通用寄存器(EAX,ECX, EDX, EBX, ESP, EBP, ESI, EDI),依次进栈,指令执行后(ESP)←(ESP)–32 指向栈顶。

POPA 将堆栈中 16 位的数据依次弹出至所有 16 位通用寄存器,弹出顺序为:DI,SI,BP, SP, BX, DX, CX, AX,指令执行后,(SP)←(SP)+16 指向栈顶;POPAD 将堆栈中 32 位的数据依次弹出至所有 32 位通用寄存器,弹出顺序为:EDI, ESI, EBP, ESP, EBX,EDX, ECX, EAX,指令执行后,(ESP)←(ESP) +32 指向栈顶。

【例 3.28】　PUSHAD

如果指令执行前 32 位通用寄存器的内容为

EAX	0000	1111H
EBX	0000	2222H
ECX	0000	3333H
EDX	0000	4444H
ESI	0000	5555H
EDI	0000	6666H
EBP	0000	7777H
ESP	0000	8888H

则指令执行前后堆栈变化情况如图 3.13 所示。

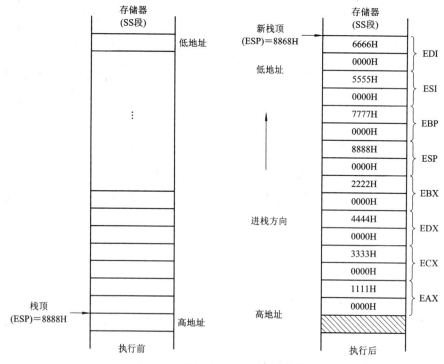

图 3.13　PUSHAD 的执行示意图

● 标志进出栈指令——PUSHF/PUSHFD(push the flags or eflags);POPF/ POPFD(pop the flags or eflags)

指令格式：PUSHF　　；　　POPF

　　　　　　PUSHFD　；　　POPFD

指令功能：将 FLAGS/EFLAGS 标志寄存器中内容压入堆栈；从堆栈中弹出字或双字至 FLAGS/EFLAGS 标志寄存器中。

【例 3.29】　若要求将 TF 置位，则可用如下程序段实现：

```
    PUSHF
    POP  AX
    OR      AH，01H
    PUSH    AX
    POPF
```

3) 数据交换指令

数据交换指令包括 XCHG、CMPXCHG、XADD 和 BSWAP 等指令。其中，CMPXCHG、XADD 和 BSWAP 用于 386 及其后继机型。

● 交换指令(exchange)——XCHG

指令格式：XCHG DST，　SRC

指令功能：将两个操作数的内容相互交换。两操作数长度可以是字节、字或双字，且类型必须一致，不能同时为存储器操作，其中之一必为寄存器。操作数可用除立即数外的任何寻址方式。两个操作数可以同时为寄存器，但不允许同时都为段寄存器。该指令执行后不影响标志位。例如：

```
    XCHG  AH，  BL
    XCHG  ES，  AX
    XCHG  EAX，  ARRAY[4*EBX]
```

● 比较交换指令(comparc and exchange)—— CMPXCHG

指令格式：CMPXCHG DST，SRC

指令功能：将累加器中的内容与目的操作数相比较。如果它们相等，则将源操作数拷贝到目的操作数所指单元，且置 ZF 为 1；如果它们不相等，将目的操作数拷贝到累加器中，且置 ZF 为 0。该指令对 8 位、16 位、32 位数都适用。目的操作数可以是通用寄存器 REGn 和存储单元 MEMn。源操作数只能为 REGn。存储单元可通过数据寻址的各种寻址方式寻址。

例如：CMPXCHG BX，DX

如果(BX)=(AX)，则(BX)=(DX)，且 ZF=1；如果(BX)≠(AX)，则(AX)=(BX)，且 ZF=0。

● 变换加指令(exchange and add)——XADD

指令格式：XADD DST，SRC

指令功能：XADD 指令和其他的加法指令一样，将源操作数和目的操作数之和存入目的操作数所指存储单元。不同之处在于，在相加完成后，原来的目的操作数将被存入源操作数所指存储单元内，改变了源操作数的内容。目的操作数可以是通用寄存器 REGn 和存储单元 MEMn。源操作数只能为 REGn。存储单元可通过数据寻址的各种寻址方式寻址。该指令执行后对标志位的影响与加指令的相同。例如：

```
    XADD AL，DL
```

如果(AL)=12H，(DL)=34H，则当指令执行后，(AL)=46H，而(DL)=12H。

- 字节交换指令(byte swap)——BSWAP

指令格式：BSWAP REG32

指令功能：将指令指定的 32 位寄存器的字节次序变反。即 1、4 字节互换，2、3 字节互换。该指令执行后不影响标志位。例如：

    BSWAP EAX

如果指令执行前，(EAX)=44223366H，则指令执行后，(EAX) = 66332244H，执行情况如图 3.14 所示。

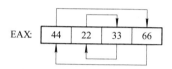

图 3.14　指令 BSWAP EAX 执行情况

4) 换码指令

XLAT 为换码指令(translate)，也称为查表转换指令，是 80X86 处理器中常用的指令。

指令格式：XLAT

指令功能：用查表方式将一种代码转换成另一种代码。如将字符的扫描码转换为 ASCII 码或将数字 0~9 转换成 7 段数码管所需要的相应代码等。该类指令是隐含寻址。指令中规定(E)BX 指向存放在某一内存表格的首地址，AL 为表格中某一元素与表格首地址之间的偏移量，表格中的内容即为要替换的代码，指令执行后在 AL 中得到转换后的代码。指令执行后不影响标志位。

【例 3.30】　十进制数 0~9 与 BCD 码和字型码的相互转换如表 3.8 所示。请编写指令，将 5 转换成共阳极 LED 显示的字型代码。

表3.8　BCD码与字型码的相互转换表

	十进制数	BCD 码	G F E D C B A	字型代码
TABLE+0:	0 ←	0000	1 0 0 0 0 0 0	40H
	1 ←	0001	1 1 1 1 0 0 1	79H
	2 ←	0010	0 1 0 0 1 0 0	24H
	3 ←	0011	0 1 1 0 0 0 0	30H
	4 ←	0100	0 0 1 1 0 0 1	19H
TABLE+5:	5 ←	0101	0 0 1 0 0 1 0	12H
	6 ←	0110	0 0 0 0 0 1 0	02H
	7 ←	0111	1 1 1 1 0 0 0	78H
	8 ←	1000	0 0 0 0 0 0 0	00H
	9 ←	1001	0 0 1 1 0 0 0	18H

表 3.8 中七段显示代码中高电平"1"表示不亮，低电平"0"表示亮。如：共阳极 LED 显示的字型代码"0"(即十进制数"0")只有 G 不亮，为高电平"1"。对于顺序排列的表格，可用换码指令 XLAT 来实现查表功能。

假设表格存放在内存中的首地址以标号 TABLE 表示。将 BX 指向表格首地址，将表格偏移量(即序号)放入 AL 中。本例中偏移量为 05H。

用如下程序段可实现查表换码功能：

```
MOV   AX, SEG  TABLE        ; 将标号的段地址用 SEG 伪指令提取出来
MOV   DS, AX
MOV   BX, OFFSET  TABLE     ; 将标号的偏移地址用 OFFSET 伪指令提取出来
MOV   AL, 05
XLAT                       ; EA=(BX)+(AL)，(AL)=(EA)
```

该程序执行后，

(AL)=12H

2. 地址传送指令

80X86 提供了 6 条将地址信息传送到指定寄存器的指令，包括 LEA、LDS、LES、LSS、LFS 和 LGS。其中 LSS、LFS 和 LGS 仅用于 80386 及其后继机型。该类指令执行后不影响标志位。

1) 有效地址传送指令——LEA(load effective address)

指令格式：LEA   REG，SRC   ; (REG)←SRC

指令功能：将源操作数的有效地址 EA 传送到指定寄存器中。源操作数的寻址方式只能是存储器寻址方式(即不允许是立即数和寄存器寻址方式)，目的操作数的寄存器可使用 16 位或 32 位寄存器，但不能为段寄存器。

【例 3.31】　参见图 3.15，比较以下两条指令的执行结果。

LEA   BX, [DI]

MOV BX, [DI]

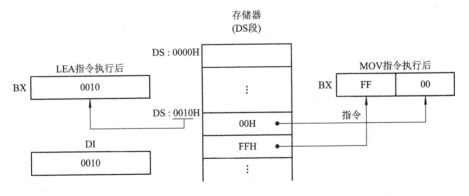

图 3.15　LEA 与 MOV 指令的区别

第一条指令执行后，(BX) = 0100H；第二条指令执行后，(BX) = 0FF00H。由此看出 MOV 指令和 LEA 指令的区别，前者传送源操作数所指单元的内容，后者传送源操作数的有效地址。

2) 指针传送指令

LDS(load DS with pointer)指令和 LES、LFS、 LGS、LSS 等指令的格式类同，只是指针指定的段寄存器不同而已。下面以 LDS 为例来介绍该类指令。

指令格式：LDS REG，MEM；(REG)←(MEM)，(DS)←(MEM+2)或(DS)←(MEM+4)

指令功能：将源操作数 MEM 所指定存储单元中连续 4 个单元的前两个单元的内容作为有效地址存入指令指定的 16 位寄存器(REG)中，后两个单元的内容装入指令指定的段寄存器(DS)中；当指令指定的是 32 位寄存器时，将该存储单元中连续存放的 4 个单元的内容作为有效地址装入该寄存器中，而其后的 2 个单元的内容装入指令指定的段寄存器(DS)中。

源操作数 MEM 的寻址方式只能是存储器寻址方式(即不允许是立即数和寄存器寻址方式)，目的操作数(REG)不能为段寄存器(SEG)。

【例 3.32】　LDS　BX，TABLE[SI]

如果指令执行前，TABLE=0200H，(SI)=0008H，(DS)=4000H，(BX)=5A80H，则 EA=TABLE+(SI)= 0200H+0008H=0208H。在 DS:0208H 单元中存放的数据如图 3.16 所示。指令执行后，(DS)=1000H，(BX)=1234H。

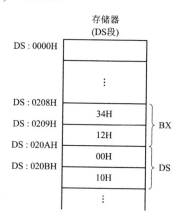

图 3.16　LDS 指令执行情况

【例 3.33】　LSS　ESP，DS:[0100H]

将 DS:0100H 单元中存放的 48 位地址分别装入 ESP 和 SS 寄存器中。

3. 标志传送指令

用于标志寄存器传送的指令有 LAHF、SAHF、PUSHF/PUSHFD 和 POPF/POPFD。其中 PUSHF/PUSHFD 和 POPF/POPFD 指令已在堆栈指令中介绍。LAHF、SAHF 指令为隐含寻址。

1) 标志送 AH(load AH with flags)——LAHF

指令格式：LAHF　　　　；(AH)←(FLAGS 的低字节)

指令功能：将标志寄存器 FLAGS 的低 8 位中 5 个状态标志位(不包括 OF)分别传送到 AH 的对应位，如图 3.17 所示。该指令的执行不影响标志位。

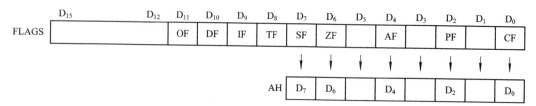

图 3.17　LAHF 指令功能

2) AH 送标志寄存器——(store AH into flags)SAHF

指令格式：SAHF   ；(FLAGS 的低字节)←(AH)

指令功能：SAHF 指令与 LAHF 指令功能相反，即将 AH 中相应位(D_7、D_6、D_4、D_2、D_0)的状态分别传送到标志寄存器 FLAGS 的对应位(SF、ZF、AF、PF、CF)，而 FLAGS 其他位不受影响。AH 中相应位可编程设置。

4．输入输出指令

80X86 提供了 IN 和 OUT 输入输出指令，也称为累加器专用指令，该类指令仅限于用累加器 AL、AX、EAX 传送信息。输入输出指令只有两种寻址方式：直接寻址方式和寄存器间接寻址方式。输入输出指令执行后不影响标志位。

1) 输入指令(input)——IN

指令格式：IN AL，port   ；(AL)←(port)

　　　　　IN AX，port   ；(AX)←(port+1，port)

　　　　　IN EAX，port   ；(EAX)←(port+3，port+2，port+1，port)

　　　　　IN AL，DX   ；(AL)←((DX))

　　　　　IN AX，DX   ；(AX)←((DX) +1，(DX))

　　　　　IN EAX，DX   ；(EAX)←((DX) +3，(DX) +2，(DX) +1，(DX))

指令功能：用于 I/O 端口到 CPU 的数据输入操作。

2) 输出指令(output)——OUT

指令格式：OUT port，AL   ；(port)←(AL)

　　　　　OUT port，AX   ；(port+1，port) ←(AX)

　　　　　OUT port，EAX   ；(port+3，port+2，port+1，port)←(EAX)

　　　　　OUT DX，AL   ；((DX))←(AL)

　　　　　OUT DX，AX   ；((DX) +1，(DX)) ←(AX)

　　　　　OUT DX，EAX   ；((DX) +3，(DX) +2，(DX) +1，(DX))←(EAX)

指令功能：用于 CPU 到 I/O 端口的数据输出操作。例如：

　　IN AL，41H   ；表示从端口地址为 41H 中输入字节数到 AL 中

　　IN AX，41H   ；表示从端口地址为 41H 中输入字到 AX 中

　　MOV DX，378H   ；将端口地址 378H 送入 DX 寄存器中

　　OUT DX，EAX   ；表示从 EAX 输出双字数据到(DX)～(DX) +3 所指的四个端口中

3.4.2   算术运算类指令

80X86 提供了加、减、乘、除等各类算术运算指令，这些指令可处理 4 种类型的数据：有符号的二进制数、无符号的二进制数、无符号的组合十进制数和无符号的分离十进制数。在进行二进制加、减运算时，不同类型的数据完成相同的操作所用的指令基本相同，只是在这些指令后所进行的判断或调整指令不同而已。二进制乘除运算分为有符号数和无符号数两种运算指令。另外，还提供了便于十进制运算的十进制调整指令和使两个长度不等数据一致的符号扩展指令。指令的基本格式和操作见表 3.9。

表 3.9　算术运算指令

名称	指令格式	操作说明
加法	ADD　DST，SRC	(DST)←(SRC)＋(DST)
	ADC　DST，SRC	(DST)←(SRC)＋(DST)＋CF
	INC　　DST	(DST)←(DST)＋1
减法	SUB　DST，SRC	(DST)←(DST)－(SRC)
	SBB　DST，SRC	(DST)←(DST)－(SRC)－CF
	DEC　DST	(DST)←(DST)－1
	NEG　DST	(DST)←0－(DST)
	CMP　DST，SRC	(DST)－(SRC)，设置标志位
乘法	MUL　SRC	字节：(AX)←(AL)*(SRC)
		字：(DX:AX)←(AX)*(SRC)
		双字：(EDX:EAX)←(EAX)*(SRC)
	IMUL　SRC	同 MUL，但必须是有符号数，而 MUL 是无符号数
	IMUL　REG，SRC	字：(REG16)←(REG16)*(SRC)
		双字：(REG32)←(REG32)*(SRC)
	IMUL　REG，SRC，DATA	字：(REG16)←(SRC)*(DATA)
		双字：(REG32)←(SRC)*(DATA)
除法	DIV　SRC	字节：(AL)←(AX)/(SRC)的商，(AH)←(AX)/(SRC)的余数
		字：(AX)←(DX:AX)/(SRC)的商，(DX)←(DX:AX)/(SRC)的余数
		双字：(EAX)←(EDX:EAX)/(SRC)的商， (EDX)←(EDX:EAX)/(SRC)的余数
	IDIV　SRC	同 DIV，但必须是有符号数，而 DIV 是无符号数
BCD 调整指令	DAA	① 若(AL)中低 4 位>9 或 AF＝1，则(AL)←(AL)＋06H，并使 AF＝1 ② 若(AL)中高 4 位>9 或 CF＝1，则(AL)←(AL)＋60H，并使 CF＝1
	DAS	① 若(AL)中低 4 位>9 或 AF＝1，则(AL)←(AL)－06H，并使 AF＝1 ② 若(AL)中高 4 位>9 或 CF＝1，则(AL)←(AL)－60H，并使 CF＝1
	AAA	① 若(AL)中低 4 位>9 或 AF＝1，则(AL)←(AL)＋06H，(AH)←(AH)＋1，并使 AF＝1 ② (AL)←(AL)∧0FH ③ CF←AF
	AAS	① 若(AL)中低 4 位>9 或 AF＝1，则(AL)←(AL)－06H，(AH)←(AH)－1，并使 AF＝1 ② (AL)←(AL)∧0FH ③ CF←AF
	AAM	(AH)←(AX)/0AH 的商，(AL)←(AX)/0AH 的余数
	AAD	(AL)←(AH)*10＋(AL)，(AH)←0
符号扩展	CBW	AL 的符号位扩展到 AH
	CWD	AX 的符号位扩展到 DX
	CWDE	AX 的符号位扩展到 EAX
	CDQ	EAX 的符号位扩展到 EDX

1．加减法指令

加减法指令有不带进(借)位的加减法指令 ADD、SUB；带进(借)位的加减法指令 ADC、SUB；增减量指令 INC、DEC；特殊减法指令即求补指令 NEG、比较指令 CMP。

1) ADD/SUB——加/减法指令(addition/subtraction)

指令格式：ADD DST，SRC　　　　　；SUB DST，SRC

指令功能：ADD 指令将目的操作数与源操作数相加之和送到目的操作数所指单元中。SUB 指令将目的操作数与源操作数相减之差送到目的操作数所指单元中。指令执行后源操作数保持不变，但指令会影响 SF、ZF、CF、AF、PF 和 OF 等 6 个标志位。

指令中源操作数可以是通用寄存器 REGn、立即数 DATAn 和存储单元 MEMn。目的操作数可以是 REGn 和 MEMn。源操作数和目的操作数都不能是段寄存器，目的操作数不得为立即数。存储单元可通过数据寻址的各种寻址方式寻址。使用加、减法指令时，应注意源操作数为非立即数时，两操作数之一必为寄存器，两存储单元之间不能进行加、减法运算。两操作数类型必须一致，可以同时为字节、字或双字。例如：

```
ADD AX，  DI          ；(AX)←(AX)＋(DI)
SUB BL，  5FH         ；(BL)←(BL)－(5FH)
ADD [EBP]，  AL       ；((EBP))←((EBP))＋(AL)
ADD AX，  [EBX+2*ECX] ；将(EBX+2*ECX)所指向的存储单元中的内容加上 AX 的内容，并
                     ；将结果存入 AX 中
```

下边 3 条指令是非法的。

```
ADD DS，  BX          ；操作数不允许为段寄存器
SUB [DI]，  [BP]      ；不允许两操作数都为存储单元
ADD 34H，  EAX        ；目的操作数不能为立即数
```

2) ADC/SBB——带进/借位加/减法指令(addition with carry/subtraction with carry)

指令格式：　ADC DST，SRC　　；SBB DST，SRC

指令功能：带进/借位的加/减法指令将进/借位标志位的值(CF)一起与操作数相加/减。该组指令主要针对出现在 8086 中超过 16 位的数据或 80386 及其后继机型中超过 32 位的数据进行多字节加/减法的运算中，其中 CF 的当前值是由程序中本指令之前的指令产生的。其他规定均与 ADD/SUB 指令相同。

3) INC/DEC——增减量指令(increment/decrement)

指令格式：INC　DST　　　；DEC　DST

指令功能：INC/DEC 将目的操作数的内容加/减 1。用于循环程序中指针修改。该组指令影响 OF、SF、ZF、AF、DF 标志位，但不影响 CF 位。目的操作数可以是 REGn 和 MEMn。目的操作数不能是段寄存器，目的操作数不得为立即数。存储单元可通过数据寻址的各种寻址方式寻址。

对于非立即数存储器增减量，数据必须用字节、字、双字这些类型来描述。例如，DEC [SI]这条指令，可以是一个字节、字或双字大小的减量，指令 DEC BYTE PTR[SI]清楚地表明是一个字节型的存储器数据，指令 DEC WORD PTR[SI]毫无疑问是指一个字型的存储器数据，指令 DEC DWORD PTR[SI]指的是一个双字型的存储器数据。

【例 3.34】　求 26584336H + 3619FECAH = ? 内存中数据存放形式如图 3.18 所示。请给出使用 8 位加法指令完成两数之和的程序段。

8086 指令程序段为：

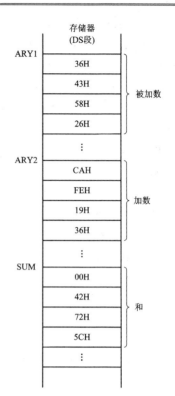

图 3.18　多字节加法运算

```
              LEA  SI, ARY1      ; ARY1 偏移地址送 SI
              LEA  DI, ARY2      ; ARY2 偏移地址送 DI
              LEA  BX, SUM       ; SUM 偏移地址送 BX
              MOV  CX, 4         ; 循环 4 次
              CLC                ; 清进位 CF 标志
    AGAIN：   MOV  AL, [SI]
              ADC  AL, [DI]      ; 带进位加
              MOV  [BX], AL      ; 结果存入 SUM
              INC  SI            ; 调整指针
              INC  DI
              INC  BX
              DEC  CX            ; 循环计数器减 1
              JNZ  AGAIN         ; 若未处理完，则转 AGAIN
```

图 3.19 给出第 0 字节相加之后标志位的值；图 3.20 给出第 0、1 字节相加过程中进位如何将 2 个字节加法组合成字相加。

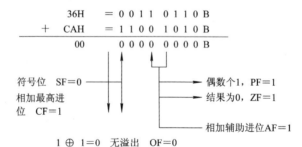

图 3.19　加法结果对标志位的影响

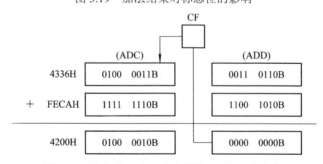

图 3.20　进位将 2 个 8 位加法组合成 16 位相加

【例 3.35】　若 (AL) = 11H，请给出执行 SUB AL, 33H 指令后对标志位的影响。图 3.21 给出减指令执行后标志位的值。

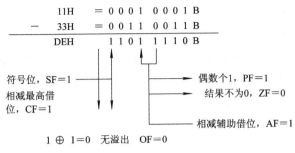

图 3.21　减法结果对标志位的影响

4) 求补指令(negate)——NEG

指令格式：NEG　DST

指令功能：对一个操作数取补码，即相当于用 0 减去目的操作数，并将结果送回到目的操作数。可利用 NEG 指令得到补码表示的负数的绝对值。

【例 3.36】　若(AX) = 0FF0EH = $[-242]_{补}$，则执行 NEG AX 后，即得到

$$(AX) = 00F2H = |-242| = +242$$

请给出执行 NEG AX 指令后对标志位的影响。

指令执行后标志位的值为：

$$CF = 1 (最高位 D_{15} 向前有借位)　　　　SF = 0 (符号位为 0)$$

$$AF = 1 (D_3 位有借位)　　　　PF = 0 (奇数个 '1')$$

$$OF = 0 (无溢出)　　　　ZF = 0 (结果非零)$$

5) 比较指令(compare)——CMP

指令格式：CMP　DST，SRC

指令功能：比较指令是一个只改变标志位的减法，而目的操作数、源操作数不发生改变。指令中两操作数类型必须一致，目的操作数不为立即数，两操作数之一必为寄存器。两操作数不允许为段寄存器。例如：

CMP　BX，8000H

CMP　AX，BX

CMP　[DI]，CH

CMP　BX，[EDI+ESI]

比较指令后面常常会跟一个跳转指令，以检测标志位，控制程序的走向。CMP 指令执行后可根据标志位判断比较结果。

(1) 根据 ZF 判断两个数是否相等。若 ZF = 1，则两数相等。

(2) 若两个数不相等，则分两种情况考虑：

① 比较的是两个无符号数：

若 CF = 0，则(DST)≥(SRC)；

若 CF = 1，则(DST)<(SRC)。

② 比较的是两个有符号数：

若 OF ⊕ SF=0，则(DST)>(SRC)；

若 OF ⊕ SF=1，则(DST)<(SRC)。

2. 乘法指令

乘法指令有单操作数的无符号数乘法指令 MUL 和有符号数乘法指令 IMUL 指令。386 及其后继机型中还增加了双操作数和三操作数有符号数乘法指令 IMUL 指令。乘法指令的操作数的类型可以是字节、字或者双字。仅 80386 及其后继机型可以对 32 位的双字型数据使用乘法指令。

1) 无符号数乘法指令(multiple)——MUL

指令格式：MUL　SRC

指令功能：将目的操作数乘以源操作数，结果存放到目的操作数中。目的操作数是隐含寻址，必须为累加器，用于存放被乘数及乘积的一部分。源操作数用于存放乘数，可以是寄存器或存储器中的数据，但不允许为立即数。乘法指令执行完后的结果总是一个两倍于原数据大小的数据。当两个 8 位数相乘时，16 位乘积存放在 AX 中；当两个 16 位数相乘时，32 位乘积存放在 DX:AX 中，其中高位字存放在 DX 中，低位字存放在 AX 中；当两个 32 位数相乘时，64 位乘积存放在 EDX:EAX 中，其中高位字存放在 EDX 中，低位字存放在 EAX 中。

当乘法指令执行完后，一些标志位(CF 和 OF)会改变，产生预期的结果。其他的标志位也会改变，不过它们的结果是无法预知的，因而不能被利用。CF、OF 表示乘积值的范围。对于无符号数，若 CF = OF = 0，则表示AH(字节乘)/DX(字乘)/EDX(双字乘)乘积值高位为零。

【例 3.37】　若(AL) = 0C5H，(BL) = 11H，求执行指令 MUL　BL 后的乘积值。

(AL) = 0C5H 为无符号数的 197；

(BL) = 11H 为无符号数的 17，

则执行后，(AX) = 0D15H 为无符号数的 3349。

CF = OF = 1，表示 AH 中存有积的有效值。

2) 有符号数乘法指令(signed multiple)——IMUL

● 有符号单操作数乘法指令

指令格式：IMUL　SRC

指令功能：与 MUL 相同，只是必须是有符号数。对于有符号数，IMUL 执行后，CF = OF = 0，AH(字节乘)/DX(字乘)/EDX(双字乘)乘积值高位为符号扩展。若 CF = OF = 1，则积的高位存在其有效值，表示积的有效值不仅存于低位字节/字/双字，而且也存在于高位字节/字/双字。

有符号乘指令运算时，先将数变为原码，并去掉符号位，然后再两数(绝对值)相乘，其结果的符号按两数符号位异或运算规则确定。如果符号位为 1(负数)，则再取补码。此过程由计算机执行指令时自动完成。

【例 3.38】　若(AL) = 0C5H，(BL) = 11H，求执行指令 IMUL　BL 后的乘积值。

(AL) = 0C5H 为有符号数 −59 的补码，将 C5H 变补即可求得其绝对值，即

$$[C5H]_{变补} = 3BH = 59$$

(BL)= 11H 为有符号数的 17，则执行后，(AX) = 0FC15H 为有符号数的 −1003。

```
        1 1
      ×  C 5
      ────────
        5 5
    +  C C
      ────────
      D 1 5 H
```

CF=OF=1，表示 AH 中存有积的有效值。

$$
\begin{array}{r}
1\,1 \\
\times\quad 3\,B \\
\hline
B\,B \\
+\quad 3\,3 \\
\hline
3\,E\,B\,H
\end{array}
$$

3 E B H $\xrightarrow{\text{变补}}$ C15H $\xrightarrow{\text{符号扩展}}$ FC15H

- 有符号双操作数乘法指令

指令格式：IMUL　REG，SRC

指令功能：源操作数与目的操作数相乘，结果送到目的操作数中。目的操作数为 16 位或 32 位寄存器，源操作数长度要保持与目的操作数长度一致，可用任一寻址方式获得。如果源操作数为 8 位立即数，则数据位数在指令执行前自动将符号扩展到与目的操作数长度一致。例如：

IMUL EAX，LIST[EDI*4]　　　　　；根据比例变址寻址方式从 LIST+ EDI*4 所指双字存储区中取
　　　　　　　　　　　　　　　　　；出相应单元的 32 位字乘以 EAX 的内容，结果送到 EAX 寄
　　　　　　　　　　　　　　　　　；存器中

- 有符号三操作数乘法指令

指令格式：IMUL　REG，SRC，DATA

指令功能：特殊立即数乘法，因为指令有三个操作数。第一个操作数是目的寄存器，第二个操作数是存放被乘数的寄存器或存储单元，而第三个操作数则是一个作为乘数的立即数。第二个操作数乘以第三个操作数，结果送到第一个操作数中。例如：

IMUL AX，BX，34H；(AX)←(34H)*(BX)

3．除法指令

除法指令有无符号数除法指令 DIV 和有符号数除法指令 IDIV。和乘法一样，除法指令的操作数类型可以是字节、字或者双字。仅 80386 及其后继机型可以对 32 位的双字型数据使用除法指令。被除数的字长常常是两倍于除数字长的数据。可以用符号扩展的方法获得除法指令所需要的被除数格式。对于除法来讲，全部标志无意义。溢出处理不是使 OF 为 1，而是当除数为 0 时产生 0 号中断。

1) 无符号数除法指令(divide)——DIV

指令格式：DIV　SRC

指令功能：将目的操作数除以源操作数，结果存放到目的操作数中。目的操作数是隐含寻址，必须为累加器，用于存放被除数和除法的结果，目的操作数必须存放在 AX 或 DX:AX 或 EDX:EAX 中。源操作数用于存放除数，可以是寄存器或存储器中的数据，但不允许为立即数。寻址方式和乘法相同。

2) 有符号数除法指令(signed divide)——IDIV

指令格式：IDIV　SRC

指令功能：有符号除法指令与无符号除法指令相同，只是操作数必须为有符号数，商和余数也必须是有符号数，且余数符号与被除数符号相同。

有符号除法指令运算时先将数变为原码，并去掉符号位，然后再两数(绝对值)相除，其结果的符号按两数符号位异或运算规则确定。如果符号位为1(负数)，则再取补码。此过程由计算机执行指令时自动完成。

【例3.39】　如果(AX) = 0200H，(BL) = 82H，求执行指令"DIV　BL"和"IDIV　BL"后的结果。

作为无符号数时：

(AX) = 0200H = 512；(BL) = 82H = 130

DIV BL；执行无符号除指令后，(AH) = 7AH(余)，(AL) = 03H(商)

作为有符号数时：

(AX) = 0200H = 512；(BL) = 82H = [−126]$_补$，[82H]$_{变补}$ = 7EH = 126 = |−126|

IDIV BL；执行有符号除指令后，(AH)＝08H(余)，(AL)＝FCH(商)

$$82H\,\overline{)\,\begin{array}{c} 3H \\ 0200H \\ 186H \end{array}} \qquad 7EH\,\overline{)\,\begin{array}{c} 4H \\ 0200H \\ 1F8H \end{array}} \xrightarrow{\text{变补}} FCH$$

$$\overline{7AH} \qquad \overline{8H}$$

4．BCD 码(十进制)调整指令

前面介绍的加、减、乘、除指令都是针对二进制数进行操作的指令。如何方便地将二进制数转换为人们日常生活中习惯使用的十进制数呢？80X86 指令系统专门提供了一组相应的十进制调整指令：DAA、DAS、AAA、AAS、AAM 和 AAD。该类指令都是隐含寻址，BCD 码总是作为无符号数看待的。学习该类指令时应重点理解并掌握它们的用途，即指令执行后的结果。指令操作过程是计算机自动完成的，只需了解即可。

1) 压缩 BCD 码调整指令

压缩 BCD 码加减调整指令 DAS 和 DAA 对 OF 标志无定义，但影响所有其他标志，并且对标志 CF 是依十进制运算结果有无进/借位来影响的。这些指令紧跟在其相应的加减指令后面。调整指令仅对寄存器 AL 起作用。

● 加法的十进制调整指令(decimal adjust for addition)——DAA

指令格式：DAA

指令功能：该指令之前必须先执行 ADD 或 ADC 指令，加法指令将两个压缩的 BCD 码相加，并将结果存放在 AL 寄存器中，而后 DAA 将 AL 中的和调整到压缩的 BCD 格式。

执行指令时 CPU 对 AL 中高 4 位、低 4 位进行检测，判断是否为有效的 BCD 码。如果 AL 中低 4 位大于 9 或 AF = 1，则将 AL 寄存器的内容加 06H，并将 AF 置 1；如果 AL 中高 4 位大于 9 或 CF = 1，则将 AL 寄存器的内容加 60H，并将 CF 置 1；如果 AL 中高低 4 位均大于 9，则将 AL 寄存器的内容加 66H。

【例3.40】　假设 AX 和 BX 中各自存放 4 位 BCD 数据：(AX) = 1234H，(BX) = 5678H，试编制程序段，将 AX 和 BX 中的 BCD 数据相加，再将结果送回到 AX 中。

由于指令 DAA 仅仅对寄存器 AL 起作用，加法每次必须针对 8 位数操作。因此必须将 AX 和 BX 中存放的 16 位数分开成两个 8 位数。

编制程序段如下：

```
MOV    AX, 1234H
MOV    BX, 5678H
ADD    AL, BL
DAA
MOV    DL, AL
MOV    AL, AH
ADC    AL, BH
DAA
MOV    AH, AL
MOV    AL, DL
```

在寄存器 BL 和 AL 中的内容相加，结果存入 DL 之前，用指令 DAA 对结果进行调整。DL 暂存中间结果。而后将寄存器 AL 和 BH 中的内容以及进位相加，在结果存入 AH 前再使用 DAA 指令对其进行调整。本例中，1234H 加上 5678H 生成的和 6912H 在加法结束后存入 AX，且 CF = 0。这里 BCD 数据 1234H 和十六进制数 1234H 形式上是一样的。

● 减法的十进制调整指令(decimal adjust for subtraction)——DAS

指令格式：DAS

指令功能：该指令之前必须先执行 SUB 或 SBB 指令，减法指令将两个压缩的 BCD 码相减，并将结果存放在 AL 寄存器中，而后 DAS 将 AL 中的差调整到压缩的 BCD 格式。

执行指令时，CPU 对 AL 中高 4 位、低 4 位进行检测，判断是否为有效的 BCD 码。如果 AL 中低 4 位大于 9 或 AF=1，则将 AL 寄存器的内容减去 06H，并将 AF 置 1；如果 AL 中高 4 位大于 9 或 CF=1，则将 AL 寄存器的内容减去 60H，并将 CF 置 1；如果 AL 中高低 4 位均大于 9，则将 AL 寄存器的内容减去 66H。

【例 3.41】　执行下列程序后 AL 的内容为多少？

```
MOV    AL, 25H
SUB    AL, 71H
DAS                ; (AL)=54H
```

本例中，25 减去 71 的差值为 −46，表明 AL 中的 54H 是负数，相对于 100H 而言，54H 与 46H 互补。此外，由于 25 减去 71 不够减有借位，因而 CF = 1。

2) 非压缩 BCD 码调整指令

非压缩 BCD 码调整指令，实际上针对的是 ASCII 编码的数据。这些数据为 30H～39H，相应代表数字 0～9 的值。AAS 和 AAA 以十进制运算结果影响标志 AF、CF，其余标志位均无定义。AAM 和 AAD 据 AL 的内容设置 SF、ZF 和 PF，但 OF、CF 和 AF 位无定义。AAM 也是紧跟在 MUL 之后的，而 AAD 则在 DIV 之前。AAS 和 AAA 仅对寄存器 AL 起作用，而 AAM 和 AAD 则对寄存器 AX 起作用。

● 加法的 ASCII 码调整指令(ASCII adjust for addition)——AAA

指令格式：AAA

指令功能：将两个 ASCII 码或非压缩 BCD 码相加之和存放在 AL 寄存器中，而后进行调整，形成一个扩展的非压缩 BCD 码，调整后的结果低位在 AL 中，高位在 AH 中。

执行指令时，CPU 对 AL 中的低 4 位进行检测。如果 AL 中低 4 位大于 9 或 AF = 1，则将 AL 寄存器的内容加 6，AH 寄存器的内容加 1，并将 AF 置 1，同时将 AL 中的高 4 位清零，CF 置 1。

【例 3.42】　设有两个以 ASCII 码表示的十进制数 34H = "4"，37H = "7"，试编制程序段求两数之和，并将其转换为非压缩的 BCD 码存放在 AX 中。

```
MOV    AL，34H
ADD    AL，37H
MOV    AH，0        ；AH 清零
AAA                ；(AX)=0101H
```

本例中，两个 ASCII 码 34H 和 37H 相加，相当于十进制数加法(4 + 7)，AAA 指令执行后，寄存器 AX 中将会包含一个数据 0101H，这正是十进制数 11 的非压缩 BCD 码格式，同时 AF = 1，CF = 1。

● 减法的 ASCII 码调整指令(ASCII adjust for subtraction)——AAS

指令格式：AAS

指令功能：将两个 ASCII 码或非压缩 BCD 码相减之差存放在 AL 寄存器中，而后进行调整，形成一个扩展的非压缩 BCD 码，调整后的结果低位在 AL 中，高位在 AH 中。

执行指令时，CPU 对 AL 中的低 4 位进行检测。如果 AL 中低 4 位大于 9 或 AF = 1，则将 AL 寄存器的内容减去 06H，AL 寄存器的内容减去 01H，并将 AF 置 1，同时将 AL 中的高 4 位清零，CF 置 1。

● BCD 码乘法调整指令(ASCII adjust for multiplication)——AAM

指令格式：AAM

指令功能：将存放在 AL 寄存器中两个一位非压缩 BCD 码相乘之积调整为非压缩 BCD 码。执行指令时，CPU 将 AL 中的内容除以 10，商放在 AH 中，余数放在 AL 中。

【例 3.43】　
```
MOV    AL，07H
MOV    BL，08H
MUL    BL            ；(AX)←(AL)*(BL)=38H
AAM                  ；(AX)=0506H
```

本例是一个将 7 乘以 8 的小程序。乘法完成后的结果 0038H 放入寄存器 AX 中。用指令 AAM 调整后，AX 中存放的是 0506H，这是乘积 56 的非压缩的 BCD 码。

● BCD 码除法调整指令(ASCII adjust for division)——AAD

指令格式：AAD

指令功能：将 AX 中存放的两位非压缩 BCD 码调整为二进制数。AAD 指令可将 00～99 的非压缩 BCD 码转换成二进制数据。

如果被除数是存放在 AX 中的二位非压缩 BCD 数，AH 中存放十位数，AL 中存放个位数，而且要求 AH 和 AL 中的高 4 位均为 0。除数是一位非压缩的 BCD 数，同样要求高 4 位为 0。在将这两个数用 DIV 指令相除以前，必须先用 AAD 指令把 AX 中的被除数调整成二进制数，并存放在 AL 中，即将 AH 中的内容乘以 10 加上 AL 的内容再存放到 AL 中，AH 清零。

【例 3.44】　MOV　　AX，0504H

```
        MOV    BL，09H
        AAD
        DIV    BL
```

本例表明 54 的非压缩 BCD 码怎样被 9 除，产生商 6。如果 AX 中存放的被除数为 0505H，则 55 除以 9，则产生的商 6 存放在 AL 中，余数存放在 AH 中。

5．符号扩展指令

80X86 指令系统提供了一组符号扩展指令：CBW、CWD、CWDE 和 CDQ。该类指令都是隐含寻址，常用于除法运算，指令执行后不影响标志位。其中 CWDE 和 CDQ 用于 80386 及其后继机型中。

1) 字节转换为字指令(convert byte to word)——CBW

指令格式：CBW

指令功能：将 AL 中的 8 位数符号扩展为 16 位数，形成 AX 中的字。

2) 字转换为双字指令(convert word to double word)——CWD /CWDE

● CWD 指令

指令格式：CWD

指令功能：将 AX 中的 16 位数符号扩展为 32 位数，形成 DX：AX 中的双字。

● CWDE 指令

指令格式：CWDE

指令功能：将 AX 中的 16 位数符号扩展为 32 位数，形成 EAX 中的双字。

3) 双字转换为 4 字(convert double quad)——CDQ

指令格式：CDQ

指令功能：将 EAX 中的 32 位数符号扩展为 64 位数，形成 EDX：EAX 中的 4 字。

例如：假设(AL) = 0B5H，AL 中符号位为 1，执行指令 CBW 后，(AH) = 0FFH，即 (AX) = 0FFB5H。

3.4.3　逻辑运算和移位类指令

80X86 提供了按位操作的逻辑运算指令和移位指令。

1．逻辑运算指令

逻辑运算指令包括 AND(与)、OR(或)、NOT(非)、XOR(异或)和 TEST(测试)等指令。可以对 8 位、16 位操作数进行逻辑运算，80386 及其后继机型还可进行 32 位运算。除 NOT 不影响标志位外，其余指令将使 CF=OF=0，影响 SF、ZF、PF。

1) 逻辑与指令——AND

指令格式：(DST)←(DST)∧(SRC)

指令功能：将目的操作数与源操作数按位相与，结果送目的操作数；该指令可用来使操作数的某些位被屏蔽。

2) 逻辑或指令(or)——OR

指令格式：OR　DST，SRC　　　　　；(DST)←(DST)∨(SRC)

指令功能：将目的操作数与源操作数按位相或，结果送目的操作数；该指令可用来使操作数某些位置 1。

3) 逻辑非指令(not)——NOT

指令格式：NOT　DST；　　　　　　　；(DST)←($\overline{DST}$)

指令功能：将目的操作数按位取反；该指令常用来将某个数据取成反码。

4) 异或指令(exclusive or)——XOR

指令格式：XOR　DST，SRC　　　；(DST)←(DST)⊕(SRC)

指令功能：将目的操作数与源操作数按位相异或，结果送目的操作数；该指令可用来使操作数某些位变反。

5) 测试指令(test)——TEST

指令格式：TEST　DST，SRC；

指令功能：将目的操作数与源操作数按位相与，只影响标志位，但结果不保存；该指令可用来屏蔽某些位，或使某些位置 1 或测试某些位等。

以上指令中目的操作数不允许为立即数，源操作数为非立即数时，两操作数之一必为寄存器，另一操作数可以使用任意寻址方式。

例如：

```
XOR    AX，AX      ；清零 AX，CF
MOV    AL，34H     ；4 的 ASCII 码送入 AL
AND    AL，0FH     ；屏蔽高 4 位，保留低 4 位，(AL)=04H
TEST   AL，01H     ；测 AL 最低位
JZ     DONE        ；ZF=1，为'0'转移(最低位=0)
```

又如：

```
MOV    AL，11H     ；(AL)=11H
OR     AL，0FH     ；保留高 4 位，使低 4 位置 1，  (AL)=1FH
XOR    AL，11H     ；(AL)=0EH
```

2. 移位指令

移位指令有算术移位和逻辑移位、双精度移位、循环移位指令。其中双精度移位指令用于80386及其后继机型。用 CL 作移位计数时，移位结束并不影响 CL 的值。

1) 算术移位和逻辑移位

算术移动 N 位，相当于把二进制数乘以或除以 2^N，把操作数看做有符号数；逻辑移位操作则用于截取字节或字中的若干位，把操作数看做无符号数。所有的移位指令在移位时，都会影响标志位 CF、OF、PF、SF 和 ZF。图 3.22 给出了移位指令 SAL、SAR、SHL 和 SHR 的操作过程。

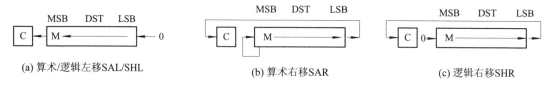

(a) 算术/逻辑左移SAL/SHL　　　(b) 算术右移SAR　　　(c) 逻辑右移SHR

图 3.22　算术和逻辑移位指令功能示意图

● 算术/逻辑左移指令(shift arithmetic/logical left)——SAL/ SHL

指令格式：SAL　DST，CNT

　　　　　　SHL　DST，CNT

指令功能：按照 CNT 规定的移位次数，对目的操作数 DST 进行左移，每移一次，最高位 MSB 移入 CF ，而最低位 LSB 补 0。目的操作数为通用寄存器或存储器操作数，即可用除立即数以外的任何寻址方式。在 8086 中，移位位数 CNT 放在 CL 寄存器中，如果只移 1 位，也可以直接写在指令中。对于 80386 及其后继机型，CNT 除用 1 外，还可用 8 位立即数指定范围 1～31 的移位次数。有关 DST 和 CNT 的规定同样适用于以下的移位指令。

● 算术右移指令(shift arithmetic right)——SAR

指令格式：SAR　DST，CNT

指令功能：按照 CNT 规定的移位次数，对目的操作数 DST 进行右移，每移一次，最高位 MSB(符号位)保持不变，最低位 LSB 移入 CF。

● 逻辑右移指令(shift logical right)——SHR

指令格式：SAR　DST，CNT

指令功能：按照 CNT 规定的移位次数，对目的操作数 DST 进行右移，每移一次，最高位 MSB 补 0，最低位 LSB 移入 CF。例如：

```
MOV   CL，4
SHR   AL，CL ；AL 中的内容右移 4 位
```

【例 3.45】　设一个字节数据 X 存放在 AL 寄存器中，完成(AL)×10 的功能，即 10X。因为 $10=8+2=2^3+2^1$，所以可用移位实现乘 10 操作。

```
XOR   AH，AH
SAL   AX，1         ；2X
MOV   BX，AX
MOV   CL，2
SAL   AX，CL        ；8X
ADD   AX，BX        ；8X+2X = 10X
```

2) 双精度移位指令

双精度移位指令可实现边界不对准位串的快速移动、嵌入和删除等操作。影响标志位 SF、ZF、PF、CF。双精度移位指令操作过程如图 3.23 所示。

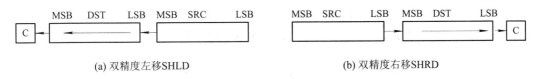

(a) 双精度左移SHLD　　　　　　　　　　　(b) 双精度右移SHRD

图 3.23　双精度移位指令功能示意图

● 双精度左移指令(shift left double)——SHLD

指令格式：SHLD DST，SRC，CNT

指令功能：目的操作数 DST 和源操作数 SRC 构成双精度数进行向左移，每次移位，DST 先移出的位送 CF，末端引起的空位由 SRC 移入 DST 中进行补充，而 SRC 内容不变，

移位次数由 CNT 指定。目的操作数为除立即数以外的任何一种寻址方式指定的 16 位或 32 位操作数，源操作数为 16 位或 32 位通用寄存器，指令中两操作数必须类型一致，CNT 可为立即数或 CL。

例如：

   SHLD EAX，EBX，12

- 双精度右移指令(shift right double)——SHRD

指令格式： SHRD DST，SRC，CNT

指令功能：目的操作数 DST 和源操作数 SRC 构成双精度数进行向右移，其他与 SHLD 类同。

例如：

   SHRD [AX]，CX，16

3) 循环移位指令

循环移位指令在移位时移出的目的操作数并不丢失，而循环送回目的操作数的另一端。循环移位指令仅影响 CF 和 OF。图 3.24 给出了循环移位指令功能示意图。有关 DST 和 CNT 的规定与算术移位和逻辑移位指令相同。

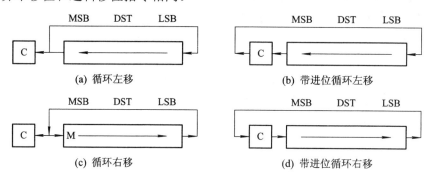

图 3.24　循环移位指令

- 循环左移指令(rotate left)——ROL

指令格式：ROL DST，CNT

指令功能：目的操作数每向左移位一次，其最高位 MSB 移入最低位 LSB，MSB 同时也移入 CF。

- 循环右移指令(rotate right)——ROR

指令格式：ROR DST，CNT

指令功能：目的操作数每向右移位一次，其最低位 LSB 移入最高位 MSB，LSB 同时也移入 CF。

- 带进位循环左移指令(rotate left through carry)——RCL

指令格式：RCL DST，CNT

指令功能：目的操作数每向左移位一次，其最高位 MSB 移入 CF，CF 移入最低位 LSB。

- 带进位循环右移指令(rotate right through carry)——RCR

指令格式：RCR DST，CNT

指令功能：目的操作数每向右移位一次，其最低位 LSB 移入 CF，CF 移入最高位 MSB。

【例 3.46】　将 BX 的高 8 位与低 8 位互换。

　　MOV　　BX，1234H　　；(BX)= 1234H

　　MOV　　CL，8

　　ROL　　 BX，CL　　　；(BX)= 3412H

【例 3.47】　试说明下列程序段实现什么功能。

　　SAL　　 BX，1　　　；(BX)左移 1 位，最高位移入 CF 中

　　RCL　　 AX，1　　　；(AX)带进位循环左移 1 位，(BX)的最高位移入

　　　　　　　　　　　；AX 中，(AX) 最高位移入 CF 中

　　RCL　　 DX，1　　　；(DX)带进位循环左移 1 位，(AX)的最高位移入

　　　　　　　　　　　；DX 中，(DX) 最高位移入 CF 中

由此可得出结论：此程序段实现由 DX:AX:BX 组成的 48 位数乘 2 的功能。

3.4.4　位操作指令

位操作指令是 80386 新指令的最主要部分，这一组新指令可以对位阵列进行直接处理，使计算机用于处理图像数据和语音数据。位操作指令包括位测试和位扫描指令，可以直接对一个二进制位进行测试、设置、扫描等操作。

1. 位测试和设置指令

指令格式：BT DST，SRC

　　　　　 BTC DST，SRC

　　　　　 BTR DST，SRC

　　　　　 BTS DST，SRC

指令功能：这四条指令均将目的操作数 DST 中某位的值复制到 CF，该位位号由源操作数 SRC 提供。不同之处在于这些指令对 DST 中该位值的设置，BT 指令中该位值不变；BTS 指令中该位值置 1；BTC 指令中该位值置 0(即复位)；BTC 指令中该位值取反。目的操作数为除立即数以外的任何一种寻址方式指定的 16 位或 32 位操作数，源操作数为 16 位或 32 位通用寄存器或 8 位立即数，指令中两操作数必须类型一致。例如：

　　MOV　　AX，5678H

　　MOV　　ECX，3

　　BT　　　AX，CX　　　　；CF=1，(AX)=5678

　　BTC　　 AX，3　　　　 ；CF=1，(AX)=5670

　　BTS　　 AX，CX　　　　；CF=0，(AX)=5678

　　BTR　　 EAX，ECX　　 ；CF=1，(EAX)=00005670

2. 位扫描指令

指令格式：BSF DST，SRC

　　　　　 BSR DST，SRC

指令功能：BSF 从低位到高位开始扫描源操作数，若所有位为 0，则 ZF = 1，否则 ZF = 1。并且当遇到第一个 "1" 时，将其位号存入目的操作数中。BSR 指令功能同 BSF，只是扫描方向从高位到低位。源操作数为除立即数以外的任何一种寻址方式指定的 16 位或

32 位操作数，目的操作数为 16 位或 32 位通用寄存器，指令中两操作数必须类型一致。

例如：使用位搜索指令，将变量中从高位起的第一个'1'保留，其余位置零。

    BSR EBX, VAR

    MOV VAR, 0

    BTS VAR, EBX

执行前：VAR = 370FF0FFH

执行后：VAR = 20000000H

3.4.5 串操作指令

串操作指令就是对一个字符串进行操作、处理，如传送、比较、查找、插入、删除等。字符串可以是字串或字节串。80386 及其后继机型还可以处理双字串。字串操作允许对连续存放在存储器中大的数据块进行操作。80X86 通过加重复前缀来实现串操作。所有串操作指令都用寄存器(E)SI 对源操作数进行间接寻址，并且默认是在 DS 段中；用(E)DI 为目的操作数进行间接寻址，并且默认是在 ES 段中。串操作指令是唯一的一组源操作数和目的操作数都在存储器中的指令。串操作时，地址的修改往往与方向标志 DF 有关，当 DF=1 时，(E)SI 和(E)DI 作自动减量修改；当 DF=0 时，(E)SI 和(E)DI 作自动增量修改。一条带重复前缀的串操作指令的执行过程往往相当于执行一个循环程序。在每次重复之后，都会修改地址指针(E)SI 和(E)DI，不过指令指针(E)IP 保持指向重复前缀(前缀本身也是一条指令)的偏移地址，此时要用(E)CX 寄存器作为重复次数计数器，指令每执行一次，(E)CX 的内容减 1，直到其值减为 0。所以，如果在执行串操作指令的过程中，有一个外部中断进入，那么，在完成中断处理以后，将返回去继续执行串操作指令。重复前缀指令是配合串操作指令工作的，因而下面先简单介绍重复前缀指令，再介绍串操作指令。

1. 重复前缀指令

重复前缀指令控制其后的串指令重复执行。

1) 重复前缀指令(repeat)——REP

功能：重复其后指令串的操作直至(CX) = 0；用于串传送、串装入、串存储指令前。

操作：

(1) 判条件，若(CX) = 0，则退出 REP，否则往下执行；

(2) (CX)←(CX)−1；

(3) 执行其后串指令；

(4) 重复(1)～(3)。

2) 相等/为零则重复前缀指令(repeat while equal/zero)——REPE/REPZ

功能：相等/为零则重复串操作；用于串比较、串扫描指令前。

操作：与 REP 类同，区别在于判断条件，当(CX) ≠ 0 且 ZF = 1 时，重复执行。

3) 不相等/不为零则重复前缀指令(repeat while not equal/not zero)——REPNE/ REPNZ

功能：不相等/不为零则重复串操作；用于串比较、串扫描指令前。

操作：与 REP 类同，区别在于判断条件，当(CX)≠0 且 ZF=0 时，重复执行。

2. 串操作指令

80X86 提供的串操作指令有 MOVS、CMPS、SCAS、LODS、STOS、INS 和 OUTS。

1) 串传送指令(move string)——MOVS

指令格式：

MOVS　DST，SRC

MOVSB(字节)；((ES):((E)DI))←((DS):((E)SI))，　((E)SI)←((E)SI)±1，((E)DI)←((E)DI)±1

MOVSW(字)；((ES):((E)DI))←((DS):((E)SI))，　((E)SI)←((E)SI)±2，((E)DI)←((E)DI)±2

MOVSD(双字)；((ES):((E)DI))←((DS):((E)SI))，((E)SI)←((E)SI)±4，((E)DI)←((E)DI)±4

其中，MOVSD 用于 386 及其后继机型。

指令功能：将源串元素传送到目的串单元中。指向源串的源变址寄存器，当地址长度为 16 位时用 SI 寄存器，当地址长度为 32 位时用 ESI 寄存器；指向目的串的目的变址寄存器，当地址长度为 16 位时用 DI 寄存器，当地址长度为 32 位时用 EDI 寄存器。传送的是字节、字，还是双字，由操作数的类型决定。有关这些说明同样适用于以下所有串处理指令。

执行串指令之前，应先进行如下设置：

(1) 源串首地址(末地址)→(E) SI；

(2) 目的串首地址(末地址)→(E) DI；

(3) 串长度→(E)CX；

(4) 建立方向标志(CLD 使 DF = 0，STD 使 DF = 1)。

串操作指令前面可加重复前缀完成串传送功能。

例如：将 DS:0100H 地址开始的 50 个字传送到 ES:2000H 开始的内存单元中。

```
MOV   SI，0100H
MOV   DI，2000H
MOV   CX，50
CLD
REP   MOVSW
```

2) 串比较指令(compare string)——CMPS

指令格式：

CMPS　DST，SRC

CMPSB(字节)；((ES):((E)DI))−((DS):((E)SI))，((E)SI)←((E)SI)±1，((E)DI)←((E)DI)±1

CMPSW(字)；((ES):((E)DI))−((DS):((E)SI))，((E)SI)←((E)SI)±2，((E)DI)←((E)DI)±2

CMPSD(双字)；((ES):((E)DI))−((DS):((E)SI))，((E)SI)←((E)SI)±4，((E)DI)←((E)DI)±4

其中，CMPSD 用于 386 及其后继机型。

指令功能：将源串元素与目的串元素相减并进行比较，但并不回送结果，只影响标志位。当源串元素与目的串元素相等时，ZF=1，否则等于 0。

3) 串扫描或称串搜索指令(scan string)——SCAS

指令格式：

SCAS　　DST

SCASB(字节)；(AL)−((ES):((E)DI))，((E)DI)←((E)DI)±1

SCASW(字)；(AX)-((ES):((E)DI))，((E)DI)←((E)DI)±2

SCASD(双字)；(EAX)-((ES):((E)DI))，((E)DI)←((E)DI)±4

其中，SCASD 用于 386 及其后继机型。

指令功能：搜索指令执行的仍是比较(减法)操作，结果只影响标志位。要搜索的关键字放在 AL(字节)、AX(字)或 EAX(双字)中。本指令用于在串中查找指定的信息。

【例 3.48】 在 ES 段的偏移 1000H 地址开始处存有 10 个 ASCII 码 "oldteacher"。搜索 "E"，若找到，则记下搜索次数及存放地址。

	MOV DI, 1000H	; (DI)←串偏移地址	DI → 1000H	'0'
	MOV CX, 0AH	; (CX)←串长度	1001H	'1'
	MOV AL, 'E'	; 搜索关键字='E'	1002H	'd'
	CLD	; 从低地址到高地址进	1003H	't'
		; 行搜索	1004H	'e'
	REPNZ SCASB	; 若未找到，继续搜索	1005H	'a'
	JZ FOUND	; 找到，转 FOUND	1006H	'c'
	JMP DONE	; 转 DONE	1007H	'h'
FOUND:	DEC DI	; (DI)-1	1008H	'e'
	MOV ADDR, DI	; ADDR←'E'的地址	1009H	'r'
	SUB DI, 1000H			
	MOV BX, DI	; BX←搜索次数		

DONE: …

4) 串装入指令(load from string)——LODS

指令格式：

LODS   SRC

LODSB(字节)；(AL)←((DS):((E)SI))，((E)SI)←((E)SI)±1

LODSW(字)；(AX)←((DS):((E)SI))，((E)SI)←((E)SI)±2

LODSD(双字)；(EAX)←((DS):((E)SI))，((E)SI)←((E)SI)±4

其中，LODSD 用于 386 及其后继机型。

指令功能：将源串元素装入累加器中。串装入指令通常不加重复前缀。

LODSB 等价于：MOV   AL，[SI]

　　　　　　　INC   SI

5) 串存储指令(store into string)——STOS

指令格式：

STOS   DST

STOSB(字节)； ((ES):(DI))←(AL)，((E)DI)←((E)DI)±1

STOSW(字) ； ((ES):(DI))←(AX)，((E)DI)←((E)DI)±2

STOSD(双字)； ((ES):(DI))←(EAX)，((E)DI)←((E)DI)±4

其中，STOSD 用于 386 及其后继机型。

指令功能：将累加器中的内容存入目的串中。本指令可加重复前缀，用于把一块存储区域填充成某一初始值(即对存储区进行初始化)。

例如：把 2000H 开始的 100 个存储单元内容清零。

程序段如下：

```
MOV   EDI, 2000H        ; 首地址
MOV   AL, 0             ;
MOV   CX, 100           ; 重复次数 100 送 CX
CLD                    ; 增量修改 DI
REP STOSB              ; 重复执行 100 次
```

【例 3.49】　设在 1000H 开始存有四个压缩的 BCD 码 12H、34H、56H、78H。要求把它们转换为 ASCII 码并存放在 3000H 开始的单元中。假定 DS、ES 都已设置为数据段的段基址。

程序段如下：CLD

```
            MOV   SI,   1000H
            MOV   DI,   3000H
            MOV   CX, 4
MYSTART:    LODSB
            MOV   AH, AL
            AND   AL, 0F0H
            PUSH   CX
            MOV   CL, 4
            ROR   AL, CL
            POP   CX
            ADD   AL, 30H
            STOSB
            AND   AH, 0FH
            ADD   AH, 30H
            MOV   AL, AH
            STOSB
            LOOPNZ MYSTART
```

SI → 1000H	12H
	34H
	56H
	78H
DI → 3000H	31H
	32H
	33H
	34H
	35H
	36H
	37H
	38H

6) 串输入指令(input from port to string)——INS

指令格式：

INS   DST，DX

INSB(字节)；((ES):(DI))←((DX))，((E)DI)←((E)DI)±1

INSW(字) ；((ES):(DI))←((DX))，((E)DI)←((E)DI)±2

INSD(双字)；((ES):(DI))←((EDX))，((E)DI)←((E)DI)±4

其中，INSD 用于 386 及其后继机型。

指令功能：按照 DX 给出的端口地址，从外设读入数据并送入目的串存储单元中。本指令可加重复前缀，表示连续从外设输入串元素并存入目的串存储单元中。

7) 串输出指令(output string to port)——OUTS

指令格式：

OUTS　　DX，SRC

OUTSB(字节)；((DX))←((DS):((E)SI))，((E)SI)←((E)SI)±1

OUTSW(字)；((DX))←((DS):((E)SI))，((E)SI)←((E)SI)±2

OUTSD(双字)；((DX))←((DS):((E)SI))，((E)SI)←((E)SI)±4

其中，OUTSD 用于 386 及其后继机型。

指令功能：按照 DX 给出的端口地址，将源串元素输出到外设。本指令可加重复前缀，表示连续向外设输出串元素。

3.4.6　控制转移类指令

该类指令用来控制程序的执行流程，包括转移、循环、子程序调用和中断调用指令。中断调用将在后面的中断系统中介绍。使用这些指令的前提必须掌握段内直(间)接、段间直(间)接寻址方式。

1. 转移指令

转移指令用于分支程序，它分为无条件转移和条件转移，无条件转移可转到内存中存放的任何程序段。条件转移指令采用 8 位的相对寻址方式，相对位移只能在 −128 B～＋127 B 范围内。若程序中要求转移的范围超出上述要求，只能用一条无条件转移指令作为中转。条件转移指令对于条件的判别主要是根据标志位来判别的，对于 CF、OF、PF、SF、ZF 都有相应的判别指令。对于无符号数和有符号数大小的判别也是依据标志位的组合状态来判别的。对无符号数的比较过程，判断结果时，用"高于"和"低于"的概念来作为判断依据；对有符号数的比较过程，判断结果时，用"大于"和"小于"的概念来作为判断依据，进行条件转移。

1) 无条件转移指令(jump)——JMP

指令格式：JMP　　DST

指令功能：无条件跳转到指令指定的目标地址 DST 去执行指令。DST 可以是标号、通用寄存器或存储器。前面已经详细介绍了四种程序转移寻址方式：段内直接寻址、段内间接寻址、段间直接寻址及段间间接寻址，这里可以按照这些寻址方式进行寻址。

2) 条件转移指令(jump if cc)——Jcc

指令格式：Jcc　　DST

指令功能：如果测试条件 cc 为真，则转移到目标地址 DST 处执行程序，否则顺序执行。DST 应给出转移到的指令的标号或转移的 8 位相对偏移量。单个条件标志的设置情况如表 3.10 所示。

条件"cc"共分三类。

(1) 以状态标志位为条件：ZF、SF、OF、CF、PF；

(2) 以两个无符号数比较为条件：高于、高于等于、低于、低于等于；

(3) 以两个有符号数比较为条件：大于、大于等于、小于、小于等于。

表 3.10　控制转移类指令

名 称	指 令 格 式		测试条件(标志)	功 能 说 明
无条件转移	JMP	目标地址		无条件转移
条件转移	JA/JNBE	目标地址	$CF=0$ 且 $ZF=0$	高于/不低于也不等于转移(无符号)
	JAE/JNB	目标地址	$CF=0$	高于或等于/不低于转移(无符号)
	JB/JNAE	目标地址	$CF=1$	低于/不高于也不等于转移(无符号)
	JBE/JNA	目标地址	$CF=1$ 或 $ZF=1$	低于或等于/不高于转移(无符号)
	JG/JNLE	目标地址	$ZF=0$ 且 $SF \oplus OF=0$	大于/不小于也不等于转移(有符号)
	JGE/JNL	目标地址	$SF \oplus OF=0$	大于或等于/不小于转移(有符号)
	JL/JNGE	目标地址	$SF \oplus OF=1$	小于/不大于也不等于转移(有符号)
	JLE/JNG	目标地址	$ZF=1$ 且 $SF \oplus OF=1$	小于或等于/不大于转移(有符号)
	JE/JZ	目标地址	$ZF=1$	等于/结果为 0 转移
	JNE/JNZ	目标地址	$ZF=0$	不等于/结果不为 0 转移
	JC	目标地址	$CF=1$	进位为 1 转移
	JNC	目标地址	$CF=0$	进位为 0 转移
	JO	目标地址	$OF=1$	溢出转移
	JNO	目标地址	$OF=0$	不溢出转移
	JNP/JPO	目标地址	$PF=0$	奇偶位为 0/奇偶性为奇转移
	JP/JPE	目标地址	$PF=1$	奇偶位为 1/奇偶性为偶转移
	JNS	目标地址	$SF=0$	符号位为 0 转移
	JS	目标地址	$SF=1$	符号位为 1 转移

【例 3.50】　给出下列程序段：

　　ADD　AX，BX

　　JNO　L1

　　JNC　L2

　　SUB　AX，BX

　　JNC　L3

　　JMP　SHORT　L5

　　若(1) AX = 147BH，BX = 800CH

　　　(2) AX = B568H，BX = 54B7H

　　　(3) AX = 42CBH，BX = 608DH

　　　(4) AX = 94B7H，BX = B568H

则该程序段执行后，程序应转向哪里？

　　根据 AX、BX 内容的不同，程序转向为

(1) L1　　　(2) L1　　　(3) L2　　　(4) L5

下面简单介绍一组仅 80386 及其后继机型才有的条件设置字节指令。

2. 条件设置指令(set byte if cc)——SETcc

条件设置指令与条件转移指令的测试条件是完全一致的，所不同的是，条件设置指令将其设置的条件码情况保存下来，而并不根据这一条件码产生分支。见表 3.11。

表 3.11　条件设置字节指令

指 令 格 式	设置条件(标志)	功 能 说 明
SETC/SETB/SETNAE　　DST	CF = 1	有进位/低于/不高于且不等于
SETNC/SETAE/SETNB　　DST	CF = 0	无进位/高于或等于/不低于
SETO　DST	OF = 1	溢出
SETNO　DST	OF = 0	无溢出
SETP/SETPE　DST	PF = 1	校验为偶
SETNP/SETPO　　DST	PF = 0	校验为奇
SETS　DST	SF = 1	为负数
SETNS　DST	SF = 0	为正数
SETA/SETNBE　　DST	CF = ZF = 0	高于/不低于且不等于
SETBE/SETNA　　DST	CF = 1 或 ZF = 1	低于或等于/不高于
SETE/SETZ　DST	ZF = 1	等于/为零
SETNE/SETNZ　DST	ZF = 0	不等于/非零
SETG/SETNLE　DST	ZF = 0 且 SF = OF	大于/不小于且不等于
SETGE/SETNL　DST	SF = OF	大于或等于/不小于
SETL/SETNGE　DST	SF ≠ OF	小于/不大于且不等于
SETLE/SETNG　DST	ZF = 1 或 SF ≠ OF	小于或等于/不大于

指令格式：SETcc DST

指令功能：测试条件 "cc" 若为真，则将目的操作数置 1，否则置 0。目的操作数为 8 位通用寄存器或 8 位存储器。

3. 循环指令(loop if cc)——LOOPcc

循环指令用来管理程序循环的次数，它与条件转移指令相同，也是依据给定的条件是否满足来决定程序的走向的。它与条件转移指令不同的是：循环指令要对(E)CX 寄存器的内容进行测试，用(E)CX 的内容是否为 0 作为转移条件，或把(E)CX 的内容是否为 0 与 ZF 标志位的状态相结合作为转移条件。循环指令也是采用 IP 相对寻址方式，也只能在 -128～ +127 B 的范围转移。指令执行结果对标志位无影响。

指令格式：LOOPcc　DST

指令功能：如果(E)CX 的内容不等于 0，且测试条件 "cc" 成立，则转到由目的操作数 dst 所寻址单元处执行程序，即执行循环，(E)CX 的内容减 1，不影响标志位；如果测试条件 "cc" 不成立，则退出循环，程序按顺序继续执行。指令的格式、测试条件及说明见表 3.12。

表 3.12　循　环　指　令

指 令 格 式	测试条件(标志)	功 能 说 明
LOOP　　目标地址	((E)CX) ≠ 0	循环
LOOPE/LOOPZ　　目标地址	ZF = 1 且((E)CX) ≠ 0	等于/结果为 0 循环
LOOPNE/LOOPNZ 目标地址	ZF = 0 且((E)CX) ≠ 0	不等于/结果不为 0 循环
JCXZ　　　目标地址	((E)CX) = 0	(E)CX 内容为 0 转移

【例 3.51】　计算 $\sum\limits_{N=1}^{10} N$。程序段如下：

```
     XOR   AX, AX
     MOV   SI, 1
     MOV   CX, 10
SUM: ADD   AX, SI
     INC   SI
     LOOP  SUM
```

4. 子程序调用指令

主程序用 CALL 指令来调用子程序，如图 3.25 所示。CALL 指令的功能是先将断点地址(当前((E)IP)或((E)IP)与(CS))压入堆栈，然后将子程序的首址装入(E)IP 或(E)IP 与 CS 中，从而将程序转移到子程序的入口，再顺序执行子程序。在子程序的最后应安排一条返回指令 RET，CPU 执行 RET 指令时，会从堆栈中弹出断点地址，重新装入(E)IP 或(E)IP 与 CS 中，从而达到返回主程序的目的。带偏移量的返回指令 RET n 的功能除完成相应的 RET 功能外，再使(E)SP 的值加上不带符号的 n 的值。该指令一般用于执行子程序的过程中要用到主程序向子程序提供的一些参数或其他信息。这里 n 可以为 00000H～FFFFH 中的任何一个偶数。

1) 调用指令(call)——CALL

指令格式：CALL　DST

执行操作：相当于(1) PUSH　CS

　　　　　　　　(2) PUSH　(E)IP

　　　　　　　　(3) JMP　　DST

目的操作数的寻址方式与 JMP 相似，只是没有短程调用。

2) 返回指令(return)——RET

指令格式：RET

执行操作：相当于(1) POP　　(E)IP

　　　　　　　　(2) POP　　CS

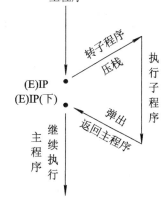

图 3.25　主程序调用子程序示意图

当主程序与子程序在同一段内，即段内调用时，只压入弹出(E)IP 指针，调用指令及返回指令的格式见表 3.13。

表 3.13 调用及返回指令

指 令 格 式	操 作 说 明	
段内直接调用： CALL NEAR PTR PROC PROC 为子程序名	当偏移地址为 16 位时： PUSH IP；为 call 的下一条指令的 IP (IP)←(IP)+ disp16 或(EIP)←(EIP)+ disp32	当偏移地址为 32 位时： PUSH EIP；为 call 的下一条指令 ；的 EIP (EIP)←(EIP)+ disp32
段间直接调用： CALL FAR PTR PROC PROC 为子程序名	当偏移地址为 16 位时： PUSH CS PUSH IP；为 call 的下一条指令的 IP (IP)←PROC 的偏移地址 (CS)←PROC 的段地址	当偏移地址为 32 位时： PUSH CS PUSH EIP；为 call 的下一条指令 ；的 EIP (EIP)←PROC 的偏移地址 (CS)←PROC 的段选择符
段内间接调用： CALL DST DST 可使用寄存器寻址 或任一种存储器寻址方式	当偏移地址为 16 位时： PUSH IP；为 call 的下一条指令的 IP (IP)←(EA) 或(EIP)←(EA)	当偏移地址为 32 位时： PUSH EIP；为 call 的下一条指令 ；的 EIP (EIP)←(EA)
段间间接调用： CALL DST DST 可使用寄存器寻址 或任一种存储器寻址方式	当偏移地址为 16 位时： PUSH CS PUSH IP；为 call 的下一条指令的 IP (IP)←(EA) (CS)←(EA+2) EA 是由 DST 寻址方式确定的	当偏移地址为 32 位时： PUSH CS PUSH EIP；为 call 的下一条指令 ；的 EIP (EIP)←(EA) (CS)←(EA+4) EA 是由 DST 寻址方式确定的
RET	段内返回： POP (E)IP	段间返回：POP (E)IP POP CS
RET n；n 为偶数	执行完相应 RET 指令所具有的功能后，(SP)←(SP)+n	
RETF	段间返回(或称远返回)指令	

例如：假设下面两条 CALL 指令在内存中的存放格式及子程序 ADD2 和 SUM 的入口地址如下：

```
0400H:0017H   E80800        CALL   NEAR PTR ADD2    ；编译等效于 CALL    0022H
0400H:001AH   B010          MOV    AL，10
                              ⋮
0400H:0022H                 ADD2:
                              ⋮
0400H:002CH   9A2900165B  CALL   FAR PTR SUM      ；编译等效于 CALL    5B1BH:0029H
0400H:0031H   49            DEC    CX
                              ⋮
```

5B1BH:0029H　　　　　　SUM：

⋮

两条指令执行后，CS、IP 和压入堆栈的内容如图 3.26 所示。

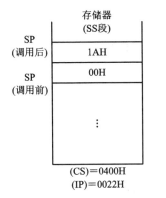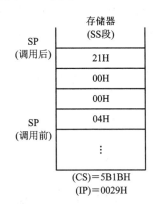

(a) 执行CALL NEAR PTR ADD2后的情况；(b) 执行CALL FAR PTR SUM后的情况

图 3.26　调用指令后的堆栈压入情况

3.4.7　处理器控制指令

处理器控制类指令包括标志位操作指令和外部事件同步指令。

1．标志处理指令

80X86 提供一组用于修改标志位的指令，它们只影响本指令的标志，而不影响其他标志。指令格式及主要功能说明如表 3.14 所示。

表 3.14　标志处理指令格式及功能

助记符格式	功 能 说 明	操　　作
CLC　　(clear carry)	进位标志清	$0 \rightarrow CF$
CMC　　(complement carry)	进位标志取反	$\overline{CF} \rightarrow CF$
CLD　　(clear direction)	方向标志清 0	$0 \rightarrow DF$
STD　　(set direction)	方向标志置 1	$1 \rightarrow DF$
CLI　　(clear interrupt)	中断标志清 0	$0 \rightarrow IF$
STI　　(set interrupt)	中断标志置 1	$1 \rightarrow IF$

2．外部同步指令

这些指令可以控制处理机状态。它们都不影响标志位。

1) 空操作指令(No operation)——NOP

CPU 不完成任何操作，仅占三个时钟周期，主要用于程序调试，执行 NOP 指令后，CPU继续执行下条指令。

2) 暂停指令(Halt)——HLT

暂停程序执行，只有重新启动或有非可屏蔽和可屏蔽中断发生时，才继续执行下一条指令。

3) 等待指令(Wait)——WAIT

检查 TEST 引脚状态，用于 CPU 与协处理器和外部设备同步。也可用来等待外部中断的发生，但中断结束后仍返回 WAIT 指令继续等待。在恢复执行该指令时禁止外部中断，直到执行完下一条指令后才允许外部中断。

4) 总线封锁指令(Lock)——LOCK

可置于任何指令前，封锁外部总线，其他外设不可使用总线，直至本指令执行完毕。

5) 交权指令(Escape)——ESC

此指令主要用于 CPU 与外部处理器的配合工作。

格式：ESC DATA，SRC

　　　　ESC MEM

第一种格式中，SRC 指出送给协处理器的操作数，DATA 是一个事先规定的立即数，执行 ESC 指令时，利用立即数控制外部处理器完成预定操作。

第二种格式中，MEM 是一个存储器操作数，指令执行时，将一个指定的存储单元内容送到数据总线上，由协处理器获取后完成相应的操作。

3.4.8　高级语言类指令

80386 及其后继机型提供了 3 条与高级语言有关的指令 BOUND、ENTER 和 LEAVE。

1) 数组边界检查指令——BOUND

指令格式：BOUND REG，MEM

指令功能:用于检查给出的数组下标是否在给定的界限。REG 给出的是数组下标,MEM 给出的是数组上下界。数组下标如在上下界之内，则执行下一条指令，否则，产生中断 5，中断返回时仍返回到 BOUND，而不是下一条指令。

2) 设置堆栈空间指令——ENTER

指令格式：ENTER DATA16，DATA8

指令功能：用于设置堆栈空间，便于子程序调用时进行参数传递。DATA16 指定堆栈空间的大小，DATA8 给出子程序嵌套的层数。

3) 释放堆栈空间指令——LEAVE

指令格式：LEAVE

指令功能：释放 ENTER 所设置的堆栈空间。LEAVE 指令没有参数，功能与 ENTER 相反。

以上介绍了 80X86 为用户提供的主要指令。对于较少使用的浮点指令及系统程序员所用的特权指令，限于篇幅，在此不作介绍，需要时请读者查阅相关手册。

习 题 与 思 考 题

1. 指出下列指令中源操作数和目的操作数的寻址方式：

(1) MOV　SI，1000

(2) MOV　BP，AX

(3) MOV　[SI]，1000

(4) MOV　BP，[AX]

(5) AND　DL，[BX+SI+20H]

(6) PUSH　DS

(7) POP　AX

(8) MOV　EAX，COUNT[EDX*4]

(9) IMUL　AX，BX，34H

(10) JMP　FAR PTR LABEL

2．指出下列指令语法是否正确，若不正确请说明原因。

(1) MOV　DS，0100H

(2) MOV　BP，AL

(3) XCHG　AX，2000H

(4) OUT　310H，AL

(5) MOV　BX，[BX]

(6) MOV　ES：[BX+DI]，AX

(7) MOV　AX，[SI+DI]

(8) MOV　SS：[BX+SI+100H]，BX

(9) AND　AX，BL

(10) MOV　DX，DS：[BP]

(11) MOV　[BX]，[SI]

(12) MOV　CS，[1000]

(13) IN　AL，BX

3．设 DS=2000H，BX=1256H，SI=528FH，偏移量=20A1H，[232F7H]=3280H，[264E5]=2450H。若独立执行下述指令后，请给出对应 IP 寄存器的内容。

(1) JMP BX；IP=?

(2) JMP [BX][SI]；IP=?

4．32 位机中，当用 MOVZX 和 MOVSX 指令时，传送执行后，结果有什么区别？试以传送 80H 为例说明之。

5．试指出 16 位机与 32 位机中堆栈操作指令的区别。

6．有如下程序：

```
MOV  AL，45H
ADD  AL，71H
DAA
MOV  BL，AL
MOV  AL，19H
ADC  AL，12H
DAA
MOV  BH，AL
```

执行后，BX =? 标志位 PF =? CF =?

7. 执行下列程序段，指出此程序段功能。

(1)   MOV   CX，10

      LEA   SI，First

      LEA   DI，Second

      REP   MOVSB

(2)   CLD

      LEA   DI，ES：[0404H]

      MOV   CX，0080H

      XOR   AX，AX

      REP   STOSW

8. 试用指令实现：

(1) AL 寄存器低 4 位清 0；

(2) 测试 DL 寄存器的最低 2 位是否为 0，若是，则将 0 送入 AL 寄存器；否则将 1 送 AL 寄存器。

9. 已知 AX=8060H，DX=03F8H，端口 PORT1 的地址是 48H，内容为 0040H；PORT2 的地址是 84H，内容为 0085H。请指出下列指令执行后的结果。

(1) OUT DX，AL

(2) IN AL，PORT1

(3) OUT DX，AX

(4) IN AX，48H

(5) OUT PORT2，AX

10. 假设在下列程序段的括号中分别填入以下命令：

(1) LOOP LLL   (2) LOOPNZ LLL   (3) LOOPZ LLL

指令执行后，AX=? BX=? CX=? DX=?

程序段如下：

      ORG   0200H

      MOV AX，10H

      MOV BX，20H

      MOV CX，04H

      MOV DX，03H

LLL：INC AX

      ADD BX，BX

      SHR DX，1

      (   )

      HLT

11. 有如下 8086 程序，当 AL 某位为何值时，可将程序转至 AGIN2 语句？

AGIN1：   MOV   AL，[DI]

            INC   DI

            TEST   AL，04H

```
            JE          AGIN2
             ↓
   AGIN2:    ⋮
             ↓
```

12．假设 AX＝0078H，BX＝06FAH，CX＝1203H，DX＝4105H，CF＝1，下列每条指令单独执行后，标志位 CF、OF 和 ZF 的值是多少？

```
   DEC   BX
   DIV   CH
   MUL   BX
   SHR   AX，CL
   AND   AL，0F0H
```

13．写出完成下述功能的程序段。

(1) 从地址 DS:0012H 中传送一个数据 56H 到 AL 寄存器。

(2) 将 AL 中的内容左移两位。

(3) AL 中的内容与字节单元 DS:0013H 中的内容相乘。

(4) 乘积存入字单元 DS:0014H 中。

14．设有两个 8 个字节长的 BCD 码数据 BCD1 及 BCD2。BCD1 数以 1000H 为首址在内存中顺序存放；BCD2 数以 2000H 为首址在内存中顺序存放。要求相加后结果顺序存放在以 2000H 为首地址的内存区中(设结果 BCD 数仍不超过 8 个字节长)。

15．设从 2000H 为首址的内存中，存放着 10 个带符号的字节数据，试编出"找出其中最大的数，并存入 2000H 单元中"的程序。

16．设计一个程序段，先用一条指令将 EAX 中预置的数右移 4 位，将 EBX 中低位移入 EAX，再用指令将 AL 中的数左移 4 位，BL 中的高位移入 AL。

第4章 汇编语言程序设计

在系统学习 80X86 指令系统后，读者进一步理解了计算机的工作原理，具备了用汇编语言进行程序设计的能力。

本章以 Microsoft 公司的宏汇编程序 MASM 为背景，介绍面向 80X86 的汇编语言，包括汇编语言程序的完整结构和顺序、分支、循环程序和子程序设计的基本方法以及混合语言编程。

4.1 计算机程序设计语言的发展

计算机语言是人与计算机进行对话的最重要的手段。各种语言都有自己的特点、优势及运行环境，有自己的应用领域和针对性。计算机语言的发展经历了以下 4 个阶段。

1. 机器语言

机器语言是最早期的计算机程序语言。它使用计算机能够直接识别的二进制代码指令来编写程序，程序送入计算机后可以直接执行，因而执行速度快。但机器语言全是 0 和 1 组成的代码，使用复杂，不好记忆，阅读、查错、修改程序不方便，不能移植。不同类型的微处理器，其机器语言必然不同。通常，只有对 CPU 指令系统熟悉，编写的程序较短时，才可能使用机器语言。为了克服机器语言给编程人员所带来的不便之处，产生了将机器语言指令符号化的汇编语言。

2. 汇编语言

汇编语言用一组字母、数字来代替机器指令，即用英文帮助记忆的助记符来表示指令的操作代码，使用标号和符号来代替地址、变量和常量。例如，机器指令 B402H 可用字符 MOV AH，02H 来代替。另外，还引入了新的汇编命令——伪指令和宏指令。

汇编语言本质上就是机器语言，执行速度和机器语言程序相同。它可以直接、有效地控制计算机硬件，比机器语言便于记忆，设计更为灵活，实时性好。用汇编语言可编出语句简洁、节省内存空间、运行速度快、效率高的程序。由于每种处理器都有自己的指令系统，相应的汇编语言各不相同，因而汇编语言程序的通用性、可移植性较差，编程难度及工作量大。操作系统中核心的程序段是用汇编语言编写的，汇编语言还常用于编写在线实时控制程序、I/O 接口电路的初始化程序及外部设备的低层驱动程序等。另外，汇编语言还有许多实际应用，例如分析具体系统的低层软件、加密解密软件、分析和防治计算机病毒等。

汇编语言不能直接被机器识别和执行，必须先经具有"翻译"功能的系统程序——汇编程序(assembler)的帮助，才能将汇编语言转换成相应的机器语言(称为目标代码程序)，如图 4.1 所示。

注意：汇编语言源程序与汇编程序是不同的。

图 4.1　汇编语言如何变为机器语言

3．高级语言

机器语言和汇编语言使用很不方便，它与人类的自然语言和一般数学语言相距甚远，属于低级语言。与此相比，高级语言更接近人类自然语言，编制程序直观、简练、易掌握、通用性强。它无论是面向问题或面向过程，一般总是独立于具体机器的，程序员可不必了解机器的指令系统和内部的具体结构，而把主要精力集中在掌握语言的语法规则和算法的程序实现上。高级语言常用于科学计算、离线仿真、商用、管理等。

与汇编语言一样，计算机本身并不能直接认识高级语言程序，必须借助于更强有力的翻译系统——编译程序(compiler)才能将高级语言源程序翻译成能被计算机直接执行的目标程序。高级语言与具体计算机无关，高级语言程序可以在多种计算机上编译后执行。

高级语言的种类很多，目前使用较广泛的高级语言有 BASIC、Visual Basic、Visual C、C++、JAVA、Delphi、ASP、Matlab、Labview 等。

高级语言不易直接控制计算机的各种操作，编译程序产生的目标程序往往比较庞大，程序难以优化，所以运行速度较慢。而汇编语言则可在"时间"和"空间"上编写出高效的程序。因此，有时可以采用高级语言和汇编语言混合编程的方法，互相取长补短，更好地解决实际问题。一条高级语言指令对应于一小段汇编程序，高级语言设置有与汇编语言程序接口的功能。

4．混合语言

混合语言并不是一种新出现的自成系统的新型语言，而实际上是一种程序接口技术，实现不同语言间的相互调用，从而发挥各自的优势，完成特殊功能。例如，如果要做一个图像处理的应用系统，它涉及到对硬件图像采集卡的访问，我们可以使用汇编语言编制图像采集卡的驱动程序，用 Visual C++编制界面及对采集来的图像进行各种处理的程序，这样及时解决了单独一种语言不能解决的问题。

4.2　汇编语言语法

与高级语言一样，汇编语言也规定了一系列用于编写程序的语句和应该遵循的语法规则。一个汇编语言源程序中可有三种基本语句：指令、伪指令和宏指令语句。

指令是我们在前面指令系统中介绍的可执行语句，汇编后产生机器代码。伪指令是说明性语句，是程序员发给汇编器的命令，汇编后没有相应的机器代码。宏指令是用户自定义的指令。下面列举一个具有这三种指令的完整的汇编源程序结构。汇编源程序按段(segment)组织，通常包括数据段、堆栈段和代码段。本节将结合程序重点介绍语句的构成，汇编源程序的结构将放在下一节详细讲解。

【**例 4.1**】　在屏幕上显示"Hello World"，并再将其逆序显示在屏幕上。

```
;*******宏指令********
DISP        MACRO   POS
            MOV DX,OFFSET POS
            MOV AH,09                ; DOS 功能调用
            INT 21H
            ENDM
;*******堆栈段********
STACK       SEGMENT stack            ; 段定义伪指令
            DW 256 DUP(?)
STACK       ENDS
;*******数据段********
DATA        SEGMENT
STR1        DB 'Hello World'         ; 定义字符串
LEN         EQU $-STR1               ; 附值语句
            DB 0DH,0AH,'$'
STR2        DB LEN DUP(?)
            DB 0DH,0AH,'$'
DATA        ENDS
;*******代码段********
CODE        SEGMENT
            ASSUME CS:CODE,DS:DATA,ES:DATA,SS:STACK
START:      MOV AX,DATA
            MOV DS,AX
            MOV ES,AX
            DISP STR1                ; 宏调用
            LEA SI,STR1
            ADD SI,LEN-1
            LEA DI,STR2
            MOV CX,LEN
            MOV AL,[SI]
L1:         MOV [DI],AL
            INC DI
            DEC SI
            LOOP L1
            DISP STR2                ; 宏调用
            MOV AH,4CH               ; 返回 DOS 系统
            INT 21H
CODE        ENDS
```

　　　　　　END START

　　程序中的堆栈段和数据段由伪指令构成，代码段则主要由可执行指令构成。DISP 是一个自定义的宏指令，用于显示字符串。

4.2.1　汇编语言语句格式

　　汇编语言语句通用格式如下：

　　　　(名称) (前缀) 助记符 (操作数(，操作数，…)) (；注释)

例如：

　　　　L1：MOV AL,[SI]　　；(AL)←((SI))

　　　　STR1 DB 'Hello World' ,0DH,0AH,'$'　　　　　；定义字符串

　　　　REP　MOVSB

其中，助记符是汇编语句不可缺少的，带括号的项是可选项。如果有此项时，不能加括号。多个操作数间是以"，"隔开的。前缀指令与助记符、助记符与操作数之间必须以空格分开。

1．名称

　　语句中的名称是一个标识符，它可以是标号，也可以是变量名、段名和子程序名。名称与操作码之间的分隔可以是冒号，也可以是空格。如果名称后面是"："，则该名称表示标号；如果名称后面是空格，则名称可能是标号，也可能是变量。标号表示指令的符号地址；变量表示内存中某一存储单元的地址。如上面示例中 L1 为标号，STR1 为变量。名称组成的规则与我们在前面 3.3.1 节中介绍标号的规则一样。

2．前缀指令

　　前缀指令 LOCK 或 REP 应加在某些需要的相关指令之前，不能独立使用。如：REP MOVSB。

3．助记符

　　助记符是每条语句必不可少的部分，是汇编语言中规定了明确含义的一部分，不能随意使用。它可以是指令、伪指令和宏指令。如：MOV 是传送指令的助记符，DB 是定义字节变量的伪指令助记符。

4．操作数

　　语句中的操作数可以是数据项，即常数，代表常数的标号，变量或表达式；也可以是以某种寻址方式给出的存放操作数的地址，如寄存器或存储单元。下面将针对数据项展开讨论。

4.2.2　汇编语言语句的数据项

1．常数(constant)

常数可分为数值型常数和字符串常数两类。

1) 数值型常数

数值型常数可以用不同的进制表示，但必须按不同的基数添加后缀加以区分。无后缀时，默认为十进制数。

（1）二进制常数：以字母“B”（binary）结尾。如：10011011B。

（2）十进制常数：以字母“D”（decimal）结尾或不加结尾。如：59D 或 59。

（3）十六进制常数：以字母“H”（hexadecimal）结尾。如：68H，0F9H。语句中若有以字母 A～F 开头的十六进制数，一定要在前面加一个数字 0，否则，程序调试中会出错。

2）字符串常数

字符串常数是用引号括起来的一个或多个 ASCII 字符。汇编程序将引号中的字符翻译成其 ASCII 码值。如“A4”对应为 4134H。

2. 标号(label)

标号是某条指令所存放单元的符号化地址，只能在代码段中。可通过标号来引用所标识的指令(如跳转、调用指令所指出的目标指令等)。标号定义了指令的逻辑地址，具有段、偏移地址和类型三种属性。其类型属性有两种：NEAR 和 FAR。NEAR 为近程(段内)号，只在段内使用；FAR 为远程(段间)标号，可在其他段使用。标号必须以字母开始，长度不超过 31 个字符。

3. 变量(variable)

变量是数据所存放单元的符号化地址，一般位于数据段或堆栈段中。可用各种寻址方式对变量进行存取。变量与标号一样，也具有段(SEG)、偏移地址(OFFSET)和类型(TYPE)三种属性。变量的类型是指所定义的每个变量所占据的字节数，一般是由定义变量的伪指令设定的。变量的类型一般有 BYTE(字节)、WORD(字)、DWORD(双字)、QWORD(四字)、TBYTE(十字节)等。此外，变量还有两个特有属性：长度(LENGTH)和字节数(SIZE)。

变量的定义格式如下：

```
变量名    DB    表达式          ; 定义字节变量
变量名    DW    表达式          ; 定义字变量
变量名    DD    表达式          ; 定义双字变量
变量名    DQ    表达式          ; 定义四字变量
变量名    DT    表达式          ; 定义一个十字节变量
```

其中，DB，DW，DD，DQ，DT 是伪指令，可为变量分配存储单元。在变量名所对应的地址开始的内存区域依次放入表达式的各项值或预留相应的空间，每项的字节数依变量类型而异。

格式中的表达式可以有下面几种情况(以图 4.2 为例，变量从数据段 0B56H:0000H 开始存放)。

1）一个或多个常数，或运算公式(其结果值为常数)

图 4.2 中这类变量表达式的形式如下：

```
DATA1 DB 100
DATA2 DW 0364H，100H
DATA3 DB (-1*3)，(15/3)
DATA4 DD 56789H
```

注意：多字节数在存储器中的排列规则是低字节在低地址单元，多个常数时，从左到右由低地址到高地址排列。

2) 带引号的字符串

常用 DB 伪指令定义字符串，字符从左到右按地址递增顺序分配存储单元。图 4.2 中这类变量表达式的格式为

　　　DATA5　DB 'O123'　　　　　；相当于 DB'0', '1', '2', '3'
　　　DATA6　DW 'Ab', 'C', 'D'　　；对于字符型变量，每个字中不允许超过两个字
　　　　　　　　　　　　　　　　　；符，不足两个字符，高位补数字 00。超过两个
　　　　　　　　　　　　　　　　　；字符的字符串只能用 DB 伪指令

3) 用问号作为表达式(注意：不带引号)

预留空间，不改变原内存内容，即不赋初值。图 4.2 中这种表达式的格式为

　　　DATA7　DB ?
　　　DATA8　DW ?

4) 带 DUP(重复方式)的表达式

格式：重复次数 DUP(表达式)

将括号()内的表达式重复预置，重复的次数由 DUP 前面的常数决定。图 4.2 中这种表达式的格式为

　　　DATA9　　DB 3　　DUP (00)
　　　DATA10　DW 2　　DUP(?)

5) 地址表达式(指变量或地址标号)

当变量为 DW 和 DD 类型时，才可以作为地址表达式，此时应遵循以下规则：

(1) 当用 DW 定义地址表达式时，地址表达式中的变量名称表示该变量的第一个存储单元的偏移地址。

(2) 当用 DD 定义地址表达式时，低位字用于预置偏移地址，高位字用于预置段地址。

(3) 地址表达式中的变量或标号可与常数值相加减。对于变量来说，运算结果的类型不变；对标号来说，运算结果仍表示原标号所在段中的地址。

(4) 变量或标号不能与变量或标号相加，但可相减，结果是没有属性的纯数值。

图 4.2 中属于地址表达式的变量有 DATA11 和 DATA12。表达式的格式为

　　　DATA11 DW DATA4　；

表示取 DATA4 的偏移地址为 0007H，所以变量 DATA11 对应的单元中存放 07H、00H。表达式的格式为

地址	内容	变量
0B56H : 0000H	64H	DATA1
0001H	64H	DATA2
0002H	03H	
0003H	00H	
0004H	01H	
0005H	FDH	DATA3
0006H	05H	
0007H	89H	DATA4
0008H	67H	
0009H	05H	
000AH	00H	
000BH	30H	DATA5
000CH	31H	
000DH	32H	
000EH	33H	
000FH	62H	DATA6
0B56H : 0010H	41H	
0011H	43H	
0012H	00H	
0013H	44H	
0014H	00H	
0015H	?	DATA7
0016H	?	DATA8
0017H	?	
0018H	00H	DATA9
0019H	00H	
001AH	00H	
001BH	?	DATA10
001CH	?	
001DH	?	
001EH	?	
001FH	07H	DATA11
0B56H : 0020H	00H	
0021H	07H	DATA12
0022H	00H	
0023H	56H	
0024H	0BH	

图 4.2　各变量在内存的分配示意图

DATA12 DD DATA4；

表示取 DATA4 的偏移地址为 0007H，段地址为 0B56H，所以变量 DATA12 对应的单元中存放 07H、00H、56H、0BH。

4．表达式(expression)

表达式是由操作数和运算符组成的。这里的操作数可以是常数、变量以及标号等，甚至本身就是一个表达式。而运算符则有 4 类：算术运算符、逻辑运算符、关系运算符和属性运算符。

下面介绍 4 种运算符。

1) 算术运算符

算术运算符包括加(+)、减(−)、乘(*)、除(/)和取模运算(MOD)。

注意：取模运算是取两数相除的余数，但两操作数必须为正整数。除是取商。例如：

    78 MOD 16   ；结果为 14

    78 / 16   ；结果为 4

2) 逻辑运算符

逻辑运算符包括与(AND)、或(OR)、非(NOT)、异或(XOR)。

注意：

(1) 逻辑运算符只能对常数(或相当于常数)进行运算，运算按位进行。例如：

    0CCH   AND   0F0H   ；结果为 0C0H

    MOV CX，AX   AND   1   ；是非法的

(2) 逻辑运算符与逻辑运算指令的操作助记符相同，但出现在指令中的位置不同，逻辑运算符出现在指令操作数字段。所以，逻辑运算符的功能在汇编阶段完成，逻辑运算指令的功能在程序执行阶段完成。例如：

    AND DX，PORTA AND 0FEH   ；PORTA 是用伪指令 EQU 定义的常量

3) 关系运算符

关系运算符包括等于 EQ(Equal)、不等于 NE(Not Equal)、小于 LT(Less Than)、大于 GT(Greater Than)、小于或等于 LE(Less than or Equal)、大于或等于 GE(Greater than or Equal)。

注意：

关系运算符只能对常数(或相当于常数)进行运算，参加运算的两个数是无符号数。结果总是一个数值。当关系成立时，结果全为 1，否则全为 0。

    MOV BX，PORT LT 7 ⟺ MOV BX，0FFFFH；(假定 PORT 小于 7)

这两条指令是等价的。表达式中标号的值是确定的。

4) 属性操作符

以上介绍的操作符的操作对象都是数字数据。下面将介绍用来获取属性或重新定义某种属性的操作符，对应这样的操作符，也有其相应的表达式。

● 获取属性操作符(回值操作符，value returing)

属性操作符用于从变量或标号中分解出某些属性值。其包括 SEG、OFFSET、TYPE、LENGTH 和 SIZE。

SEG

格式：SEG 变量/标号

功能：汇编结果回送或取出变量或标号所在的段地址。

OFFSET

格式：OFFSET 变量/标号

功能：取出变量或标号所在段内的偏移地址。例如：

变量 DATA1 的逻辑地址为 0B56H:0000H。

```
MOV    AX, SEG DATA1      ;(AX) = 0B56H
MOV    DS, AX             ; (DS) = 0B56H
MOV    SI, OFFSET DATA1   ; (SI)=0000H
```

TYPE

格式：TYPE 变量/标号

功能：取出变量或标号的类型值。见表 4.1。例如：

```
DATA   DW   -1, -2
MOV    AX, TYPE   DATA   ;(AX) = 2
```

LENGTH

格式：LENGTH 变量

功能：取出变量的长度。

表 4.1 变量或标号的类型值

操作符表达式	类 型	类 型 值
TYPE 变量	DB	1
	DW	2
	DD	4
	DQ	8
	DT	10
TYPE 标号	NEAR	-1
	FAR	-2

SIZE

格式：SIZE 变量

功能：取出变量的大小。

SIZE = LENGTH × TYPE

TYPE 是一个变量的类型；LENGTH 是 DUP 前面的重复数，在其他不含 DUP 操作的各种变量定义中，LENGTH 为 1；SIZE 是变量存储区的长度(以字节为单位)。例如：

```
DAT   DD   25   DUP(?)
```

则

```
TYPE   DAT = 4，LENGTH   DAT = 25，SIZE   DAT = 100
```

● 重新定义类型操作符——PTR

格式：类型　PTR　表达式

功能：用来为变量或标号建立一个新的属性。对于变量，类型可以是 BYTE、WORD、DWORD；对于标号，类型可以是 NEAR、FAR。格式中的表达式可以是变量名、标号或其他地址表达式。例如：

```
DATA3   DW   5
MOV   BYTE   PTR DATA3, AL  ；DATA3 是字型变量，在该指令中临时指定为字节型，保持操
                            ；作数类型一致
MOV   WORD   PTR   [BX], 5  ；指令中存储单元不确定，用 PTR 指定类型
```

4.2.3　伪指令

伪指令是在汇编期间由汇编程序执行的操作，如处理器选择、定义数据、分配存储空间、定义段、指示程序结束等。另外，有关子程序定义、访问外部标识符等伪指令将放在后面相关章节中介绍。

1. 段定义伪指令

在 8086/8088 和 80386 实模式下存储器采用的是分段结构，那么，汇编语言源程序是如何按段组织程序、数据和变量的呢？下面我们介绍与段有关的伪指令。

1) SEGMENT/ENDS 伪指令

从例 4.1 的程序中可观察到，数据段、堆栈段和代码段都具有一个共性，即 SEGMENT/ENDS 总是成对出现的，这就是段定义伪指令。它主要用来定义段的名称和范围，还可指明段的定位类型、组合类型和类别。其格式为

段名　SEGMENT [定位类型][组合类型][类别]
　　　　　⋮
段名　ENDS

段名用于定义段的名称，SEGMENT/ENDS 前的段名必须相同，段名可由程序员自行规定，其构成规则与语句名称相同。段定义格式中，带有"[ ]"部分的顺序不可变，但可根据需要省略。

当用于定义数据段、附加段和堆栈段时，介于 SEGMENT/ENDS 伪指令中间的语句，只能包括伪指令语句，不能包括指令语句。通常为数据定义、存储单元分配等伪指令。只有当 SEGMENT/ENDS 定义代码段时，中间的语句才能为指令语句以及与指令有关的伪指令语句，代码段主要存放程序代码。

一个段一经定义，其中指令的标号、变量等在段内的偏移地址就已排定，它们都在同一个段地址控制之下，整个段占用的存储空间大小也就确定了。由 SEGMENT/ENDS 所定义的段小于 64 K 单元。

段名除了具有段地址和偏移地址的属性外，另外还具有定位类型、组合类型、类别三种属性。

(1) 定位类型(align)：说明实际段起始地址应有怎样的边界值，其类型有 PAGE、PARA、WORD、BYTE 四种类型。段的定位类型如表 4.2 所示。

表 4.2　段 对 齐 属 性

属性值	说　　明
BYTE	段从任意字节开始，即可从任意地址开始
WORD	段从下一字地址处开始，段起始物理地址必须为偶数
DWORD	段从下一个双字地址处开始，段起始物理地址可被 4 整除
PARA	段从下一节地址处开始(16 字节为一节)(默认)，段起始物理地址为 XXXX0H
PAGE	段从下一页地址处开始(256 字节为一页)，段起始物理地址为 XXX00H

(2) 组合类型(combine)：指定与同名段连接的方式，用于多模块设计中。段组合类型如表 4.3 所示。

表 4.3　段 组 合 属 性

属性值	说　　明
PRIVATE	在连接时不与其他模块中的同名段合并(默认)
PUBLIC	同名段合并为单个连续段，应满足定位类型
COMMON	同名段重叠在一起形成一个段，各段具有相同的起始地址，段长为最长段段长
STACK	各堆栈段紧接着组成一个堆栈段，该段长度为各原有段的总和，各原有段之间并无 PUBLIC 所连接段中的间隙，而且栈顶可自动指向连接后形成的大堆栈段的栈顶
MEMORY	该段装入模块的最高地址
AT	指定段地址，但不能指定代码段

(3) 类别('class')：类别必须用单引号括起来。连接时，将不同模块中相同类别的各段在物理地址上相邻地连接在一起，其顺序则与 LINK 时提供的各模块顺序一致。

无论是数据段，还是代码段，段定义使用的伪指令都是一样的，那么，怎么区别它们呢？ASSUME 伪指令可以解决这个问题。

2) ASSUME 伪指令

ASSUME 伪指令指明所定义的段与段寄存器的对应关系。其格式为

　　　　ASSUME　段寄存器名：段名符[，段寄存器名：段名符，...]

格式中方括号的内容可以省略。所以，ASSUME 伪指令既可以同时设定四个段寄存器，也可以只说明一个或两个段寄存器。ASSUME 伪指令必须在代码段，一般应安排在代码段作为首始指令。

ASSUME 伪指令只指定某个段分配给哪个段寄存器，但它并不能将段地址装入段寄存器中，所以还必须在代码段中用 MOV 指令将段地址送入相应的段寄存器中，在程序执行时真正地装入 DS、ES、SS。代码段不需要这样做，代码段的这一操作是在程序初始化时完成的。当段定义中指明了 STACK 类型后，说明堆栈段已经确定，所以，在可执行文件装入内存后，段寄存器 SS 中已经有该段的段地址，堆栈指针已指向栈底。这样，程序中可省去为两个寄存器传送初值的指令。例如，例 4.1 中代码段的开头部分：

CODE　SEGMENT
　　　　ASSUME CS:CODE,DS:DATA,ES:DATA,SS:STACK
START: MOV AX,DATA

```
                    MOV DS,AX
                    MOV ES,AX
```

2. 程序结束伪指令——END

伪指令 END 用来表明 END 语句处是源程序的终结。每个单独汇编的源程序都必须用 END 来结尾。其格式为

```
        END      标号(表达式)
```

标号(表达式)为程序运行时的启动地址，通常为可执行语句标号。如：

```
        END START
```

3. 简化段定义伪指令

高版本的 MASM6.X 提供简化的段定义伪指令。简化的段结构中常用伪指令说明如下：

.X86——用于选择 80X86 指令系统；

.X86P——用于选择 80X86 保护模式指令系统；

.STARTUP——指示程序开始，初始化 DS，SS 和 SP 寄存器；如果程序中使用了.STARTUP 伪指令，则结束程序的 END 伪指令中不必指定程序的入口点标号；

.EXIT——使程序返回 DOS 操作系统；

.CODE——定义程序段；

.DATA——定义数据段；

.STACK——定义堆栈段，其后可根据参数定义堆栈大小；

.MODEL——内存模式说明，详见表4.4。

表 4.4   常用存储模式

存储模式	说　　明
TINY	程序和数据在 64 KB 段内
SMALL	独立的代码段(64 KB 内)和独立的数据段(64 KB 内)
MEDIUM	单个数据段(64 KB 内)，多个代码段
COMPACT	单个代码段(64 KB 内)，多个数据段
LARGE	多个代码段和多个数据段
HUGE	与 LARGE 相同，其差别是允许数据段的大小超过 64 KB

下面指令是程序可能涉及到的伪指令。

4. 程序开始伪指令

1) PAGE 伪指令

PAGE 伪指令是为汇编程序所产生的列表文件指定每页的行数和列数。其格式如下：

```
        PAGE   参数 1，参数 2      ；参数 1 为行数，参数 2 为每行中的字符数
        PAGE                      ；无参数，可完成换行的功能
```

2) TITLE 伪指令

可为程序指定列表文件的每一页上打印出标题。格式如下：

```
        TITLE   正文
```

正文就是所指定的标题，标题不超过 60 个字符。

5．赋值伪指令

1）EQU 伪指令

EQU　伪指令为表达式赋一个新名字。伪指令本身不占内存空间。格式如下：

　　　名称　EQU　表达式

格式中的表达式可以是一个常数、变量、已定义过的标号、数值表达式、地址表达式甚至可以是指令助记符或寄存器名等。例如：

　　　8259A　　EQU　20H

　　　string1　　EQU　'STU'

另外，EQU 的作用与"="相似，不同的是："="允许重复定义表达式名称，而 EQU 不允许。例如：

　　　ABC　EQU　1000H

　　　ABC　EQU　8

是非法的，而

　　　ABC=1000H

　　　ABC=8

是合法的，汇编后 ABC = 8。

2）取消标号——PURGE

PURGE 与 EQU 相对应，表示撤消某一标号的赋值。

6．定义名称类型伪指令——LABEL

该伪指令用于定义名称的类型，它和下一条伪指令共享存储器单元，即它们具有相同的段地址和偏移地址。

　　　格式：名称　LABEL　类型

类型是名称所对应的标号或变量的属性。例如：

　　　BA　　LABEL　　BYTE

　　　AA　　DW　　10 DUP(?)

BA 为字节型变量，AA 为字型，它们具有相同的段地址与偏移地址，都是下面保留的 10 个字空间的首地址。只是为了程序中可以对这 10 个字空间作两种不同类型的操作，作用类似于 PTR。又如：

　　　NEXT　　LABEL　　NEAR

　　　MOV　　AX，BX

等价于

　　　NEXT：MOV　　AX，BX

该命令常在开辟的堆栈空间中用于指定栈顶的位置。如图 4.3 所示的堆栈的定义为

　　　STACK　　SEGMENT

　　　　　　　　　DB 256 DUP(?)

　　　　TOP　　LABEL　WORD

　　　STACK　　ENDS

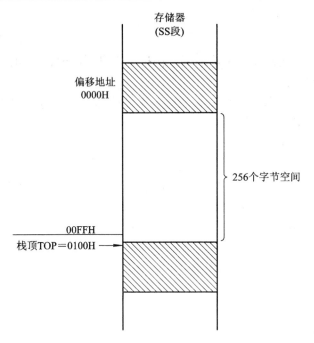

图 4.3　LABLE 在堆栈中的作用

TOP　LABLE　WORD 指令之前 256 B 作栈区，汇编到 TOP 时，偏移地址为 0100H。

7. 地址计数器伪指令

1) $ 伪指令

$ 用来表示当前正在汇编的指令的地址。如：

　　　LEN　EQU $-STR1

2) ORG 伪指令

此指令指明 ORG 语句后的程序段的段内起始地址(偏移地址)。格式如下：

　　　ORG　　表达式

其中，表达式为两个字节无符号数；若表达式中有标识符，则标识符必须是已经定义过的。例如：

　　　ORG　0100H

8. 定义结构的伪指令——STRUC/ENDS

前面所采用的数据定义伪指令 DB、DW、DD、DQ、DT 等，可为变量定义若干字节数据或保留若干字节空间。在所定义的变量中，各元素通常具有相同类型的数据。如果对于具有 n 个字段的变量，变量中各字段的类型不同，例如：学生通讯录管理中，一个学生具有姓名、性别、年龄、电话、电子邮箱、MSN、通讯地址等，编程再按数据定义的方式就很复杂，为了方便访问某变量中的任意字段，可以采用结构来定义这些变量。实际上，结构定义反映了变量中各字段的位置关系。

1) 结构定义

结构定义格式如下：

　　　结构名　STRUC

　　　　　　　　⋮　　　　　　　　　　; 由 DB、DW、DD、DQ、DT 伪指令所组成的语句
　　结构名　　ENDS
例如：建立学生通讯录的结构：
　　STUDENT　STRUC
　　NAME　　　DB　'Wang Bo'
　　SEX　　　　DB　0　　　　　；男性为 0，女性为 1
　　AGE　　　　DB　21
　　TEL　　　　DB　'????????'
　　EMAL　　　DB　'wb@sina.com'
　　MSN　　　 DB　'wb@hotmail.com'
　　ADDR　　　DB　'????????'
　　STUDENT　END

　　STRUC/ ENDS 前的结构名必须相同，结构体必须用数据定义伪指令定义。结构定义并不保留任何存储空间，也不为任何存储单元赋值，它仅仅是一种模式，因而在引用结构和其他字段之前，必须为结构分配空间或赋值。

　　2) 结构的存储分配和预置
　　要给结构分配存储空间或赋值，必须有一个援用该结构的语句。变量定义格式如下：
　　　　变量　　　结构名称　　<赋值说明>
　　变量与结构的起始点相对应，格式中的结构名称是指前面结构定义 STRUC 伪指令中的名称，赋值说明是为各字段所赋的初值，实际上是一些形式参数，要用尖括号(<>)括起来，不能省略。<>中各项的排列顺序及类型与结构定义中各字段的顺序与类型一致，如果某个字段使用结构定义中的预赋值，可直接使用逗号；如果所有的预赋值都不改变，则只需要用<>表示；如果省略的是最后面的一些字段，则可以省去逗号。如果变量定义中某字段用新的字符串替换结构定义中的预赋值字符串常量，且新字符串长度大于预赋值字符串长度，则汇编程序将自动截取多余的字符；若新字符串长度小于预赋值字符串长度，则用空格填充。

　　通过援用语句对结构进行存储空间分配和预置之后，结构及其字段就以变量的形式出现，可以像使用其他变量一样使用。例如，对上述句子的援用语句可以是：
　　Wang Bo　STUDENT　<,, 20>　;
Wang Bo 为 STUDENT 类型变量，赋值说明中 1、2 字段保留原值，第 3 字段赋予了新值。

　　3) 对结构的访问
　　对结构的访问必须用变量路径名的方法进行，路径名的格式为
　　　　变量名.字段名
注意变量名与字段名之间是下点，而不是中间点。例如：
　　　　MOV AL, Wang Bo.AGE　；将学生的年龄传送到寄存器 AL 中

9. 控制汇编语言程序语句伪指令

　　MASM6.X 版本提供了控制程序流程的三种汇编语句。这几种高级语言结构增加了程序的可读性，减轻了汇编的编程负担。

1) IF 语句

格式：　.IF　　表达式

　　　　　　　语句 1

　　　　.ELSE

　　　　　　　语句 2

　　　　.ENDIF

如果表达式为真，则执行语句 1，跳转到 .ENDIF 后的第 1 条语句；如果表达式为假，则执行语句 2，然后执行.ENDIF 后的第 1 条语句。

2) DO WHILE 语句

格式：.WHILE　　表达式

　　　　　　　语句

　　　　.ENDW

当表达式为真时，将执行语句，并重复测试，直到表达式为假时为止。如果第一次测试表达式为假，则条件语句不予执行。.ENDW 结束循环。

3) REPEAT-UNTIL 语句

格式：.REPEAT

　　　　　　　语句

　　　　.UNTIL　　表达式

先执行 .REPEAT 以后的语句，然后再测试表达式的值，如果表达式为假，则转回执行循环，并返回测试，直到表达式为真为止。

4.2.4　宏指令及其使用

1. 宏定义

宏指令是源程序中具有独立功能的一段程序代码，用户根据需要，可由指令系统中指令组成新指令，先定义后调用，与使用其他指令一样方便。换句话说，宏指令在程序中一经合法定义后，便可像指令语句一样使用。其格式为

　　　　宏指令名　　　MACRO　　<形式参数>

宏体

　　　　　　　ENDM

宏指令名是必需的，起名规则与标号相同，供宏调用。MACRO/ENDM 均为伪指令，必须成对使用。MACRO 与 ENDM 之间的宏体由一系列完成某功能的指令构成。形式参数可有可无，多个形式参数之间可以用逗号分隔，参数个数不限(总字符数不超过 132 个)。形式参数可以出现在指令的操作数部分，也可以出现在指令的操作码助记符中，若不在其首，应在助记符形参处加"&"字符。

【例 4.2】　设有如下 4 个宏定义：

(1) 把 FIRST 数组中的 CX 个字符传送到 SECOND 数组：

```
STRMOV    MACRO    SECOND，FIRST，COUNT
          PUSH     SI
          PUSH     DI
          PUSH     CX
          PUSH     ES
          PUSH     AX
          MOV      AX,DS
          MOV      ES,AX
          LEA      SI, FIRST
          LEA      DI, SECOND
          MOV      CX, COUNT
          REP      MOVSB
          POP      AX
          POP      ES
          POP      CX
          POP      DI
          POP      SI
          ENDM
```

(2) 将寄存器压入堆栈，无参数：

```
PUSHREG MACRO
          PUSH     AX
          PUSH     BX
          PUSH     CX
          PUSH     DX
          PUSH     SI
          PUSH     DI
          ENDM
```

(3) 将寄存器弹出堆栈，无参数：

```
POPREG    MACRO
          POP      DI
          POP      SI
          POP      DX
          POP      CX
          POP      BX
          POP      AX
          ENDM
```

(4) 将某个寄存器的内容向左或向右移若干位：

```
SHIFT     MACRO    N，REG，CC
```

```
        MOV      CL, N
        S&CC     REG, CL
        ENDM
```

注意：形参 CC 出现在助记符中，在助记符形参处加"&"字符，N 为移位次数，REG 为寄存器。

2．宏调用

格式：宏指令名　　<实际参数>

实际参数顺序与形式参数相对应，当实际参数个数大于形式参数个数时，多余的实际参数忽略不计。当实际参数个数小于形式参数个数时，多余的形式参数变为空(即消失不存在)。例如：

```
    SHIFT   4，AX，AL；        将 AX reg 内容算术左移 4 次
```

3．宏展开

汇编过程中遇到宏定义语句，以宏定义中的宏体代替宏调用语句。例如：

```
        SHIFT     4，AX，AR
    1   MOV       CL，4
    1   SAR       AX，CL
```

4．宏嵌套

宏嵌套就是宏定义中允许使用宏调用，但所调用的宏指令必须先定义过，不仅如此，宏定义中还可以包含宏定义。例如，用宏定义完成两数相乘：

```
MULTIPLY   MACRO     OPR1, OPR2, RESULT
            PUSHREG
            MOV       AL, OPR1
            IMUL      OPR2
            MOV       RESULT,AX
            POPREG
            ENDM
```

宏命令 MULTIPLY 中使用了前面定义过的宏命令 PUSHREG 和 POPREG。

5．宏定义中的标号与变量

对于宏定义中的标号与变量，当多次宏调用、宏展开后，程序中会出现多个相同的变量和标号，即出现重复定义标号错误。MASM 宏汇编用伪指令 LOCAL 解决此类问题。

宏定义中伪指令 LOCAL 是用来定义局部变量/标号的，在汇编时将对这些局部变量/标号赋以新的编号以避免重复。其格式如下：

```
    LOCAL   参数表
```

LOCAL 应为宏体中的第一条语句，参数表为宏体中所用到的标号/变量，汇编时，汇编程序将依次用？？0000、？？0001、？？0002 等来代替程序中的各个标号，避免了多次重复出现相同标号的错误。

【**例 4.3**】　　下面给出使用宏定义完成将十六进制数转换为 ASCII 码汇编源程序经汇编

后生成的列表文件。

Microsoft (R) Macro Assembler Version 6.11　　　　08/25/07 23:27:32

MACRODEMO.asm　　　　　　　　　　　　　　Page 1 － 1

```
                DTOA        MACRO    X
                            LOCAL    D1,A1
                            PUSH     AX
                            MOV      AL,X
                            CMP      AL,9H
                            JBE      D1
                            ADD      AL,37H
                            JMP      A1
                D1:
                            ADD      AL,30H
                A1:
                            MOV      X,AL
                            POP      AX
                            ENDM


0000            DATA        SEGMENT
0000            DATA        ENDS


0000            CODE        SEGMENT
                            ASSUME   CS:CODE,DS:DATA
0000            START:
0000  B8 ---- R             MOV      AX,DATA
0003  8E D8                 MOV      DS,AX
0005  B3 07                 MOV      BL,07H
                            DTOA     BL
0007  50            1       PUSH     AX
0008  8A C3         1       MOV      AL,BL
000A  3C 09         1       CMP      AL,9H
000C  76 04         1       JBE      ??0000
000E  04 37         1       ADD      AL,37H
0010  EB 02         1       JMP      ??0001
0012            1  ??0000:
0012  04 30         1       ADD      AL,30H
```

0014		1	??0001:	
0014	8A D8	1	MOV	BL,AL
0016	58	1	POP	AX
0017	B3 0E		MOV	BL,0EH
			DTOA	BL
0019	50	1	PUSH	AX
001A	8A C3	1	MOV	AL,BL
001C	3C 09	1	CMP	AL,9H
001E	76 04	1	JBE	??0002
0020	04 37	1	ADD	AL,37H
0022	EB 02	1	JMP	??0003
0024		1	??0002:	
0024	04 30	1	ADD	AL,30H
0026		1	??0003:	
0026	8A D8	1	MOV	BL,AL
0028	58	1	POP	AX
0029			EXIT:	
0029	B4 4C		MOV	AH,4CH
002B	CD 21		INT	21H
002D			CODE	ENDS
			END	START;

宏体中的标号 D1、A1 被定义为局部标号，因而若某一程序多次调用 DTOA 宏指令，如

　　...

　　DTOA　BL　;　(BL)= 07H

　　...

　　DTOA　BL　;　(BL)= 0EH

标号 D1 和 A1 第一次出现时，编号分别为"??0000"和"??0001"，第二次出现时，编号分别为"??0002"和"??0003"，避免了多次重复出现 D1 和 A1 标号的错误。

4.3　实模式下的汇编语言程序设计

通常，编制一个汇编语言源程序应按以下步骤进行：

(1) 明确任务，确定算法。分析实际问题，选择合适算法，算法也是理解汇编语言程序的关键，一个算法的优劣会影响到程序执行的效率。

(2) 绘制流程图。在程序分支处加标号，是绘制流程图的一个良好习惯。几种常用的流程图符号如图 4.4 所示。

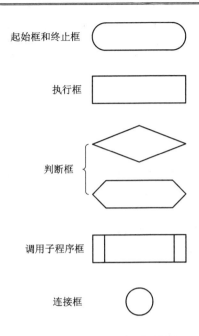

图 4.4 几种常用的流程图符号

① 起始框和终止框表示程序的开始与结束。

② 矩形框表示工作框，框中用简明语言标明要完成的功能。

③ 判断框中标明比较和判断条件，根据不同情况形成分支，此框有一个入口和两个出口。

④ 调用子程序框中标明子程序名字(入口参数等)。

⑤ 连接框用来连接两个流程图。

各框之间用带箭头的直线连起来表示程序走向。

(3) 编写源程序。编写汇编源程序时首先要了解 CPU 的编程模型、指令系统、寻址方式及相关伪指令；对存储器空间地址进行合理的分配；用标号、变量代替绝对地址及常数，用子程序或宏指令代替多次使用的程序段。

(4) 上机调试程序。采用调试工具提供的断点、跟踪、单步等功能，对源程序逐条逐段地进行验证，直到程序正确为止。

(5) 形成文档。这一步用于说明程序的功能、使用方法、程序结构及算法流程，有助于程序的维护与扩充。

汇编语言源程序采用存储分段结构，一般程序由代码段、数据段、堆栈段三部分构成。也可以有多个代码段、多个数据段，代码段是主体，通常指令放在代码段，变量放在数据段。下面给出一个汇编语言源程序的框架结构。完整的汇编语言的段定义由 SEGMENT/ENDS 这一对伪指令来实现。ASSUME 语句将 CS、DS、SS 分别与 CODE、DATA、STACK联系起来，即依次设置其为代码段、数据段、堆栈段。程序一开始给 DS 赋值。最后利用系统调用的 4CH 返回 DOS 系统。

汇编语言程序框架如下：

```
STACK      SEGMENT    STACK          ⎫
           DW    256  DUP(?)          ⎬  堆栈段
STACK      ENDS                       ⎫
DATA       SEGMENT                    ⎪
               <数据、变量在此定义>    ⎬  数据段
DATA       ENDS                       ⎭
CODE       SEGMENT                               ⎫
    ASSUME   CS: DATA, DS: DATA, SS: STACK       ⎪
START:     MOV    AX, DATA                        ⎪
           MOV    DS, AX                           ⎪
               <加入你自己的程序段>               ⎬  代码段
           MOV    AL, 4CH                           ⎪
           INT    21H                               ⎪
CODE       ENDS                                      ⎪
           END    START                            ⎭
```

另外，可以使用简化段来定义伪指令程序框架：

```
    .MODEL SMALL
    .STACK   256H                  ； 堆栈段
    .DATA                          ； 数据段
    <数据、变量在此定义>
    .CODE                          ； 代码段
    .STARTUP
    <加入你自己的程序段>
    .EXIT
    END
```

在上面的源程序框架基础上可以编制一个简单的程序。

【例 4.4】　求 X·4，结果放在 RESULT 中。完整源程序如下：

```
STACK      SEGMENT STACK
           DB 10 DUP (?)
STACK      ENDS
DATA       SEGMENT
X          DW 6
RESULT     DW ?
DATA       ENDS
CODE       SEGMENT
           ASSUME CS:CODE，DS:DATA，SS:STACK
START:     MOV    AX，DATA
           MOV    DS，AX
           MOV    DX，X
```

```
            MOV      CL，2
            SAL      DX，CL
            MOV      RESULT，DX
            MOV      AH，4CH
            INT      21H
    CODE    ENDS
            END      START
```

程序中的黑体部分即为用户编制程序时在上面源程序框架基础上添加的部分。

通常，程序的基本结构有四种：顺序结构、分支结构、循环结构和子程序结构。下面将分别介绍这几种结构的设计方法。

4.3.1　顺序程序设计

顺序程序是一种最简单的程序，每条指令按其在程序中的排列顺序执行。

【例 4.5】　试编制一程序，求出下列公式中的 W 值，并存放在 RESULT 单元中。

$$W = \frac{(x + y) \times 8 - z}{2}$$

其中 x，y，z 的值分别存放在 VARX、VARY、VARZ 中，结果 W 则存放在 RESULT 单元中。源程序编制如下：

```
    STACK    SEGMENT STACK              ; 定义堆栈段
             DB 10 DUP (?)              ; 预留 10 个字节单元
    STACK    ENDS
    DATA     SEGMENT                    ; 定义数据段
    VARX     DW ?
    VARY     DW ?
    VARZ     DW ?
    RESULT   DW ?
    DATA     ENDS
    CODE     SEGMENT
             ASSUME CS:CODE，DS:DATA，SS:STACK
    START:   MOV      AX，DATA
             MOV      DS，AX          ; 将数据段段地址送 DS
             MOV      DX，VARX        ; DX←X
             ADD      DX，VARY        ; DX←(X+Y)
             MOV      CL，3
             SAL      DX，CL          ; DX←(X+Y)×8
             SUB      DX，VARZ        ; DX←(X+Y)×8
             SAR      DX，1           ; DX←((X+Y)×8−Z)/2
             MOV      RESULT，DX      ; 存结果
             MOV      AH，4CH         ; 返回 PC DOS 状态
```

```
            INT      21H
CODE        ENDS
            END      START
```

这是一个多项式加减乘除运算，算法简单，只要使用相应的指令即可。多项式中涉及的变量有 4 个，将其放在数据段并分配 4 个字的空间，可采用直接寻址。中间的结果存放在寄存器 DX 中。可以给公式中的 x、y、z 分别赋予数值 6、7、8，调试运行程序，查看结果，即可验证程序是否正确。可在数据段中给各变量赋予确定的数值。数据段替换如下：

```
DATA      SEGMENT
VARX      DW 6
VARY      DW 7
VARZ      DW 8
RESULT    DW ?
DATA      ENDS
```

数据段中各变量在内存中的分配空间如图 4.5
所示。公式中代入数据后得到的结果为
W = 48 = 30H；程序运行后，查看偏移地址为
0006H；单元中存放的数据如果为 30H，0007H 单
元中存放的数据为 00H，则程序结果正确。

DS : 0000H	06H	VARX
0001H	00H	
0002H	07H	VARY
0003H	00H	
0004H	08H	VARZ
0005H	00H	
0006H	?	RESULT
0007H	?	
0008H		

图 4.5　各变量在内存的分配示意图

【例 4.6】　用查表法将一位十六进制数转换
成与其相对应的 ASCII 码(只考虑大写字母)。

首先需建立一个表格 TABLE，表格中按从小到大的顺序放入一位十六进制数对应的
ASCII 码值。编制程序数据段要涉及到的变量有 3 个：

表格——用 TABLE 表示；

欲变换的十六进制数——用 HEX 表示；

变换后所得的 ASCII 码——用 ASCI 表示。

编制的源程序如下：

```
STACK1    SEGMENT  STACK
          DW   20H  DUP(0)
STACK1    ENDS
DATA      SEGMENT
TABLE     DB 30H，31H，32H，33H，34H，35H，36H，37H
          DB 38H，39H，41H，42H，43H，44H，45H，46H
HEX       DB 4
ASCI      DB ?
DATA      ENDS
COSEG     SEGMENT
          ASSUME  CS:COSEG，DS:DATA，SS:STACK1
BEGIN:
```

```
            MOV     AX，DATA
            MOV     DS，AX
            MOV     BX，OFFSET TABLE
            MOV     AH，0
            MOV     AL，HEX
            XLAT
            MOV     ASCI，AL
            MOV     AH，4CH
            INT     21H
COSEG       ENDS
            END     BEGIN
```

在上述程序中使用换码指令 XLAT，将表首地址的偏移量送入 BX 中，把要查找的偏移量 4 送入 AL 中。这样，就可以通过查表得到 4 的 ASCII 码值为 34H。XLAT 指令等价于以下两条指令：

```
ADD     BX，AX
MOV     AL，[BX]
```

这两条指令采用寄存器间接寻址完成了查表功能。

4.3.2　分支程序设计

程序的分支主要是靠条件转移指令来实现的。这里需要注意的是条件转移语句都是近程跳转。若程序所要转移的地址超出其范围，则需利用一条无条件转移语句作为中转。程序的分支分为单分支与多分支，如图 4.6 所示。

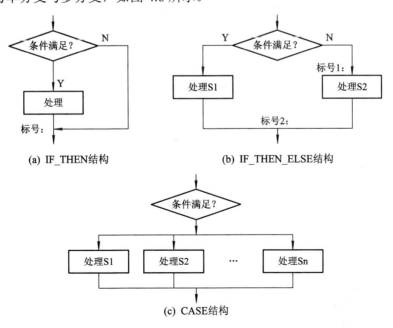

(a) IF_THEN结构　　　　　　(b) IF_THEN_ELSE结构

(c) CASE结构

图 4.6　分支程序的结构形式

1. 单分支程序

1) IF_THEN 结构

IF_THEN 为单分支结构，如果条件成立，则执行处理体程序段，否则跳转到标号处执行程序。

2) IF_THEN_ELSE 结构

IF_THEN_ELSE 为双分支结构，如果条件成立，则执行处理体 S1 程序段，否则执行处理体 S2 程序段。

2. 多分支程序 CASE 结构

CASE 为多分支结构，如果某个条件成立，则执行多个分支中相应的一个分支。

分支程序设计时必须注意选择判断条件和相应的条件转移指令。通常使用测试指令/比较指令(TEST/CMP)和条件转移指令(Jx 标号)进行条件判断和转移；每个分支都必须有完整的结果；对于多个分支，需逐个检查程序的正确与否。

【例 4.7】 求补码数$[X]_\text{补}$的绝对值，并送回原处。

根据补码的定义：

$$[X]_\text{补} = \begin{cases} X & X \geqslant 0 \\ 2^n + X = 0 - |X| & X < 0 \end{cases}$$

可得如下关系式：

$$|X| = \begin{cases} [X]_\text{补} & X \geqslant 0 \\ 0 - [X]_\text{补} & X < 0 \end{cases}$$

当 X<0 时，算式 $0-[X]_\text{补}$实际上是对$[X]_\text{补}$再变补(即对$[X]_\text{补}$包括符号位在内各位变反，最后加 1)。这是一个典型的双分支结构，程序框图如图 4.7 所示。

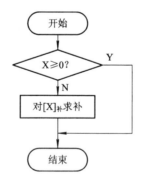

图 4.7　已知补码求绝对值流程图

程序清单如下：

```
STACK        SEGMENT     STACK
             DB 10 dup(?)
STACK        ENDS
DATA         SEGMENT
  X          DW  8326H           ; 设[X]补= 8326H
```

```
DATA        ENDS
CODE        SEGMENT
   ASSUME CS: CODE，DS:DATA，SS: STACK
START:      MOV      AX，DATA
            MOV      DS，AX
            MOV      AX，X          ; 将[X]补送到 AX
            AND      AX，AX         ; 取标志位
            JNS      DONE          ; 若 X≥0，转 DONE
            NEG      AX            ; 若 X<0，变补得|X|
DONE:       MOV      X，AX          ; 将|X|送回原处
            MOV      AH，4CH
            INT      21H
CODE        ENDS
            END      START
```

本例中，条件转移指令 JNS 之前，利用 AND 指令影响状态标志位 SF。

【例 4.8】　利用跳转表法实现下述要求。

设有一组(8 个)选择项存于 AL 寄存器中，试根据 AL 中哪一位为 1 把程序分别转移到相应的分支去。

跳转表法是一种很有用的程序设计方法。其主要设计思想是：首先将 8 个选择项所对应的 8 个分支程序的标号存放在一个数据表(即跳转表)中，然后采用移位指令将 AL 中内容逐位移到 CF 标志位中，并判断 CF 是否为 1。若为 1，就根据分支程序标号在跳转表中的存放地址将程序转入相应的分支。若 CF 为 0，则继续判断下一个选择项是否为 1，……可以看出这是一个典型的 CASE 程序结构，程序清单如下：

```
BRANCH_ADDR    SEGMENT         ; 定义数据段
BRANCH_TAB    DW   ROUTINE1     ; 定义数据表(跳转表)
              DW   ROUTINE2
              DW   ROUTINE3
              DW   ROUTINE4
              DW   ROUTINE5
              DW   ROUTINE6
              DW   ROUTINE7
              DW   ROUTINE8
BRANCH_ADDR   ENDS
ROUTINE_SELECT    SEGMENT       ; 定义代码段
              ASSUME  CS:ROUTINE_SELECT, DS:BRANCH_ADDR
START:      MOV      BX, BRANCH_ADDR
            MOV      DS, BX
            CMP      AL, 0        ; 判 AL 中是否有置 1 的位
```

```
                JE      DONE            ; 若 AL 全零, 及早退出选择结构
                LEA BX, BRANCH_TAB ; 跳转表首址送 BX
    COUTINUE: SHR AL, 1                ; AL 最低位移至 CF
                JNC NOT_YET             ; CF=0, 转去检查下一位
                JMP WORD  PTR  [BX] ; CF=1, 转相应分支程序
    NOT_YET:   ADD     BX, 2           ; 修改 BX 内容, 为转入下一分支作好准备
                JMP COUTINUE            ; 继续检查下一选择项
    ROUTINE1: NOP
                JMP COUTINUE
    ROUTINE2: NOP
                JMP COUTINUE
    ROUTINE3: NOP
                JMP COUTINUE
    ROUTINE4: NOP
                JMP COUTINUE
    ROUTINE5: NOP
                JMP COUTINUE
    ROUTINE6: NOP
                JMP COUTINUE
    ROUTINE7: NOP
                JMP COUTINUE
    ROUTINE8: NOP
    DONE:       MOV     AH, 4CH
                INT  21H
    ROUTINE_SELECT      ENDS
                END START
```

因变量 BRANCH_TAB 类型是字型, 所以采用段内间接转移指令转向相应的分支, 关键是掌握无条件跳转指令 JMP WORD PTR [BX] 语句的用法。在实际应用中, NOP 指令处可用相应分支完成特定功能的程序段代码取代。

4.3.3 循环程序设计

程序设计中常常会遇到某些操作需多次重复进行的情况。例如数组求和, 大部分都是加法指令的重复进行, 如果只对少数数据求和, 可以采用顺序结构; 如果要对 1000 个数据求和, 再用顺序结构显然是不现实的, 不仅程序繁琐, 而且耗费大量内存。这时采用循环结构就最为合适。循环程序设计主要用于某些需要重复进行的操作, 常见的循环结构有两种: WHILE_DO 结构和 DO_UNTIL 结构。WHILE_DO 结构先判断条件, 再执行循环体, 工作部分有可能一次都不执行; DO_UNTIL 结构先执行循环体, 再判断条件, 工作部分至少执行一次。如图 4.8 所示, 两种结构的基本组成部分都一样, 都包括循环初始化、循环体

和循环控制三部分。设置循环初始状态主要是指设置循环次数的计数初值，以及其他为能使循环体正常工作而设置的初始状态等(比如缓冲区首地址)。循环体是循环操作(重复执行)的部分，包括循环的工作部分及修改部分。循环的工作部分是实现程序功能的主要程序段；循环的修改部分是指当程序循环执行时，对一些参数如地址、变量的有规律的修正。循环控制部分是循环程序设计的关键。每个循环程序必须选择一个控制循环程序运行和结束的条件。

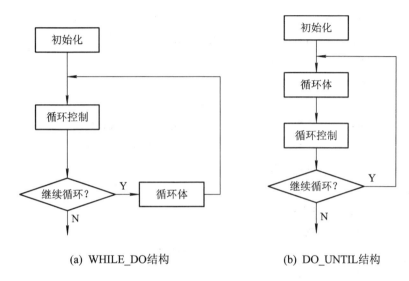

(a) WHILE_DO结构　　　　　　　　　(b) DO_UNTIL结构

图 4.8　循环程序的结构形式

循环程序设计时首先要找出循环的规律，然后确定控制循环的方法。主要使用循环指令 LOOP、LOOPE(LOOPZ)或 LOOPNE (LOOPNZ)或条件转移指令，后两种循环控制都是双条件的，CX 仍是由循环次数控制的，但有可能提前退出循环，指令 JCXZ 常用于指令 LOOPE 或 LOOPNE 后，判断退出循环的具体原因。循环可以嵌套(多重循环)，但多个循环体之间不能交叉，控制条件不能混淆。

【例 4.9】　数组求和。

我们采用循环程序结构，对数组访问采用寄存器间接寻址方式。ARY 为数组变量，COUNT 为数组元素的个数，SUM 存放最后求和的结果。由于数组中元素的数据为字型数据，求和结果可能会超过字长范围，所以用寄存器 DX：AX 存放求和的中间结果。

程序中变量和寄存器分配如下：

ARY——数组变量；

COUNT——数组中元素个数；

SUM——和；

SI——指向 ARY 数组；

CX——指向 COUNT 元素个数。

编制程序如下：

```
DATA        SEGMENT
ARY         DW 12H，34H，56H，78H
```

```
COUNT       DW 4
SUM         DW 2 DUP(?)
DATA        ENDS
STACK       SEGMENT STACK
            DB 20 DUP (?)
STACK       ENDS
CODE        SEGMENT
            ASSUME CS:CODE，DS:DATA，SS:STACK
START:      MOV     AX，DATA
            MOV     DS，AX
            LEA     SI，ARY          ；ARY 偏移地址送 SI
            MOV     CX，COUNT        ；数组元素个数送 CX
            XOR     AX，AX           ；AX、DX 清零
            MOV     DX，AX
AGAIN:      ADD     AX，[SI]         ；累加 N 个元素的低位字
            JNC     NEXT
            INC     DX              ；若有进位，则和的高位字加 1
NEXT:       ADD     SI，2            ；地址指针修正后指向下一个元素
            LOOP    AGAIN           ；元素未加完继续
            MOV     SUM，AX          ；元素求和完毕存结果
            MOV     SUM[2]，DX
            MOV     AH，4CH
            INT     21H
CODE        ENDS
            END     START
```

【**例 4.10**】 设有一个首地址为 ARY 的 N 字数组，试编写一个汇编语言程序，使该数组中的数按照从大到小的次序排列。

  数组排序问题通常采用冒泡法和双重循环结构。外循环用于控制有多少轮内循环。若有 n 个数据，则外循环次数为 n–1。每轮内循环使一个最小的数放在数组的最后一个字的位置上。具体过程如下：从数组的第一个数开始，依次对相邻两个数进行比较，若排列顺序符合要求，则不进行任何操作；否则，将相比较的两数交换位置。第一遍比较(共进行了 N–1 次)完后，最小的数已放在数组的最后一个字的位置上，下轮内循环就不用再比较最底下的数了，所以内循环的循环次数每一轮比上一轮要逐次减 1。这样，进行第二遍比较时，只需对 N–1 个数进行考虑，即依次对相邻两数的比较操作只需进行 N–2 次。同理，第三遍比较只需进行 N–3 次……总共进行 N–1 遍比较就可完成排序任务。冒泡法的程序框图如图 4.9 所示。图中，count1 为外循环变量，count2 为内循环变量。采用寄存器相对寻址访问数组。

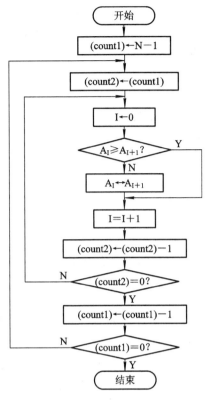

图 4.9　冒泡法程序框图

编制程序如下：

DSEG	SEGMENT
ARY	DW　4，9，2，8，6
N	DW　5
DSEG	ENDS
CSEG	SEGMENT

```
        ASSUME      CS:CSEG，DS:DSEG
START:  MOV     AX，DSEG
        MOV     DS，AX
        MOV     CX，N              ；内循环次数存于 CX 中，初值为 N−1
        DEC     CX
LOOP1:  MOV     DI，CX             ；外循环次数存于 DI 中，初值为 N−1
        MOV     BX，0
LOOP2:  MOV     AX，ARY[BX]        ；地址指针预置为 0
        CMP     AX，ARY[BX+2]      ；取相邻两数比较
        JGE     COTINUE           ；如符合排列顺序，则跳转到 COTINUE
        XCHG    AX，ARY[BX+2]      ；如不符合排列顺序，两数交换
        MOV     ARY[BX]，AX        ；存大数
```

```
COTINUE:  ADD      BX，2              ；修改地址指针
          LOOP     LOOP2             ；若内循环未结束，继续
          ；内循环至此结束
          MOV      CX，DI
          LOOP     LOOP1             ；若外循环未结束，继续
          ；外循环体结束
          MOV      AH，4CH
          INT      21H
CSEG      ENDS
          END      START
```

4.3.4　子程序设计

　　子程序(或过程)是一个独立的程序段，具有确定的功能，可被其他程序调用，调用它的程序一般为主程序。

　　在程序设计中，若某一程序段的结构形式在多处出现，只是某些变量(参数)的赋值不同，可将这样的程序段设计成子程序。此外，一般通用功能 (如数值计算、三角函数、代码转换运算等)程序也可编成子程序方便用户使用。

　　子程序和宏命令都是可被程序多次调用的程序段，但它们的定义方法和定义格式不同；在代码空间和时间上的使用效率不同。子程序由 CALL 指令调用和 RET 指令返回，所以汇编后子程序的机器码只产生一次，不管调用多少次均如此，较为节约内存。宏指令每调用一次宏展开产生机器代码一次，调用次数越多，耗费内存越多。子程序调用和返回都需要时间(调用返回语句进出栈及寄存器内容的保护)，执行速度慢，而宏指令不需要这个过程，运行速度快。子程序能够独立编辑、编译，但不能运行。综上所述，当某一需要多次访问的程序段较长、访问次数又不太多时，选用子程序结构较好；当某一需多次访问的程序段较短、访问次数又很频繁时，选用宏指令结构显然要更好些。

　　使用子程序时应注意寄存器内容的保护、参数的传递、子程序嵌套、递归调用和可重入性。

1．过程的定义和调用

　　过程定义采用过程定义伪指令 PROC/ENDP，其格式为

```
          过程名   PROC     属性
                   ⋮
                   RET
          过程名   ENDP
```

　　过程名是标识符，且写法与标号相同。调用过程时只要在 CALL 指令后写上该过程名即可，过程名可以理解为子程序的入口地址。属性为 NEAR 和 FAR，如调用程序和过程在同一个代码段中，则使用 NEAR 属性，如调用程序和过程不在同一个代码段中，则使用 FAR属性。注意 RET 指令不能省略，它总是放在过程体的末尾，用于返回主程序用。主程序调用时，CALL 指令中过程名的属性与子程序中的属性要一致。

【例 4.11】　　将前面顺序结构示例中用查表法将一位十六进制数转换成与其相对应的 ASCII 码(只考虑大写字母)的程序改为采用子程序结构来实现，要求调用该子程序不会影响主程序中的寄存器。

编制程序如下：

```
        STACK   SEGMENT STACK
              DW   20H  DUP(0)
        STACK   ENDS
        DATA    SEGMENT
        TABLE   DB 30H，31H，32H，33H，34H，35H，36H，37H
                DB 38H，39H，41H，42H，43H，44H，45H，46H
        HEX     DB 4
        ASCI    DB ?
        DATA    ENDS
        COSEG   SEGMENT
                ASSUME   CS:COSEG，DS:DATA，SS:STACK
        BEGIN:
                MOV     AX，DATA
                MOV     DS，AX
                CALL    HEXTOASCI
                MOV     AH，4CH
                INT     21H
        HEXTOASCI  PROC  NEAR
                PUSH    AX
                PUSH    BX
                MOV     AL，HEX
                LEA     BX，  TABLE
                XLAT
                MOV     ASCI，AL
                POP     BX
                POP     AX
                RET
        HEXTOASCI           ENDP
          COSEG   ENDS
                END     BEGIN
```

2. 寄存器内容的保护和恢复

通常，主程序和子程序是分开编程的，因而它们所使用的寄存器往往会发生冲突。某个寄存器可能会同时出现在主程序和子程序中，这样便会造成程序运行错误。为了避免此类错误，应在进入子程序时将该子程序所用寄存器的内容保存起来，这称为保护现场。而在子程序返回之前再恢复这些寄存器的内容，这称为恢复现场。保护现场和恢复现场可用堆栈压入指令和弹出指令来实现。必须注意：并不是子程序中用的所有寄存器内容都要保护(只有那些子程序和主程序都要用的寄存器才予以保护)。例如，若用寄存器在主程序和过程间传递参数，特别是用来向主程序回送结果的寄存器的内容就不需要保护和恢复，否则，子程序的运行结果就不能回送到主程序。例如上例中所用到的寄存器内容的保护和恢复如下：

```
HEXTOASCI     PROC   NEAR
              PUSH   AX
              PUSH   BX
                 ⋮
              POP    BX
              POP    AX
              RET
HEXTOASCI     ENDP
```

3. 主程序和子程序间的参数传递

主程序调用子程序时，必须先把子程序所需的初始数据(即入口参数)设置好，子程序执行完毕返回主程序时也必须将其运行所得的结果(即出口参数)送给主程序。子程序入口参数传入和出口参数的送出称为主程序和子程序间的参数传递。下面介绍常用的 4 种参数传递方法。

1) 用 CPU 内部的寄存器传递参数

用 CPU 内部的寄存器传递参数，意即子程序的入口参数和出口参数均用寄存器传送，下面举例说明。

【例 4.12】　编写一个子程序，完成将 4 位十六进制数 ASCII 码转换为等值二进制数，已知 4 位十六进制数 ASCII 码存放在内存的某一区域中，且低位数的地址号低，而高位数的地址号高。

将 4 位十六进制数 ASCII 码转换为等值二进制数的方法为：从最低位 ASCII 码开始，逐位将一个字节的 ASCII 码转换为等值二进制数，当数在 0~9 范围之内时，将其减 30H；当其大于 9 时，将其减 37H。

入口参数：将 4 位十六进制数 ASCII 码的内存首地址 ASC_STG 送入 DS:SI，ASCII 码的位数 4 存放在 CL 中。

出口参数：转换结果(等值二进制数)存放在 DX 中。

程序如下：

```
ASC_BIN PROC   NEAR
        PUSH   AX
        MOV    CH, CL          ; ASCII 码位数→CH
        CLD                    ; DF=0
        XOR    AX, AX
        MOV    DX, AX          ; AX、DX 清零
AGAIN:  LODSB                  ; 取 ASC_STG 中的一个字节
```

```
          AND     AL，7FH              ; 屏蔽最高位，得一位 ASCII 码
          CMP     AL，'9'              ; 该 ASCII 码大于'9'，转 ATOF
          JG      ATOF
          SUB     AL，30H              ; 否则，该 ASCII 码减去 30H，得 0～9
                                      ; 二进制数
          JMP     SHORT ROTATE        ; 转 ROTATE
  ATOF:   SUB     AL，37H              ; 大于'9'，则 ASCII 码减 37H，得 A～F
                                      ; 二进制数
  ROTATE: OR      DL，AL              ; 1 位 ASCII 码转换结果送 DL
          ROR     DX，CL              ; DX 循环右移 4 位，4 次循环右移 4 位后，结果顺序已排好
          DEC     CH
          JNZ     AGAIN               ; 4 位 ASCII 码未转换完，继续
          POP     AX
          RET
  ASC_BIN ENDP
```

若有程序调用该子程序，已知数据段定义为：

```
  DATA     SEGMENT
  ASC_STG DB 4 DUP(?)               ; 4 位十六进制数 ASCII 码变量
  BIN_RESULT   DW ?                 ; 存放等值二进制数结果
  DATA     ENDS
```

则参数传递及子程序调用程序可按如下格式编写：

⋮

```
  MOV      SI，OFFSET ASC_STG       ; SI 指向 ASC_STG
  MOV      CL，4                    ; ASCII 码位数 4 存入 CL
  CALL     NEAR PTR ASC_BIN        ; 调用 ASC_BIN
  MOV      BIN_RESULT，DX           ; 转换结果存入 BIN_RESULT
```

⋮

2) 指定内存单元(变量)传递参数

【例 4.13】　将例 4.9 数组求和程序设计成一个属性为 FAR 的子程序。

若有程序调用数组求和子程序，已知数据段定义为：

```
  DSEG     SEGMENT
  ARY      DW 100 DUP(?)
  COUNT    DW ?
  SUM      DW 2 DUP(?)
  DSEG     ENDS
```

则主程序中可直接调用

⋮

```
  CALL     FAR PTR PROADD
```

⋮

数组求和子程序编制如下：

```
PROADD    PROC     FAR
          PUSH     AX              ; 保护现场
          PUSH     CX
          PUSH     DX
          PUSH     SI
          LEA      SI, ARY         ; ARY 偏移地址送 SI
          MOV      CX, COUNT       ; 数组元素个数送 CX
          XOR      AX, AX
          MOV      DX, AX
AGAIN:    ADD      AX, [SI]
          JNC      NEXT
          INC      DX
NEXT:     ADD      SI, 2
          LOOP     AGAIN
          MOV      SUM, AX         ; 求和完毕送结果
          MOV      SUM[2], DX
          POP      SI              ; 恢复现场
          POP      DX
          POP      CX
          POP      AX
          RET
PROADD    ENDP
```

主程序将子程序入口参数在调用前放入内存区，子程序从内存中取数据，运行结果放入内存区。本例中 ARY 偏移地址送 SI，数组元素个数送 CX，求和完毕结果送 SUM。

需要注意：这里子程序 PROADD 对数组元素求和，虽可多次调用，但求和的数组固定为 ARY。若求和的数组不固定，需要对其他数组求和，则需要事先将求和数组搬到数组 ARY 处，增加额外的程序执行时间的开销。另外，这时 ARY 相当于数据缓冲区，浪费内存资源，显然，指定内存单元(变量)传递参数的方法便不能适应，则需通过地址表和堆栈来传递参数，且子程序设计的方法也应做相应改变。

3) 通过地址表传送变量地址

该方法是将所有变量的偏移地址顺序存放在一张地址表中，然后通过寄存器将地址表的地址传送给子程序，进入子程序后可用寄存器间接寻址方式从地址表中取出变量地址，以便访问所需变量。

仍以数组求和为例，可以看到该问题中有三个变量：数组名、数组元素个数、累加和。3 个变量都有其对应的偏移地址，将它们的偏移地址顺序存放在地址表中，若调用子程序，先将地址表的首地址送某寄存器，如 BX，进入子程序后可采用寄存器间接寻址方式从地址表中取出变量地址，以便访问所需变量。

若数据段定义如下：

```
DSEG      SEGMENT
ARY1      DW 1，2，3，4，5
COUNT1    DW 5
SUM1      DW 2 DUP(?)
NUM       DW 6，7，8，9，0AH
N         DW 5
TOTAL     DW 2 DUP(?)
TABLE     DW 3 DUP(?)
DSEG      ENDS
```

则主程序中子程序调用参数传递可按如下格式编写：

　　　　　　　　　　⋮

```
        MOV     TABLE，OFFSET ARY1
        MOV     TABLE[2]，OFFSET COUNT1
        MOV     TABLE[4]，OFFSET SUM1
        MOV     BX，OFFSET TABLE
        CALL    FAR PTR PROADD
        MOV     TABLE，OFFSET NUM
        MOV     TABLE[2]，OFFSET N
        MOV     TABLE[4]，OFFSET TOTAL
        MOV     BX，OFFSET TABLE
        CALL    FAR PTR PROADD
```

　　　　　　　　　　⋮

　求和子程序如下：

```
PROADD    PROC    FAR
          PUSH    AX
          PUSH    CX
          PUSH    DX
          PUSH    SI
          MOV     SI, [BX]        ; 数组偏移地址送 SI
          MOV     DI, [BX+2]      ; 数组元素个数地址送 DI
          MOV     CX, [DI]        ; 数组元素个数送 CX
          MOV     DI, [BX+4]      ; 和的偏移地址送 DI
          XOR     AX, AX
          MOV     DX, AX          ; AX、DX 清零
AGAIN:    ADD     AX, [SI]        ; 元素求和，直到所有元素加完
          JNC     NEXT
          INC     DX
NEXT:     ADD     SI, 2
          LOOP    AGAIN
          MOV     [DI], AX        ; 存结果
```

```
                    MOV      [DI+2]，DX
                    POP      SI
                    POP      DX
                    POP      CX
                    POP      AX
                    RET
          PROADD    ENDP
```

4) 通过堆栈传递参数或参数地址

该方法是：调用过程前在主程序中用 PUSH 指令将参数地址压入堆栈；进入过程后再用基址寄存器 BP 从堆栈中取出这些参数地址，并送寄存器，以便以寄存器间接寻址方式访问所需变量。

仍以数组求和为例。程序采用寄存器相对寻址来完成数组元素求和。主程序与子程序之间通过堆栈传递参数。调用子程序应是近程调用。参数传递与子程序清单如下：

```
                    ⋮
          MOV      BX，OFFSET ARY1          ；参数地址压入堆栈
          PUSH     BX
          MOV      BX，OFFSET COUNT1
          PUSH     BX
          MOV      BX，OFFSET SUM1
          PUSH     BX
          CALL     NEAR PTR PROADD
                    ⋮
          MOV      BX，OFFSET NUM           ；参数地址压入堆栈
          PUSH     BX
          MOV      BX，OFFSET N
          PUSH     BX
          MOV      BX，OFFSET TOTAL
          PUSH     BX
          CALL     NEAR PTR PROADD
                    ⋮

  PROADD    PROC     NEAR
            PUSH     BP
            MOV      BP，SP
            PUSH     AX
            PUSH     DX
            PUSH     CX
            PUSH     SI
            PUSH     DI
            MOV      SI，[BP+8]              ；数组偏移地址送 SI
```

```
            MOV     DI，[BP+6]          ; 计数值偏移地址送 DI
            MOV     CX，[DI]            ; 元素个数送 CX
            MOV     DI，[BP+4]          ; 和数偏移地址送 DI
            XOR     AX，AX
            MOV     DX，AX
NEXT:       ADD     AX，[SI]            ; 元素求和，直到所有元素加完
            JNC     NO_CARRY
            INC     DX
NO_CARRY:
            ADD     SI，2
            LOOP    NEXT
            MOV     [DI]，AX            ; 存结果
            MOV     [DI+2]，DX
            POP     DI
            POP     SI
            POP     CX
            POP     DX
            POP     AX
            POP     BP
            RET     6
PROADD      ENDP
```

图 4.10 给出了 PROADD 子程序执行时堆栈的内容。BP 所指栈地址距离数组地址、元素个数地址及和数地址分别为 8、6、4 个单元。此外，调用子程序时已事先将三个变量的地址压入堆栈，以供子程序使用，子程序执行完毕，返回主程序时，压入堆栈的 3 个变量已无用，可从堆栈中清除掉，故采用 RET 6，以使堆栈指针恢复到调用子程序前的位置。

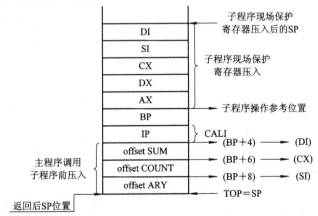

图 4.10　子程序执行时的堆栈内容

4．子程序说明文件

为了便于阅读、理解使用文件内容，子程序编好后应编制相应的说明文件，说明文件

的主要内容如下：

(1) 子程序名称；

(2) 子程序完成的功能；

(3) 子程序的入口参数及其传递方式；

(4) 子程序的出口参数及其传递方式；

(5) 子程序用到的寄存器(以便在主程序中保护)；

(6) 子程序嵌套情况(包括嵌套的深度——供程序员预算的深度；寄存器使用情况)；

(7) 典型示例。

例如，例 4.11 的寄存器传递参数方式的子程序说明文件为：

(1) 名称(子程序)：ASC-BIN；

(2) 功能：将 4 位十六进制数 ASCII 码转换为等值二进制数；

(3) 子程序入口参数、传递方式：4 位十六进制数 ASCII 码的内存首地址送入 DS:SI，ASCII 码的位数 4 存放在 CL 中；

(4) 子程序出口参数、传递方式：转换结果(等值二进制数)存放在 DX 中；

(5) 子程序用到的寄存器：DX，DS，SI，CX；

(6) 子程序嵌套情况：无；

(7) 典型例子：

    ASC-STG   DB   '5A2D'

    (DS) = ASC_STG 的段地址

    (SI) = ASC_STG 的偏移地址

    (CX) =4

结果：(DX) = 1101001010100101B

5. 子程序的嵌套、递归调用和可重入性

子程序也可以调用其他子程序，称为子程序的嵌套。一般来说，嵌套的层次是没有限制的，只要堆栈空间允许即可，但当嵌套层次较多时，应特别注意寄存器内容的保护和恢复，以免发生冲突。嵌套的层次受堆栈空间限制，程序员需要事先预算空间的大小。

当子程序嵌套时，若某子程序要调用的子程序就是其本身，则称为递归调用。递归调用必须保证每次调用保护现场，即保留该次所用到的参数和运行结果。保证递归满足结束条件，否则将无限嵌套。为了保留每次所用的参数和运行结果，必须将其在每次调用时都存于不同存储区，以免受到破坏。通常将一次递归调用所存储的信息称为帧，一帧信息包括递归调用时的入口参数、寄存器内容及返回地址等。存储每次递归调用每帧信息的最好方法是采用堆栈，每次递归调用时用 PUSH 指令将一帧信息压入堆栈；每次返回时，再从堆栈中弹出一帧信息。

当一个公用子程序被某一个程序调用且还未执行完时，被另一个程序中断。同时，后一个程序执行时又一次调用该公用子程序，这样公用子程序便被再一次进入。若该公用子程序的设计能保证两次调用都得到正确结果，则称该公用子程序具有可重入性。保证子程序可重入性的方法，通常也是将每次调用子程序时所用到的参数和中间结果逐层压入堆栈，以达到每次调用的结果都能正确保存的目的。

【例 4.14】   编写一个汇编语言程序，实现 N!(N≥0)：

$$N! = N \times (N-1) \times (N-2) \times \cdots \times 1$$

可以用递归算法：

$$N! = N \times (N-1)! = N \times (N-1) \times (N-2)! = \cdots$$

直至：
$$0! = 1$$

　　由此可见，求 N!可以用递归子程序实现，每次调用时入口参数为 N−1，以便求(N−1)!用。当 N 减为 0 时，有 0!= 1 的结果，因而 N = 0 作为递归调用的约束条件，用来控制退出递归调用的时间。然后，在返回时将每次递归调用的入口参数相乘：N ×(N −1)× (N −2)× ··· × 1，即得最终结果。程序框图如图 4.11 所示。

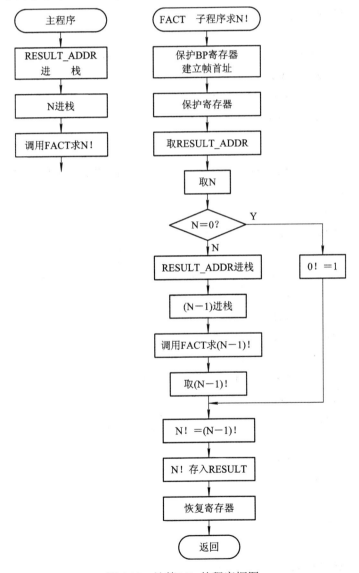

图 4.11　计算 N! 的程序框图

　　我们在程序中采用递归调用子程序 FACT 来计算阶乘。另外，使用了一个结构数据类型 FRAME，将递归调用所要保存的一帧信息定义为结构；将字符串显示和二进制数转换为十进制数分别定义为宏命令 DISPstr 和 BINTODEC。

汇编语言源程序清单如下：

```
FRAME      STRUC
           SAVE_BP      DW  ?              ; 保存 BP 指针
           SAVE_IP      DW  ?              ; 保存 IP 指针
           SAVE_CS      DW  ?              ; 保存 CS 指针
           SAVE_N       DW  ?              ; 保存参数 N
           SAVE_REX     DW  ?              ; 保存结果指针
FRAME      ENDS


DISPstr    MACRO  STRX                     ; 字符串显示
           MOV    AH，09H
           MOV    DX，    OFFSET STRX
           INT    21H
           ENDM


BINTODEC   MACRO  BINNUM，STRADDR           ; 二进制数转换成十进制数
           LOCAL  P1，P2
           MOV    DX，0
           MOV    AX，    BINNUM
           MOV    DI，OFFSET STRADDR
           ADD    DI，5
           MOV    CX，5
           MOV    BX，10
P1:        DIV    BX
           OR     DL，30H
           MOV    DS:[DI]，DL
           DEC    DI
           MOV    DX，0
           CMP    AX，0
           JZ     P2
           LOOP   P1
P2:
           ENDM


DSEG       SEGMENT
           N      DW 4
           RESULT DW ?                      ; 保留结果地址
           STR1   DB 0DH，0AH，"Please input number (0~8):$"
```

```
        STR2      DB "!="
        NFACT     DB 6 DUP(" ")
        DB        0DH，0AH，"$"
    DSEG    ENDS
```

; 定义堆栈段
```
SSEG    SEGMENT    stack
        DW         200 DUP(?)
TOS     LABEL      WORD
SSEG    ENDS
```

; 定义主程序代码段
```
CSEG1 SEGMENT
        ASSUME  CS:CSEG1，DS:DSEG，SS:SSEG
```

```
START:
        MOV       AX，SSEG
        MOV       SS，AX
        MOV       SP，OFFSET TOS            ; 设置堆栈指针
        MOV       AX，DSEG
        MOV       DS，AX                    ; 设置数据段指针
        MOV       BX，OFFSET RESULT
        PUSH      BX                       ; (第一帧数据开始)结果地址进栈
```

; 提示输入 0 到 8 之间的数
```
ERR1: DISPstr    STR1
        MOV       AH，01H
        INT       21H
        CMP       AL，30H
        JB        ERR1
        CMP       AL，38H
        JA        ERR1
        AND       AL，0FH                   ; 转换成十六进制数放在变量 N 中
        MOV       AH，0
        MOV       N，AX

        MOV       BX，N
        PUSH      BX                       ; N 值进栈
        CALL      FAR PTR FACT             ; 调用子程序(CS，IP 进栈)
```

```
        ；结果转换成十进制并显示
        BINTODEC      RESULT，NFACT
        DISPSTR       STR2


        MOV           AH，4CH
        INT           21H                     ；返回 DOS


；计算阶乘函数
FACT    PROC    FAR
        PUSH          BP                      ；BP 指针进栈，一帧数据全
        MOV           BP，SP                  ；BP 指向结构当前帧结构变量
        PUSH          BX                      ；保存使用的寄存器
        PUSH          AX
        MOV           BX，[BP].SAVE_REX

                                              ；访问堆栈参数，取出结果地址
        MOV           AX，[BP].SAVE_N         ；取出参数 N 值
        CMP           AX，0
        JE            DONE                    ；N=0 时转移
        PUSH          BX                      ；结果地址进栈(下一帧数据开始)
        DEC           AX
        PUSH          AX                      ；N 值进栈
        CALL          FAR PTR FACT            ；(CS，IP)进栈
        MOV           BX，[BP].SAVE_REX
        MOV           AX，[BX]                ；取得上一次的结果
        MUL           [BP].SAVE_N             ；AX=N×RESULT
        JMP           SHORT RETURN            ；
DONE:
        MOV           AX，1
RETURN:
        MOV           [BX]，AX                ；保存结果
        POP           AX
        POP           BX
        POP           BP
        RET           4                       ；返回地址出栈后，修改堆栈指针 SP=SP+4
FACT    ENDP


CSEG1 ENDS
        END           START
```

　　调试时，可从键盘输入 N 值为 3，计算 3!。N!递归子程序的递归调用堆栈状态如图 4.12 所示。在 BP 中保存 SP 的每帧"基准"值(四帧中的相对位置相同)，BP 作为寻址用；PUSH BP 的值每帧不同，故 POP BP 的值返回时也不同；返回时首先将变量代表的内存单元地址 RESULT 赋"1"(部分积)，然后每次完成部分积，即积 T 乘以各帧中的 N 值(BP + 6)并重新存到 RESULT 内存单元，作为下次的部分积，最后完成：N × 部分积。如 3!= 3 × 2 × 1 × 0!(0!= 1)。

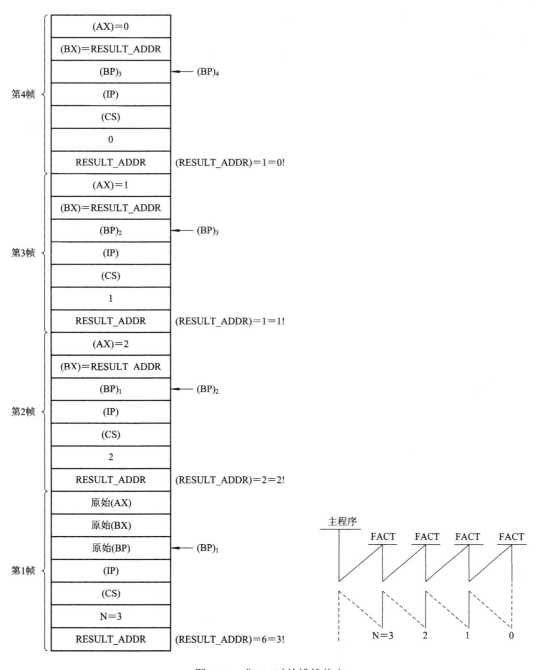

图 4.12　求 3! 时的堆栈状态

6. 常用子程序举例

【例 4.15】　将内存的二进制数转化成以压缩的 BCD 码形式存储的十进制数。

设一个 32 位的无符号二进制数存储在双字单元 BINNUM 中，现在要将其转换成压缩的 BCD 码表示的十进制数，存储在 5 个字节单元 DECINUM 中，DECINUM 的低字节存放高位。为了转化，先设计一个表示十进制数的表，用 BINNUM 中的数先减表中最大的数，直到不够减，则减的次数就是最高位的值；然后再用差值(即转换的中间结果)减第二大的数，直到不够减，则减的次数就是次高位的值，直至所有位转换完。2^{32} 大约相当于 40 亿，故在程序中设 10 个十进制位数就可以了，占用 5 个字节单元。

程序清单如下：

```
.MODEL     SMALL
.386
.DATA
           BINNUM      DD      12345678H
           DECINUM     DB      5 DUP(0)
           NUMBER      DD      1000000000, 100000000, 10000000
                       DD      1000000, 100000, 10000, 1000, 100, 10, 1
.STACK
.CODE
.STARTUP
           MOV      EAX, BINNUM            ; 被转换数送 EAX
           MOV      ESI, OFFSET DECINUM    ; ESI 指向 DECINUM
           MOV      EDI, OFFSET NUMBER     ; EDI 指向 NUMBER
           MOV      CX, 5                  ; 外循环次数为 5
ROTATE:    CALL     BINDECI                ; 调用二进制数转化为十进制数的子程序
           ADD      EDI, 8                 ; EDI 下移两个双字指向下一个减数
           INC      ESI                    ; ESI 下移一个字节指向 DECINUM 变量
           LOOP     ROTATE                 ; 5 次循环未完，继续
           .EXIT                           ; 5 次循环完则退出
BINDECI    PROC     NEAR
           PUSHF
           PUSH     CX
           MOV      CX, 0                  ; CX 存放商，初始清零
           CLC                             ; 清除 CF
DO_AGAIN1:
           SUB      EAX, DWORD PTR [EDI]   ; EAX 减去相应的减数
           JC       NEXT1                  ; 不够减，转 NEXT1
           INC      CL                     ; 否则，CL 加 1(商)
           JMP      DO_AGAIN1              ; 继续减
```

NEXT1:	MOV	CH，CL	; 将商移入 CH
	MOV	CL，0	; CL 清零
	ADD	EAX，DWORD PTR [EDI]	; 恢复最后一次减前的值
	CLC		; 清除 CF
DO_AGAIN2:			
	SUB	EAX，DWORD PTR [EDI+4]	; 被转换中间结果减去下一个减数
	JC	NEXT2	; 不够减，转 NEXT2
	INC	CL	; 否则，CL 加 1(商)
	JMP	DO_AGAIN2	; 继续减
NEXT2:	ADD	EAX，DWORD PTR [EDI+4]	; 恢复最后一次减前的值
			; CH:CL 中放的是高两位商，是非压缩
			; 的 BCD 码。以下是将它们转化成压缩
			; 的 BCD 码并放入存储单元
	SHL	CH，1	
	SHL	CH，1	
	SHL	CH，1	
	SHL	CH，1	; CH 内容左移 4 位
	OR	CH，CL	; CH 与 CL 组合成 2 位 BCD 码
	MOV	BYTE PTR [ESI]，CH	; 转换结果的两位 BCD 码存入 ESI 所指
			; 的 DECINUM 2 个单元中
	POP	CX	
	POPF		
	RET		
BINDECI	ENDP		
	END		

【例 4.16】　将内存中以压缩的 BCD 码形式存储的十进制数转化成二进制数。

设一个 10 位以 BCD 码形式存储的十进制数存储在 DECINUM 的 5 字节单元中，高位数放在低地址上。现在要将其转换为 32 位二进制数，存储在双字单元 BINNUM 中。程序的思路是依次从高位(低地址字节)取 DECINUM 的各位，然后乘以系数 10，将其与下一位取出的数相加，其和再乘以 100，再取下一个字节的两位 BCD 码，高位乘 10 再加低位，和再加到原来的和上，再乘以 100……这样依次循环，直至取完为止。乘以 10 的操作可以用循环移位的技巧来实现，这样可加快速度。

程序清单如下：

```
.MODEL    SMALL
.386
.DATA
BINNUM    DD        0
DECINUM   DB        12H，34H，56H，78H，90H
.STACK
```

```
                    .CODE
                    .STARTUP
                    MOV     EAX，0                    ; 32 位二进制数初始值清零
                    MOV     SI，OFFSET DECINUM        ; SI 指向 DECINUM
                    MOV     CX，5                     ; 循环 5 次
        ROTATE:     CALL    DECIBIN                  ; 调用 DECIBIN
                    INC     SI                       ; 修正 SI，指向下一个 BCD 数字节
                    LOOP    ROTATE                   ; 5 个字节 BCD 数未转换完，继续
                    MOV     DWORD PTR BINNUM，EAX     ; 转换完，结果送 BINNUM
                    .EXIT
        DECIBIN     PROC    NEAR
                    PUSHF
                    PUSH    ECX
                    PUSH    EBX
        BEGIN:
                    MOV     ECX，100                  ; ECX 放置乘数
                    MUL     ECX                      ; EAX 乘 100
                    MOV     CH，BYTE PTR[SI]          ; 取两位 BCD 数
                    MOV     CL，CH                    ; 复制到 CL
                    AND     CL，0FH                   ; 低位 BCD 数存 CL
                    AND     CH，0F0H                  ; 高位 BCD 数在 CH 中高 4 位
                    SHR     CH，1                     ; 高位 BCD 数乘 8
                    MOV     BH，CH
                    SHR     CH，1
                    SHR     CH，1                     ; 高位 BCD 数乘 2
                    ADD     CH，BH                    ; 高位 BCD 数乘 10→CH
                    ADD     CL，CH                    ; CL+CH→CL
                    MOV     CH，0                     ; CH 清零
                    ADD     EAX，ECX                  ; EAX×100+CH×10+CL→EAX
                    POP     EBX
                    POP     ECX
                    POPF
                    RET
        DECIBIN     ENDP
                    END
```

　　仿照例 4.15、4.16 可以进行二进制数、八进制数串的 ASCII 和十六进制数之间的转换、非压缩 BCD 码和十六进制数之间的转换。这样，二进制数、八进制数和十六进制数的 ASCII 码、压缩的 BCD 码就可以通过内存中的十六进制数(二进制数)的形式相互转换了。

　　【例 4.17】　试编制程序完成两个 ASCII 码的十进制乘(ASCX × ASCY)，结果为 ASCII

码的十进制数。

　　ASCII 码表示的十进制数为 30H～39H，屏蔽掉高四位，变为 00H～09H，再进行十进制的乘运算，并在乘指令后加入十进制乘法调整 AAM 指令，加指令后跟分离 BCD 码加法调整指令 AAA，最后积值再加 30H 变为 ASCII 码十进制数，存入以 PRODUCT 为地址的内存单元中。

　　程序清单如下：

```
STACK      SEGMENT  STACK
           DW    20H   DUP(?)
STACK      ENDS
DSEG       SEGMENT
ASCX       DB   '1234'
ASCY       DB   '5'
PRODUCT    DB    6    DUP(?)
DSEG       ENDS
CSEG       SEGMENT
       ASSUME CS:CSEG，DS:DSEG，SS:STACK
BEGIN:
           MOV     AX，DSEG
           MOV     DS，AX
           CALL    ASCMUL
           MOV     AH，4CH
           INT     21H
ASCMUL     PROC    NEAR
           PUSH    AX
           PUSH    DI
           MOV     CX，4
           LEA     SI，ASCX
           ADD     SI，CX
           DEC     SI          ；ASCX 中有 4 个数，但数组从 0 开始计数，即 0～3
           LEA     DI，PRODUCT
           ADD     DI，CX
           AND     ASCY，0FH
NEXT:      MOV     AL，[SI]
           AND     AL，0FH
           MUL     ASCY
           AAM                 ；积的高位存放在 AH 中，低位存放在 AL 中
           ADD     AL，[DI]
           AAA
           ADD     AL，30H      ；转换为 ASCII 码
```

```
            MOV      [DI]，AL
            DEC      DI
            MOV      [DI]，AH
            DEC      SI
            LOOP     NEXT              ；循环控制
            POP      DI
            POP      AX
            RET
ASCMUL      ENDP
CSEG        ENDS
            END      BEGIN
```

程序运行后，以 PRODUCT 变量为地址的内存单元中的内容为

　　　36H，31H，37H，30H，00H，00H

4.3.5　多模块程序设计

大家知道，现在很多应用程序仅由一个人来编写显得过于庞大和复杂，这就需要将程序按功能划分为若干独立模块，每个模块完成明确规定的任务，由一个编程团队来分工共同编写设计程序。这样，就大大地缩短了程序设计的周期，提高了编程效率，程序也易于编写和调试，维护和修改起来更方便，并且还可以直接利用已有的模块。

所谓模块，从功能上讲，它可以是整个大程序中一个独立的小部分，从源程序结构形式上讲，它是以 END 结束的一个完整的源程序文件，因而一个源模块可独立编辑和汇编，形成各自的目标模块。最后由连接程序组成整体的可执行 .exe 文件。多模块程序的各源模块中只能有一个源模块有 END 伪指令。前面介绍的程序属"单模块"，源程序所涉及的标识符(变量、标号、段名、子程序名)都在本程序中定义，它与本程序之外的标识符不发生任何联系。

对于多模块程序设计，由于各个模块都是整个程序的一部分，因此，各模块之间不仅会有数据上的传递，而且还会出现模块中标识符的交叉使用。如何实现这种交叉引用，实现各模块间各段的连接，是汇编语言多模块程序设计要解决的重要问题。

采用模块化程序设计方法要注意合理划分模块，严格定义和明确各模块的入口参数和出口参数及各模块间的通信方式。

1. 多模块间段的连接

LINK 程序在进行多模块程序连接时依 SEGMENT 语句中提供的组合类型和类名信息进行连接。

1) 组合类型

使用 PUBLIC 类型连接时，应把不同模块中属于该类型(即 PUBLIC)的同名同类别的段顺序相继地连接成一个段，各段具有相同的段地址。使用 STACK 类型连接时，与 PUBLIC 类型同样处理，只是组合后的这个段用作堆栈，段之间连接无间隙。当段定义中指明了 STACK 类型后，段地址、栈底已按定义自动装入 SS、SP，这样程序代码段中无需向 SS、

SP 置初值。使用 COMMON 类型连接时,将属于该类型的同名同类别的各段连接成一个段,它们共用一个基地址,且互相覆盖。连接后,段的长度取决于最长的 COMMON 段的长度。下面举例说明 LINK 程序是怎样根据类型把多模块程序连接起来的。

设某程序有两个模块,它们的结构如下:

模块 1

```
DATA    SEGMENT        COMMON
        DW 100 DUP(?)
DATA    ENDS
CODE    SEGMENT        PUBLIC
        …
CODE    ENDS
```

模块 2

```
DATA    SEGMENT        COMMON
        DW 50 DUP(?)
DATA    ENDS
CODE    SEGMENT            PUBLIC
        …
CODE    ENDS
```

连接后各模块所占内存的分布情况如图 4.13 所示。两个模块数据段的组合类型都为 COMMON,LINK 连接后组合成一个互相覆盖的段,段的长度为 100 个字。这种方法只有当各模块共用数据区时才使用。两个模块代码段的组合类型都为 PUBLIC,LINK 后组合成一个的相邻的段,但它们并不覆盖,连接顺序与 LINK 时提供的目标模块的顺序一致。组合后形成的代码段的长度是两个代码段长度之和。

图 4.13　组合类型为 COMMON 和 PUBLIC 时的连接结果

2) 类别

按 LINK 顺序连接时,将不同模块中"类别"名相同的各段连接组合在同一个物理段内,当"类别"名相同的各段段名不同时,它们仍不属于同一段,因为它们的段基址不同。这样做便于程序固化。

2. 模块间的交叉访问

一个模块中要引用另一模块中定义的标识符(如标号、过程名、变量等),称模块间的交叉访问。

存在于源模块中定义的标识符有两类标识符:① 仅供本模块使用的局部标识符;② 同时供本模块及其他模块使用的全局标识符。如何区别这两类标识符,主要掌握以下两个伪指令 PUBLIC、EXTRN 的使用。

（1）PUBLIC 伪指令：指明本模块定义的可供其他模块调用的标识符。标识符可为标号、变量、过程名。其格式为

    PUBLIC　　　　标识符，标识符，…(外部标识符，即全局标识符)

（2）EXTRN 伪指令：指明本块中用到的哪些标识符是由其他模块定义的。其格式为

    EXTRN　　　　标识符：类型，标识符：类型，…

其中，标识符须指明类型，变量的类型为 BYTE、WORD、DWORD，过程/标号的类型为NEAR、FAR。

设程序有 3 个模块，其程序结构如下

模块 1

EXTRN	FIRST:BYTE，ADDITION:FAR	
EXTRN	SECOND:WORD，SUBTRACT:NEAR	
PUBLIC	TABLE，DATA	
DSEG	SEGMENT　PUBLIC ' DSEG '	
TABLE	DB 50 DUP(?)	
DATA	DW ?	
DSEG	ENDS	
CODE	SEGMENT　PUBLIC 'CODE '	
	ASSUME CS:CODE，DS: DSEG	
	…	
	MOV　　AX，DSEG	
	MOV　　DS，AX	
	…	
	MOV　　AL，FIRST	；FIRST 的段地址在 DS 中
	…	
	MOV　　AX，SEG SECOND	；SECOND 的段地址在 ES 中
	MOV　　ES，AX	
	MOV　　BX，ES: SECOND	
	…	
CODE	ENDS	
	END	

模块 2

EXTRN	TABLE:BYTE，THIRD:WORD
PUBLIC	SUBTRACT，FIRST
DSEG	SEGMENT　PUBLIC 'DSEG '
FIRST	DB　?
	…
DSEG	ENDS
CODE	SEGMENT　PUBLIC 'CODE '
	…

```
SUBTRACT…
CODE          ENDS
              END
```

模块 3

```
EXTRN         DATA:WORD
PUBLIC        ADDITION，SECOND，SUM
DSEG1         SEGMENT
SECOND        DW ?
SUM           DW ?
      …
DSEG1         ENDS
CSEG          SEGMENT
      …

ADDITION:
      …
CSEG          ENDS
              END
```

　　3 个模块中由 EXTRN 的语句提出的标识符必须能在 PUBLIC 语句提供的标识符中找到，且变量名和类型应与其定义一致；若找不到，则认为出错。例如，模块 2 EXTRN 语句中的 THIRD 变量，但该变量在其他两个模块的全局变量 PUBLIC 语句中未定义，LINK 程序将认为出错。然而，模块 3 PUBLIC 语句中的变量 SUM 虽为全局变量，但其他模块并未用，即 EXTRN 语句中未列出，却是允许的。

　　在多模块程序设计中，采用交叉访问时，除了如上所述必须在源程序中用 EXTRN 及 PUBLIC 伪指令指出有关信息外，还必须注意程序中段寄存器的管理。当所引用外部标识符的所在段与本模块有关段 LINK 后为同一段时，所引用外部标识符与本段标识符具有相同的段基址。如上述模块 1 中引用的 FIRST 外部变量是在模块 2 中定义的，但模块 1 及模块 2 的数据段都具有 PUBLIC 组合类型，并且类名也相同，均为"DSEG"。它们连接后在同一数据段中，所以在模块 1 中访问 FIRST 变量时(如例中"MOV AL，FIRST"指令)，其段基址仍在 DS 中。相反，模块 1 中引用的变量 SECOND 是在模块 3 中定义的，且连接后模块 3 的数据段 DSEG1 与模块 1、模块 2 的数据段 DSEG 不在同一段。所以，在模块 1 中访问 SECOND 变量(如例中"MOV BX，ES:SECOND")时，应先将 SECOND 的段基值送入 ES 中，然后再使用段更换方式对 SECOND 进行访问。

3. 多模块程序的设计

模块化程序设计的步骤如下：

(1) 正确地描述整个程序需要完成什么样的工作；

(2) 把整个工作划分成多个任务，并画出层次图；

(3) 确切地定义每个任务必须做什么事，它与其他任务之间如何进行通信，写出模块说明；

(4) 把每个任务写成汇编语言模块，并进行调试；

(5) 把各个模块连接在一起，经过调试形成一个完整的程序；

(6) 把整个程序和它们的说明合在一起形成文件。

把一个程序分成具有多个明确任务的程序模块，分别编制、调试后再把它们连接在一起，形成一个完整的程序，这样的程序设计方法称为模块化程序设计。

划分模块是一个从顶向下(up-down)的程序设计过程。主模块是一个总控模块，所以，划分模块的第一步是要确定主要的子模块，也就是说，要把总任务划分成几个主要的子任务。例如，一个任务可以分成输入任务、输出任务和一个或几个进行处理或计算的子任务。在划分子模块的过程中，应该弄清楚每个模块的功能、数据结构及相互之间的关系；第二步，对这些主要的子模块中的一些专门的子任务再划分给下一层的子模块去做，当然也要弄清楚它们相互之间的关系；第三步，重复上述过程，一直细分到程序已经分成易于理解和易于实现的小块为止。

那么，模块应该如何划分呢？或者说划分模块的原则是什么呢？由于模块的划分是很灵活的，所以这里只能说明一些指导原则。

总的说来，每个模块应该具有独立的功能。此外，还应该考虑各个模块之间的联系，或者说它们之间的耦合关系。模块之间总有各种各样的耦合关系，其间的连接可归结为控制耦合(Control Coupling)和数据耦合(Data Coupling)两类。控制耦合是指模块之间的信息通信、信息量的多少以及信息通信方式等。当然，我们希望模块间的控制耦合简单以及数据耦合最小。下面给出划分模块时应该遵循的一些原则，供读者参考。

(1) 模块之间的控制耦合应尽可能简单，应该尽量避免从多个入口点进入模块或从多个出口点退出。也就是说，一个模块应该只有一个入口点和一个出口点，这样的模块易于调试，也不容易出错。

(2) 模块之间的数据耦合应最小，这包括数据传送量应当小，或者数据传送方式应该是规则传送。如果两个模块之间的数据传送量较大，而且又是不规则传送的话，那么应该考虑把两个任务放在同一个模块中；如果传送的数据量虽然很大，但它们可以放在公共数据区中，用同一种规律来传送信息(规则传送)的话，那还是可以考虑把这两个任务分在不同的模块中的。

(3) 模块的长度适中。模块的长度可以作为划分模块的考虑因素之一，因为如果模块太长，理解和调试会发生困难，失去了模块化的优点；如果模块太短，则为该模块所做的连接、通信等工作的开销太大，又很不值得。所以，一般来说，一个模块的语句长度约在20～100个的范围内比较合适。

【例 4.18】 (多模块程序设计) 采用多模块子程序结构编写一个完整程序，利用堆栈传递参数，将两位十进制数压缩 BCD 码转换成十六进制数并在屏幕显示。

程序分三个模块编写：主程序模块、十进制数转换为十六进制数的子程序(DTOH)及显示程序模块(DISPAL)。模块之间利用堆栈传递参数。将两位十进制数的压缩 BCD 码(高位 × 10 + 低位)转换为十六进制数。

程序如下：

TITLE 主程序模块；

    .MODEL SMALL

```
.8086
.DATA
VAR    DB   39H，56H，23H
COUNT      EQU        $-VAR
.CODE
   EXTERN              DISPAL:FAR，  DTOH:FAR
.STARTUP
        MOV    CX，COUNT
        MOV    BX，OFFSET VAR
NEXT: MOV    AL，[BX]
        MOV    AH，0
        PUSH   AX
        CALL   DTOH
        POP    AX
        CALL   DISPAL
        INC    BX
        LOOP   NEXT
.EXIT
        END
TITLE  子程序模块:
        .MODEL  SMALL
        .8086
        .DATA
        TAB    DB '0123456789ABCDEF'
        .CODE
        PUBLIC  DISPAL，DTOH
        DTOH    PROC FAR
        PUSH   BX
        PUSH   CX
        PUSH   BP
        MOV    BP，SP
        MOV    AX，[BP+10]
        MOV    AH，AL
        AND    AH，0FH
        MOV    BL，AH
        AND    AL，0F0H
        MOV    CL，4
        ROR    AL，CL
        MOV    BH，0AH
```

```
            MUL      BH
            ADD      AL，BL
            MOV      [BP+10]，AX
            POP      BP
            POP      CX
            POP      BX
            RET
DTOH        ENDP
DISPAL      PROC     FAR
            PUSH     AX
            PUSH     BX
            PUSH     CX
            PUSH     DX
            PUSH     DS
            PUSH     AX
            PUSH     AX
            MOV      AX，DATA
            MOV      DS，AX
            POP      AX
            MOV      BX，OFFSET TAB
            AND      AL，0F0H
            MOV      CX，4
            SHR      AL，CL
            XLAT
            MOV      AH，2
            MOV      DL，AL
            INT      21H
            POP      AX
            AND      AL，0FH
            XLAT
            MOV      AH，2
            MOV      DL，AL
            INT      21H
            MOV      DL，' '        ；显示空格
            MOV      AH，2
            INT      21H
            POP      DS
            POP      DX
            POP      CX
```

```
        POP        BX
        POP        AX
        RET
DISPAL  ENDP
END
```

此程序将汇编语言的各部分综合在一起，有助于理解主程序与子程序如何调用及多模块之间的衔接。程序在高版本 MASM6.13 下上机通过。

4.4　汇编程序及上机过程

4.4.1　汇编语言源程序的汇编、连接和装入运行

汇编语言源程序编写好以后，并不能直接运行，必须在汇编环境下，对源程序进行汇编和连接，生成可执行文件后才能运行程序。图 4.14 给出了汇编语言源程序的汇编、连接和装入运行过程。

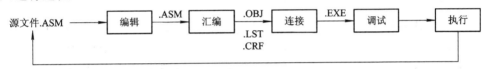

图 4.14　汇编语言源程序的汇编、连接和装入运行

(1) 编辑(EDIT)：首先通过编辑器输入、建立汇编源程序(文件名.ASM)，并以 ASCII 码的形式存入内存缓冲区。

(2) 汇编(MASM)：将汇编源程序(文件名.ASM)经汇编程序翻译后生成扩展名为 .OBJ 的目标文件、扩展名为 .LST 的列表文件和扩展名为 .CRF 的交叉索引文件。

通常目标文件是必须建立的，它包含了程序中所有的机器代码。列表文件包含了源程序、目标代码、注释等全部信息，列表文件可供打印输出，可供调试检查用。交叉索引文件是用来了解源程序中的符号定义及引用情况的。后面两个文件不是必需的，可通过汇编时的命令加以选择，打入"回车键"就是"不需了"。

(3) 连接(LINK)：将 .OBJ 文件(一个或多个)与系统提供的 .LIB 库文件连接，形成 .EXE 可执行文件和.MAP 内存分配文件。连接后的可执行文件(.EXE)是可以运行的文件。

(4) 调试(TD)：对 .EXE 执行文件进行调试。

(5) 上机过程(假定在微机硬盘某子目录下装入汇编系统程序)：

① 驱动器：\>…> EDIT　　file.asm

② 驱动器：\>…>MASM　　file

③ 驱动器：\>…>LINK　　file

④ 驱动器：\>…> TD　　file.exe

以上过程可建立批处理文件(假设汇编系统程序 MASM.EXE、LINK.EXE、TD.EXE 在 d:\masm611\bin 目录下)，如 mm.bat：

path=d:\masm611\bin\;

　　　　masm %1；

　　　　link　%1；

　　　　td　　%1.exe

　　　　mm multadd

　　另外，Microsoft MASM 6.X 版本为汇编源程序调试提供了用户工作台集成环境，在 MASM 中打开 PWB(Programmer's Work Bench)，即可进入集成环境，在此平台上可通过相应菜单选项完成编辑、汇编、连接、调试过程。PWB 中集成了 ML 和 CV 工具，使用 ML 可以完成汇编及连接工作，使用 CV 可以进入动态调试环境，完成调试工作。

　　使用 PWB 集成环境的操作过程如下：

　　① 进入 PWB 集成环境；

　　② 新建 PROJECT；

　　③ 新建源文件；

　　④ 进行 COMPILE 调试、修改；

　　⑤ 进行编译 BUILD、运行 RUN、调试 DEBUG 等。

4.4.2　汇编程序对源程序的汇编过程

　　大多数的汇编程序对源程序的汇编(即翻译)是通过两次扫描源程序(Two-pass Assembler) 的方法来实现的，其工作过程如图 4.15 所示。第一次扫描确定各标识符的位置，建立符号表；第二次扫描根据伪指令表、指令码表、符号表产生机器代码。为确定标识符的位置，汇编程序预先提供指令码表和伪指令表，汇编过程中用位置计数器(Location Counter，LC)，该计数器初值为 0，换段清零，增值为每条语句所占用的字节数，并累计至 END 段结束。这样，汇编程序对源程序进行完第一次扫描后，即可将各条语句在段中的相对位置，即段内偏移地址确定下来。因而，位于某条机器指令或伪指令最左边的标识符在段内的相对位置，即段内偏移地址也就确定下来了。第二次扫描将伪指令中数据置相应位置，计算表达式的值。

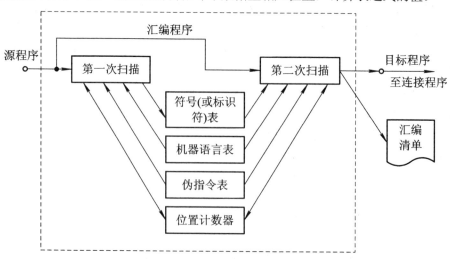

图 4.15　二次扫描的汇编程序

下面例 4.19 中的程序段给出扫描过程中位置计数器内容的变化情况。

【**例 4.19**】　编写将两个八位十六进制数(各占四个字节)相加求和的程序。设两个八位十六进制数已存入相应的 DAT1、DAT2 变量的单元内，且低位在低地址单元，高位在高地址单元。结果存入变量 DATS 单元中。

程序清单如下：

			位置计数器	语句长度
	.MODEL	SMALL		
	.386			
	.DATA		0	0
DAT1	DD	10325476H	0	4
DAT2	DD	01059821H	4	4
DATS	DD	0	8	4
	.CODE		0	0
	.STARTUP			
	MOV	EAX，DAT1	0	10
	ADD	EAX，DAT2	10	14
	MOV	DATS，EAX	14	19
	.EXIT		19	
	END			

结果为

(DATS) = 1137EC97H

上例中包含了两个段：数据段 DATA 和代码段 CODE。每个段开始时，LC 的内容为 0，随后，在扫描每个语句时，LC 的内容随语句的长度增加。语句长度是语句经汇编后在内存所占的字节数。如数据段中第 1 条语句为简化段定义伪指令，不占内存空间，语句长度为 0。下面为 3 个变量语句，每个语句占 4 个字节，因而其语句长度为 4。第 2 段开始时换为代码段，LC 的内容又清为 0，根据每条指令汇编成的机器代码所占的字节数确定语句长度及 LC 的内容。当汇编到 END 时，第 1 次扫描结束。程序中定义的标识符位置已确定，如两个段名(DATA、CODE)，3 个变量名(DAT1、DAT2、DATS)。第 1 次扫描结束时建立的符号表如表 4.5 所示。第 2 次扫描通过查阅指令码表、伪指令表和符号表将每条指令汇编成机器指令，并将伪指令中定义的数据置于相应的位置，汇编语言中的表达式求值也在此时进行。

表 4.5　第 1 次扫描结束时的符号表

符号(标识符)	偏移量	所在段	类　型
DATA	00H		段
DAT1	00H	DATA	双字变量
DAT2	04H	DATA	双字变量
DATS	08H	DATA	双字变量
CODE	00H		段

扫描过程中若发现同一个符号定义了两次或语句中用到的符号在符号表中查不到，则都将给出出错信息。当语句的格式与指令码表和伪指令表中提供的不一致时，也将给出出

错信息。

如果一个标号或变量名在操作数字段出现时已定义过，则称为向后引用；反之称为向前引用。向前引用扫描过程中的位置计数器的计数值是与语句的长度相关的，而语句的长度又与操作数的类型有关。因此，当出现向前引用时，汇编程序就需要猜测语句长度，当猜测的长度与实际的长度不一致时，汇编程序就可能发生错误。为克服这一点，对于需要向前引用的指令最好用属性操作符指明所引用符号的属性。编写源程序时应尽量采用向后引用的方法。

4.4.3　汇编语言和 PC-DOS 的接口

80X86 汇编语言程序是在 PC-DOS 操纵下运行的。磁盘上的 .EXE 文件包括两部分：一部分为装入模块，另一部分为"重定位信息"。装载 .EXE 文件时，这两部分都调入内存。DOS 测试内存环境，根据重定位信息完成对装入模块的重定位之后，重定位信息即被丢弃。DOS 再在同一内存块的用户上方(低地址处)偏移地址为 00H～FFH 的单元自动生成一个有256 B 的数据块，该数据块称为"程序段前缀 PSP(Program Segment Prefix)"，如图 4.16 所示。PSP 的第 0、1 号单元存放指令 INT 20H 的操作码(CD20H)，用于程序执行返回 DOS。借用INT 20H 这种方法返回 DOS 较麻烦，因执行 INT 20H 的前提是 CS:IP 必须指向 PSP 首单元，否则执行 INT 20H 反而会造成死机，因此在 .EXE 文件汇编格式中，不能直接执行 INT 20H。用下列方法可使在需返回 DOS 时，CS:IP 指向 PSP 首单元。

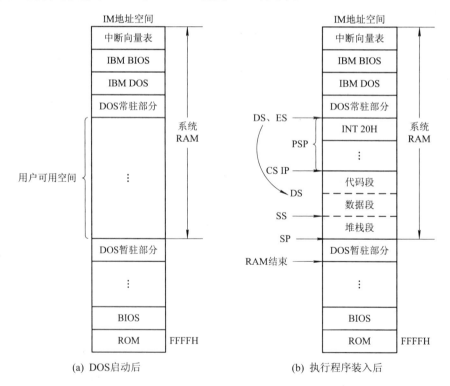

图 4.16　PC-DOS 对内存的分配

(1) 把整个执行程序包括在一个远过程中。

(2) 在用户程序给 SS、SP 赋初值之后(DOS 已经给它们赋过值了，不需再赋)，给 DS 赋初值之前，用下列三条指令，把 PSP 首单元的物理地址压入栈顶，即

```
PUSH    DS        ；PSP 段基值压栈
MOV     AX，0
PUSH    AX        ；双字节 0 压栈
```

(3) 程序在返回 DOS 时，执行一条 RET 指令，返回 DOS。因为这条 RET 指令是远过程中的 RET 指令，它将从栈顶弹出四个元素，即把 PSP 首单元的物理地址反弹到 CS:IP 之中，于是 CPU 就自动从 PSP 首单元取出 INT 20H，执行它，返回 DOS。

这时，汇编语言源程序代码段的框架为

```
CODE        SEGMENT
MAIN        PROC    FAR
   ASSUME CS：CODE，DS：DSEG，SS：SSEG
START：      MOV     AX，SSEG      ；若用 STACK 组合类型，则可省略堆栈的设置
            MOV     SS，AX
            MOV     SP，OFFSET TOP
            PUSH    DS
            XOR     AX，AX        ；or  MOV  AX，0
            PUSH    AX
            MOV     AX，DSEG
            MOV     DS，AX
            …
            RET
MAIN        ENDP
CODE        ENDS
            END START
```

返回 DOS 的其他方法是常用系统功能调用 INT　21H 的 4CH 功能，例如：

```
MOV   AH，4CH
INT    21H
```

这时汇编语言源程序具有的框架结构见前面 4.3 节。

4.5　DOS 及 BIOS 功能调用

DOS 操作系统从两个层次上向用户提供与操作系统的接口，普通用户可以通过键盘命令在命令处理模块层次上和操作系统交互，高级用户可以通过软件中断的方式在 DOS 的较低层次上和操作系统交互，包括 DOS 中断调用和 BIOS 功能调用。

DOS 操作系统将输入/输出管理程序编制成一系列子程序，不仅系统可以使用，用户也可以像调用子程序一样方便地使用它们。这些子程序或常驻内存(IBMDOS.COM、IBMBIOS.COM)，或固化在系统的 ROM 中(ROM-BIOS)。

ROM-BIOS 是最底层的基本输入/输出系统，DOS 在此基础上开发了输入/输出设备处理程序 IBMBIOS.COM，这是 DOS 与 ROM-BIOS 的接口；在 IBMBIOS.COM 的基础上又开发了文件管理和一系列处理程序 IBMDOS.COM。另外，DOS 的命令处理程序 COMMAND.COM 与前两种程序构成基本的 DOS 系统。IBMDOS.COM、IBMBIOS.COM、ROM-BIOS 的相互关系如图 4.17 所示。

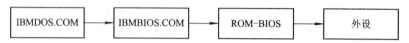

图 4.17　IBMDOS.COM、IBMBIOS.COM、ROM-BIOS 的相互关系

80386/80486 微机系统兼容 8086/8088，软件中断可分为 3 部分：

(1) DOS 中断，占用类型号为 20H～3FH。目前使用的有 20H～27H 和 2FH，其余类型号保留，它是较高层次的系统软件，许多功能是通过调用 BIOS 来实现的。

(2) ROM BIOS 中断，占用类型号为 10H～1FH，更接近系统硬件，是最底层的系统软件。

(3) 自由中断，占用类型号为 40H～FFH，可供系统或应用程序设置开发的中断处理程序使用。

所有的 DOS 功能调用都是利用软中断指令 INT n 来实现的。软中断是指以指令方式产生的中断，区别于硬(外部)中断；n 为中断类别号，对于不同的 n，可转入不同的中断处理程序，完成不同的功能。DOS 功能调用的使用方法如下：

(1) MOV AH，功能号；

(2) 设置入口参数；

(3) 执行 INT n；

(4) 分析出口参数。

相同中断类型号有多种功能时，可先将功能号送入 AH，在 AH 中设置不同的值，将完成不同的功能。AH 中的内容称为"功能号"。

4.5.1　DOS 中断及功能调用

目前 DOS 常用的 9 类中断(20H～27H 和 2FH)分为两种：

(1) DOS 专用中断：INT 22H、INT 23H 和 INT 24H，用户不能使用；

(2) DOS 可调用中断：INT 20H、INT 27H(程序退出)，INT 21H(系统功能调用)，INT 25H、INT 26H(磁盘 R/W 中断)，INT 2FH(假脱机打印文件)。

DOS 系统功能调用的方式是通过执行软中断指令 INT 21H 来实现的。当寄存器 AX 中设置不同的值时，该指令将完成不同的功能。在 21H 类型所对应的中断处理程序中包含了一系列最常用的功能子程序，这些子程序分别实现外部设备管理功能、文件读/写和管理功能、目录管理功能等，所以 21H 类型中断几乎包括了整个系统的功能，系统功能调用的名称也就由此而来。

DOS 启动成功后，INT 21H 的中断向量(中断处理程序首地址)被初始化在中断向量表中向量地址为 84H～87H 的 4 个字节单元内。所有系统调用格式都一样。系统功能调用的各子功能的介绍见表 4.6～表 4.14。有些系统调用功能简单，不需要设置入口参数，或者没有出口参数。详细的功能、入口参数、出口参数要求可参见专门的手册。通常，默认标准设备为：标准输入设备(控制台输入)是键盘；输出设备(控制台输出)是显示器；标准辅助设备是第一个 RS232 串行异步通讯接口，打印输出为第一个并行接口等。

表 4.6　程序结束系统功能调用

功能号	功　　能	入口参数	出口参数	DOS 版本
00H	退出用户程序并返回操作系统			1，2，3，6
31H	终止用户程序并驻留在内存	AL = 退出码 DX = 程序长度		2，3，6
4CH	终止当前程序并返回调用程序	AH = 4CH，AL = 返回码		2，3，6

表 4.7　字符 I/O 系统功能调用

功能号	功　　能	入口参数	出口参数	DOS 版本
01H	带回显的键盘输入		AL = 输入字符	1，2，3，6
03H	串行口输入字符		AL = 输入字符	1，2，3，6
06H	直接控制台 I/O	DL = FF(输入) DL = 字符(输出)	AL = 输入字符	1，2，3，6
07H	直接控制台输入(无回显)		AL = 输入字符	1，2，3，6
08H	无回显的键盘输入		AL = 输入字符	1，2，3，6
0AH	字符串缓冲输入	DS:DX = 缓冲区首址		1，2，3，6
0BH	取键盘输入状态		AL = 00 无键入 AL = FF 有键入	1，2，3，6
0CH	清键盘缓冲区后，输入	AL = 功能号(01、06、07、08、或 0A)		1，2，3，6
02H	字符显示	DL = 输出字符		1，2，3，6
04H	串行口输出字符	DL = 输出字符		1，2，3，6
05H	字符打印	DL = 输出字符		1，2，3，6
09H	字符串显示	DS:DX = 缓冲区首址		1，2，3，6
0DH	初始化盘状态			1，2，3，6
0EH				

表 4.8　磁盘控制系统功能调用

功能号	功　　能	入口参数	出口参数	DOS 版本
0DH	初始化盘状态			1, 2, 3, 6
0EH	置缺省驱动器代码	DL = 盘号	AL = 系统中盘的数目	1, 2, 3, 6
19H	取缺省驱动器代码		AL = 当前驱动器	1, 2, 3, 6
1BH	取缺省盘分配表信息 (FAT 表)		DS:BX = 盘类型字节地址 DX = FAT 表项数 AL = 每簇扇区数 CX = 每扇区字节数	1, 2, 3, 6
1CH	取指定盘分配表信息 (FAT 表)	DL = 盘号	DS:BX = 盘类型字节地址 DX = FAT 表项数 AL = 每簇扇区数 CX = 每扇区字节数	2, 3, 6
2EH	置写校验状态	DL = 0 AL = 状态		1, 2, 3, 6
36H	取盘的剩余空间数	DL = 盘号	BX = 可用簇数 CX = 总簇数 DX = 每扇区字节数 AX = 每簇扇区数	2, 3, 6
54H	取写校验状态		AL = 状态	2, 3, 6

表 4.9　文件操作系统功能调用

功能号	功　　能	入口参数	出口参数	DOS 版本
1AH	置磁盘缓冲区	DS:DX=缓冲区首址		1, 2, 3, 6
2FH	取磁盘缓冲区首址		ES:BX=缓冲区首址	2, 3, 6
0FH	打开文件	DS:DX=FCB 首址	AL=00, 成功 AL=FF, 未找到	
10H	关闭文件	DS:DX=FCB 首址	AL=00, 成功 AL=FF, 未找到	1, 2, 3, 6
11H	查找第一个匹配文件	DS:DX=FCB 首址	AL=00, 成功 AL=FF, 未找到	1, 2, 3, 6
12H	查找下一个匹配文件	DS:DX=FCB 首址	AL=00, 成功 AL=FF, 未找到	1, 2, 3, 6
13H	删除文件	DS:DX=FCB 首址	AL=00, 成功 AL=FF, 未找到	1, 2, 3, 6

续表

功能号	功　能	入口参数	出口参数	DOS 版本
16H	建立文件	DS:DX=FCB 首址	AL=00，成功 AL=FF，目录区满	1，2，3，6
17H	文件更名	DS:DX=FCB 首址 (DS:DX+17)=新名		1，2，3，6
23H	取文件长度	DS:DX=FCB 首址	AL=00，成功 AL=FF，未找到	1，2，3，6
3CH	建立文件	DS:DX=字符串地址 CX=属性字 DS:DX=字符串地址	AX=文件号	2，3，6
3DH	打开文件	AL=0 读 AL=1 写 AL=2 读/写	AX=文件号	2，3，6
3EH	关闭文件	BX=文件号		2，3，6
41H	删除文件	DS:DX=字符串地址		2，3，6
43H	取或置文件属性	DS:DX=字符串地址 AL=0，取文件属性 AL=0，取文件属性	CX=文件号	2，3，6
45H	复制文件号	BX=文件号 1	AX=文件号 2	2，3，6
46H	强制复制文件号	BX=文件号 1 CX=文件号 2	AX=文件号 2	2，3，6
4EH	查找第一个匹配文件	DS:DX=字符串地址 CX=属性字	DTA	2，3，6
4FH	查找下一个匹配文件	DTA	DTA	2，3，6
56H	文件更名	DS:DX=字符串地址 ES:DI=新名地址		2，3，6
57H	置或取文件日期时间	BX=文件号 AL=0 读 AL=1 写 DX:CX	DX:CX=日期和时间	2，3，6
5AH	建立暂时文件	DS:DX=字符串地址 CX=属性字	AX=文件号	2，3，6
5BH	建立新文件	DS:DX=字符串地址 CX=属性字	AX=文件号	2，3，6

表 4.10　记录操作系统功能调用

功能号	功　　能	入口参数	出口参数	DOS 版本
14H	顺序读一个记录	DS:DX=FCB 首址	AL=00，成功 AL=01，文件结束 AL=03，缓冲不满	1，2，3，6
15H	顺序写一个记录	DS:DX=FCB 首址	AL=00，成功 AL=FF，盘满	1，2，3，6
21H	随机读一个记录	DS:DX=FCB 首址	AL=00，成功 AL=01，文件结束 AL=03，缓冲不满	1，2，3，6
22H	随机写一个记录	DS:DX=FCB 首址	AL=00，成功 AL=FF，盘满	1，2，3，6
24H	置随机记录号	DS:DX=FCB 首址		1，2，3，6
27H	随机读若干记录	DS:DX=FCB 首址 CX=记录数	AL=00，成功 AL=01，文件结束 AL=03，缓冲不满	1，2，3，6
28H	随机写若干记录	DS:DX=FCB 首址 CX=记录数	AL=00，成功 AL=FF，盘满	1，2，3，6
3FH	读文件或设备	BX=文件号 CX=读入字节数 DS:DX=缓冲区首址	AX=实际读出的字节数	2，3，6
40H	写文件或设备	BX=文件号 CX=写盘字节数 DS:DX=缓冲区首址	AX=实际写入的字节数	2，3，6
42H	改变文件读/写指针	BX=文件号 CX:DX=位移量 AL=0 绝对移动 AL=1 相对移动 AL=2 绝对倒移	DX:AX=新的指针位置	2，3，6

表 4.11　目录操作系统功能调用

功能号	功　能	入口参数	出口参数	DOS 版本
39H	建立一个子目录	DS:DX=字符串地址	CY=00，成功	2，3，6
3AH	删除一个子目录	DS:DX=字符串地址	CY=00，成功	2，3，6
3BH	改变当前目录	DS:DX=字符串地址	CY=00，成功	2，3，6
47H	取当前目录	DL=盘号 DS:DX=字符串地址	DS:DX=字符串地址	2，3，6

表 4.12　时间日期系统功能调用

功能号	功　能	入口参数	出口参数	DOS 版本
2AH	取日期		CX:DX=日期	1，2，3，6
2BH	置日期	CX:DX=日期	AL=00，成功 AL=FF，失败	1，2，3，6
2CH	取时间		CX:DX=时间	1，2，3，6
2DH	置时间	CX:DX=时间	AL=00，成功 AL=FF，失败	1，2，3，6

表 4.13　内存分配系统功能调用

功能号	功　能	入口参数	出口参数	DOS 版本
48H	分配内存空间	BX=申请内存数量	AX:0 分配内存首址 BX=最大可用内存空间(失败时)	2，3，6
49H	释放内存空间	ES=内存起始段地址		2，3，6
4AH	修改分配的内存空间	ES=原内存起始段地址 BX=再申请的数量 AL=00H 取当前分配策略码	BX=最大可用内存空间(失败时) 成功，C=0 AX=策略码 00 最先符号 01 最佳符号 02 最后符号	2，3，6
58H	取或置内存分配策略	AL=01H， 置当前分配策略码 BX=策略码	失败，C=1 且 AX=错误码 成功，C=0 失败，C=1 且 AX=错误码	2，3，6

表 4.14　网络共享、其他功能及保留功能列表

功能分类	功能号	含　义	DOS 版本
网络共享	5CH	记录共享或锁定	3，6
	5EH	取网络名或置打印机	3，6
	5FH	网络设置重定向	3，6
其他功能	25H	置中断向量	1，2，3，6
	35H	取中断向量	2，3，6
	26H	建立程序段前缀	1，2，3，6
	29H	分析文件名	2，3，6
	30H	取 DOS 版本号	2，3，6
	33H	取或置 Ctrl-Break 标志	2，3，6
	38H	取或置国别	2，3，6
	44H	设备驱动控制	2，3，6
	4BH	加载执行程序	2，3，6
	4DH	取出口码	2，3，6
	59H	取扩展错误信息	3，6
	62H	取程序前缀地址	3，6
	63H	取扩展字符表地址	3，6
保留功能	18H，1DH，1EH，1FH，20H		1，2，3，6
	32H，34H，37H，50H，51H，52H，53H，55H		2，3，6
	5DH，60H，61H		3，6

下面介绍 INT　21H 的几个最常用的功能。

【例 4.20】　从键盘输入一个字符。

查表知：功能号为 01H 的系统功能调用，出口参数 AL = 输入字符。

程序段如下：

```
    MOV   AH, 1      ;功能号 1 送入 AH，有回显的键盘输入
    INT   21H        ;当按下键后，返回(AL)=字符的 ASCII 码
```

如果从键盘输入字符串，则使用功能号为 0AH 的系统功能调用，入口参数为 DS：DX= 缓冲区首地址。

【例 4.21】　写出用功能号为 02H 的系统功能调用在控制台上输出一个字母"B"的程序段。

查表知：功能号为 02H 的系统功能调用，入口参数 DL = 输出字符。

程序段如下：

```
    MOV   AH, 2      ;功能号 2 送入 AH
    MOV   DL, 'B'    ;'B'的 ASCII 码送入 DL
    INT   21H        ;执行 INT　21H(系统调用)指令，则字母 B 显示在屏幕上
```

【例 4.22】　试编制程序，利用 DOS 系统功能调用 INT　21H 在计算机的 CRT 上显示 "PASSWORD："提示，用到的 DOS 系统功能调用 INT　21H 的 9 号子功能。说明如下：

功能：把缓冲区中的字符串在显示器上显示出来。

入口参数：AH=9，DS：DX=缓冲区首地址

出口参数：无

```
        DATA        SEGMENT
        PASSW       DB   'PASSWORD: ', 0DH, 0AH, '$'
        DATA        ENDS
        STACK       SEGMENT      STACK
                    DW 256 DUP(?)
        STACK       ENDS
        CODE        SEGMENT
                    ASSUME CS:CODE，DS:DATA，SS:STACK
        START:      MOV      AX，DATA
                    MOV      DS，AX
                    LEA      DX，PASSW    ；字符串起始地址送 DX
                    MOV      AH，09H      ；字符串显示功能
                    INT      21H          ；显示字符串
                    MOV      AH，4CH      ；功能号送 AH
                    INT      21H          ；返回 DOS
        CODE        ENDS
                    END      START
```

功能 9 是要求被显示的字符串必须以'$'为结束符，否则会引起屏幕混乱。显示时在字符串结束前加上回车及换行的 ASCII 码 0DH 和 0AH，可使光标自动换行。

4.5.2　BIOS 中断及功能调用

ROM-BIOS 与 DOS 系统功能调用中的字符 I/O 功能相似，用户也可以通过软件中断方式直接调用它们。由于 BIOS 提供的字符 I/O 功能直接依赖于硬件，因而调用它们比调用 DOS 字符 I/O 功能速度更快。调用方法与 DOS 系统功能方法类似。表 4.15～表 4.17 分别说明显示器、键盘和打印机 I/O 驱动子程序的调用方法。

(1) 键盘输入子程序　　　INT 16H

(2) 显示程序　　　　　　INT 10H

(3) 打印输出子程序　　　INT 17H

标准设备输入指键盘，输出指显示器。

表 4.15　BIOS 中键盘输入子程序表

功能号	作　　用	输 出 结 果
00H	从键盘读入一个字符	AL=字符的 ASCII 值 AH=字符的扫描码
01H	判断键盘缓冲区后是否有字符	Z=1，无字符 Z=0，有字符，且字符在 AL、 AH 中 (同上)
02H	读键盘当前的换档状态	AL=换档状态码

表 4.16 BIOS 显示输出功能列表

功能名称	功能号	输入参数	输出结果
显示方式控制	00H	AL=0	字符分辨率为 40×25 的单色字符方式
		AL=1	字符分辨率为 40×25 的彩色字符方式
		AL=2	字符分辨率为 80×25 的单色字符方式
		AL=3	字符分辨率为 80×25 的彩色字符方式
		AL=4	分辨率为 320×200 的彩色图形方式
		AL=5	分辨率为 320×200 的单色图形方式
		AL=6	分辨率为 640×200 的单色图形方式
	0FH		BH=当前页号，AH=字符列数，AL=显示方式
字符显示	05H	AL=选择的页面	设置显示的页面
	08H	BH=显示页面	读光标处的字符，AL=字符，AH=属性
	09H	BH=页面 CX=字符总数 AL=字符 BL=属性	在当前光标位置显示字符及属性
	0AH	BH=页面 CX=字符总数 AL=字符	在当前光标位置仅显示字符
	0EH	AL=字符 BL=前景色	在当前页面按电传打字方式显示字符
图形显示	0CH	DX=行数 CX=列数 AL=彩色值	在指定位置上显示彩色点
	0DH	DX=行数 CX=列数	AL 返回指定位置的彩色点
	0BH	BH=调色板色别值 BL=彩色值	设置彩色调色板
光标控制	01H	CH=光标开始行 CL=光标结束行	设置光标类型
	02H	DH=行数 DL=列数 BH=页面	设置光标位置
	03H	BH=页面	返回光标位置
屏幕滚动	06H	AL=行数 BH=空白行属性 CH，CL=左上角行、列	当前页向上滚动
	07H	DH，DL=右上角行、列	当前页向下滚动

表 4.17 BIOS 打印输出功能列表

功能号	入口参数	输出结果
00H	AL=打印字符 DX=打印机号(0-2)	送 AL 中的字符到指定的打印机，并在 AH 返回打印机状态
01H	DX=打印机号(0-2)	初始化指定的打印机，并在 AH 返回打印状态
02H	DX=打印机号(0-2)	在 AH 返回指定的打印机状态

表 4.17 中三个功能子程序执行完后均在 AH 寄存器中返回当前打印机状态，状态位置位时，各位含义如下：

D$_7$	D$_6$	D$_5$	D$_4$	D$_3$	D$_2$	D$_1$	D$_0$
不忙	应答	无纸	联机	I/O 错	未用	未用	超时

4.6 汇编语言与高级语言的混合编程

在用高级语言(如 C、PASCAL、BASIC)进行应用程序的开发研制过程中，为了提高某些功能模块执行速度或缩短代码长度，往往需要借助汇编语言来完成。有时受高级语言本身的限制，如不支持某些硬件的操作，唯一的解决办法就是用汇编程序来弥补其不足。因此为提高高级语言编程的效率，增加编程的灵活性，我们有必要掌握汇编语言与高级语言的混合技术。

汇编语言编写的子程序可以由高级语言(如 C、PASCAL、BASIC 等)调用。同样，汇编语言也可以调用高级语言编写的子程序。高级语言在向子程序传递参数时，一般使用堆栈方式，比如 C 语言中调用如下函数：

extern int far COMPUTE(int 参数 1，int 参数 2，int 参数 3)；

此时，堆栈中数据如图 4.18(FAR 情况)所示。

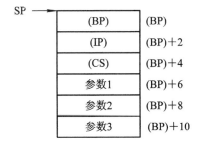

图 4.18 C 语言中调用汇编子程序 COMPUTE 时的堆栈内容

如果子程序是 NEAR，则堆栈中没有(CS)项。调用 COMPUTE 开始时，先从右到左依次将参数压入堆栈，然后压入返回地址，最后保护 BP 是汇编子程序自己压入堆栈的。

返回参数 int 是通过 AX 返回的，如果返回的是 long，则通过 DX:AX 返回。更多的参数可以通过指针地址或变参返回，这里不做讨论。

在汇编代码中，通过以下方式得到传递的参数：

```
MOV   AX，  [BP+6] ；参数 1
MOV   BX，  [BP+8] ；参数 2
      ⋮
```

【例 4.23】 TURBO C 调用汇编代码示例：

Turbo C 程序：

```
/*      CALL ASM subroutine demo  */


#include <stdio.h>；
```

```
    extern int far COMPUTE(int，int，int);       //汇编语言编写的外部函数声明，计算 3 个参数之和

    int main()
    {
    int result;

        printf("CALL ASM DEMO\n");
        result=COMPUTE(1，2，33);     //调用外部函数，传递参数 1，2，33 到汇编子程序
        printf("RESULT=%d"，result);   //运行结果：RESULT=36
        while (!kbhit())  ;             //等待击键退出
        return 0;
    }
```

注意，多数 C 语言编译器是对大小写字母敏感的，而汇编程序则多数不区分大小写，多数 MASM 和 TASM 编译器编译时自动把全部代码转换成大写,因此在 C 程序引用时需要注意，外部函数名是大写的。对于本例的 C 程序，是在 TURBO C3.0 下调试通过的，并且在 TURBO C3.0 下会给外部函数名、变量名和段名等前面自动加上 "_" 符号，因此汇编程序中对应的函数是 "_COMPUTE"。完整的汇编程序代码如下：

```
_TEXT  SEGMENT
            ASSUME  CS:_TEXT
            PUBLIC   _COMPUTE


_COMPUTE  PROC      far
            PUSH      BP
            MOV       BP, SP
            MOV       AX, [BP+6]    ; 取参数 1
            ADD       AX, [BP+8]    ; +参数 2
            ADD       AX, [BP+10]   ; +参数 3
            POP       BP
            RET                     ; 返回结果在 AX 中
_COMPUTE  Endp
_TEXT      ENDS
            END
```

上述示例中，当参数种类繁多或存在 FAR 和 NEAR 调用时，通过[bp+n]方式访问参数，会使代码的可读性变差，容易出错。在较早的汇编程序版本中，可以通过 STRUC 结构来描述堆栈结构。使用结构描述堆栈参数的程序代码如下：

```
STK    STRUC        ; 用于 C 语言调用
        DW ?         ; BP
        DD ?         ; 类型 FAR，  如果是 NEAR 则为 DW
```

```
PARA1 DW ?              ; 参数 1
PARA2 DW ?              ; 参数 2
PARA3 DW ?              ; 参数 3
STK    ENDS
_TEXT SEGMENT
        ASSUME CS:_TEXT
        PUBLIC  _COMPUTE

_COMPUTE PROC   FAR
        PUSH BP
        MOV   BP, SP
        MOV   AX，[BP].PARA1
        ADD   AX，[BP].PARA2
        ADD   AX，[BP].PARA3
        POP BP
        RET
    _COMPUTE ENDP
    _TEXT     ENDS
        END
```

上述程序在 TURBO C3.0 下调试通过。在其他 C 语言编译器下略有不同。在 TURBO PASCAL、BASIC 语言中则没有上述限制。但是这些语言和 C 不同的是，它们将参数压入堆栈的顺序和 C 正好相反，即从左到右压入堆栈，如图 4.19 所示。

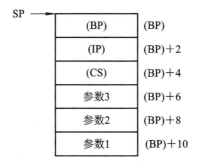

图 4.19　TURBO PASCAL、BASIC 语言中调用汇编子程序 COMPUTE 时的堆栈结构

另外，在 PASCAL、BASIC 语言中调用汇编子程序时，返回语句 RET 还要考虑调整堆栈指针，以便从堆栈中释放掉参数所占堆栈空间并调整堆栈指针，而对于 C 语言则不需要，因为 C 语言会自动调整堆栈指针。

```
STK    STRUC        ; 用于 PASCAL、BASIC 语言调用
       DW ?         ; BP
       DD ?         ; 类型 FAR， 如果是 NEAR 则为 DW
PARA3 DW ?          ; 参数 3
```

```
        PARA2 DW ?              ; 参数 2
        PARA1 DW ?              ; 参数 1
        PEND  DW ?              ; 参数结束
        STK    ENDS
```
RET 语句如下：

RET　　　PEND-PARA3　　　; PEND-PARA3，调整堆栈指针 sp，减去参数所占长度

从 MASM6 开始，可以通过增强的过程定义伪指令 PROC 来描述汇编子程序。增强 PROC 伪指令格式如下：

proName PROC　　[属性] [USES 寄存器] [，参数列表]

其中：

[属性]=[距离] [语言] [可见范围] [宏名]

[距离]= NEAR，FAR

[语言]= C，PASCAL，BASIC，FORTRAN

[可见范围]=Private，Public

[宏名]= 宏名

这里，[距离]和[语言]也可以在 .model 伪指令中指定。

[USES 寄存器]=指定使用的寄存器，例如：USES AX BX CX …

[，参数列表]=指定参数个数和类型，例如：PARA1:WORD，PARA2:WORD …

例如，前面函数可以写成：

COMPUTE PROC FAR C PUBLIC　　PARA1:WORD，PARA2:WORD，PARA3:WORD

在使用增强 PROC 伪指令定义的程序中，引用参数时可以直接使用参数名，编译器会自动生成[BP+n]的形式。如：

```
    MOV   AX，PARA1
```

另外，所有名称也不要求以"_"开头，以下堆栈管理指令也不需要。

```
    PUSH  BP
    MOV   BP，SP
        ⋮
    POP   BP
```

使用增强 PROC 伪指令定义的程序清单如下所示。而 C 语言的调用格式没有变化。可以看出，使用这种增强定义方式简化了参数和堆栈的管理，使程序更加简洁清晰，不易出错，大大提高了编程和调试效率。

```
    .MODEL  SMALL
    .CODE
    COMPUTE  PROC FAR  C  PUBLIC  PARA1:WORD，PARA2:WORD，PARA3:WORD
        MOV   AX，PARA1
        ADD   AX，PARA2
        ADD   AX，PARA3
        RET
```

```
COMPUTE   ENDP
          END
```

在 TURBO C3.0 集成环境中，也应设置相同的内存模式，在 PRJ 文件添加汇编程序生成的 .OBJ 文件。以上混合编程的示例代码全部在 TURBO C3.0 下调试通过。

习题与思考题

1. 试说明程序设计语言的分类及采用汇编语言编程的原因。

2. 有下列数据段：

```
DATA   SEGMENT
MAX    EQU 03f9H
VAL1   EQU MAX MOD 0AH
VAL2   EQU VAL1*2
BUFF   DB 4，5，'1234'
BUF2   DB ?
LEND   EQU BUF2－BUFF
DATA   ENDS
```

请写出数据段中 MAX，VAL1，VAL2，LEND 符号所对应的值。

3. 设下列指令语句中的标识符均为字变量，请指出哪些指令是非法的，并指出其错误之处。

```
(1) MOV    WORD1[BX+2][DI]，AX
(2) MOV    AX，WORD1[DX]
(3) MOV    WORD1，WORD2
(4) MOV    SWORD，DS
(5) MOV    SP，DWORD[BX][SI]
(6) MOV    [BX][SI]，CX
(7) MOV    AX，WORD1+WORD2
(8) MOV    AX，WORD2+0FH
(9) MOV    BX，OFFSET WORD1
(10) MOV   SI，OFFSET WORD2[BX]
```

4. 编写一个字符串 copy 的宏，要求有三个参数，分别是源字符串地址、目的字符串地址、要 copy 的字节数。

5. 试编制一程序，统计出某数组中相邻两数之间符号变化的次数。

6. 试编制一程序，用乘法指令实现 32 位二进制数与 16 位二进制数相乘。

7. 设有 3 个字变量的变量名及其内容如下：

```
VAR1   3C46H
VAR2   F678H
VAR3   0059H
```

试设计一个数据段定义这 3 个变量及其地址(包括段地址和偏移地址)表变量 ADDRTABL。

8. 试编制程序，找出前 10 个质数。

9. 已知 X、Y、Z 被赋值如下：

```
X    EQU    60
Y    EQU    70
Z    EQU    8
```

试求下列表达式的值：

(1) X*Y−Z

(2) X/8+Y

(3) X   MOD(Y/Z)

(4) X*(Y   MOD   2)

(5) X   GE   Y

(6) Y   AND   Z

10. 设有一个有符号数数组，共 M 个字，试编一个求其中最大的数的程序。若需求绝对值最大的数，程序应如何修改？又若数组元素为无符号数，求最大数的程序应如何修改？

11. 试编制一程序，把 20 B 的数组分成正数组和负数组，并分别计算两个数组中数据的个数。

12. 设有两个等字长、字节型字符串，试编写一汇编语言程序，比较它们是否完全相同，若相同则将字符 Y 送入 AL 中，否则将字符 N 送入 AL 中。

13. 试编写一个通用多字节数(3 个字节以上)相加的宏定义，并调用它实现多字节数的加法，注意观察汇编时宏调用被展开的情况。(提示：用 MASM 命令汇编时，加选项 −L，在生成 .OBJ 文件时，同时生成 .LST 文件，观察 .LST 列表文件可以看到宏展开的情况。)

14. 自己设计一程序，包含 DOS(INT   21H)的设置中断向量(25H)和退出并驻留(31H)功能调用。观察这两个功能调用的效果，把 31H 和 4CH 功能调用作一比较。

15. 编写程序实现 67H / 12H，商存储在 RESULT 中，余数在 REST 中，程序的开头代码如下：

```
DATA    SEGMENT
VAR1    DB 67H
VAR2    DB 12H
RESULT DB ?
REST    DB ?
DATA    ENDS
```

16. 试编制设密码程序。要求在屏幕上显示字符串"Password："，随后从键盘再输入字符串，并将这个字符串与程序内部设定的字符串相比较。若二者相同则显示"Hello！"，否则显示"Sorry！"。注意：要求键盘输入字符不能直接回显在显示器上，而要用*号代替。

第 5 章　80X86 微处理器引脚功能与总线时序

Intel 公司生产的 8086/8088 CPU 采用 40 条引脚的双列直插式封装形式。80386/486 CPU 分别采用 132/168 引脚的栅状阵列封装形式。这些引脚构成了微处理器的外总线，包括地址总线、数据总线和控制状态总线。微处理器通过这些总线可以和存储器、I/O 接口、外部控制管理部件以及其他微处理器组成不同规模的系统及相互交换信息。

5.1　8086/8088 CPU 的引脚功能

如图 5.1 所示，8086/8088 CPU 具有 40 条引脚，采用双列直插式封装形式。为了减少芯片上的引脚数目，8086/8088 CPU 都采用了分时复用的地址/数据总线。正是由于这种分时使用方法，才使得 8086/8088 CPU 可用 40 条引脚实现 20 位地址、16 位数据及许多控制信号和状态信号的传输。

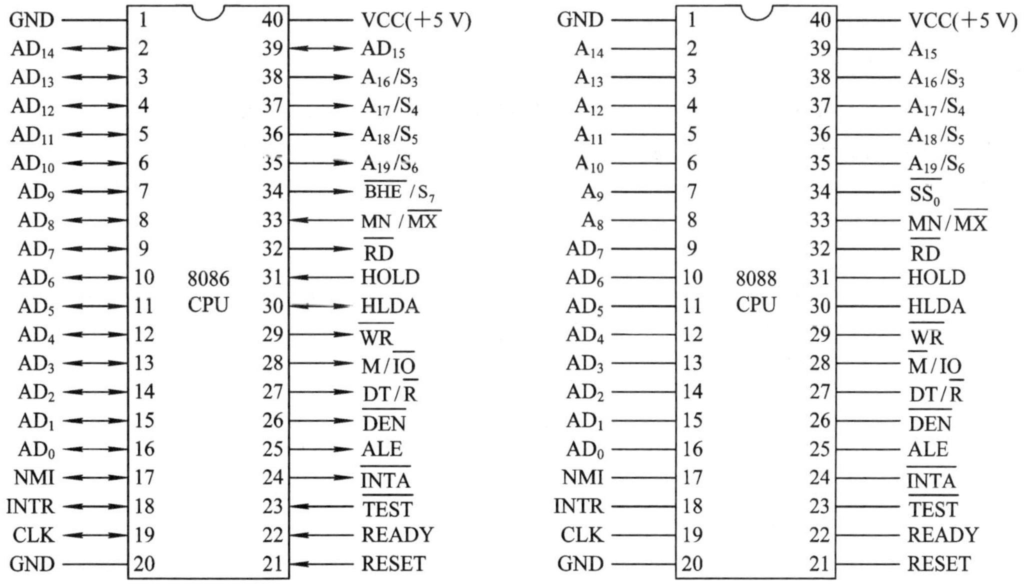

图 5.1　8086/8088 CPU 的引脚信号图(最小模式下)

虽然 8086 与 8088 微处理器之间没有太大区别，但在引脚功能上却有几点不同：

(1) 由于 8088 只能传输 8 位数据，因而 8088 只有 8 个地址引脚兼作数据引脚，而 8086 有 16 个地址/数据复用引脚；

(2) 8086 处理器的 28 号引脚为 M/$\overline{\text{IO}}$，而 8088 为 IO/$\overline{\text{M}}$，即有效电平相反；

(3) 8086 处理器的 34 号引脚为 $\overline{BHE}$ /S7，而 8088 为 $\overline{SS_0}$。

为了适应各种使用场合，8086/8088 CPU 有两种工作模式：

(1) 最小模式：系统中只有 8086/8088 一个微处理器。在这种系统中，8086/8088 CPU 直接产生所有的总线控制信号，系统所需的外加其他总线控制逻辑部件最少。由于这种特点，故称为最小模式。

(2) 最大模式：系统中常含有两个或多个微处理器，其中一个为主处理器 8086/8088 CPU，其他的处理器称为协处理器。它们是协助主处理器工作的。和 8086/8088 CPU 相配的协处理器有两个，一个是专用于数值运算的协处理器 8087，系统中有了此协处理器后，会大幅度地提高系统的数值运算速度；另一个是专门用于输入/输出操作的协处理器 8089，系统中加入 8089 后，会提高主处理器的效率，大大减少了输入/输出操作占用主处理器的时间。在最大方式工作时，控制信号是通过 8288 总线控制器提供的。因此，在不同模式下工作时，部分引脚(第 24～31 引脚)会有不同的功能。

5.1.1　8086/8088 CPU 共用引脚功能

下面先介绍 8086/8088 CPU 在两种方式下定义功能均相同的引脚。

1. AD_0～AD_{15}(Address/Data Bus)地址/数据复用引脚(输出、三态)

这是采用分时的方法传送地址或数据的复用引脚，具有双向、三态功能。在总线周期的第一个时钟周期，用来输出要访问的存储器单元或 I/O 端口的低 16 位(A_0～A_{15})地址。而在总线周期的其他(T_2～T_3)时钟周期，则是传送数据。另外，当 CPU 响应中断时，以及系统总线处于"保持响应"状态时，AD_0～AD_{15} 各引脚都为悬浮状态。对于 8088 CPU，AD_8～AD_{15} 仅用于输出地址信息 A_8～A_{15}。

2. A_{16}/S_3～A_{19}/S_6(Address/Status)地址/状态复用引脚(输出、三态)

在总线周期的第一个时钟周期 T_1，用来输出 20 位地址信息的最高 4 位(A_{16}～A_{19})。而在其他时钟周期，则用来输出状态信息。S_4 和 S_3 状态组合起来指出当前正在使用的是哪个段寄存器，具体规定如表 5.1 所示。

表 5.1　S_4、S_3 的代码组合与当前段寄存器的关系

S_4S_3	当前使用的段寄存器
00	ES 段寄存器
01	SS 段寄存器
10	存储器寻址时，使用 CS 段寄存器。对 I/O 端口或中断矢量寻址时，不需要段寄存器
11	DS 段寄存器

S_5 状态指示当前中断允许标志 IF 的状态：如 IF=1，表明当前允许可屏蔽中断请求；如 IF=0，则禁止可屏蔽中断。S_6 状态为低电平时，表示 8086/8088 当前正与总线相连。所以，在 T_2、T_3、T_W 和 T_4 时钟周期 S_6 总保持低电平。

3. $\overline{BHE}$ /S_7(Bus High Enable/Status)高 8 位数据总线允许/状态复用信号(输出、三态)

在总线周期的 T_1 时钟内，8086 在 $\overline{BHE}$ /S_7 引脚输出低电平($\overline{BHE}$ =0)有效信号，表示高

8 位数据总线 $AD_8 \sim AD_{15}$ 上的数据有效；若 $\overline{BHE}=1$，表示当前仅在数据总线 $AD_0 \sim AD_7$ 上传送 8 位数据。$\overline{BHE}$ 和 AD_0 信号相配合，指出当前传送的数据在总线上将以何种格式出现，应在存储体的哪个库(奇/偶地址库)的存储单元进行字节/字的读/写操作。$\overline{BHE}$ 信号也作为对 I/O 电路或中断响应时的片选条件信号。在 T_2、T_3、T_w 和 T_4 时钟周期，$\overline{BHE}/S_7$ 引脚此时输出状态信息。在 8086 中，S_3、S_7 状态没有实际定义。

4. $\overline{RD}$ (Read)读信号(输出、三态)

当 $\overline{RD}=0$ 低电平有效时，表示 CPU 正在进行读存储器或读 I/O 端口的操作。$\overline{RD}=0$ 与 $M/\overline{IO}$ 信号高电平配合，表示读存储器操作；$\overline{RD}=0$ 与 $M/\overline{IO}$ 低电平信号相配合，表示读 I/O 端口操作。

5. READY(Ready)准备就绪(输入信号)

此信号是由要访问的存储器或 I/O 设备向此引脚发出的输入信号。当此信号 READY 高电平有效时，表示内存或 I/O 设备已作好输入/输出数据的准备工作，马上可以进行读/写操作。CPU 在每个总线周期的 T_3 时钟周期对 READY 引脚电平采样，如 READY=1，则总线周期按正常时序进行，接着就是 T_4 周期，进行读/写操作。若检测到 READY=0，则表示由于存贮器或 I/O 设备工作速度较慢，在 $T_2 \sim T_4$ 时钟周期之间，还没有将数据准备好。为了避免数据传送时产生丢失现象，此时 8086 CPU 会在 T_3 和 T_4 之间自动插入一些等待时钟 T_w，直到检测到 READY 信号变高电平以后，才使 CPU 退出等待时钟而紧接着进入 T_4 时钟周期，完成数据的传送。

6. $\overline{TEST}$ (Test)测试输入信号(低电平有效)

当 CPU 执行 WAIT 指令时，CPU 每隔 5 个时钟周期就对此引脚进行测试。当此引脚为高电平时，CPU 就处于空转状态进行等待；当变为低电平有效后，就会结束等待状态，CPU 才能继续执行下一条指令。$\overline{TEST}$ 引脚信号用于多处理器系统中，实现 8086/8088 CPU 与协处理器间的同步协调之功能。

7. INTR(Interrupt Request)可屏蔽中断访求信号的输入端(高电平有效)

CPU 在每条指令的最后一个时钟周期检测此引脚输入信号。若为高电平，表示 I/O 设备向 CPU 申请中断。如果此时 CPU 允许中断(中断允许标志位 IF=1)，CPU 就会在结束当前指令后，响应中断请求，进入可屏蔽中断的处理程序。在中断响应周期内，CPU 可从中断源获得中断矢量，从而在存储器的中断指针表中找到相应的中断服务程序的入口地址。

8. NMI(No-Maskable Interrupt)非屏蔽中断输入端(低电平到高电平上升沿触发有效)

非屏蔽中断不受中断标志位的影响，也不能用软件进行屏蔽。当 NMI 端有一个上升沿触发信号时，CPU 就会在结束当前指令后，进入对应于中断方式 2 的非屏蔽中断处理程序。

9. RESET(Reset)复位输入信号(高电平有效)

RESET 信号高电平至少应保持 4 个时钟周期。随着 RESET 变为低电平，CPU 就开始执行再启动过程。复位时，CPU 内部各寄存器的状态如表 5.2 所示。

CPU 复位之后，从 FFFF0H 单元开始读取指令字节。一般这个单元在 ROM 区域中，在其中设置一条转移指令(JMP)，使 CPU 对系统进行初始化，并装入操作系统或应用系统的相应程序。

表 5.2　复位后 CPU 内部各寄存器状态

寄存器	PSW	IP	CS	DS	SS	ES	指令队列
状态	清除	0000H	FFFFH	0000H	0000H	0000H	清除

10. CLK(Clock)时钟输入端

CLK 时钟输入端为微处理器提供基本的定时脉冲。8086/8088 要求时钟信号的占空比为 33%，即为最佳状态。亦即希望 1/3 周期为高电平，2/3 周期为低电平。最高时钟频率随不同的 CPU 而有较大的差异。如 8086/8088 为 5 MHz，8086-1 为 10 MHz，8086-2 为 8 MHz，8086/8088 CPU 一般都用时钟发生器 8284 芯片来产生时钟信号，经 CLK 端输入到 CPU 中作定时脉冲信号。

11. MN/$\overline{MX}$ (Minimum/Maximum Mode Control)最小/最大模式控制信号输入端

当此引脚接 + 5 V(高电平)时，CPU 工作于最小模式；若接地(低电平)，CPU 工作于最大模式。

12. GND，VCC 地和电源

GND 为接地端。VCC 为电源端。8086/8088 CPU 所采用的电源电压为+ 5 V (1±10%)，最大电流分别为 360 mA 和 340 mA。

以上引脚是 8086/8088 CPU 工作在最小模式和最大模式时都要用到的信号。还有 8 个控制信号(第 24～31 号引脚)，它们在不同模式下有不同的名称与定义。

5.1.2　最小模式下引脚信号的功能

最小模式下，第 24～31 号引脚的信号含义及其功能说明如下。

1. 存储器/输入输出操作选择控制信号(Memory/Input and Output)——M/$\overline{IO}$

这是 CPU 工作时会自动产生的输出控制信号。当为高电平时，表示当前 CPU 和存储器间进行数据传输；如为低电平，表示当前 CPU 和 I/O 设备之间进行数据传输。一般在前一个总线周期的 T_4 时钟周期，就使 M/$\overline{IO}$ 端产生有效电平，然后开始一个新的总线周期。在此新的总线周期中，M/$\overline{IO}$ 一直保持有效电平，直至本总线周期的 T_4 时钟周期为止。在 DMA 方式时，M/$\overline{IO}$ 被悬空为高阻状态。

2. 写信号输出(低电平有效)(Write)——$\overline{WR}$

此有效信号与 M/$\overline{IO}$ 信号相配合，完成 CPU 对存储器或 I/O 端口的写操作。

3. 中断响应信号输出(低电平有效) (Interrupt Acknowledge)——$\overline{INTA}$

当 CPU 响应可屏蔽中断请求时，在中断响应周期的 T_2、T_3 和 T_w 时钟周期内使 $\overline{INTA}$ 引脚变为低电平有效。它通知外设，其中断请求已得到 CPU 允许，外设接口可以向数据总线上放置中断类型号，以便取得相应中断服务程序的入口地址。

4. 地址锁存允许信号输出(Address Latch Enable)——ALE

由于 8086AD$_0$～AD$_{15}$是地址/数据复用的总线。CPU 与内存、I/O 电路交换信息时，先利用此总线传送地址信息，然后再传送数据信息。为此需要先将地址信息保存，ALE 信号就是 8086/8088 CPU 将地址信息锁存入地址锁存器(一般用 8282/8283 芯片)的锁存信号。它

在任何一个总线周期的 T_1 时钟产生正脉冲，利用它的下降沿将地址信息锁存，达到地址信息与数据信息复用分时传送的目的。

5. 数据发送/接收控制信号(输出、三态)(Data Transmit/Receive)——DT/$\overline{R}$

在最小模式下，通常要用 8286/8287 总线收发器来增加驱动能力。这里 DT/$\overline{R}$ 信号用来控制 8286/8287 的数据传送方向。当 CPU 输出(写)数据到存储器或 I/O 端口时，DT/$\overline{R}$ 输出高电平；当 CPU 输入(读)数据时，DT/$\overline{R}$ 输出低电平。

6. 数据允许信号(输出、三态、低电平有效)(Data Enable)——$\overline{DEN}$

当 CPU 访问存储器或 I/O 端口的总线周期的后一段时间内和中断响应周期中，此信号低电平有效。$\overline{DEN}$ 被用来作为总线收发器 8286/8287 的选通控制信号。在 DMA 方式时，$\overline{DEN}$ 为悬空状态。

7. 总线保持请求信号(输入、高电平有效)(Hold Request)——HOLD

在最小模式下，系统中其他部件要求占用总线时，可通过对此引脚施加一个高电平总线请求信号。这时，若 CPU 允许让出总线控制权，则就在当前总线操作周期完成后，于 T_4 时钟在 HLDA 引脚送出一个高电平回答信号，作为对刚才的总线请求做出响应。同时，CPU 使地址/数据总线和控制状态线处于悬空状态，即 CPU 放弃对总线的控制权。申请总线请求的部件收到 HLDA 信号后，就获得了总线控制权。在此后的一段时间，HOLD 和 HLDA 都保持高电平。当获得总线控制权的部件用完总线之后，会使 HOLD 信号变低电平，表示放弃对总线的控制权。8086/8088 检测到 HOLD 电平变低的状态后，同时会将 HLDA 变低电平，以表示 8086/8088 CPU 又重新获得了对地址/数据总线和控制状态的控制权。

8. 总线保持响应信号(输出、高电平有效)(Hold Acknowledge)——HLDA

当 HLDA 端输出高电平有效信号时，表示 CPU 已响应其他部件的总线请求，放弃了对总线的控制权。

还应指出，在最小模式下，8086/8088 的第 34 引脚信号的定义不同。对 8088 而言，第 34 引脚是 $\overline{BHE}/S_7$，此引脚仅用来提供高 8 位数据总线允许信号；由于没有高 8 位数据总线，因而不需要 $\overline{BHE}/S_7$ 信号，所以此引脚称为 SS$_0$ 端。SS$_0$ 和 $\overline{M}/IO$ 及 DT/$\overline{R}$ 信号代码组合，决定了当前总线周期的操作。表 5.3 所示为其对应的关系表。

表 5.3　8088 的 $\overline{M}/IO$、DT/$\overline{R}$、SS$_0$ 代码组合及对应的操作

$\overline{M}/IO$	DT/$\overline{R}$	SS$_0$	对　应　操　作
1	0	0	发出中断响应信号总线周期
1	0	1	读 I/O 端口总线周期
1	1	0	写 I/O 端口总线周期
1	1	1	暂停状态
0	0	0	取指令总线周期
0	1	1	无源状态

5.1.3　最大模式下引脚信号的功能

若 8086/8088 的 MN/$\overline{\text{MX}}$ 引脚接地，则 CPU 就是最大模式工作状态。此时第 24～31 引脚信号含义分述如下。

1. 总线周期状态信号输出(Bus Cycle Status)——$\overline{S}_0$、$\overline{S}_1$、$\overline{S}_2$

$\overline{S}_0$、$\overline{S}_1$、$\overline{S}_2$ 状态信号用来指示当前总线周期所进行的操作类型。它们经由总线控制器 8288 进行译码，产生相应的访问存储器或 I/O 端口的总线控制信号。在一个总线周期开始之前，这三个状态信号中，至少有一个为低电平有效。$\overline{S}_0$、$\overline{S}_1$、$\overline{S}_2$ 的代码组合都对应于某一个总线操作过程，通常称为有源状态，如表 5.4 所示。在总线周期的后半部分的 T_3 和 T_W 时钟，而且 READY 信号为高电平时，$\overline{S}_0$、$\overline{S}_1$、$\overline{S}_2$ 都成为高电平，变为无效状态，也称为无源状态。而且在总线周期的最后一个时钟 T_4 时，$\overline{S}_0$、$\overline{S}_1$、$\overline{S}_2$ 中任何一个或几个信号的改变，就意味着下一个新的总线周期的开始。

表 5.4　$\overline{S}_0$、$\overline{S}_1$、$\overline{S}_2$ 的代码组合和对应的操作

$\overline{S}_0$	$\overline{S}_1$	$\overline{S}_2$	操　作　过　程	经总线控制器 8288 产生的信号
0	0	0	发出中断响应信号	$\overline{\text{INTA}}$
0	0	1	读 I/O 端口	$\overline{\text{IORC}}$
0	1	0	写 I/O 端口	$\overline{\text{IOWC}}$、$\overline{\text{AIOWC}}$
0	1	1	暂停	无
1	0	0	取指令	$\overline{\text{MRDC}}$
1	0	1	读内存	$\overline{\text{MRDC}}$
1	1	0	写内存	$\overline{\text{MWTC}}$、$\overline{\text{AMWC}}$
1	1	1	无源状态(无效状态)	无

2. 总线请求信号输入/总线访求允许信号输出(双向、低电平有效)(Requst/Grant)——$\overline{\text{RQ}}/\overline{\text{GT}}_1$、$\overline{\text{RQ}}/\overline{\text{GT}}_0$。

总线请求/允许信号线 $\overline{\text{RQ}}/\overline{\text{GT}}_1$、$\overline{\text{RQ}}/\overline{\text{GT}}_0$ 为 8086/8088 和其他处理器(如 8087、8089)使用总线时所提供的一种仲裁电路，以代替最小模式下的 HOLD/HLDA 两信号的功能。总线请求/允许信号线是特意为多处理器系统而设计的。它是用一条 $\overline{\text{RQ}}/\overline{\text{GT}}_1$ 或 $\overline{\text{RQ}}/\overline{\text{GT}}_0$ 信号线而不是像最小模式那样用两条线(HOLD/HLDA)来实现总线请求/允许的。$\overline{\text{RQ}}/\overline{\text{GT}}_0$ 的优先级高于 $\overline{\text{RQ}}/\overline{\text{GT}}_1$ 的。当系统中某一处理器(如 8087 或 8089)需要获得总线控制权时，就通过此总线请求/允许线向 8086/8088 发出总线请求信号(一个时钟脉冲宽度的负脉冲)。CPU 响应总线请求后，就通过同一引脚发回同样为一个时钟宽度的负脉冲响应(允许总线请求)信号，表明 CPU 已进入"HOLD"状态，CPU 放弃对总线的控制权，总线交由申请总线请求的处理器使用。有关总线请求/允许的进一步说明，将结合总线时序加以介绍。

3. 总线封锁信号(输出、三态、低电平有效)(Lock)——$\overline{\text{LOCK}}$

$\overline{\text{LOCK}}$ 信号低电平有效时，表明此时 CPU 不允许其他系统总线控制器占用总线。

$\overline{LOCK}$ 信号是由软件设置的。在 8086/8088 指令系统中,有一条控制此信号的单字节总线封锁前缀指令 LOCK。当在一条指令上加上 LOCK 前缀指令时,就能保证 CPU 在执行此指令过程中,$\overline{LOCK}$ 引脚始终是低电平,不会响应总线请求。当前面附加 LOCK 前缀指令的那条指令执行完毕时,$\overline{LOCK}$ 引脚变为高电平,撤消总线封锁,从而 CPU 才能允许响应总线请求。

4. 指令队列状态信号(输出)(Instruction Queue Status)——QS_1、QS_0

QS_1 和 QS_0 两个信号组合起来可指示 BIU 中指令队列的状态,以提供一种让其他处理器(如 8087)监视 CPU 中指令队列状态手段。QS_1、QS_0 的代码组合和对应的含义如表 5.5 所示。

表 5.5　QS_1、QS_0 与队列状态

QS_1	QS_0	队 列 状 态
0	0	无操作,未从队列中取指令
0	1	从队列中取出当前指令的第一字节(操作码字节)
1	0	队列空,由于执行转移指令,队列重装填
1	1	从队列中取出指令的后续字节

5.1.4　8086/8088 最小模式和最大模式系统的基本配置

1. 最小模式系统的基本配置

图 5.2 是 8086 在最小模式下的典型配置。

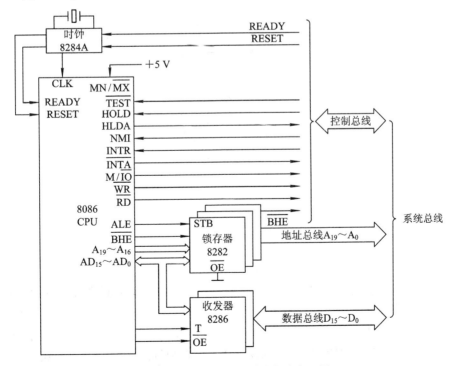

图 5.2　8086 最小模式系统的基本配置

由图 5.2 可看到，在 8086 的最小模式中，硬件包括一片时钟发生器 8284A；三片地址锁存器 8282 或 74LS373；当系统中所连接的存储器和外设较多时，需要增加数据总线的驱动能力，这时，要用两片 8286/8287 作为总线收发器。

8282 是典型的 8 位锁存器芯片，而 8086/8088 系统采用 20 位地址，加上 $\overline{BHE}$ 及 ALE 信号，共需要三片 8282 作为地址锁存器。74LS373 也可作为地址锁存器，用法与 8282 相同。

图 5.3 是 8282 与 8086 的接线图。8282 的选通信号输入端 STB 和 CPU 的 ALE 端相连。以第一个锁存器为例，8282 的 $DI_7 \sim DI_0$ 接 CPU 的 $AD_7 \sim AD_0$，8282 的输出 $DO_7 \sim DO_0$ 就是系统地址总线的低 8 位。$\overline{OE}$ 为输出允许信号，当 $\overline{OE}$ 为低电平时，8282 的输出信号 $DO_7 \sim DO_0$ 有效；而当 $\overline{OE}$ 为高电平时，$DO_7 \sim DO_0$ 变为高阻抗。在不带 DMA 控制器的 8086/8088 单处理器系统中，将 $\overline{OE}$ 接地就行了。

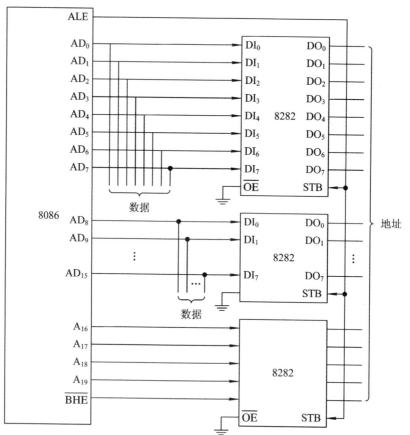

图 5.3　8282 与 8086 的接线图

当一个系统中所含的外设接口较多时，数据总线上需要有发送器和接收器来增加驱动能力。发送器和接收器简称为收发器，也常常称为总线驱动器。

Intel 系统芯片的典型收发器为 8286，是 8 位的。所以，在数据总线为 8 位的 8088 系统中，只用一片 8286 就可以构成数据总线收发器，而在数据总线为 16 位的 8086 系统中，则要用两片 8286。

8286 具有两组对称的数据引线，$A_7 \sim A_0$ 为输入数据线，$B_7 \sim B_0$ 为输出数据线。当然，由于在收发器中数据是双向传输的，因而实际上输入线和输出线也可以交换。用 T 表示的引脚信号就是用来控制数据传输方向的。当 T=1 时，就使 $A_7 \sim A_0$ 为输入线，$B_7 \sim B_0$ 为输出线；当 T=0 时，则使 $B_7 \sim B_0$ 为输入线。在系统中，T 端与 CPU 和 DT/$\overline{R}$ 端相连，DT/$\overline{R}$ 为数据收发信号。当 CPU 进行数据输出时，DT/$\overline{R}$ 为高电平，于是数据流由 $A_7 \sim A_0$ 输入，从 $B_7 \sim B_0$ 输出。当 CPU 进行数据输入时，DT/$\overline{R}$ 为低电平，于是数据流由 $B_7 \sim B_0$ 输入，而从 $A_7 \sim A_0$ 输出。

$\overline{OE}$ 是输出允许信号，此信号决定了是否允许数据通过 8286。当 $\overline{OE}$=1 时，数据在两个方向上都不能传输。只有当 $\overline{OE}$=0 时，并且 T 也为 1，才使数据从 $A_7 \sim A_0$ 流向 $B_7 \sim B_0$；同样，只有当 $\overline{OE}$=0 时，并且 T 也为 0，才使数据从 $B_7 \sim B_0$ 流向 $A_7 \sim A_0$。在 8086/8088 系统中，$\overline{OE}$ 端和 CPU 的 $\overline{DEN}$ 端相连，在 CPU 的存储器访问周期和 I/O 访问周期中，$\overline{DEN}$ 为低电平，在中断响应周期，$\overline{DEN}$ 也为低电平。正是在这些总线周期中，需要 8286 开启，以允许数据通过，从而完成 CPU 和其他部件之间的数据传输。

在最小模式下，总线控制信号 DT/$\overline{R}$、$\overline{DEN}$、ALE、M/$\overline{IO}$ 以及读/写控制信号 $\overline{RD}$、$\overline{WR}$，中断响应信号 $\overline{INTA}$ 都由 CPU 直接产生。在这种模式下，可以控制总线的其他总线主控者 (如 8237 DMA 控制器)通过 HOLD 线向 CPU 请求使用系统总线。当 CPU 响应 HOLD 请求时，发出响应信号 HLDA(高电平)，并使上述总线控制信号、读/写信号引脚处于高阻状态，这时 8286 的 $A_0 \sim A_7$、$B_0 \sim B_7$ 和 8282 的输出均处于高阻状态，即 CPU 不再控制总线。这种状态将持续到 HOLD 线变为无效状态时为止。

在设计系统总线时，有时希望提供给各部件数据信号的相位正好和 CPU 的原始数据信号相反；反过来也一样，也就是需要将外部数据信号反一个相位再提供给 CPU。为了满足这种要求，Intel 公司又提供了另一个功能和 8286 相仿的芯片 8287。在这样的系统中，一般对地址信号也要求反一个相位，这时，地址锁存器就不用 8282，而是采用 Intel 公司的另一个芯片 8283，其功能和 8282 相仿，但提供的输出信号相位相反。

通常，在一个工作于最小模式的系统中，控制线并不需要用总线收发器进行驱动。当然，如果系统中存储器和外设接口芯片多，出于需要，也可以使用总线收发器。

最小模式系统中，信号 M/$\overline{IO}$、$\overline{RD}$ 和 $\overline{WR}$ 组合起来决定了系统中数据传输的方式。其组合方式和对应功能如表 5.6 所示。

表 5.6　最小模式数据传输方式

数据传输方式	M/$\overline{IO}$	$\overline{RD}$	$\overline{WR}$
I/O 读	0	0	1
I/O 写	0	1	0
存储器读	1	0	1
存储器写	1	1	0

在 8086 最小模式典型配置中，除上述 8282 及 8286 外，还有一个时钟发生器 8284A。它与 CPU 的连接见图 5.4。

8284A 的功能有三个：产生恒定的时钟信号，对准备信号(READY)及复位信号(RESET)进行同步。由图 5.2 可见，READY(RDY)及 RESET($\overline{\text{RES}}$)信号可以在任何时候到来，8284A能把它们同步在时钟下降沿时输出到 8086 CPU。

8284A 的振荡源一般采用晶体振荡器，如图 5.4 所示。但也可以用外援脉冲发生器作为振荡源。此时，8284A 的 F/$\overline{\text{C}}$ 端应接高电平。8284A 输出的时钟频率为振荡源频率的 1/3。

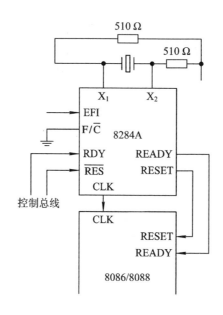

图 5.4　8284A 与 CPU 连接图

2. 最大模式系统的基本配置

当 8086/8088 CPU 的 MN/$\overline{\text{MX}}$ 引脚接地时，为最大模式工作情况。图 5.5 为 8086/8088最大模式系统的基本配置。

最大模式与最小模式系统的主要区别是需要增加用于转换总线控制信号的总线控制器8288。8288 将 CPU 的状态信号转换成总线命令及控制信号，并用这些总线命令及控制信号控制 8282 锁存器、8286 总线收发器以及 8259A 优先级中断控制器。

最小模式下的 HOLD 和 HLDA 引脚在最大模式下成为 $\overline{\text{RQ}}$/$\overline{\text{GT}}_0$ 和 $\overline{\text{RQ}}$/$\overline{\text{GT}}_1$ 信号。这些引脚通常同协处理器 8087 或 I/O 协处理器 8089 的相应引脚相连。用于在它们之间传送总线请求与授予信号，其功能和 HOLD 及 HLDA 的相同。

图 5.5 中的 8282 的输出允许端 $\overline{\text{OE}}$ 接地，8288 的 $\overline{\text{DEN}}$ 引脚也接地，表示此时系统为单一的主控制者(只有一个主 CPU(8086/8088))。如果系统是有两个以上 CPU 的多处理器系统，则必须再配上 8289 总线仲裁器，这时 8289 的 $\overline{\text{DEN}}$ 输出信号将同 8288 的 $\overline{\text{DEN}}$ 端及 8282的 $\overline{\text{OE}}$ 引脚相连。只有获得总线控制器的 CPU，才允许该 CPU 的地址信息通过 8282、8288产生相应的总线命令和控制信号，实现对总线上的存储器或 I/O 器件的读/写操作。这时 8289的 $\overline{\text{DEN}}$ 输出为有效状态(低电平)。

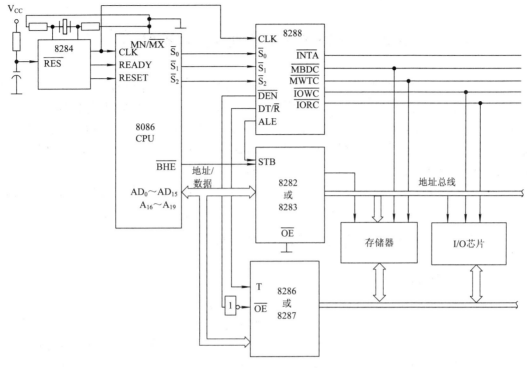

(a) 8086最大方式的基本配置

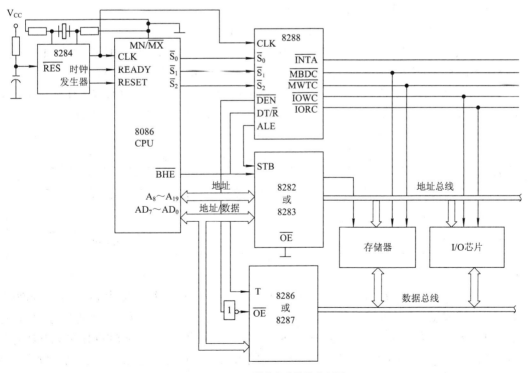

(b) 8088最大方式的基本配置

图 5.5　最大模式系统的基本配置

5.2 8086/8088 系统的总线时序

微处理器在电源接通的过程中，8086/8088 CPU 内部的程序计数器、程序状态字、中断允许触发器等部件的工作状态、内容都将会受到一些随机因素的影响而处于不能预先确定的状态，这样就不可能有效控制 CPU 的工作节拍及时序。为此，我们希望 CPU 上电以后应使 CPU 内各部件，都置成我们预先已知的与要求的内容和状态。这种上电时可自动完成的操作称为 CPU 的初始化操作或称上电复位操作。

8086/8088 CPU 的上电复位操作是通过 RESET 引脚上施加一定宽度的正脉冲信号来实现的。初始化后微处理器才可以在统一的时钟信号 CLK 控制下，按规定的节拍进行工作。

5.2.1 系统的复位时序及典型的总线周期时序

1. 总线周期与时钟周期

时钟周期：时钟周期是 CPU 的基本时间计量单位，它由计算机的主频决定。比如，8086 CPU 的主频为 5 MHz 时，1 个时钟周期就是 200 ns。

总线周期：CPU 通过系统总线对外部存储器或 I/O 接口进行一次访问所需的时间。

在 8086/8088 CPU 中，一个基本的总线周期由 4 个时钟周期组成，习惯上将 4 个时钟周期分别称为 4 个状态，即 T_1 状态、T_2 状态、T_3 状态和 T_4 状态。当存储器和外设速度较慢时，要在 T_3 状态之后插入 1 个或几个等待状态 T_W。

对总线操作时序的理解是理解 CPU 对外操作的关键。

8086/8088 CPU 要求加到 RESET 引脚上的复位正脉冲信号，其宽度至少要有 4 个 CPU 时钟周期才能有效复位。如果是上电复位，则要求正脉冲的宽度不少于 50 µs。

当 RESET 信号进入有效高电平状态时，8086/8088 CPU 就会结束原有操作与状态，而维持在复位状态。在复位状态使 CPU 初始化。CPU 初始化后所处的状态如表 5.7 所示。当 RESET 信号变为低电平后，CPU 被启动并按初始化后的条件开始执行程序。

表 5.7 复位时，CPU 的初始化状态

状态标志寄存器	清　除	状态标志寄存器	清　除
指令寄存器(IP)	0000H	ES 扩展段寄存器	0000H
CS 代码段寄存器	FFFFH	指令队列	空
DS 数据段寄存器	0000H	其他寄存器	0000H
SS 堆栈段寄存器	FFFFH		

从表 5.7 中可看出，在 CPU 复位期间，CS 和 IP 寄存器分别初始化为 FFFFH 和 0000H。所以，8086/8088 CPU 在复位信号变为低电平后，就可启动工作，开始执行程序。此时 CPU 就会从内存地址为 FFFF0H 单元取指令，并执行指令。因此，一般在 FFFF0H 单元开始存放一条无条件转移指令，将程序引导到系统程序的入口处。这样，系统一旦上电复位或复位重启动，便会自动进入系统程序。

在复位时，由于状态标志寄存器被清零，这样从 INTR 引脚进入的屏蔽中断，CPU 都

不予响应。在 CPU 内部复位期间，若产生非屏蔽中断或在 $\overline{RQ}/\overline{GT}$ 引脚上产生保持请求信号，则 CPU 也不予响应。但 CPU 在内部复位以后，取第一条指令前可以接受最小方式时的保持请求或最大方式时的 $\overline{RQ}/\overline{GT}$ 的请求脉冲。所以在执行程序时，如允许 CPU 响应可屏蔽中断，可以通过指令(如中断开放指令)来设置中断允许状态。

　　CPU 复位时，8086/8088 总线所处的状态如表 5.8 所示。CPU 接收到 RESET 信号后，分时复用地址/数据总线将处于高阻抗(三态)状态，其他的信号先成为无效的"1"状态(即高电平)，然后经一个低电平的时钟间隔以后进入高阻态，如表 5.8 所示。在最小模式时的 ALE 和 HLDA 信号成为无效的"0"状态(低电平)，而不是处于高阻态。在最大模式时，$\overline{RQ}/\overline{GT}$ 端保持无效，队列状态线 QS_0、QS_1 也指示无效。所有由用户定义的能够监视队列状态的外部电路也应当借助于复位信号 RESET 进行复位。应注意，CPU 命令和总线控制线上必须接有 $22\,k\Omega$ 的上拉电阻，以保证系统中这些信号线可处于无效状态。图 5.6 是复位操作的时序。当 CPU 检测到复位信号时，它将把三态门输出信号线悬空，呈高阻态。

表 5.8　系统复位过程中的总线状态

信　号	总 线 状 态	信　号	总 线 状 态
$AD_{15}\sim AD_0$	高组态	$\overline{INTA}$	由逻辑"1"转为三态
$A_{19\sim A_{16}}/S_6\sim S_3$	高组态	ALE	逻辑"0"
$\overline{BHE}/S_7$	高组态	HLDA	逻辑"0"
$\overline{S_2}/(M/\overline{IO})$	由逻辑"1"转为高组态	$\overline{RQ}/\overline{GT_0}$	逻辑"1"
$\overline{S_1}/(DT/\overline{R})$	由逻辑"1"转为高组态	$\overline{RQ}/\overline{GT_1}$	逻辑"1"
$\overline{S_0}/\overline{DEN}$	由逻辑"1"转为高组态	QS_0	逻辑"0"
$\overline{LOCK}/\overline{WR}$	由逻辑"1"转为高组态	QS_1	逻辑"0"
$\overline{RD}$	由逻辑"1"转为高组态		

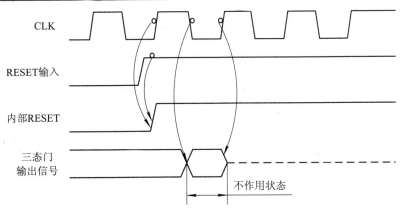

图 5.6　复位操作时序

　　8086/8088 的时钟频率为 $5\,MHz$，故时钟周期为 $200\,ns$。CPU 每执行一条指令，BIU 部件至少要通过外部总线对存储器访问一次(取指令操作码)。通常称 8086/8088 CPU 通过外部总线对存储器或 I/O 接口进行一次访问所需的时间为一个总线周期。一个总线周期至少包括 4 个时钟周期 T_1、T_2、T_3 和 T_4。处在这些基本时钟周期中的总线状态称为 T 状态。

为了减少引脚和外部总线的数目，8086/8088 CPU 的外部总线均采用分时复用传送方式。即在一个总线周期内，首先利用总线传送地址信息，然后再利用同一总线传送数据信息。图 5.7(a)所示为典型的总线周期时序。在 T_1 状态，BIU 把要访问的存储单元或 I/O 端口的地址(20 位)输出到总线上。若为读周期，则在 T_2 状态中总线处于悬浮(高阻)缓冲状态，以使 CPU 有足够的时间从输出地址信息方式转变为输入(读)数据信息的方式，然后在 $T_3 \sim T_4$ 中 CPU 从总线上读入数据；若为写周期，则由于输出地址和输出数据都是输出(写)方式，CPU 不需要转变输入/输出方式的缓冲时间，CPU 可以在 $T_2 \sim T_4$ 中把数据输出到总线上。考虑到 CPU 与慢速的存储器或 I/O 接口之间传送速度的配合，有时需要在 T_3 和 T_4 状态之间插入若干个附加的时钟周期 T_W，以等待存贮器或 I/O 接口将准备好的数据能送上总线或可靠地从总线上获取数据后，再通知 CPU 脱离等待状态，并立即进入 T_4 状态。故这种插入的附加时钟周期称为等待周期 T_W。

应指出，仅当 BIU 需要补充指令队列中的空缺，或者当 EU 在执行指令过程中需要经外部总线访问存储单元或 I/O 端口而需要申请一个总线周期时，BIU 才会进入执行总线周期的工作时序。也就是说，总线周期不是一直存在，而时钟周期却是一直存在的。在两个总线周期之间，可能会出现一些没有 BIU 活动的时钟周期 T_I，处于这种时钟周期中的总线状态，称为空闲状态或简称 T_I(Idle State)状态。图 5.7(b)所示为总线周期中可能出现的空闲状态及等待周期的时序。通常当 EU 执行一条占用很多时钟周期的指令(例如乘除法指令)时，或者在多处理器系统中在交换总线控制权时就会出现空闲状态。

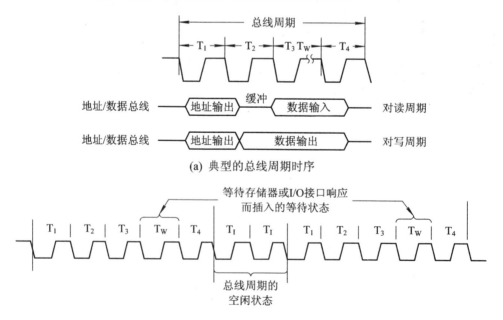

(a) 典型的总线周期时序

(b) 有空闲状态的总线周期时序

图 5.7　总线周期时序

2．总线的三态性与分时复用特性

总线的三态性是现在问世的所有微处理器的共性，任何微处理器的地址总线、数据总线及部分控制总线均采用三态缓冲器式总线电路。所谓三态，是指它们的输出可以有逻辑"1"、逻辑"0"和"浮空"三种状态。当处于浮空状态时，总线电路呈现极高的输出阻抗，如同与外界"隔绝"一样。总线电路的这种三态性，一方面保证了在任何时刻，只能允许相互交换信息的设备占用总线，其他设备和总线脱离，对总线几乎没有影响。另一方面为数据的快速传送方式(即直接存储器存取方式 DMA)提供了必要的条件，因为当进行 DMA 传送时，CPU 将与外部总线"断开"，外部设备将直接利用总线和存储器交换数据。

另外，在许多微处理器中，因为外部引脚数量的限制，还常采用总线分时复用的技术。在 8086 CPU 中，数据总线与地址总线的低 16 位就是分时复用的，即在某一时刻，$AD_{15}\sim AD_0$ 上出现的是地址信息，另一时刻，$AD_{15}\sim AD_0$ 出现的是数据信息；而且，$A_{19}/S_6\sim A_{16}/S_3$ 也是地址线的高 4 位与状态线的复用。正是这种引脚的分时使用，才能使 8086/8088 用 40 条引脚实现 20 位地址、16 位数据及众多控制信号和状态信号的传输。不过，8086 和 8088 是有差别的，由于 8088 只能传输 8 位数据，因而 8088 只有 8 个地址引脚兼作数据引脚，80386 CPU 则具有独立的数据总线和地址总线，大大提高了数据的吞吐能力。

5.2.2 最小模式系统的总线周期时序

1．总线读操作时序

总线读操作就是指 CPU 从存储器或 I/O 端口读取数据。图 5.8 是 8086 在最小模式下的总线读操作时序图。

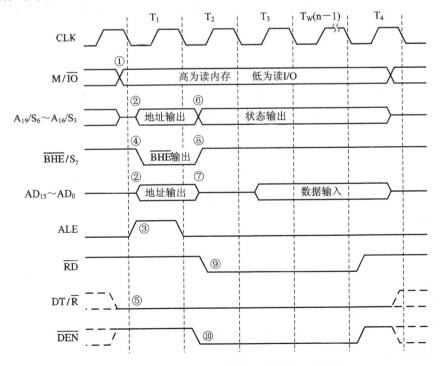

图 5.8　8086 在最小模式下的总线读操作时序图

1) T_1 状态

为了从存储器或 I/O 端口读出数据，首先要用 M/$\overline{\text{IO}}$ 信号指出 CPU 是要从内存还是 I/O 端口读，所以 M/$\overline{\text{IO}}$ 信号在 T_1 状态成为有效(见图 5.8①)。M/$\overline{\text{IO}}$ 信号的有效电平一直保持到整个总线周期的结束，即 T_4 状态。

为指出 CPU 要读取的存储单元或 I/O 端口的地址，8086 的 20 位地址信号通过多路复用总线 A_{19}/S_6～A_{16}/S_3 和 AD_{15}～AD_0 输出，送到存储器和 I/O 端口(见图 5.8②)。

地址信息必须被锁存起来，这样才能在总线周期的其他状态向这些引脚上传输数据和状态信息。为了实现对地址的锁存，CPU 便在 T_1 状态从 ALE 引脚上输出一个正脉冲作为地址锁存信号(见图 5.8③)。在 ALE 的下降沿到来之前，M/$\overline{\text{IO}}$ 信号、地址信号均已有效。锁存器 8282 正是用 ALE 的下降沿对地址进行锁存的。

$\overline{\text{BHE}}$ 信号也在通过 $\overline{\text{BHE}}$/S_7 引脚送出(见图 5.8④)，它用来表示高 8 位数据总线上的信息可以使用。

此外，当系统中接有数据总线收发器时，在 T_1 状态时，DT/$\overline{\text{R}}$ 输出低电平，表示本总线周期为读周期，即让数据总线收发器接收数据(见图 5.8⑤)。

2) T_2 状态

地址信号消失(见图 5.8⑦)，AD_{15}～AD_0 进入高阻状态，为读入数据作准备；而 A_{19}/S_6～A_{16}/S_3 和 $\overline{\text{BHE}}$/S_7 输出状态信息 S_6～S_3(见图 5.8⑥和⑧)。

$\overline{\text{DEN}}$ 信号变为低电平(见图 5.8⑩)，从而在系统中接有总线收发器时，获得数据允许信号。

CPU 于 $\overline{\text{RD}}$ 引脚上输出读有效信号(见图 5.8⑨)，送到系统中所有存储器和 I/O 接口芯片，但是，只有被地址信号选中的存储单元或 I/O 端口，才会被 $\overline{\text{RD}}$ 信号从中读出数据，而将数据送到系统数据总线上。

3) T_3 状态

在 T_3 状态前沿(下降沿处)，CPU 对引脚 READY 进行采样，如果 READY 信号为高，则 CPU 在 T_3 状态后沿(上升沿处)通过 AD_{15}～AD_0 获取数据；如果 READY 信号为低，将插入等待状态 T_W，直到 READY 信号变为高电平。

4) T_W 状态

当系统中所用的存储器或外设的工作速度较慢，从而不能用最基本的总线周期执行读操作时，系统中就要用一个电路来产生 READY 信号。低电平的 READY 信号必须在 T_3 状态启动之前向 CPU 发出，则 CPU 将会在 T_3 状态和 T_4 状态之间插入若干个等待状态 T_W，直到 READY 信号变高。在执行最后一个等待状态 T_W 的后沿(上升沿)处，CPU 通过 AD_{15}～AD_0 获取数据。

5) T_4 状态

总线操作结束，相关系统总线变为无效电平。

2. 总线写操作时序

总线写操作就是指 CPU 向存储器或 I/O 端口写入数据。图 5.9 是 8086 在最小模式下的总线写操作时序图。

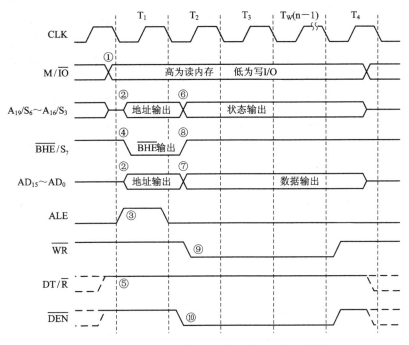

图 5.9 8086 在最小模式下的总线写操作时序图

说明：总线写操作时序与总线读操作时序基本相同，不同的是：

(1) 对存储器或 I/O 端口操作的选通信号不同。总线读操作中，选通信号是 $\overline{RD}$，而总线写操作中是 $\overline{WR}$。

(2) 在 T_2 状态中，$AD_{15} \sim AD_0$ 上地址信号消失后，$AD_{15} \sim AD_0$ 的状态不同。总线读操作中，此时 $AD_{15} \sim AD_0$ 进入高阻状态，并在随后的状态中为输入方向；而在总线写操作中，此时 CPU 立即通过 $AD_{15} \sim AD_0$ 输出数据，并一直保持到 T_4 状态中间。

3．中断响应周期

当 CPU 在 INTR 引脚上接收到由中断源发出的高电平的中断请求信号后，如果当前的标志寄存器中的中断允许标志位 IF = 1(即 CPU 处于开中断状态)，则 CPU 就会在当前指令执行完毕以后，响应外部中断源的中断请求，进入 CPU 响应中断周期。CPU 的这种响应中断请求方式称为可屏蔽中断的响应方式，其相应的时序如图 5.10 所示。

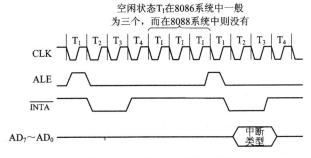

图 5.10 中断响应周期时序

CPU 的中断响应周期包括两个总线周期，在每个总线周期中都从 $\overline{INTA}$ 端输出一个负脉冲，其宽度是从 T_2 状态开始持续到 T_4 状态的开始。第一个总线周期的 $\overline{INTA}$ 负脉冲，用来通知中断源，CPU 准备响应中断，中断源应准备好中断类型码；在第二个总线周期的 $\overline{INTA}$ 负脉冲期间，外设接口(一般经中断控制器)应立即把中断源的中断类型码送到数据线的低 8 位 $AD_7 \sim AD_0$ 上。而在这两个总线周期的其余时间，$AD_7 \sim AD_0$ 总线是浮空高阻态。CPU 读取到中断类型码后，就可以在中断向量表中找到该外设的中断服务程序入口，转入中断服务。

应注意，8086 要求中断请求信号 INTR 是一个高电平信号，而且必须维持 2 个时钟周期的宽度。否则，在 CPU 执行完一条指令后，如果 BIU 正在执行总线周期(如正在取指令)，则会使中断请求得不到响应而执行其他的总线周期。

从中断响应周期时序图中可以看到在两个总线周期之间还插入了 3 个空闲状态，这是 8086 中断响应周期的典型时序。实际上，空闲状态也可为 2 个。而在 8088CPU 的中断响应时序中，没有插入空闲状态。

8086/8088 CPU 还有软件中断和非屏蔽中断。CPU 响应这两种中断的总线时序和 CPU 响应屏蔽中断的总线时序基本相同。只有一个差别，就是在响应软件中断和非屏蔽中断时，并不从外部设备读取中断类型码。

4．总线请求和总线授予时序

当 CPU 接成最小方式时，I/O 设备如需要，可向 CPU 发出使用总线的请求信号，如果 CPU 同意让出对总线的控制权，则 I/O 设备就可以不经过 CPU 而直接与存储器之间传送数据。8086/8088 CPU 为此提供了一对专门用于总线控制的联络信号 HOLD 和 HLDA。

HOLD 称作总线保持信号，这是 I/O 设备(一般经直接存储器存取控制器 DMA 产生)向 CPU 请求总线使用权的信号。然后等待 CPU 并返回总线保持回答信号(HLDA)。

为此，在每个时钟脉冲的上升沿处，CPU 会对 HOLD 引脚上的信号进行检测。如果检测到 HOLD 引脚为高电平，并且允许让出总线，那么在总线周期的 T_4 状态或者空闲状态 T_I 之后的下一个时钟周期，CPU 会发出 HLDA 信号，从而 CPU 便将总线让给发出总线保持请求的设备，直到以后这个发出总线保持请求的 I/O 设备又将 HOLD 信号变为低电平，CPU 才收回总线控制权。

当 HLDA 为高电平时，CPU 所有三态输出都进入高阻状态。已在指令队列中的指令将继续执行，直到指令需要使用总线为止。图 5.11 为最小模式系统中的总线请求和总线授予的时序波形。

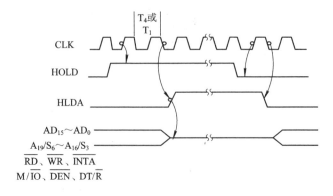

图 5.11　最小模式系统中的总线请求和授予时序

5.2.3　最大模式系统中的总线周期时序

1. 读总线周期和写总线周期

在最大模式下，8086/8088 进行读/写操作的控制信号和命令信号均由总线控制器 8288 提供。其中控制信号 ALE、DEN(它和最小模式下的 DEN 信号作用相同，但相位相反)和 DT/$\overline{\text{R}}$，它们的定时关系和最小模式下的相同。与最小模式下不同的是，由 8288 直接产生的访问存储器(读指令代码或读/写数据)和访问 I/O 端口所用的总线命令信号有：

$\overline{\text{MRDC}}$、$\overline{\text{IORC}}$：分别称为存储器读命令和输入/输出端口读命令。这两个命令信号相当于最小模式下的 $\overline{\text{RD}}$ 信号。在最小模式下，读存储器和读 I/O 端口的命令是不加区分的，都是 $\overline{\text{RD}}$。但是在最大模式下两者信号是分开的。$\overline{\text{MRDC}}$(低电平有效)是读存储器命令，$\overline{\text{IORC}}$(低电平有效)为读 I/O 端口命令。$\overline{\text{MRDC}}$、$\overline{\text{IORC}}$ 的定时波形与 $\overline{\text{RD}}$ 波形完全相同。

$\overline{\text{MWTC}}$、$\overline{\text{IOWC}}$：分别称为写存储器命令和输入/输出写命令，均为低电平有效。这两个命令信号相当于最小模式下的 $\overline{\text{WR}}$ 信号，仅此时两者信号是分开的。

$\overline{\text{AMWC}}$、$\overline{\text{AIOWC}}$：分别称为提前的写存储器和写 I/O 端口的命令信号，均为低电平有效。这些命令信号比 $\overline{\text{MWTC}}$ 或 $\overline{\text{IOWC}}$ 提前一个时钟周期出现。当 $\overline{\text{MWTC}}$、$\overline{\text{IOWC}}$ 的脉冲宽度不能满足要求时，就可采用 $\overline{\text{AMWC}}$ 或 $\overline{\text{AIOWC}}$ 作为写存储器和写 I/O 端口的命令。但 $\overline{\text{AMWC}}$、$\overline{\text{AIOWC}}$ 信号不能用于多总线(MULTIBUS)结构，因为它们不满足多总线标准规定的时序要求。从时序图中可看出，当 $\overline{\text{MWTC}}$、$\overline{\text{IOWC}}$ 的前沿(下降沿)出现时，CPU 输出的数据是保证稳定的，而当 $\overline{\text{AMWC}}$、$\overline{\text{AIOWC}}$ 的前沿出现时，数据还不稳定。

图 5.12 为最大模式下读总线周期时序。

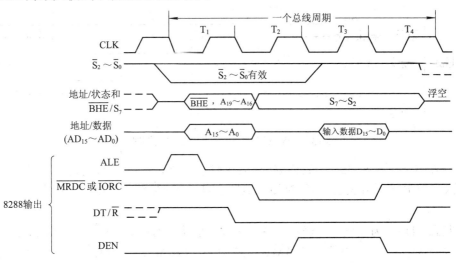

图 5.12　8086 最大模式下的读总线周期时序图

各状态周期所完成的操作如下：

T_1 状态：CPU 通过 $AD_{15} \sim AD_0$ 送出低 16 位的地址信息，而高 4 位的地址信息由 $A_{19}/S_6 \sim A_{16}/S_3$ 送出，并利用总线控制信号 ALE 的下降沿将 20 位地址信息锁存于地址锁存器中。总线控制器还为总线收发器提供数据传送方向控制信号 DT/$\overline{\text{R}}$。在 T_1 状态进入低电平，表示当前为读总线周期。此低电平一直维持到 T_4 状态为止。

T_2 状态：CPU 输出状态信号 $S_7 \sim S_3$，并可延续到 T_4 状态；在 T_2 的上升沿时刻，DEN 出现高电平有效。允许数据通过总线收发器。$\overline{\text{MRDC}}$、$\overline{\text{IORC}}$ 在 T_2 状态进入低电平后，将一直维持此有效电平到 T_4 状态。由于地址信息在 T_1 状态期间已锁存入地址锁存器，故在 T_2 状态地址/数据总线转为高阻状态，以便为输入数据作准备。

T_3 状态：如果被寻址的存储器或 I/O 端口存取速度较快，都能在时序上满足典型的总线周期时序要求，则不必插入等待状态。此时，$\overline{S}_0$、$\overline{S}_1$、$\overline{S}_2$ 全部进入高电平，即进入无源状态。总线的无源状态从 T_3 一直维持到 T_4。一旦进入到无源状态，就意味着很快可以启动下一个新的总线周期。如果存储器或 I/O 端口在工作速度上不能满足定时要求(如图 5.12 所示)，则同最小模式时一样，在 T_3 与 T_4 间插入一个或若干个 T_W 状态，并在最后一个 T_W 的上升沿从 $AD_{15} \sim AD_0$ 向 CPU 输入数据。

T_4 状态：数据从总线上消失，$S_7 \sim S_3$ 状态信息为高阻态。$\overline{S}_0$、$\overline{S}_1$、$\overline{S}_2$ 则按照下一个总线周期的操作类型，产生相应的电平变化。

图 5.13 为最大模式下的写总线周期时序。各状态周期所完成的操作如下：

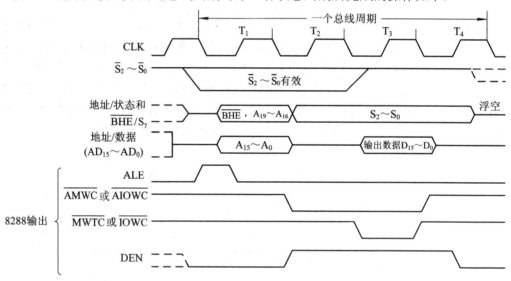

图 5.13　8086 最大模式下的写总线周期时序图

T_1 状态：CPU 从 $A_{19}/S_6 \sim A_{16}/S_3$ 及 $AD_{15} \sim AD_0$ 引脚上输出 20 位的地址信息，并使 $\overline{\text{BHE}}$ 信号进入有效电平，由 ALE 下降沿锁存地址信息。$DT/\overline{R}$ 输出高电平，以表示本次为写总线周期。

T_2 状态：DEN 为高电平，表示允许总线收发器传送数据。$\overline{\text{AMWC}}$ 或 $\overline{\text{AIOWC}}$ 为低电平有效，并一直维持到 T_4 状态。当 $\overline{\text{AMWC}}$ 或 $\overline{\text{AIOWC}}$ 和 $\overline{\text{MWTC}}$ 或 $\overline{\text{IOWC}}$ 低电平有效时，存储器或 I/O 设备便可从 $AD_{15} \sim AD_0$ 上取走数据。

T_3 状态：从图 5.13 中可看出两个提前的写信号 $\overline{\text{AMWC}}$ 或 $\overline{\text{IOWC}}$ 比一般的写信号 $\overline{\text{MWTC}}$ 或 $\overline{\text{IOWC}}$ 超前了一个时钟周期。这可以使一些慢速的存储器芯片及 I/O 设备获得额外的一个时钟周期来执行写操作。在 T_3 状态时，$\overline{S}_0$、$\overline{S}_1$、$\overline{S}_2$ 全部进入高电平，于是总线进入无源状态，为立即启动下一个总线周期作准备。

T_4 状态：由于写操作结束，写信号 $\overline{\text{AMWC}}$ 或 $\overline{\text{AIOWC}}$ 和 $\overline{\text{MWTC}}$ 或 $\overline{\text{IOWC}}$ 信号在此状态

期间都被撤消。地址/数据总线 $AD_{15} \sim AD_0$ 及地址/状态信号 $A_{19}/S_6 \sim A_{16}/S_3$ 均置成高阻态。DEN 为低电平无效状态，使得总线收发器停止传送数据。而 $\overline{S}_0$、$\overline{S}_1$、$\overline{S}_2$ 状态信号则按照下一个总线周期的操作类型发生变化，并准备立即启动下一个总线周期。

同样，当存储器或 I/O 接口存取速度较慢时，可以利用 READY 信号在 T_3 和 T_4 状态之间插入 1 个或几个等待状态。

2．中断响应周期

在最大模式的系统中，中断的响应过程和响应时序与最小模式系统中的情况是一样的。只是在最大模式下，CPU 的中断响应信号不是 $\overline{INTA}$ 引脚发出的，而是通过状态线 $\overline{S}_0$、$\overline{S}_1$、$\overline{S}_2$ 经 8288 发出的。当 CPU 响应中断请求时，$\overline{S}_0$、$\overline{S}_1$、$\overline{S}_2$ 同时输出低电平，由总线控制器 8288 将此三个状态信号组合而产生 $\overline{INTA}$ 信号。最大模式下的中断响应时序如图 5.14 所示。从图中可看出，其中断时序除了 $\overline{LOCK}$ 输出信号在第一个中断响应总线周期的 T_2 状态到第二个中断响应总线周期的 T_2 状态都维持为有效低电平外，其他与最小模式是一样的。LOCK 低电平有效表示在中断响应过程中禁止其他 CPU 占有总线控制权，以保证中断响应过程不受外界的影响，CPU 能够在第二个中断响应总线周期中的 $\overline{INTA}$ 低电平时从总线中获得中断类型码。

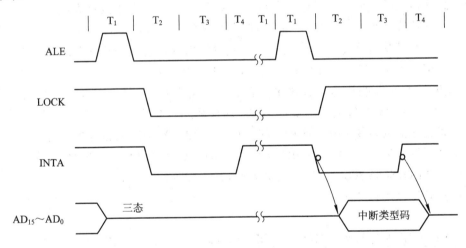

图 5.14   最大模式下的中断响应时序

3．总线请求和总线授予时序

在最大模式下的总线请求和授予的控制方法与最小模式下的有所不同，它是通过对 $\overline{RQ}/\overline{GT}_0$ 或 $\overline{RQ}/\overline{GT}_1$ 线来实现控制的。$\overline{RQ}/\overline{GT}_0$ 或 $\overline{RQ}/\overline{GT}_1$ 信号的功能与最小模式下的 HOLD 和 HLDA 的相似。所不同的是 HOLD 和 HLDA 为高电平有效，而且是单向信号线，而 $\overline{RQ}/\overline{GT}_0$ 或 $\overline{RQ}/\overline{GT}_1$ 信号是低电平有效，都是双向信号。在最大模式下，总线请求和授予过程如图 5.15 所示。这一过程可分为三个阶段：请求、授予和释放。当接在系统总线上的其他处理器需要使用系统总线时，就向 CPU 芯片的请求/允许线 $\overline{RQ}/\overline{GT}_0$ 或 $\overline{RQ}/\overline{GT}_1$ 发出一个低电平的请求脉冲。CPU 利用时钟的上升沿对 $\overline{RQ}/\overline{GT}_0$ 或 $\overline{RQ}/\overline{GT}_1$ 引脚电平采样，当检测到引脚为低电平，且 CPU 满足以下条件时：

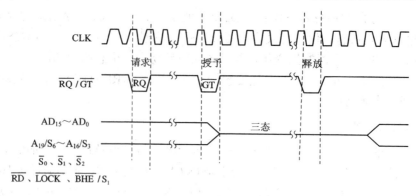

图 5.15　最大模式下总线请求和授予过程

① 若 CPU 为 8086，则前一次总线传送不是对奇地址单元读或写一个字的低位字节；若 CPU 为 8088，则不管是奇地址或偶地址，都必须完成一个字的第二字节的传送；

② 前一个总线周期不是第一个中断响应周期；

③ 不再执行带 LOCK 前缀的指令，则立即在其后的 T_4 状态或空闲状态的下降沿在同一引脚发出授予信号，向请求使用总线的其他微处理器表示已经把系统总线置于高阻状态，允许申请总线请求的微处理器可以使用总线。交出总线使用权的 CPU 即处于保持状态。但应指出，交出总线使用权的 CPU，并非意味着马上停止程序的运行。CPU 交出总线的使用权以后，仍将继续执行指令队列中已经预先取得的指令，直到遇到存取总线的指令或执行到指令队伍空了为止。当请求使用总线的处理器使用完总线后，再通过同一条 $\overline{RQ}/\overline{GT}$ 引脚向 CPU 发出一个负脉冲(称为释放脉冲)，表明将总线使用权交还给 CPU。当 CPU 检测出释放脉冲后，又可开始对总线的存取操作。CPU 从检测到总线请求信号($\overline{RQ}$)到发出授予($\overline{GT}$)信号的时间延迟范围为 3～39 个时钟。在执行不带 LOCK 前缀的指令延迟可以只有 3 个时钟，而在执行带 LOCK 前缀的 XCHG(交换)指令时，延迟可达到 39 个时钟。在最大模式系统中各处理器(如 8086/8088、8087、8089 等)都各有两条 $\overline{RQ}/\overline{GT}$ 引脚，其中 $\overline{RQ}/\overline{GT}_0$ 比 $\overline{RQ}/\overline{GT}_1$ 具有更高的优先级。

5.3　80386/80486 CPU 的引脚信号功能及其系统总线时序

5.3.1　80386 引脚信号及其系统总线时序

80386 采用 132 条引脚的栅状阵列封装(PGA)，其中有 34 条地址线(A_{31}～A_2、$\overline{BE}_3$～$\overline{BE}_0$)，32 条数据线(D_{31}～D_0)，3 条中断线，1 条时钟线，13 条控制线，20 条电源线 VCC，21 条地线 VSS，还有 8 条为空。图 5.16 是 80386 CPU 的逻辑引脚图。

与 8086/8088 相比，需说明的是：

(1) CLK_2：CLK_2 的频率是 80386 内部时钟信号频率的 2 倍，输入该信号与 82384 时钟信号同步，经 80386 内部 2 分频之后得到 80386 的工作基准频率信号。

(2) D_{31}～D_0：32 位数据总线，双向三态，一次可传送 8 或 16 或 32 位数据。

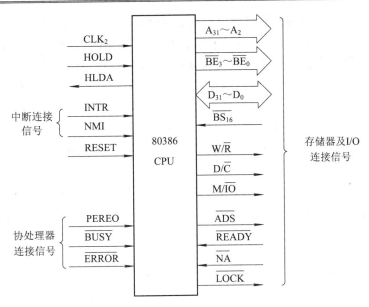

图 5.16 80386 的信号逻辑图

(3) $A_{31} \sim A_2$：地址总线，输出三态，和 $\overline{BE_3} \sim \overline{BE_0}$ 相结合起到 32 位地址的作用。80386 地址总线包含 $A_2 \sim A_{31}$ 地址线和字节选通线 $\overline{BE_3} \sim \overline{BE_0}$。$\overline{BE_3} \sim \overline{BE_0}$ 线的功能与 8086 和 80286 系统的 A_0 和 $\overline{BHE}$ 的非常相似，它们是内部地址信号 A_0 和 A_1 的译码。80386 有一个 32 位数据总线，所以内存可以建立 4 字节宽的存储体。$\overline{BE_3} \sim \overline{BE_0}$ 信号是用来选通这 4 个存储体的。这些单独选通可以使 80386 的内存传送或者接收字节、字或者双字。

(4) $\overline{BE_3} \sim \overline{BE_0}$：字节选通信号，用于选通在当前的传送操作要涉及 4 字节数据中的那几个字节。

(5) D/$\overline{C}$：数/控控制信号，输出，用于传送数据(高电平)或传送指令代码(低电平)。D/$\overline{C}$ 指示总线操作是一个数据读/写还是控制字传输(如取一个操作码)。

(6) W/$\overline{R}$：读/写控制输出信号，用于控制写入(高电平)或读出(低电平)。W/$\overline{R}$ 信号指示是否发生了一个读/写操作。

(7) M/$\overline{IO}$：存储器/输入输出选择信号，输出，用于选择访问存储器(高电平)或访问 I/O 端口(低电平)。M/$\overline{IO}$ 指示操作是对内存还是对直接 I/O 端口。直接 I/O 端口结构简单地把 8086 和 80286 端口结构扩充成包括 32 位端口。简单的 32 位 I/O 端口可以通过并联 8 位 I/O 端口设备如 8255A 来构成。80386 可以使用所有 8 位端口地址的 IN 或 OUT 指令来编址 256 个 8 位端口、128 个 16 位端口或者 64 个 32 位端口。使用 DX 寄存器存放 16 位端口地址，80386 可以编址 64 K 个 8 位端口，32 K 个 16 位端口或 8 K 个 32 位端口。

(8) $\overline{LOCK}$：总线周期封锁信号，低电平有效。

(9) $\overline{ADS}$：地址选通信号，三态输出，低电平有效。当有效时，表示总线周期中地址信号有效。当有效地址、$\overline{BE}$ 信号和总线周期定义信号均在总线上时，$\overline{ADS}$ 信号将被设置。80386 地址总线是不可复用的，所以 8086 类型的 ALE 信号是不需要的。但是，在某些 80386 系统中，$\overline{ADS}$ 信号用于一种称为地址流水线的模式，将地址传送到外部锁存器。地址流水线的原理是：如果一个地址保持在外部锁存器的输出端，80386 就可以把地址引脚上的老地址清除掉并在总线周期的前期输出下一个操作的地址。外部控制芯片通过设置下一个地址信号 $\overline{\text{NA}}$ 来通知 80386 何时为下一个操作输出地址。对一个有 SRAM 高速缓存的系统，流水线地址模式通常不是必需的，因为 SRAM 高速缓存已足够快了，不需要等待状态。

(10) $\overline{\text{READY}}$：准备就绪，输入信号，低电平有效。有效时表示当前总线周期已完成。$\overline{\text{READY}}$ 信号用来在总线周期中根据低速的内存和 I/O 设备接口的需要插入等待状态。

(11) $\overline{\text{NA}}$：下一个地址请求信号，输入信号，低电平有效。允许地址流水线操作，当其有效时，表示当前执行中的周期结束之后，下一个总线周期的地址和状态信号可变为有效。

(12) $\overline{\text{BS}}_{16}$：输入信号，低电平有效，指定 16 位数据总线。$\overline{\text{BS}}_{16}$ 输入端允许 80386 以 16 位和/或 32 位数据总线工作。如果设置了 $\overline{\text{BS}}_{16}$，80386 只将数据传送到 32 位数据总线的低 16 位上。如果设置了 $\overline{\text{BS}}_{16}$ 并且要从 16 位宽内存中读一个 32 位的操作数，80386 将自动产生一个第二总线周期来读第二个字。

(13) HOLD：总线请求信号，输入，高电平有效。

(14) HLDA：总线保持响应信号，输出；有效时，CPU 让出总线。

(15) $\overline{\text{PEREQ}}$：来自协处理器的请求信号、输入信号，表示 80387 要求 80386 控制它们与存储器之间的信息传送。$\overline{\text{PEREQ}}$ 信号是由一个像 80387 浮点处理器这样的协处理器输出的，它通知 80386 为协处理器取数据字的第一部分，然后协处理器将接管总线并读数据字的其余部分。

(16) $\overline{\text{BUSY}}$：协处理器忙，输入信号，低电平有效。$\overline{\text{BUSY}}$ 信号由协处理器产生，以避免 80386 在协处理器结束当前指令之前又继续下一条指令。

(17) $\overline{\text{ERROR}}$：协处理器错误信号，输入信号，低电平有效。如果协处理器设置了 $\overline{\text{ERROR}}$ 信号，80386 将执行类型 16 异常中断。

(18) INTR：可屏蔽中断请求输入信号。

(19) NMI：非屏蔽中断请求输入信号。

(20) RESET：复位信号。

80386 有许多 VCC 脚，也有许多标为 VSS 的地线，这些引脚均被接到 PC 板上合适的电平上。

RESET、NMI、INTR、HOLD 和 HLDA 输入端的作用与它们在以前介绍的处理器中的相似。

图 5.17 给出了某些 80386 非流水线读周期。如图 5.17 中所示，每个读操作需要两个状态 T_1 和 T_2。注意，在 T_2 期间，$\overline{\text{READY}}$ 保持低电平，以使得没有等待状态被插入。如果被读设备不能足够快地输出 T_2 期间所需的数据，$\overline{\text{READY}}$ 将由外部器件保持足够长时间的高电平，从而在 T_2 状态之后可以插入一个等待状态。

80386 中有大量的内置自测试线路。如果 80386 $\overline{\text{BUSY}}$ 输入端在 RESET 保持低电平的同时也保持低电平，则处理器将自动测试大约 60% 的内部器件。自动测试需要大约 2^{20} 个 CLK_2 周期。如果 80386 通过了所有的测试，则将在 EAX 寄存器中留有一个全零的标志。

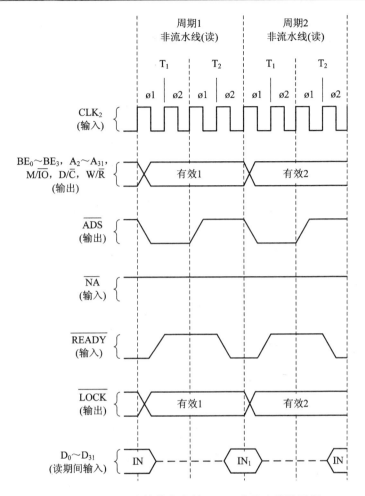

图 5.17　没有等待状态的 80386 非流水线读周期

5.3.2　80486 引脚信号及其系统总线时序

1．80486 引脚信号

采用 PGA(Pin Grid Array)封装的 80486 CPU 芯片有 168 条引脚，比 80386 多 36 条引脚。其中有些新增引脚是为与设备构成更有效的连接而设置的。有些是为了新部件(如 cache 等)而设置的。另外有些是空引脚，以备用。

80386 的 132 条引脚与 80486 的 168 条引脚之间，删除了 80386 上 4 条引脚，新增 20 条引脚；接通了 19 条不活动的待用逻辑管脚。于是可以认为 80486 的其余 129 条引脚与 80386 在逻辑上是一致的。

80486 的引脚信号示于图 5.18 中。通常又称为局部总线信号，按其功能，80486 引脚信号被分为数据总线、地址总线、总线控制、中断、总线周期定义、cache 行无效、页面 cache 控制、突发(或成组)控制、总线宽度控制、数据出错报告、地址组 20 屏蔽和奇偶校验等几部分。下面分别介绍这些信号的作用。

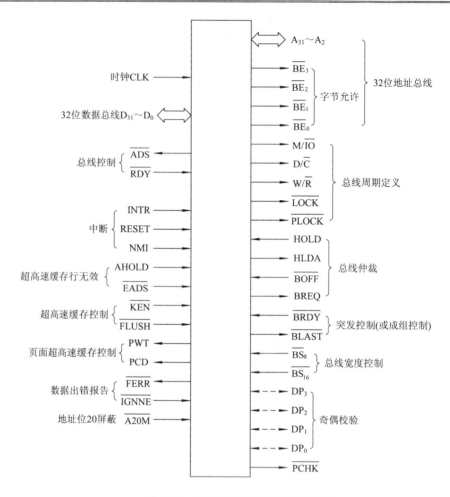

图 5.18 80486 CPU 的引脚信号功能

1) 数据总线

$D_0 \sim D_{31}$: 32 位的双向(输入/输出)数据总线,可以分别传输 8 位、16 位、24 位或 32 位数据。

2) 地址总线

$A_2 \sim A_{31}$ 和 $\overline{BE}_3 \sim \overline{BE}_0$ 构成 32 位地址总线,能寻址 4 GB 的物理存储空间和 64 KB 的 I/O 端口地址。80486 CPU 寻址 I/O 端口地址时,它发出的地址中,只有低 16 位地址 $A_2 \sim A_{15}$ 和 $\overline{BE}_3 \sim \overline{BE}_0$ 起作用,其余的视为无效。当 80486 寻址内存时,它发出的地址 $A_{31} \sim A_2$ 与双字(4 个字节)地址单元的内存对应,双字的 4 个字节由 $\overline{BE}_3 \sim \overline{BE}_0$ 控制,$\overline{BE}_3$ 控制的数据字节为 $D_{31} \sim D_{24}$,$\overline{BE}_2$ 控制的数据字节为 $D_{23} \sim D_{16}$,$\overline{BE}_1$ 控制的数据字节为 $D_{15} \sim D_8$,$\overline{BE}_0$ 控制的数据字节为 $D_7 \sim D_0$。$\overline{BE}_3 \sim \overline{BE}_0$ 为 4 个字节允许信号,只有当字节允许信号有效(低电平有效)时,它控制的存储器才能进行数据输入/输出操作。

32 位地址中,$A_{31} \sim A_4$ 为双向(输入/输出)地址线。当其他控制器(如 DMA 控制器)控制系统总线时,CPU 通过 $A_{31} \sim A_4$ 输入地址总线上的信号,监视地址总线的活动,一旦发现主存中的数据改变,则将 CPU 芯片内 cache 中的数据标记为过时,这样才能保证数据的一致性。80486 CPU 这个功能称为 cache 行无效。

3) 总线控制

(1) $\overline{ADS}$：地址状态信号，输出。$\overline{ADS}$ 有效时，地址总线上输出的信号有效。

(2) $\overline{RDY}$：准备好信号，输入，用于控制总线周期的宽度。当 $\overline{RDY}$ 有效时，结束当前总线周期。

以上两个信号与 80386 中的对应信号含义及功能基本相同。

4) 总线仲裁

(1) HOLD：总线请求信号，请求 80486 CPU 放弃对总线的控制权。

(2) HLDA：总线请求响应信号。当 CPU 收到 HOLD 信号后，在当前总线周期结束时发出 HLDA 信号，表示 CPU 让出总线控制权。HOLD 与 HLDA 信号功能及作用与 80386 CPU 中对应的引脚完全相同。

(3) $\overline{BOFF}$：强制 80486 CPU 放弃系统总线。当 80486 CPU 收至 $\overline{BOFF}$ 为低电平(有效电平)信号时，CPU 立即放弃对总线的控制权而处于总线保持状态。在 $\overline{BOFF}$ 变为无效(高电平)前，CPU 将一直处于总线保持状态。如果在 CPU 的总线周期期间 $\overline{BOFF}$ 先变为有效，然后再变为无效，则 CPU 将重新启动该周期。$\overline{BOFF}$ 信号的优先权高于 $\overline{READY}$ 和 $\overline{BRDY}$。

(4) BREQ：总线周期挂起信号，高电平有效。当 BREQ 信号有效时，表明 80486 CPU 内部已提出一个总线请求。80486 CPU 正控制系统总线。

5) 中断

(1) INTR：可屏蔽中断请求信号。

(2) NMI：非屏蔽中断请求信号。

(3) RESET：复位信号，高电平有效。当 RESET 信号有效时，迫使 80486 CPU 进人复位状态。

这三个信号的功能与 80386 中对应信号的功能相同。

6) 总线周期定义

(1) $W/\overline{R}$：写/读周期。高电平时进行写周期，低电平时进行读周期。

(2) $M/\overline{IO}$：存储器/(I/O)访问。高电平时访问存储器，低电平时访问 I/O 端口。

(3) $D/\overline{C}$：数据/控制周期。高电平为数据周期，低电平为控制周期。

(4) $\overline{LOCK}$：封锁总线周期，低电平有效。当 $\overline{LOCK}$ 有效时，保证 80486 CPU 顺利完成一条指令。$\overline{LOCK}$ 信号由带 "LOCK" 前缀的指令设置，在该条指令执行完毕前，其他总线控制器不能获得对系统总线的控制权。

(5) $\overline{PLOCK}$：伪封锁总线周期，低电平有效。当 $\overline{PLOCK}$ 有效时，表明 80486 CPU 的现行总线操作需要多个总线传输周期才能完成。如读出/写入长字(64 位或 80 位)，$\overline{PLOCK}$ 有效，保证了上述操作能顺利完成。

7) 超高速缓存行无效

行无效周期使 80486 芯片内部超高速缓存器的内容与外部主存储器中的内容保持一致。超高速缓存行无效周期使用两个输入信号：AHOLD 和 $\overline{EADS}$。

(1) AHOLD：地址保持请求信号，高电平有效。80486 允许其他的总线控制器访问自己的地址总线。AHOLD 有效将强制 80486 浮空自己的地址总线，为从 $A_{31} \sim A_4$ 线上输入地址作好准备。

(2) $\overline{\text{EADS}}$：地址有效信号，低电平有效。当 $\overline{\text{EADS}}$ 信号有效时，表示 80486 芯片的地址线 $A_{31} \sim A_4$ 上的信号有效，供其读入。80486 读入后在内部的超高速缓存器中寻找该地址，找到该地址则执行行无效周期，使该地址行的数据变为无效。

概括地讲，HOLD 信号限定 80486 的地址线 $A_{31} \sim A_4$ 输入某一地址，$\overline{\text{EADS}}$ 信号指明该地址有效。

8) 页面超高速缓存控制

80386、80486 和 Pentium 的 CPU 对存储器的管理有两种模式：分段管理和分页管理。分段管理是常用模式，分页管理是可以选择的。只有 CPU 内部的状态寄存器，在 MSW 中的分页位被置位时才允许使用分页管理模式，否则禁止分页。分页部件把 32 位线性地址转换成存储器的地址(即主机内存地址)从地址总线上输出。CPU 内部的分页部件使用二级方式：页目录和页表。页目录有 1024 项，每一项选择一个页表。即页目录由页表所组成。页表有 1024 项，每一项对应 4 KB 存储器，每 4 KB 存储器为一个页面。页目录、页表、页面三项的乘积($1024 \times 1024 \times 4\ \text{KB} = 4\ \text{GB}$)为 CPU 寻址存储器的最大容量。

PWT 和 PCD 两个输出信号是专门为页表结构(页目录和页表)设置的。

(1) PWT：写方式控制信号。PWT = 1 时，定义当前页面为直写方式，PWT = 0 时，为回写方式。由于 80486 CPU 片内 cache 为直写方式，所以 PWT 信号在 80486 内部不起作用，只是用来定义外部 cache(2 级 cache)的写方式。

(2) PCD：超高速缓存允许信号。PCD = 0 时，允许 80486 片内 cache 进行缓存，否则(PCD = 1)，禁止缓存。

9) 超高速缓存控制

(1) $\overline{\text{KEN}}$：超高速缓存允许输入信号，低电平有效。有效时使 80486 执行超高速缓存器的行填入周期。

(2) $\overline{\text{FLUSH}}$：超高速缓存器清洗输入信号，低电平有效。有效时强制 80486 对内部的超高速缓存器进行大清除(使全部数据变为无效)。$\overline{\text{FLUSH}}$ 是异步信号，因此它保持低电平的时间至少要大于一个处理器时钟周期，以供 CPU 采样输入。如果在复位信号 RESET 下降沿的前一个时钟，采样到 $\overline{\text{FLUSH}}$ 为低电平，将使 80486 CPU 进入三态测试方式。

10) 突发控制(或成组传递控制)

(1) $\overline{\text{BRDY}}$：突发准备好信号，输入，低电平有效。$\overline{\text{BRDY}}$ 信号的作用与 $\overline{\text{RDY}}$ 信号(有时称为非突发准备好信号)相同。当两者都为有效信号时，80486 忽略 $\overline{\text{BRDY}}$ 信号，当前周期由 $\overline{\text{RDY}}$ 信号结束。

由 $\overline{\text{RDY}}$ 信号结束的周期称为非突发周期。非突发周期一般由两个处理器时钟完成一个数据传输。由 $\overline{\text{BRDY}}$ 信号结束的周期称为突发周期。突发周期分快突发周期和慢突发周期。

对于快突发周期，除了第一个突发周期要用两个处理器时钟完成一个数据传输外，在后面的突发周期中，只要用一个处理器时钟便完成一个数据传输。对慢突发周期，与非突发周期相同，用两个处理器时钟完成一个数据传输。

(2) $\overline{\text{BLAST}}$：突发最后输出信号，低电平有效。当 $\overline{\text{BLAST}}$ 有效时，表示下一个 $\overline{\text{BLAST}}$

信号输入时突发周期已经结束，即最后一个 $\overline{BLAST}$ 被看做 $\overline{READY}$。

11) 总线宽度控制

(1) $\overline{BS_8}$：8 位总线宽度定义信号，输入，低电平有效。当 $\overline{BS_8}$ 有效时，定义数据总线中只有 8 位是有效的，支持 8 位数据传输。

(2) $\overline{BS_{16}}$：16 位总线宽度定义信号，输入，低电平有效。当 $\overline{BS_{16}}$ 信号有效时，定义数据总线只有 16 位是有效的，支持 16 位数据传输。

12) 数据出错报告

(1) $\overline{FERR}$：浮点出错输出信号，低电平有效。每当遇到未屏蔽的浮点出错时，$\overline{FERR}$ 信号就变为有效。

(2) $\overline{IGNNE}$：忽略数字出错信号，输入，低电平有效。$\overline{IGNNE}$ 信号有效时，将使 80486 忽略数字错误，继续执行非控制的浮点指令。如果 $\overline{IGNNE}$ 变为无效，而先前的浮点指令产生了错误，80486 将冻结在这个非控制的浮点指令上。控制寄存器 $0(CR_0)$ 中的 NE 位置位时，$\overline{IGNNE}$ 信号将不起作用。

13) 地址位 20 屏蔽

$\overline{A_{20}M}$：第 20 位地址屏蔽信号，输入，低电平有效。80486 采样到 $\overline{A_{20}M}$ 低电平有效信号后，将屏蔽掉第 20 位物理地址(即存储器地址)，80486 仿真 8086 的 1MB 存储器地址。$\overline{A_{20}M}$ 是异步信号，因此 $\overline{A_{20}M}$ 信号保持低电平的时间至少大于一个处理器时钟周期。

14) 奇偶校验

(1) $DP_0 \sim DP_3$：数据奇偶校验输入/输出信号。$DP_0 \sim DP_3$ 分别对应 32 位数据中的字节 0 ~ 字节 3。

偶校验指在一个数据字节的 8 条线上和对应奇偶校验输入/输出线上 1 的个数为偶数。

奇校验指在一个数据字节的 8 条线上的对应奇偶校验输入/输出线上 1 的个数为奇数。

$DP_0 \sim DP_3$ 与数据字节具有相同的定时。

(2) $\overline{PCHK}$：奇偶校验错信号，输出，低电平有效。$\overline{PCHK}$ 为低电平时，CPU 在上一个读周期采样的数据存在奇偶校验错。也就是说，CPU 在当读周期结束时采样的数据存在奇偶校验错时，在下一时钟开始，立即输出 $\overline{PCHK}=0$ 信号。

15) 时钟

CLK：时钟输入信号，为 80486 提供基本的定时和内部工作频率。

2．80486 总线操作时序

80486 CPU 硬件结构较 80386 CPU 有很大改进，内部集成了浮点运算器、代码/数据高速缓存，存储器接口加入自动奇偶校验编码/解码电路等，进一步加强了系统功能。同时也增加了处理器接口信号。在总线操作中除了仍保持 86386 CPU 的流水线和非流水线操作时序，80486 CPU 增加了突发式总线周期；还支持可超高速缓存或不可超高速缓存周期，32 位或 16 位或 8 位的数据传输，等等。所以 80486 CPU 的总线操作时序比 8086/80286 CPU 的总线操作时序要复杂的多，并且包含了 80386 时序的特点。

下面详细分析 80486 的总线周期。

1) 不可超高速缓存的非突发单周期

图 5.19 为基本的 2-2 总线周期时序。

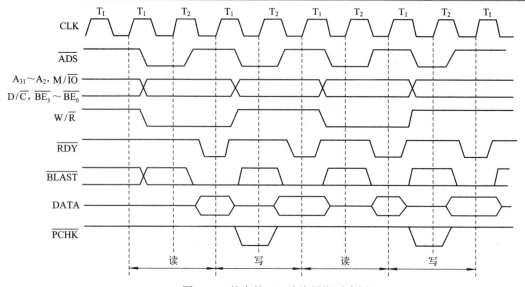

图 5.19　基本的 2-2 总线周期时序图

由 $\overline{\text{RDY}}$ 信号为低电平结束的总线周期称为非突发周期。80486 支持的最快的非突发总线周期包含两个 CLK 时钟周期。CPU 在第一个时钟周期 T_1 输出低电平信号 $\overline{\text{ADS}}$，表明地址总线上输出的地址信号有效。总线周期定义信号有效等，即启动一个总线周期；在第二个时钟周期 T_2 结束时，CPU 采样 $\overline{\text{RDY}}$ 信号，若 $\overline{\text{RDY}}$ 为低电平，表示结束当前总线周期，同时完成数据读/写。这种方式的读周期与写周期均含有两个 CLK 时钟周期，被称为基本的 2-2 周期。如果在 T_2 结束时，CPU 采样的 $\overline{\text{RDY}}$ 为高电平，则表示需要插入等待状态，一个等待状态为一个 T_2 周期。在插入的 T_2 结束时，采样 $\overline{\text{RDY}}$ 信号为低电平，表示结束当前总线周期并完成数据读/写。在这种方式下，读、写周期均由 3 个时钟周期完成，称为 3-3 总线周期，其时序图如图 5.20 所示。

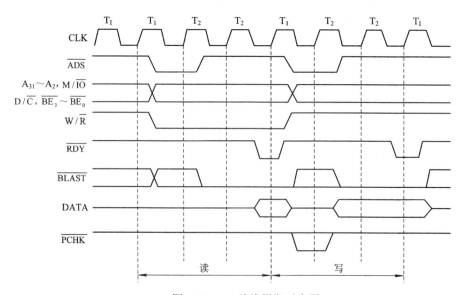

图 5.20　3-3 总线周期时序图

2) 不可超高速缓存的非突发多周期

80486 在第一个数据读周期的 T_2 内，若 $\overline{BLAST}$ 输出高电平，则指示外部系统这是一次多周期传输。在该 T_2 结束时，采样 $\overline{RDY}$ 为低电平，读入数据；在第二个数据读周期的 T_2 内，若 $\overline{BLAST}$ 输出低电平，则指示外部系统结束多周期传输，否则重复上述过程。在每个读周期的 T_2 结束时，采样 $\overline{RDY}$ 为低电平并读入数据，直到数据结束。$\overline{KEN}$ 在整个数据传输过程中保持为高电平，以表示是不可超高速缓存的周期，如图 5.21 所示。64 位浮点装入或 128 位预取的内部请求必须占用多周期。外部系统每次只传输 8 位或 16 位数据时，也可能需要多周期。

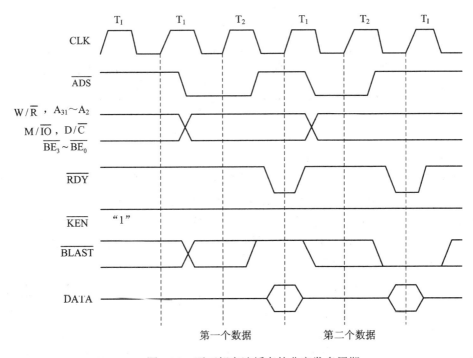

图 5.21　不可超高速缓存的非突发多周期

3) 不可超高速缓存的突发周期

对需要多周期传输的任何请求，80486 都可以接受突发周期。如果在第一个数据读周期，外部系统送回的有效信号是 $\overline{BRDY}$ 而不是 $\overline{RDY}$，则将多周期数据传输的请求转换成了一个突发周期，如图 5.22 所示。

突发周期具有下述特点：

(1) $\overline{ADS}$ 信号仅在第一个周期的 T_1 内有效；

(2) 除第 1 个周期外，后面的周期只有 T_2，没有 T_1；

(3) T_2 结束时，外部送回的有效信号是 $\overline{BRDY}$，而 $\overline{RDY}$ 为高电平；

(4) 在每个 T_2 周期内读入一个数据；

(5) 在最后一个 T_2 时，CPU 输出 $\overline{BLAST}$ 为低电平，通知系统将下一个 $\overline{BRDY}$ 看做 $\overline{RDY}$，即结束突发周期。

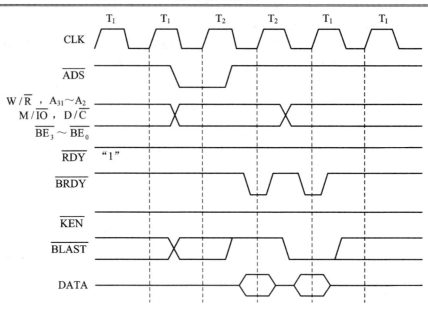

图 5.22   不可超高速缓存的突发周期

4) 可超高速缓存的非突发周期

80486 在第一个周期的 T_1 结束时，若采样的 $\overline{KEN}$ 信号为低电平，则表示该周期为超高速缓存行填充，于是 CPU 在 T_2 时输出 $\overline{BLAST}$ 高电平信号。片内 cache 进行一次行填充需从存储器中读取 4 个双字。当存储器数据线宽度为 32 位时，需要 4 个周期。在最后一个周期中，$\overline{KEN}$ 信号应再次变低；$\overline{BLAST}$ 在最后一个周期的 T_2 结束时输出低电平，结束行填充，如图 5.23 所示。

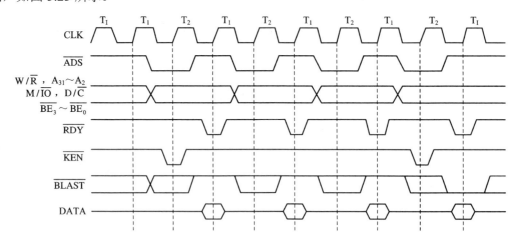

图 5.23   可超高速缓存的非突发周期

5) 可超高速缓存的突发周期

80486 在第一个周期的 T_1 结束时，采样到 $\overline{KEN}$ 信号为低电平；若在第一个 T_2 结束，外部送回的是 $\overline{BRDY}$ 低电平信号，则进入可超高速缓存的突发周期，如图 5.24 所示。片内 cache 进行一次行填充需要 4 个周期，但这时除第 1 个周期有 T_1 外，随后的 3 个周期只有 T_2 没有 T_1，即一个 CLK 周期传输 1 个数据(32 位)。在最后一个数据读入前，$\overline{KEN}$ 信号再次变低，在最后一个 T_2 结束时，$\overline{\text{BLAST}}$ 信号输出低电平，使 $\overline{\text{BRDY}}$ 作为 $\overline{\text{RDY}}$ 用，以结束可超高速缓存的突发周期。

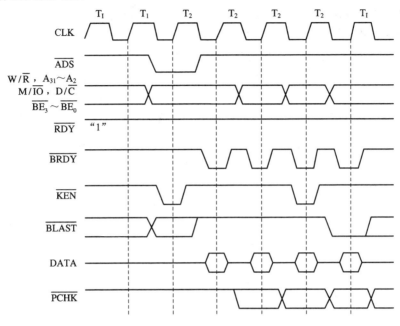

图 5.24　可超高速缓存的突发周期

6) 可超高速缓存的慢突发周期

在突发周期中，并非每一个 T_2 时钟内都一定输入数据，而是只有 $\overline{\text{RDY}}$ 或 $\overline{\text{BRDY}}$ 为低电平时才输入数据。如果 CPU 采样到的 $\overline{\text{RDY}}$ 和 $\overline{\text{BRDY}}$ 都是高电平，则插入一个等待状态 T_2，即在一个周期中虽然没有 T_1，但却有两个 T_2，于是也成为两个 CLK 周期传输 1 个数据，如图 5.25 所示，称为慢突发周期。

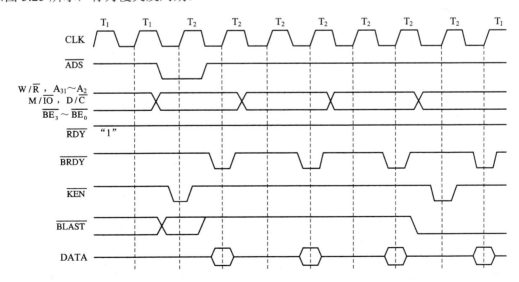

图 5.25　可超高速缓存的慢突发周期

7) 被中断的可超高速缓存的突发周期

80486 允许在任何时候由外部发回的 $\overline{RDY}$ 低电平信号中断某一突发周期，这时 CPU 将利用这个 $\overline{RDY}$ 信号传输一个数据，接着立即输出一个 $\overline{ADS}$ 低电平信号，自动启动另一个总线周期来完成数据传输。在输出 $\overline{ADS}$ 低电平后，$\overline{BLAST}$ 信号变高，表示传输还没有完成。中断后的数据由 $\overline{BRDY}$ 低电平信号传输，如图 5.26 所示。

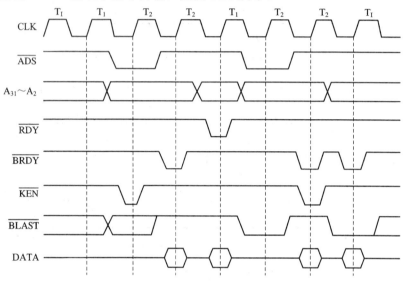

图 5.26   被中断的可超高速缓存的突发周期

8) 8 位和 16 位周期

80486 支持 8 位和 16 位数据传输。在 $\overline{RDY}$ 或 $\overline{BRDY}$ 信号有效之前，$\overline{BS_8}$ 或 $\overline{BS_{16}}$ 信号的低电平将使 CPU 进行 8 位或 16 位的数据传输。当 $\overline{BS_8}$ 和 $\overline{BS_{16}}$ 这两个信号同时有效时，CPU 忽略 $\overline{BS_{16}}$ 而进行 8 位数据传输。$\overline{BS_8}$ 和 $\overline{BS_{16}}$ 信号可用于突发或非突发周期。图 5.27 所示是 $\overline{BS_8}$ 信号使 CPU 用 3 个周期来输入一个 24 位数据的例子。

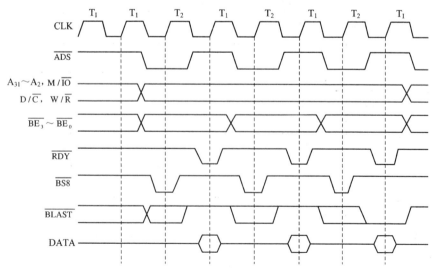

图 5.27   8 位和 16 位周期

9) 锁定周期

锁定周期一般由带 "LOCK" 前缀的指令产生，它使得在数据传输时，$\overline{\text{LOCK}}$ 信号为低电平，禁止其他总线主设备访问系统总线，如图 5.28 所示。$\overline{\text{LOCK}}$ 信号在读周期 T_1 内开始有效，在写周期结束后变为无效。读、写周期都由 $\overline{\text{ADS}}$ 低电平启动。

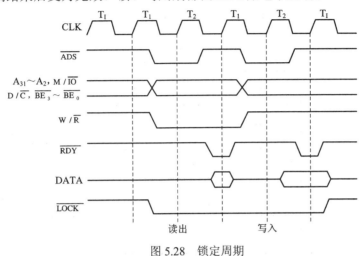

图 5.28 锁定周期

10) 伪锁定周期

与锁定周期类似，在伪锁定周期内，$\overline{\text{PLOCK}}$ 信号有效，禁止其他总线主设备访问系统总线。

11) 总线保持周期

80486 收到 HOLD 高电平后，在当前总线周期完成后，将立即让出系统总线并发出 HLDA 高电平，通知其他总线主设备可以使用系统总线，自己则进入总线保持周期，即插入空闲周期 T_I，如图 5.29 所示。在总线保持周期内，80486 的 $\overline{\text{BE}_3} \sim \overline{\text{BE}_0}$，PCD，PWT，$\text{W}/\overline{\text{R}}$，$\text{D}/\overline{\text{C}}$，$\text{M}/\overline{\text{IO}}$，$\overline{\text{LOCK}}$，$\overline{\text{PLOCK}}$，$\overline{\text{ADS}}$，$\overline{\text{BLAST}}$，$\text{A}_2 \sim \text{A}_{31}$，$\text{D}_{31} \sim \text{D}_0$ 和 $\text{DP}_0 \sim \text{DP}_3$ 等引脚浮空。

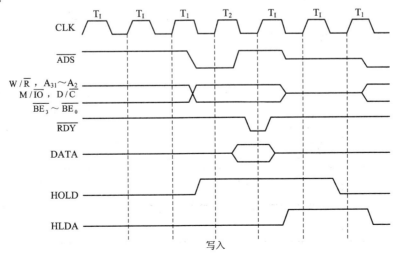

图 5.29 总线保持周期

12) 行无效周期

当 AHOLD 和 $\overline{EADS}$ 信号有效时，80486 进入无效周期，如图 5.30 所示。AHOLD 高电平信号强制 CPU 浮空自己的地址线(这时 CPU 数据总线仍然有效，可为上一个总线周期输入数据)，$\overline{EADS}$ 低电平信号则通知 CPU 从地址总线上可以输入一个有效的地址信号。CPU输入该地址信号后，便在片内 cache 中寻找该地址；若找到，则将相应的 cache 行数据变为无效。

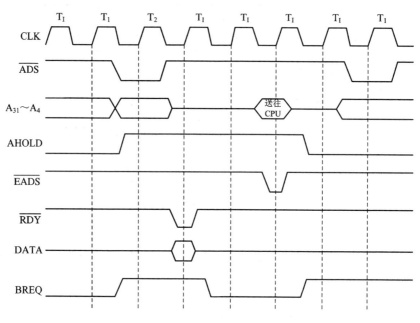

图 5.30 行无效周期

13) 中断周期

80486 允许中断时，一旦收到中断请求，则当前周期完成后立即进入中断周期。中断周期由两个周期加 4 个空闲周期构成，如图 5.31 所示。在第一个周期中，当 $\overline{RDY}$ 信号变为低电平时，CPU 忽略数据总线上的信号，接着自动插入 4 个空闲周期 T_I；在第二个周期中，当 $\overline{RDY}$ 信号变低时，CPU 从数据总线的 $D_7 \sim D_0$ 上输入 8 位的中断类型码。

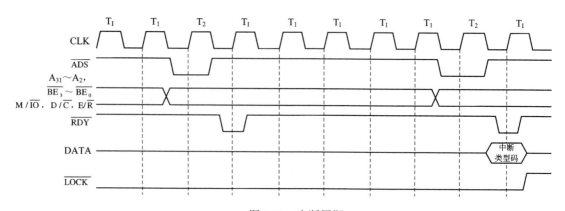

图 5.31 中断周期

习题与思考题

1. 已知 8086 CPU 中当前段寄存器的基址(DS)=021FH，(ES)=0A32H，(CS)=234EH，则上述各段在存储器空间中物理地址的首地址号及末地址号是什么？

2. 假如 8086 CPU 中，(CS)=234EH，已知物理地址为 25432H，若(CS)的内容被指定成 1A31H，则物理地址应为什么地址号？

3. 在 8086 存储体结构中，为存储器寻址所需应保留哪些与寻址有关的信息？CPU 从 1A315H 存储单元中读取一个字要占用几个总线周期？$\overline{BHE}$/S_7、$\overline{RD}$、$\overline{WR}$、M/$\overline{IO}$、DT/$\overline{R}$ 中哪些信号应为低电平？字数据如何经过数据总线 AD_{15}～AD_0 传送？

4. 在何种情况下，可以用对存储器访问的指令来实现对 I/O 端口的读/写。

5. 在 8086 中，堆栈操作是字操作，还是字节操作？已知(SS)=1050H，(SP)=0006H，(AX)=1234H。若执行对 AX 的压栈操作(即执行 PUSH AX)，操作后则(AX)存放在何处？并指出执行此操作时 8086 输出的状态信息是何种编码，总线信号哪些应有效？

6. 试指出 8086 和 8088CPU 有哪些区别。

7. 当存储器或 I/O 设备读/写速度较慢时，应如何向 CPU 申请等待时钟？

8. 试指出 8086 工作于最小模式及最大模式时，若 CPU 响应总线请求，CPU 的哪些引脚信号处于高阻状态。

9. 试说明 8086 工作在最小模式下和最大模式下系统基本配置的差别。

10. 试总结 8086 在最大模式和最小模式下总线读与总线写周期的异同点。

11. 试说明 80386 的引脚和总线时序相对于 8086 来说，有哪些新增的功能和特点。

12. 试说明 80486 的引脚和总线时序相对于 80386 来说，有哪些新增的功能和特点。

第6章 半导体存储器及接口

作为计算机重要组成部分的半导体存储器近年来发展很快。本章重点介绍半导体RAM、ROM 的工作原理、特点及其与 CPU 的连接接口，并简要介绍目前广为应用的高速缓冲存储器及闪速存储器。

6.1 存储器的分类和主要性能指标

电子计算机要根据已编制的程序，对数据和信息自动快速地进行运算和处理，就必须把指令、数据和运算的中间结果放在计算机内部。存储器就是计算机中存储计算程序、原始数据及中间结果的设备。通常，系统程序(如操作系统、编译程序、汇编程序、工具软件等)预先存储在磁盘和光盘中，运行时需调内存方能被 CPU 执行。而用户的应用程序则是通过键盘直接输入内存。因此可以说，所有的程序只有在装入内存后，才能被 CPU 执行。

6.1.1 存储器的分类

1. 按存储器采用的元件分类

按存储器采用的元件分类，有磁芯存储器、半导体存储器、磁泡存储器、磁表面存储器(包括磁带、磁鼓、硬磁盘、软磁盘等)和激光存储器等。

2. 按存储器和中央处理器的关系分类

按存储器和中央处理器的关系分类，有内存储器和外存储器。直接和 CPU 相联系，作为微型计算机的组成部分，用于暂存部分程序和数据的快速存储器称为内存储器，它是计算机的主存储器。内存储器的存取速度较快，存取周期从几个纳秒到几十个纳秒。其存储容量随着微处理器技术的发展而增长很快。例如，第二代(8 位)微机的内存容量多为几十千比特，第三代(16 位)微机的内存容量多为几兆比特，第四代(32 位)微机的内存容量多为几吉比特，而第六代微机的内存容量已高达几十吉比特。内存储器多用 MOS 半导体存储器作为实体。外存储器是不直接和 CPU 相联系的存储器，也可归类为外部设备。它们的存储容量大，但存储速度慢。其存储容量从几百兆比特到几十吉比特，寻址时间为若干毫秒。外存储器由软磁盘、硬磁盘及光盘等组成，不属本章的讨论内容。

3. 按存储信息的功能分类

半导体存储器按存储信息的功能，分为随机存取存储器(RAM)和只读存储器(ROM)。所谓随机存取存储器(Random Access Memory)，又称读写存储器，一般是指机器运行期间可读也可写的存储器。所谓只读存储器(Read Only Memory)，一般是指机器运行期间只能读出信息，而不能随时写入信息的存储器。然而实际上所谓的随机存取意即随意存取，是相对于顺序存取而言的。对顺序存取的存储器来说，信息的存取时间与其所在位置有关。例如，要读磁鼓内第 1000 号存储单元的信息，必须从给出命令时磁鼓所在单元(如第 10 号单元)开始，经过第 10 单元、第 11 号单元……第 999 号单元，方能到达第 1000 号单元。显然，读出时间要比第 11 号存储单元的长得多。对随机存取的存储器来说，当要取出某一单元信息时，无需经过中间单元而耗费不必要的时间，也就是说，随机存取能做到信息的存取时间与其所在位置无关。从这个意义上说，无论 ROM 还是 RAM，都是随机存取的，因而称 RAM 为读写存储器更为恰当些。

　　只读存储器按功能可分为掩膜式 ROM(简称 ROM)、可编程只读存储器(PROM，Progammable ROM)和可改写的只读存储器(EPROM，Erasable Programmable ROM)三种。随机存储器按信息存储的方式，可分为静态 RAM(Static RAM，简称 SRAM)，动态 RAM(Dynamic RAM，简称 DRAM)两种。

　　半导体存储器的制造工艺多种多样，经常采用的有 NMOS、CMOS、SOS、HMOS、TTL、ECL 及 I^2L 等。

　　采用 TTL、ECL 及 I^2L 工艺的存储器属双极型静态存储器，它们的存取速度最快，已和 CPU 的工作速度基本相匹配。但它们的功耗大，容量小，价钱高。采用各种 MOS 型工艺制作的存储器有各种 ROM、DRAM 及 SRAM，它们的存取速度较双极型 SRAM 的慢，但功耗小，容量大，价廉，尤以 DRAM 和各种 ROM 为突出。为此，微机系统中大容量的内存储器都采用 DRAM(用来存放固化的系统程序和常数表等)。为了进一步提高微机的运行速度，选用双极型存储器作内存，虽可以得到存取速度的满足，却使内存体积庞大，功耗过大，且价格很贵。为此，当前微机系统采取的解决方案是在内存和 CPU 之间增加一个称为高速缓冲存储器(cache)的双极型存储器。它们的存储容量相对较小，早期只有几千比特，逐渐发展成几十千比特，几百千比特。通常 cache 的一部分集成在 CPU 的内部，称为一级 cache，另一部分位于 CPU 之外，称为二级 cache。cache 中存放 CPU 当前常用的指令和操作数，CPU 执行程序时首先到 cache 中取指令和存取操作数，若未命中才访问内存。显然 cache 容量愈大，命中率愈高，计算机运行速度提高得也愈明显。

　　随着微处理器的发展，单个芯片的集成度愈来愈高，CPU 内部的寄存器数量也愈来愈多，如 8086/8088 的寄存器组有 8 个 16 位寄存器，后来的 CPU 中除了具有 16 位的段寄存器、32 位的数据寄存器外，还有 64 位和 80 位的其他寄存器，这些寄存器的存取速度极快，完全与 CPU 匹配。为此，程序设计时应充分利用并恰当安排这些片内寄存器，以使 CPU 尽量少地访问内存，从而进一步提高计算机的运行速度。

　　综上所述，按照和 CPU 的关系分，微机系统中的存储器分为四级：CPU 内部的寄存器组、高速缓存、内存储器和外存储器。它们的存取速度及 CPU 对其访问的频率依次递减，而存储容量却依次递增，见图 6.1。其中只有内存储器占用 CPU 可寻址的地址空间。外存储器虽然速度慢，但由于容量巨大，费用低，作为后备存储器，用来存放各种程序和数据，特别在现代微机系统中已具有虚拟存储器的管理功能，硬盘的存储空间已作为内存空间的延续，可以使用户在较小的主存上运行很大的程序。

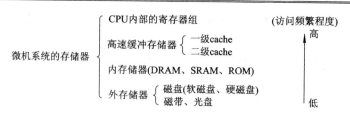

图 6.1　微机系统中存储器的分级组成

6.1.2　内存储器的性能指标

1. 存储容量

这是内存储器的一个重要指标，通常用该内存储器所能存储的字数及字长的乘积来表示，即

$$存储容量 = 字数 \times 字长$$

如 16 位微型机的最大内存容量为 1 MB，即 1 M×8 位，而 32 位微型机的最大内存容量为 4 GB，即 4 G×8 位等。

2. 最大存取时间

内存储器从接收、寻找存储单元的地址码开始，到它取出或存入数码为止所需的时间叫做存取时间。通常手册上给出该常数的上限值，称为最大存取时间。最大存取时间愈短，存储器的工作速度就愈高。因此，它是存储器的一个重要参数。半导体存储器的最大存储时间为几纳秒至几十纳秒。

3. 功耗

半导体存储器的功耗包括"维持功耗"和"操作功耗"，应在保证速度的前提下尽可能地减少功耗，特别要减少"维持功耗"。

4. 可靠性

可靠性一般是指存储器对电磁场及温度等变化的抗干扰能力。半导体存储器由于采用大规模集成电路结构，可靠性较高，平均无故障间隔时间为几千小时以上。

5. 集成度

对半导体存储器来说，集成度是一个重要的指标。所谓集成度，是指在一片数平方毫米的芯片上能集成多少个基本存储电路，每个基本存储电路存储一个二进制位，所以集成度常表示为位/片。目前典型产品的集成度有 1 兆位/片、16 兆位/片、64 兆位/片、256 兆位/片等。

6.2　半导体存储器件

6.2.1　只读存储器(ROM)

只读存储器(ROM)也称固定存储器(Fixed Memory)或永久存储器(Permanent Memory)，总之，ROM 中各基本存储电路所存信息是固定的、非易失性的，因而机器运行期间只能读出，不能写入，并且在断电或故障停机之后所存信息也不会改变和消失。ROM 中信息的写入通常是在脱机或非正常工作的情况下用人工方式或电气方式写入的。对 ROM 进行信息写入常称为对 ROM 进行编程。

1. ROM 的结构和特点

ROM 的结构框图示于图 6.2，它由地址译码器、存储矩阵和输出缓冲器三部分组成。

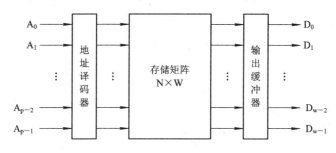

图 6.2　ROM 结构框图

1) 存储矩阵

能够寄存二进制信息的基本存储电路(或称基本存储单元)的集合体称为存储体。为了便于信息的写入和读出，存储体中的这些基本存储电路配置成一定的阵列，并进行编址。因而，存储体也称为存储矩阵。

存储矩阵中基本存储电路的排列方法通常有 3 种，即 N×1 结构、N×4 结构和 N×8 结构。N×1 结构称为位结构，常用在 DRAM 中，N×4 及 N×8 结构称为字结构，常用在静态 RAM 中。ROM 的存储矩阵常采用 N×8 结构。

2) 地址译码器

存储器芯片中的地址译码器(通常包括行地址译码器和列地址译码器)接收来自 CPU 的地址信号及存储器控制信号 $\overline{CS}$(或 $\overline{CE}$)，并产生地址译码信号，以便选中存储矩阵中某一个或几个基本存储电路，使其在存储器控制信号控制下进行读出操作。

ROM 的控制信号引线端通常有芯片允许引线端 $\overline{CS}$ (Chip Select)或芯片开放引线端 $\overline{CE}$ (Chip Enable)，统称片选信号端；输出禁止引线端 $\overline{OD}$ (Output Disable)或输出开放引线端 $\overline{OE}$ (Output Enable)等。当系统中存储器由多个芯片组成时，$\overline{CE}$ 或 $\overline{CS}$ 用来选择应访问的存储器芯片，并使被选中的那个存储器芯片从备用状态转换到动作状态；$\overline{OE}$ (或 $\overline{OD}$)用来控制 ROM 的输出缓冲器，从而使微处理器(作为存储器的控制部件)能直接管理存储器可否输出，避免争夺总线。

3) 输出缓冲器

ROM 的输出缓冲器具有三态控制及驱动功能，以便使微机系统中各 ROM 芯片的数据输出端能方便地挂接到系统数据总线上。当对 ROM 芯片进行读出操作时，芯片开放信号及输出开放信号有效，数据从存储矩阵中相应的基本存储电路中经输出缓冲器送至系统数据总线。而当不对某 ROM 芯片进行读出操作时，芯片开放信号无效(表明未选中该芯片)，或输出开放信号也同时无效(表明 CPU 未进行读操作)，致使该 ROM 芯片的输出缓冲器对系统总线呈现高阻状态，该 ROM 芯片完全与系统数据总线隔离。

ROM 中的存储矩阵实际上是一个单向导通的选择开关阵列(即基本存储电路由单向选

择开关组成)。所谓单向导通的选择开关，是指连接于行选择信号线和列选择信号线之间的耦合元件。可采用二极管作单向导通的选择开关；也可采用双极型三极管或 MOS 三极管作单向导通的选择开关。

为说明 ROM 的工作原理和特点，假想一个 16×8 的存储器，它采用二极管作单向选择开关。存储矩阵由 8 个 16×1 位的阵列组成。其中一个 16×1 位的阵列情况如图 6.3 所示。4 位地址码中的低 2 位经译码后用来选择 4 行中的一行，高 2 位经译码后用来选择 4 列中的一列。由行和列译码信号复合选择的基本存储电路，根据其中单向选择开关的状态(是接通还是断开)，将所存信息输出到列读出放大器。假如片选(择)信号有效，则该所存信息可读到数据输出线上。

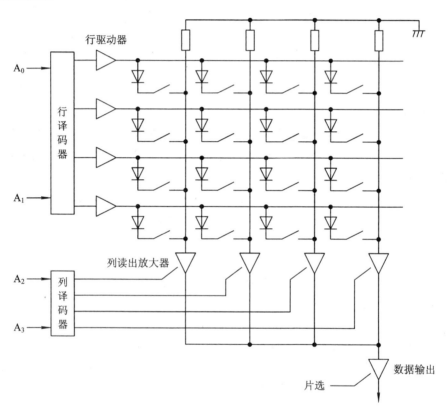

图 6.3　16×1 位 ROM 阵列

由此可以看出，ROM 存储矩阵中各基本存储电路信息的存储(或称写入)是用单向选择开关接通或断开的状态来实现的。单向选择开关的状态应事先设计好。

2. ROM 的分类

根据选择开关设计方法，也即编程方式的不同，只读存储器(ROM)分为下列三类。

1) 掩膜编程的 ROM(Mask Programmed ROM)

掩膜编程的 ROM 简称 ROM，它是用最后一道掩膜工艺来控制某特定基本存储电路的晶体管能否工作(即单向选择开关是否接通)，以便达到预先写入信息的目的。因而制造完毕后用户不能更改所存信息。这种 ROM 也常称为掩膜式 ROM，它既可用双极工艺实现，也可用 MOS 工艺实现。掩膜 ROM 中，由于只有读出所需的电路，因而结构简单、集成度高(约为 RAM 的 10 倍)、容易接口，大批量生产时也很便宜(约为 RAM 价格的 1%)。掩膜 ROM 主要用作微型机的标准程序存储器，如 BASIC 语言的解释程序、汇编语言的汇编程序、FORTRAN 语言的编译程序等。也可用来存储数学用表(如正弦表、余弦表、开方表等)、代码转换(如 BCD 码转换成七段显示码等)表、逻辑函数表、固定常数以及阴极射线管或打印机用的字符产生图形等。

2) 现场编程 ROM

现场编程 ROM 也称可编程 ROM(Programmable ROM)，简称 PROM。它在产品出厂时并未存储任何信息。使用时，用户可根据需要自行写入信息。但必须注意，对 PROM 来说，信息一旦写入便成为永久性的，不可更改。

3) 可改写的 PROM(Erasable Programable ROM)

可改写的 PROM 亦称反复编程 ROM，简称 EPROM，是指用户既可以采取某种方法自行写入信息，也可以采取某种方法将信息全部擦去，而且擦去后还可以重写。根据擦去信息的方法不同，EPROM 又可分为两种，即紫外线擦除的 EPROM(Ultraviolet EPROM)，简称 UVEPROM；电擦除的 EPROM(Electrically EPROM)，简称 E^2PROM(或称电改写的 ROM，即 Electrically Alterable ROM，简称 EAROM)。

UVEPROM 常作微型机的标准程序存储器或专用程序存储器，擦除时需要将器件从系统上拆卸下来，并在紫外光下照射才能擦掉信息，使用不太方便。E^2PROM 是一种可用电信号清除的 PROM，清除时不必将器件从系统上拆卸下来，一次可以擦一个字，也可以立刻全部擦去，而后又可以用电信号对新的数据重新进行写入。E^2PROM 用电信号擦去信息的时间为若干毫秒，比 UVEPROM 的擦去时间要快得多。

1988 年 Intel 公司采用 ETOXL(EPROM Tunnel Oxide，EPROM 沟道氧化)技术研制成功一种新型存储器——闪速存储器(Flash Memory)，简称闪存。它也属电可改写的 EPROM，可以在线擦除和编程。但它的基本存储单元只需要一个晶体管，而 E^2PROM 需要两个，因而内存芯片的集成度很高，可达几十兆比特之多。同时它的数据读取时间、整块擦除时间及编程时间都要比 E^2PROM 的小得多，故称闪速存储器。

6.2.2　静态随机存取存储器(SRAM)

静态随机存取存储器(Static Random Access Memory)，简称 SRAM，其特点是存取速度高，集成度低，价钱较贵。通常该类存储器多用在对存取速度要求较高、存储量不太大的场合，如充当高速缓冲存储器(cache)及总线缓冲器(FIFO)等。

1. SRAM 的基本结构

SRAM 的基本结构示于图 6.4。SRAM 由存储矩阵、地址译码器、控制逻辑和三态双向缓冲器等部分组成。存储矩阵多排列成 N×4、N×8 或 N×16 结构。地址译码器与 ROM 的一样，也包括行地址译码器和列地址译码器，并在行列地址交叉处寻址某一基本存储电路。存储器控制逻辑通过存储器的控制信号引线端，接收来自 CPU 或外部电路的控制信号，经过组合变换后对存储矩阵、地址译码器及三态双向缓冲器进行控制。SRAM 的控制信号引线端通常有芯片允许引线端 $\overline{CS}$(Chip Select)或芯片开放引线端 $\overline{CE}$(Chip Enable)、输出禁止

引线端 $\overline{\text{OD}}$ (Output Disable)或输出开放引线端 $\overline{\text{OE}}$ (Output Enable)以及读/写控制引线端 R/W(Read/Write)或写开放引线端 $\overline{\text{WE}}$ (Write Enable)。当系统中存储器由多个存储器芯片组成时，$\overline{\text{CS}}$(或 $\overline{\text{CE}}$)用来选择应访问的存储器芯片，并使被选中的那个存储器芯片从备用状态转换到工作状态，故 $\overline{\text{CS}}$(或 $\overline{\text{CE}}$)信号通常又称为片选信号。$\overline{\text{OD}}$(或 $\overline{\text{OE}}$)用来控制存储器的输出三状态缓冲器，使微处理器(作为存储器的控制部件)能直接管理存储器可否输出，避免争夺总线。R/W(或 $\overline{\text{WE}}$)用来控制被选中存储器芯片是进行读操作还是写操作。

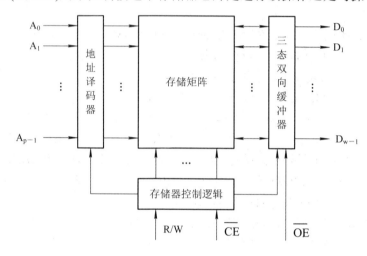

图 6.4   静态随机存取存储器的结构框图

半导体 RAM 的数据输入/输出控制电路多为三状态双向缓冲器结构，以便使系统中各存储器芯片的数据输入/输出端能方便地挂接到系统数据总线上。当对存储器芯片进行写入操作时，芯片开放信号及写开放信号有效，数据从系统数据总线三状态双向缓冲器传送至存储器中相应的基本存储电路。当存储器芯片进行读出操作时，芯片开放信号及输出开放信号有效，写开放信号无效或读/写控制信号为读态，数据从存储矩阵中相应的基本存储电路中经三状态双向缓冲器传送至系统数据总线。而当不对存储器芯片进行读/写操作时，芯片开放(或芯片选择)信号无效，输出开放信号也无效，致使存储器芯片的三状态双向缓冲器对系统数据总线呈现高阻状态，该存储器芯片完全与系统数据总线隔离。

2. 典型芯片举例

Intel 6116 的结构框图及引线排列见图 6.5。Intel 6116 的存储容量为 2K×8 位，有 11 根地址线($A_0 \sim A_{10}$)；其中，$A_0 \sim A_3$ 用作列地址译码，$A_4 \sim A_{10}$ 用作行地址译码。每条列线控制 8 位，因而排列成 128×128 的存储矩阵。Intel 6116 芯片有 3 条控制引线：$\overline{\text{CE}}$、$\overline{\text{WE}}$ 和 $\overline{\text{OE}}$。当 $\overline{\text{CS}}=0$、$\overline{\text{OE}}=0$ 及 $\overline{\text{WE}}=1$ 时，地址信号 $A_0 \sim A_{10}$ 经行、列地址译码后选中某一存储单元(包含 8 个基本存储单元)，并打开框图中右边的 8 个输出三态控制门，使选中存储单元的 8 个数据经数据总线输入 CPU。当 $\overline{\text{CS}}=0$、$\overline{\text{OE}}=1$ 及 $\overline{\text{WE}}=0$ 时，地址信号 $A_0 \sim A_{10}$ 经行列地址译码选中某一存储单元(8 位)，并打开框图中左边的输入数据控制门，使 CPU 经数据总线向 Intel 6116 写入 8 位数据。当 $\overline{\text{CS}}=1$ 时，芯片处于无效状态，输入输出三态控制门呈现高阻态，Intel 6116 芯片与系统总线脱离。Intel 6116 芯片的存取时间为 85～150 ns。

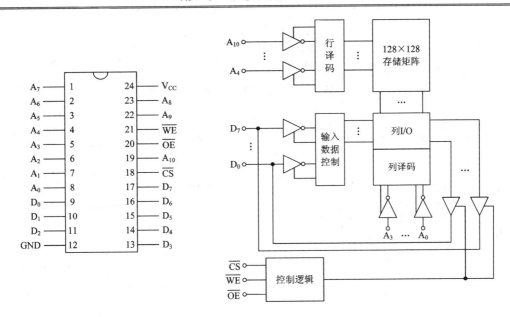

图 6.5　Intel 6116 的结构框图及引脚排列

常用的静态 RAM 芯片还有 6264、62256、628128、628512、6281000 等。它们的存储容量分别为 8 K × 8、32 K × 8、128 K × 8、512 K × 8、1 M × 8。这几个芯片的基本结构与 Intel 6116 相同，只是地址线多少及存储容量大小不同而已。其中 6264 及 62256 均为 28 引脚双列直插式芯片，单一 + 5 V 电源，而且它们都与相同容量的 EPROM 引脚相兼容，使用极为方便。

6.3　SRAM、ROM 与 CPU 的连接

SRAM、ROM 与 CPU 连接时包括地址总线的连接、数据总线的连接及控制总线的连接，地址总线主要用于对存储单元寻址。一个 SRAM 或 ROM 的存储容量有限，地址总线的位数也就限定了。如设存储容量为 N×8 位，则地址位数 P＝lbN(注：lbN 即 $\log_2 N$)。而微处理器的地址总线位数也已固定，如 8086/808CPU 的地址总线为 20 位，可寻址 1 MB 存储空间。通常，存储器地址线的位数小于 CPU 地址总线的位数，即一个微机系统的存储器应由多个存储器芯片组成。这样在考虑 SRAM、ROM 与 CPU 地址线相连时，CPU 地址总线的低 P 位和存储器的 P 位地址线一一相连；高位地址(对 8086/8088 来说为高 20−P 位)则用来对多个芯片进行选址，称为片选地址，如图 6.6 所示。数据总线是存储器与 CPU 交换信息的必经之路，相互之间应按位相连，同时，当 CPU 数据总线上负载较重时应加接总线驱动器，以保证系统稳定工作。控制总线用于 CPU 对存储器的读/写操作进行控制，除了正确接好各控制信号线外，还应考虑 CPU 读/写周期与存储器的读/写周期在时间上是否匹配。若存储器读/写周期偏大，不能跟上 CPU 的时序要求，则还应设计一个产生等待周期信号的电路。8088 微机系统中产生一个等待周期 T_W 信号的电路及其波形见图 6.7，该电路的输出应接 CPU 的 WAIT 引脚，且其 T_W 周期应在 T_2 时钟下降沿时为低电平，以便 CPU 检测后等待一个时钟周期再对存储器进行读/写操作。

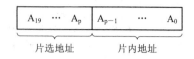

图 6.6　片内地址及片选地址

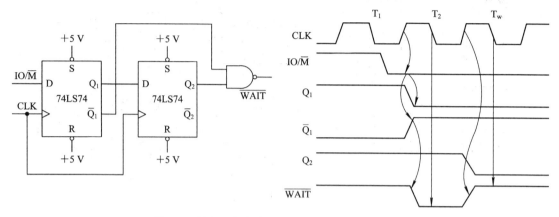

图 6.7　产生一个等待周期信号电路及其工作波形

6.3.1　地址译码

为了将存储器与微处理器相连，必须要对微处理器发出的地址信息进行译码。译码的作用是使存储器工作在存储器映射表中的唯一区域中。如果不使用地址译码器，那么同一时刻将只能有一片存储器芯片与微处理器相连。

以 8088 与 2716 EPROM 相连为例，二者的地址引脚数是明显不同的：2716 有 11 条地址线，8088 有 20 条地址线。如果直接相连，那么只能将 8088 的 11 条地址线与 2716 相连，于是 8088 只能寻址 2716 提供的 2 KB 存储器，而不是 1 MB 存储器。因此，使用译码器就是为了修正存储器与微处理器之间地址线不匹配的问题。

1. 逻辑门译码器

仍然以 8088 与 2716 相连为例。正确的连接方法应该是：8088 的地址线 $A_{10} \sim A_0$ 与 2716 地址线 $A_{10} \sim A_0$ 的相连，8088 剩余的 9 条地址线($A_{19} \sim A_{11}$)被连接到一个译码器的输入端，形成一种固定组合，这样，译码器就可以从 8088 微处理器整个 1 MB 的地址范围内选择唯一的一个 2 KB 的存储空间。

图 6.8 所示即为一个简单的与非门译码器，在这个电路中，如果连接到输入端($A_{19} \sim A_{11}$)的 8088 地址线均为逻辑 1，则与非门的输出为逻辑 0。与非门的逻辑 0 输出与 $\overline{CE}$ 输入线相连，以选中 EPROM。只要 $\overline{CE}$ 为逻辑 0，则当 $\overline{OE}$ 也是逻辑 0 时，数据将从 EPROM 被读出。

如果 20 位二进制地址由与非门译码，写成如下形式：

1111 1111 1×××　××××　××××

则可以确定 EPROM 的实际地址范围是：1111 1111 1000 0000 0000B 到 1111 1111 1111 1111 1111B 即 FF800H 到 FFFFFH。

需要说明的是，在实际情况中，很少使用逻辑门来作为译码电路，处于成本和体积的考虑，实际使用的译码器都是集成译码器。

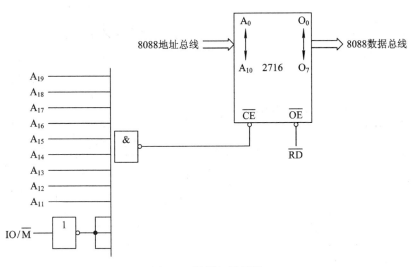

图 6.8　逻辑门译码器

2. 3-8 线译码器 74LS138

图 6.9 所示为 74LS138 3-8 译码器及其真值表。由真值表可见，在任何时候，8 个输出中只有一个会变成低电平。为使译码器的任一输出变为低电平，3 个允许输入($\overline{G2A}$，$\overline{G2B}$ 和 G1)都必须有效。即 $\overline{G2A}$ 和 $\overline{G2B}$ 为低电平，G1 为高电平。一旦 74LS138 被允许，地址输入(A，B，C)就选择某一个输出引脚变为低电平。这样，可以把 8 个 EPROM 的 $\overline{CE}$ 输入连接到译码器的 8 个输出上，从而可以选择 8 个不同的存储器件。

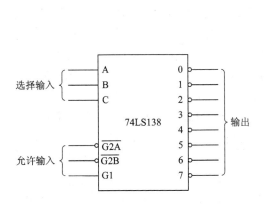

输入						输出							
允许			选择										
G2A	G2B	G1	C	B	A	$\overline{0}$	$\overline{1}$	$\overline{2}$	3	$\overline{4}$	5	$\overline{6}$	$\overline{7}$
1	×	×	×	×	×	1	1	1	1	1	1	1	1
×	1	×	×	×	×	1	1	1	1	1	1	1	1
×	×	0	×	×	×	1	1	1	1	1	1	1	1
0	0	1	0	0	0	0	1	1	1	1	1	1	1
0	0	1	0	0	1	1	0	1	1	1	1	1	1
0	0	1	0	1	0	1	1	0	1	1	1	1	1
0	0	1	0	1	1	1	1	1	0	1	1	1	1
0	0	1	1	0	0	1	1	1	1	0	1	1	1
0	0	1	1	0	1	1	1	1	1	1	0	1	1
0	0	1	1	1	0	1	1	1	1	1	1	0	1
0	0	1	1	1	1	1	1	1	1	1	1	1	0

图 6.9　74LS138 3-8 译码器及其真值表

图 6.10 所示为 74LS138 3-8 译码器与 8 个 2764(8 KB EPROM)相连。译码器选择了 8 个 8 KB 存储体，总存储容量为 64 KB。图中给出了每个存储器的地址范围以及连线方式，包括 8088 微处理器如何与存储器系统相连。

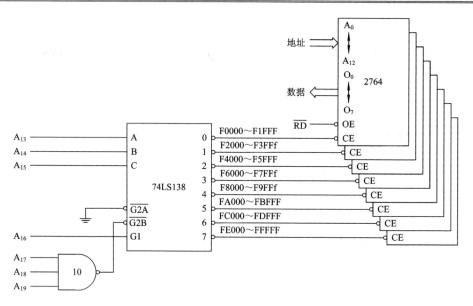

图 6.10　8088 微处理器与存储器通过译码器相连

6.3.2　8088、80188(8 位)存储器接口

8088 和 80188 CPU 外部数据总线为 8 位,当其和 N×8 位存储器芯片(或芯片组)相连时,数据总线一一对应相连即可,较为方便。

【例 6.1】　设有 UVEPROM 单片容量为 8 K×8 位,SRAM 单片容量也为 8 K×8 位,试将它们与 8088CPU 相连,形成 16 KB ROM 容量和 16 KB RAM 容量。

UVEPROM 及 SRAM 的单片容量均为 8 K×8 位,它们和数据总线相连时,存储器的 8 位数据线与 CPU 的 8 位数据总线按位一一对应相连即可。由于单片容量为 8 KB,片内地址线应为 13 根(2^{13}=8K),即存储器的 A_0～A_{12} 与 CPU 的 A_0～A_{12} 一一对应相连。CPU 地址总线的高 7 位(即 A_{13}～A_{19})均为片选信号。16 KB ROM 需要 2 片 UVEPROM,16 KB RAM 也需要 2 片 SRAM,即系统共需要 4 个 8 K×8 位的存储器芯片。为此用 A_{13}、A_{14} 两位地址信号经 74LS139 2-4 译码器进行译码,A_{13}、A_{14} 分别接 74LS139 的 A、B 译码输入端,2-4 译码器的译码控制端应由 A_{15}～A_{19} 及 IO/$\overline{\text{M}}$ 信号控制。译码器的 4 个输出用来选择 4 个芯片中的一个。UVEPROM 的控制信号通常有 $\overline{\text{CE}}$ 及 $\overline{\text{OE}}$,SRAM 的控制信号通常为 $\overline{\text{CE}}$、$\overline{\text{OE}}$ 及 $\overline{\text{WE}}$。$\overline{\text{CE}}$ 为芯片使能信号,应与 74LS139 的 4 个译码输出信号一一对应相连;$\overline{\text{OE}}$ 为输出使能信号,应与 CPU 的 $\overline{\text{RD}}$ 信号相连;$\overline{\text{WE}}$ 为写使能信号,应与 CPU 的 $\overline{\text{WR}}$ 信号相连。具体连接情况见图 6.11。注意图中地址总线为单向的,从 CPU 发出而送往存储器。ROM 的数据线也是单向的,从存储器读出而送往 CPU。RAM 及 CPU 的数据线均为双向的。图中 A_{15}～A_{19} 均为低电平有效,故可写出 4 个芯片的地址域如下:

RAM1:00000H～01FFFH

RAM2:02000H～03FFFH

ROM1:04000H～05FFFH

ROM2:06000H～07FFFH

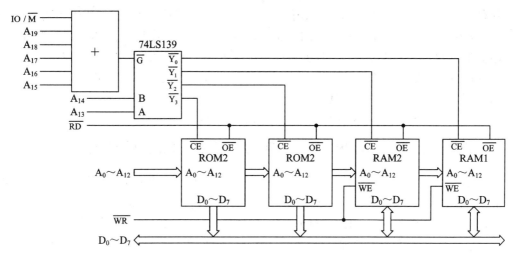

图 6.11　UVEPROM、SRAM 的连接情况

【例 6.2】　试将 2817A E^2PROM 及 6116 SRAM 与 8088 CPU 相连而组成 8 K × 8 位的 ROM 及 8 K × 8 位的 RAM 存储容量。

2817A E^2PROM 及 6116 SRAM 的单片容量都为 2 K×8 位。片内地址线 11 根($A_0 \sim A_{10}$)与 CPU 的 $A_0 \sim A_{10}$ 一一对应相连。数据线 $I/O_0 \sim I/O_7$(2817A 芯片)及 $D_0 \sim D_7$(6116 芯片)均分别与 CPU 数据总线 $D_0 \sim D_7$ 一一对应相连。用 2817A 组成 8 K×8 位容量需 4 片，用 6116 组成 8 K ×8 位容量也需 4 片。即系统共需 8 片 2 K × 8 位的芯片，可用 $A_{11} \sim A_{13}$ 进行 3-8 译码，产生 8 个译码信号作为每个存储器芯片的片选信号。3-8 译码器采用 74LS138 译码器，译码控制信号 $\overline{G2A}$、$\overline{G2B}$、G3 分别由 $A_{14} \sim A_{19}$ 及 IO/$\overline{M}$ 低电平信号控制，如图 6.12 所示。

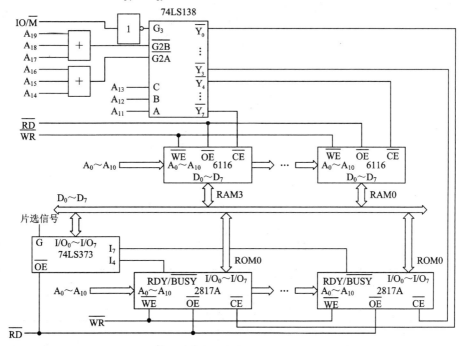

图 6.12　2817A、6116 与 8088 CPU 的连接

注意：由于 2817A 具有在线编程功能，连线时 $\overline{\text{WE}}$ 信号应与 CPU 的 $\overline{\text{WR}}$ 相连，且数据线 $I/O_0 \sim I/O_7$ 为双向的。2817A 芯片的 RDY/$\overline{\text{BUSY}}$ 信号端(4 片共 4 位)经 74LS373(具有输出三态功能的 8D 锁存器)送 CPU 数据总线，供 CPU 在对芯片进行字节写入之前及写入期间查询用。74LS373 作为输入接口电路，其公共控制端 G 接芯片的片选地址译码信号(本图略)，输出使能端 $\overline{\text{OE}}$ 接 CPU 的 $\overline{\text{RD}}$ 信号。

根据图 6.12 的连线，请读者写出每个存储器芯片的地址域。

6.3.3 8086、80186、80286 和 80386 SX CPU(16 位)存储器接口

8086 CPU 地址总线为 20 位，可寻址 1 MB 存储空间，但 8086 CPU 的外部数据总线为 16 位，1 MB 存储空间被分成两个 512 KB 的存储体，见图 6.13。其中一个存储体的 8 位数据线与系统数据总线的低 8 位($D_0 \sim D_7$)相连。按照规则字的规定，该存储体中所有存储单元地址均为偶地址，故称之为偶地址库或低字节库，且可用 $A_0 = 0$ 作为该存储体的选择信号。另一存储体的 8 位数据总线与系统数据总线的高 8 位($D_8 \sim D_{15}$)相连。按照规则字的规定，该存储体中所有存储单元的地址均为奇地址，故称为奇地址库或高字节库，可用 $\overline{\text{BHE}} = 0$ 作为选择信号。由于 $A_0 = 0$ 用来作为偶地址库的选择信号，故用于存储单元寻址用的地址信号为 $A_1 \sim A_{19}$。表 6.1 示出 $\overline{\text{BHE}}$ 及 A_0 信号组合后对高、低字节库的选择。8086 CPU 规定：读/写一个偶地址字节或奇地址字节均需一个总线周期，读/写一个规则字也只需一个总线周期，但读/写一个非规则字则需两个总线周期。

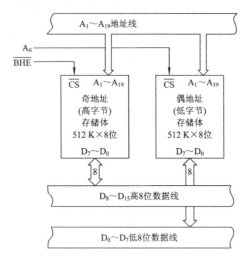

图 6.13 8086 的存储器结构

表 6.1 存 储 体 选 择

$\overline{\text{BHE}}$	A_0	操　　作
0	0	奇偶两个字节同时传送
0	1	从奇地址库传送一个字节
1	0	从偶地址库传送一个字节
1	1	无操作

【**例 6.3**】　设有 8KB SRAM，欲组成 8086 CPU 的 32KB 存储空间，要求地址域为 F8000H～FBFFFH(16KB) 和 FC000H～FFFFFH(16KB)，试画出 SRAM 与 CPU 的连线。

单片 8KB SRAM 组成 32KB 存储容量需 4 片，设为 RAM1、RAM2、RAM3、RAM4。32KB SRAM 分高字节库和低字节库，各 16KB。其中 RAM1 及 RAM3 属低字节库，其数据线 D_0～D_7 与 CPU 数据线的低 8 位(D_0～D_7)一一对应相连，且以 $A_0=0$ 作为选择信号。RAM2 和 RAM4 属高字节库，其数据线 D_0～D_7 与 CPU 数据总线的高 8 位(D_8～D_{15})一一对应相连，且以 $\overline{BHE}=0$ 作为选择信号。4 个 SRAM 片的片内地址线各 13 位(A_0～A_{12})，分别与 CPU 的 A_1～A_{13} 一一对应相连。RAM1 与 RAM2 应具有相同的片选信号，它们共同组成一个 8K×16 位的存储空间，称为一个芯片组。同理，RAM3 和 RAM4 也应具有相同的片选信号，组成另一个 8K×16 位的芯片组。题中给出 4 个芯片的地址域为 F8000H～FBFFFH (16KB) 和 FC000H～FFFFFH(16KB)。将该地址域用二进制代码重写于下：

	$A_{19}\cdots A_{16}$	$A_{15}\cdots A_{12}$	$A_{11}\cdots A_8$	$A_7\cdots A_4$	$A_3\cdots A_0$
F8000H	1111	1000	0000	0000	0000B
FBFFFH	1111	1011	1111	1111	1111B
FC000H	1111	1100	0000	0000	0000B
FFFFFH	1111	1111	1111	1111	1111B

可以看出，为满足题意要求的地址域，片选信号中的 A_{15}～A_{19} 均应为高电平，而 A_{14} 则用来选择两个 16KB 芯片组中的一个。当 $A_{14}=0$ 时，选择 RAM1、RAM2 芯片组；当 $A_{14}=1$ 时，选择 RAM3、RAM4 芯片组。据此，可以得出 32KB SRAM 与 8086 CPU 的连线如图 6.14 所示。

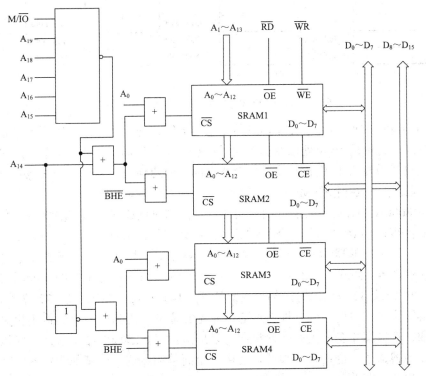

图 6.14　SRAM 与 8086 CPU 的连接

6.3.4　80386 DX 和 80486(32 位)的存储器接口

微处理器通过数据总线和选择独立存储体的控制信号与存储器接口，对于 8088 而言，只有一个独立存储体，8086 是两个，32 位处理器系统则具有 4 个存储体。例如，80386 DX 和 80486(SX 和 DX)均包含 32 位地址总线，因此，通常需要使用可编程逻辑器件(PLD)来译码而不是集成译码器。

1．存储体

图 6.15 描述了 80386 DX 和 80486 微处理器的存储体。注意，这些存储系统包含 4 个 8 位存储体，每个存储体最多包含 1 GB 存储容量。存储体选择由存储体选择信号 $\overline{BE_0}$、$\overline{BE_1}$、$\overline{BE_2}$ 和 $\overline{BE_3}$ 实现。如果传送一个 32 位数，则所有 4 个存储体都被选中；如果传送 16 位数，则 2 个存储体(通常是 $\overline{BE_0}$、$\overline{BE_1}$ 或 $\overline{BE_2}$、$\overline{BE_3}$)被选中；如果传送 8 位数，则 1 个存储体被选中。

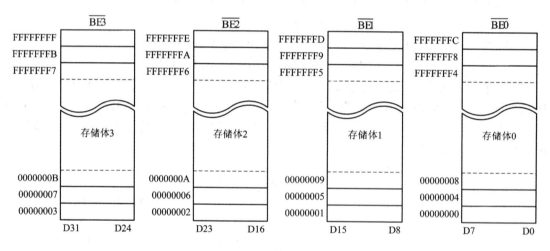

图 6.15　80386 DX 和 80486 微处理器的存储器结构

80386 DX 和 80486 对每个存储体只需要独立的写选通信号。之所以不需要独立的读选通信号，是因为无论是 16 位处理器还是 32 位或 64 位处理器，在读取字节信息时，会从数据总线上选取其需要的 8 位数据读入处理器内部，而忽略数据总线上的其他信息。例如，在 8086 处理器中，执行指令 MOV AL, [8000H]，在实际读取信息时，完全可以不通过译码选通地址为 8000H 的存储单元所在的存储芯片，而同时选通偶存储体([8000H])和奇存储体([8001H])的内容，共 16 位数据放到数据总线上；处理器在执行上述指令时，不会受高八位数据的影响。因为存储器读操作只是将被读存储单元的内容读到外部数据总线，并不改变存储单元的内容。同理，在 80386 中读取 8 位或 16 位信息，或者在 Pentium 级处理器中，读取 8 位、16 位或 32 位信息时，都可按此处理。与此相反，在 16 位、32 位或 64 位处理器向存储器写字节信息时，独立地写选通信号是必需的，因为，一旦其他不相关的存储器芯片被选通，存储器本身并没有任何机制可以屏蔽信息，造成的结果就是不应该被改写的信息被错误地覆盖了。因此，必须通过使用一个简单的或门，或其他逻辑器件产生一套写选通信号，如图 6.16 所示。

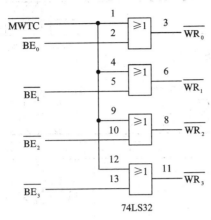

图 6.16　80386 DX 和 80486 CPU 的存储体写信号

对比 6.3.3 节介绍的存储器接口，利用独立的存储器写选通信号来构成存储器接口电路可以减少系统中器件的数量，从而降低成本。以 8086 处理器为例，如果采用独立写选通信号，则整个存储器接口电路，只需要用地址译码器产生一个 $\overline{MWTC}$ 信号来选择一个 16 位的存储体，而不需要对每一个 8 位存储体构成选址信号。最后，只要将 $\overline{MWTC}$ 与存储体选择信号 $\overline{BHE}$ 及 A_0 组合后，便可获得每个 8 位存储体的独立写选通信号。

2. 32 位存储器接口

由前面的讨论可知，80386 DX 和 80486 的存储器接口需要产生 4 个存储体写选通信号并译码 32 位地址。显然，没有一个集成译码器(如 74LS138)适合作为 80386 DX 和 80486 微处理器的存储器接口，因此，需要采用单独的可编程逻辑器件(如 PAL16L8)。

当 32 位宽的存储器被译码时，地址位 A_0 和 A_1 为无关项，这两个地址位用在微处理器中产生存储体允许信号，而地址总线 A_2 与存储器地址线 A_0 相连。

图 6.17 所示为 80486 微处理器的一个 256 K×8 位存储器系统。该接口使用了 8 个 32 K×8 位 SRAM 存储器件和两个 PAL16L8 器件。需要两个 PAL 器件是因为微处理器的地址线数目较多。此系统使 SRAM 存储器位于存储单元 02000000H～0203FFFFH。

PAL 器件的逻辑关系如下：

引脚定义及逻辑关系(U1)：

1—MWTC，2—BE_0，3—BE_1，4—BE_2，5—BE_3，6—A_{17}，7—A_{28}，8—A_{29}，9—A_{30}，11—A_{31}，12—RB_1，13—U_2，15—WR_0，16—WR_1，17—WR_2，18—WR_3，19—RB_0

$WR_0 = MWTC + BE_0$，$WR_1 = MWTC + BE_1$，$WR_2 = MWTC + BE_2$，

$WR_3 = MWTE + BE_3$，$RB_0 = A_{31} + A_{30} + A_{29} + A_{28} + A_{17} + U_2$，

$RB_1 = A_{31} + A_{30} + A_{29} + A_{28} + \overline{A}_{17} + U_2$

引脚定义及逻辑关系(U2)：

1—A_{18}，2—A_{19}，3—A_{20}，4—A_{21}，5—A_{22}，6—A_{23}，7—A_{24}，8—A_{25}，9—A_{26}，11—A_{27}，19—U_2

$$U_2 = A_{27} + A_{26} + \overline{A}_{25} + A_{24} + A_{23} + A_{22} + A_{21} + A_{20} + A_{19} + A_{18}$$

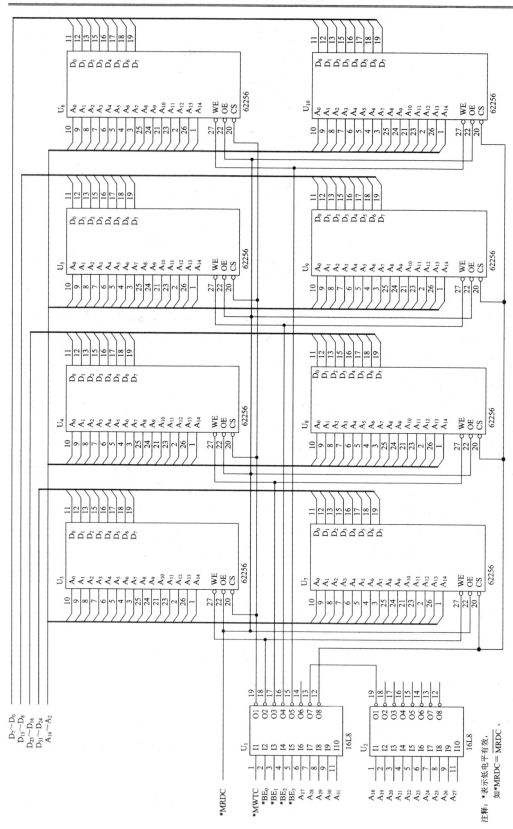

图6.17　与80486微处理器接口的小型256 KB SRAM存储器系统

6.3.5 Pentium～Pentium 4(64 位)的存储器接口

Pentium～Pentium 4 微处理器(除 Penium 的 P24T 之外)均具有 64 位数据总线，需要 8 个译码器(每个存储体 1 个)或 8 个独立写信号。在大多数系统中，当微处理器与存储器接口时，使用独立的写信号。图 6.18 所示为 Pentium 的存储器组织，与 80486 非常类似，但包含的是 8 个存储体，而不是 4 个。

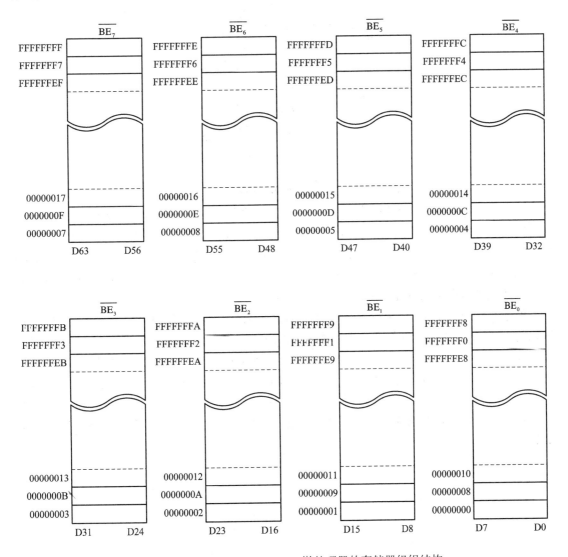

图 6.18 Penium～Penium 4 微处理器的存储器组织结构

对于较早版本的 Intel 处理器，为了达到向上兼容性，需要将存储体允许信号和 $\overline{\text{MWTC}}$ 信号组合成独立的写选通信号，这里的 $\overline{\text{MWTC}}$ 信号是由 M/$\overline{\text{IO}}$ 和 W/$\overline{\text{R}}$ 组合产生的。产生存储体写信号的电路如图 6.19 所示。

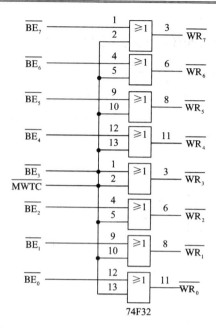

图 6.19　Pentium～Pentium 4 微处理器写选通

图 6.20 所示为一个小型的 64 位存储器系统。图中使用了 2 片 PAL16L8 译码存储器地址，该系统包含 8 个 27512 EPROM(64 K × 8 位)芯片，地址范围为 FFF80000H～FFFFFFFFH (Pentium)。存储器总容量为 512 KB，每个存储体包含两个存储器件。需要注意的是，Pentium Pro～Pentium 4 有 36 根地址线，由于图中高 4 位地址线未接，因此对于 Pentium Pro～Pentium 4 来说，其地址范围应为 FFF80000H～FFFFFFFFFH。

如图 6.20 所示，对于 Pentium 级处理器而言，存储器译码不使用 A_2～A_0 这 3 根地址线。译码器每次选择 64 位宽存储器，即 8 个 EPROM 存储器共用一个片选信号。每个存储器件的 A_0 地址输入与处理器的 A_3 地址输出相连，A_1 地址输入与处理器的 A_4 地址输出相连。一直到存储器 A_{15} 地址输入与处理器的 A_{18} 地址输出相连。地址位 A_{19}～A_{28} 及 A_{29}～A_{31} 分别由 U_2 和 U_1 进行译码，并产生 64 位存储体的片选信号 $\overline{CE}$。由于系统使用的是 EPROM，因此，实际上并未进行写选通信号的生成，而在读取信息时，可以读取 64 位、32 位或 16 位或 8 位数据。

PAL 器件的逻辑关系如下：

(1) 引脚定义(U_1)：

1—A_{29}, 2—A_{30}, 3—A_{31}, 11—U_2, 12—CE

逻辑关系：

$$CE = U_2 + A_{29} + A_{30} + A_{31}$$

(2) 引脚定义(U_2)：

1—A_{19}, 2—A_{20}, 3—A_{21}, 4—A_{22}, 5—A_{23}, 6—A_{24}, 7—A_{25}, 8—A_{26}, 9—A_{27}, 11—A_{28}, 19—U_2

逻辑关系：

$$U_2 = \overline{A}_{19} + \overline{A}_{20} + \overline{A}_{21} + \overline{A}_{22} + \overline{A}_{23} + \overline{A}_{24} + \overline{A}_{25} + \overline{A}_{26} + \overline{A}_{27} + \overline{A}_{28}$$

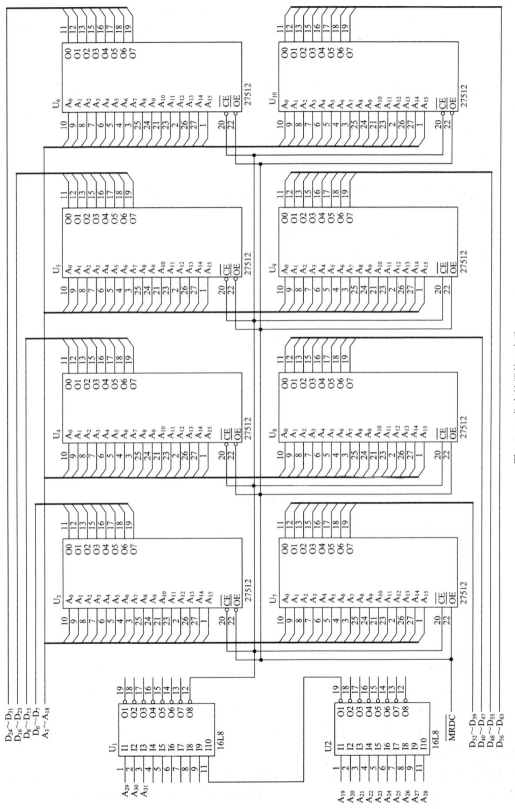

图6.20　64位存储器接口电路

6.4　动态随机存取存储器(DRAM)

动态随机存取存储器(Dynamic Random Access Memory)，简称动态存储器或 DRAM。相对于 SRAM 来说，DRAM 具有集成度高、容量大、价廉的优点和存取速度慢的缺点。它常用于大存储容量微机系统的主存储器。

6.4.1　DRAM 的基本存储单元及其工作原理

动态基本存储电路是以电荷形式存储信号的器件。电荷存储在 MOS 管栅源之间的电容(或专门集成的电容)上。动态基本存储电路有六管型、四管型、三管型及单管型 4 种。其中单管型由于集成度高而愈来愈被广泛采用。

图 6.21 所示为一个 NMOS 单管动态基本存储电路。它由一个电容 C 和一个 NMOS 管 V 组成。V 管的漏极通过电容 C 接地，由电容 C 的充放电来形成电位的高和低；V 管的栅极接行选择信号，以控制它的导通和截止；V 管的源极接数据线。当行选择信号高电平时，V 管导通，源极的电位与电容的电位相等，该条数据线上的电位即为低或高，分别代表数据 "0" 或 "1"。这时，再配合列选择信号及读/写控制信号，便可对该基本存储电路进行读出和写入操作。

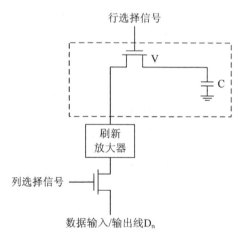

图 6.21　单管 DRAM 基本存储电路

行选择信号低电平时，V 管截止，电容 C 与电路断开，无放电回路，基本存储电路所存的信息得以保存。然而由于电容 C 上电流的泄漏现象，使电容 C 上的电荷(即基本存储电路存储的信息)只能保持一段时间。为防止信息丢失，动态基本存储电路必须定时进行动态刷新或称再生。这种刷新操作通常每 2 ms 进行一次，其作用是使原处于 "1" 状态的电容得到电荷补充，而原处于 "0" 状态的电容维持 "0" 状态。读出操作进行时，首先行地址译码器使某一行选择信号高电平有效，选中某一行。该行上所有基本存储电路的 V 管均导通，从而连在每列上的刷新放大器便读出相应电容上的电压，并加以放大，使其达到 TTL 逻辑电平。然后，一方面该被放大了的 "0"、"1" 逻辑电平重新写到相应的存储电容 C 上；另一方面在列地址译码器产生的列选择信号作用下，选中某一列。只有被选中行及被选中列对应的那个基本存储电路，其所存信息被放大，就能读出至数据线 D_n 上。

写入操作进行时，行地址译码器使某一行选择信号高电平有效，选中某一行；列地址译码器使某一列选择信号高电平有效。行、列选择信号交叉选中某一基本存储电路，并使数据线 D_n 上要被写入的信息经刷新放大及 V 管后写入存储电容 C 上(若要写入"1"信息高电平，则电容 C 充电；否则，电容 C 放电)。

定时刷新是按行进行的，每当 CPU 或外部电路对 DRAM 提供一个行地址信号时，该行中所有基本存储电路的存储电平将被读出，并被刷新放大器放大后重写(刷新)到存储电容 C 上。刷新操作进行时，列选择信号保持低电平无效状态，电容 C 上所存信息不可能被送到数据线 D_n 上。

6.4.2　简单 DRAM 芯片举例

Intel 2164A DRAM 的容量为 64 K × 1 位，采用单管动态基本存储电路，具有 16 个管脚。结构框图、引脚排列与逻辑符号分别见图 6.22 和图 6.23，16 个地址信号是用行地址选通信号 $\overline{RAS}$ 及列地址选通信号 $\overline{CAS}$ 分两次送入 Intel 2164A(简称 2164A)的。当 $\overline{RAS}$ 信号低电平有效时，把先出现的 8 位行地址信号 $A_0 \sim A_7$ 送至 2164A 内部的行地址锁存器。当稍后于 $\overline{RAS}$ 信号出现的 $\overline{CAS}$ 信号低电平有效时，把后出现的 8 位列地址信号 $A_8 \sim A_{15}$ 送到 2164A 内的列地址锁存器。此外，这 8 个地址信号端也用作再生行地址信号输入端。2164A 内部被排列成 4 个 128 × 128 的存储矩阵。这 4 个存储矩阵被两个列译码器分别放在两边。每个 128 × 128 的存储矩阵又分别对应于各自 128 个读出放大器。行及列地址的最高位 A_7 和 A_{15} 用来选择 4 个阵列中的一个。$A_0 \sim A_6$ 经译码后产生 128 个行选信号，用来确定被选中 16 K 位(128×128)矩阵中的某一行。当某一行被选中时，该行中 128 个基本存储电路都被选通到各自的读出放大器去。在那里，每个基本存储电路的逻辑电平都被鉴别、放大和重写。列译码器的作用是选通 128 个读出放大器中的一个，从而唯一地确定欲读/写的基本存储电路。同时，列译码器还将被选中的基本存储电路通过读出放大器、I/O 控制门与输入数据缓冲器、输出数据缓冲器相连，以便完成对该基本存储电路的读/写操作。

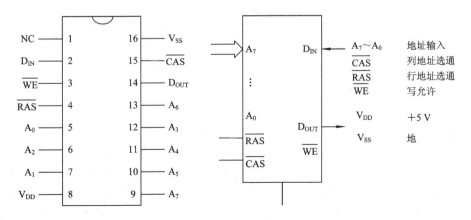

图 6.22　Intel 2164A 引脚与逻辑符号

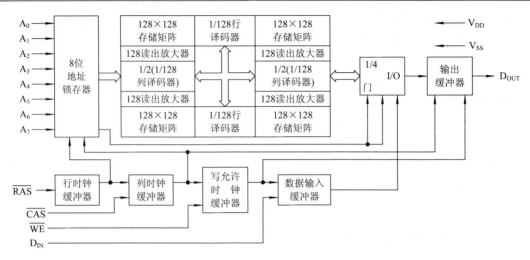

图 6.23　Intel 2164A 结构框

　　Intel 2164A 芯片的数据输入端 D_{IN} 及数据输出端 D_{OUT} 是分开设置的，并且都具有锁存器。此外，该芯片只需要一个 + 5 V 电源，一个"写开放"信号端 $\overline{WE}$，而没有另外设置片选信号端。当 $\overline{WE}$ 低电平有效时，D_{IN} 引脚上的数据信息通过数据输入缓冲器对选中的基本存储电路进行写入操作。当 $\overline{WE}$ 高电平时，被选中基本存储电路所存数据信息通过 I/O 控制门及输出缓冲器读出至数据线 D_{OUT} 上。

　　2164A 有多种工作模式，包括读周期、早写周期、刷新周期、读—修改—写周期、延迟写周期、快速页面操作模式等。刷新周期执行时，只有 $\overline{RAS}$ 信号有效，$\overline{CAS}$ 信号无效，使 2164A 能按行刷新而不读出。快速页面操作模式进行时，维持行地址不变，在 $\overline{CAS}$ 信号作用下，对不同的列地址进行操作，从而提高数据传输速度。具有快速页面操作模式的 DRAM 称为 FPM DRAM。

6.4.3　动态 RAM 的连接与再生

　　动态 RAM 中，信息是以电荷的形式存储在存储电容上的。由于泄漏电流的存在，使电容上的电荷不断漏掉，特别是当温度升高时，漏电更加严重。温度每升高 10℃，漏电就增加 1 倍。一般存储电容保存信息的时间只有 2 ms 左右，故必须在 2 ms 时间内将全部基本存储电路再生一遍。再生过程与读/写过程类似，再生周期往往与读/写周期相等。但再生时，存储器不与外部数据总线相联系。再生是按行进行的，一个再生周期内对一行的所有基本存储电路都再生一遍。图 6.24 示出一个动态 RAM 芯片组连接的例子。例中用 4K×1 位动态 RAM 芯片组成一个 8K×8 位的存储容量。共需 16 个 4K×1 位 RAM 片，其中每 8 片构成一个 4K×8 位芯片组。读/写周期中，在"允许存储器操作信号"(比如 8088 的 IO/$\overline{M}$ 信号)及片选地址信号 A_{12} 控制下选中两个芯片组中的一个，并在片内地址信号及读/写信号 R/W 控制下对被选中的存储单元(8 个基本存储电路)进行正常的读/写操作。再生周期中，在"允许存储器操作信号"及"再生命令"共同控制下，使两个芯片组都被选中。此时存储器的行地址来自再生行地址计数器，而列地址处于高阻态。所以，再生时存储单元和外部数据总线隔开，只是基本存储单元内部信号的再生复现。同时，由于两个芯片组都被选中，没有片选问题。这样，每当 CPU 发出一个再生命令时，在再生行地址信号选通下，整个存储器所有芯片(本例中为 16 片)中的同一行都同时被再生。也就是说，16 个芯片的再生次数完全与单片的再生次数相同。对于本例，由于 4K×1 位 DRAM 芯片的存储矩阵排列为 64 行×64 列，故只要在 2ms 内将所有 64 行轮流再生一遍即可。同样，对于 16K×1 位 DRAM 片(如 Intel 2116 或 Intel 2118 等)来说，它的再生次数应为 128。但对于 64K×1 位的 DRAM 芯片，如 Intel 2164 来说，内部由 4 个 128×128 的阵列组成，再生地址信号 A_7 不用，再生行地址只由 $A_0 \sim A_6$ 组成，故 4 个 128×128 的阵列同时被再生，整个器件再生次数也为 128。

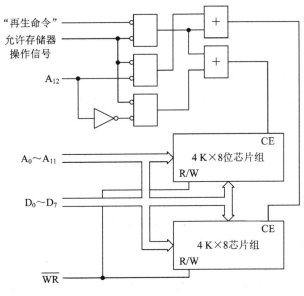

图 6.24　动态 RAM 的连接

根据系统中所采用 CPU 及动态存储器的型号不同，再生方式也不同，通常有下列 3 种：

(1) 定时集中再生方式。这种再生方式是在信息保存允许的时间范围(如 2ms)内，集中一段时间(如 8s～20μs)对所有基本存储电路一行一行地顺序进行再生，再生结束后再开始工作周期。如对 32×32 的存储矩阵进行再生，读/写周期为 0.4μs，再生间隔为 2ms，则总共有 5000 个周期。其中有 4968 个工作周期(1987.2μs)，32 个再生周期(12.8μs)。再生期间不能进行读/写操作，称为死时间。可以看出，系统工作速度愈高，读/写周期愈短，再生操作所占用的死时间也就愈短，考虑再生时间以后的平均读/写周期与存储器的原读/写周期也就愈接近。这就是说，系统工作速度愈高，再生操作对系统工作速度的影响愈小。

(2) 非同步再生方式。采用这种再生方式时，再生操作与 CPU 的操作无关，每隔一定时间进行一次再生操作，因而设计比较自由。但必须设有读/写周期与再生周期的选择电路。当两者出现冲突时，会因此而增加读/写周期的时间。

(3) 同步式再生方式。这种再生方式是在每一个指令周期中利用 CPU 不进行读/写操作的时间进行再生操作，因而减少了特别增设的再生操作时间，有利高速化，而且线路也不复杂，故这种方式采用较多。

IBM PC 机的再生操作由 1 号定时器每 15μs 向 4 号 DMA 通道请求一次假的 DMA 读操作来实现周期性的同步式再生。

6.4.4　内存条简介

为了提高计算机的性能，希望采用的内存速度尽量高，容量尽量大，通常采用大容量 DRAM 作为内存。

由于计算机技术的飞速发展，微型计算机中的内存配置已从 640 KB 发展到 128 MB、256 MB、512 MB，甚至几个吉比特。通常把 DRAM 芯片事先做成内存条，用户只要把内存条插到系统板上的内存条插座上即可。

1．内存条的性能指标

1) 速度

对内存来说，速度就是生命。内存的速度用每存取一次数据所需要的时间来衡量，称为存取时间 TAC(Access Time from CLK)，单位为 ns(纳秒)。当前内存速度为几个纳秒到几十个纳秒。

2) 数据宽度和带宽

内存的数据宽度是指一次所能传输的数据字长，以位(bit)为单位。带宽是指内存的数据传输速率，单位为位/秒(bit/s)。

3) 内存条的"线"

这里所说的"线"，是指内存条与主板插接时有多少个接触点。有 30 线、72 线和 168/184 线三种。30 线内存条每条 8 位、72 线内存条每条 32 位，通常做成单边接触内存模组，称为 SIMM(Single In-Line Memory Module)。168/184 线内存条每条 64 位，通常做成双边接触内存模组，称为 DIMM(Double In-Line Memory Module)。奔腾级微处理器数据总线 64 位，使用 168/184 线内存条一条即可，所以目前微机主板上都配有(甚至只配有)168/184 线内存条插槽。30 线内存条已淘汰，72 线内存条也正在被淘汰。

4) 内存的容量

内存容量 = 字数 × 字长，通常以一个字节为字长，以字母 B 表示，比如 128 MB 表示存储容量为 128 兆个字节。每个时期内存条的容量都有多种规格，如 72 线内存条的容量多为 4 MB、8 MB、16 MB 等。168/184 线内存条的容量多为 32 MB、64 MB、128 MB、256 MB、512 MB 等。

5) 内存的电压

目前内存的电源电压多为 3.3 V、2.5 V 及 1.8 V。早期内存电源电压多为 5 V。

6) 内存时钟周期 TCK(Clock Cycle Time)

TCK 由外频(即系统总线频率)决定，TCK = 1/F，F 为微机工作时的外频。例如，系统外频为 100 MHz 时，TCK = 10 ns；外频为 142.857 MHz 时，TCK = 7 ns。

7) CAS 等待时间 CL(CASLatency)

CAS 等待时间是指 $\overline{CAS}$ 信号有效后需要经过多少个时钟周期才能读/写数据。通常为 2 或 3。

2．内存条的种类

1) FPM DRAM(Fast Page Mode DRAM)

在 80286、80386 时代，使用的是 30 个引脚的 FPM RAM 内存，容量只有 1 MB 或 2 MB。

而在 80486 时代，及少数 80586 计算机开始使用 72 个引脚的 FPM RAM 内存，这种内存使用 5 V 工作电压，32 位数据宽度，存取速度均在 60 ns 以上。每隔 3 个时钟周期传送一次数据，并以 512 字节到几千字节不等的页面访问数据，可以有效减少延迟时间。这种内存是 80486 时代普遍使用的内存。

2) EDO(Extended Data Out，扩展数据输出)DRAM

EDO DRAM 每隔 2 个时钟周期传输一次数据，速度为 60 ns 左右，最短为 40 ns。它有 72 线和 168 线两种，5 V 电压，数据宽度为 32 位。其特点是：读/写操作时，在完成当前内存周期前即可开始下一个内存周期的操作。由于可把两个内存请求操作重叠进行，EDO DRAM 的数据传输速率高于普通 DRAM，多用于老式 Pentium 主板上。

3) SDRAM(Synchronous DRAM)

SDRAM 称为同步内存，它采用普通 DRAM 的基本存储电路，但在工艺上进行了改进，功耗更低，集成度更高。并且，在组织方式和对外操作上与普通 DRAM 有较大差别。主要特点如下：

(1) SDRAM 的地址信号、数据信号和控制信号都在系统时钟 CLK 的上升沿时采样和驱动，即 SDRAM 的操作被严格地同步在系统时钟的控制下，从而避免了存储器读/写操作时的盲目等待状态，提高了存储器的访问速度。

(2) 采用突发模式进行存储器操作，第一个数据项被访问之后，一系列的数据项能迅速按时钟同步读出。当访问的数据项按顺序排列，且同在一个行地址信号控制下时，这种突发方式特别有效，它使存储器的访问速度大大提高。

(3) 内部存储体采用能并行操作的分组结构，这些分组存储体可以交替地通过存储器外部数据总线与 CPU 等主控设备交换信息，这使存储器的访问速度从整体上得到提高。

SDRAM 的工作电压为 3.3 V，内存条为 168 线，容量多为 64 MB、128 MB 及 256 MB、512 MB。根据工作频率，SDRAM 通常有三种规格：PC100、PC133 和双通道 PC800 等。PC100 是 SDRAM 的一种技术标准，其中 100 是指该内存能工作在前端总线(FSB)频率为 100 MHz 的系统中。PC100 规范主要要求：内存时钟周期 TCK 在 100 MHz 外频工作时为 10 ns；存取时间 TAC 小于 6 ns；数据传输速率为 800MB/s；印制电路板必须为六层板，以便滤掉杂波；内存上必须有 SPD(Serial Present Detect)，该芯片实际上是一个 E^2PROM，其中存储了该 SDRAM 内存的相关资料。如存储容量、工作速度、厂商等，供系统启动时 BIOS 检测和设定内存的工作参数。对于 PC133 规范来说，它的进一步要求是 TAC 不超过 5.4 ns，TCK 不超过 7.5 ns，稳定工作频率为 133 MHz，CAS 等待时间为 3 个时钟周期，带宽为 1.06 GB/s。双通道 PC800 DRAM 的工作频率为 800MHz，带宽为 3.2 GB/s。

4) DDR SDRAM(Double Data Rate SDRAM)

DDR SDRAM 为双速率同步内存，亦称 SDRAM Ⅱ。普通的 SDRAM 中，只利用了时钟周期(与 CPU 的外频同步)的一个沿进行数据传输，称为 SDR SDRAM(单数据率 SDRAM)。DDR SDRAM 却用了时钟周期的两个沿进行数据传输，使数据传输速率提高一倍。它在 100 MHz 外频下可具有 1.6 GB/s(64 位 × 100 MHz × 2 ÷ 8)的数据传输率，在 133 MHz 外频下可具有 2.128 GB/s(64 位 × 133 MHz × 2 ÷ 8)的数据传输率。DDR SDRAM 为 184 线内存条，每条 64 位，容量多为 64 MB、128 MB、256 MB 及 512 MB。

目前 DDR 内存常用的有 4 种规格：DDR 200(又名 PC1600)、DDR 266(又名 PC2100)、

DDR 333(又名 PC2700)及 DDR 400(理论带宽为 3.2 GB/s)。4 种内存规格的命名均以有效工作频率(或所能提供的数据带宽)而定，见表 6.2。DDR SDRAM 由于其技术无需授权费用，生产技术成熟，价格便宜，加之性能优异，现已逐渐成为内存的主流。

表 6.2　DDR SDRAM 规格参数

DDR 内存规格	DDR 200	DDR 266	DDR 333	DDR 400
有效工作频率/MHz	200	266	333	400
物理工作频率/MHz	100	133	166	200
内存带宽/(GB/s)	1.6	2.1	2.7	3.2
CL 值	2.5			
工作电压/V	2.5			
内存条线数/线	184			
PCB 层数/层	6			

注：CL 是 CAS Latency 的缩写，指的是内存存取数据所需的延迟时间，数据越小，延时越短。

5) RDRAM(Rambus DRAM)

RDRAM 是更高速的新型内存，它由美国 Rambus 公司开发成功，采用了与以往 DRAM 大体相同的内核、结构技术和封装，以便降低成本。改进之处在于：采用较高的时钟频率，在时钟的上升沿和下降沿都传送数据，加上采用多通道技术，可以达到很高的传输速率；打破了单片内存芯片中字长为 8 位的惯例，增为 16 位或 18 位，倍增了内存数据总线的带宽，使得每个芯片传输量的峰值达到 1.6 GB/s，是 PC100 SDRAM 800MB/s 的 2 倍。对于目前数据总线为 64 位的计算机系统来说，可使用 4 个 RDRAM 通道，以得到 6.4 GB/s 的峰值；采用管道式存储结构，支持多发、同时和交叉存取，例如一个独立的 RDRAM 设备可同时执行 4 条存取指令。根据 RDRAM 的设计，内存控制器和 RDRAM 之间的通道工作频率为 400 MHz，由于其支持在时钟信号的上升沿和下降沿输出两次数据，数据输出频率可达 800 MHz，即在 1.25 ns 内传输两次数据。RDRAM 的另一个特色是它的引脚功能可以改变，既可以是数据线，也可变为控制线。这一措施解决了随存储容量的增大，引脚不断增多的问题。

整个芯片工作电压为 2.5 V，具有多种低功耗状态，芯片只在数据传输时处于激活状态，数据维持及自我刷新时等均为低功耗状态。目前 RDRAM 的存储容量多为 4 M × 16b、8 M × 16b 及 4 M × 18b、8 M × 18b，可以用于高速、大容量的存储器系统中，如图形、视频等应用场合。字长 18 位的 RDRAM 还具有高带宽的纠错处理功能。字长为 16 位的 RDRAM 适合于低成本场合。

2002 年 3 月，Rambus 公司发布了属于第二代 RDRAM 技术的 RIMM 3200/4200/4800 模块，采用了双 16 位通道(32 位)架构设计，提高了位宽。同时，继 PC800 RDRAM 之后，推出 PC1066 和 PC1200 的 RDRAM，其相应的工作频率分别为 1066 MHz 和 1200 MHz。在 PC1066 和 PC1200 规范下，配合 RIMM 4200/4800 模块，可得到 4.2 GB/s 和 4.8 GB/s 的带宽。PC1066 RDRAM 是目前支持 533 MHz 前端总线频率的新型 Pentium 4 的良好搭档，它使 Pentium 4 的性能得到极大的发挥。

3. DRAM 控制器

在实际应用的计算机系统中，需要 DRAM 控制器来完成多路复用地址和产生控制信号两个功能。由于一些较新的 DRAM 控制器非常复杂，这里只介绍较为简单的 Intel 82C08，它可以控制最多两个存储体，共 256 K × 16 位 DRAM 存储器。

82C08 有一个地址多路转换器，将 18 位地址多路复用到 256 KB 存储器件的 9 个地址引脚上。图 6.25 所示为 82C08 的引脚图。地址输入引脚为 $AL_0 \sim AL_8$ 和 $AH_0 \sim AH_8$，地址输出引脚为 $AO_0 \sim AO_8$。82C08 有一个给 DRAM 产生 $\overline{CAS}$ 和 $\overline{RAS}$ 信号的电路，这些信号由 CLK、$\overline{S_1}$ 和 $\overline{S_2}$ 信号产生。系统提供的 $\overline{S_1}$ 和 $\overline{S_0}$ 用作 82C08 的 $\overline{RD}$ 和 $\overline{WR}$ 输入。$\overline{AACK/XACK}$ 是响应输出信号，用于指示微处理器的就绪状态，该引脚通常与微处理器的 READY 输入或时钟发生器的 SRDY 输入相连。

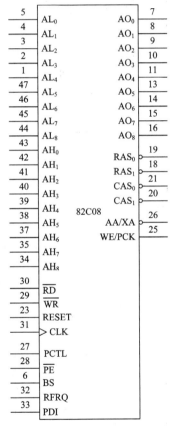

图 6.25　控制两个存储体的 82C08 DRAM 控制器

图 6.26 描述了 82C08 与 4 个 256 K × 8 位 SIMM 存储器模块相连，组成 80286 微处理器的一个 1 MB 存储器系统电路。存储器电路中 U_3 和 U_5 组成高位存储体，U_4 和 U_6 组成低位存储体。PAL16L8 组合来自 82C08 的 $\overline{WE}$ 信号和 A_0，为 U_4 和 U_6 产生存储体写信号；组合 $\overline{WE}$ 和 $\overline{BHE}$，为 U_3 和 U_5 产生存储体写信号。PAL 还通过组合 M/$\overline{IO}$ 和地址线 $A_{20} \sim A_{23}$，产生控制器选择信号($\overline{PE}$)，从而对存储单元 000000H～0FFFFFH 译码。A_{19} 信号通过 82C08 DRAM 控制器的 BS(存储体选择)输入，以 $\overline{CAS_0}$ 和 $\overline{RAS_0}$ 选择图中上面两个存储体(U_3 和 U_4)或以 $\overline{CAS_1}$ 和 $\overline{RAS_1}$ 选择下面两个存储体(U_5 和 U_6)。

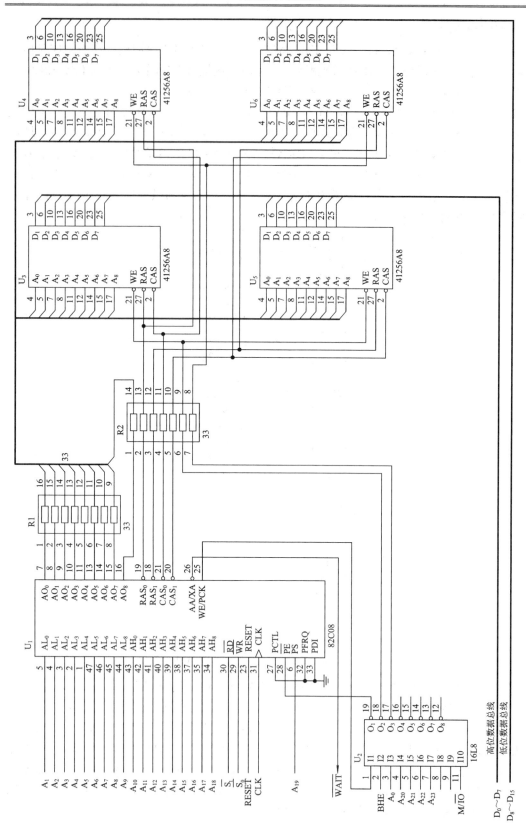

图6.26 由82C08 DRAM控制器组成的1MB存储器系统

PAL 器件的逻辑关系如下：

引脚定义：

1—WE，2—BHE，3—A_0，4—A_{20}，5—A_{21}，6—A_{22}，7—A_{23}，

11—MIO，17—HWR，18—LWR，19—PE

逻辑关系：

HWR＝BHE＋WE，LWR＝A_0＋WE，PE＝A_{20}＋A_{21}＋A_{22}＋A_{23}＋$\overline{\text{MIO}}$

6.5 高速缓冲存储器(cache)

6.5.1 概述

高速缓冲存储器(cache Memory)，简称高速缓存或 cache，是介于内存储器与 CPU 之间的一种快速小容量存储器。其作用是提高 CPU 对内存储器的访问速度和微处理器的工作效率。高速缓冲存储器可以与 CPU 集成在一个芯片内(称为内部 cache 或一级 cache，简称 L1 cache，通常存储容量为几十千比特)，也可以采用 CPU 之外的快速 SRAM 组成(称为外部 cache 或二级 cache，简称 L2 cache，通常存储容量为几百千比特)。

众所周知，SRAM 的存取速度快，但因集成度低、体积大、价格高，因而内存容量高达几十兆字节的微机系统中若全采用 SRAM 来实现，将带来高昂的代价。DRAM 的集成度高、体积小、价廉，因而具有大容量内存的微机系统中多采用 DRAM。然而，DRAM 的存取速度慢，跟不上 CPU 总线的定时要求，为此，微机系统中多采用 cache 技术，使用少量高速 SRAM 作为高速缓冲存储器，用来存放当前最频繁使用的程序块和数据，而使用大量 DRAM 作为内存储器。高速缓存和内存在硬件逻辑控制下，作为存储器整体面向 CPU，及时地以接近 CPU 的速度向它提供程序和数据。只有当前访问的程序和数据不在 cache 中时，CPU 才访问内存。这样，CPU 实际上是通过两条路径访问内存的，如图 6.27 所示。如果某微机系统中既有一级 cache，又有二级 cache(如 80486 CPU)，CPU 将首先访问内部高速缓存，若内部高速缓存未命中，再访问外部高速缓存，只有当外部高速缓存未命中，方访问内存。显然采用两级高速缓存时，高速缓存未命中的概率非常低。

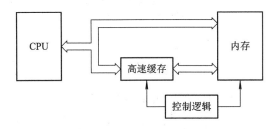

图 6.27 高速缓冲存储器与内存 CPU 的关系

从 Celeron 300A 开始，包括 Pentium Ⅲ、Pentium 4 及 Athlon 等处理器，其 L1 cache 和 L2 cache 与 CPU 以相同的频率运行(486 和 Pentium 处理器中 L2 cache 以主板频率运行，Pentium Ⅱ 的 L2 cache 以 CPU 频率的一半运行)，而内存却运行在较低的频率上。例如，1 GHz 的 Pentium Ⅲ 以主板频率 133 MHz 的 7.5 倍运行，插入主板的内存以 133 MHz 运行，而 L1 cache 及 L2 cache 因为都在处理器中，也以同样的 1 GHz 运行。因而，如果 CPU 需要访问的数据和指令已经在 L1 cache 或 L2 cache 中，那就不用等待，否则，就必须减慢速度从内存中存取。

采用高速缓存技术的关键问题是如何使高速缓存内的指令和数据恰好总是当时 CPU 所需要的。大量典型程序的试验结果表明，CPU 当前要执行的程序和存取的数据一般都局限在一个较小的范围内。这是因为人们在编写程序时，通常较多地设计成局部循环或嵌套循环，使 CPU 执行程序时要访问的存储单元相对较为集中。这样，就可将小块的程序段副本预先送入高速缓存中，供 CPU 快速调用和执行。

为达到提高 CPU 工作效率的目的，高速缓存的存取速度至少为内存的几倍，它的存储容量应选择恰当，不能太大，也不能太小。若 cache 的容量过大，超过近期要用信息的容量，则一方面使从内存调入缓存的信息量过大，调入的时间过长，影响 CPU 的工作效率；另一方面又使高速缓存的硬件电路复杂，成本增加。若 cache 的容量太小，则 CPU 从高速缓存中取得所需信息的几率势必降低。若 CPU 未能从高速缓存中取得所需信息，就必须重新到内存中查找，并将找到的信息重新调入高速缓存，以备后用，这显然也降低了 CPU 的工作效率。

从 cache 中查找到 CPU 所需的信息称为击中。击中率或命中率(CPU 从 cache 中取到有效信息的次数与 CPU 访问缓存的总次数的比率)的高低取决于 cache 的容量大小、所运行的程序、cache 的控制算法及 cache 的组织结构。因而，高速缓存容量的选取依据"命中率"来分析，"命中率"需经过大量试验才能确定。

6.5.2　高速缓冲存储器的组成和结构

1．cache 的组成

微机系统中 cache 通常由 SRAM、Tag RAM 和 cache 控制器三个模块组成，见图 6.28。

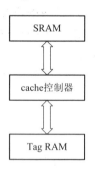

图 6.28　cache 的组成示意图

这三个模块可以集成在一个或多个芯片上。SRAM 用于保存数据信息，它的容量即为整个 cache 的容量。SRAM 中的数据是按行存储的，每行通常为 4 个(或 8 个、16 个、32 个等)字节。这就是说，cache 预先将主存中的数据分成若干行，每次从内存中取一行数据写入 SRAM 中存放起来。Tag RAM 简称 TRAM，由一小块 SRAM 组成，用来保存 cache 行中所存数据在主存中的地址，以便当微处理器执行一次读操作时，cache 可以判断微处理器所要访问的行地址 cache 是否包含，这一过程常称为窥视(Snoop)。cache 控制器用来执行窥视和捆绑(Snarf)操作，判定 cache 是否命中，并执行写策略，修改 SRAM 及 TRAM 中内容。所谓捆绑操作，是指 cache 从主存储器的数据行取得指令信息或数据信息，以便对 cache 内容进行修改，使其保持与主存相应行内容一致。

2. cache 结构

cache 结构的特点体现在两个方面：读结构和写策略。读结构包括旁视(LOOK Aside)cache 和通视(LOOK Through)cache 两种。写策略包含写通(Write-Through)策略和回写(Write-Back)策略两种方式。而通常在读结构中也包含写策略。

1) 读结构

● 旁视 cache

旁视 cache 结构示意图见图 6.29。旁视 cache 的特点是 cache 与主存并接到系统接口上，二者能同时监视 CPU 的一个总线周期。故称 cache 具有旁视特性。当微处理器启动一个读周期，cache 便将 CPU 发出的寻址信息与其内部每个数据行的地址比较，如果 CPU 发出的寻址信息包含在 cache 中，数据信息便从 cache 中读出。否则，主存将响应 CPU 发出的读周期，读出所寻址数据行的数据信息，经系统数据总线送 CPU。与此同时，cache 将捆绑该来自主存的数据行，以便微处理器下次寻址该数据行时 cache 能命中。

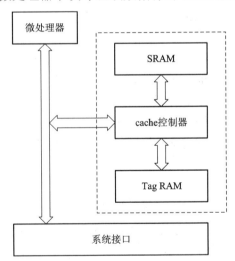

图 6.29　旁视 cache 结构

由于旁视 cache 和主存能同时监视微处理器的读总线周期，cache 也能及时进行捆绑操作。然而，若其他的总线控制设备正在访问主存储器，则旁视 cache 不能被微处理器访问。

● 通视 cache

通视 cache 的结构示意图见图 6.30。通视 cache 的特点是主存储器接到系统接口上，cache 部件位于微处理器和主存储器之间，微处理器发出的读总线周期在到达主存储器之前必先经过 cache 监视，故称 cache 具有通视特性。当微处理器启动一次读总线周期时，若 cache 命中，便不需要访问主存。否则，cache 会将该读总线周期经系统接口传至主存，由主存来响应微处理器的读请求。同时，cache 也将捆绑从主存读出的数据行，以便微处理器下次访问该数据行时，cache 能命中。

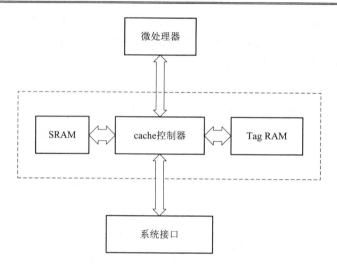

图 6.30　通视 cache 结构

当系统总线的主控设备访问主存时，微处理器依然能访问通视 cache，只有当 cache 未命中时，才需要等待。这时主存须在 cache 检查完未命中后，才能响应 CPU 的读周期。因而通视 cache 的工作效率较旁视 cache 的高，但其电路结构要复杂些。

2) 写策略

由于 cache 中所保存内容是主存储器某一小部分内容的副本，实际运行时应保持 cache 中的内容与主存相应部分的内容一致。否则，若 cache 某一位置内容更新后，未能及时更新主存相应部分，则稍后新写入 cache 的数据正好要写入刚被更新过的 cache 某位置。这样，刚被更新过的 cache 某位置的数据便被冲掉，而主存中相应部分也未保存该数据，这种情况称为高速缓存更新内容丢失。这是不希望发生的，为此常采用写通策略或回写策略加以解决。

● 写通策略

写通策略是指，每当微处理器对 cache 某一位置更新数据时，cache 控制器随即将这一更新数据写入主存的相应位置上，使主存随时都拥有 cache 的最新内容。这种方法的优点是简洁明了，不会发生更新数据的丢失。缺点是对主存写操作的总线周期频繁，既影响了系统的操作速度，有时也显得没必要。

● 回写策略

回写策略是指，每当微处理器对 cache 中某一位置更新数据时，该更新的数据并不立即由 CPU 写入主存相应位置，而是由 cache 暂存起来。这样，微处理器可继续执行其他操作。同时，当系统总线空闲时由 cache 控制器将此更新数据写回主存相应部分。为了不致产生差错，cache 中对每一位置设有一个更新位。如果 cache 某一位置内容更新过，而主存相应部分内容没有更新过，则该更新位置 1；否则，更新位置 0。每次微处理器要向 cache 写入新数据时，首先检查该位置更新位状态，若为 0，可直接向 cache 该位置写入新数据；若为 1，须先将该位置原存数据写回主存相应部分后，再向该位置写入新数据。

回写策略的优点是，cache 某一位置内容更新后，向主存的回写操作并不是每次都要占用单独的总线周期，因而系统的工作效率高，但 cache 的复杂程度也高。

6.5.3 cache 的地址映像功能

前已述及，cache 存储器不能被用户直接访问，它只是内存储器的缓冲存储器，用来保存内存的部分内容。被保存的这部分内容是 CPU 最近要用的或不久即将要用的。然而，cache 中保存的内容到底是内存储器中哪一部分内容呢？这就要涉及到内存储器与 cache 间的位置对应关系，也即 cache 存储器的地址映像问题。通常有三种地址映像方式：全关联映像(Associative Mapping)方式、直接映像(Direct Mapping)方式和组关联映像(Set Associative Mapping)方式，其中组关联映像方式应用最广。

1. 全关联映像 cache

全关联映像 cache(简称全关联 cache)中，主存与 cache 都被划分成大小相等的行。主存的任何行可以存储到 cache 的任何行中，而 cache 的任何行也能存储到主存的任一行中，见图 6.31。到底 cache 某一行中存储的是主存中哪一行的内容，应由每个 cache 行中的标签值(即 cache 行所对应 TRAM 中的内容)来反映。作为例子，图 6.32 示出全关联映像 cache 的具体结构。图中高速缓存共有 128 个数据块，每个数据块有 4 个字节，称为一个数据行。主存储器的容量为 16 MB，被分成 4 M 个数据块(或行)，每个数据块也为 4 个字节。每个数据块的起始地址均为 4 的倍数，且为 24 位二进制数全地址，如 000000H、000004H 等。为了表明 cache 行中存储的是主存的哪一行，必须在其 TRAM 相应行的标签字段写入该数据行在主存中的全地址。为此，cache 中 TRAM 的容量应为 24 × 128，即每个数据行对应一个 24 位的标签值。24 位标签值中最低两位称为使能位，它们的取值应为 00B。例如 cache 中第一行(图中最底部)的标签值为 FFFFF8H，表明它存的是主存中起始地址为 FFFFF8H 的数据，该数据块的内容为 11223344H。由于主存中任何行可存储到 cache 中任意行的位置，全关联 cache 的灵活性非常好。但为了确定微处理器访问存储器操作时 cache 是否命中，需要将 CPU 请求的地址和 cache 的 TRAM 中全部标签值进行比较，这需要大量的比较器，使 cache 系统复杂，成本提高。全关联 cache 的容量通常小于 4 KB。

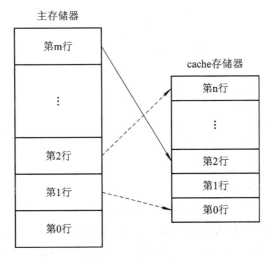

图 6.31 全关联 cache

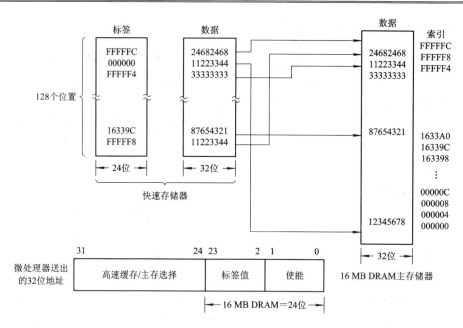

图 6.32　全关联 cache 举例

2. 直接映像 cache

在直接映像 cache 中，cache 同样被分成大小相等的若干行，而主存储器则分成大小相同的若干页，每页的大小与 cache 的容量相等。然后，每一页又和 cache 一样分成若干行，每行的大小也和 cache 行一样，见图 6.33。cache 行中只保存主存中与其行号相同的特定行。例如主存某页的第 1 行必须保存在 cache 中第 1 行等。因而直接映像 cache 的结构最简单，每次微处理器访问存储器时，由于行号固定，cache 只要作一次地址比较即可。但正是由于 cache 的行号与主存每页的行号一一对应，使得这种 cache 的灵活性较差。

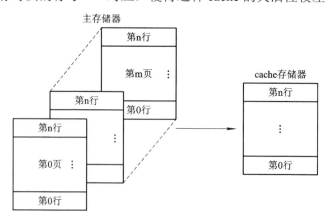

图 6.33　直接映象 cache

作为例子，图 6.34 示出直接映像 cache 的具体结构。图中 cache 容量为 64 KB，分成 16 K 个行，每行 4 个字节。主存容量为 16 MB，分成 256 页(16 M ÷ 64 K)，每页 16 K 个行，每行 4 个字节。图中，cache 的索引字段用来选择 16 K 个行中的一行，共需 14 位二进制数。它的值由 CPU 32 位地址信息中的 $A_{15} \sim A_2$ 来提供，而 A_1A_0 两位用来选择 4 个字节中的一个。因而，cache 的索引字段共 16 位，由 CPU 的 $A_{15} \sim A_0$ 来提供，属页内寻址信号，称页内偏移地址。cache 的标签值共 8 位，用来存放主存的页号(即该 cache 行存放的是主存中哪一页对应行的内容)由 CPU 地址信号中的 $A_{23} \sim A_{16}$ 提供，属页面寻址信号，即页地址。CPU 32 位地址信息的高 8 位用来在 cache 和其他存储器之间进行选择，即为存储器的片选地址信号。由于 cache 及主存中每个数据行(数据块)均为 4 字节，数据行的起始页内偏移地址应对齐于 4 字节边界，正好为 0000H、0004H……FFFCH。如果 CPU 要读取××107FFBH(×× 表示 $A_{31} \sim A_{24}$，由片选地址决定)处的内容，则 cache 首先根据低 16 位地址信息 7FFBH 找到 cache 中的这一行。然后，将该行的标签值(图中为 FFH)与 CPU 发出的 32 位地址信息的 $A_{23} \sim A_{16}$(即 10H)进行比较。若 FFH≠10H，表明未命中，则 CPU 将访问主存，从主存的 ××107FFBH 处读取数据。同时，cache 也捆绑该数据，将该数据行写入 cache 的 7FFBH 行中，冲掉该行中原内容，并将该行的标签值改为 10H。

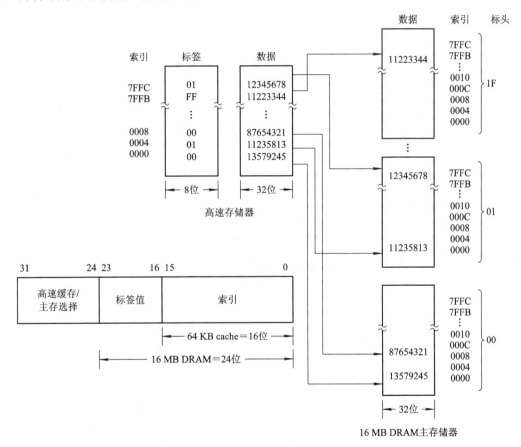

图 6.34　直接映像 cache 举例

由于主存中 256 页中行号相同的数据块只能存在 cache 中行号相同的位置，因而要判断 cache 是否命中，只需要将 cache 的标签值与 CPU 发出的页面地址进行比较即可。直接映像 cache 的电路结构较全关联 cache 简单，访问速度也快。但由于内存的一个存储单元只对应一个 cache 单元，当内存容量与 cache 容量相差悬殊(即页太小，页数太多)时，常会发生页冲突，使命中率降低。解决办法是使 cache 容量增加，内存页数减少。

3. 组关联映像 cache

组关联映像(亦称 N 路相联映像)方式是把 cache 存储器的数据存储部分分成若干个体，目前多分为 2 个体或 4 个体，且内存储器的页与 cache 的体大小相等。这样，具有相同页面地址的内存单元，可以映像到多个 cache 存储体的相应单元里，构成了 N 路(一路相当于一个 cache 体)相联映像方式。显然，cache 的容量越大，分得的体数越多，页冲突越少，CPU 访问的命中率也越高。但是，这会使 cache 的控制及其电路较复杂。当 cache 的体数为 1 时，即为直接映像方式。

图 6.35 示出 80486 CPU 内部的 8 KB 高速缓冲存储器结构。它属于 4 路相联结构，其中数据块被分成 4 路(Way$_0$、Way$_1$、Way$_2$ 和 Way$_3$，每路 2 KB)、128 集，每集对应 4 个 16 字节的高速缓冲存储器行。每个高速缓冲存储器行用来存储 16 个相邻的字节。标记块也被分成 4 路、128 集。每集有 4 个 21 位的标记域分别对应 4 路。有效/LRU 块也分为 128 集，每集有 3 位的 LRU 域及 4 位有效域。

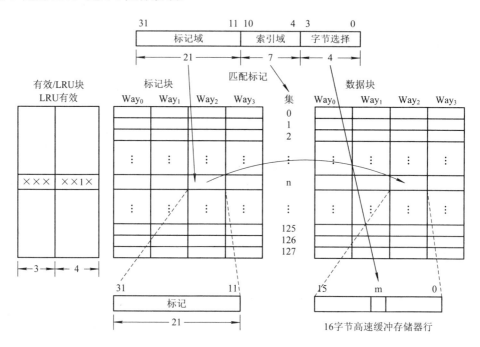

图 6.35   80486 CPU 内高速缓冲存储器结构

80486 CPU 中的高速缓冲存储器部件只用物理存储器地址，而不管它相应的逻辑地址和线性地址。高速缓冲存储器部件决定物理地址是否被高速缓冲存储器命中的步骤如下。首先来自 CPU 的 32 位物理地址被分成索引、标记和字节选择三个域。索引域 7 位用来指定集值，选择 128 集中的一个集，每一集包含 3 位 LRU 位、4 位有效位、4 个 21 位标记域和 4 个 16 字节高速缓存行。然后，高 21 位地址信号作为标记与所选集相关 4 个标记域内容相比较。如果某一路标记与 CPU 发出的 32 位地址信号的高 21 位相等(称为匹配)，则表示 CPU 访问高速缓冲存储器命中，并表明该集中相匹配路所对应 16 字节高速缓存行即为 CPU 所要访问的存储器行。物理地址的低 4 位用来选择高速缓存行中的 1 字节。4 位有效位与每集相关联，每一位用来表明该集相应高速缓存行的有效状态。3 位 LRU 位用来指示每路高速缓存行的替换操作。

当高速缓冲存储器使能时，80486 CPU 中其他处理部件产生的所有访问总线的请求在传给总线接口单元 BIU 之前，首先经过高速缓冲存储部件。若命中，则该请求能无等待地立即被满足。同时，BIU 不用产生总线周期。若未命中，则通过 BIU 执行一次行填充，即以一次 16 字节的传输方式把要访问的存储单元内容传送给高速缓冲存储器。

当高速缓存写通使能时，所有对高速缓存的写操作，包括 cache 命中的那些操作，都将一面对 cache 内容更新，一面开始一个总线写操作，把更新的数据写回内存储器。若高速缓存写通禁止，则命中 cache 的写请求将不再写到存储器中。

6.5.4　cache 内容的替换

cache 存储器通常由两部分组成，即数据存储部分和标记存储部分。数据存储部分又分 1~N 个体。每个存储体的大小(即集数或字数)及字宽与内存一页的单元数和字宽相同。标记存储部分的大小与数据存储部分相对应，宽度应包含内存的页面地址和描述数据存储部分状态的标志。

cache 存储器的容量远远小于内存储器的容量，它只能存放 CPU 当前或近期要用的程序和数据。当 CPU 所需程序和数据不在 cache 中时，便需从内存中取出它们，并同时将它们置入 cache 中，以代替 cache 中部分原存内容。cache 内容的更换方法简述如下。

1. 直接映像方式的 cache 内容替换

若 CPU 执行一次读操作命中，则 cache 命中单元所存数据内容及其标记字均保持不变。若 CPU 执行一次读操作未命中，则 CPU 便直接访问内存，将内存数据读入 CPU 的同时，也写入 cache 中，并修改标记，以便对 cache 内容进行替换。若 CPU 执行一次写操作命中(CPU 要写入单元的页面地址与 cache 中对应标记内容一致)，cache 与内存单元内容同时修改，但标记内容不变。若 CPU 执行一次写操作未命中，一方面要同时修改 cache 与内存单元内容，另一方面还要修改 cache 中对应的标记，使其与被写入的内存单元的页面地址相等。

2. N 路相联映像的 cache 内容替换

在这种映像方式下，常用的 cache 内容替换方式称为"最近最小使用替换法(LRU, Least Recently Used)"。由于内存中同一个页内地址单元的内容可以同时映像到 cache 中多个不同体中的相应单元内，cache 中到底哪个体中对应单元保存的是较新数据，要设置相应的 LRU 位加以指示。当一次读操作不命中时，可用硬件通过对 LRU 位测试，判断出最近最少使用的单元，并对它进行数据内容的替换操作，重新建立标记字及 LRU 的指向。

习题与思考题

1. 按照和 CPU 的关系分，微机系统中的存储器分为哪几类？各有何特点？

2. ROM 的结构特点是什么？一个 ROM 芯片通常有哪些输入引脚和输出引脚？各起什么作用？

3. 依照编程方式的不同，ROM 分为哪几类？各有何特点(重点说明 E^2PROM 与 FLASH

存储器的区别)?

4. 闪速存储器通常有哪几种工作模式(或说工作状态)? 如何对各种模式初始化?

5. RAM 的结构特点是什么? 为什么说 CMOS SRAM 是超低功耗的?

6. 对下列 RAM 芯片组排列, 各需要多少个 RAM 芯片? 多少个芯片组? 多少根片内地址线? 若和 8088 CPU 相连, 则又有多少根片选地址线?

$$1\,K \times 4\, 位芯片组成 16\,K \times 8\, 位存储空间$$

$$8\,K \times 8\, 位芯片组成 512\,K \times 8\, 位存储空间$$

7. 某微机系统的 RAM 存储器由 4 个模块组成, 每个模块的容量为 128 KB, 若 4 个模块的地址连续, 起始地址为 10000H, 则每个模块的首末地址是什么?

8. 设有 $4\,K \times 4$ 位 SRAM 芯片及 $8\,K \times 8$ 位 EPROM 芯片, 欲与 8088 CPU 组成 $16\,K \times 8$ 位的存储空间, 请问需用此 SRAM 及 EPROM 多少片? 它们的片内地址线及片选地址线分别是哪几根? 假设该 $16\,K \times 8$ 位存储空间连续, 且末地址为 FFFFFH, 请画出 SRAM、EPROM 与 8088 CPU 的连线, 并写出各芯片组的地址域。

9. 设由 $256\,K \times 8$ 位 SRAM 芯片与 8086 CPU 组成 1 MB 存储空间, 试问共需几片这样的 SRAM 芯片? 片内地址线及片选地址线各为哪几根? 试画出用该 $256\,K \times 8$ 位 SRAM 与 8086 CPU 组成 1 MB 存储空间的连线, 并写出各芯片的地址域。

10. DRAM 基本存储电路以什么形式存储数据信息? 为什么需要刷新? 刷新时只要行地址和 $\overline{RAS}=0$ 的信号, 还是只要列地址及 $\overline{CAS}=0$ 的信号? 刷新时存储单元所存信息会不会读到数据线上? 为什么?

11. 为什么说 DRAM 的数据存取速度慢于 SRAM? 当前 Pentium 级微处理器内存用的 DRAM 都采用了哪些新技术来提高其存取速度?

12. 何谓高速缓冲存储器? 它的功能是什么? 旁视 cache 及通视 cache 的区别是什么?

13. 高速缓存应用中写通和回写两种策略有何不同? 各用在什么场合?

第 7 章 存 储 器 管 理

存储器管理是由微处理器提供的对系统存储器资源进行管理的机制，其目的是方便于软件程序对存储器的应用。

8086/8088 CPU 采用分段的实方式存储器管理机制；80286 CPU 具有两种工作模式：实方式和保护虚地址方式；80386/486 CPU 共有三种工作方式：实方式、保护虚地址方式和虚拟 8086 方式，而 Pentium～Pentium 4 处理器新增了系统存储器管理模式。

7.1 实方式下的存储器管理

8086 和 8088 处理器只能工作于实方式。80286～Pentium 4 CPU 由硬件复位初始化后工作于实地址方式，此时它们相当于一个高速的 8086 微处理器。实方式下，80386～Pentium 4 处理器的 32 位地址总线中只能使用低 20 位，其存储空间和 8086/8088 一样，只有 1 MB。这里所谓存储空间，是指能够用来访问存储器的所有有效地址的集合。

微处理器运行在实方式时，不实施保护机制，存储器空间上的任何区域都可被运行到处理器的任何程序上，去寻址、读、写或执行。因而，应用程序需经操作系统协调存储器的使用，以免它们彼此重叠。

实方式下，80386～Pentium 4 CPU 与 8086 唯一的不同是，不仅可以运行 8086 的全部指令，而且还可以运行 32 位运算类指令。

7.1.1 存储器的分段结构

微处理器运行在实方式时，程序对存储器的访问采用分段地址。分段地址由一个段地址和一个有效的地址偏移量(或称偏移地址)组合而成，其表示方式为

段地址：偏移地址(均以省略后缀 H 的十六进制方式表示）

其中，段地址是段寄存器(CS、DS、ES、SS)的内容，它用来确定从物理存储器的哪一位置开始测定偏移量，即用来确定某一个段的起始点。用段地址确定的段起始点的物理地址(与微处理器 20 位地址总线引脚上的信号等值的数字为物理地址)称为段基地址。8086/8088 中规定段基地址是一个 16 的整数倍的字节地址，也就是说，20 位段基地址的最后 4 位总是 0。同时，还规定将段地址(段寄存器的内容)左移 4 位(或乘以 10H)便得到段基地址。

偏移地址用来寻址段内的一个特定字节，它给出了要寻址字节距段基地址的无符号位移量，通常它由指令的寻址方式给出。实方式下，偏移地址的值为 16 位，因而，每段可访问 64KB(2^{16} B)。图 7.1 示出实方式下，如何由段地址及偏移地址组合来寻址段内的一个特定字节。

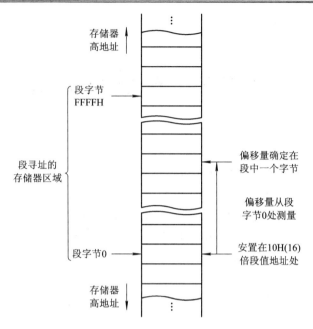

图 7.1　在分段寻址中组合段和偏移量

分段是划分微处理器存储空间的一种逻辑方法，它把存储器分成段。每个段代表了一个地址空间，段的大小可变，最大可达 64 KB。采用分段结构使编程方便、灵活。同时，更重要的是，分段结构支持代码的动态重新安装。这是因为程序中对存储单元的寻址均采用相对于段起始处的偏移量来实现的。只要重新设计好段地址，操作系统就可将程序装入物理存储器的任意位置。

7.1.2　物理地址的形成

实方式下，80386～Pentium 4 CPU 能寻址 1 MB 的物理存储器空间，其中每个字节都有一个唯一的物理地址，其范围为 00000H～FFFFFH。程序中对存储器的访问采用逻辑地址即分段地址，其中段地址和偏移地址都是 16 位值。当程序被处理器执行时，由地址生成逻辑将分段地址转换成物理地址。转换操作是将段地址(段寄存器内容)左移 4 个二进制位再加上偏移地址，以得到相应的物理地址，见图 7.2。

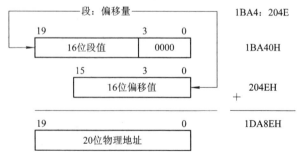

图 7.2　实方式下物理地址的生成

与 80386～Pentium 4 一样，80286 也可运行在实方式下，相当于一个快速的 8086 微处理器。

7.2 保护方式下的存储器管理

80286～Pentium 4 CPU 都可以工作在保护方式下。对于 80286 而言，复位后是在实方式下运行，要切换到保护方式，首先需要设置机器状态字(MSW)寄存器的 PE(protection enable)位。具体做法是，首先将需要写入的状态字信息装入一个寄存器或内存单元(PE 位于 MSW 的最低位即第 0 位)，然后执行装机器状态字指令(LMSW)，最后，执行一个段间跳转来启动主系统程序。跳转指令的功能是用来清除指令队列，因为保护方式与实方式下指令队列的功能是不同的。

对于 80386～Pentium 4 CPU 而言，若将 CR_0 控制寄存器 PE 位置位，80386～Pentium 4 CPU 便工作于保护虚地址方式(简称保护方式)。保护虚地址方式存储器管理与实方式存储器管理的重要区别有如下两点：一是保护方式向程序员提供了额外的工具用来进行段尺寸的扩充和使用上的限制，从而实现了对存储器访问的保护机制；二是虽然保护方式下也使用分段机制，但在形成物理存储器地址时与实方式有很大的不同，并且，最终引入虚拟存储器的概念。所谓虚拟存储器，实际上是指一种设计技术，采用该技术能提供比实际内存储器大得多的存储空间。虚拟存储器由存储器管理机制和一个大容量快速硬磁盘支持。任何时刻，只需要把与正在运行程序相关的一小部分虚拟地址空间映射到内存储器，其余部分仍留在磁盘上。当处理器访问存储器的范围发生变化时，应将虚拟存储器的某些部分从磁盘调入内存，同时原调入内存的另一部分虚拟存储空间也可再调回磁盘中。这样，由于存储器管理机制的支持，及时地将虚拟存储空间调入内存或调回磁盘，而磁盘容量非常大，对用户来说，好像存储器容量比实际内存大得多，使用起来非常方便。

保护虚地址方式下，80386～Pentium 4 具有分段和分页两级管理机制。分段管理机制用来将虚拟地址转换成线性地址；分页管理机制，如果允许的话，将线性地址转换成物理地址。如果系统被设置成不能分页，则线性地址便是物理地址。虚拟地址亦即逻辑地址，是程序访问存储器时由指令指明的地址。物理地址是在 CPU 芯片地址信号引出脚上出现的地址，所以物理存储空间的大小由 CPU 具有的地址总线的位数决定。80386/80486 CPU 地址总线为 32 位，物理存储空间为 4 GB(2^{32}B)。线性地址是一个无符号数，它指出在处理器的线性地址空间中，所要访问的存储单元的地址，该地址由段的基地址(即段的起始地址)与段内偏移地址之和形成。由于段的基地址与段内偏移地址均为 32 位，线性地址也为 32 位。

80286 的保护虚地址方式只有分段管理机制。

7.2.1 存储器的分段管理

无论是实方式下还是保护方式下，程序都只与逻辑地址打交道。逻辑地址由段地址和偏移地址两部分组成。表示成"段地址：偏移地址"格式。访问存储器寻找一个存储单元的过程是：首先用一个适当的段地址装入所需要的段寄存器，得到一个段基地址。然后，再在段基地址上加该存储单元的偏移地址，便可得到该存储单元的物理地址。实方式下，逻辑地址称为分段的地址，它与物理地址之间有着直接的数学关系，可以很容易地将逻辑地址转化为等价的物理地址。保护方式下，逻辑地址与物理地址之间不存在这种直接的数学关系。保护方式的逻辑地址被称为虚拟地址，因为这个段可能不存在于物理存储器上。

虚拟地址与实方式的分段地址(逻辑地址)类似，它由一个有效的地址偏移量和一个段选择符组成。有效的地址偏移量与实方式一样，根据指令中操作数的寻址方式确定。段选择符也与实方式一样为 16 位段寄存器的内容(对于 80286，保护方式和实方式一样，即可使用 4 个 16 位段寄存器 CS、DS、ES、SS；对于 80386/80486，还要额外加上两个 16 位段寄存器 FS 和 GS)，但这时段选择符只能间接地提供段的基地址，并且段寄存器也称为段选择器。

保护虚地址方式下，每个存储器段都对应着一个 8 字节的段描述符(Descriptor)，段的基地址(32 位)便包含在其中。若干个段的描述符组成一个描述符表，存储在由操作系统专门定义的存储区内，称为特殊的段。某个段的描述符在描述表中的位置，则由段选择器中的段选择符进行索引。这样，程序设计中访问存储器时给出虚拟地址(逻辑地址)，即"段选择符：偏移地址"，便可由段选择符在描述符表中检索出该段的描述符，从而得到段的 32 位基地址、段的长度和关于该段的其它信息。可见，段选择符与段的基地址之间通过描述符表中的段描述符存在着一一对应的关系。段的基地址即段的 32 位起始地址，它再加上 32 位(或 16 位)段的偏移地址，便可得 32 位的线性地址，如图 7.3 所示。

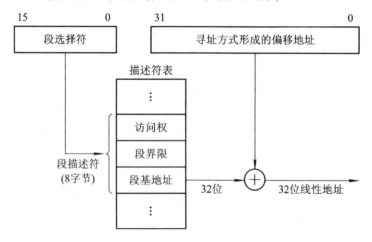

图 7.3 保护虚地址下 80386/80486 的分段机制

1．段选择符

保护方式下，段选择符是一个指向操作系统定义的段信息的指针，其格式见图 7.4。16 位信息中，低两位规定了选择符的请求特权级别(Requestor Privilege Level，RPL)。RPL 域的设置是为了防止低特权级程序访问受高特权级程序保护的数据。段选择符的第二位为表格指示器 TI(Table Indicator)位。当 TI＝0 时，该选择符指向的段是系统的全局地址空间的一部分；当 TI＝1 时，该选择符指向的段是一个特定程序或任务的局部地址空间。全局地址空间用来存放运行在系统上的所有任务使用的数据和代码段，如操作系统服务程序、通用库和运行时间支持模块等。在一个系统中只有一个全局地址空间，只要选择符中 TI＝0，便会指向这一空间。这也就是说，在系统上运行的所有任务共享同一个全局地址空间。这里所谓的任务，是指一个具有独立功能的程序对于某个数据集合的一次运行活动。

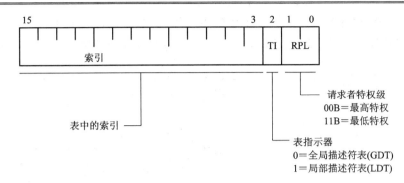

图 7.4　保护方式段选择符格式

局部地址空间用来存放一个任务独自占有的特定程序和数据，系统中每个任务都有其对应的局部地址空间。

段选择符 16 位值中除上述的 3 位外，其余的 13 位称为变址域，用来指向全局地址空间或局部地址空间中的段描述符表(分别称为全局段描述符表(GDT)或局部段描述符表(LDT))中的一项。操作系统用段描述符来管理段。段描述符表中的每一项用来存储一个段的信息(包含一个段的段基地址等)，因而段选择符的高 14 位用来确定存储器中的一个段。在保护方式下，可访问 16 384(2^{14})个段。这样，对 80286 来说，偏移量为 16 位，每个段最大为 64 KB，可提供的虚拟存储空间为 1 GB(2^{30}B)。对 80386 和 80486 来说，偏移量为 32 位，每个段最大为 4 GB，可提供的虚拟存储空间为 64 TB(2^{46}B)。

2．段描述符表

段描述符表简称描述符表，用来存储段描述符，是由操作系统定义的一种数据结构，也是一种特殊的段。保护方式下，80386/80486 CPU 共有三种描述符表：全局描述符表(GDT)、局部描述符表(LDT)及中断描述符表(IDT)。

局部描述符表(Local Descriptor Table，LDT)所存储的段描述符对应着只属于某个任务的段。在多任务操作系统管理下，每个任务通常包含两部分：与其它任务共用的部分及本任务独有的部分。与其它任务共用部分的段描述符均存储在全局描述符表(GDT)内；本任务独有部分的段描述符均存储在本任务的局部描述符表(LDT)内。这样，每个任务都有一个局部描述符表(LDT)，而每个 LDT 又是一个段，它也就必须有一个对应的 LDT 描述符。该 LDT 描述符也只能存储在全局描述符表中。局部描述符表(LDT)中所存储的属于本任务的段描述符通常有代码段描述符、数据段描述符、调用门描述符及任务门描述符等。

全局描述符表(Global Descriptor Table，GDT)用来存储所有任务共用的段描述符。通常有操作系统使用的代码段描述符、数据段描述符、调用门描述符以及各个任务的 LDT 描述符、任务状态段 TSS 描述符、任务门描述符等。由于系统中只有一个全局描述符表(GDT)，不需要为 GDT 设置描述符，GDT 的段基地址和界限直接存在全局描述符表寄存器(GDTR)的高速缓存器中。

系统的 GDT 和 LDT 均是一个长度不定的数据结构，它们各自最少包含一个，最多包含 8192(2^{13})个独立的项。每个项有 8 个字节长，称为一个段描述符。这样，段描述符表最多包含 64 KB。图 7.5 示出段选择符与段描述符表的关系。可以看出，段选择符的 TI 位用来确定该段选择符是指向全局描述符表还是指向局部描述符表。段选择符的高 13 位用来确定段选择符具体指向(寻址)GDT 或 LDT 中的哪一项。每个项包含一个 8 字节长的段描述符，处理器正是使用这些段描述符中的信息把虚拟地址转换成线性地址的。

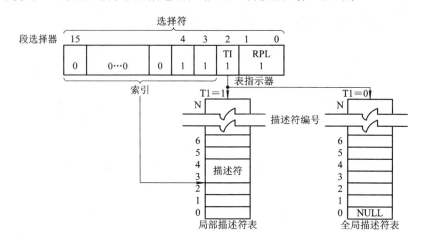

图 7.5　段选择符和描述符表

系统中的 GDT 只有一个，它被所有任务使用，而一个 LDT 只为一个正在运行的任务存在。GDT 中第一个描述符不用，称为空描述符。若用空描述符来访问存储器，则将产生异常。

中断描述符表(Interrupt Descriptor Table，IDT)与实方式下中断向量表的作用相对应。实方式下，中断向量表中的每一项为 4 字节的一个中断向量，其中存储了中断处理程序入口的段地址和段内偏移地址。IDT 中的每项为 8 字节的一个描述符，通常是中断描述符、陷阱门描述符和任务门描述符等。中断门和陷阱门描述符间接地提供中断处理程序入口的段基地址，即由中断门描述符或陷阱门描述符中的 16 位选择符检索出一个段描述符，由该段描述符提供中断处理程序入口的段基地址。中断处理程序入口的段内偏移地址则由中断门或陷阱门描述符直接提供。任务门描述符中的 16 位选择符将指向一个新的任务状态段 TSS，从而转换到该新任务。

中断描述符表(IDT)最多包含 256 个描述符(对应于 256 个中断类型)，表的长度最多为 2 KB。IDT 中每个描述符的索引号即为外中断或 INT n 指令中的中断类型号。中断类型号乘以 8 即为对应描述符在表中的偏移地址。由于系统中只有一个 IDT，也不需要 IDT 描述符，IDT 的段基地址、界限等信息将由中断描述符表寄存器(IDTR)的高速缓存器提供。

3. 段描述符

段描述符描述了处理器访问段时所需要的信息，主要包括线性存储器空间中段的基址和界限，以及有关段的状态和控制信息。因而，段描述符在存储器中一个段和一个任务之间形成了一个链。不管是全局地址空间还是局部地址空间中的一个段，如果没有描述符，则该段对任务来说便无效，且没有访问它的机制。段描述符的分类见图 7.6。描述符分为段描述符和门描述符两大类。段描述符又分成两类：一般的段描述符(也称存储段描述符，包括代码段描述符和数据段描述符)和特殊的段描述符(又称系统段描述符，包括 LDT 描述符和任务状态段 TSS 描述符等)。门描述符包括调用门描述符、任务门描述符、中断门描述符和陷阱门描述符四种。当特权级之间和任务之间进行转移控制时使用这些门描述符。

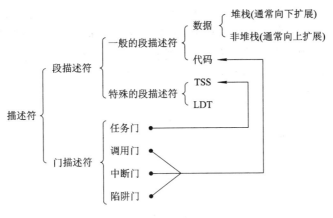

图 7.6　描述符的分类

1) 一般的段描述符

一般的段描述符格式见图 7.7。

段基址15…0					段界限15…0					0 字节地址
										0
基址31…24	G	D	0	0	界限19…16	P	DPL	S	类型	A	基址23…16	+4

基址	段的基地址
界限	段的长度
P	存在位。P=1表示该段在内存中；P=0表示该段不在内存中
DPL	描述符特权级0～3级
S	段描述符类型位。S=0表示为系统段或门描述符；S=1表示为一般段描述符
类型	段描述符的细分类型域
A	已存取位
G	粒度位。G=1，段界限以页为单位；G=0，段界限以字节为单位
D	缺省操作数位数(仅在代码段描述符中识别)。D=1为32位段，D=0为16位段
0	为与将来的处理器兼容必须设置为"0"的位

图 7.7　段描述符的一般格式

其中各域定义叙述如下：

(1) 基地址。该域用来确定段在存储器中的起始地址。对于 80286，段基地址为 24 位，段可在 4 MB 线性地址空间的任何字节处起始；对于 80386 和 80486 来说，段基地址为 32 位，分成两部分，由处理器将它们结合在一起，32 位段基地址决定了段可在 4 GB 线性地址空间中的任何字节处起始。可以看出，保护方式下段基地址的设置与实方式下段基地址仅限于被 10H 整除的地址处是大不同的，使用起来灵活得多。

(2) 界限。该域用来确定段的尺寸。对于 80286，段界限为 16 位无符号数，表示段的最大尺寸为 64 KB。对于 80386 和 80486，段界限由两部分组成 20 位的无符号数。但仅就 20 位的段界限，还不能确定出段的尺寸，需要根据段描述符中粒度 G 的设置来共同确定。若粒度位设置成字节粒状，界限以字节为单位，得段的尺寸为 1 B～1 MB。若粒度位设置成页粒状，界限以页为单位，一页为 4 KB，段的尺寸为 4 KB～4 GB。

当采用页粒状时，有效地址偏移量的最低 12 位不必进行保护性检查。若粒度设置为页，段界限设置为 00000H，则该段的有效地址偏移量为 0～FFFH(4095)。这就是说，该段的长度仅在一页(4096 B)内取值。

(3) S位。这是描述符类型位，用来区分两种类型的段描述符。S=1，表示为一般的段描述符；S=0，表示为一个特殊的段描述符(或称系统段描述符)或门描述符。

(4) 类型。类型域共3位。在S位对两大类描述符进行分类后，该类型域再对每一类进行更细的划分。当S=1时，一般的段描述符区分情况见图7.8。3位中的最高位ST用来区分代码段(ST=1)和数据段(ST=0)，其余2位定义分ST=1及ST=0两种情况，其中数据段情况下的E位用来区分一般数据段(E=0)和堆栈段(E=1)。可以看出，该域提供的其它信息用于实现保护，而不用于实现地址生成。

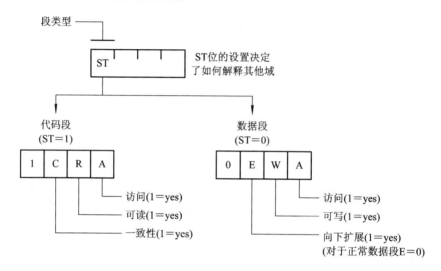

图 7.8　段描述符类型域的定义

(5) DPL。该域为描述符特权级域，用来实现保护而不用于地址生成。

(6) P。P位为存在位，用于表示描述符所描述的段存在于存储器中(P=1)或不存在于存储器中(P=0)，它用于地址生成。如果一个描述符所描述的段已移至硬盘上，表明不在内存中，这时P=0。这种情况下，若试图将该描述符的段选择符装入段寄存器，处理器则会产生一个段不存在异常(以P=0为标志)，并且操作系统中的异常处理程序会把该段重新装入存储器。因而该位的设置使操作系统能够对应用程序实现虚拟存储器的功能。

(7) D。D位为缺省操作尺寸位，不用于地址生成，只在80386及80486的代码段描述符中被识别。当D=0时，表示操作数和有效地址的缺省值是16位，即80286方式；当D=1时，表示操作数和有效地址的缺省值为32位，即80386/80486方式。

(8) G。G位为粒度位，在80386、80486中，它用来指定段界限的单位。G=0，表明段界限以字节为单位；G=1，表明段界限以页为单位，每页4KB。

(9) A。A位为已存取位。当每个代码段或数据段被访问时，其对应的描述符中A位便被置1。操作系统周期性地查看、记录各段描述符中A位的状态，并使其复位为0。经一段时间的统计即可得知各段被访问的频繁程度。

2) 特殊的段描述符及门描述符

当段描述符中S位=0时，表示为一个特殊的段描述符(或称系统段描述符)或门描述符。系统段描述符的格式见图7.9，由图可看出，其格式与一般段描述符基本相同。图中示出4

位类型域对各种系统段描述符和门描述符的定义情况，其中 TSS 是任务状态段，用来存储与任务有关的信息。此外，对 80286 来说，类型 8～F 未定义。

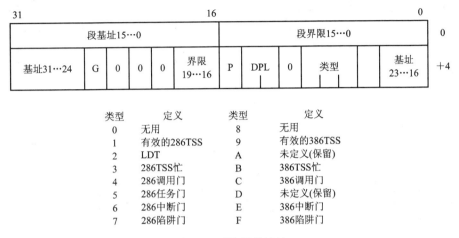

类型	定义	类型	定义
0	无用	8	无用
1	有效的286TSS	9	有效的386TSS
2	LDT	A	未定义(保留)
3	286TSS忙	B	386TSS忙
4	286调用门	C	386调用门
5	286任务门	D	未定义(保留)
6	286中断门	E	386中断门
7	286陷阱门	F	386陷阱门

图 7.9　系统段描述符

8 字节门描述符中没有直接给出转移目的段的段基地址，而是给出一个 16 位的选择符，从而选中另一个段描述符，间接地得到转移目的段的基地址。转移目的段的偏移地址由门描述符直接给出。关于特殊的段描述符和门描述符，本章稍后将加以介绍。

4. 描述符表寄存器

描述符表寄存器属系统地址寄存器，本节仅介绍全局描述符表寄存器(GDTR)和局部描述符表寄存器(LDTR)(中断描述符表寄存器(IDTR)将在第 8 章介绍)，它们的结构重示于图 7.10。全局描述符表寄存器(GDTR)对于 80286 为 40 位，对于 80386 和 80486 为 48 位，其中段基地址分别为 24 位和 32 位，段界限均为 16 位。段基地址指出系统的全局描述符表在存储器中的起始位置，见图 7.11。16 位段界限表明 GDT 表长最多为 64KB。对 GDTR 的装入和存储必须在系统程序中分别用指令 LGDT 和 SGDT 来进行。

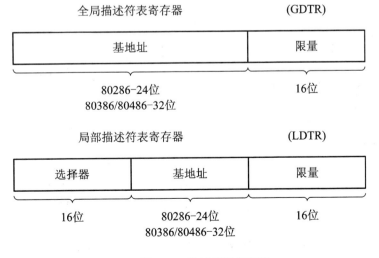

图 7.10　描述符表寄存器

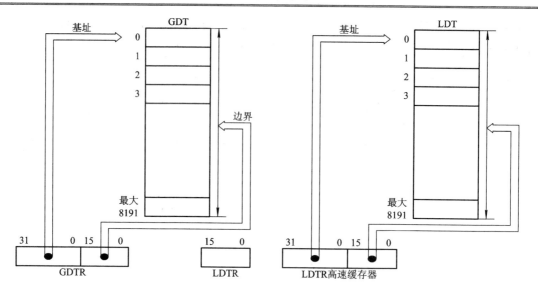

图 7.11   GDTR、LDTR 与描述符表的关系

局部描述符表寄存器(LDTR)包含一个 16 位的选择器和不可见的高速缓存器。局部描述符表(LDT)是对正在运行的任务而言的，每个任务有一个 LDT，它们存储在存储器的一个独立的段里。但每个 LDT 处于存储器中的什么地址，由 GDT 中的 LDT 描述符确定，而该 LDT 描述符在 GDT 中的寻址又由 LDTR 中的 16 位段选择符确定。当系统初始化时，要将 GDT 中 LDT 描述符的选择符置入 LDTR 的选择器中，这时便从 GDT 中检索出相应的 LDT 描述符，该 LDT 描述符的基址及界限值便会自动置入 LDTR 的高速缓存器中。于是，以后处理器便根据此高速缓存器的值来确定局部描述符表的起始地址和段界限，而不必再访问存储器从 GDT 中查 LDT 描述符，节省了程序运行时间，见图 7.11 和图 7.12。LDTR 的装入和存储需由系统程序分别用指令 LLDT 和 SLDT 来完成。

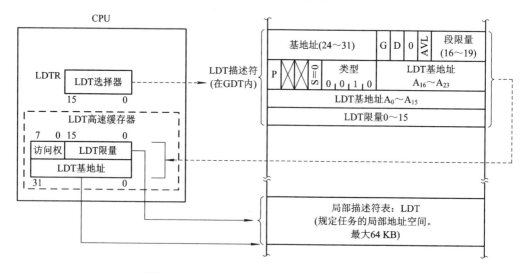

图 7.12   LDTR 同 LDT 描述符和 LDT 的关系

5. 段寄存器

保护方式下，每个段寄存器都有一个 16 位的可见部分(称为段选择器，其中内容称为段选择符)和一个程序无法访问的不可见部分(称为段描述符高速缓存器)。段寄存器中 16 位的段选择符用来在 GDT 或 LDT 中寻找一个段描述符，再由段描述符确定一个段。对于 80286 来说，段描述符高速缓存器有 48 位，包含 24 位基地址、16 位段界限和一个字节的访问权限域，见图 7.13。对于 80386 和 80486，段描述符高速缓存器有 64 位，包含一个 32 位基地址、20 位段界限和 12 位访问权限域，见图 7.14。

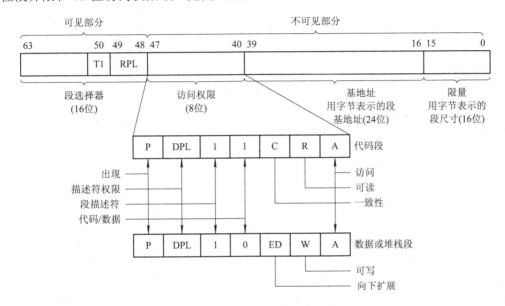

图 7.13　80286 的段寄存器格式

	段寄存器	段描述符寄存器		
CS	16位选择符	32位段基址	20位段限	12位其他属性
SS	16位选择符	32位段基址	20位段限	12位其他属性
DS	16位选择符	32位段基址	20位段限	12位其他属性
ES	16位选择符	32位段基址	20位段限	12位其他属性
FS	16位选择符	32位段基址	20位段限	12位其他属性
GS	16位选择符	32位段基址	20位段限	12位其他属性

图 7.14　80386 和 80486 的段寄存器格式

段寄存器内容的装入，对数据段采用传送类指令来实现；对代码段由跳转指令和调用指令等实现。一旦用指令将段选择符装入段寄存器，处理器硬件便自动将段选择符所指向的段描述符内容装入段描述符高速缓存器中。这样，以后由段选择符指向的段描述符所描述的段，它的基地址、段界限及其保护权限属性信息均从段描述符高速缓存器中索取，而无需经由系统总线从存储器中的段描述符表中索取，这就加快了虚拟地址向线性地址的转换过程。

CPU 硬件根据段选择符查找对应的段描述符，并将其装入段描述符高速缓存器的具体过程是：首先根据段选择符中的 TI 位确定是选择 GDT 还是 LDT。如果 TI=0，表示要检索的段描述符在全局描述符表(GDT)中；如果 TI=1，表示要检索的段描述符在局部描述符表(LDT)中。然后，再将段选择符高 13 位的值乘以 8，便可得要检索的段描述符在 GDT 或(LDT)中的偏移地址。GDT 的起始地址(即基地址)由全局描述符表寄存器(GDTR)提供(GDTR 的内容由操作系统通过指令 LGDT 写入)。LDT 的起始地址由局部描述符表寄存器(LDTR)间接提供，即根据 LDTR 中 16 位选择符从 GDT 中检索出对应的 LDT 描述符，并将该描述符所提供的 LDT 基地址和界限装入 LDTR 的高速缓存器中；同时，这个基地址便是要检索的 LDT 的基地址。有了描述符表(GDT 或 LDT)的起始地址和段内偏移地址，便可从描述符表中检索出相应的段描述符，并将其内容(选择符所指段的基地址、界限及其它信息)装入段描述符高速缓存器中。

综上所述可以看出，段选择符与段描述符的对应关系以及段描述符的具体内容共同决定了虚拟地址到线性地址的转换关系，改变段选择符与段描述符的对应关系或改变段描述符的具体内容，便会改变虚拟地址到线性地址的转换关系。

7.2.2　存储器的分页管理

存储器的分页管理是 80386、80486 为软件程序提供的另一种硬件支持，属于存储器管理机制的一部分。其实质是把线性地址空间和物理地址空间都看成由页组成，且线性地址空间中的任何一页均可映射到物理地址空间的任何一页。分页管理在 80286 中没有配置。分页与分段的主要不同是，一个段的长短可变，而页则是使用存储器中固定尺寸的小块。80386 和 80486 中规定一页是在线性存储器中连续的 4 KB 区域，并且它的起始地址总是安排在低 12 位地址信号为 0 的线性地址处，即能被 1000H 整除的地址处，或说每个页面都对齐在 4 KB 的边界处。分页管理将把 4 GB 的线性地址空间划分为 2^{20} 个页面，并通过把线性地址空间的页重新定位到物理地址空间来管理。

80386、80486 中是否启用分页机制，由控制寄存器 CR_0 的 PG 位进行控制。PG=0，表示禁止分页，则地址生成中由段转换部件产生的线性地址便作为物理地址直接送到系统总线；PG=1，表示允许分页，则微处理器中分页转换机制将会把线性地址转换成分页的物理地址。

1. 页目录和页表

分页管理机制在将线性化地址空间转换到物理地址空间的页时，由于每个页面的整个 4 KB 是作为一个单位进行映射的，且每个页面都对齐在 4 KB 的边界，因而线性地址的低 12 位在分页转换过程中将直接作为物理地址的低 12 位使用。分页管理机制中重定位函数(或称转换函数)实际上是把线性地址的高 20 位转换成对应物理地址的高 20 位，并且，这个转换函数是通过对常驻内存的页表查询来完成的。对表的查询分两步进行，即查询一个两级表来完成。第一级表称为页目录表，它的长度也总是恰好为一页(4 KB)，且起始于能被 1000H 整除的物理存储器地址上。因而页目录表的起始地址为 20 位(80386SX 中为 12 位)，页目录表可在微处理器 4 GB(80386SX 中为 16 MB)地址空间内任意安置，只要它对齐在 4 KB 的边界处即可。

页目录的 4 KB 数据结构共存放 1024 个项(称为页目录项)。每项 4 个字节，32 位，是一个指针，它指向另一个相似的数据结构。这个相似的数据结构即是称为页表的第二级表。它也总是 4 KB 长，并对齐在 4 KB 的边界处。页表的 4 KB 数据结构又存放了 1024 个页表项，每项同样 4 个字节，32 位长，且作为物理存储器中页的指针。页目录项和页表项的格式都一样，表示在图 7.15 中。

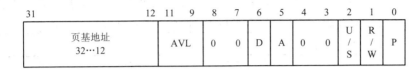

图 7.15　页目录表/页表的表项格式

其中高 20 位称为页基地址，低 12 位定义如下：

(1) P 位。该位为存在位。P=1，表示该项里的页地址映射到物理存储器中的一个页。P=0，表示该项里的页地址没有映射到物理存储器中，或说该项所指页不在物理存储器中。这时，若欲用该项进行地址转换，将产生一个页出错异常，并且操作系统中的页出错处理程序将把该项重新装入存储器。如果页目录中，某项的 P 位清零，则表示对应的页表已被移出存储器。可以说，操作系统利用 P 位提供的信息来实现请求分页的虚拟存储器的能力。

(2) R/W 位。该位为读/写位，用于实现页级别保护，它不涉及到地址转换。

(3) U/S 位。该位为用户/监控程序位，用于实现页级别保护，不涉及地址转换。

(4) A 位。该位为访问位，用来表明该项指出的页是否已被读或写。若目录项中 A=1，则表示该项所指出的页表已被访问过。若页表项中 A=0，则表示该页表项所指出存储器中的页未被访问过。总之，A 位的置位由处理器完成，A 位的状态可供操作系统软件测试，以便计算不同页的使用频率。

(5) D 位。该位为页面重写标志位，只在页表项中设置，而不在页目录项中设置。当页表项中 D=1 时，表明该项所指出的存储器的页已被写。D 位的状态可被操作系统软件测试，以便操作系统判断存储器的某页在它最后一次被复制到磁盘后是否被修改过。

(6) AVL 域。该域为可用域，共 3 位，供系统软件设计人员使用。可将与页使用有关的信息放在该域中，帮助分析判断应把哪些页移出存储器。

2. 线性地址到物理地址的转换

分页管理机制在完成线性地址到物理地址的转换时，是根据存储器的线性地址通过查询页目录表和页表来实现的。具体实现过程如下：

首先，分页管理机构将 32 位线性地址分为 3 个域：目录索引域(10 位)、表索引域(10 位)和偏移量域(12 位)，见图 7.16。其中 10 位的目录索引域也称目录变址域，用来在页目录表中寻找 1024 个项中的一项。线性地址高 10 位(目录索引地址)乘以 4(一个项 4 个字节)，便得到要寻址项在页目录表中的偏移地址(12 位)。页目录表的起始地址(基地址)由控制寄存器 CR_3 的高 20 位再加 12 个 0 提供，见图 7.17。由于页目录表基址的 12 位全为 0，因而项的地址实际上由基地址的高 20 位和 12 位偏移地址(目录索引地址乘 4 形成)组合而成。由目录索引域从页目录表中寻址到的项中包含了对应页表地址的高 20 位，页表基地址的低 12 位总是 0。表索引域为线性地址的位 12～位 21，共 10 位，用来在由页目录索引域选中的页表中寻址某一项，见图 7.17。表索引地址(10 位)乘 4 便得到要寻址的项在页表中的 12 位偏移地址。该项的 32 位地址由页表基地址高 20 位与 12 位偏移地址组合而成。分两步查询页目录表和页表的结果，选中了某页表中的一个项，该项的 32 位信息中，高 20 位提供了存储器中对应页帧(4 KB，并对齐于 4 KB 的边界处)32 位基地址中的高 20 位，低 12 位总是零。被选中的页中，某存储单元的 32 位地址(最终物理地址)由页帧基地址的高 20 位与线性地址的低 12 位偏移量组合而成。为便于理解，现举例说明线性地址到物理地址的转换过程。

31 30 29 28 27 26 25 24 23 22	21 20 19 18 17 16 15 14 13 12	11 10 9 8 7 6 5 4 3 2 1 0
目录索引域 (10位)	表索引域 (10位)	偏移量 (12位)

图 7.16　线性地址格式

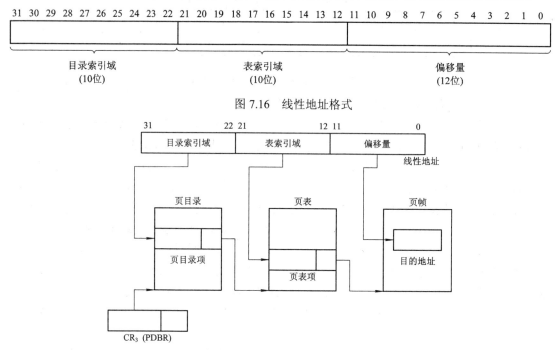

图 7.17　线性地址到物理地址的转换

【例 7.1】　设某存储单元的线性地址为 25674890H，$CR_3 = 28345XXXH$，求该存储单元的物理地址。

首先，将线性地址 25674890H 分成三个域，见图 7.18。由于 $CR_3 = 28345XXXH$，因而页目录基地址 =28345000H。线性地址中目录索引地址为 0010010101B，故得

　页目录表中所寻址项的物理地址 = 目录表基地址 + 偏移地址(目录索引地址乘 4)

$$=28345000H+254H=28345254H$$

设目录表中寻址项(从 28345254H 开始的 4 个字节)的内容为 00200021H，这表明寻址项对应页表的基地址为 00200000H，P 位(位 0)及 A 位(位 5)为 1，该被寻址页表在存储器中，且对应目录项已被访问过。

31　　　　　　22	21　　　　　　12	11　　　　　　　0
0010 0101 01	10 0111 0100	1000 1001 0000
目录索引 (10位)	页表索引 (10位)	偏移量 (12位)

图 7.18　线性地址 25674890H 的分解

线性地址中的页表索引地址为 1001110100B,故得

页表中所寻址项的物理地址 = 页表基地址 + 页表索引地址 × 4

= 00200000H + 9D0H = 002009D0H

又设页表中所寻址项(从 002009D0H 开始的 4 个字节)的内容为 34567021H,则

页帧基地址 = 34567000H

要寻找的存储单元最终物理地址 = 页帧地址 + 线性地址中的 12 位偏移量

= 34567000H + 890H = 34567890H

3. 页转换高速缓冲存储器

80386 和 80486 中,若允许分页管理,则将线性地址转换为物理地址时需要查询内存中的表(页目录表和页表),并且当要访问的页不在内存时,还要将该页从磁盘调入内存,这就意味着页转换处理需要耗费 CPU 较多的时间。为了提高页转换处理的速度,80386 和 80486 CPU 内部都设计了片上页转换高速缓冲存储器(又称转换旁视缓冲器(TLB))。80386DX/80386SX 的 TLB 结构示于图 7.19。它存储了最近要使用的 32 个页表入口地址(页的起始地址),属于 4 路组相联结构。在 TLB 中,对应于某一特定的存储单元,可能有 4 个 cache 数据单元来存储其页的入口地址。TLB 的 cache 结构包含三块:替换位块、标记块和数据块。标记块和数据块都分成 8 个集,每集 4 路。并且,每集中路号相同的标记域和数据域相对应。每路的标记域有 21 位,其中标记占用 17 位,有效位占用 1 位,属性占用 3 位(分别为用户/管理员位 U/S、读/写位 R/W 和修改位 D)。每路数据域对 80386DX 来说为 20 位,对 80386SX 来说为 12 位,均表示页的入口地址(物理地址的高 20 位或高 12 位)。替换位块包含两位,用来指定下一项目写入 TLB 的位置,其替换算法采用伪随机算法。

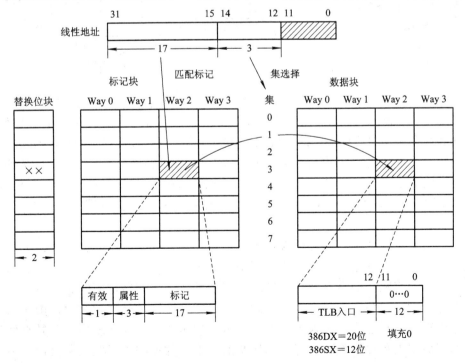

图 7.19   80386 DX/80386 SX 的转换旁视缓冲器(TLB)结构

CPU 的线性地址分为 3 个域：低 12 位为页内地址(也是物理地址的页内地址)，位 12～位 14 为集选择，位 15～位 31 为 17 位标记域。

利用 TLB 查询要访问页的入口地址时，首先按线性地址集选择域的编码选择 8 个集中的一个，选中集中包含相对应的 4 个标记域和 4 个数据域。然后，再用线性地址中 17 位标记域和选中集中的 4 个 17 位标记进行比较，若有匹配上的标记，便报告 TLB 已命中，将有效位置位，并将对应数据域的 20 位(或 12 位)信息作为要访问页的高 20 位(或 12 位)地址，要访问页入口地址的低 12 位全为零。若需要求出访问页中某一存储单元地址，则应将页入口地址(32 位)与线性地址低 12 位(页内地址)相加而得。若线性地址中 17 位标记与选中集中 4 个 17 位标记比较，没有匹配上的标记，则表明 TLB 未命中，这时应由 CPU 从内存调该页表项内容至 TLB 中。

7.2.3　小结

保护虚拟地址方式下，从虚拟地址到物理地址的转换，需要经过分段和分页两级转换，见图 7.20。第一级使用段机制的描述符表，把虚拟地址转换成线性地址。第二级使用分页机制，把线性地址转换成物理地址。从虚拟地址到物理地址的两级转换过程中，段机制是必须要用的，而分页机制则根据需要被启用或禁止。如果禁止分页机制，则经段机制得到的线性地址直接作为物理地址。否则，由段地址得到的线性地址还需用页表进行转换才能得到物理地址。

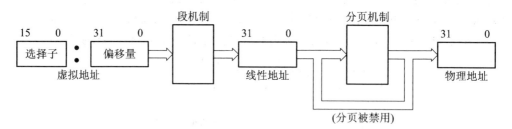

图 7.20　虚拟—物理地址转换

段机制和分页机制两级转换都使用驻留在存储器的各种表格来规定各自的转换函数，而且，存储在存储器中的这些表格，只能由操作系统按规则进行读写操作，应用程序不能对其进行修改，否则便会改变转换函数和任务的虚拟地址空间，并影响其它任务的运行。在保护虚拟地址方式下，操作系统的职责是为每个任务维护一个不同的转换表格集，使每个任务可使用的地址跨越整个虚拟地址空间。其结果使各任务间具有不同的虚拟地址空间，且彼此间互相隔离。

保护虚拟地址方式下，地址转换机制对虚拟存储器的支持有两种方式，一种方式是用有效标记来标志已驻留在存储器中的那部分虚拟存储空间。当处理器访问这部分虚拟存储空间时，便将相应的虚拟地址转换成物理地址。如果程序访问的是未驻留内存的虚拟地址空间，则标记为无效状态，并由此引起异常。在异常处理程序中，操作系统会把该未驻留内存部分从磁盘上调入内存中，并可根据需要更换地址转换表。异常处理程序完成后返回原来的程序，重新执行引起异常的指令，并使程序得以顺利执行。另一种方式是对驻留在内存中的虚拟存储器部分给出使用统计信息，根据使用统计信息，便可在内存空间紧缺时，由操作系统决定将哪些部分再调回磁盘中。以上地址转换机制对虚拟存储器的两种支持操作都是由处理器硬件和操作系统软件密切配合并自动执行的。用户在调试和运行应用程序中一般不会有什么觉察，只感到有一个比实际内存大得多的存储空间可被使用。

段机制使用大小可变的段来管理存储器，当内存与磁盘交换信息时，是以段作为独立逻辑单位进行的。段的分界和程序的自然分界相对应，段的逻辑独立性使它的编译、管理、修改、保护和多任务共享变得方便、容易。然而，由于段的长度、起始地址和终点地址均不固定，给存储空间的分配带来困难，容易形成诸多空闲的零碎存储空间无法利用。因为一个零碎的存储空间有时也很大，但只要小于一个段所要用的存储空间，便无法使用而空闲起来。

分页机制有效地克服了分段管理的缺点，将虚拟存储空间和物理存储空间都划分成4 KB 的页，且页的起始地址和终点地址也固定。当内存和磁盘交换信息时，是以 4 KB 的页为单位进行的。一个程序或一个段若由多个页组成，则这些页在内存中的地址域不一定是连续的。这样，只有当一个程序最后一页未满时才能形成一个小于 4 KB 的空闲空间。显然，分页机制给存储空间的分配带来方便，并使存储空间的利用率得到提高。

7.3 保护及任务切换

80286 以上的 80X86 微处理器内部都设置了硬件保护机制，作为不同操作系统形成保护规则的基础。

保护是多任务或多用户系统中加强资源管理的方法，用来防止多个程序或多个任务间彼此干扰。同时，保护机制还用来避免对存储器非法操作。因此，当微处理器运行于保护虚拟地址方式时，保护不仅在不同任务间进行，而且也在同一任务间进行。每次存储器访问都必须进行段级别的保护检查，且在 80386 和 80486 允许分页情况下，还要进行页级别保护检查。

任务切换是保护虚拟地址方式下最繁杂的部分，且不是每个 80X86 系统中所必需的部分。本节的最后将对这部分作简要介绍。

7.3.1 不同任务间的保护

不同任务间的保护首先开始于把每个任务放置在不同的虚拟地址空间。然后，再在每个任务中定义一组独立的映射表，完成相互间各不相同的虚拟—物理地址转换。这样，一个任务的虚拟地址空间映射到物理存储器的一部分，另一个任务的虚拟地址空间映射到物理存储器的另外区域。在各任务中定义各自独立的一组映射表时，一般不应使它们所映射的物理存储空间重叠，因而各任务之间是彼此隔离的。

为了将操作系统与各应用程序隔离，且为各应用程序所共享，常把操作系统存储在一个单独的任务中，并把操作系统存储在虚拟存储空间的一个公共区域中。然后，再对每个任务按此公共区域分配一个同样的虚拟地址空间及定义同样的虚拟—物理地址转换函数。这样，既可使每个任务能对操作系统进行访问，又可保证操作系统不被各应用程序破坏。

通常，称各任务公用的这部分虚拟地址空间为全局地址空间，而称仅被一个任务独占而不被其它任务共享的虚拟地址空间为局部地址空间。

由于每个任务中有不同的局部地址空间，若两个不同任务访问的是同一个虚拟地址，则实际上转换出来的物理地址是不同的，因而，操作系统可对每个任务的存储器赋予相同的虚拟地址，但仍可保证任务间的隔离。相反，各任务访问全局地址空间中同一虚拟地址时，都会转换成相同的物理地址，从而实现公共代码和数据的共享。

7.3.2　段级别保护

软件程序设计多采用模块化结构，模块化程序通常以段方式来反映程序的结构，例如，应给程序中每个模块建一个代码段。每个代码段有它专用的数据段，也可有与其它代码段共享的数据段。同时，每个程序应有一个或多个栈段，所有这些段中的每个字节，处理器都以相同的方式加以保护。

段由段描述符描述和定义，段描述符的格式重绘于图7.21。段的类型不同，其描述符格式稍有不同。当处理器访问一个存储器段及系统段时，根据其段描述符提供的参数和信息进行三种保护检查。

段基址15…0					段界限15…0					字节地址 0
基址31…24	G	D	0	0	界限 19…16	P	DPL	S	类型	A	基址 23…16	+4

基址　　段的基地址
界限　　段的长度
P　　　存在位。P=1表示该段在内存中；P=0表示该段不在内存中
DPL　　描述符特权级0～3级
S　　　段描述符类型位。S=0表示为系统段或门描述符；S=1表示为一般段描述符
类型　　段描述符的细分类型域
A　　　已存取位
G　　　粒度位。G=1，段界限以页为单位；G=0，段界限以字节为单位
D　　　缺省操作数位数(仅在代码段描述符中识别)。D=1为32位段，D=0为16位段
0　　　为与将来的处理器兼容必须设置为"0"的位

图 7.21　段描述符格式

1. 类型检查

描述符中 S=1 时，称为一般段描述符。它描述的是用户代码段或数据段(统称存储段)。对存储段来说，描述符中 3 位类型域定义了各种用途的用户段，见图 7.22 及表 7.1。3 位类型域中最高位 ST=1，表明为代码段。代码段中，R 位为 0，表明该段是只执行代码段；R 位为 1，表明该段是可执行/可读代码段。C 位为 0，表明该段是非一致性代码段；C 位为 1，表明是一致性代码段(其定义在特权保护一节介绍)。ST=0，表明为数据段。数据段中 E 位为 0，表明是一般数据段；E=1，表明是向下生成的堆栈段。W 位为 0，表明是只读的数据段或堆栈段；W 位为 1，表明是可读/可写的数据段或堆栈段。

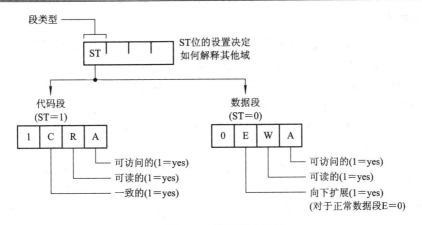

图 7.22 描述符类型域

表 7.1 代码段和数据段类型

类型 (代码段)			说 明	类型 (数据/堆栈段)			说 明
ST	C	R		ST	E	W	
1	0	0	只执行	0	0	0	一般数据段，只读
1	0	1	执行/读	0	0	1	一般数据段，读/写
1	1	0	只执行，一致性代码段	0	1	0	向下生成的堆栈段，只读
1	1	1	执行/读，一致性代码段	0	1	1	向下生成的堆栈段，读/写

根据 3 位类型域定义的参数，处理器将作段类型的保护检查，即只要把描述符的选择符加载到段寄存器，处理器便要检验描述符的类型信息是否合适。例如，只有当描述符描述的段为可执行段时，描述符对应的选择符方能加载到 CS 寄存器中；只有当描述符描述的段为可写的数据段时，其选择符方可加载到堆栈段寄存器 SS 中；一个可执行段的描述符若未标记为可读的，则它的选择符不能加载到数据段寄存器中等。表 7.2 示出各种段寄存器被加载时，所适合的段类型。如果用不相容段类型的选择符加载段寄存器，将会引起异常。同时，即便是段选择符加载到段寄存器时通过了类型检查，但在程序设计时，若一条指令试图访问一个类型与其不一致的段，也会产生异常。例如，如果一个数据段未指明为可写的，则不能用一条指令对该段进行写入操作；如果一个可执行代码段未标明为可读的，则不能对其进行读操作；一个可执行代码段不能被写入，如果必须要写入，就需要重建一个可写数据段描述符来描述该代码段，以便写入代码段。

表 7.2 相容的段寄存器和段类型

段寄存器	段 类 型			
	只读	读写	只执行	执行/读
DS、ES、FS、GS	是	是	否	是
SS	否	是	否	否
CS	否	否	是	是

2．界限检查

实方式下，段的界限固定为 64 KB。保护方式下，段的界限由段描述符的段界限域指出，是不固定的。又对 80286 来说，段界限以字节为单位，16 位段界限域表明一个段最大尺寸为 64 KB。对 80386/80486 来说，段界限域为 20 位，当描述符中 G=0 时，段界限以字节为单位，一个段最大尺寸为 1 MB；当 G=1 时，段界限以页为单位，一页为 4 KB，段界限 = 段界限域值×4096+4095。因此，若段界限域值为 0，则该段的最大尺寸为 4 KB，程序可访问段内从 0 到 4095 的字节。

除了向下扩充的段以外，所有段的段描述符的段界限(化为字节数)都表示从段起始处开始的最大偏移量。当访问存储器操作数时，只要被访问操作数的一部分超出段界限，处理器就会发出一个保护异常信号。例如，访问一个双字操作数，其地址在段界限减 2 处，便会发生异常。

当描述符中 E=1 时，为向下扩充段，它常用于堆栈段。对向下扩充的段来说，段界限表示一个段的最小偏移量。向下扩充堆栈段的合法偏移量范围是从段界限的字节数+1 直到 $2^{16}-1$(对 16 位段)或 $2^{32}-1$(对 32 位段)。当段界限 =0 时，向下扩充段具有最大的尺寸。图 7.23 示出向下及向上扩充数据段中段界限、偏移量及段有效范围的关系。

段界限检查不仅用于存储段(包括代码段和数据段)，而且也用于系统段中段描述符表。

若要访问段描述符表，也需要进行段界限检查，以防访问寻址超过表的末端而加载非法的段描述符。中断描述符表 IDT 及全局描述符表 GDT 的段界限域均为 16 位。描述符表中，每个描述符 8 字节长，则描述符表的长度为 8n−1，其中 n 为表中描述符的最大数目。

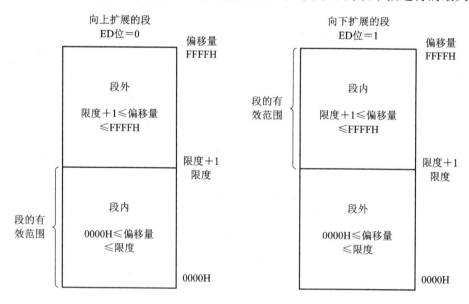

注：向下扩展的段通常用作堆栈

图 7.23　两种数据段的类型

3．特权检查

80386/80486 微处理器保护机制定义了 4 级特权，常以环状模型表示，如图 7.24 所示。

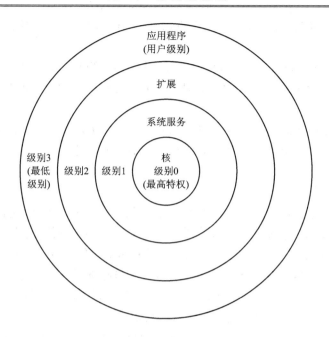

图 7.24　Intel 的特权环状模型

其中最里层的特权级最高，称为特权级 0。接下来由里到外的 3 个环分别定义为特权级 1、2、3，并且它们的特权级别由里向外递减。显然，最外层的特权级 3 的级别最低。具有特权级 0 的段通常为操作系统的内核域，主要包括存储器管理及任务和 I/O 设备间的通信等。具有特权级 1 的段多用于系统服务，包括文件共享、显示管理及数据通信等。这些系统服务程序依赖于核的服务。具有特权级 2 的段多用于扩展，例如数据库管理程序或逻辑文件访问系统等。通常计算机系统的设备驱动程序多驻留在特权级 2 或特权级 1 上。具有最低特权级别(特权级 3)的段常用于用户程序。该级别上各应用程序之间以及它们与操作系统之间都应互相隔离，互不影响，但各应用程序的执行必须依赖于更高级的系统软件。

四环模型为设计非常复杂的操作系统提供了条件。对一般用户来说，在编写应用程序时所选择的特权级别很可能已被操作系统设计者预先决定了。

1) 特权规则

80386/80486 对处于不同特权级的任务之间进行数据访问和过程调用的控制规则如下：

(1) P 特权级段中存储的数据，只能由 P 特权级或更高特权级代码段中的程序来访问。

(2) P 特权级代码段中的过程，只能由 P 特权级或更低特权级下执行的任务调用。

2) 有关特权级的专用术语

(1) 当前特权级 CPL(Current Privilege Level)。其亦称现行特权级，是指当前要被执行的任务的特权级，它包含在当前 CS 段寄存器的最低两位中。一个任务的 CPL 是动态的，且随 CS 段寄存器的值而变化。程序中的每个段具有固定的特权级，故一个任务的特权级别取决于该任务当前执行到应用程序或系统代码段中的什么地方。此外，SS 段寄存器中的低 2 位总是复制 CPL 的值。

(2) 描述符特权级 DPL(Desecrptor Privilege Level)。描述符特权级包含在段描述符的 DPL 域，它表示该描述符所描述段的特权级。DPL 的值在创建描述符时被指定。

(3) 请求者特权级 RPL(Reguestor Privilege Level)。RPL 包含在将要访问描述符的段选择符的低两位中。

(4) 有效特权级 EPL(Effective Privilege Level)。有效特权级是指 RPL 和 CPL 中较低的特权级。由于较低的特权级的数值较大，因而 EPL 是 RPL 和 CPL 中的最大值，即 EPL＝Max(RPL，CPL)。

(5) I/O 特权级 IOPL(Input Output Privilege Level)。IOPL 值由 EFLAGS 中的位 13 和位 14 决定。当任务的 CPL 低于 IOPL 的特权时，如果该任务试图执行一条 I/O 指令，便会引起处理器异常。

3) 特权检查

一个任务有它当前的特权级 CPL，若该任务要访问某一段(调用某段的过程或存取某段的数据)，则要通过一个选择符加载到段寄存器来选择这个段的描述符。这样，便有三个特权级，即该任务的当前特权级 CPL，由欲访问的段对应选择符提供的请求者特权级 RPL 和欲访问段的描述符特权级 DPL。80386/80486 CPU 要对这样的访问进行特权检查，首先根据 CPL 和 RPL 求出有效特权级 EPL＝Max(RPL，CPL)；然后，根据该任务是调用欲访问段中的过程还是存取其中的操作数，遵照特权规则分别对 EPL 和 DPL 的关系进行判断。如果 EPL 和 DPL 间的关系符合特权规则，则该访问合法可以执行；否则，便会发生异常而不能执行。

7.3.3 数据访问

每当一个程序试图访问一个数据段时，便将该数据段对应的选择符加载到数据段寄存器，并根据 CPL 和 RPL 求出有效特权级 EPL。这时将 EPL 与要访问段的特权级 DPL 进行比较，只要 DPL 的特权级别等于或低于 EPL 的特权级，对该数据段的访问便是允许的；否则便不允许，并产生一个一般保护异常，向操作系统报告该访问操作违反了特权规则。因而，在数据访问时，被访问的数据段的特权级 DPL 规定了允许访问该段的最外层特权级。数据访问的这一特权级规则使得上节所述特权级的典型用法中，0 级操作系统核心有权访问任务中的所有数据存储段；1 级操作系统的有权访问 2 级和 3 级的所有数据存储段；3 级的应用程序只能访问本身的处于 3 级的数据存储段。反过来，0 级操作系统核心的数据存储段却得以保护，不能被操作系统除核心外的其余部分及应用程序访问。同时，整个操作系统也得到了保护，它的数据存储段不允许任何 2 级和 3 级应用程序访问。例如，一个任务的当前特权级(即当前 CS 最低 2 位的值)CPL＝2，欲通过 DS 段寄存器内的选择符访问一个数据段，且 DS 内选择符给出的 RPL＝3，则有效特权级 EPL＝3。这样，如果被访问数据段的 DPL＝3，则数据段的被访问是可实现的。如果被访问数据段的 DPL＝2，虽然 CPL＝2，但由于 EPL＝3，该数据段的访问是不能实现的。

7.3.4 控制转移

在同一任务中，实现控制转移有三种方式：段内转移、直接(转移到另一代码段)的段间转移以及通过调用门的段间转移。

1. 段内转移

段内转移通过近程跳转指令 JMP 或近程调用指令 CALL 及返回指令 RET(包括直接给出

段内偏移量和间接给出段内偏移量)执行。它不会引起特权级的变化，也不需再加载 CS 段寄存器，只需作界限检查，即检查是否会转移到段外。同时为加速保护检查，界限值已预先装入到段描述符高速缓存器中。

2. 直接的段间转移

直接的段间转移是最简单的段间转移，它使用具有远程标号的跳转指令或调用及返回指令执行。这时，远程标号直接给出一个 48 位的远指针：16 位选择符和 32 位偏移量。该 16 位选择符作为新的选择器值装入 CS 寄存器时，便将所指向的段描述符装入 CS 段寄存器对应的段描述符高速缓存器中。接下来应进行保护检查，只有当远指针所指目标段的描述符特权级 DPL 与当前特权级 CPL(当前正执行程序段的特权级)相等，且目标段是一个存在的可执行的代码段，或目标段描述符特权级 DPL 高于等于当前特权级 CPL，且目标段是一个存在的、一致的可执行代码段时，这种控制转移方能实现。即目标段转移地址的基地址由远指针所指段描述符提供，转移地址的偏移量由跳转或调用指令提供。

这里所谓一致的可执行代码段，是指一种特别的存储段，以段描述符类型域中 ST = 1 及 C=1 来标志。一致的可执行代码段用来存放多个特权级程序共享的例程。例如，存放数据库例程。这样，不同特权级执行的程序可以使用段间调用指令调用库中被共享的例程，并可在调用程序(主程序)具有的特权级(等于或低于一致可执行代码段的特权级)上执行该例程，而不要求改变特权级。因此，可以说直接的段间转移实现的是同一特权级同一任务的转移。

控制转移到一致的代码段，将在调用程序(主程序)具有的特权级执行一致代码段中的共享例程，而不在一致的代码段由其 DPL 表示的特权级上执行共享例程。因而，这种情况下，一致代码段中的 DPL 用来规定可以转移到该一致代码段的最内层特权级。DPL 的这种解释正好与数据访问时相反。

3. 通过调用门的段间转移

前已述及，段描述符中描述符类型位 S = 0 时为系统段描述符或门描述符(简称门)。

共有 4 种门：调用门、陷阱门、中断门和任务门。门描述符中 4 位类型域的解释与存储段描述符不同，具体定义见表 7.3。其中任务门用于任务切换，陷阱门和中断门用于服务中断，它们分别在本节后面部分或第 8 章中介绍。

表 7.3 系统段和门的类型字段编码

类型编码	定　义	类型编码	定　义
0	未定义	8	未定义
1	可用 286TSS	9	可用 386TSS
2	LDT	10	未定义
3	忙的 286TSS	11	忙的 386TSS
4	286 调用门	12	386 调用门
5	286 任务门	13	未定义
6	286 中断门	14	386 中断门
7	286 陷阱门	15	386 陷阱门

调用门的描述符格式见图 7.25，它用于间接的段间控制转移。调用指令 CALL 通过使用调用门，允许程序转移到更内层的特权级；返回指令 RET 则相反，只允许转移到外层的段以便返回到 CALL 指令之后紧接着的一条指令处。跳转指令 JMP 只能在同一特权级内通过调用门进行程序转移。系统的这一特点正好使应用程序可以直接调用内层的操作系统例程，得到操作系统的必要服务，如存储器分配及文件访问等。系统不允许调用外层程序和向内层返回，这主要因为操作系统不可能调用应用程序为它服务。利用调用门调用内层程序，只允许调用操作系统的入口点开始的共享例程，否则将会带来混乱和灾难。例如，若通过调用门提供的有效地址偏移量正好在一条指令的中间等。

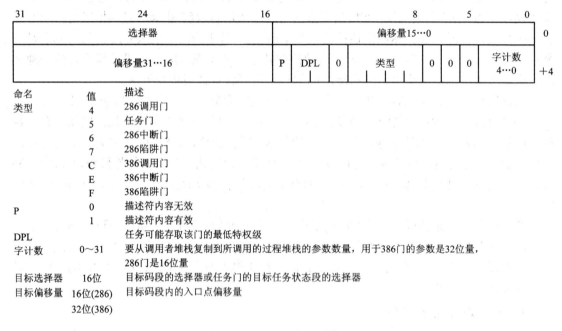

图 7.25　调用门描述符格式

调用门描述符中包含有目标地址的段及偏移量的 48 位全指针。图 7.26 示出了 CALL 指令是如何通过调用门进行控制转移的。CALL 指令(或 JMP 指令)操作数域提供一个 32 位偏移量和 16 位选择符。当该选择符装入 CS 段寄存器时，处理器自动检查该选择符所指向的描述符。若发现该描述符为调用门描述符，则得到调用门中的选择符(指向目标地址的段)、偏移量(目标地址的偏移量)和属性字段。然后，用门中选择符从全局描述符表 GDT 或局部描述符表 LDT 中读出相应的段描述符。该描述符描述的存储段便是调用的实际目标的可执行段。目标地址的基地址可从该可执行段的描述符中得到，目标地址的偏移量取调用门中的偏移量，而丢弃 CALL 指令中的偏移量。显然，CALL 指令或 JMP 指令通过调用门的段间转移相当于间接的段间转移。

段间 CALL 或 JMP 指令通过调用门进行程序转移时，要检查门及目标代码段的特权级。对门描述符中 DPL 字段的检查要遵循与数据段访问相同的特权级规则，即门中 DPL 特权级应等于或低于当前特权级 CPL(即 CALL 指令所在段的特权级)或选择符的 RPL。同时，还要检查目标代码段描述符特权级 DPL。当目标段为 DPL 且等于当前 CPL 的非一致代码段，或为 DPL 且高于等于 CPL 的一致代码段时，称门的转移在同一级进行，JMP 及 CALL 指令均可在同一级内通过调用门进行程序转移。如果目标代码段为 DPL 且高于 CPL 的非一致代码段，则程序向内层转移，只有 CALL 指令能通过调用门向内层转移。如果目标段的 DPL 低于 CPL，将发生一般保护异常。在任何情况下，RET 指令不能使用调用门。

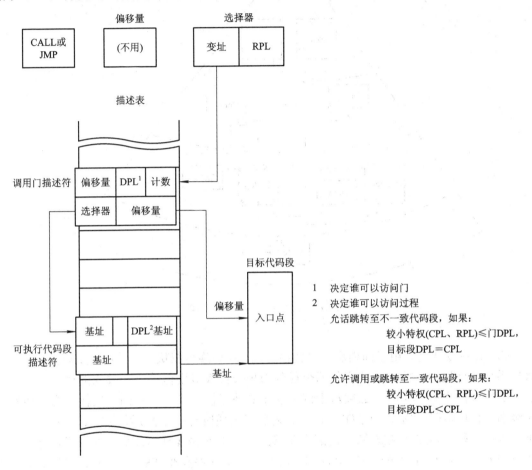

图 7.26　通过调用门的转移

　　除了对特权级进行检查外，还需要对描述符的存在位及门中偏移量是否在目标代码段中越限等情况进行保护检查。只有所有检查通过方能完成程序的段间转移。

　　图 7.27 示出调用程序(主程序)、门和被调用程序间的特权级关系。设图中 0、1、2 三级中的可执行段均为非一致代码段。可看出，2 级的可执行代码段 $code_D$ 中的程序可以通过同级或下一级的门 $Gate_C$、$Gate_E$ 和 $Gate_A$ 分别调用同级或上一级的可执行段 $Code_C$、$Code_E$ 和 $Code_A$。其中，对 $Code_E$ 的调用属于同级调用，而对 $Code_C$ 及 $Code_A$ 的调用则发生了特权级变化。同理，1 级的可执行段 $Code_C$ 中的程序可通过同级门 $Gate_B$ 调用更高一级的可执行段 $Code_B$。此外，2 级的 $code_D$ 中的程序实际上可直接调用同级的可执行段 $Code_E$，但却不能直接调用更高级的可执行代码段 $Code_A$、$Code_B$ 和 $Code_C$。图 7.27 中实线表示允许的操作，虚线表示不允许的操作。

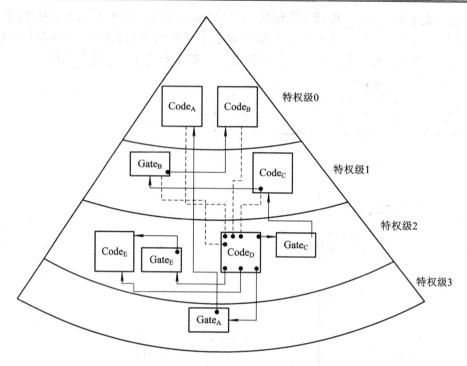

图 7.27 特权级和门及其间的调用

4. 堆栈切换

CALL 指令通过调用门向内层程序转移时，不仅切换特权级，而且也需要切换栈。为使微机系统安全运行，操作系统应使每个任务为每个特权级别保持一个独立的栈。因而，当通过调用门向内层转移时，必须从主调用程序的外层栈切换到目标的内层栈。内层栈的特权级别由目标代码段描述符的 DPL 决定。内层栈的栈段寄存器 SS 及栈指针 ESP 的初始值由任务状态段 TSS(TSS 在本章后边部分介绍)提供。TSS 由操作系统为每个任务所建，对于特权级 0、1 和 2，它们的堆栈指针(SS：ESP)初始值均保存在 TSS 中，而这些初始值均由操作系统设置。通常，TSS 的 ESP 指针设置成新栈段的高端限定值，因而在新的特权区总是建立起一个空栈。

当用 TSS 中给出的新栈选择符装入内层栈的 SS 寄存器时，也需进行特权级检查，即必须使新选择符的 RPL 及其指向的段描述符的 DPL 与要转向的内层栈的当前特权级 CPL(由目标代码段的 DPL 决定)相等。

将外层栈切换到内层栈示于图 7.28 中。设外层栈在执行 CALL 指令之前已有 4 个双字参数 $P_1 \sim P_4$ 被压入其中，如图右侧所示。当外层程序通过调用门(Dword Count 域指明有 4 个双字参数要传递)执行 CALL 指令时，为将外层栈切换到内层栈，首先将外层栈的栈指针 SS 及 ESP 值压入内层栈。然后再以拷贝方式将外层栈中的 4 个双字参数压入内层栈。最后，将返回地址指针 CS 及 EIP 值(CALL 之后紧接着的下一条指令地址)压入内层栈。CALL 指令执行后，SS 段寄存器用来寻址内层栈的堆栈段，ESP 指向内层栈上被压入的返回地址指针 EIP 值处，如图 7.28 左侧所示。

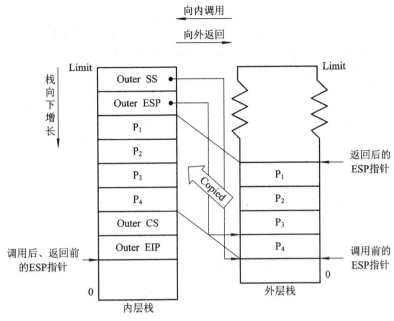

图 7.28　切换到内层栈

由上述可知，采用调有门执行的 CALL 指令时，可以实现向内层栈的转移，这对保护程序很重要。然而，通常在调用门中规定目标代码段为当前特权级或一致的代码段。这样，使用调用门进行程序转移时，便不会发生特权级转移和栈的切换。

5. 向外层返回

CALL 指令通过调用门把外层的程序转移到内层的过程(子程序)后，当内层的子程序执行完时，需执行一条段间返回指令 RET，把程序再从内层转向外层，并将堆栈从内层切向外层。仍以图 7.28 为例说明返回过程。首先，从内层栈中弹出返回地址指针到 CS 寄存器和 EIP 寄存器中。返回地址指针的选择符部分指向要返回的外层栈，选择符的 RPL 字段确定返回后的特权级。若选择符的 RPL 特权级相对于 RET 指令所在段的当前特权级 CPL 为较低特权级，则执行向外层返回。这时，将选择符的 RPL 作为返回后外层段的 CPL，并将外层栈的指针从内层栈中弹出，装入 SS 及 ESP，以便恢复外层栈。同时，还要调整 ESP(如图 7.28 中 ESP+16，该调整值为 RET16 指令的操作数)，跳过 CALL 指令执行之前压入外层栈的参数。此外，在外层栈恢复之前，还需检查 4 个数据段寄存器 DS、ES、GS、FS，以保证它们寻址的段在外层级是可访问的，即数据段寄存器所指段描述符的 DPL 特权级应低于或等于返回后程序的当前特权级 CPL。返回之后，内层栈被废弃，SS 寻址外层栈，ESP指向 4 个参数之上。

7.3.5　页级别保护

在 80386 和 80486 微处理器中，存储器管理机构允许实现分页管理和保护。页级别保护主要在于可寻址域的限制和类型检查。进行保护性检查的项目放在页表项及页目录项中。80386/80486 页目录项和页表项的格式重示于图 7.29 中。7.2 节已述及，页目录项和页表项格式中的 R/W 及 U/S 位用于实现页级别保护，其保护属性概况列于表 7.4 中。

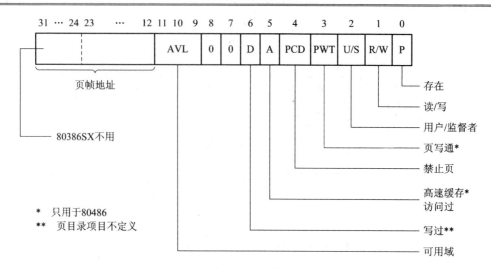

图 7.29　页表及页目录项格式

表 7.4　页级保护属性

U/S	R/W	用户访问权限	系统访问权限
0	0	－	读/写/执行
0	1	－	读/写/执行
1	0	读/执行	读/写/执行
1	1	读/写/执行	读/写/执行

段级别保护中分 4 级(0~3 级)保护，页级别保护中只有两级特权。监督级别(U/S=0)对应段特权级 0、1 和 2。具有监督级别的页主要包括操作系统、特殊的系统软件，以及保护的系统数据，如页表等。用户级别(U/S=1)对应于特权级别 3。具有用户级别的页主要包括应用程序及其数据。用户级别的页可用 R/W 位规定为只读/执行(R/W=0)，也可规定为读/写/执行(R/W=1)。监督级别的页对监督级程序来说，总是可被读/写/执行的，而对用户级别的程序来说，则不允许被访问。与段机制中数据访问保护规则一样，外层用户级的程序执行时，只能访问用户级的页；而监督级的程序执行时，既可访问用户级的页，也可访问监督级的页。但页级别保护与段级别保护有不同之处，在监督级的程序执行时，对任何页都有读/写/执行的访问权，即不管用户级规定的页是否有写的属性，监督级的程序对该页都有写访问权。

与段页转换机制中页转换是在段转换之后进行一样，页级别保护也是在段级别保护之后起作用的。即只有通过段级别保护检查后，才进行页级别保护检查。例如，一个存储在 3 级可访问段中的字节，只有被标志为存储在用户级的页内时，才可由 3 级执行的程序访问。一个存储器字节仅当段及页都允许写入时，对该字节才是可写的。若段规定为读/写类型，页规定为只读/执行类型，则不允许写访问。若段规定为只读/执行类型，则无论页保护如何规定，都不允许写访问。

执行页级别保护检查时，页的保护属性用页目录项及页表项两级属性的结合来计算。其中，页表项中 U/S 及 R/W 两位保护属性对该页表项对应的一页起作用；页目录项中 U/S

及 R/W 两位保护属性对该目标项所对应的 1 K 个页(即一个页表)起作用。表 7.5 列出由两级页项保护属性结合后的页级别保护属性。可以看出,对任何一页,页目录和页表中描述的保护属性可能不同,需进行组合。组合时页级别属性由两级页表项属性进行"与"操作(即两者中数值上较小的一个)后形成。例如,若页目录项中规定某页表的 U/S=1,为用户级;R/W=1,为读/写/执行属性。该页表中某一项规定的一页中,U/S=0,为监督级;R/W=1,为读/写/执行属性,则合成的有效保护属性是:该页 U/S=0,为监督级;R/W=1,为读/写/执行属性。

表 7.5 页目录和页表的保护组合

页目录项目		页表项目		有效保护	
特权	访问	特权	访问	特权	访问
监督者	R 或 R/W	监督者或用户	R 或 R/W	监督者	R/W
用户	R 或 R/W	监督者	R 或 R/W	监督者	R/W
用户	R	用户	R 或 R/W	用户	R
用户	R/W	用户	R	用户	R
用户	R/W	用户	R/W	用户	R/W

最后需要提及的是,只有在 80486 上,置控制寄存器 CR0 中的写保护位 WP=1 时,在监控程序中出现了对只读页面写操作,将自动产生故障 14;WP=0 时,允许有条件地对只读页面写操作。

7.3.6 任务切换

前已述及,任务是一个具有独立功能的程序对某个数据集合的一次运行活动。80286、80386 及 80486 都支持多任务,即具有同时运行多个任务的能力。每个任务都可与其它任务相隔离,并能被独立执行完成。若 CPU 运行于多任务情况下,则任何时刻只有一个任务在实际运行,但可由 CPU 按一定管理方式在各任务间快速切换。任务切换可由一个中断或任务间的调用指令、跳转指令、返回指令来启动,而任务的定义及任务切换的简化与控制由任务状态段和任务门来实现。

1. 任务状态段

任务状态段(Task State Segment,TSS)是一个特殊的段,它存储有关任务的重要信息。每个任务都有其对应的 TSS。TSS 中保存了任务的寄存器状态的完整映像。80386 及 80486 的 TSS 格式见图 7.30,它包括链接字段、内层栈指针、有关地址映射的基寄存器、寄存器保护区域及其它字段等 5 种信息。任务状态段可以保证任务的挂起和恢复。任务挂起时,当前处理器中各寄存器的值被置入 TSS 相应字段保存起来。任务恢复执行时,再将 TSS 中保存的各寄存器的值重新装入处理器相应的各寄存器中,以便重新建立起任务的状态,使任务继续执行。80386/80486 CPU 定义了 TSS 的前 104 个字节的格式。在此硬件定义的区域以上,操作系统还可存储有关任务的若干附加信息。同时,TSS 段中的内容也由操作系统根据需要写入。

31	16	15	1	0	
I/O映射基址		000000000000000		T	64H
0000000000000000		任务的LDT选择符			60H
0000000000000000		GS			5CH
0000000000000000		FS			58H
0000000000000000		DS			54H
0000000000000000		SS			50H
0000000000000000		CS			4CH
0000000000000000		ES			48H
EDI					44H
ESI					40H
EBP					3CH
ESP					38H
EBX					34H
EDX					30H
ECX					2CH
EAX					28H
EFLAGS					24H
EIP					20H
CR$_3$					1CH
0000000000000000		CPL$_2$的SS			18H
CPL$_2$的ESP					14H
0000000000000000		CPL$_1$的SS			10H
CPL$_1$的ESP					0CH
0000000000000000		CPL$_0$的SS			08H
CPL$_0$的ESP					04H
0000000000000000		反向链接选择器			00H

图 7.30　32 位任务状态段

1) 链接字段

位于 TSS 中偏移量为 0 的双字处用来存放反向链接字段。其中低 16 位为选择符 LINK，高 16 位未用。反向链接字段与 EFLAGS 寄存器中的嵌套位 NT 配合使用，用来将由 CALL 指令或中断挂起来的任务的 TSS 链接起来。图 7.31 示出任务状态段的反向链接链。当前任务的 TSS 段(图中任务 C)由任务寄存器 TR(关于 TR 寄存器本节稍后介绍)寻址，被挂起任务的 TSS 段(图中任务 A 及任务 B)由反向链接字段将它们链接在一起，如图 7.31 中箭头所示。建立反向链接链的具体过程叙述如下。

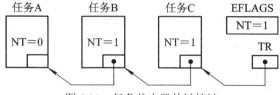

图 7.31　任务状态段的链接链

当任务 A 正在执行时，由 CALL 指令或中断的执行，产生任务 A 到任务 B 的切换。因此任务 A 被挂起，任务 B 被激活。任务 B 的反向链接字段指向任务 A 的 TSS 段。又在任务 B 执行期间，另一 CALL 指令或中断引起任务 B 切换到任务 C，则任务 B 挂起，任务 C 激活，且任务 C 的 TSS 段中的反向链接字段指向任务 B 的 TSS 段。此外，由于任务 C 嵌套在任务 B 中，任务 C 执行时 EFLAGS 寄存器中的 NT 位置 1。同样，由于任务 B 嵌套在任务 A 中，任务 B 执行时，EFLAGS 寄存器的 NT 位也应置 1。任务 A 的 NT=0 表示任务没有嵌套在另一任务中，并表示链接的结束，且任务 A 的 TSS 段的反向链接段不会被访问。

被挂起的任务返回时，由于 NT=1，返回指令将沿着反向链接字段恢复到链上的前一任务去执行。

2) 内层栈指针

任务状态段中有 3 个内层栈指针，均为 48 位全指针，依次存放在 TSS 中偏移量为 4H、CH 及 14H 开始的区域中，分别指向 0 级、1 级及 2 级堆栈的栈顶。当发生向内层转移时，便把相应的内层栈指针装入到 SS 及 ESP 寄存器，以便切换到内层堆栈，且把外层栈指针压入内层栈中，以便当内层向外层返回时恢复外层栈用。TSS 段的内层栈指针没有指向 3 级的栈指针(因为 3 级是最外层的特权级)。如果任务在 3 级被挂起，则由于没有发生特权级转移，因而堆栈不用切换，且被挂起任务的指针保存在 TSS 的 SS 及 ESP 寄存器映像中。

TSS 段中的内层栈指针只能读出，不能写入，因而，向内层栈切换时总是将内层栈初始化为同样的栈指针。这是因为不可能发生同级内层转移的递归。

3) 有关地址映射的基寄存器

这里所谓有关地址映射的基寄存器，是指局部描述符表寄存器(LDTR)和控制寄存器 CR$_3$。LDTR 包含当前任务的 LDT 描述符的选择符。CR$_3$ 包含页转换机制中页目录表的基地址(起始地址)。任务切换时，处理器用新任务 TSS 段中偏移量为 60H 中的内容(任务的 LDT 描述符选择器)装入 LDTR 寄存器。这样，便将局部描述符表 LDT 变成新任务的 LDT，从而也就改变了虚拟地址到线性地址的转换函数。同样，在任务切换时，处理器用新任务 TSS 段中偏转量为 1CH 处的内容装入 CR$_3$ 寄存器。这样，就将页目录表变成新任务的页目录表，从而改变了线性地址到物理地址的转换函数。这种任务之间改变转换函数的能力，可使任务之间得到隔离，也是保护机制的一部分。

4) 寄存器保存区域

TSS 的寄存器保存区位于偏移量为 20H～5FH 的区域，用来保存通用寄存器、标志寄存器、指针寄存器及段寄存器的内容。其中各段寄存器的内容都保存在一个 32 位的双字中，双字的低 16 位存放 16 位选择符，双字的高 16 位全为零。当 TSS 对应的任务正在执行时，保存区域是未定义的。当前任务被切换时，通用寄存器、标志寄存器、指针寄存器及段寄存器的当前值便存入当前任务的保存区域中。这样，当再次发生任务切换，并切换回原任务时，各寄存器的值可由保存区域读出，恢复成该任务切换前的状态，以使原任务能恢复执行。

5) 其它字段

TSS 中偏移量从 66H 开始的区域存放 I/O 许可位图，它定义了可由 TSS 对应任务的 I/O 端口地址。I/O 许可位图属于 TSS 中的附加字段。

TSS 中偏移量为 64H 处的字是为任务提供的特别的属性。80386/80486 中只定义了一个调试陷阱属性位 T(位于 64H 处字的最低位)，字的其它位为全零。当发生任务切换时，进入任务的 T 位为 1，则在任务切换后，新任务的第一条指令执行之前产生调试陷阱。调试陷阱可使软件在任务之间根据需要有效地共享调试寄存器。

2. TSS 描述符、任务门描述符及任务寄存器

1) TSS 描述符

TSS 描述符为系统描述符，它必须在任何时候都可访问，因此，它必须位于全局描述符表(GDT)中。若段描述符中 S=0，且 4 位类型域的编码为 1001B 或 1011B，则表示该描述符是 32 位机的 TSS 描述符。TSS 描述符的格式见图 7.32。由图可见，TSS 描述符的格式与存储段描述符的基本相同。其中基地址给出了 TSS 的起始地址；界限值给出了 TSS 的最大尺寸。对 32 位机的 TSS 来说，界限值应小于 103 B。若任务切换，TSS 的界限值太小，便会产生一个非法 TSS 异常。TSS 描述符中的 G(颗粒位或称粒度位)、P(存在位)及 AVL(可用域)的定义及使用与数据段描述符的相同。

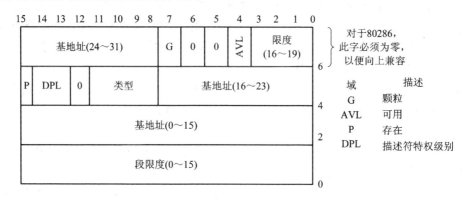

图 7.32 TSS 描述符的格式

TSS 描述符的特权级别 DPL 用来限制 JMP 指令或 CALL 指令对 TSS 描述符的访问。

TSS 描述符具有忙和闲两种状态，以类型域第 2 位加以区分。若任务切换到一个忙的任务，则将产生一个异常。

2) 任务状态寄存器

每个任务必须有一个 TSS 与其相对应。当前的 TSS 是由任务状态寄存器 TR 来标识的。TR 为一个专用寄存器，它与一个段寄存器的格式相同，有一个 16 位的选择器和不可见的高速缓存器。16 位选择器用来存放当前任务 TSS 描述符的选择符。当把当前任务 TSS 描述符的选择符加载入 TR 中时，TSS 描述符提供的 TSS 段基址和界限值便被高速缓存入 TR 的不可见部分。然后，当前任务 TSS 的基地址及界限值便从 TR 的高速缓存器中取得。

加载和存储 TR 寄存器分别采用 LTR 及 STR 指令。STR 为非特权指令，可在任何特权级程序执行。LTR 为特权指令，只能在 CPL=0 的程序中执行。通常，系统软件初始化时向 TR 中置入初值。以后 TR 值的进一步变化只能由任务切换来进行。

3) 任务门描述符

任务门描述符简称任务门，它的格式见图 7.33，用来引用 TSS 描述符。也就是说，任务切换可以通过任务门间接引用 TSS 描述符而得到目的 TSS 的方法来进行。因而，门中选择器域必须指向一个合法的 TSS 描述符。选择符的 RPL 在此应用中不使用。

若任务切换通过任务门进行，则任务门引出的目的 TSS 描述符的 DPL 不进入保护检查。这时，任务门的 DPL 决定该描述符的特权级并确定什么条件下这个门描述符可由一个任务使

用。一个任务门能驻留在 GDT、LDT 或 IDT 中，操作系统可以通过任务门来限制任务切换。

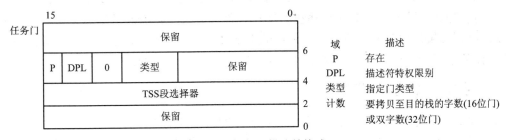

图 7.33 任务门描述符格式

3. 任务切换

1) 任务切换的启动

启动任务切换有 4 种方式。

(1) 远程 JMP 指令或 CALL 指令的目标选择符选择了全局描述符表中的 TSS 描述符。这时指令中目的地址偏移量被忽略。

(2) 远程 JMP 指令或 CALL 指令的目标选择符选择了 GDT 或 LDT 中任务门(目标地址偏移量被忽略)，任务门中的选择符指向新任务的 TSS 描述符。

(3) 发生了一个中断，该中断向量选择了 IDT 中的中断门(或陷阱门)，中断门(或陷阱门)中的选择符指向新任务的 TSS 描述符。

(4) EFLAGS 中的嵌套任务位 NT=1 时，执行返回指令。这时，目的任务的选择符在执行返回指令的任务的 TSS 链接字中。

综上所述，正常的 CALL 和 JMP 指令以及中断，如果它们直接或通过门间接引入一个 TSS 描述符，就会变成任务切换指令。IRET 指令只有 NT=1 时才能启动一个任务切换。

2) 任务的切换过程

任务的切换过程需经如下 5 个步骤。

(1) 特权检查。如果一条 JMP 或 CALL 指令引用一个 TSS 描述符或任务门，则该指令目标选择符的 RPL 和该指令所在段的 CPL 中的较低特权级应等于或高于描述符的 DPL。如果通过了检查，当前任务便被指定为引出任务，目标任务被指定为引入任务，否则，便会产生一般保护异常。

(2) 存在与界限检查。新任务被指定为引入任务，它所对应的 TSS 必须在内存中，且 TSS 界限必须为合法值(对 32 位机应不少于 103 B)，否则，产生一个异常。

以上两种检查后出现的错误都在引出任务的上下文中处理，且都是可重新启动的。

(3) 引出任务的状态保存。引出任务 TSS 的选择符在 TR 中。处理器将当前的各通用寄存器值、指针寄存器值、标志寄存器值及各段寄存器值保存入引出任务的 TSS 中。其中 EIP 值指向紧跟引起任务切换指令之后的一条指令，以便引出任务被恢复时从任务切换指令之后的一条指令继续执行。

(4) TR 寄存器加载。TR 寄存器用引入任务的选择器值来加载，并将引入任务的 TSS 描述符中的忙位置 1，表明引入任务为忙态；CR_0 中的 TS 位也被置位，表明任务切换已发生。

(5) 引入任务的寄存器加载和任务执行。LDTR、EAX、EBX、ECX、EDX、ESI、EDI、EBP、DS、ES、FS、GS、CS、SS、ESP、EFLAGS 及 CR_3 各寄存器均由引入任务的 TSS 中相应内容加载。引出任务 TSS 描述符的选择符置入引入任务 TSS 的链接字中，且使 NT＝1。以上过程如果发生错误，将在引入任务的上下文中处理，然后，引入任务开始执行。如果引入任务中有一条返回指令，因为 NT＝1，则执行返回指令时便恢复原任务的执行。

7.3.7 对特权级敏感的指令

80386/80486 指令系统中，某些指令当具有不同特权级的程序执行它们时，会有不同的结果。如果一条指令被赋予了特权，便只能在特权级 0 执行；如果试图在 0 级以外的特权级执行该指令，便会产生异常。此外，I/O 敏感指令只能在两种情况下执行：① 执行该指令的程序，其特权级等于或高于 EFLAGS 寄存器中 IOPL 域规定的特权级；② I/O 敏感指令中使用任务状态段 TSS 中 I/O 许可位图规定的可由当前任务访问的 I/O 地址。若需对 EFLAGS 中某些位进行修改，则必须在特权级 0 执行的程序中进行；而若需对 EFLAGS 中其它字段进行修改，则也必须在特权级等于或高于 IOPL 的程序中进行。

1. 被赋予特权的指令

所谓被赋予特权的指令，简称特权指令，是指对关键的保护模式寄存器访问的指令。特权指令只能在特权级 0 的程序中执行，而不能在其它特权级随意执行。这样，便使保护模式的完整性得到保证。80386/80486 中的特权指令列于表 7.6 中。由表可看出，对寄存器 GDTR、IDTR、TR 及 MSW(CR_0 的低 16 位)来说，装入指令是特权指令，而存储指令不是特权指令。因而，任何程序都可以将这些寄存器的内容存储起来；但只有 0 级程序才能修改这些寄存器的内容。此外，对控制寄存器和调试寄存器(或称排错寄存器)来说，装入指令和存储指令都是特权指令。

表 7.6   特 权 指 令

指令(格式)	功 能	指令(格式)	功 能
CLTS	清除 CR_0 中的 TS 位(任务转换位)	LTR	装入 TR
HLT	停机	MOV CR_n，reg	装入控制寄存器 n
LGDT	装入 GDTR	MOV reg，CR_n	保存控制寄存器 n
LIDT	装入 IDTR	MOV DR_n，reg	装入排错寄存器 n
LLDT	装入 LDTR	MOV REG，drN	保存排错寄存器 n
LMSW	装入 MSW(CR_0 中低 16 位)		

2. I/O 敏感指令

80386 和 80486 中设置了两种机制对访问 I/O 地址空间指令进行控制，即 EFLAGS 寄存器中的 IOPL 字段和 TSS 中的 I/O 许可位图。

EFAGS 寄存器中的 IOPL 域规定了一个特权级，若访问 I/O 的程序的特权级等于高于 IOPL 特权级时，该程序便可执行所有 I/O 有关的指令(即表 7.7 所列全部指令)，并可访问 I/O 地址空间中的所有地址。I/O 许可位图中定义了 I/O 空间中的一些被允许访问的地址，这些地址可被任何特权级的程序访问。如果一个特权级低于 IOPL 的程序执行 CLI 及 STI

指令，则产生异常；而执行 IN、INS、OUT 及 OUTS 指令时，应先对 I/O 许可位图进行查询。如果位图允许指令对访问的地址进行访问，则指令便能正常执行，否则会产生异常。

表 7.7 I/O 敏感指令

指　令	功　能
CLI	清除 EFLAGS 中的 IF 位
STI	置位 EFLAGS 中的 IF 位
IN	从 I/O 地址读出数据
INS	从 I/O 地址读出字符串
OUT	向 I/O 地址写数据
OUTS	向 I/O 地址写字符串

80386 和 80486 为每个任务设置了自己的 TSS 和 EFAGS 寄存器，因而每个任务可有不同的 IOPL，也可以定义不同的 I/O 许可位图。

位于 TSS 中的 I/O 许可位图可以定义 64 K 个 I/O 地址空间中哪些地址可由任务特权级的程序访问。具体来说，是在 TSS 中从 66H 偏移地址开始存储了一个 64 KB 的位串。位串中的每一位对应一个 I/O 字节地址，位 0 对应的 I/O 字节地址为 0，位 1 对应的 I/O 字节地址为 1，位 N 对应的 I/O 字节地址为 N 等。此外，位图中值为 0 的位表示对应的 I/O 字节地址可在任何特权级执行的程序中访问；位图中值为 1 的位表示对应的 I/O 字节地址只能在等于或高于 IOPL 特权级的程序访问，若一个低于 IOPL 特权级的程序试图访问位图中值为 1 的位对应的 I/O 字节地址，便会产生异常。

3. 修改 EFLAGS 寄存器内容的指令

状态标志寄存器中有效字段共有 13 个。其中，对于 IF、IOPL 及 VM 三个字段，CPU 对它们处理时不同于其它字段。首先，IRET、CLI、STI 及 POPF 指令可以用来修改这三个字段。其次，IOPL 及 VM 字段只能由特权级 0 的程序修改，而 IF 位只能出特权级等于或高于 IOPL 的程序修改。然而，一个特权级低于 IOPL 的程序执行 POPF 或 IRET 指令，试图修改这三个字段中的任一个时，并不产生异常，试图修改的字段也不会被修改，且不给出任何别的信息。此外，POPF 指令执行后不修改 VM 位，而 PUSHF 指令执行的结果会将 VM 位置 0，这样，便可避免通过测试来确定系统是否处于虚拟 8086 方式。

80386/80486 对 EFLAGS 中 IF、IOPL 及 VM 三个字段的特殊处理列于表 7.8。

表 7.8 EFLAGS 字段的特别处理

执行特权级	标　志　字　段		
	VM	IOPL	IF
CPL＝0	修改	修改	修改
0＜CPL≤IOPL	不变	不变	修改
IOPL＜CPL	不变	不变	不变

注：POPF 指令不能修改 VM，应除外。

7.4 虚拟的 8086 方式

80386 和 80486 微处理器除可运行于实方式(模拟 8086 方式)及虚拟地址保护方式之外，当 EFLAGS 寄存器中 VM 位被置位时，还可运行于虚拟—86 方式，简称 V86 方式。在 V86 方式中，一个或多个 8086 实方式程序可执行于保护方式环境中。V86 方式的目的是为运行于处理器上的 8086 程序提供独立的虚拟机。一个虚拟机是由处理器能力与称为虚拟机监控程序的操作系统软件组合而创建的一个环境。这样，V86 任务执行起来便感觉它是执行在 8086 上的任务。

典型的虚拟机配置为：通过虚拟机自身的 TSS 提供一组虚拟寄存器，并提供一组虚拟存储空间。80386 及 80486 的任务机制有可能使 80386/80486 以虚拟 8086 方式执行一个任务的 8086 程序，以 16 位保护方式执行另一任务的 80286 程序，以及以 32 位的保护方式执行第三个任务的 80386 程序，并且，可在这些任务之间不断进行切换。这无疑是一种功能很强的机制。此外，若一个 8086 程序运行在虚拟机制环境下，并试图通过中断、异常和 I/O 指令访问外部设备，则被称为虚拟机控制程序(或称监控器)的系统软件便模拟此行为或将信息直接传送给硬件。可以说，虚拟机是 8086 硬件的解释器。

有关虚拟 8086 方式的详细资料请参阅有关手册及说明。

7.5 80486 及 Pentium 处理器存储器管理的新增功能

7.5.1 80486 处理器存储器管理的新增功能

80486 处理器与 80386 处理器在结构上几乎完全相同。在 80386 CPU 的基础上，80486 CPU 增加了一个数学协处理器和 8 KB 一级 cache。因此，80486 CPU 与 80386 CPU 在存储器管理系统的唯一区别在于分页机制的差别。

80486 CPU 的分页系统在页目录项和页表项中增加了两个与 cache 有关的控制位：PWT(页写直达位)和 PCD(页高速缓存禁止位)，其功能在于控制高速缓存以及禁止分页系统传送内存页的 cache 部分。如图 7.34 所示。

31			12 11	10 9	8	7	6	5	4	3	2	1	0
页表或页帧			AVL						PCD	PWT	US	RW	P
				0 0		D	A						

图 7.34 80486 CPU 的页目录和页表项

PWT 位用来控制外部 cache 写操作中的 cache 工作方式。PWT 不能控制内部 cache 的写操作。其逻辑值与处理器的 PWT 引脚对应，可用来指定外部 cache 的写直达策略。

PCD 位用于控制片内 cache。如果 PCD=0，片内 cache 可用于存储当前页。注意，要允许 cache 有效，80486 页表项的 PCD 位必须为逻辑 0。如果 PCD = 1，则片内 cache 被禁止。

7.5.2 Pentium 处理器存储器管理的新增功能

Pentium 处理器的存储器管理单元与 80386 和 80486 处理器的存储单元基本上没有什么改变，主要变化体现在两个方面：分页单元和系统存储器管理模式。

1．分页单元

Pentium 处理器将原先的 4 KB 页扩展为 4 MB 页，这样，只需一个单一的页表，就可以存储页表的内容，大大降低了内存的用量。4 MB 的分页可以由 CR_0 的 PSE 位来选择。

4 KB 的页与 4 MB 的页的主要区别如图 7.35 所示。4 MB 页方式中只有一级页表，即页目录表，而没有线性地址的页表入口。线性地址的最左边 10 位在页目录表中先选择一个入口，然后直接使用页目录表来选择一个 4 MB 的页。

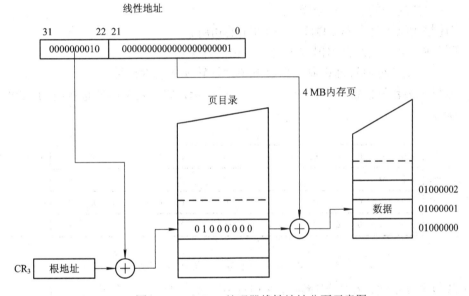

图 7.35　Pentium 处理器线性地址分页示意图

2．系统存储器管理模式 SMM

系统存储器管理模式是一种与保护模式、实模式和虚拟 8086 模式同级别的工作模式。其目的是提供高层的系统功能，如电源管理和安全性等。

对 SMM 的访问是通过应用于 Pentium 的 SMI 引脚的新的外部硬件中断来实现的。当硬件中断激活时，微处理器开始执行位于初始地址为 38000H(CS = 3000H 和 EIP = 8000H) 的内存区域的系统级软件。管理模式中断进入一个与实模式存储器寻址相类似的环境，不同之处在于 SMM 方式不仅可以访问第一个 1 MB 内存，而且可以以平展式的方式访问 4 GB 存储器。

除此之外，SMM 中断还把 Pentium 的状态保存到一个转储记录(dump record)中，转储记录存储在 3FFA8H～3FFFFH 和 Intel 保留的 3FE00H～3FEF7H 中。这时 Pentium 系统可以进入睡眠状态。退出睡眠状态时，可以由 PSM 指令退出 SMM 模式，恢复系统原来的状态。

习题与思考题

1. 80386、80486 共有哪几种工作模式？

2. 实地址模式下，20 位物理地址是如何形成的？若已知逻辑地址为 C018：FE7FH，试求物理地址。

3. 何谓虚拟存储器？

4. 保护虚地址方式与实地址方式的主要区别是什么？

5. 何谓全局地址空间和局部地址空间？

6. 何谓全局描述符表和局部描述符表？

7. 试述段描述符的功用和分类。

8. 试述描述符表寄存器 GDTR 和 LDTR 的功用。

9. 段描述符高速缓冲存储器位于何处？它们有何功用？

10. 试完整叙述分段管理机制如何将虚拟地址转换成线性地址。

11. 若已知某数据段描述符的内容如图 7.36 所示，它所对应的段选择符为 020DH，试回答下列问题：

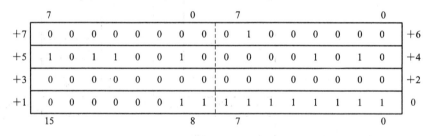

图 7.36　一个数据段描述符

(1) 该数据段描述符在局部描述符表 LDT 中还是在全局描述符表 GDT 中？

(2) 该描述符所描述的数据段的基地址和界限值是多少。

(3) 指令序列：

```
MOV  AX，020DH
MOV  DS，AX
```

执行时，DS 段寄存器高速缓冲存储器的内容是什么？试分别说明 32 位基地址值、20 位界限值及 12 位存取权字段的具体内容。

12. 分页管理和分段管理的主要区别是什么？

13. 试举例说明分页管理机制如何将线性地址转换为物理地址。

14. 设线性地址为 25674890H，试通过页目录表和页表将其转换为物理地址。设(CR_3) = 28345×××H；访问页目录前内存中已有 5 个页表(即页表基地址为 00000000H～00004000H)被访问过并已定位；访问基地址为 00005000H 的页表前，内存已有 60 页被定位。

15. 试述页转换高速缓冲存储器的作用和工作原理。

16. 80386 及 80486 如何实现不同任务间的保护？

17. 段级别保护的主要内容及作用是什么？

18. 数据访问的保护规则是什么？

19. 直接的段间转移和通过调用门的段间转移有何不同？

20. 堆栈切换在什么情况下发生？试述内外层栈相互切换的各自过程。

21. 页级别保护的主要内容和作用是什么？

22. 何谓 TSS 及其描述符？

23. 何谓任务门及任务状态寄存器？它们的作用是什么？

24. 试完整叙述任务切换的过程。

25. 何谓特权指令？80386/80486 有哪几条特权指令？它们的功能是什么？

26. 80386 和 80486 设置了哪两种机制对访问 I/O 地址空间和有关的 I/O 指令进行控制？如何控制？

27. 80386/80486 中对 EFLAGS 的 IF、IOPL 及 VM 字段进行修改的条件和手段是什么？

28. V86 方式和实地址模式的区别是什么？

第 8 章　中断和异常

8.1　概　述

中断和异常是处理器处理突发事件时所采取的两种不同的处理方法，具体来说，中断指的是处理器暂停当前的程序，转而去处理中断事件；而异常虽然也会对异常事件作出反应，但不一定会暂停当前的程序。

在 8086/8088 处理器时代，中断主要包括外部中断和内部中断两种。在 386/486 等 32 位处理器时代，内部中断的数量和功能被扩充，习惯上，称内部中断为异常，而中断则主要指外部中断。

在微处理器与微计算机系统中引入中断这一概念，其目的最初是将中断作为微处理器与外部设备并行工作的一种方式。当计算机与输入/输出设备进行数据传输时，如果通信过程以相对较低的速度接收或发送数据，这时比较适合采用中断方式。

中断的定义实质上是指一种处理过程。当计算机在执行正常程序的过程中，如果出现某些异常事件或某种外部请求时，处理器就暂停执行当前的程序，而转去执行对异常事件或某种外部请求的处理操作；当处理完毕后，CPU 再返回到被暂停执行的程序，继续执行，这个过程被称为程序中断，简称中断。

需要注意的问题是：上面的定义用来解释内部中断和外部中断时是可以的，但是对于软件中断(即前面章节介绍过的 DOS 和 BIOS 中断)则不能套用这些概念。软件中断是应用程序提出的中断，每一个软件中断都对应一个标准的功能，如：在屏幕上显示一个字符串，或者从键盘接受一个字符，等等。本章所介绍的中断，如果没有特别说明，不包括软件中断。

外部中断是由外部设备通过 CPU 的中断请求线(如 INTR)向 CPU 提出的。在一定条件下，CPU 响应中断请求后，暂停原程序的执行，转至为外设服务的中断处理程序。中断处理程序可以按照所要完成的任务编写成与过程类似的程序段；在程序段最后执行一条中断返回指令，退回主程序，继续按顺序执行，如图 8.1 所示。在中断的整个处理过程中，外部事件的中断请求及 CPU 的中断响应(接受中断)与正在执行的指令没有关系。中断请求可能在一个程序执行期间的任何时刻发生，且与处理器操作异步。

使用中断技术尤其是外部中断是提高计算机工作效率的一种手段，能较好地发挥处理器的能力。通常处理器的运算速度相当高，而外部设备的运行速度却较低。因此，快速的 CPU 与慢速的外部设备在传送数据的速率上存在着矛盾。为了提高输入/输出数据的吞吐率，加快运行速度，现代微型机均配有中断处理功能。这样，仅当外部设备完成一个输入/输出操作后才向 CPU 请求中断。CPU 在中断处理程序中完成外设请求的操作后，便返回原程序继续执行下去。与此同时，外部设备接收到 CPU 在中断处理程序中发出的工作命令后，便依自己的控制规律执行相应的输入输出操作。任务完成后再次向 CPU 发出中断请求……所以采用中断技术后，CPU 在大部分时间内与外部设备并行工作，工作效率大大提高。正因为如此，中断处理功能在输入输出技术中得到非常广泛的应用。如键盘的字符输入操作，打印机的字符输出操作及模拟量信号的 A/D 转换等，都要用到中断。

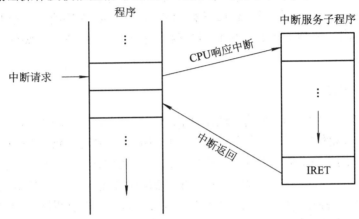

图 8.1　中断引起程序转移示意图

除此之外，中断技术还用来进行应急事件的处理，如电源掉电、硬件故障、传输错、存储错、运算错以及操作面板控制等，均需采用中断技术。

因此，计算机中断处理功能的强弱，是反映其性能好坏的一个主要指标。

相对中断(外部中断)而言，异常是在指令执行期间检测到的不正常的或非法的状态，使指令不能成功执行。它与所执行指令有直接的联系，例如，指令执行期间检测到段异常或页异常时，指令便不能执行下去。异常的发生源于微处理器内部，且总是与微处理器操作同步。因而，一些文献将软件中断指令 INT n 及 INTO 等也归类于异常。

处理器对中断和异常的处理通常在两条指令之间进行。尤其需要说明的是：当执行一条带重复前缀的串操作指令时，为保证处理器对中断的及时响应，处理器被设计成在每次重复操作后都允许响应中断，而不丢失已完成各步的结果。例如，一条带重复前缀的查找指令，需要在 300 个字节中查找一个字符，在查找到 250 个字节时，仍未找到给定字符，此时发生了一个异常，具体处理过程为：第 250 步是该指令成功执行的最后一个执行步，因而，产生异常时，处理器将保存第 250 执行步的指针及计数值；当异常原因排除之后，便可恢复该指令的执行，完成最后 50 个字节的查找操作。

微处理器对中断源的检测主要是通过三种中断技术，即单线中断、多级中断和矢量中断来实现的。现代微处理器大多采用矢量(亦称向量)中断技术，即由每个中断源(经接口)向 CPU 提供中断源的设备标志码，将程序转向相应中断源设备的中断处理程序。

采用矢量中断技术，每种中断或异常都有它自己的中断矢量，用 8 位二进制数表示。矢量号(或称中断类型号)用来从中断描述符表(保护虚地址方式时)或中断矢量表(实地址模式时)中选择给定中断的处理程序首地址。80386 及 80486 已将矢量号 0～31 分配给异常；中断及软中断指令的矢量号可在 0～255 范围内选择，但为避免与异常矢量号冲突，最好在

32～255 的范围内选择。

8.2　中　　断

中断由异步的外部事件引起。外部设备根据其自身需要,使用微处理器芯片上特定的引脚,把实时中断请求信号传送给微处理器。80386、80486 支持两种类型的中断:可屏蔽中断及不可屏蔽中断(或称非屏蔽中断),并有相应的两个中断请求引脚信号——INTR 及 NMI。

8.2.1　可屏蔽中断

经由 INTR 信号(高电平有效)请求的中断称为可屏蔽中断。它受中断允许标志位 IF 的影响和控制。当 IF 被软件采用 STI 指令置 1 时,表明可屏蔽中断被允许,CPU 响应可屏蔽中断。当 IF 被软件采用 CLI 指令置 0 时,表明可屏蔽中断被禁止,CPU 不响应可屏蔽中断,并将该中断信号挂起,直到 IF 被置位或外部事件撤消中断请求为止。IF 位可禁止可屏蔽中断的这一特性可用来将程序代码的某一特定区域(常称为程序的临界区)设置成禁止中断,以保证该区域内程序段的可靠执行。

80X86 系统中,可屏蔽中断源产生的中断请求信号,通常通过 8259A 可编程中断控制器进行优先权控制后,由 8259A 向 CPU 送中断请求信号 INTR 和中断标识码(中断矢量)。采用 9 个 8259A 芯片,可支持 64 个中断源,并可对每个中断源分配不同的中断矢量和判断它们的中断优先级。

8.2.2　非屏蔽中断

经由 NMI 信号线(边沿触发)请求的中断称为非屏蔽中断。它是不被 IF 禁止的中断。非屏蔽中断被响应时,其中断矢量号不由外部中断源提供,而是由系统固定分配。80X86 系统中,非屏蔽中断的矢量号为 2,它的优先级别高于可屏蔽中断,但当正执行加载 SS 寄存器指令时产生 NMI 信号,为了保证系统对堆栈的正确设置,要等其后的指令(一般应为加载 SP 寄存器)执行完才能识别和响应。

非屏蔽中断通常用来处理应急事件,如总线奇偶错、电源故障或电网掉电等。

8.3　异　　常

当一条特定指令执行过程中或执行结束时,若产生不正常的或非法的状态,则称为产生了异常。因而异常是与特定指令的执行相联系的。

8.3.1　异常分类

产生异常后,系统根据引起异常的程序是否可被恢复这一原则,进一步又把异常分为故障(Fault)、陷阱(Trap)和中止(Abort)三类。

故障是引起该故障的程序可被恢复执行的异常，它也是在引起故障的指令执行之前就报告给系统的一种异常。对故障的检测，既可在引起故障的指令之前进行，也可在微处理器恢复成故障指令执行之前的状态时进行。一旦故障被检测出，便在保护断点地址(指向引起故障的指令)后，将程序转入故障处理程序。故障处理程序执行完，故障也排除了，这样由 IRET 指令将程序返回有故障的程序时，引起故障的指令便得以正确执行。

陷阱是在指令执行期间被检测到的，并在引起异常的指令执行之后向系统报告的一种异常。陷阱产生后，程序转向异常处理程序，这时，保存的断点地址指向引起陷阱的指令的下一条应该执行的指令。这里，下一条应该执行的指令不一定就是下一条指令。例如，若一个陷阱在一条转移类指令执行期间检测到，则保存在栈中的断点地址将指向要转移到的地址，而不是转移类指令之后的下一条指令的地址。

特别需要指出，软件中断指令 INTn 属于陷阱指令。该指令执行后使程序转入陷阱处理程序，断点地址指向下一条指令。

中止是微处理器面临严重错误时产生的异常。例如，系统出现硬件错误或系统表中出现非法值或不一致的值时，便产生中止异常，引起中止的指令无法确定。产生中止时，正执行的程序不能被恢复。因而，产生中止异常后，系统需重建各种系统表格，或需重新启动操作系统。

8.3.2 异常错误码

产生异常时，为帮助系统分析问题，微处理器在异常处理程序的栈中压入一个错误码，错误码的格式见图 8.2。存放错误码的堆栈放在一个特定的段中。对一些无错误信息的异常来说，向栈中压入错误码 0。

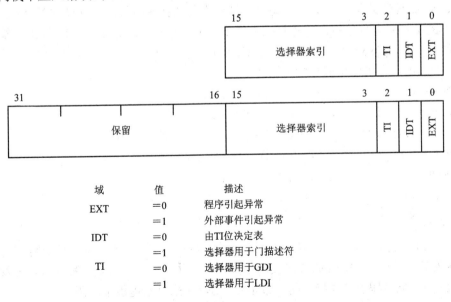

图 8.2 异常错误码格式

错误码的格式类似于选择器格式，区别仅在于选择器中的 RPL 域在此被两个 1 位域替代了。其中位 0 定义为 EXT 域，EXT = 1，表示错误由程序的外部事件(如硬件中断)引起；

EXT = 0，表示异常由程序引起。位 1 定义为 IDT 域，IDT = 1，表明错误码索引域引出的描述符属于中断描述符表中的门描述符；IDT = 0，表明索引域的意义取决于 TI 域。位 2 定义为表索引域 TI，TI = 1，表明索引域指向局部描述符表 LDT；TI = 0，表明索引域指向全局描述符表 GDT。位 3～位 15 为索引域。索引域与 TI 组合成一个 14 位指针，指向与异常相关的表项。

80386、80486 产生页交换异常时，采用不同格式的错误码。

8.3.3　处理器定义的异常

所谓处理器定义的异常，是指 80X86 处理器中保留自用的异常，共有 15 个。

1. 异常 0

异常 0 定义为除法出错异常，是一种故障型异常。当微处理器执行除法指令时，若商太大，使目的寄存器容纳不下，或是试图以零作除数，则称产生该故障异常。异常 0 产生时，将除法指令(包括任何前缀)第一字节地址压入栈中，除数和被除数为除法指令执行前的值，并允许除法操作在故障处理程序执行完后重新启动。除法出错不提供出错码。

2. 异常 1

异常 1 定义为排错异常或称调试异常。排错异常有故障类的也有陷阱类的，其中的单步异常为陷阱。若 TF = 1，则微处理器处于单步方式。当一个调试异常产生时，微处理器设置调试状态寄存器 DR_6 的相应位，以便反映异常的类型或引起异常的断点。位于 0 特权级的排错处理程序可以访问 DR_6。在一条指令中，可以检测不止一个排错异常并使 DR_6 中同时有几个位置 1。排错异常不提供出错码。

当 8086 处理器处于单步工作方式时，CPU 在每条指令执行后自动产生类型 1 的中断。在类型 1 的中断服务程序中，首先将标志位压入堆栈，然后清除 TF 和 IF 标志，禁止外部中断和单步中断。8086 CPU 没有对 TF 标志清 0 和置 1 的指令。下面的程序段可以将 TF 标志置 1；类似地，也可以用同样的方法将其清 0。

```
PUSHF                ；标志寄存器内容入栈
POP     AX           ；将标志寄存器内容弹进 AX
OR      AX,0100H     ；置 AX 的第 8 位为 1，对应于 TF=1
PUSH    AX           ；置对应于 TF=1 的 AX 入栈
POPF                 ；恢复标志寄存器内容
INT     01           ；单步中断
```

3. 异常 3

异常 3 为断点中断，是一个采用单字节指令 INT 3 的软件中断，微处理器将作为一个陷阱异常来处理。排错程序用 INT 3 来支持程序断点，并在转入断点处理程序时，压入栈中的 CS 及 EIP 值指向紧跟 INT 3 指令的一条指令。INT 3 陷阱不提供出错码。

4. 异常 4

异常 4 定义为溢出陷阱。溢出陷阱由 INTO 指令通过矢量 4 提供一个条件陷阱。若 EFLAGS 中的 OF = 1，则 INTO 指令产生陷阱；若 OF=0，则不产生陷阱，继续执行 INTO

后面的指令。当溢出陷阱产生，转入溢出处理程序时，压入栈中的 CS 及 EIP 值指向 INTO 的下一条指令。溢出陷阱不提供出错码。

与除法指令自动产生除法出错异常不同，算术运算结果溢出是不会自动产生异常的，而必须要由 INTO 指令来控制，这是因为，如果参与运算的是无符号数，则不会产生溢出问题，只有参加运算的是有符号数，才需要对溢出问题进行处理。具体方法是在算术运算指令后面加上 INTO 指令，并编写相应的中断处理程序及设置中断入口地址。

5．异常 5

异常 5 定义为边界检查故障。若传递给 BOUND 指令的操作数表明给定的索引指针要落到可能的数组边界以外，便发生边界检查故障。在转入故障处理程序时，压入栈中的 CS 及 EIP 值指向发生故障的 BOUND 指令。边界检查故障不提供出错码。

6．异常 6

异常 6 定义为无效操作码故障。从当前 CS 及 EIP 所指定的位置开始，若连续一个字节或多个字节所包含的内容不是 80386(或 80486 等)指令系统中的任何一条指令，便发生无效操作码故障。无效操作码故障发生在试图执行该操作码时，而不是预取时。引起该故障的原因有三种：① 操作码字段的内容不是一个合法的指令代码；② 指令要求使用存储器操作数时，却使用了寄存器操作数；③ 不能加锁的指令使用了 LOCK 前缀。

7．异常 7

异常 7 定义为协处理器无效故障。80386、80486 微处理器中，如果在一条 ESC 指令执行期间，控制寄存器 CR_0 中的模拟位 EM(Emulate)被置位，便会发生该故障；如果 WAIT 或 ESC 指令执行时，CR_0 中的监控处理器扩展位 MP 或任务转换位 TS 置位，也会产生异常 7。协处理无效故障也不提供错误码。

8．异常 8

异常 8 定义为双重故障，属于中止类异常。当转入双重故障处理程序时，压入栈中的 CS 及 EIP 值不可能指向引起双重故障的指令，而且指令的重新启动不支持双重故障。双重故障出现在系统出现严重问题时，如段描述符表、页表或中断描述符表出现问题等。

如果正通知给系统一个段或页故障时又检测到一个段故障，或者正通知给系统一个页故障时又检测到一个段或页故障，则都会引起双重故障。然而，若正通知给系统一个段故障时又检测到一个页故障，这时通知给系统的是页故障而不是双重故障。

如果正通知系统一个双重故障时，又检测到一个段或页故障，则处理机暂停指令的执行，进入关机方式。这时好像执行了一条 HLT 指令，使微处理器空转，直到一个非屏蔽中断发生或微处理器重新启动为止。关机方式下，微处理器不响应 INTR 中断，双重故障不提供错误码。

9．异常 9

异常 9 定义为协处理器段越界异常，属于中止类异常。它发生在浮点指令数超出段界限时。当转入异常处理程序时，压入栈中的 CS 及 EIP 指向被中止的指令。然而，由于引起协处理器段越界指令不能被重新启动，即每次执行该指令总得到同样结果，故该异常是一种中止类异常。但是这种中止仅指正执行的程序的中止，而非系统的中止。协处理器段越界异常不提供错误码。80486 中该异常未用，而用异常 13 取而代之。

10. 异常 10

异常 10 定义为无效 TSS 故障。任务切换期间，如果新任务的 TSS 是一个非法的任务状态段(即发生除不存在异常以外的段异常时)，便会产生无效 TSS 故障。该异常提供一个出错码，以便指明引起异常的段的选择子。出错码中的 EXT 位用来表示异常是否由不受程序控制的外部事件引起。例如，一个外部中断通过任务门进行任务切换时，可能产生非法 TSS 故障。

当无效 TSS 故障发生，转入故障处理程序时，压入栈中的 CS 及 EIP 值指向引起这一故障的指令；而当该故障作为任务切换的一部分发生时，则指向任务切换的第一条指令。

11. 异常 11

异常 11 定义为段不存在异常，属故障类型。微处理器访问除 SS 以外的其它有效的段描述符时，若发现描述符中存在位 P = 0，便产生段不存在异常。该异常提供一个出错码，以便指明引起异常的段的选择子。如果该异常由外部事件引起，则错误码中的 EXT 位置 1；如果错误码涉及中断描述符表项，则 IDT 位置 1。

当段不存在故障发生，转入故障处理程序时，压入栈中的 CS 及 EIP 值指向引起这一故障的指令，或当该故障作为任务切换的一部分发生时，指向任务切换的第一条指令。

12. 异常 12

异常 12 定义为栈段故障。栈段故障产生的主要原因是，栈上溢或下溢，或在任务间或级别间变换时访问一个存在位 P = 0 的栈段。任何明显或不明显的访问栈的操作都可能引起该故障。例如，PUSH、POP、ENTER、LEAVE 及 MOV SI, [BP + 6]等指令执行时，均有可能产生栈段故障。栈段故障提供一个错误码压入故障处理程序的栈中。若故障由栈段不存在或级间调用时新栈的溢出引起，出错码将指明引起故障的选择器，并由故障处理程序检查出错码提供的选择子所对应的描述符的存在位来区分二者。若存在位 P = 1，则表明是新栈溢出引起的故障；若存在位 P = 0，则表明是栈段不存在引起的故障。对除此之外的其它栈段故障源均给出错误码 0。

当栈段故障发生并转入故障处理程序时，压入栈中的 CS 及 EIP 值指向发生该故障的指令，而当该故障作为任务切换的一部分发生时，指向任务切换的第一条指令。

13. 异常 13

异常 13 定义为通用保护故障。它是一种没有预先分类的段异常，包含除已定义异常之外的所有异常。保护方式下产生的这种故障的情况举例如下：

(1) 使用 CS、DS、ES、FS、GS 段寄存器时或是访问描述符时超出段的界限。

(2) 采用 DS、ES、FS、GS 段寄存器访问内存时，段寄存器中含有空选择子。

(3) 用系统段或一个可执行但不可读的段的描述符来加载 DS、ES、FS 或 GS 段寄存器。

(4) 用一个只读、可执行段或系统段的描述符加载 SS(但若失效选择子来自任务切换时的 TSS，则将产生异常 10)。

(5) 试图对只读代码段或数据段进行写操作，或对只执行段进行读操作，或对不可执行段进行执行操作。

(6) 采用 DS、ES、FS、GS 段寄存器访问内存时，被访问内存数据段的特权级高于当前特权级。

(7) 切换到正忙的任务。

(8) PG=1(页交换允许)和 PE=0(保护禁止)时，加载 CR_0(仅对 80386 和 80486)。

(9) 超出处理器指令长度限制。

通用保护故障在异常处理程序的栈中压入一个出错码。若故障是在加载描述符时检测到的，则出错码指明该描述符的选择子。选择子可能是一条指令的操作数，或是作为指令操作数的门的选择子，或是任务切换时 TSS 的选择子。除此之外的其它通用保护故障，均向栈中压入出错码 0。

实方式下，内存操作数的地址超过段内限制时，产生通用保护故障，无出错码压入栈中。

通用保护故障发生，转入故障处理程序时，压入栈中的 CS 及 EIP 值指向引起该故障的指令，或故障作为任务切换的一部分发生时，指向任务切换的第一条指令。

14. 异常 14

异常 14 定义为页故障。对 80386/80486 微处理器来说，若从线性地址到物理地址的转换过程中，检测到错误，便产生页故障。当 CR_0 中 PG=1，允许分页时，如果需要地址变换的页目录或页表项中的存在位 P=0，或当前任务的特权级别不足以存取指定的页，或用不适当的访问类型访问一内存页，则都会产生页故障。

页故障时压入故障处理程序栈中的错误码格式见图 8.3，仅用 3 位二进制位表示。其中 P 位指出故障是由页不存在(P=0)引起的，还是由一个页级保护违反(P=1)引起的。R/W 位指出引起故障的存取类型，R/W=0 为读故障；R/W=1 为写故障。U/S 位指出异常发生时处理器所处的运行方式，U/S=0，表示处理器运行于管理方式；U/S=1，表示处理器运行于用户方式。此外，处理器还将引起页故障的线性地址装入 CR_2 控制寄存器，以便故障处理程序用此地址寻找页交换的页目录项和页表项。

未定义	U/S	R/W	P

域	值	描述
P	0	失效由不存在页引起
	1	失效由页级别保护冲突引起
R/W	0	失效由读引起
	1	失效由写引起
U/S	0	失效发生在管理方式
	1	失效发生在用户方式

图 8.3　页交换失效错误码

页故障发生，转入故障处理程序时，压入栈中的 CS 及 EIP 值指向引起故障的指令。页异常是可重新启动的异常。一旦引起页故障的原因在故障处理程序中被排除，即可由 IRET 指令返回，重新执行产生过故障的指令。

15. 异常 16

异常 16 定义为协处理器出错故障。当 CR_0 中 EM 位 = 0(协处理器未被模拟)，且协处理器发生了未被屏蔽的数字错误(如上溢或下溢)时，便会产生协处理器出错故障。把协处理器出错故障通知给系统，是在引起故障的浮点指令之后的下一条 ESC 协处理器指令或 WAIT 指令执行时进行的。

协处理器出错故障发生，转入故障处理程序时，压入栈中的 CS 和 EIP 值指向引起错误的 ESC 或 WAIT 指令的第一字节。该故障不提供出错码，引起故障的指令的地址由协处理器保存。

作为本节的结束，表 8.1 以异常的矢量号为序，列出微处理器定义的各种异常，包括引起给定异常的指令，每种异常的归类以及产生异常时是否提供错误码。

表 8.1　80386 异常一览表

中断类型号	异常名	类别	产生异常的指令
0	除法出错	故障	DIV，IDIV(零除数，或商超出目的寄存器长度)
1	排错异常或单步中断(调试异常)	故障或陷阱	任何指令(TF = 1 时，CPU 处于单步方式)
3	断点中断	陷阱	INT3(支持程序断点，用于调试)
4	溢出	陷阱	INTO(条件陷阱，OF = 1，产生陷阱)
5	边界检查	故障	BOUND
6	非法操作码	故障	非法指令编码或操作数
7	协处理器无效	故障	浮点指令或 WAIT(EM = 1 时)
8	双重故障	中止	任何指令
9	协处理器段越界	中止	访问存储器的浮点指令
10	无效 TSS	故障	JMP、CALL、IRET、中断
11	段不存在	故障	装入段寄存器的任何指令
12	堆栈段溢出	故障	装入 SS 寄存器的任何指令 对以 SS 寄存器寻址的段中进行存储器访问的任何指令
13	通用保护	故障	任何特权指令 任何访问存储器的指令
14	页异常	故障	任何访问存储器的指令
16	协处理器出错	故障	浮点指令或 WAIT(数值错误)

注：该表中定义的异常在 80X86 系列微处理器中是向上兼容(Upward-Compatible)直到 Pentium Ⅱ，但不向下兼容(Downward-Compatible)。

8.4　中断和异常的暂时屏蔽

在有些情况下，即使中断允许标志 IF 为 1，CPU 也不能马上响应外部的可屏蔽中断，中断及排错异常在这些情况下可被忽略或屏蔽。这时，被屏蔽的各种中断保持悬挂，而排错异常则被废弃。引起中断和排错异常被忽略及屏蔽的条件如下：

(1) 若 FLAGS 中的 IF = 0，则屏蔽外部可屏蔽中断。

(2) IF = 0 时，执行 STI 指令，则在 STI 指令及下面一条指令执行期间，屏蔽外部可屏蔽中断。这是因为一个过程执行完返回主程序前执行一条 STI 指令，允许可屏蔽中断发生，但希望在 IRET 指令执行完返回主程序后再响应中断。否则，若在 IRET 指令执行前响应中断，就会使过程不能返回，且过多占用堆栈。

(3) 若 EFLAGS 中的 RF = 1，则屏蔽排错故障。

(4) 若系统正处理一个非屏蔽外部中断，则屏蔽任何新的非屏蔽中断。

(5) 若是执行以堆栈段寄存器 SS 为目的寄存器的指令(MOV 指令和 POP 指令)，则一定要等到下一条指令执行完后，才能响应中断，以确保安全完整地更新一个堆栈指针(包括堆栈段寄存器 SS 和段内偏移地址寄存器 SP)。所以，编程时应保证更新 SS 的下一条指令为更新 SP。

(6) 发出中断请求信号时，正好遇到 CPU 执行封锁指令 LOCK，由于 CPU 将封锁指令和后面的一条指令合起来看成一个整体，因而必须等到后一条指令执行完后才响应中断。

当标志位 RF(重新启动标志，Resume Flag) = 1 时，排错异常被忽略。

8.5　中断及异常的优先级

当计算机系统中有多个中断源时，中断管理系统将规定一套机制，用以解决多个中断源得到 CPU 服务的先后次序。一般地，假设系统中有中断源 A 和 B，在 CPU 为中断源 A 服务期间，中断源 B 向 CPU 提出中断请求：若 CPU 暂停执行中断源 A 的服务子程序，而响应中断源 B 的请求，转去执行中断源 B 的服务子程序，待中断源 B 的服务子程序执行完后，再回到中断源 A 的服务子程序继续执行，则称中断源 A 比 B 的中断优先级低。在中断开放的情况下(对 80X86 而言，指 IF = 1)，若中断源 A 的服务不会被 B 的中断请求打断，反过来，B 的中断服务也不会被 A 的中断请求打断，则称中断源 A 和 B 是同优先级的中断。

CPU 暂停为 A 的中断服务，而转去执行 B 的中断服务，称为中断嵌套。

优先级相同的中断源同时向 CPU 提出中断请求时，CPU 对其响应的先后次序，称为中断的优先次序。

不同的处理器，对优先级的管理不尽相同。

当 80X86 CPU 完成当前指令的执行后，将先按照以下的顺序检查是否有中断(包括异常)请求：① 除法出错；② 中断指令 INT n；③ 溢出中断；④ 非屏蔽中断 NMI；⑤ 可屏蔽中断 INTR；⑥ 单步中断。然后把优先级最高的中断或异常通知给系统，将优先级较低的异常废弃，而将优先级较低的中断挂起；当把较高优先级的中断处理完后，再按优先级次序响应和处理挂起的中断。同时当较高优先级的异常被处理后，重新启动引起较低异常的指令时，任何丢弃的异常均可重新发生。

例如，若 CPU 正在执行一条指令期间，同时检测到 NMI 和 INTR 两个中断请求信号有效，则 CPU 先处理非屏蔽中断，而将可屏蔽中断挂起。待非屏蔽中断处理完后，若没有更高优先级的中断或异常发生，便能处理 INTR 中断。又如，当一条指令执行期间同时检测到排错陷阱和页故障两个异常，则页故障被接收并处理，排错陷阱废弃。页故障排除后，重新执行引起故障的指令。若没有更高级的异常产生，排错陷阱便会再次产生，并被系统接收和处理。

以上所述一条指令执行期间检测到多个中断及异常时，处理器要做的事情是按优先级次序选择多个中断及异常中的一个通知系统。这与双重故障完全不同，双重故障是指当一个较高级的中断或异常正通知给系统时，又产生一个段或页异常，则废弃所选择的较高级中断或异常，向系统通知一个双重故障。

8.6　实地址方式下的中断

8.6.1　中断矢量表

实方式下，微处理器采用中断矢量表(Interrupt Vector Table, IVT)的方法来存储转入中断处理程序的入口地址。中断矢量表起始于物理内存地址 0，长度为 1 KB，并依中断矢量号为序连续存放 256 个中断的中断处理程序首地址。每个中断处理程序首地址占用 4 个字节，均为远程指针，即同时给出段地址及段内偏移地址，见图 8.4。其中段地址 CS 值存放在高地址字中，而段内偏移地址存放在低地址字中。中断矢量号乘 4 即为相应中断矢量号对应的矢量地址(存放中断处理程序首地址的物理地址)。

在图 8.4 所示中断向量表中，前 5 个中断向量在 8086～Pentium 的所有 Intel 系列微处理器中都是相同的。其它中断向量存在于 80286 及向上兼容的 80386、80486 和 Pentium～Pentium 4 中，但不向下兼容 8086 和 8088。Intel 保留前 32 个中断向量为 Intel 各种处理器专用，后 224 个向量允许用户使用。

地址	中断向量表
080H	类型32～255　用户使用向量
044H	类型17～31　保留向量
040H	类型16　协处理器错误
03CH	类型15　未分配
038H	类型14　页面出错
034H	类型13　一般保护错误
030H	类型12　堆栈段超限
02CH	类型11　段不存在
028H	类型10　无效任务状态段
024H	类型9　协处理器段超限
020H	类型8　双重中断
01CH	类型7　协处理器不存在
018H	类型6　非法操作码
014H	类型5　边界检查
010H	类型4　溢出(INTO)
00CH	类型3　断点
008H	类型2　NMI
004H	类型1　单步
000H	类型0　除法出错

中断服务程序入口地址　段基址(高位)
中断服务程序入口地址　段基址(低位)
中断服务程序入口地址　偏移地址(高位)
中断服务程序入口地址　偏移地址(低位)

(a) 中断向量表　　　　　　　　　(b) 中断向量表的内容

图 8.4 实方式的中断向量表

80286/80386/80486 中，IVT 的位置和大小取决于中断描述符表寄存器 IDTR 的内容。初始化时，微处理器运行于实方式下，通过 LIDT 指令加载中断描述符表寄存器，以便使 IVT 起始于物理内存地址 0，长度为 1 KB。

8.6.2 外部可屏蔽中断的响应和处理过程

外部可屏蔽中断的响应和处理过程示于图 8.5 中，简述如下：

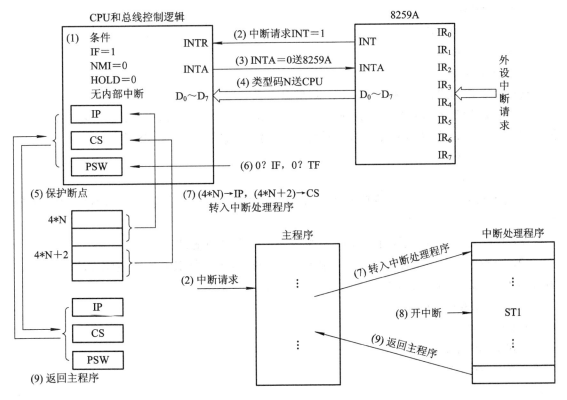

图 8.5 外部可屏蔽中断的响应和处理过程

(1) CPU 要响应可屏蔽中断请求，必须满足一定的条件，即中断允许标志置 1(IF = 1)，没有异常，没有非屏蔽中断(NMI = 0)，没有总线请求。

(2) 当某一外部设备通过其接口电路向中断控制器 8259A 发出中断请求信号时，经 8259A 处理后，得到相应的中断矢量号，并同时向 CPU 申请中断(INT = 1)。

(3) 如果现行指令不是 HLT 或 WAIT 指令，则 CPU 执行完当前指令后便向 8259A 发出中断响应信号(INTA = 0)，表明 CPU 响应该可屏蔽中断请求。

若现行指令为 HLT，则中断请求信号 INTR 的产生使处理器退出暂停状态，响应中断，进入中断处理程序。

若现行指令为 WAIT 指令，且 $\overline{\text{TEST}}$ 引脚加入低电平信号，则中断请求信号 INTR 产生后，便使处理器脱离等待状态，响应中断，进入中断处理程序。

此外，对于加有前缀的指令，则在前缀与指令之间 CPU 不识别中断请求；对于目标地址是 SS 段寄存器的 MOV 和 POP 指令，则 CPU 在这些指令之后的一条指令执行后才响应中断。

(4) 8259A 连续两次(2 个总线周期)接收 $\overline{\text{INTA}}=0$ 的中断响应信号后，便通过总线将中断矢量号送 CPU。

(5) 保护断点。将标志寄存器内容、当前 CS 内容及当前 IP 内容压入堆栈：

$(SP)\leftarrow(SP)-2$

$((SP)+1:(SP))\leftarrow(PSW)$

$(SP)\leftarrow(SP)-2$

$((SP+1:(SP))\leftarrow(CS)$

$(SP)\leftarrow(SP)-2$

$((SP)+1:(SP))\leftarrow(IP)$

(6) 清除 IF 及 TF(IF←0，TF←0)，以便禁止其它可屏蔽中断或单步中断发生。

(7) 根据 8259A 向 CPU 送的中断矢量号 n 求得矢量地址，再查中断矢量表，得相应中断处理程序首地址(段内偏移地址和段地址)，并将其分别置入 IP 及 CS 中：

$(IP)\leftarrow(4\times N)$

$(CS)\leftarrow(4\times N+2)$

一旦中断处理程序的 32 位首地址置入 CS 及 IP 中，程序就被转入并开始执行中断处理程序。

(8) 中断处理程序包括保护现场、中断服务、恢复现场等部分。

(9) 中断处理程序执行完毕，最后执行一条中断返回指令 IRET，将原压入堆栈的标志寄存器内容及断点地址重又弹出至原处：

$(EIP)\leftarrow((SP)+1:(SP))$

$(SP)\leftarrow(SP)+2$

$(CS)\leftarrow((SP)+1:(SP))$

$(SP)\leftarrow(SP)+2$

$(PSW)\leftarrow((SP)+1:(SP))$

$(SP)\leftarrow(SP)+2$

上述过程中，(3)～(7)为 CPU 发出中断响应信号进行中断响应的过程，由 CPU 自动完成。

中断处理程序一般由四部分组成：保护现场、中断服务程序、恢复现场、中断返回。保护现场通常是指把寄存器的内容压入堆栈。恢复现场是指中断服务程序完成后，把原压入堆栈的寄存器内容再弹回到 CPU 相应的寄存器中。有了保护现场和恢复现场的操作，就可保证在返回断点后，正确无误地继续执行原程序。中断服务程序是中断处理程序的核心部分。不同的中断源要解决的问题不同，这段程序会有很大的差别。这段程序就是外设申请中断，希望主机要完成的处理操作，是中断源发出中断请求的目的所在。接着是开中断指令，这是由于 CPU 在响应中断时自动关中断，中断服务程序执行完后，允许 CPU 响应新的中断。中断处理程序的最后是一条中断返回指令(IRET)，可使原先压入堆栈的断点值及程序状态字弹回到 CS、IP 及 FLAGS 中去，继续执行原程序。

上述中断处理过程可用图 8.6 所示的流程图表示。

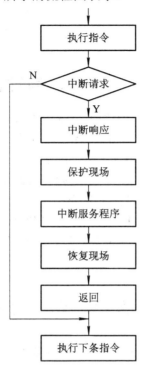

图 8.6　中断处理流程图

可屏蔽中断处理程序通常由用户编写为一个过程，一般格式如下：

```
INTER1      PROC      FAR
PUSH  AX                    ；保护现场
PUSH  BX
STI                         ；开中断，以便允许多重中断
…                           ；中断服务程序
(发中断结束命令)
POP         BX              ；恢复现场
POP         AX
IRET                        ；返回主程序
INTER1      ENDP
```

其中，发中断结束命令是中断控制器 8259A 所要求的。

当用户使用类型 n 中断时，一方面将外设接口的中断请求信号与 8259A 相应引脚相连，另一方面要根据类型号 n 求出中断矢量地址，并把中断处理程序首地址(中断矢量)送入矢量地址中，即有如下程序段：

```
MOV   AX, 0              ；矢量表段址为 0
MOV   ES, AX
MOV   DI, n*4            ；矢量地址送 DI
MOV   AX，OFFSET INTER1  ；中断处理程序首地址存入表内
```

```
CLD
STOSW
MOV    AX，SEG   INTER1
STOSW
```

8.6.3　异常、软件中断及非屏蔽中断转入中断处理程序的过程

　　异常、软件中断及非屏蔽中断的中断矢量号，或由 CPU 固定分配好或由 INT n 指令提供，因此，不需要外设提供类型码(矢量号)。当转入中断处理程序时，① CPU 按序将 FLAGS、CS 及 EIP 寄存器的内容压入栈中，压入栈中的断点地址(CS 及 EIP 值)取决于中断类型，若为陷阱(软件中断属于陷阱)，则断点地址为引起陷阱的指令的后面一条指令的第一字节地址；若为故障，则断点地址为引起故障的指令的第一字节地址；若为非屏蔽中断，断点地址为响应中断时的当前 CS 内容及 EIP 内容。② 将 FLAGS 中的单步陷阱标志 TF 和中断标志 IF 清零。③ 根据中断矢量号查得中断处理程序首地址，转入中断处理程序。实方式下产生的异常向栈压入错误码。

8.7　虚地址保护方式下的中断和异常

　　保护方式下，发生中断和异常时，要使用中断描述符表 IDT。IDT 的结构与实方式下中断矢量表类似，但 IDT 的起始地址不是 0，长度限量也不是固定为 1 KB，而是由中断描述符表寄存器 IDTR(48 位)中的基地址(对 80286 为 24 位，对 80386、80486 为 32 位)给出起始地址，限量(16 位)给出长度限制，且均以字节为单位。图 8.7 示出保护方式的中断描述符表。中断描述符表由称为门的 8 字节中断描述符组成，每个描述符称为 IDT 中的一个项，对应一个中断类型，共有 256 个中断类型号，故 IDT 中最多可容纳 256 个项。

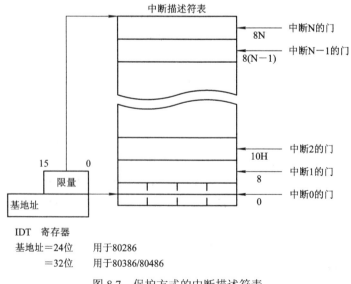

图 8.7　保护方式的中断描述符表

　　IDTR 用 LIDT 指令(加载 IDTR)和 SIDT 指令(存储 IDTR)来访问。

　　IDT 中每一项可能含有三种特殊类型描述符之一，即中断门、陷阱门和任务门。图 8.8 示出了这些门的格式说明及其类型编码情况。IDT 中每个项(8 个字节)对应一个中断类型号(即矢量号，8 位)，故中断类型号乘 8 用来索引 IDT 中的一个项(即一个门描述符)。中断、故障、陷阱及中止可由三种门中的任何一种来处理。但是，通过中断门或陷阱门的转移，只能使程序转移到当前任务的处理程序，而通过任务门的转移，可使程序转移到不同任务的处理程序。

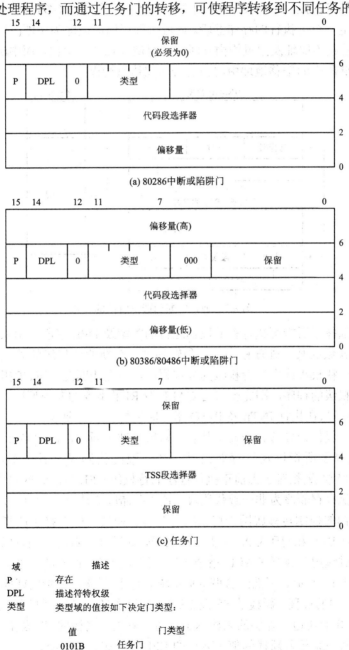

(a) 80286中断或陷阱门

(b) 80386/80486中断或陷阱门

(c) 任务门

域	描述
P	存在
DPL	描述符特权级
类型	类型域的值按如下决定门类型：

值	门类型
0101B	任务门
0110B	16 bit (80286)中断门
0111B	16 bit (80286)陷阱门
1110B	16 bit (80386/80486)中断门
1111B	16 bit (80386/80486)陷阱门

图 8.8　中断描述符格式

8.7.1　通过中断门及陷阱门的转移

　　若通过中断矢量号乘 8 从 IDT 表中检索的 IDT 描述符是一个中断门或陷阱门，则表示中断(或异常)处理程序与当前正执行程序处于同一任务中，并且中断(或异常)处理程序的首地址由中断门或陷阱门提供，见图 8.9。门中的选择子用来选择 GDT 或 LDT 中的描述符。该描述符必须指定一个可执行的存储器段。该可执行存储器段即为中断(或异常)处理程序所在的存储段，它的起始地址及限量均由其对应的存储段描述符给出，而中断(或异常)处理程序首地址在该存储段中的偏移地址由门描述符的偏移量给出。

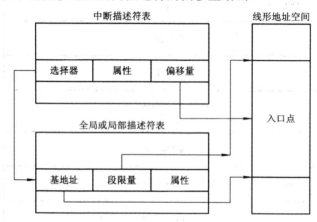

图 8.9　通过中断门或陷阱门的转移

　　此外，门中选择子所指可执行存储段描述符的类型及 DPL 字段，用来确定中断或异常是转移到当前特权级的某一处理程序，还是转移到一个新的特权级的处理程序。中断和异常可以转移到同一特权级或内层特权级的处理程序。与之相匹配，IRET 指令则转移到同一特权级或外层特权级的程序，即完全符合 CALL 及 RET 指令的向内调用、向外返回规则。

　　门中 DPL 字段只在执行 INTn 及 INTO 指令时被检验，并要求 CPL 值高于或等于 DPL 值，否则便产生一般保护异常。当发生其它异常或外部中断时，门中 DPL 检验忽略。

　　如果门中选择子所指可执行存储段是一个一致的代码段，且该存储段描述符中的 DPL(即处理程序特权级)相对于当前正执行程序的特权级 CPL 是同级或更内层的级，或者门中选择子所指可执行存储段为非一致代码段，且该存储段描述符的 DPL 与 CPL 同级，则通过中断门或陷阱门的控制转移属同一特权级的转移。如果门中选择子所指可执行存储段为非一致代码段，且 DPL 相对于 CPL 为更内层的级，则通过中断门或陷阱门的转移属于向内层的转移。与通过调用门执行 CALL 指令一样，作为特权级切换的一部分，栈段也切换到内层的栈，如图 8.10 所示。下面结合图 8.9 及图 8.10 说明通过中断门或陷阱门转入内层中断(或异常)处理程序的过程。新栈的 SS 及 ESP 的初值由当前 TSS 段的相应内容提供，内层的新栈示于图 8.10 的左边，外层的老栈示于右边。首先，老栈的 SS 及 ESP 值被压入新栈的最高地址区。接下来压入新栈的值是老栈的 EFLAGS 值。EFLAGS 值压入新栈后，将其中的 NT 及 TF 标志清零。TF = 0，意味着处理程序不允许单步执行；NT = 0，意味着处理程序返回时，IRET 指令执行结果返回到同一任务，而不是一个嵌套任务。同时，若是通过中断门进行控制转移还需要将 IF 清零，以便中断处理程序中不允许可屏蔽中断产生；若是通过陷阱门进行控制转移，则 IF 状态保持不变。显然，中断门适宜于处理中断，陷阱门适宜于处理异常。然后，返回地址(外层程序即主程序的 CS 及 EIP 值)压栈。同时，门中选择子的 RPL 置入 CPL；门中选择子装入 CS；门中偏移量装入 EIP，完成向处理程序的转移。最后，根据需要再将出错码压入新栈。这样，在中断或异常处理程序的入口处，SS 寄存器用来寻址内层栈，而 ESP 指出出错码在新栈中的偏移量，即内层栈的栈顶。通过中断门或陷阱门的控制转移与通过调用门的 CALL 指令执行相区别的是，前者在新老栈之间不进行参数拷贝，因而 Dword Count 字段也忽略不用。

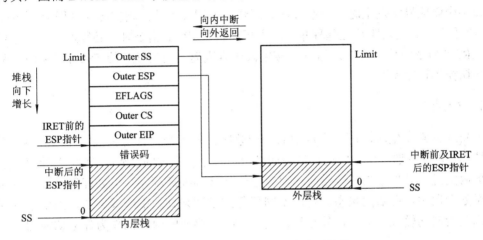

图 8.10　通过中断门或陷阱门向内层转移

8.7.2　NT=0 时的中断(或异常)返回

中断或异常处理程序执行完时，执行一条 IRET 指令，完成向主程序的返回。若通过中断门或陷阱门转入处理程序，在转入过程中已将 NT 清零，则表明是同一任务内的程序转移。因而，NT = 0 时的中断(或异常)返回属同一任务的返回。然而，由于转入中断处理程序时，可以转入同级或更内层的级，故返回时是返回到同一级或外层级。

下面结合图 8.10 说明 NT = 0 时的返回过程。返回时，当前栈为内层栈。在执行 IRET 指令之前，处理程序必须将错误码(如果有的话)从栈中弹出。因而 IRET 指令执行之前，ESP 指向栈顶中的返回地址指针 EIP 处。返回指令执行时，首先弹出 EIP 及 CS 值至相应寄存器，恢复断点地址；然后弹出 EFLAGS 值，恢复中断或异常发生前各标志的状态。同时对弹出的 CS 选择子的 RPL 字段进行检验，若 RPL 特权级与当前特权级 CPL(处理程序特权级)相同，则不进行特权级改变。若 RPL 相对 CPL 为更外层的特权级，则需要进行特权改变。图 8.10 例中弹出的 CS 选择子的 RPL 为更外层特权级，故还需从内层栈继续弹出外层栈的栈指针 ESP 值及 SS 值到相应寄存器中，以便恢复外层栈。至此，被中断程序的 SS、ESP、EFLAGS、CS 及 EIP 等寄存器内容均恢复成中断被接受时保存下来的值。以上过程均在 IRET 指令执行过程中由 CPU 自动完成。

8.7.3　通过任务门的转移

系统产生某一中断或异常时，将该中断或异常的矢量号乘以 8 后作为指针去检索中断描述符表 IDT,若检索到的描述符是一个任务门,则表示要转移到不同任务的处理程序。与 CALL 指令通过任务门进行任务切换一样,任务门提供一个 16 位选择子,以指向处理程序任务的 TSS 段。该 TSS 段必须是一个可用的 286 TSS 段或 386/486 TSS 段。通过任务门到一个可用的 TSS 段,转入中断或异常处理程序的过程,与 CALL 指令通过任务门到可用的 TSS 段,实现任务切换的过程基本相同。唯一不同的是,中断或异常通过任务门引起的任务切换和程序转移提供错误码。在任务切换完成后,如有必要,应将错误码压入新任务的堆栈中。

如果中断或异常发生时,是通过任务门转入处理程序的,则在转入过程中使 EFLAGS 中的 NT 位置 1。这表明从处理程序返回主程序执行 IRET 指令时,必须返回到一个嵌套的任务。IRET 指令应从当前 TSS 段的链接字段中索取返回到的任务的 TSS 的选择子,从而完成任务切换和程序返回。

8.7.4　小结

中断或异常发生时,可以通过中断门或陷阱门转入当前任务内的一个过程(处理程序)进行处理,也可以通过任务门进行任务切换由另一个任务内的过程(处理程序)来处理。由当前任务内的过程处理中断或异常时,可以很快转移到处理程序,但处理程序要负责保护和恢复微处理器中寄存器的状态。若由不同任务的过程来处理中断或异常,因要进行任务切换,则花费时间较长,但是,保存和恢复 CPU 寄存器的内容已作为任务切换的一部分完成了。

当产生无效 TSS 异常时,必须由任务门来处理,这样可保证处理程序有一个有效的任务环境。其它异常发生时,最好通过陷阱门指向一个各个任务共享的过程,且该处理程序应处于全局地址空间中。对同一个异常,若各任务要求有不同的处理程序,则由一个全局异常处理程序保存一个各处理程序的入口表,并负责为产生异常的任务调用相应的处理程序。

外部中断的发生与正执行的任务没有关系,若采用任务门进行任务切换,转入中断处理程序,则可使正执行任务与中断处理任务间相互隔离,互不干扰,但转入处理程序的过程较慢。若希望快速响应中断,则应采用中断门转入中断处理程序。此外,若系统机中未装入任务切换机制,也需通过中断门处理外部中断。外部中断产生的时刻由中断源的状态决定,对正在执行的程序来说属于任意时刻,因而,采用中断门访问的中断处理程序应放在全局地址空间中。

对于 80286、80386、80486 来说,当发生异常或中断,并被 CPU 接受时,CPU 硬件可通过任务门提供一个处理程序任务的自动调度功能,为处理程序的快速任务切换创造条件。

8.8　中断优先级管理器 8259A PIC

8259A 是一种可编程的中断优先级管理器芯片。每一片 8259A 可管理 8 级优先级中断。最多可用 9 片 8259A 组成两级中断机构,管理 64 级中断。8259A 芯片能与 8086、80286、80386、80486 等多种微处理器芯片组成中断控制系统。

8.8.1 8259A 的内部结构及引脚信号

8259A 的内部结构框图见图 8.11。其中 8 位中断请求寄存器 IRR 用于寄存外设来的各级中断请求信号 $IR_0 \sim IR_7$，每级对应一位，有中断请求时对应位为 1。8 位屏蔽寄存器 IMR 用来存放 CPU 发出的按位屏蔽信号，置 1 的位将使相应中断级被屏蔽，8259A 对其中断请求信号不予理睬。8 位中断服务寄存器 ISR 寄存当前正在服务的所有中断级。如 CPU 正在处理 IR_1 的中断请求，则 ISR_1 被置位。当系统中只有一个 8259A 芯片时，ISR 中 1 的位数表示多重中断的数量。显然，当 ISR 全为零状态时，表明当前 CPU 没有处理任何中断级。

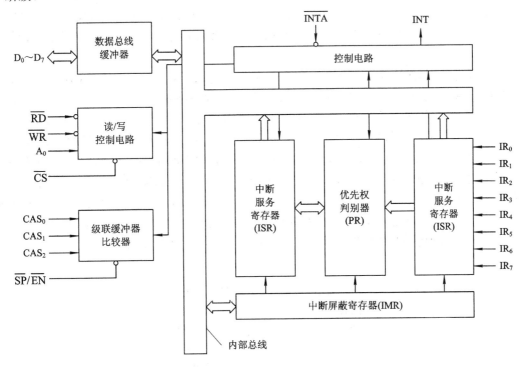

图 8.11 8259A 的内部结构框图

图 8.11 中优先权判别器用来管理和识别各中断源的优先权级别，基本功能有：

(1) 根据 CPU 发来的命令字定义和修改 IRR 中各中断源的优先级别。通常，IR_0 优先权最高，IR_7 优先权最低。可通过命令字修改成其它的优先级次序。

(2) 多个中断源同时请求中断时，可根据各中断源的优先级别判断并选择出最高的优先级别，进而判别该最高优先级是否高于正在处理的中断优先级，即能否进入多重中断。

(3) 若当前申请中断的最高优先级高于正在处理的中断级，则通过图中控制电路向 CPU 发出高电平有效的中断请求信号 INT，该信号送微处理器的 INTR 引脚。CPU 响应该请求后便向 8259A 发出中断响应信号 $\overline{INTA}$，从而一方面使 ISR 的相应位置位，另一方面清除 INT 信号，并送中断类型码到 8 位数据总线 $(D_7 \sim D_0)$ 上。

数据总线缓冲器和读/写控制电路用来实现 8259A 与 CPU 间的信息交换，其主要控制信号有 $\overline{CS}$、$\overline{WR}$、$\overline{RD}$ 和 A_0。

当片选信号 $\overline{CS}$ 及 $\overline{WR}$ 低电平有效时，表明 CPU 正在对 8259A 进行写入操作，即 CPU 通过数据总线($D_7\sim D_0$)向 8259A 送初始化命令字和操作命令字，以规定其工作状态和操作方式。

当 $\overline{CS}$ 及 $\overline{RD}$ 均为低电平有效时，表明 CPU 正在对 8259A 进行读操作，读出 IRR、ISR 或 IMR 的内容或中断类型码。

当 $\overline{CS}$ 高电平时，无论 $\overline{WR}$ 及 $\overline{RD}$ 处于什么状态，8259A 都处于未选中状态，没有任何操作。

A_0 为地址线最低位，它与 $\overline{CS}$、$\overline{RD}$、$\overline{WR}$ 配合才识别 CPU 送来的命令性质以及要读取的是什么状态。也就是说。A_0 把 8259A 的编程地址分为两个(或两组)：奇数号地址和偶数号地址。当 8259A 与 8086 或 80286 等 CPU 相连时，A_0 与地址总线的 A_1 引线端相连。8259A 的 $A_0=0$ 时，表示 CPU 对它执行 I/O 操作时选用偶数地址号；$A_0=1$ 时，则表示为奇数地址号。

级联缓冲器/比较器用来实现多个 8259A 的级联连接。其主要信号有：$CAS_0\sim CAS_2$ 和 $\overline{SP}/\overline{EN}$。$CAS_0\sim CAS_2$ 为级联信号。级联方式时，一个 8259A 芯片为主片，最多能带动 8 个 8259A 从片，控制 64 个中断级。这时，从片的 INT 引脚与主片的一条 IR 线相连，主片的 $CAS_0\sim CAS_2$ 和所有从片的 $CAS_0\sim CAS_2$ 相连。但 $CAS_0\sim CAS_2$ 对主 8259A 来说是输出信号。而对从 8259A 来说是输入信号。$\overline{SP}/\overline{EN}$ 信号具有双重功能：当 8259A 工作于缓冲器方式时，它作为输出信号 $\overline{EN}$ 控制缓冲器的传送方向。在一个大系统中，当多个 8259A 具有独立的局部数据总线时，用 $\overline{EN}$ 信号来控制数据收发器的工作；当 8259A 工作于非缓冲器方式时，它作为输入信号，规定该 8259A 是主芯片($\overline{SP}=1$)还是从芯片($\overline{SP}=0$)。当系统中只有一个 8259A 时，$\overline{SP}/\overline{EN}$ 接高电平。8259A 的引脚排列见图 8.12。

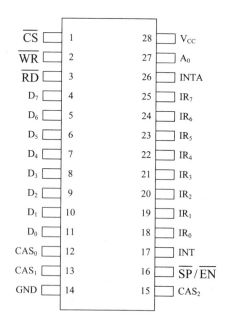

图 8.12　8259A 引脚图

8.8.2　8259A 的工作方式

8259A 可编程中断控制器作为 80X86 系列处理器的中断优先级控制器，具有强大的中断管理能力与编程能力。这些能力使得 8259A 能够以多种方式进行工作。下面分别介绍这些工作方式。

1．中断触发方式

8259A 的中断触发方式分为两种：边沿触发方式和电平触发方式。边沿触发方式指的是用信号的上升沿或下降沿来触发中断的申请，即在 INTR 引脚电平变化的一瞬间即认为有中断申请到来；而电平触发方式则需要信号保持高电平或低点平一定时间后，才认为有中断申请。

2．中断级联方式

所谓级联方式，指的是若干片 8259A 构成一个中断优先级系统所采取的连接方式。实际连接时都采用 1 片主片和若干从片的连接方式，即从片将中断输出引脚 INT 连接到主片的中断请求输入引脚。

8259A 的中断级联方式有两种：非缓冲方式和缓冲方式。

(1) 非缓冲方式：将 8259A 直接与数据总线相连。

(2) 缓冲方式：8259A 通过总线驱动器和数据总线相连。

3．中断优先方式

(1) 自动循环方式。这实际上是等优先权方式。其特点是某一中断请求被响应后，该中断级便自动成为最低的中断级，其它中断源的优先级别也相应循环改变，以使各中断源被优先响应的机会相同，亦即优先等级是轮流的。例如 IR$_4$ 请求的中断结束后，自动变为最低优先级，而相邻的 IR$_5$ 请求的中断级变为最高级，IR$_6$ 请求的中断变为次高级……IR$_5$ 请求的中断完成后，IR$_6$ 请求的中断变为最高级，IR$_7$ 请求的中断变为次高级……

(2) 指定最低级的循环排序方式。该方式也称特殊循环方式。在这种方式下，能在主程序或服务程序中通过指定某中断源的优先级为最低级，而其它中断源的优先级也随之改变的方法，来改变各中断源的优先等级。例如指定 IR$_4$ 请求的中断级为最低级，则 IR$_5$ 请求的中断便为最高级，IR$_6$ 请求的中断为次高级……

4．中断嵌套方式

(1) 完全嵌套方式。这是最基本的中断方式。8259A 在初始化编程后便处于这种方式。其特点是优先级次序随序号的递增而变低，即 IR$_0$ 优先级最高，IR$_1$ 优先级次之，而 IR$_7$ 优先级最低。在完全嵌套方式且 CPU 开中断情况下，执行某中断处理程序期间，不能响应本级或较低级中断，但能响应较高级中断。

(2) 特殊完全嵌套方式。这种嵌套方式的主要特点是执行某中断处理程序期间，不能响应较低级中断，但能响应本级或较高级中断。为了更好地理解这个问题，请观察图 8.13 所示的中断系统。

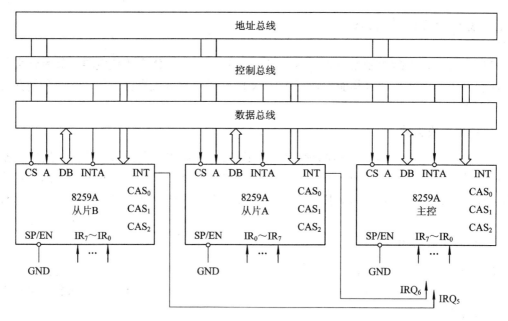

图 8.13　特殊完全嵌套方式

由图 8.13 可见,考虑如下情况:从片 A 的 IR_2 引脚有一个中断请求输入,从片 A 经过优先级的判断后,将该中断请求送到主片的 IR_6 引脚,该中断被响应后,主片将对应的 ISR 置位,这时,如果从片 A 的 IR_1 又出现了中断请求信号,按照优先级原则,IR_1 的中断请求仍将被送到主片,如果主片按照完全嵌套方式工作,则对于主片而言,这还是一个 IR_6 的中断,与其正在处理的中断同级,因此不予响应,从而造成了错误的结果。为此,主片需要采用特殊完全嵌套方式,这样主片就可以响应从片送来的优先级更高的中断请求了。

5. 中断屏蔽方式

8259A 的中断屏蔽方式有两种:

(1) 普通屏蔽方式。这种方式是在中断屏蔽寄存器 IMR 中,将某一位或几位置 1,屏蔽掉相应级别的中断请求。

(2) 特殊屏蔽方式。该方式与完全嵌套方式的排序方法不同,除了用操作命令字屏蔽掉的中断级和正在服务的中断级外,允许其它任何级的中断请求中断正在服务的中断。用这种方法可在程序的不同阶段改变中断级的优先次序。

6. 中断结束处理方式

这里的中断结束(End of Interrupt, EOI),是指对 8259A 内部中断服务寄存器 ISR 的对应位复位的操作。这有两种方法:自动 EOI 方式和 EOI 命令方式。

(1) 自动 EOI 方式。这是指在第二个 $\overline{INTA}$ 脉冲的后沿之后,由 8259A 自动清除 ISR 中已置位的那些位中优先级最高的位。这种自动结束中断方式只适用于非多重中断的情况。因为在中断响应周期中已将该级的 ISR 位清除,因而 8259A 无法区别正在处理的中断级等级,也就无法响应多重中断。

(2) EOI 命令方式。该方式是在中断服务程序末尾,向 8259A 发中断结束命令,以便使 ISR 中和该服务程序对应的位复位,表明服务程序已完。有两种 EOI 命令:普通的 EOI 命令和特殊的 EOI 命令。

普通的 EOI 命令自动使 ISR 中已置位的中断级中的最高级复位，也即结束当前正在服务的中断。它适用于完全嵌套方式。

特殊的 EOI 命令用来使指定的中断级结束，即命令字中特定的 3 位编码指定 ISR 中某一位复位。这种命令字可使用于任何中断方式。

如果多个 8259A 级联工作，并且中断源来自某个从 8259A 芯片，则 EOI 命令必须发两次，一次发向主 8259A，另一次发向从 8259A。

8.8.3 8259A 的编程

对 8259A 的编程分两步：第一步，在系统加电和复位后，用初始化命令字对 8259A 芯片进行初始化编程；第二步，在操作阶段，用操作命令字对 8259A 进行操作过程编程，即实现对 8259A 的状态、中断方式和中断响应次序等的管理。这时，一般不再发初始化命令字。

1. 初始化命令字及其编程

共有 4 个初始化命令字 $ICW_1 \sim ICW_4$。

(1) ICW_1 命令字。命令字格式如下：

D_7	D_6	D_5	D_4	D_3	D_2	D_1	D_0
×	×	×	1	LTIM	×	SNGL	IC_4

其中×表示无关位，其余各位意义是：

LTIM 用来设定中断请求信号的有效形式。LTIM＝1，表示中断请求信号 $IR_0 \sim IR_7$ 高电平有效；LTIM＝0，表示中断请求信号 $IR_0 \sim IR_7$ 上跳沿有效。

SNGL 用来表明 8259A 是单片工作方式(SNGL＝1)，还是级联工作方式(SNGL＝0)。

IC_4 位为 1，表示后面还要设置初始化命令字 ICW_4；IC_4 为 0，表示不再设置 ICW_4。

命令字中 D_4 位为 1，表明该命令字是 ICW_1，是和其它命令字区别的标志。

ICW_1 命令字由 CPU 向 8259A 写入时，写入地址号是偶数，即 A_0＝0。

(2) ICW_2 命令字。ICW_2 命令字用来设置中断类型号基值。所谓中断类型号基值，是指 $0^\#$ 中断源 IR_0 所对应的中断类型号，它一定是一个可被 8 整除的正整数，其格式如下：

D_7	D_6	D_5	D_4	D_3	D_2	D_1	D_0
T_7	T_6	T_5	T_4	T_3	×	×	×

其中低 3 位必须为 0。

当 8259A 接收到 CPU 发回的中断响应信号 $\overline{INTA}$＝0 后，便通过数据总线向 CPU 送中断类型号字节。该字节的高 5 位即为 ICW_2 的高 5 位，低 3 位根据当前 CPU 响应的中断是 $IR_0 \sim IR_7$ 中的哪一个而定，分别对应 000～111。

ICW_2 命令字设置时采用 8259A 的奇数地址，即 A_0＝1。

(3) ICW_3 命令字。ICW_3 命令字仅用于 8259A 级联方式时，指明主 8259A 的哪个中断源 ($IR_0 \sim IR_7$ 中的一个)与从 8259A 的 INT 引脚相连，也即指明从 8259A 的 INT 引脚与主 8259A

的哪一个中断源请求信号($IR_0 \sim IR_7$ 中的一个)相连。ICW_3 命令字设置时采用奇数地址，其主片的 ICW_3 格式如下：

D_7	D_6	D_5	D_4	D_3	D_2	D_1	D_0
S_7	S_6	S_5	S_4	S_3	S_2	S_1	S_0

从片的 ICW_3 格式如下：

D_7	D_6	D_5	D_4	D_3	D_2	D_1	D_0
0	0	0	0	0	ID_2	ID_1	ID_0

在主 8259A 命令字的格式中，$S_0 \sim S_7$ 每 1 位对应 1 个 IR 输入引脚，用来指示对应的中断源请求信号 $IR_0 \sim IR_7$ 是否与从 8259A 的 INT 引脚相连。$S_n = 1$，表明 IR_n 引脚上连接有从片，并与其上的 INT 相连。

从 8259A 命令字中高 5 位为 0，低 3 位 $ID_2 \sim ID_0$ 是主片中与本从片 INT 引脚相连的 IR 引脚的编码。例如，从片 INT 引脚与主片的 IR_2 相连，则 ID_2、ID_1、$ID_0 = 010 = 2$。

(4) ICW_4 命令字。只有 ICW_1 中的 $IC_4 = 1$，才需设置 ICW_4 命令字，其格式和各位意义如图 8.14 所示。其中高 3 位为 000，位 4 为 SFNM 位，该位为 1 表明 8259A 工作于特殊的完全嵌套方式(多级、主从关系、完全嵌套方式)；该位为 0 表明 8259A 工作于正常完全嵌套方式。位 3 为 BUF 位，BUF = 1，表明采用缓冲方式，这时 8259A 的 $\overline{SP}/\overline{EN}$ 端作为输出端，用来对缓冲器进行控制。8259A 是主中断控制器还是从中断控制器，需由位 2(M/S 位)来控制。即 BUF = 1，M/S = 1，表明该 8259A 为主中断控制器；BUF = 1，M/S = 0，表明该 8259A 为从中断控制器；BUF = 0，表明不采用缓冲方式。这时 8259A 的 $\overline{SP}/\overline{EN}$ 作为输入控制信号，即 $\overline{SP}/\overline{EN}$ 接高电平，规定 8259A 为主中断控制器；$\overline{SP}/\overline{EN}$ 接地，规定 8259A 为从中断控制器。

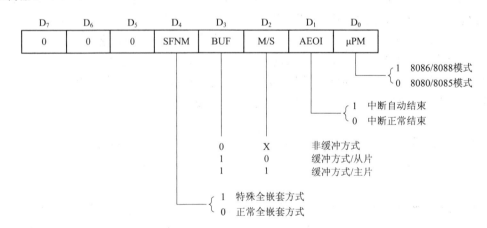

图 8.14　ICW_4 的格式及各位意义

位 4、位 3、位 2 均用于级联方式。若系统中只有一个 8259A 芯片，应使 SFNM = 0，$\overline{SP}/\overline{EN}$ 接高电平。BUF = 0，M/S 位无意义。

位 1 为 AEOI 位，用来指明中断结束方式。AEOI = 1，表明采用自动结束方式，即在中断响应周期中，向 8259A 发第二个 $\overline{INTA}$ 脉冲时，便自动使 8259A 中断服务寄存器本级对应位清零。这样，中断处理程序执行完毕，不需要再做其它任何操作。AEOI＝0，表明采用非自动结束方式，这时必须在中断处理程序中排入输出指令，向 8259A 送操作命令字，以便使中断服务寄存器的对应位清零。

位 0 为 μPM 位，用来表明 CPU 模式。μPM＝1，表明 8259A 工作于 8086/8088 模式；μPM＝0，表明 8259A 工作于 8080/8085 模式。

设置 ICW_4 命令字时，地址信号 $A_0＝1$，即使用 8259A 奇数地址。

ICW_2、ICW_3、ICW_4 的编程地址相同，如何区别它们，是靠命令字发送的次序定。8259A 初始化程序的编程流程图见图 8.15。先发送 ICW_1 命令字，其地址号为偶数地址，它以特征位 $D_4＝1$ 来区别于其它偶数地址的命令字(如操作命令字 OCW_2、OCW_3)。ICW_2 是紧跟在 ICW_1 之后的奇数地址初始化命令字。接下来再根据 ICW_1 中 SNGL 位及 IC_4 位的状态决定 ICW_3 及 ICW_4 初始化命令字的发送与否。总之，初始化命令字的发送次序必须如图 8.15 那样，从 ICW_1 开头，再依次紧跟着发送 ICW_2、ICW_3 及 ICW_4。只有这样 8259A 才能正确识别。

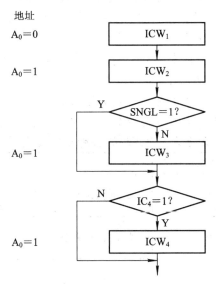

图 8.15 8259A 初始化编程流程图

2. 操作命令字及其编程

在按规定的顺序对 8259A 置入初始化命令字后，8259A 便处于准备就绪状态，等待中断源发来的中断请求信号，并处于完全嵌套中断方式。若想变更 8259A 的中断方式和中断响应次序，或想从 8259A 内读出某些寄存器内容，就应向 8259A 写入操作命令字。操作命令字可在主程序中写入，也可在中断服务程序中写入。

8259A 有 3 种操作命令字：OCW_1、OCW_2、OCW_3。

(1) OCW1 操作命令字。该命令字用来设置中断源的屏蔽状态，其格式如下：

D_7	D_6	D_5	D_4	D_3	D_2	D_1	D_0
M_7	M_6	M_5	M_4	M_3	M_2	M_1	M_0

$M_i=1$，表明相应中断源 IR_i 的中断请求被屏蔽，8259A 不会产生发向 CPU 的 INT 信号；$M_i=0$，表明相应中断源 IR_i 的中断请求未受屏蔽，可以产生发向 CPU 的 INT 信号，请求 CPU 服务。

设置 OCW_1 的 I/O 地址是 8259A 的奇数号地址，即 $A_0=1$。此外，对同一地址的输入指令将把 OCW_1 设置的屏蔽字读入 CPU。

(2) OCW_2 操作命令字。OCW_2 操作命令字用来控制中断结束方式及修改优先权管理方式。格式如下：

D_7	D_6	D_5	D_4	D_3	D_2	D_1	D_0
R	SL	EOI	0	0	L_2	L_1	L_0

OCW_2 的特征位是 $D_4D_3=00$。其余各位的意义说明如下：

R(Rotate)位为 1，表明中断级的优先顺序是自动循环方式；R 位为 0，表明中断级的优先顺序是固定的。0 级最高，7 级最低。

SL(Specifie Level)位为 1，表明本控制字的 $L_2 \sim L_0$ 三位组合指定一个中断级；SL 位为 0，表明 $L_2 \sim L_0$ 三位无意义。L_2、L_1、L_0 三位组合，在 SL=1 时指明 OCW_2 所涉及的是哪一级中断。如 000 为 IR_0，001 为 IR_4。

EOI(End of Interrupt)位为 1，表明 OCW_2 操作命令字的任务之一是用作结束中断命令；EOI 位为 0，则不执行结束中断操作。

R、SL、EOI 三位组合起来用于选择中断优先级的循环方式和中断结束方式。有 8 种组合，见表 8.2。除最后一种组合(010)无意义外，其余 7 种组合的意义如下：

表 8.2　OCW_2 的各种格式及应用

R、SL、EOI 的组合	$L_2 \sim L_0$ 是否有意义	命令字名称	意义和应用
001	无	普通 EOI 命令	中断结束，用于完全嵌套方式的中断结束
011	有	特殊 EOI 命令	中断结束，用于完全嵌套方式中清除 ISR 中指定位
101	无	普通 EOI 循环命令	用于结束自动循环排序方式的中断，优先次序移一级
100	无	自动 EOI 循环(置位)	用于设置自动循环排序方式
000	无	自动 EOI 循环(复位)	用于完全嵌套方式设置
111	有	特殊 EOI 命令	结束中断，指定新的最低级
110	有	置位优先权命令	用于方式设置，指定最低级的循环方式
010	无	无操作	

R=0、SL=0、EOI=1 的 OCW_2 用作完全嵌套方式下的普通 EOI 命令。通常，该命令在中断服务程序的末尾，用来消除 ISR 内为 1 的所有位中优先级最高的位，即清除当前正在服务的中断级。该命令字发出后，8259A 便允许同级或较低级的中断源发出请求信号。图 8.16 示出完全嵌套方式和 OCW_2 命令字的应用例子。只有当 CPU 开中断后才能响应外设

发来的中断请求。当多个中断源同时发出中断请求时，CPU 先响应优先级别高的中断。如图 8.16 中 IR_1 及 IR_3 两个中断源同时请求中断，则 CPU 先响应 IR_1 的中断请求，只有当 IR_1 的中断服务程序完成，ISR_1 被普通 EOI 命令清除后，才能响应 IR_3 的中断请求。当某个中断服务程序(如图中 IR_1 服务程序)正在执行期间，若有更高级别的中断请求(如 IR_0)发生，则 CPU 暂停正在服务的中断程序(IR_1 服务程序)转去为更高级的中断级(IR_0)服务，直至更高级(IR_0)的服务程序完成，相应的 ISR 位(ISR_0)清除后，才能继续为原正在服务的外设(IR_1)服务。图中 IR_3 服务程序正在执行期间，转去为 IR_2 服务也是同样的道理。

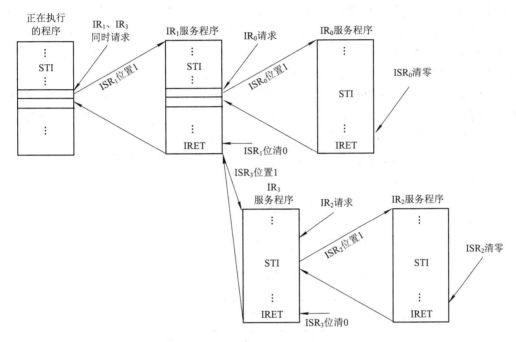

图 8.16　完全嵌套方式响应过程举例

$R=0$、$SL=1$、$EOI=1$ 的 OCW_2 用作完全嵌套方式下的特殊 EOI 命令，也排在中断服务程序的末尾，用来清除 ISR 中由 L_2、L_1、L_0 三位组合指明的中断级。

$R=1$、$SL=0$、$EOI=1$ 的 OCW_2 用作普通 EOI 循环命令，排在中断服务程序的末尾，用来将 ISR 中已置位的所有位中优先级最高的位复位，并使刚结束服务的中断级级别最低。各中断源的优先次序移一级。

$R=1$、$SL=0$、$EOI=0$ 时，OCW_2 用于设置和启动自动循环排序方式。

$R=0$、$SL=0$、$EOI=0$ 时，OCW_2 用来使 8259A 的排序方式从自动循环排序方式退回到完全嵌套的排序方式。

$R=1$、$SL=1$、$EOI=0$ 时，OCW_2 设置和启动特殊循环排序方式(指定最低级的循环排序方式)。它指定 L_2、L_1、L_0 确定的位为最低优先级。

特殊循环排序方式建立后，$R=1$、$SL=1$、$EOI=1$ 的 OCW_2 命令字用来结束正在服务的中断级并指定新的最低级。

发送 OCW_2 命令字的 I/O 地址为 8259A 的偶数号地址，即 $A_0=0$。

(3) OCW_3 操作命令字。OCW_3 用来管理特殊的屏蔽方式和查询方式，并用来控制中断状态的读出。格式如下：

D_7	D_6	D_5	D_4	D_3	D_2	D_1	D_0
0	ESMM	SMM	0	1	P	RR	RIS

OCW_3 的特征位为 $D_4D_3=01$，发送地址是 8259A 的偶数号地址，$A_0=0$。

ESMM 位用来进行特殊屏蔽方式控制。ESMM$=0$，表明不置位，也不置位特殊屏蔽方式，SMM 位无意义。ESMM$=1$，且 SMM$=1$，表明置位特殊屏蔽方式；ESMM$=1$，且 SMM$=0$，表明置位特殊屏蔽方式。作为例子，图 8.17 示出特殊屏蔽方式的进入和退出过程。图中示出 IR_2 中断服务程序在完全嵌套方式下被服务。若希望在中断服务程序执行过程中，IR_2 中断服务程序能被其它任何级别的中断源中断，则可在 IR_2 中断服务程序的某处，如图中 C 处向 8259A 送中断屏蔽字 OCW_1，使 $IM_2=1$，以屏蔽 IR_2 中断级。然后向 8259A 写入 OCW_3 命令字，使 ESMM$=$SMM$=1$，置 8259A 为特殊屏蔽方式。这样，在 IR_2 的中断服务程序继续执行期间，就可被其它任何级别的中断源中断，直到送 OCW_3 命令字，使 ESMM$=1$，SMM$=0$，8259A 的特殊屏蔽方式复位，重新进入完全嵌套方式为止。此后，向 8259A 送 OCW_1 命令字使 $IM_2=0$，IR_2 的屏蔽被消除。最后向 8259A 送 OCW_2 普通 EOI 命令，结束 IR_2 的中断服务。

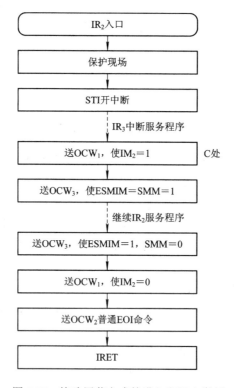

图 8.17　特殊屏蔽方式的进入和退出举例

P 位用来进行查询方式管理。$P=1$ 的 OCW_3 可作为向 8259A 发出的查询命令，表明用查询方式决定中断优先级的次序。具体步骤是：首先向 8259A 发出 $P=1$ 的 OCW_3 命令字(使用 8259A 的偶数号地址，$A_0=0$)，则下一条对同一地址($A_0=0$)的读指令(输入指令)将起中断识别作用。若有中断请求，便识别出最高级别的中断请求，使 ISR 中的相应位置 1，并通过数据总线由 8259A 向 CPU 送一个字节的信息，该信息字节的格式如下：

D_7	D_6	D_5	D_4	D_3	D_2	D_1	D_0
I	×	×	×	×	W_2	W_1	W_0

其中，I=0，表示无中断请求，且 W_2、W_1、W_0 三位无意义；I=1，表示有中断请求，这时 W_2、W_1、W_0 三位的组合指明请求服务的各中断源中最高的中断级。

RR 和 RIS 两位组合起来可控制对 8259A 内部寄存器的读出操作。当发出 P=0，RR、RIS 的组合为 10 的 OCW_3 命令字后，下一条同一地址(A_0=0)的输入指令将会把 8259A 中断请求寄存器 IRR 的内容读入 CPU。当发出 P=0，RR、RIS 组合为 11 的 OCW_3 命令字后，下一条对同一地址(A_0=0)的输入指令将会把 8259A 中断服务寄存器 ISR 的内容读入 CPU。RR、RIS 的组合为 00 和 01 时，无意义。

最后，有必要对 8259A 的读/写编址信号及 ICW、OCW 各命令字的区分加以总结，并列于表 8.3。综上所述可知，设置 ICW_1、OCW_2 及 OCW_3 命令字时，是对 8259A 进行写入操作，使用的 8259A 地址相同，均为偶数号地址。因而，它们的区分在于各命令字的特征位不同。设置 OCW_1、ICW_2、ICW_3 及 ICW_4 四个命令字时，也是对 8259A 进行写操作，它们也具有相同的 I/O 地址号，都占用 8259A 的奇数号地址。它们的区分是，后三个命令依照固定的顺序紧跟在 ICW1 之后，是初始化阶段的命令字；而 OCW_1 则是初始化之后的操作命令字。

当需要对 8259A 进行读出操作时，除需要采用输入指令，使 $\overline{RD}$ 为低电平有效外，8259A 内部各寄存器内容的读出操作所占用的 I/O 地址及命令也有区别，读 IMR 内容时，使用 8259A 的奇数号地址；读 IRR、ISR 及标识码时，都使用偶数号地址，但在读出它们的输入指令之前，需加不同的 OCW3 命令字，如表 8.3 所示。

表 8.3 8259A 的基本操作

$\overline{CS}$	A_0	$\overline{RD}$	$\overline{WR}$	写命令操作	说 明
0	0	1	0	数据总线→ICW_1	命令字中的 D_4 = 1
0	0	1	0	数据总线→OCW_2	命令字中的 D_4 = 0，D_3 = 0
0	0	1	0	数据总线→OCW_3	命令字中的 D_4 = 0，D_3 = 1
0	1	1	0	数据总线→OCW_1, ICW_2, ICW_3, ICW_4	ICW_2、ICW_3、ICW_4 紧跟在 ICW_1 后
$\overline{CS}$	A_0	$\overline{RD}$	$\overline{WR}$	读状态操作	说 明
0	0	0	1	IRR→数据总线	OCW_3 中的 P = 0，且 RR = 1，RIS = 0
0	0	0	1	ISR→数据总线	OCW_3 中的 P = 0，且 RR = 1，RIS = 1
0	0	0	1	查询字→数据总线	OCW_3 中的 P = 1
0	1	0	1	IMR→数据总线	初始化完成后
1	×	×	×	无任何操作	

8.8.4　8259A 在 IBM PC/XT、PC/AT 及 386 微机系统中的应用

1. IBM PC/XT 微机系统的外中断

IBM PC/XT 微机中只有一片 8259A 中断控制器，可接受并处理 8 级中断。8 级中断请求线的设置见图 8.18。各中断源的类型号、矢量地址及其在系统基本输入/输出程序(BIOS) 中的过程名、首地址列于表 8.4。其中，日时钟、键盘、硬磁盘和软磁盘四个中断源的中断服务程序均设置在 BIOS 中，其余各中断源的服务程序在 BIOS 中都以临时服务程序 D_{11} 代替。D_{11} 程序不执行具体操作，仅对是否外中断作出判断；若是外中断，还必须在中断处理程序中发出 EOI 命令。

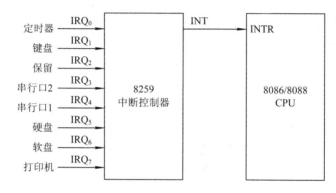

图 8.18　IBM PC/XT 机外中断请求的设置

根据 PC/XT 机外中断源的设置情况，除中断请求线 IRQ_2 可供用户使用外，IRQ_3、IRQ_4、IRQ_7 在系统不用(未插相应选件板或没使用中断)时，也可供用户使用。

表 8.4　XT 机 8 级外中断矢量一览表

中断号	矢量地址	中断源	BIOS 中中断服务程序过程名(段址：偏移址)
08H	20H～23H	时钟	TIMER-INT(F000：FFA5H)
09H	24H～27H	键盘	KB-INT(F000：E987H)
0AH	28H～2BH	保留	D11(F000：FF23H)
0BH	2CH～2FH	串行口 2	D11(F000：FF23H)
0CH	30H～33H	串行口 1	D11(F000：FF23H)
0DH	34H～37H	硬盘	HD-INT(C800：0760H)
0EH	38H～3BH	软盘	DISK-INT(F000：EF57H)
0FH	3CH～3FH	打印机	D11(F000：FF23H)

系统分配给 8259A 的 I/O 地址号为 20H($A_0 = 0$，偶数号地址)和 21H($A_0 = 1$，奇数号地址)。BIOS 程序中对 8259A 的初始化规定：中断优先级管理采用完全嵌套方式，中断请求信号采用上升沿触发方式、缓冲器方式，中断结束采用 EOI 命令方式。因而，其初始化程序如下：

```
    ...
INTA00        EQU 20H
```

```
INTA01      EQU 21H
...
            MOV      AL, 13H      ; 写 ICW₁(上升沿，单个，设置 ICW₄)
            OUT INTA00，AL
            MOV      AL, 08H      ; 写 ICW₂(中断类型基值)
            OUT INTA01，AL
            MOV      AL, 09H      ; 写 ICW₄(全嵌套，缓冲，从片，与 8088
            OUT INTA01，AL        ; 配合，非自动结束)
```

用户若要使用 IRQ_2 中断请求，且不需要更改系统中各中断源的优先级管理方式，可不写操作命令字，但必须重新设置中断处理程序过程名，并建立中断矢量表。将中断处理程序过程名(中断矢量)送入矢量地址的程序见 8.6 节。中断处理程序编写中，向 8259A 发出的中断结束命令(普通 EOI 命令)为

```
            MOV   AL，20H        ; 普通 EOI 命令
            OUT   20H，AL
```

2. IBM PC/AT 微机系统的外中断

IBM PC/AT 微机系统的 CPU 采用 80286 芯片，系统中有两个 8259A 芯片，接成级联方式，见图 8.19。其中主 8259A 芯片的 SP 引脚接高电平，而从 8259A 的 SP 引脚接地。从 8259A 的 INT 引脚接主 8259A 的 IR_2 引脚，主 8259A 的 INT 引脚与 CPU 的 INTR 相接。主从两个 8259A 的 CAS_0-CAS_2 信号互连在一起，不过主片的 CAS_0-CAS_2 为输出端，而从片的 CAS_0-CAS_2 为输入端。主片中没有与从片 INT 引脚相连的其它 IRQ 线及从片中所有的 IRQ 引脚都可作为中断源的请求输入线。若设置 8259A 按特殊的完全嵌套方式工作，则系统中优先权从最高至最低的排列顺序是：主片 IRQ_0→IRQ_1→从片 IRQ_0→IRQ_1⋯→IRQ_7→主片 IRQ_3→IRQ_4⋯→IRQ_7。从图 8.19 可看出，AT 机共可处理 15 级中断。其中从片 IRQ 引脚中的保留位均可供用户使用。

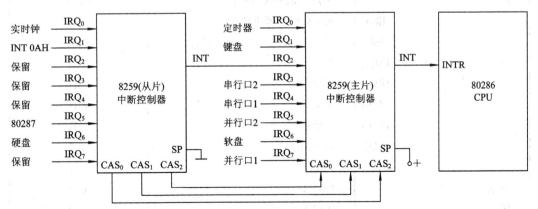

图 8.19   IBM PC/AT 机外中断请求的设置

3. 80386 微机系统中的外中断

80386 微机系统中采用 82C206 作为中断控制器。82C206 芯片实际上是将两个级联的 8259A(分别称为 INTC1 及 INTC2)与 8237 等芯片集成在一起。这也就是说，对外中断起控

制作用的仍为 8259A 芯片。82C206 内部 INTC1 及 INTC2 的级联情况示于图 8.20。可以看,出与 IBM PC/AT 机两个 8259A 的级联情况一样,其中 INTC1 为主设备,地址为 020H 及 021H;INTC2 为从设备,地址为 0A0H 及 0A1H。82C206 中断控制器的中断源安排示于表 8.5。

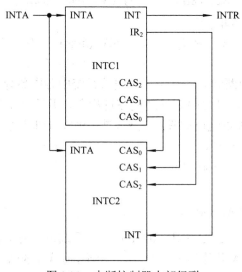

图 8.20　中断控制器内部级联

表 8.5　ISA 系统外部中断源的分配

外部中断		用　途	中断类型号
主 8259A	从 8259A		
IRQ_0		日时钟(定时器 0 输出)	08H
IRQ_1		键盘	09H
IRQ_2		来自从 8259A 的中断输出 INT	0AH
	IRQ_8	实时时钟中断(8254)	70H
	IRQ_9	再指向 INT 0AH(IRQ_2)的软件	71H
	IRQ_{10}	保留	72H
	IRQ_{11}	保留	73H
	IRQ_{12}	保留	74H
	IRQ_{13}	协处理器	75H
	IRQ_{14}	硬盘控制器	76H
	IRQ_{15}	保留	77H
IRQ_3		串口 2	0BH
IRQ_4		串口 1	0CH
IRQ_5		并口 2	0DH
IRQ_6		软驱控制器	0EH
IRQ_7		并口 2	0FH

习题与思考题

1．什么叫中断、中断请求和中断响应？

2．一般来说，中断的处理过程有哪几步？中断处理程序包含哪几部分？

3．什么叫异常？80386 中异常分为哪几类？相互间的区别是什么？

4．哪些情况下中断及异常可被暂时屏蔽？

5．何谓中断向量、向量地址和中断向量表？

6．何谓中断描述符表 IDT？它的起始地址由哪个寄存器控制？IDT 中的表项共有哪几类？相互间的区别是什么？

7．何谓中断及异常的优先级？80386CPU 中对中断及异常的优先级是如何排定的？

8．实方式下，80386 转入外部可屏蔽中断处理程序、非屏蔽中断处理程序及软件中断处理程序的过程有何不同？

9．试述保护方式下，通过中断门或陷阱门转入同一特权级的中断或异常处理程序的过程及返回主程序的过程。

10．试述保护方式下，通过中断门或陷阱门转入更高特权级处理程序的过程及返回主程序的过程。

11．试述保护方式下，通过任务门转移到不同任务的处理程序的过程及返回原任务的过程。

12．保护方式下，从主程序转入中断处理程序和转入异常处理程序的过程有何不同？

13．试述中断优先管理器 8259A 的主要功能。

14．何谓初始化命令字？8259A 有哪几个初始化命令字？各命令字的主要功能是什么？

15．何谓操作命令字？8259A 有哪几个操作命令字？各命令字的主要功能是什么？

16．何谓完全嵌套方式和特殊嵌套方式？试举例说明。

第 9 章　输入输出方法及常用的接口电路

计算机系统所拥有的强大功能源于中央处理器。但是如果中央处理器无法与外界尤其是操作者交流，其存在的价值就没有了。计算机通过种类繁多的外部设备(简称外设)，如键盘、显示器、软/硬盘、鼠标、打印机、扫描仪、绘图仪、调制解调器、网络适配器等实现与外界的信息交互。各类外部设备或存储器，都要通过各种接口电路连接到微机系统的总线上。本章主要介绍 I/O 接口的基本概念、输入输出方法以及常用的一些 I/O 接口电路功能及其应用。

9.1　I/O 接口的概念与功能

9.1.1　概述

介于主机和外设之间的缓冲电路称为 I/O 接口电路(Interface)，如图 9.1 所示，对于主机，接口提供了外部设备的工作状态及数据；对于外部设备，接口电路记忆了主机下达给外设的命令和数据，从而使主机与外设之间相互协调一致地工作。

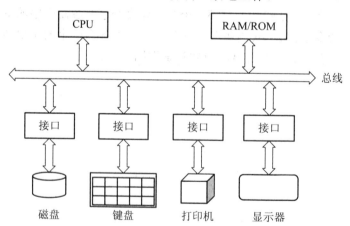

图 9.1　主机通过接口与外设相连

9.1.2　基本 I/O 接口

输入接口电路最基本的功能是三态缓冲，即通过一组三态缓冲器保证任意时刻仅允许被 CPU 选中的设备经由接口与 CPU 通信；输出电路最基本的功能是锁存数据，保证外设能够正确接收到信息。

1．基本输入接口

三态门电路是起缓冲和隔离作用的。只有当 CPU 选中此接口，三态门选通时，才允许选定的输入设备将数据送至系统数据总线，而其他没有选中的输入设备，此时相应的接口三态门"关闭"，从而达到与数据总线隔离的目的。

2．基本输出接口

对于输出设备，由于 CPU 输出的数据仅在输出指令周期中的短暂时间呈现在数据总线上，故需在接口电路中设置数据锁存器，暂时锁存 CPU 送至外设的数据，以便使工作速度慢的外设有足够的时间准备接收数据及进行相应的数据处理，从而解决了主机"快"和外设"慢"之间的矛盾。接口电路起了协调主机和外设间数据传送速度不配的矛盾。

因此，从对输入输出数据进行缓冲、隔离、锁存的要求出发，外设经接口与总线相连，其连接方法必须遵循"输入要三态，输出要锁存"。

9.1.3　I/O 接口的其他功能

1．对信号的形式和数据格式进行交换与匹配

CPU 只能处理数字信号，信号的电平一般在 0～5 V 之间，而且提供的功率很小。而外部设备的信号形式是多种多样的，有数字量、模拟量(电压、电流、频率、相位)、开关量等。所以，在输入输出时，必须将信号转变为适合对方需要的形式。如将电压信号变为电流信号，弱电信号变为强电信号，数字信号变为模拟信号，并行数据变为串行数据。

2．提供信息相互交换的应答联络信号

计算机执行指令时所完成的各种操作都是在规定的时钟信号下完成的，并有一定的时序。而外部设备也有自己的定时与逻辑控制，通常与 CPU 的时序是不相同的。外设接口就需将外设的工作状态(如"忙"、"就绪"、"中断请求")等信号及时通知 CPU，CPU 根据外设的工作状态经接口发出各种控制信号、命令及传递数据，接口不仅控制 CPU 送给外设的信息，也能缓存外设送给 CPU 的信息，以实现 CPU 与外设间信息符合时序的要求，并协调地工作。

3．根据寻址信息选择相应的外设

一个计算机系统往往有多种外部设备，而 CPU 在某一时段只能与一台外设交换信息，因此需要通过接口的地址译码对外设进行寻址，以选定所需的外设，只有选中的设备才能与 CPU 交换信息。当同时有多个外设需要与 CPU 交换数据时，也需要通过外设接口来安排其优先顺序。

9.1.4　I/O 接口电路的基本结构与分类

从编程角度看，接口内部主要包括一个或多个 CPU 可以进行读/写操作的寄存器，又称为 I/O 端口(Port)，各 I/O 端口由端口地址区分。

根据所传送信息的不同，I/O 端口可分为三类。

1．数据端口

数据端口用于存放 CPU 与外设间传送的数据信息，包括由键盘、磁盘、扫描仪输入设

备及过程通道读入的信息和 CPU 输出至打印机、显示器、绘图仪等输出设备及过程通道的信息。

2．状态端口

状态端口用于暂存反映外部设备工作状态的信息。如输入时，CPU 应检测外设欲输入的信息是否准备就绪，如果已准备好，则 CPU 可以读入信息，否则 CPU 等待"就绪"信号的出现后再读入；输出时，CPU 应检测外设是否已处于准备接收状态，即"空"状态，若是"空"状态，则 CPU 输出数据至外设。若外设处于"忙"状态，则 CPU 不能向外设输出信息。这种"空"、"忙"、"就绪"均为状态信息。

3．控制端口

控制端口用于存放 CPU 对外设或接口的控制信息，控制外设或接口的工作方式。

图 9.2 所示为一个通用 I/O 接口电路的基本结构框图。

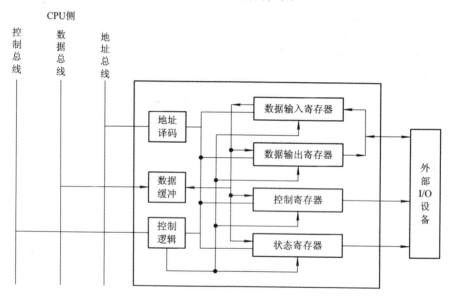

图 9.2　通用 I/O 接口电路的基本结构框图

通用 I/O 接口电路通常制作在一块中、大规模或超大规模集成电路芯片上，常称为 I/O 接口电路芯片，简称接口芯片。除了三种端口电路之外，还包括以下 3 部分：

(1) 地址译码电路：根据从 CPU 来的地址信息，由片选信号是否有效判定 CPU 是否选中本接口芯片，再由芯片片内地址线经此地址译码电路选中片内的某个端口，以实现 CPU 与此端口传输信息。

(2) 控制逻辑电路：用于产生接口的内部控制信号和对外控制信号，以实现处理器和外设间相互协调的读/写(输入/输出)操作。

(3) 数据缓冲电路：接口电路输入/输出的数据、控制及状态信息都是通过此缓冲电路传送的，它和系统的数据总线相连，能起隔离、缓冲作用。

并不是所有接口都具备上述全部功能的。接口需要哪些功能取决于 I/O 设备的特点，有的还需要专用的 I/O 接口电路。

I/O 接口电路按不同方式分类主要有以下几种：

(1) 按数据传送方式分类，可分为并行接口和串行接口；

(2) 按功能选择的灵活性分类，可分为可编程接口和不可编程接口；

(3) 按通用性分类，可分为通用接口和专用接口；

(4) 按数据控制方式分类，可分为程序型接口和 DMA(Direct Memory Access)型接口。程序型接口一般都可采用程序中断的方式实现主机与 I/O 设备间的信息交换。DMA 型接口用于连接高速的 I/O 设备如磁盘、光盘等大信息量的传输。

近年来，由于大规模集成电路和计算机技术的发展，I/O 接口电路大多采用大规模、超大规模集成电路，并向智能化、系列化和一体化方向发展。虽然新的接口芯片层出不穷，甚至今后还会有功能更多、速度更快的 I/O 接口电路芯片，但好多大规模、多功能 I/O 电路芯片内基本上是一些功能单一的接口电路的组合与集成。作为接口技术的基本原理、方法，没有多大变化。为此，本书介绍的接口电路仍以单功能的接口电路为重点，这有利于读者掌握微机接口技术的原理与方法，并能正确掌握与选用各种接口电路以组成所需的微机应用系统。在此基础上也会容易理解与应用多功能外围芯片。

9.2　基本的输入/输出方法

在微机系统中，微型计算机与外围设备之间的信息传送，实际上是 CPU、内存与外设接口之间的信息传送的方法。一般可分为 4 种方式：

(1) 程序控制的输入/输出方式；

(2) 程序中断输入/输出方式；

(3) 直接存储器存取(DMA)方式；

(4) 专用 I/O 处理器方式。

9.2.1　程序控制的输入/输出

程序控制的输入/输出方式是指在程序中利用输入/输出操作指令来完成 CPU 与接口的信息交换。信息传送的过程是事先确定的。根据外围设备性质的不同，这种传送方式又可分为无条件传送及有条件传送两种。

1. 无条件传送

当程序执行到 I/O 指令时，无条件地立即执行输入/输出指令相应操作，如图 9.3 所示。这种传送方式适用于简单的 I/O 设备以及开关量或检测温度、压力之类物理量所用的传感器发出的缓慢变化的信号传送。对于这类变化缓慢的信号，只要 CPU 读取数据的频率能跟上信号的变化即可。采用这种传送方式时，指令执行的过程即数据传送过程，因此，也叫同步传送。

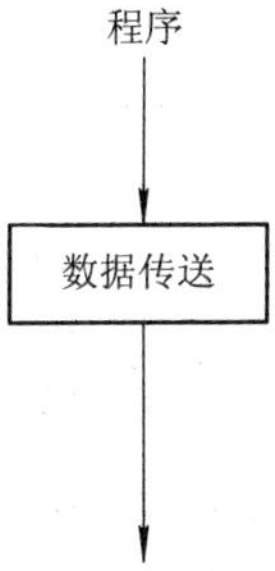

图 9.3　无条件数据传送

2. 有条件传送

传送方式如图 9.4 所示。CPU 在传送数据之前需要检查外围设备的状态，若设备已"准

备就绪", 则可以进行数据传送。采用这种方式传送数据, 一般需要三个步骤:

(1) 将描述外围设备工作状态的信息(如"准备好")——状态字读入 CPU 相应的寄存器中。

(2) 检测相应的状态位, 以检查外围设备收发数据的准备工作是否"准备就绪"。

(3) 若外围设备没有"准备就绪", 则重复执行(1)、(2)步骤, 等待"准备就绪"; 若外围设备"准备就绪", 则执行预定的数据传送。

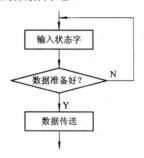

图 9.4 有条件数据传送

这种有条件传送方式(也称为"查询式"传送方式)的优点是能保证主机与外围设备之间协调同步工作。缺点是浪费 CPU 的时间, 因其大部分时间都在查询外围设备是否"准备就绪", 此时仅反复执行(1)、(2)功能的指令, 而不能进行任何其他操作。但由于这种传送方式硬件线路简单, 程序容易实现, 因而在微机系统中还是常用的一种数据传送方式。

9.2.2 程序中断输入/输出方式

程序控制的输入/输出方法是由 CPU 来查询外围设备的状态, CPU 处于主动的地位, 外围设备处于被动的地位, 而中断输入/输出则是外围设备处于主动地位, CPU 处于被动地位。

对于中断输入/输出方式, 只有当外围设备要传送数据时才向 CPU 发出中断请求信号, 实时性比程序控制的输入/输出要好得多, 但仍存在如下缺点:

(1) 为了能接受中断的请求信号, CPU 内部要有相应的中断控制电路, 外围设备要提供中断请求信号及中断类型号。

(2) 利用中断输入/输出, 每传送一次数据就要中断一次 CPU。CPU 响应中断后, 进入中断处理将程序引导至"中断服务程序"入口。在"中断服务程序"中一般都要保护现场, 恢复现场, 这要安排多条指令, 浪费了很多 CPU 时间。故此种传送方式一般较适合于传送少量的输入/输出数据以及中低速度的外围设备。对于大量的输入/输出数据, 应采用高速的直接存储器存取方式 DMA。

9.2.3 直接存储器存取方式(DMA)

程序控制或程序中断的输入/输出方式, 其数据的传送都是在 CPU 的干预下用输入/输出指令来实现的, 传送速度不会很高。若存储器与 I/O 设备间传送数据不经过 CPU 而是在它们中间直接进行, 则可大大提高传送速率。直接存储器存取方式 DMA(Direct Memory Access)就是这样在存储器与 I/O 设备间直接传送数据的。新型的 DMA 传送可扩展到存储器的两个区域之间, 或两种高速外围设备之间进行 DMA 传送。

　　DMA 方式的主要优点是速度快，数据传送速率只受存储器存取时间和 I/O 设备的速度限制。其缺点是需要一个专用的芯片——DMA 控制器(DMAC)来加以控制、管理，硬件连接也稍微复杂些。一般微处理器都设有用于 DMA 传送请求的应答联络线。实现 DMA 传送操作的流程如图 9.5 所示。

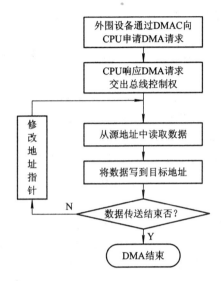

图 9.5　典型的 DMA 传送流程图

　　为进一步说明 DMA 的传送过程，图 9.6 给出了 DMA 控制器与 CPU、外设接口、存储器间相互应答联系的信号。

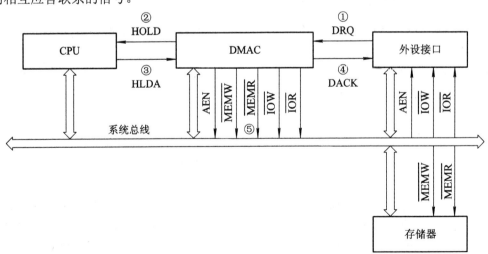

图 9.6　DMA 传送原理示意图

　　为了使 DMA 的过程能正确进行，DMAC 启动工作以前，应事先预置以下初始化信息：

　　(1) 给 DMAC 中的地址寄存器及计数长度寄存器设置数据传输所用的源、目标内存首地址及传送数据的字数长度。

　　(2) 对 DMAC 送入适当的控制字，以指出数据传送方向及如何启动 DMA 操作。

　　在 DMA 启动工作后，DMAC 只负责送出地址及控制信号，而数据传送是直接在接口和内存之间进行的；对于内存与内存间的传送是先用一个 DMA 存储器读周期将数据从内存读出，放在 DMAC 中的内部数据暂存器中，再利用另一个 DMA 的存储器写周期将此数据写入内存的指定单元。

DMA 传送的请求与工作过程大致如下：

(1) 当外设准备好，要求进行 DMA 传送时，外设向 DMA 控制器发出 DMA 传送请求信号(DRQ)。

(2) DMA 控制器收到请求后，向 CPU 发出"总线请求保持"信号 HOLD，向 CPU 申请占用总线。

(3) CPU 在完成当前总线周期后会立即对 HOLD 信号进行响应。响应包括两个方面：一是 CPU 将数据总线、地址总线和相应的控制信号线均置为高阻态，放弃对总线的控制权。另一方面，CPU 向 DMA 控制器发出"总线响应"信号(HLDA)。

(4) DMA 控制器收到 HLDA 信号后，就获得对总线的控制权开始控制总线，并向外设发出 DMA 响应信号 DACK，进入 DMA 工作方式。

(5) DMA 控制器送出地址信号和相应的控制信号，实现内存与外设或内存与内存之间的直接数据传送(例如，在地址总线上发出存储器的地址，向存储器发出读信号 $\overline{MEMR}$，读出数据，同时向外设发出 I/O 地址、$\overline{IOW}$ 和 AEN 信号，即可从内存向外设传送一个字节)。

(6) DMA 控制器自动修改地址和字节计数器，并据此判断是否需要重复传送操作。规定的数据传送完后，DMA 控制器就撤消发往 CPU 的 HOLD 信号。CPU 检测到 HOLD 失效后，紧接着撤消 HLDA 信号，并在下一时钟周期重新开始控制总线，继续执行原来的程序。

9.2.4　专用 I/O 处理器方式

对于有大量的、高速的 I/O 设备的微机系统，前面几种方法都难以满足要求。于是，人们又提出并实际上广泛采用了一种专用 I/O 处理机(IOP)控制方式，比如 8089。这种方式是把原来由 CPU 完成的各种 I/O 操作与控制全部交给 I/O 处理器去完成。I/O 处理器能够直接存取系统主存储器，能够中断 CPU 或被 CPU 查询，并能直接执行 I/O 程序和数据预处理程序。因此，这种方式可以大大提高 CPU 对具有大量 I/O 设备的数据吞吐量。

9.3　8255A 并行接口电路

8255A 是一种通用可编程并行 I/O 接口电路(NMOS)芯片，又称"可编程外围接口 PPI(Programmable Peripheral Interface)"。它是 Intel 公司为 8085、80X86 系列微处理器配套的接口芯片。它也可以和其他微处理器系统相配。80X86 系统中常采用 8255A 作为键盘、扬声器、打印机等外设的接口电路芯片。

以后推出的 82C55A 芯片是工业标准的 CHMOS I/O 接口芯片，其功能内部结构与 8255A 一样，引脚功能完全兼容。

9.3.1　8255A 的内部结构及功能

8255A 芯片采用 40 脚双列直插封装，单一+5 V 电源，全部输入输出均与 TTL 电平兼容。它有三个输入输出端口(端口 A、端口 B、端口 C)。每个端口都可通过编程设定为输入端口或输出端口,芯片还有为输入输出提供的控制联络信号、端口寻址信号等。8255A 内部结构框图与引脚排列如图 9.7 所示,它由以下四部分组成。

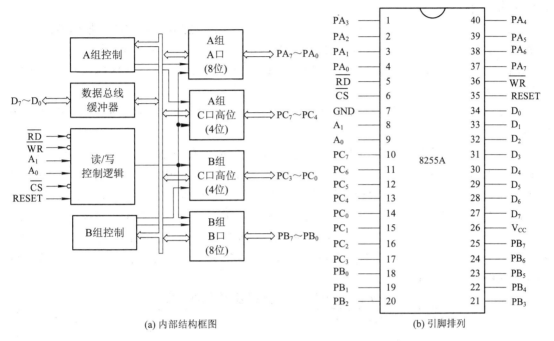

(a) 内部结构框图　　　　　　　　　　　(b) 引脚排列

图 9.7　8255A 内部结构框图与引脚排列

1. 三个并行输入/输出端口(端口 A、端口 B、端口 C)

8255A 有 A、B、C 三个并行输入/输出端口(简称为 A 口、B 口、C 口),其功能全部由程序设定,但每个端口都有自己的功能特点。A 口、B 口通常作为独立的 I/O 端口使用,C 口也可以作为一般的 I/O 端口使用。但当 A 口、B 口作为应答式的 I/O 口使用时,C 口分别用来为 A 口、B 口提供应答控制线。此时 C 口分为 A 组 C 口(或称上 C 口)、B 组 C 口(或称下 C 口),规定分别用来作为 A 口和 B 口的应答控制线使用。各端口的功能如表 9.1 所示。

表 9.1　8255A 端口功能

工作方式	A 口	B 口	C 口
0	基本输入/输出端口 输入不锁存、输出锁存		
1	应答式输入/输出端口 输入输出均可锁存		上 C 口作为应答式 A 口的 应答线;下 C 口作为应答式 B 口的应答式
2	应答式双向输入/输出端口, 均可锁存	不用	用作 A 口的应答控制线

2. 读写控制逻辑

读/写控制逻辑的功能用于管理数据、控制字或状态字的传送。它接收来自 CPU 的地址信息及一些控制信号，然后向 A 组、B 组控制电路发送命令，控制端口数据的传送方向。其控制信号有：

$\overline{CS}$——片选信号，低电平有效。当 $\overline{CS}$ 有效时，允许 8255A 与 CPU 交换信息。$\overline{CS}$ 信号通常由端口地址线(16 位地址号取自 $A_{15} \sim A_2$，8 位地址号取自 $A_7 \sim A_2$)译码产生。

$\overline{RD}$——读信号，低电平有效。当 $\overline{CS} = \overline{RD} = 0$ 时，允许 CPU 从 8255A 端口中读取数据或外设状态信息。

$\overline{WR}$——写信号，低电平有效。当 $\overline{CS} = \overline{WR} = 0$ 时，允许 CPU 将数据、控制字写入到8255A 中。

RESET——复位信号，高电平有效。它清除 8255A 所有控制寄存器内容，并将各端口都置成输入方式。这样做的目的是防止损坏连接在端口线上的电路。因为如果端口被初始化为输出状态，则端口有可能向设备的输入端发送数据，造成冲突，从而损坏设备或端口。

A_1、A_0——8255A 片内端口寻址地址线。它们与 $\overline{RD}$、$\overline{RW}$ 及 $\overline{CS}$ 信号相配合用作选择端口及内部控制寄存器的地址信息，并控制信息传送的方向。CPU A_0 地址线一般为低电平，保证端口都是偶地址，数据在 $D_0 \sim D_7$ 总线上传输。8255A 端口、控制寄存器的寻址及控制的操作功能如表 9.2 所示。

表 9.2　8255A 端口选择及操作功能表

A_1	A_0	$\overline{RD}$	$\overline{WR}$	$\overline{CS}$	端　口	操作功能
0	0	0	1	0	端口 A→数据总线	
0	1	0	1	0	端口 B→数据总线	输入操作(读)
1	0	0	1	0	端口 C→数据总线	
0	0	1	0	0	数据总线→端口 A	
0	1	1	0	0	数据总线→端口 B	
1	0	1	0	0	数据总线→端口 C	输出操作(写)
1	1	1	0	0	数据总线→控制寄存器	
×	×	×	×	1	未选中 8255A　数据总线→高阻态	
1	1	0	1	0	非法状态	断开功能
×	×	1	1	0	数据总线→高阻态	

3. A 组和 B 组控制电路

这两组接收来自 CPU 的读/写控制部分的信号和 CPU 送入的控制字，然后分别决定各端口的功能。A 组控制电路控制端口 A 和 C 的高 4 位($PC_7 \sim PC_4$)；B 组控制电路控制端口 B 和 C 的低 4 位($PC_3 \sim PC_0$)。还可根据控制字的要求对端口 C 的某位实现"置 0"或"置 1"的操作。

4. 数据总线缓冲器

这是一个双向三态的 8 位缓冲器，可与系统的数据总线直接相连，以实现在 CPU 和8255A 间传送信息。

9.3.2　8255A 的工作方式及控制字

8255A 有三种工作方式,而且对端口 C 各位又可进行按位操作,这些都是由 CPU 输出
到 8255A 的控制字来实现的。

1. 8255A 的操作模式

1) 方式 0

方式 0 是一种无需应答的基本输入/输出方式。端口 A、B、C 均可以工作在方式 0。典
型的例子是以开关或计数器状态作为输入信号,以发光二极管(LED)作为显示输出。

如果端口 A 和端口 B 都被初始化为方式 0,则端口 C 可以作为一个 8 位的端口,也可
以分成两个 4 位端口(高 4 位和低 4 位)来分别设置输入/输出模式。需要指出的是,端口 C
作为输入/输出端口使用时,只能工作于方式 0。

2) 方式 1

工作方式 1 主要是为中断应答式而设计的。分为输入和输出两种情况:

(1) 方式 1 输入。方式 1 输入时,端口与 CPU、外设的连接如图 9.8 所示,其操作过程
的时序见图 9.9。

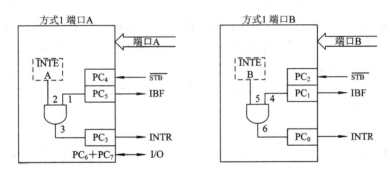

图 9.8　方式 1 输入时的连接方式

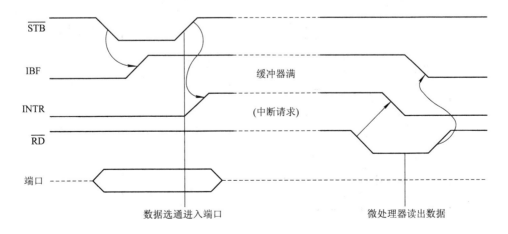

图 9.9　方式 1 输入操作时序图

时序图中有 3 条控制线 $\overline{\text{STB}}$、IBF 和 INTR,它们的作用如下:

$\overline{STB}$ 选通信号，低电平有效。通常这是外设给 8255A 的信号，用来表示外设输入数据已准备好。此信号规定用端口 C 的 PC_4 位(对端口 A)和 PC_2 位(对端口 B)。当 PC_4(或 PC_2)变低电平时，外设已将数据放置在 $PA_0 \sim PA_7$($PB_0 \sim PB_7$)数据线上。当 $\overline{STB}$ 由低变高时，数据锁存入端口。若端口允许中断(INTE 有效)，则使 INTR 变高电平，8255A 可利用此信号向 CPU 发出中断请求。

IBF 输入数据满信号，高电平有效。这是 8255A 向外设发出的响应信号(ACK)。当 IBF 有效时，表示数据已锁存到端口的数据输入寄存器中。此信号规定使用端口 C 的 PC_5(对端口 A)和 PC_1(对端口 B)引脚。当 CPU 从 8255A 读取数据后，利用 $\overline{RD}$ 的上升沿使 IBF 复位成低电平。IBF 低电平是 8255A 用来向外设表明此端口原输入数据已被 CPU 取走，外设可输入新的数据。

INTR 中断请求信号，高电平有效。当 $\overline{STB}$ 有效，数据锁存入 8255A 后，IBF 变有效。在 $\overline{STB}$ 由低变高的时刻，若 8255A 片内中断允许信号 INTE 高电平有效，则 8255A 的 PC_3(或 PC_0)即 INTR 变高电平有效，向 CPU 发出中断请求。CPU 响应中断后，在中断服务程序中 CPU 执行到从 8255A 端口读取数据指令时，产生 $\overline{RD}$ 有效信号，它一方面将 8255A 锁存的数据读入到 CPU 中并延迟一段时间撤消向 CPU 申请中断的信号 INTR，使其无效。另一方面利用 $\overline{RD}$ 信号的上升沿使 IBF 复位。

应指出：8255A 片内有一个中断允许触发器 INTE，当其为"0"状态(INTR = 0)时，表示禁止中断，当其为"1"状态(INTR = 1)时，表示允许中断。其置"0"与置"1"均是通过对 PC_4(A 组)PC_2(B 组)进行位操作来实现的。在方式 1 中，对 PC_4(或 PC_2)的位操作只影响 INTE 触发器的状态，而不影响 PC_4(或 PC_2)引脚的电平状态。

在方式 1 输入时，C 口多余的两条线(PC_6、PC_7)归入 A 组，它可以作为方式 0 的输入/输出线或作为位操作用。其工作状态及初始化编程与 A 口无关。

(2) 方式 1 输出。方式 1 输出时，每个口与 CPU 及外设的连接如图 9.10 所示，其操作过程的时序见图 9.11。

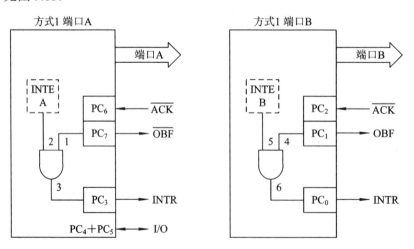

图 9.10　方式 1 输出连接图

时序图中有 3 条控制线 $\overline{OBF}$、$\overline{ACK}$ 和 INTR，它们的作用如下：

$\overline{OBF}$ 输出缓冲器满信号，低电平有效。这是 8255A 输出给外设的一个控制信号。当其有效时，表示 CPU 已将数据输出至 8255A 此端口，外设可以到此端口取数。

$\overline{ACK}$ 响应信号，低电平有效。这是外设从端口中取得数据后，发回给 8255A 的响应信号。$\overline{ACK}$ 有效时表明外设已取走数据。8255A 收到此回答信号后，一方面利用此信号下降沿使 $\overline{OBF}$ 变高电平，通知外设，8255A 没有新的输出数据。又利用 $\overline{ACK}$ 上升沿使 INTR 变高电平，向 CPU 申请中断，要求 CPU 向 8255A 发出下一个输出数据。

INTR 中断请求信号，高电平有效。如果该口允许中断(INTE=1)，而且 $\overline{ACK}$、$\overline{OBF}$ 均为高电平，则经 PC_3(A 口)或 PC_0(B 口)引脚发出此中断请求信号。

同样，在方式 1 输出时，A 口、B 口也有 INTE 控制线，其功能与方式 1 输入时相同。它由对 PC_6(A 组)和 PC_2(B 组)进行位操作来实现，并且对 PC_6 或 PC_2 的位操作只影响 INTE 的状态，不影响 PC_6 或 PC_2 引脚的电平状态。

图 9.11 所示的起始状态为：外设已从 8255A 数据输出锁存器中取走了数据，从而 $\overline{OBF}$ 为高电平，表示数据输出锁存器已空。此时，INTR 高电平有效，已向 CPU 申请中断，希望 CPU 再输出下一个数据。CPU 响应中断后，在中断服务中，安排一条输出指令($\overline{WR}$ 低电平有效)，将新的数据输出存入 8225A 数据输出锁存器中。利用 $\overline{WR}$ 信号的低电平使 INTR 变为低电平，撤消中断请求，同时利用 $\overline{WR}$ 信号上升沿使 $\overline{OBF}$ 为低电平，向外设表明 8255A 中有新的输出数据，外设可以到端口取数。而外设通常利用 $\overline{ACK}$ 作为选通脉信号，从端口中取走数据并送入外设。同时利用 $\overline{ACK}$ 低电平将 $\overline{OBF}$ 置成高电平，表明输出寄存器已空。又利用 $\overline{ACK}$ 上升沿使 INTR 变高电平再向 CPU 申请中断，要求 CPU 输出下一次的数据。

方式 1 输出时的 PC_4 和 PC_5 归入 A 组，可作为方式 0 的输入/输出线或作为位操作用。

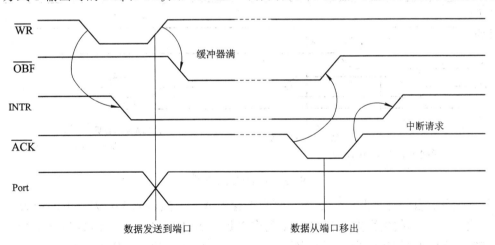

图 9.11 　方式 1 输出操作时序图

3) 方式 2

方式 2 仅允许 A 口使用，此方式是方式 1 情况下 A 口输入/输出的结合。方式 2 时 A 口内部构成原理如图 9.12 所示。此时 C 口的控制线 $\overline{STB}$、$\overline{OBF}$、$\overline{ACK}$、IBF 的意义同方式 1。同时，INTE1(中断允许触发器 1)由 PC_6 的置位/复位操作来控制，而 INTE2(中断允许触发器 2)则由 PC_4 的置位/复位操作来控制，并且 PC_6 和 PC_4 的置位/复位操作只分别影响 INTE1 和 INTE2 的状态，不影响 PC_6 及 PC_4 引脚的电平状态。

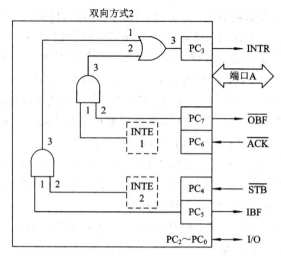

图 9.12 方式 2 时 A 口结构原理框图

方式 2 时，PC_1 及 PC_2 归入 B 组，可作为方式 0 的输入/输出或作为位操作用。

方式 2 时，输入/输出操作的时序如图 9.13 所示。

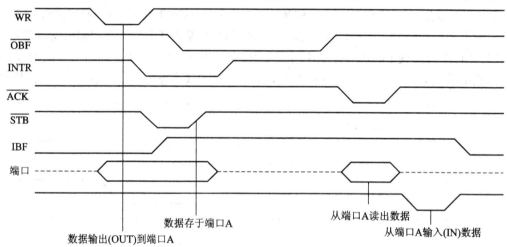

图 9.13 工作方式 2 时序图

输入操作：首先外设发出 $\overline{STB}$ 信号将数据存入 A 口，然后 8255A 发出 IBF 有效信号给外设，表示 A 口已收到数据。若 8255A 允许中断，INTE1 = 1，则向 CPU 发送中断请求信号 INTR。当 CPU 响应中断后，执行输入指令时，$\overline{RD}$ =0，就可以从 A 口取入数据。

输出操作：首先 CPU 输出数据至 A 口并锁存，则 $\overline{OBF}$ 变有效，通知外设可至 A 口读取数据。当外设需读取数据时，给 8255A 发出一个 $\overline{ACK}$ 低电平有效信号，接通 A 口三态门，将锁存于 A 口的数据读入外设中。

若在方式 2 时采用查询式输入输出操作，则可从 C 口读入状态字，并检查 IBF 及 $\overline{OBF}$ 标志位。

A 口工作于方式 2 的条件是，其所接的外设既可作为输入设备，又可作为输出设备，并且输入/输出动作不会同时进行。例如，软盘驱动器通过 8255A 接口与 CPU 相连时，A

口便可工作于方式 2。目前，随着微处理技术的日益普及，多微处理机系统已日趋增多，而且这种多机系统有时采用一个主机多个从机形式。为了实现主—从机间并行传送数据，并避免多个从机同时使用总线，采用 8255A 器件作为这种系统的接口是极为方便的。方式 2 实质是方式 1 输入/输出的综合。

2. 8255A 的控制字

8255A 有两个控制字，一个是工作方式控制字，另一个是对端口 C 的置位/复位控制字。

1) 工作方式控制字

端口 A 可工作在方式 0、1、2 三种方式；端口 B 可工作在方式 0 和 1 两种，而端口 C 只能工作在方式 0。8255A 工作方式控制字的格式如图 9.14 所示。

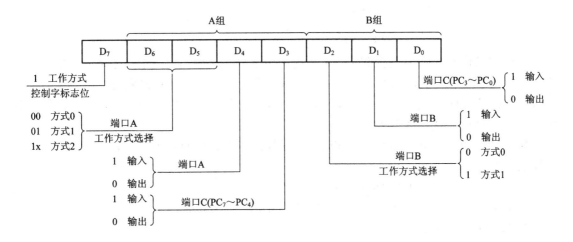

图 9.14　8255A 工作方式控制字的格式

8255A 控制字格式中 D_7 位用于区分 8255A 的两种控制字。当 $D_7 = 1$ 时，为工作方式控制字；当 $D_7 = 0$ 时，为对端口 C 的置位/复位控制字。只要 CPU 对 8255A 送入方式控制字，就可以决定 A 口、B 口、C 口的工作方式及相应的操作功能。这种对可编程序接口电路送入控制字，从而设定接口功能的程序，称为"接口(功能)初始化程序"。

例如，系统要求 8255A 各个端口工作在如下方式：A 口方式 0，输入端口；B 口方式 0，输出端口；C 口高 4 位为输出口，低 4 位为输入口。此时方式控制字的格式为 91H，设 8255A 控制寄存器的地址号为 D6H，则其初始化程序如下：

```
MOV    AL,   91H      ;CPU 将控制字 91H 经 AL 输出
OUT    0D6H，AL        ;送至 8255A 控制寄存器中
```

当 8255A 控制寄存器为 16 位地址号时，CPU 对 8255A 输出控制字，应采用寄存器间接寻址的输出指令。如控制寄存器地址号为 300H 时，初始化程序如下：

```
MOV    DX,   0300H    ;控制寄存器地址号存入 DX 中
MOV    AL，  91H      ;控制字经 AL 送控制寄存器
OUT    DX    AL
```

2) 置位/复位控制字

置位/复位控制字格式如图 9.15 所示。

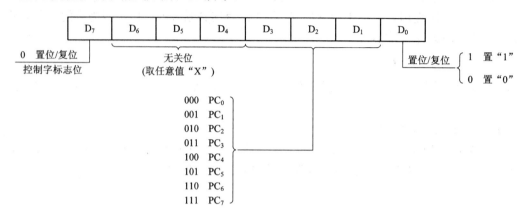

图 9.15　8255A 端口 C 置位/复位控制字格式

对 C 口某位的置位/复位控制字，主要用于指定 C 口某位输出高电平还是低电平，作为输出的控制信号，如用于控制开关的通(置 1)/断(置 0)，继电器的吸合/释放、电机的启/停控制等。控制字的 D_0 位用于区分是置 1 还是置 0 操作，但究竟对 C 口的哪一位按位操作，则由控制字中的 D_1、D_2、D_3 位决定。

如需对 C 口 PC_7 位实现置 0 操作时，此时控制字为 00001110B(0EH)，故对 PC_7 位置 0 操作的程序为：

```
MOV      AL      00001110B  ；置 PC₇=0 的控制字
OUT      0D6H         AL      ；控制字送 8255A 控制寄存器中
```

对 PC_7 位置 1 的程序为：

```
MOV      AL      0001111B
OUT      0D6H     AL
```

同理，当地址号为 16 位时，应采用间接寻址的输出指令。

3．8255A 应用举例

【例 9.1】　8255A 并行接口作为键盘接口的应用。

键盘是一种输入装置，通过键盘上任一按键可以向计算机输入信息。按键开关是键盘的基本组成元件。有多种类型，它们的原理也不尽相同。目前使用的键盘大多是采用电容开关，利用电容量的变化使开关通断。

一般每个键在按下和松开时，都会经历短时间的抖动后才到达稳定接通或断开。抖动持续时间因键的质量有所不同，通常为 5～20 ms。在识别按键和释放按键时必须避开这一段不稳定的抖动状态，才能正确检测识别。去抖动的方法一般有两种：一种是软件延时，即发现有键按下或释放时，软件延时一段时间再检测；另一种是硬件消抖法，如用基本 RS 触发器、单稳电路、RC 滤波器等。

键盘结构的关键是如何把键盘上的每一次按键动作转换成相应的 ASCII 码送到计算机。按编码方式，可以将键盘分为全编码键盘和非编码键盘两种。

所谓全编码键盘，是指对每一个按键，通过全编码电路产生唯一对应的编码信息(ASCII

码、EBCDIC 码等)。显然，这种编码按键响应速度快，但它是以复杂的硬件电路为代价的，而且其复杂性随着按键数的增大而大大增加，价格贵。

非编码键盘就是利用简单的硬件电路和软件配合来识别按键的位置(即位置码)，然后由计算机通过软件查表将位置码转换为需要的编码信息(比如 ASCII 码)。虽然这种键盘响应速度不如全编码键盘快，但可由 CPU 的处理速度来弥补。这种键盘的优点是通过软件编码为键盘某些键的重新定义提供了极大的方便，因此，得到广泛应用。

键盘上按键一般排成行、列矩阵格式，每个交叉点上可接一个按键，如图 9.16 中的 A 键。在非编码键盘中，常用反转法、行扫描法等来扫描识别被按下的键。行扫描法的基本原理是，先由程序逐行对键盘进行扫描，再通过检测列状态来确定按键行列位置。为此需要一个输出口和一个输入口。下面以反转法为例详细介绍其扫描原理。

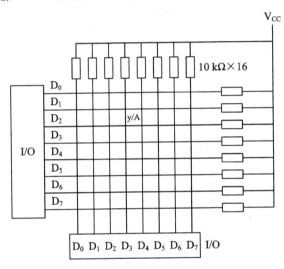

图 9.16　反转法扫描原理

反转法扫描原理如图 9.16 所示。键盘是一个 8 行 × 8 列的 64 键的键盘。在扫描时，先通过一个 I/O 端口对列送全"0"读行线上内容，若无键按下，读入的内容应该为全"1"；重复上述过程。若有某一键按下，则对应该键的行线被列线强置为"0"。比如图中 A 键按下，则行线读到的内容为 11111011B；接着将该内容反送到行线，读列线内容，若 A 键仍然按下，则读到的列线内容为 11101111B，根据两次读到的信息就可以唯一确定按下键的行列位置，依据该位置信息通过软件查表就可以得到该键 ASCII 码。如果读到的行列信息中有一个以上"0"，说明有多键按下，一般需要进行重新扫描。

由反转法扫描原理可见，扫描 64 个键需要两个 I/O 端口，而且这两个 I/O 端口还应该既能作为输入口，又能作为输出口。可见，8255A 可以很容易实现该键盘扫描接口。图 9.17 所示为 8255A 扫描 24 个键的例子。

由图 9.17 可见，8255A 的地址为：300H～3FFH，选 300H～303H 分别作为 8255A 的 A 口、B 口、C 口及控制寄存器四个端口的地址，由以下程序则可以实现对键盘的扫描。该程序将 8255A 扫描的按键显示在 CRT 上，并且按小键盘上的 Y 键，退出扫描程序，返回到 DOS 状态下。

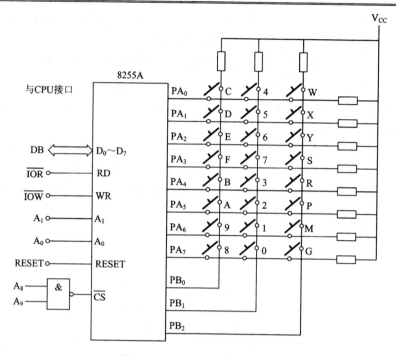

图 9.17　8255A 实现键盘接口

键盘扫描程序如下：

```
        PA55    EQU    300H
        PB55    EQU    301H
        P55CTL1 EQU    303H
        DATA   SEGMENT
        TABLE   DW   0101H，0102H，0104H，0108H，0110H，0120H，0140H，0180H；
                                PB0 列中各键键值
                DW   0201H，0202H，0204H，0208H，0210H，0220H，0240H，0280H；
                                PB1 列中各键键值
                DW   0401H，0402H，0404H，0408H，0410H，0420H，0440H，0480H；
                                PB2 列中各键键值
        CHAR   DB  'CDEFBA9845673210WXYSRPMG'  ；字符 ASCII
        MES    DB  'PLAY ANY KEY IN THE SMALL KEYBOARD!'，0aH，0dH
               DB  'IT WILL BE ON THE SCREEN!  END WITH Y!'，0aH，0dH，'$'
        DATA ENDS
        CODE  SEHMENT
        MAIN PROC  FAR            ；定义为段间过程
        ASSUME CS：CODE，DS：DATA
START： MOV    AX，DATA           ；装入段基址
        MOV    DX，AX
        MOV    DX，OFFSET  MES    ；9 号功能调用，将字符串显示于 CRT 上
```

```
              MOV    AH，09
              INT    21H
    KY：      CALL   KEY              ；从缓冲区中取一字符，并显示
              CMP    DI，'Y'
              JNZ    KY
              MOV    AX，4C00H
              INT    21H              ；若(dI)='Y'，则返回 DOS
              RET
    MAIN      ENDP                    ；主程序结束
    KEY       PROC   NEAR            ；段内过程(找出闭合键的行、列值)
    KST：     MOV    AL，82H          ；8255A 工作方式控制字、A 口方式 0 输出，B 口方
                                      ；式 0 输入

              MOV    DX，P55CTL1
              OUT    DX，AL
    WAIT1：   MOV    AL，00           ；A 口低电平输出，行线低电平
              MOV    DX，PA55
              OUT    DX，AL
              MOV    DX，PB55          ；读列线，查找有没有闭合键
              IN     AL，DX
              CMP    AL，0FFH          ；没有闭合键，等待
              JZ     WAIT1
              PUSH   AX               ；列线值暂存堆栈
              PUSH   AX
              MOV    CX，1000H         ；去抖动延时
    DELAY：   LOOP   DELAY
              MOV    DX，P55CTL1       ；反转 A 口为输入口，B 口为输出口
              MOV    AL，90H
              OUT    DX，AL
              MOV    DX，PB55          ；列值由 B 口输出
              POP    AX
              OUT    DX，AL
              MOV    DX，PA55          ；读行值
              IN     AL，DX
              POP    BX               ；从堆栈中弹出列值至 BX 中
              MOV    AH，BL            ；列值→AH
              NOT    AX               ；(AX)取反
              MOV    SI，OFFSET TABLE  ；取参数 Table 的偏移地址→SI
              MOV    DI，OFFSET CHAR   ；取字符参数 Char 的偏移地址→DI
```

```
            MOV   CX, 24            ; 24 个字符长
TT:         CMP   AX, [SI]          ; 键值与 Table 中字符相比较
            JZ    NN                ; 找到相应字符, 转 NN 语句
            DEC   CX                ; 长度修正
            JZ    KST               ; 没找到, 转 KST 语句继续查找
            ADD   SI, 2
            INC   DI
            JMP   TT
NN:         MOV   DL, [DI]          ; 闭合键字符→DL
            MOV   AH, 02            ; 2 号功能调用, 显示字符
            INT   21H
            PUSH  DX                ; DX 暂存堆栈
            MOV   AL, 82H           ; A 口控制字→控制寄存器, A 口输出, B 口输入
            MOV   DX, P55CTLl
            OUT   DX, AL
WAIT2:      MOV   AL, 00            ; 等待闭合键释放
            MOV   DX, PA55
            OUT   DX, AL
            MOV   DX, PB55
            IN    AL, DX
            CMP   AL, OFFH
            JNZ   WAIT2
            POP   DX
            RET


KEY:        ENOP                    ; 过程结束
CODE:       ENDS                    ; 代码段结束
            END START               ; 源程序结束
```

【例 9.2】 并行打印机接口。

在 USB 接口的打印机出现之前, 大多数打印机都是通过并行接口以 ASCII 字符的形式从计算机接收要打印的数据。接收到的数据首先保存在打印机的 RAM 中, 当打印机检测到第一个回车符(ODH)后就把第一行字符打印出来, 直到打印完所有字符。

打印机与计算机的数据通信, 必须以应答的方式来完成, 因为计算机发送数据的速度远远快于打印机处理这些数据的速度, 当打印机的 RAM 满了之后, 必须要通知计算机不要再发送新的数据了, 而当 RAM 中的数据处理完毕后, 又要通知计算机发送新的数据。

1) Centronics 接口引脚

Centronics 并行打印机接口规程(Centronics Parallel Interface Standerd)是由 Centronics 公司开发的一套标准, 在 PC 机端是 25 针 D 型连接器, 在打印机端是 36 针 Centronics 连接器。

连接器的引脚描述如表 9.3 所示，连接器如图 9.18 所示。

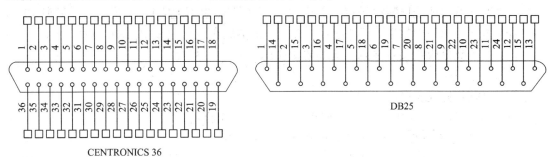

图 9.18 并行打印机端口连接器

表 9.3 并行打印机端口引脚说明

信 号	25 针	36 针	方向	说 明
STROBE	1	1	IN	选通打印机
DATA0	2	2		
DATA1	3	3		
DATA2	4	4		
DATA3	5	5		数据线 0～7 位
DATA4	6	6		
DATA5	7	7	IN	
DATA6	8	8		
DATA7	9	9		
ACK	10	10	OUT	打印机响应
BUSY	11	11	OUT	打印机忙
PAPERS(PE)	12	12	OUT	缺纸
SLCT(ONELINE)	13	13	OUT	打印机选通(联机)
ALF	14	14	IN	信号为低，则自动走纸一行
ERROR	15	32	OUT	打印机出错
RESET	16	31	IN	复位打印机
SLCT IN	17	36	IN	选择打印机
		15,34		没有使用
OV		16		逻辑地
保护地		17		大地
+5 V		18		打印机的+ 5 V
信号地		19～30, 33		信号地
		35		通过 4.7 kΩ 接+ 5 V dc

注意：① 针对不同厂家，个别引脚的定义可能不同；

② "方向"是针对打印机而言的。

之所以在打印机端采用 36 引脚连接器而不是 25 引脚,主要是因为每根数据线和信号线都需要独立返回地线以减少干扰;关于地线,打印机端的引脚 16 为逻辑地,引脚 17 为保护地(接机壳),两根地线分开,是为了避免干扰电流在逻辑地线中流动。

其余引脚被分成两类:输入引脚和输出引脚。

(1) 输入引脚。

① 数据引脚:$DATA_0 \sim DATA_7$。

② 选通信号 $\overline{STROBE}$:通知打印机:"传送了一个字符"。

③ 复位信号 $\overline{RESET}$:通知打印机执行内部初始化程序。

④ 走纸信号 $\overline{ALF}$:当打印机接收到换行符(CR)时,该信号为低,使打印机走纸一行。

(2) 输出引脚。

① 响应信号 $\overline{ACK}$:为低电平时,表示数据已经被接收,准备接收下一个字符。

② 忙信号 BUSY:为高电平时,表示打印机未准备好接收下一个字符。

③ 缺纸信号 PE:为高电平时,表示打印机缺纸。

④ 选择信号 SLCT:为高电平时,表示打印机处于联机状态。

⑤ 出错信号 $\overline{ERROR}$:为低电平时,表示打印机出现故障。

2) Centronics 接口工作原理

图 9.19 所示为 Centronics 接口引脚时序图。

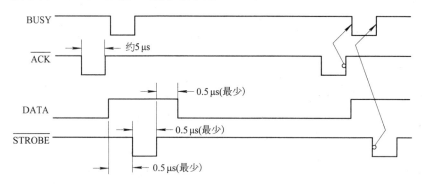

图 9.19　Centronics 接口引脚时序图

假设打印机已经完成初始化,打印机准备接收下一个字符时,将 $\overline{ACK}$ 置为低电平并保持约 5μs 时间。$\overline{ACK}$ 信号的上升沿将打印机的 BUSY 信号置为低电平。打印机的 BUSY 信号为低电平,表示打印机已经准备好接收数据,可以传送,则在 8 根并行数据线上向打印机发送一个 ASCII 字符。至少 0.5 μs 之后,将 $\overline{STROBE}$ 置为低电平,使得 BUSY 信号变为高电平,打印机接收数据。再经过至少 0.5 μs 之后,才能再次发送数据。

不同的打印机可以采用不同的信号作为应答信号,来检测打印机的状态,有些使用 $\overline{ACK}$,有些使用 BUSY 信号。下面将说明如何利用 8255A 来实现应答式打印机接口。

3) 8255A 的连接与初始化

利用 8255A 作为输出设备打印机的接口,将 8255A 设置为方式 0。图 9.20 为打印机接口电路原理图。该系统中打印机接收 CPU 传送数据的过程是:

(1) CPU 经 8255A 查询打印机忙(Busy)信号。若打印机处于忙状态(Busy = 1,表示打印

机正在处理一个字符或正在打印一个字符),则 CPU 不应向打印机发出新的数据;若 Busy =
0(不忙),则才能向打印机发出数据。

(2) CPU 经 8255A 的 A 口发出数据,使得 $PA_0 \sim PA_7$ 数据线上有数据,准备打入打印机
数据缓冲器中。

(3) CPU 经 8255A PC_6 送出一个选通信号 $\overline{STB}$,低电平有效,把 $PA_0 \sim PA_7$ 数据线上的
数据输入到打印机缓冲器中。

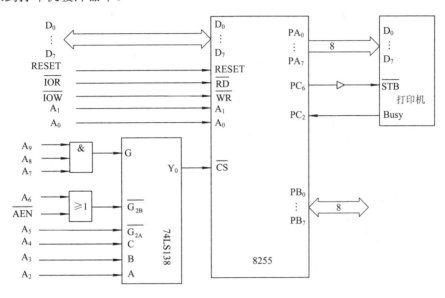

图 9.20　打印机接口原理图

(4) 打印机接收到数据后,使 Busy=1,将"忙"信息送至 PC_2,表明打印机正在处理
输入的数据。等到字符数据处理完毕或执行完 1 个功能操作时,打印机才撤消"忙"信号,
即置 Busy=0,可接收 CPU 送入的下一个数据。

(5) 当一个字符数据处理完毕,一般打印机会向外送出一个负脉冲回答信号 $\overline{ACK}$ 给
CPU,表示一个字符数据已经处理完毕。打印机也可利用 $\overline{ACK}$ 信号向 CPU 申请中断,CPU
响应中断后,又可送出下一个打印数据。如此重复,直至打印完所有的数据。8255A 方式 0
是采用应答查询方式,故图中没有利用此信号。

由图 9.20 所示的片选地址信号译码电路可知 8255A 的端口及控制寄存器的地址分别
为:A 口是 0380H,B 口是 0381H,C 口是 0382H,控制寄存器 0383H,则 8255A 接口的初
始化及打印机程序流程如图 9.21 所示。初始化程序如下:

```
; 8255A 初始化程序如下
BEGIN:  MOV     DX, 0383H       ; 控制寄存器地址 DX
        MOV     AL, 10000001B   ; 送工作方式 0 控制字(A 口方式 0 输出,
                                ; PC7～PC4 输出, PC3～PC0 输入
        OUT     DX, AL
        MOV     AL, 00001101B   ; 送 C 口置 1/置 0 控制字
        OUT     DX, AL          ; 置 PC6=1, STB =1,初始态为高电平
```

下面为打印机驱动程序

	MOV	SI，0200H	；待打印机字符存放内存的首地址
	MOV	CX，0FFH	；打印字符个数
CONP：	MOV	DX，0382H	；从 C 口检测 Busy(PC$_2$)状态
LPST：	IN	AL，DX	
	AND	AL；04H	
	JNZ	LPST	；若 Busy=1,等待；否则向下执行
	MOV	AL，[SI]	；从内存中取待打印的数据
	MOV	DX，0380H	；待打印数据输出至 8255A 口
	OUT	DX，AL	
	MOV	AL，00001110B	；送置 PC$_7$=0 的置 1/置 0 控制字至控制寄存器
	MOV	DX，0383H	；若输出 PC$_7$=0 信号，则 $\overline{STB}$ =0 低电平
	OUT	DX，AL	；产生选通信号
	NOP		；使 $\overline{STB}$ 信号低电平有一定宽度，以保证传送
	NOP		；至打印机数据稳定
	NOP		
	MOV	AL，00001111B	；置 PC$_7$=1，即 $\overline{STB}$ =1 高电平，利用 $\overline{STB}$ 上升
	OUT	DX，AL	；沿将数据打入到打印机数据寄存器中
	INC	SI	；修改指针，内存地址加上，指向下一次欲打印的数据
	DEC	CX	；字符数−1
	JNZ	CONP	；未打完，继续
	HLT		；所有数据打印完毕，暂停

图 9.21　打印机驱动程序流程图

上述程序执行前，应事先在内存 0200H 处开始存放 256 个以 ASCII 代码形式表示的欲打印数据字符。

【例 9.3】 数/模(D/A)与模/数(A/D)转换器接口。

模拟量输入/输出通道是计算机与被控对象之间的一个重要组成部分。计算机通过 A/D 转换器(ADC)或 D/A 转换器(DAC)，与外界模拟量接口的技术就是模拟接口技术，这是计算机用于自动控制领域的应用基础。

- D/A 转换器与 8255A 的连接
- 12 位 D/A 转换器 DAC 1210 的内部结构及引脚

DAC 1210 的内部结构及引脚如图 9.22 所示。

DAC 1210 的内部结构与 DAC0832 非常相似，也具有双缓冲输入寄存器，不同的是 DAC 1210 的双缓冲和 D/A 转换均为 12 位。DAC 1210 的内部由一个 8 位锁存器、一个 4 位锁存器、一个 12 位 DAC 锁存器及 12 位 D/A 转换器组成。其中三个锁存器分别由 $\overline{LE_1}$、$\overline{LE_2}$、$\overline{LE_3}$ 控制。

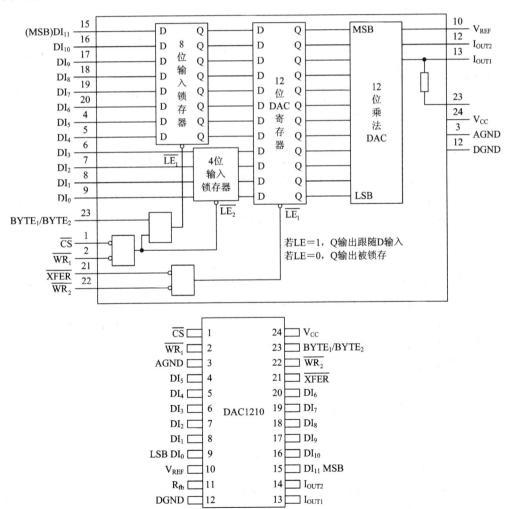

图 9.22 DAC1210 内部结构框图和引脚图

由于 DAC 1210 内部有锁存器，因此微处理器的数据总线 $D_7 \sim D_0$ 可以直接连接到 DAC 1210 的 $DI_{11} \sim DI_4$ 引脚。DAC 1210 的 $DI_3 \sim DI_0$ 引脚可以通过芯片外部连接线与 $DI_{11} \sim DI_8$ 并联起来。$\overline{CS}$、$\overline{WR_1}$ 和 $BYTE_1/\overline{BYTE_2}$ 信号是用来控制 $\overline{LE_1}$ 端的，当 $\overline{CS}$、$\overline{WR_1}$ 为低电平，$BYTE_1/\overline{BYTE_2}$ 为高电平时，$\overline{LE_1}$ 有效，使 8 位输入锁存器的 Q 端等于 D 端。$\overline{CS}$、$\overline{WR_1}$ 信号是用来控制 $\overline{LE_2}$ 端的，当两者都有效时，$\overline{LE_2}$ 有效，使 4 位输入锁存器的 Q 端等于 D 端。$\overline{WR_2}$ 和 $\overline{XFER}$ 控制 $\overline{LE_3}$ 端，当两个信号都有效时，$\overline{LE_3}$ 有效，使 12 位数据同时进入 DAC 寄存器的 D 端。工作时可控制 $\overline{LE_1}$、$\overline{LE_2}$ 开放后，再开放 $\overline{LE_3}$，使 12 位锁存器将 12 位数据同时送入 DAC 寄存器进行转换。

DAC 1210 是 24 脚双列直插式封装，各引脚的功能如下：

$DI_{11} \sim DI_0$：12 位数据输入端。

$BYTE_1/\overline{BYTE_2}$：字节顺序控制端。该信号为高电平时，开启 8 位和 4 位两个锁存器，将 12 位数据全部打入锁存器。当该信号为低电平时，则开启 4 位锁存器。

$\overline{CS}$：片选信号，低电平有效。

$\overline{WR_1}$：写信号 1，低电平有效。

$\overline{WR_2}$：辅助写，低电平有效。该信号与 $\overline{XFER}$ 相结合，当 $\overline{XFER}$ 与 $\overline{WR_2}$ 同时为低电平时，把输入锁存器中的数据打入 DAC 寄存器。当 $\overline{WR_2}$ 由低电平变为高电平时，DAC 寄存器中的数据被锁存起来。

$\overline{XFER}$：12 位 DAC 寄存器控制端，低电平有效。该信号与 $\overline{WR_2}$ 相结合，用于将输入锁存器中的 12 位数据送至 DAC 寄存器。

●● DAC 1210 与 8255A 的连接

DAC 1210 与 PC 总线接口的设计最重要的就是 DAC 1210 的输入控制线，DAC 1210 的输入控制线基本上与 DAC 0832 相同。$\overline{CS}$ 和 $\overline{WR_1}$ 用来控制输入寄存器，$\overline{XFER}$ 和 $\overline{WR_2}$ 用来控制 DAC 寄存器。但是，为了区别 8 位输入寄存器和 4 位输入寄存器，增加了一条控制线，即 $BYTE_1/\overline{BYTE_2}$。当该信号为高电平时，两个输入寄存器都被选中，而在 $BYTE_1/\overline{BYTE_2}$ 为低电平时，只选中 4 位输入寄存器。

DAC 1210 与 PC 总线的接口如图 9.23 所示。利用该接口电路进行 D/A 转换时，将 DAC1210 通过 Intel 8255A 实现与 PC 总线的连接。图中，DAC 1210 采用单缓冲工作方式，其中低 8 位数据与 Intel 8255A 口 $PA_7 \sim PA_0$ 相连，高 4 位数据与 C 口的 $PC_3 \sim PC_0$ 相连，$\overline{CS}$、$\overline{WR_1}$ 和 $\overline{WR_2}$ 接地，$\overline{XFER}$ 与 Intel 8255A 的 PC_5 相连。这样，在 12 位数据通过 Intel8255A 分别正确地送入 DAC 1210 两个输入寄存器后，再通过 PC_5 打开 DAC 寄存器，就可以把 12 位数据一起送至 12 位 D/A 转换器去转换，避免 12 位数据不是一次送入 DAC 转换器而使输出产生错误的瞬间毛刺。

设 200 个 12 位待转换的数字量存放在 DATA 的内存单元中，按图 9.23 所示的电路将 12 位数据送至 DAC 1210 去转换，则接口电路的 D/A 转换程序如下：

```
        MOV   AL, 82H      ; 8255 初始化，送工作方式控制字，A 口方式 0 输出，
                           ; 下 C 口输出，上 C 口输入
        MOV   DX, 02F7H    ; 8255A 控制寄存器地址→DX
        OUT   DX, AL
        LEA   BX, DATA     ; 取首地址偏移地址→BX
```

```
          MOV   CX，200      ; 200 个待转换 12 位数字量
  NEXT    MOV   AX，[BX]      ; 取待转换数字量
          MOV   DX，20F4H     ; 8255A 口地址→DX
          OUT   DX，AL        ; 低 8 位数→A 口
          MOV   AL，AH        ; 取高 4 位数
          AND   AL，0FH
          MOV   DX，02F6H     ; 高 4 位数→下 C 口，上 C 口为全"0"
          OUT   DX，AL
          OR    AL，20H       ; 下 C 口(高 4 位数)内容不变，使 PC₅ 由低电平到高电平
          OUT   DX，AL        ; 12 位数据同时锁存入 DAC 寄存器，进行 D/A 转换
          INC   BX           ; 指向下一个字
          INC   BX
          LOOP  NEXT         ; CX≠0，继续 D/A 转换
```

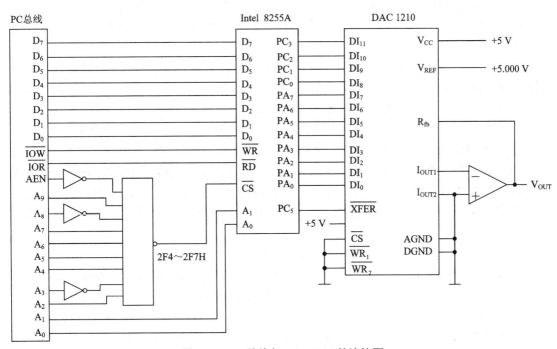

图 9.23　PC 总线与 DAC1210 的连接图

● A/D 转换器件与 8255A 的连接

各种型号的 A/D 转换器芯片都有如下功能引脚：数据输出引脚($D_0 \sim D_7$)，启动 A/D 转换的引脚(SC)与转换结束标志引脚(EOC)。A/D 芯片与 CPU 的连接就是要正确处理上述 3 种功能引脚与 CPU 连接的问题。

●● A/D 芯片数据输出引脚与 CPU 数据线的连接

ADC0809 芯片由于有三态输出数据锁存器，因而输出数据线 $D_0 \sim D_7$ 可以直接和系统的数据总线相连。对于有些内部没有三态数据输出锁存器的 A/D 转换芯片，则应通过三态缓

冲器才能和 CPU 总线相连。另外，有的 10 位以上的 A/D 转换器件，为了能和 8 位 CPU 直接相配，其内部输出数据锁存器增加了读取控制逻辑，可将 10 位以上的数据分时读出。这样 CPU 可从 8 位数据线上分两次读取其数据。

●● 启动转换引脚信号的连接

A/D 转换电路需要外加启动转换信号方能开始工作，通常这一信号由 CPU 给出。不同芯片对启动转换信号要求不同。一般分为脉冲启动转换和电平控制转换两类。对于多通道的 ADC，还需选择通道。

脉冲启动转换的 A/D 转换电路，只要在启动转换引脚上加一个有效的脉冲信号，即可开始转换。如 ADC0809、ADC0804、ADC1210 等就属于脉冲启动转换类芯片。ADC0809 的启动转换信号 SC 为正脉冲有效。此信号可由 CPU 提供 I/O 指令时产生，也可由外部设备提供。通常用 $\overline{\text{IOW}}$ 及片选信号 $\overline{\text{CS}}$(或 CS)来控制 SC 端。

由电平控制转换的 A/D 转换电路中，当满足启动转换要求的电平加到转换控制端以后，A/D 转换开始，在整个转换过程中必须保持这一电平，否则将终止转换。因此 CPU 对启动转换信号的控制需要经过寄存器来保持一段时间，一般采用 D 触发器锁存或利用并行 I/O 端口实现电平控制。如 AD570、AD571、AD572 都是电平控制转换的电路。

●● 转换结束信号的处理方法

A/D 转换结束时，A/D 芯片会发出转换结束标志信号(如 EOC)，通知 CPU 可读取转换数据。CPU 从 ADC 中读取数据的方式有三种：

① 中断方式：转换结束信号(EOC)送到 CPU 的中断输入引脚或可以申请中断的 I/O 接口电路上，向 CPU 申请中断。CPU 响应中断后，在中断处理程序中读取 A/D 转换结果数据。

② 查询方式：转换结束信号经三态门送到 CPU 数据总线某一位上或并行 I/O 接口某一位上。CPU 启动 A/D 转换后不断查询这一位信号，若转换结束电平有效(如 EOC = 1)，则 CPU 就去读取 A/D 转换数据。图 9.24 是一种用数据总线的 $D_2 \sim D_0$ 位选择模拟输入通道，并用 IN 指令查询 EOC 电平的连接方法。利用数据线 $D_2 \sim D_0$ 选择模拟输入通道，应采用如下两条指令：

```
MVO AL，×××××D₂D₁D₀B    ; D₂D₁D₀=000～111，表示选择 IN₀～IN₇
OUT Port，AL              ; CPU 输出此指令作用是将 D₂D₁D₀ 锁存到 ADDA～C 地址
                         ; 寄存器，选择模拟输入通道
```

③ 等待方式：当启动 A/D 转换后，CPU 转而去执行其他任务，当此时间超过 ADC 转换时间(如 ADC0809 为 30 μs)后，A/D 转换必定完成，则 CPU 就可从 ADC 中读取转换结果。这样可以不浪费 CPU 时间，而且硬件连线简单。采用此种办法，当用汇编语言、C 语言编写程序时，指令时间大致可以估算，其他高级语言编程较难掌握其实时性。

上述读数方式的选择往往取决于 A/D 转换的速度和用户程序的安排。查询方式占用 CPU 的时间，但处理方法简便，一般高速 A/D 器件可采用此方法。对于速度较慢的 A/D 转换器件，常采用中断方式和 CPU 交换数据。

当模拟量输入信号变化率较缓慢时，模拟信号可以直接加到 A/D 转换的模拟输入端。当模拟信号变化率较快时，为提高 A/D 转换的精度，模拟输入信号一般应经采样保持器后再接至 A/D 转换的模拟输入端。

●● 8255A 与 ADC0809 的连接

图 9.24 所示 ADC0809 经 8255A 芯片与 PC 总线相连。系统对 8 路模拟输入信号分时进行数据采集。用查询式方法(用 PC$_7$)判别 ADC 工作状态及读取转换结果。8255A A 口为方式 0 输入，用来传送转换结果。B 口不用，C 口的 PC$_0$~PC$_2$ 用于通道地址选择信号。PC$_3$ 的输出启动 A/D 转换，故 C 口也是方式 0 工作且上 C 口为输入，下 C 口为输出。

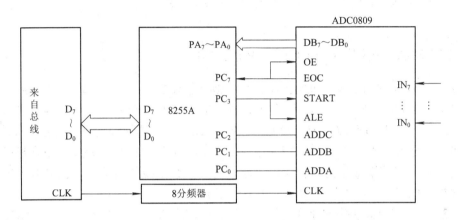

图 9.24　ADC0809 和总线的连接图

由于 START 和 ALE 均需要正脉冲，才能正确地实现转换，因而通过软件编程让 PC$_3$ 输出一个正脉冲。EOC 信号直接与 PC$_7$ 连接，OE 信号直接用 EOC 信号输入，从而使 A/D 转换结束的同时，将转换数据送 8255A 芯片的 A 口，CPU 再到 A 口取数即可。现假设 8255A 的端口 A、B、C 及控制口地址分别为 0378H~037BH，A/D 转换结果的存储区首地址设为 0400H。顺序从 IN$_0$~IN$_7$ 采样的程序如下：

```
        MOV   DX, 037BH       ; 037B 是 8255 的控制口地址
        MOV   AL, 10011000B   ; 置 A 组，B 组为方式 0，A 口和 C 口高 4 位
        OUT   DX, AL          ; 输入，C 口低 4 位输出
        MOV   SI, 0400H       ; 存放数据首地址
        MOV   CX, 08H         ; 采集次数→CX
        MOV   BH, 00H
        MOV   DX, 037AH       ; 8255C 口地址
        AND   BH, 0F7H        ; PC₃ 输出一个正脉冲来启动 A/D 转换
        MOV   AL, BH
        OUT   DX, AL
LOP1:   OR    BH, 08H
        MOV   AL, BH
        OUT   DX, AL
LOP2:   IN    AL, DX          ; 读入 C 口
        TEST  AL, 80H         ; 测试 PC₇
        JZ    LOP2            ; 为 0，继续查询
```

```
MOV    DX，0378H        ; 8255A 口地址
IN     AL，DX           ; 读入 A/D 转换结果
MOV    [SI]，AL         ; 存储数据
INC    SI
INC    BH
LOOP   LOP1            ; CX≠0，继续采集下一模拟输入通道
HLT
```

9.3.3 82C55A 应用于 32 位 CPU 的 I/O 接口

　　80386 和 80486 在 I/O 独立编址时，也是用地址总线的 $A_{15} \sim A_0$ 来确定 I/O 端口地址的。系统共有 $2^{16} = 64$ K 个 8 位端口。由于 386/486 CPU 都是 32 位外部数据总线，可直接进行 16 位(字)或 32 位(双字)的 I/O 操作。为此，若用 82C55A 作为接口电路，应把地址连续的 2 个 82C55A 组合成一个 16 位端口；用 4 个 82C55A 组合成一个 32 位端口。组合形成的多字节端口用其最低字节地址作为组合端口的起始地址。数据线的连接上，仍是低地址字节存放组合数据的低字节；高地址字节存放组合数据的高字节。

　　图 9.25 所示即为其连接的原理方框示意图。为了能实现 CPU 32 位数据经由 82C55A 接口的输入、输出，需要 4 个 82C55A 芯片。图中芯片 0# ～ 3# 组成一个 32 位组合的 I/O 端口。若要进一步扩展，再增 4 个芯片，从芯片 4# ～ 7# 又可组成另一个 32 位组合的 I/O 端口。图中采用 4 个 74F138(功能同 74LS138)作为地址译码器，分别作为第 0 组 ～ 第 3 组各芯片(其中每组最多可扩展至 8 片 82C55A)的片选信号之用。每个 82C55A 芯片可以提供 A 口、B 口、C 口三个端口，每个端口均可设置成所需的工作方式。按照低地址字节存放组合数据的低字节原则，则字节选通信号 $\overline{BE_0} \sim \overline{BE_3}$ 的连接应如图 9.25 所示：第 0 组的 82C55A 芯片的数据线与 CPU 的 $D_0 \sim D_7$ 数据线相连。依次类推，第 3 组的 82C55A 芯片的数据线与 CPU 的 $D_{24} \sim D_{31}$ 数据线相连。

　　因为在一个总线周期内，80386DX CPU 经过数据总线可以传送字节、字和双字。所以，它必须通知外部电路发生何种数据传送类型以及数据将通过数据总线的哪一部分进行传送。CPU 在执行 IN/OUT 指令时会通过产生相应的字节选通输出信号($\overline{BE_0} \sim \overline{BE_3}$)来实现此目的。

　　例如，$\overline{BE_0}$ =低电平有效，对应于数据线 $D_7 \sim D_0$。当需传送一个字节数据时，仅需一个 $\overline{BE}$=0 低电平有效即可。若要传送一个数据字，则应两个 $\overline{BE}$ 输出低电平有效。若要传送双字数据，则四个 $\overline{BE}$ 均应低电平有效。即：

　　(1) 字节选通信号的编码 $\overline{BE_3}\ \overline{BE_2}\ \overline{BE_1}\ \overline{BE_0}$ =1110B 时，数据经数据线 $D_7 \sim D_0$ 传送，为字传送；

　　(2) 字节选通信号的编码 $\overline{BE_3}\ \overline{BE_2}\ \overline{BE_1}\ \overline{BE_0}$ =1100B 时，数据经数据线 $D_{15} \sim D_0$ 传送，为字传送；

　　(3) 字节选通信号的编码 $\overline{BE_3}\ \overline{BE_2}\ \overline{BE_1}\ \overline{BE_0}$ =0011B 时，数据经数据线 $D_{31} \sim D_{16}$ 传送，为字传送；

　　(4) 字节选通信号的编码 $\overline{BE_3}\ \overline{BE_2}\ \overline{BE_1}\ \overline{BE_0}$ =0000B 时，数据经数据线 $D_{31} \sim D_0$ 传送，为双字传送。

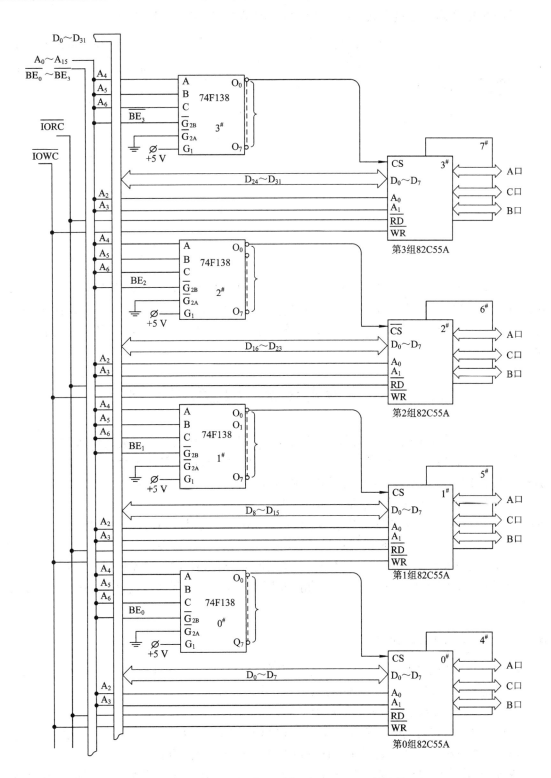

图 9.25　82C55A 32 位 I/O 端口与 80386DX 的连接

按图 9.25 所示的连接方式,两个 32 组合 I/O 端口的 16 位寻址信号如下:

		A_{15}	A_{14}	A_{13}	A_{12}	A_{11}	A_{10}	A_9	A_8	A_7	A_6	A_5	A_4	A_3	A_2	A_1	A_0	$\overline{BE_3}$	$\overline{BE_2}$	$\overline{BE_1}$	$\overline{BE_0}$
$0^{\#}\sim3^{\#}82C55A$ 32位I/O口	A口:	×	×	×	×	×	×	×	×,	×	0	0	0	0	0	×	×	0	0	0	0
	B口:	×	×	×	×	×	×	×	×,	×	0	0	0	0	1	×	×	0	0	0	0
	C口:	×	×	×	×	×	×	×	×,	×	0	0	0	1	0	×	×	0	0	0	0
	控制寄存器:	×	×	×	×	×	×	×	×,	×	0	0	0	1	1	×	×	0	0	0	0
$4^{\#}\sim7^{\#}82C55A$ 32位I/O口	A口:	×	×	×	×	×	×	×	×,	×	0	0	1	0	0	×	×	0	0	0	0
	B口:	×	×	×	×	×	×	×	×,	×	0	0	1	0	1	×	×	0	0	0	0
	C口:	×	×	×	×	×	×	×	×,	×	0	0	1	1	0	×	×	0	0	0	0
	控制寄存器:	×	×	×	×	×	×	×	×,	×	0	0	1	1	1	×	×	0	0	0	0

由于本例中 $A_{15}\sim A_8$ 均为无关地址位,A_1A_0 一般取 00,故各端口的地址号均可选用 8 位地址号,采用直接寻址方式进行输入/输出操作。CPU 根据 IN/OUT 指令规定的 8/16/32 位操作数类型,会自动产生相应的字节选通信号 $\overline{BE_0}\sim\overline{BE_3}$,完成字节/字/双字的输入/输出操作。

9.4　可编程的定时器/计数器 8253/8254

定时器和计数器的原理本质上是相同的,当计数器计数的信号没有时间规律时,显然是计数功能,而如果计数的信号有时间规律,如时钟信号,则计数器就成为了定时器。可编程计数器/定时器 8253/8254 就是用软、硬件相结合的方法来实现定时和计数控制的。

8253/8254 是 Intel 公司生产的通用的计数/定时器(Counter/timer Circuit,CTC),它采用 NMOS 工艺,由单一+5 V 电源供电,是 40 条引脚的双列直式封装的芯片。PC/XT 使用 8253-5,PC/AT 使用 8254-2 作为定时系统的核心芯片,两者的外形引脚及功能都兼容,仅最高频率有别,前者为 5 MHz,后者为 10 MHz。还有 8253(2 MHz)、8254(8 MHz)、8254-5(5 MHz)和低功耗 CHMOS 工艺的 82C54 都是功能和引脚兼容芯片。下面主要以 8253-5 和 8254-2 芯片为例作一介绍。

9.4.1　8253 的组成与功能

8254 是 8253 的增强型芯片,它具备 8253 的全部功能,凡是用 8253 的场合都可用 8254 代替,其源程序也相互通用。8253/8254 在 PC 中,主要完成如下工作:

(1) 产生一个 18.2 Hz 的时钟基本频率;

(2) 产生一个定时间隔,周期性刷新 DRAM 存储器系统;

(3) 为内部扬声器产生定时源,使扬声器能够发出需要的声音。

图 9.26 所示为 8253 的内部结构及引脚图。它由计数器、控制字寄存器、读写控制逻辑和总线缓冲器等四部分组成,下面分别介绍之。

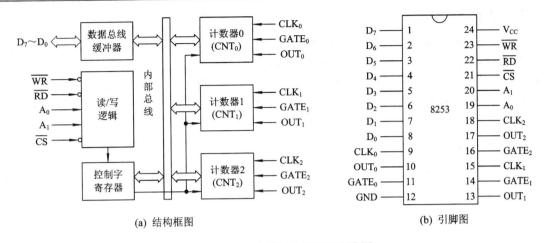

(a) 结构框图　　　　　　　　　　　　　　(b) 引脚图

图 9.26　8253 内部结构框图及引脚图

1. 三个独立的 16 位计数器

8253 有计数器 0、计数器 1 和计数器 2 三个独立的计数通道。每个通道的内部结构完全相同，如图 9.27 所示。每个计数器有两个输入信号：时钟信号 CLK 和门控信号 GATE。若 CLK 的频率由精确的时钟脉冲提供，则计数器就能作为定时器使用；若 CLK 是由外部引入的输入脉冲，则就作为计数器使用。门控信号 GATE 是用于控制计数器启/停工作的外部信号。每个计数器还有输出信号 OUT，可以用编程的方法来控制在计数/定时的时间段内，在此引脚输出所规定的波形信号。

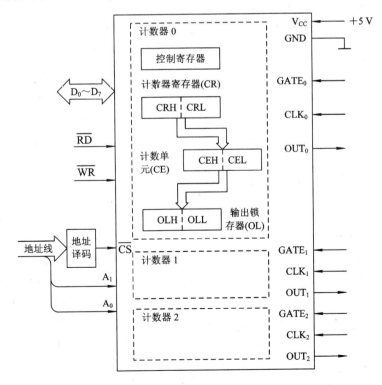

图 9.27　8253 计数器内部逻辑框图

2. 控制字寄存器

此寄存器用来保存由 CPU 送来的控制字。每个计数器都有一个控制字寄存器，用于保存本计数器的控制信息；如计数器的工作方式、计数制形式及输出波形方式，也能决定 CPU 应如何装入计数器初值等。应注意 8253 三个控制字寄存器只占用一个 I/O 端口地址号，可依据控制字中最高两位(SC$_1$、SC$_0$)来指明当前的控制字是属于哪个计数器的。控制字寄存器只能写入，不能读出。

3. 读/写逻辑

读/写逻辑接收由 CPU 送入的读($\overline{RD}$)、写($\overline{WR}$)信号和地址信号($\overline{CS}$、A$_0$、A$_1$)，选择相应的寄存器，并确定数据传送方向是读出还是写入。

4. 数据总线缓冲器

这是一个双向、三态 8 位缓冲器，用于将 8253 与系统数据总线(如 D$_0$～D$_7$)相连。数据总线缓冲器完成如下的信息传送功能：① CPU 向 8253 写入的工作方式控制字；② 向计数器寄存器输入初值；③ 从 8253 读出计数器的初值或当前值送 CPU 中。

8253 共占用 4 个 I/O 端口地址号。当片内地址 A$_1$A$_0$ 为 00 时选中计数器 0，与 $\overline{WR}$ 信号有效相配合，CPU 可向 8253 计数器 0 中的计数器寄存器(CR)写入计数初值；与 $\overline{RD}$ 有效相配合，CPU 可从输出锁存器(OL)中读出当前计数值。同理，当 A$_1$A$_0$=01 和 10 时则分别为选中计数器 1 和 2 的 CR 和 OL 的地址信息。当 A$_1$A$_0$=11 时，是选中芯片内的控制字寄存器，但 CPU 给哪一个计数器送控制字，这由控制字格式中最高两位(计数器选择位)SC$_1$、SC$_0$ 的编码所决定。8253 各端口的地址分配与操作功能如表 9.4 所示。

表 9.4　8253 端口地址及操作功能

$\overline{CS}$	A$_1$	A$_0$	$\overline{WR}$	$\overline{RD}$	功　　能	
0	0	0	0	1	选中计数器 0$^#$	对计数器寄存器 CR 送初值
			1	0		读输出锁存器 OL 当前值
0	0	1	0	1	选中计数器 1$^#$	对计数器寄存器 CR 送初值
			1	0		读输出锁存器 OL 当前值
0	1	0	0	1	选中计数器 2$^#$	对计数器寄存器 CR 送初值
			1	0		读输出锁存器 OL 当前值
0	1	1	0	1	选中控制字寄存器	由控制字格式中 SC$_1$、SC$_0$ 位决定属于哪个计数器

8253 计数器在投入工作之前，用户要对 8253 进行功能初始化编程：首先 CPU 用输出指令向控制字寄存器送控制字；然后再用输出指令向 16 位计数器寄存器 CR 置计数/定时的初值即可启动计数器工作。启动后，CR 中的初值就自动送入 16 位的计数单元(CE)，对输入时钟脉冲 CLK 进行减 1 计数。当 CE 中的内容减至零，即表示计数/定时到，在 OUT 端得到的是计数/定时时间段中的完整的输出波形信号。用户可利用此 OUT 端产生规定的输出波形，或利用此波形作为申请中断或查询信号之用。

GATE 为门控信号。一般当 GATE 为高电平时，才允许减 1 计数器(CE)对 CLK 脉冲计数；低电平时，停止对 CLK 信号计数。8253 在有些工作方式下 GATE 信号的另外一些作用将在介绍工作方式时加以说明。

9.4.2 8253 的工作方式和时序

8253 各计数器都有六种工作方式可供选择。用户可根据所需的输出波形、启动方式及 GATE 门控信号的应用方法来选择不同的工作方式。

根据输出波形，计数器工作方式可分为两大类：

(1) 计数器每启动一次只计数一次(即从初值减到零)，要想重复计数必须重新启动，因此称它们为不自动重复的计数方式；

(2) 计数器一旦启动，只要门控信号 GATE 保持高电平，计数过程就会自动周而复始地重复下去，这时 OUT 端可以产生连续的波形输出，这种计数过程被称为自动重复的计数方式。

根据计数启动方式，计数器工作方式可分为程序(软)启动和外部触发(硬件)启动。

(1) 程序启动。首先在初始化程序时，CPU 向 8253 送入控制字，当 CPU 再向 8253 送入计数初值后就自动启动计数：CPU 写入初值后的第 1 个 CLK 信号将初值寄存器中的内容 (CR)装入减 1 计数器 CE 中，而从第二个 CLK 脉冲的下降沿才使计数器开始减 1 计数。以后，每来一个 CLK 脉冲，使(CE)减 1 直到减到 0，计数过程结束。

从 CPU 执行输出指令写入计数初值到计数结束，实际的 CLK 脉冲个数比编程写入的计数初值 N 要多一个，即 N + 1 个。只要是用软件启动计数，这种误差是不可避免的。

(2) 外触发启动。外触发启动是写入计数初值后并不能自动启动计数，而是靠外加在门控信号 GATE 端的信号由低电平变高电平后，再经 CLK 信号的上升沿采样，之后在该 CLK 的下降沿才开始计数；由于 GATE 信号与 CLK 信号不一定同步，故在极端情况下，从 GATE 变高到 CLK 采样之间的延时可能会经历一个 CLK 脉冲宽度，因此在计数初值与实际的 CLK 脉冲个数之间也会有一个误差。

门控信号 GATE 对计数过程的影响将在本小节最后总结。

1. 方式 0——计数结束产生中断方式

方式 0 为程序启动，只计数/定时一次的工作方式。图 9.28 所示为方式 0 时的工作时序图。

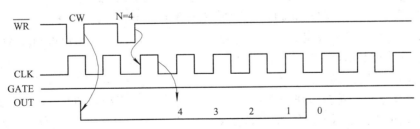

图 9.28 8253 方式 0 的波形

在这种方式下，若 GATE 始终保持高电平，则 CPU 先用 OUT 指令对 8253 送入工作方式控制字(CW)，在 OUT 指令的输出机器周期中会产生 $\overline{WR}$ 低电平脉冲信号，利用 $\overline{WR}$ 的上升边沿使得输出波形端 OUT 由高电平变低电平；然后，CPU 又用 OUT 指令对 8253 送入计数初值。它利用 $\overline{WR}$ 的上升沿后紧跟的一个 CLK 信号的上升沿和下降沿才将初值装入减

1 计数单元 CE。以后利用每个 CLK 下降沿进行减 1 计数。当计数减到 0 时计数结束，OUT 输出变为高电平。用户可利用 OUT 信号的上升沿作为向 CPU 计数/定时到的中断请求信号。

应注意，8253 没有专门用于中断请求的引脚，内部没有中断控制电路，故只能用计数器的输出 OUT 信号去用作中断请求信号。

用户使用时，也可以先对 8253 送入方式控制字，并不随后送入计数初值，可以在程序段需要时再对 8253 送入初值，达到用程序方法控制启动计数时刻。

应指出，图 9.28 所示的工作时序波形是 GATE 端始终保持为高电平时才具有的。若在计数期间 GATE 变低电平，则会暂停计数，直到 GATE 恢复到高电平以后，才会继续进行减 1 计数。故 GATE 是一个门控信号，用户可以用 GATE 端作为外加的计数启/停的控制端。图 9.29 为方式 0 时有 GATE 信号作用时的工作时序波形图。

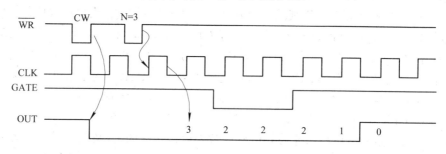

图 9.29　方式 0 时 GATE 信号的作用

在计数过程中，如又重新写入新的计数初值，则即使原来的计数过程没有结束，计数器也用新的计数初值重新计数。如果新的计数初值是 16 位数，则在写入第一个低位字节后，停止原先计数，只有当写入下一个高位字节值后，计数器才开始以新的计数值重新计数。

2. 方式 1——外触发的单稳脉冲方式

这种方式由外部门控 GATE 脉冲(硬件)触发启动计数/定时器。当写入方式 1 控制字后，OUT 端输出高电平。在 CPU 写入计数初值后，并不启动计数，而要等待门控(GATE)正脉冲信号加入后，在下一个 CLK 脉冲的下降沿，才将计数初值由 CR 装入减 1 计数器 CE 中；此时 OUT 端立刻变为低电平，随后才开始启动减 1 计数。OUT 端的低电平一直保持到计数减到 0 为止，OUT 恢复高电平。所以，OUT 端输出负脉冲的宽度为计数初值 N 所规定的 CLK 脉冲周期(T_{CLK})的倍数，即 OUT 端负脉冲的宽度等于 $N \times T_{CLK}$。由于 N 初值是由程序指令加入的，故此工作方式也称为“程序可控单稳态工作方式”。用户可利用 OUT 波形产生所需的请求或控制信号。

方式 1 的主要特点是：

(1) 方式 1 的启动计数工作周期仅一次。若再给出一个启动 GATE 正脉冲，则又可将初值再重新装入减 1 计数器(CE)启动计数，并得到同样宽度的 OUT 波形。外触发启动后，GATE 信号变低，也不影响计数工作。

(2) 在计数过程中，若重新送入新的计数初值，则现行计数不受影响；只有当原先的计数结束，OUT 端变高电平后，再来新的外触发 GATE 正脉冲启动信号才将新的初值装入 CE，开始按新的计数值进行计数，并输出新的 OUT 负脉冲宽度。

(3) 在计数过程中，若外部的 GATE 正脉冲提前到来(OUT 端仍是低电平)，则在下一个

CLK脉冲的上升沿重装初值，在CLK的下降沿又重新开始减1计数，直到计数结束，OUT端才变高电平。这样就加宽了负脉冲的宽度。

方式1时的工作时序波形如图9.30所示。用户可利用OUT波形以及计数中再外加GATE信号来加宽OUT负脉冲波形，产生请求或控制信号。

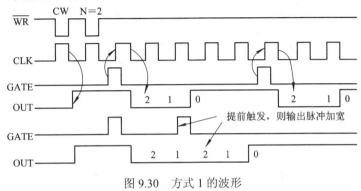

图9.30　方式1的波形

3. 方式2——计数分频工作方式

方式2如同一个N分频计数器。如果计数值是N，则每计到N个CLK输入脉冲，就会在OUT端输出一个脉冲，其宽度为CLK的周期T_{CLK}。因此可用此方式连续产生分频脉冲信号，用于实时时钟中断或定时脉冲发生器。图9.31为方式2时的工作时序波形。当CPU将初值装入CR后，如果GATE为高电平，则由下一个CLK脉冲将CR装入CE，开始减1计数。当计数值减至1时，OUT端由高电平变低电平，其宽度保持为一个CLK周期，以后又恢复成高电平，又重装初值CR→CE，开始新一轮的计数过程。所以，方式2时OUT端在每个计数周期会输出宽度为T_{CLK}的负脉冲分频信号，其周期为$N×T_{CLK}$，即OUT端输出的脉冲频率为CLK频率的1/N。此时也将计数初值N称为分频系数。由于减1计数器CE为16位，可以利用装入不同的初值实现对CLK输入时钟脉冲进行1～65 536的分频。

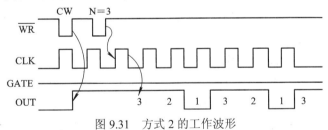

图9.31　方式2的工作波形

在方式2中，当GATE为低电平时，计数暂停，强迫OUT输出高电平。当GATE变高后的下一个CLK时钟下降沿时，又自动重装初值，从头开始计数。利用此特点可用于实现计数器计数的外同步。

在计数过程中，若CPU重新送入新的计数初值，则不影响当前的计数过程。只有当原先一轮计数完毕后，才开始将初值从CR装入CE，按新的计数初值进行计数。

4. 方式3——方波发生器工作方式

方式3在计数过程中，其输出端OUT前一半时间为高电平，后一半时间为低电平。然后不断重复此过程，OUT端可得到方波输出波形，输出波形是周期性的，其输出周期是初值 N 乘以 CLK 的脉冲周期，即 N × T$_{CLK}$。图 9.32 为方式 3 的工作时序波形。从图中可看出，当计数或定时任务完成一半时，计数器将会改变输出的状态，使 OUT 信号由高变低，直到计数/定时任务完成，OUT 恢复为高电平，然后重复这个过程，从而在输出端 OUT 输出连续的方波信号。这种工作方式常用作方波频率发生器或波特率发生器。

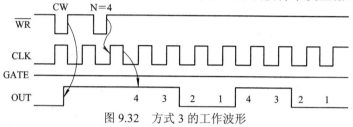

图 9.32   方式 3 的工作波形

应用时应注意：

(1) 当装入的初值 N 为偶数，且计到 N/2 时，OUT 由高电平变低电平。当余下的 N/2 CLK 脉冲计完后，OUT 又恢复成高电平，故 OUT 输出的方波是对称的方波输出；当装入的初值 N 是奇数时，初值装入后，第 1 个 CLK 脉冲使计数器减 1，其后每到一个 CLK 脉冲，计数器减 2。当计数器减到 0 以后，将改变输出状态，OUT 变低电平，同时重新装入一次初值，这时第 1 个 CLK 脉冲将使计数器减 3。以后每到一个 CLK 脉冲，计数器减 2，直到计数器减到 0，OUT 输出恢复成高电平，然后又重复这个过程。

所以，当 N 为奇数时，输出波形不对称，其中(N + 1)/2 个时钟周期为高电平，(N−1)/2 个时钟周期为低电平。

(2) GATE = 高电平，允许计数。GATE = 低电平，停止计数。如果在 OUT 低电平期间，使 GATE = 低电平，则 OUT 端马上变高电平，停止计数。当 GATE 变高电平以后，将会重装初值，重新开始新的计数。

(3) 在计数的前半周期内，CPU 若写入一个新的初值，并不影响当前的计数过程，只有当前半周期结束后才启用新的计数初值，开始新的计数过程。

如果在前半周期送入计数初值后，马上有 GATE 启动触发信号，则计数器会立即以新的初值开始计数。

5. 方式 4——软件触发选通方式

方式 4 是一种由 CPU 写入计数初值启动计数的工作方式。图 9.33 所示为其工作时序波形图。当 CPU 送入控制字后，OUT 就变为高电平。送入初值后，计数器开始计数。当计数到 0 后停止计数，OUT 输出为低电平，并持续一个 CLK 脉冲周期 T$_{CLK}$ 后再恢复成高电平。这种方式计数是一次性的。只有当 CPU 再将计数初值写入 CR 计数器时，才会启动另一次计数过程。此方式也受 GATE 信号的控制，只有当 GATE 为高电平时，计数才进行，当 GATE 为低电平时，则禁止计数。

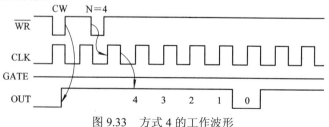

图 9.33   方式 4 的工作波形

如果在计数过程中装入新的计数初值，则计数器从下一时钟周期开始就按新的计数值重新开始计数。

6．方式 5——硬件触发选通方式

这种方式与方式 1 有些类似，CPU 写入控制字、装入初值后，不能启动计数器工作。只有靠外加门控信号 GATE 脉冲的上升沿才能触发计数。计数结束，CE 计数器回零后，OUT 端输出一个宽度为 T_{CLK} 时钟周期的负脉冲，并停止计数。只有当下一次外触发 GATE 加入后，才能再开始计数。方式 5 的工作时序波形如图 9.34 所示。

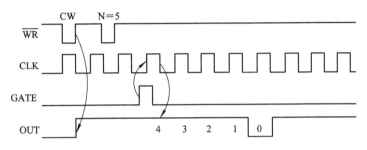

图 9.34　方式 5 的工作波形

方式 5 同方式 1 一样，在启动后，GATE 变低将不会影响计数过程的进行。但如果 GATE 又产生正跳变，则不论当前计数是否完成，又会给计数器重新装入初值，开始新一轮的计数。

若在计数过程中改变计数初值，则新的计数值只写入到初值寄存器中，不影响当前数，只在 GATE 发生正跳变后才以新的计数值计数。

8253 的六种工作方式中，若用户能正确使用外加 GATE 门控信号，对启/停计数器及改变输出波形的宽度均有影响。表 9.5 示出了 GATE 输入信号对每种工作方式的影响。

表 9.5　GATE 输入信号对每种工作方式的影响

工作方式	GATE 信号状态及影响		
	低电平或高电平变为低电平	上升沿	高电平
0	禁止计数	—	允许计数
1	—	(1) 开始计数 (2) 下一个时钟后，输出为低电平	—
2	(1) 禁止计数 (2) 输出立即为高电平	开始计数	允许计数
3	(1) 禁止计数 (2) 输出立即为高电平	开始计数	允许计数
4	禁止计数	—	允许计数
5		开始计数	—

9.4.3　8253 的控制字、写/读操作及初始化编程

1．8253 的控制字格式

8253 的控制(命令)字格式如图 9.35 所示。

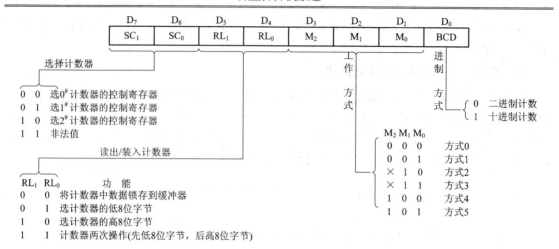

图 9.35　8253 控制字格式

图中各位意义如下：

(1) $D_7D_6(SC_1, SC_0)$：计数器选择位，决定本控制字是属于哪一个计数器。意义如下：

SC_1，$SC_0 = 00$——选择计数器 0。

SC_1，$SC_0 = 01$——选择计数器 1。

SC_1，$SC_0 = 10$——选择计数器 2。

SC_1，$SC_0 = 11$——非法状态。

(2) $D_5D_4(RL_1, RL_0)$：读写方式设定位。意义如下：

RL_1，$RL_0 = 00$——锁存命令。当计数器中控制字寄存器接收到此锁存命令信号时，会立即将 16 位减 1 计数器(CE)的内容锁存到输出锁存寄存器中，不再变化。直到 CPU 读取锁存器内容后，或重新写入控制字，才会自动解除锁存状态。

RL_1，$RL_0 = 01$——仅读/写一个低字节。

RL_1，$RL_0 = 10$——仅读/写一个高字节。

RL_1，$RL_0 = 11$——读/写 2 个字节，先是低字节，后是高字节。

(3) D_3，D_2，$D_1(M_2, M_1, M_0)$：计数器工作方式选择位。8253 每个计数器有 6 种工作方式。其中：

$M_2 M_1 M_0 = 000$——方式 0　　　　　001——方式 1

010——方式 2　　　　　011——方式 3

100——方式 4　　　　　101——方式 5

(4) $D_0(BCD)$：计数码制的选择位。当 $D_0(BCD) = 1$ 时，为 BCD 计数；当 $D_0(BCD) = 0$ 时，为二进制计数。

2. 8253 的写/读操作及初始化编程

1) 8253 的写操作

所谓 8253 的写操作，是指 CPU 对 8253 写入控制字和写入计数初值。

8253 芯片上电以后，其计数器的工作方式是不确定的。为了正常工作，需要在上电后，投入工作前对其功能进行初始化编程，其步骤如下：

(1) 写入计数器的控制字，规定其工作方式及相应功能。

(2) 写入计数初值。若计数初值为 8 位，则控制字中 RL_1、RL_0 应取 01，初值只写入 CR 的低 8 位(高 8 位会自动置 0)；若是 16 位初值，而低 8 位是 0，则 RL_1、RL_0 应取 10，初值高 8 位只写入到 CR 的高 8 位，低 8 位会自动置 0；若是 16 位初值，则 RL_1、RL_0 应取 11，应分两次写入初值，先写低 8 位，再写入高 8 位。由于 CE 计数器采用减 1 计数，故当初值为 0000H 时是最大的计数初值。

例如，选择计数器 0，工作于方式 3，计数初值为 1234H，采用 BCD 计数方式；选择计数器 2，工作于方式 2，计数初值为 61H(单字节)，采用二进制计数方式。设 8253 的端口地址为 40~43H，其初始化编程如下：

```
MOV   AL, 00110111B      ; 对计数器 0 送工作方式字
OUT   43H, AL
MOV   AX, 1234H          ; 送计数初值
OUT   40H, AL            ; 先送低 8 位
MOV   AL, AH             ; 再送高 8 位
OUT   40H AL
MOV   AL, 10010100B      ; 对计数器 2 送工作方式字
OUT   43H, AL
MOV   AL, 61H            ; 送计数初值
OUT   42H, AL
```

2) 8253 的读操作

所谓读操作，是指读出某计数器的计数值至 CPU 中。有以下两种读数方法：

(1) 直接读操作。由于 8253 平时计数工作时，输出锁存器(OL)的内容是跟随减 1 计数器(CE)内容而变化的，故读 CE 值就是读 OL 值。当采用这种读操作时，应暂停计数过程，这可用门控信号 GATE 暂停计数或采用外部逻辑电路暂停时钟 CLK 输入，以便保证读出数据的稳定性。计数器停止计数后，再根据控制字中 D_4D_3 位的 RL_1、RL_0 状态，直接用一条或两条输入(IN)指令读出 OL(即在 CE)中的当前计数值。

(2) 锁存后读计数值。这种方法允许在计数过程中既读出计数值又不影响 CE 的计数操作。为了实现这种读出方式，首先需要 CPU 向 8253 计数器发出一个锁存命令字，其格式如图 9.36 所示。它是控制字的特殊形式，同样，由最高两位 D_7D_6 指定要锁存的计数器 0~2；D_5、$D_4=RL_1$、$RL_0=00$ 为锁存命令的标志，而低 4 位 $D_3 \sim D_0$ 可以全 0 或为任意值。8253 有其特殊的内部逻辑，当 8253 计数器接收到此锁存命令后，输出锁存器 OL 中的计数值就被锁存，不再随 CE 计数器变化而变化了。故读数时先送锁存命令，然后再用输入指令读取锁存器的低 8 位、高 8 位计数值。锁存命令不影响原已选定的工作方式。这种读操作不影响计数过程，常用于经常需要读出计数过程的计数值，根据计数值再作判断决定程序走向的情况。

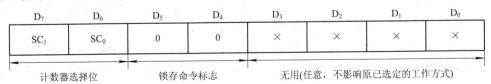

图 9.36　8253 锁存命令字

例如，要求读出并检查计数器 2 的计数值是否为"55AAH"，若非"55AAH"，则等待再读，当为"55AAH"后程序可继续执行。程序片断如下：

```
COUNT   EQV     040H            ; 设计数器 0 的符号地址为 040H
        ⋮
LPCN:   MOV     AL，10000100B    ; 对计数器 2 送锁存命令，仅使 RL₁，RL₀=00
        OUT     COUNT+3，AL
        IN      AL，COUNT+2      ; 读计数器 2 当前计数值
        MOV     AH，AL           ; 低 8 位暂存 AH 中
        IN      AL，COUNT+2      ; 读高 8 位
        XCHG    AH，AL           ; 16 位计数值存 AX 中
        CMP     AX，55AAH        ; 计数值写 55AAH 相比较
        JNE     LPCN             ; 若不相等则继续等待
```

9.4.4　8254 与 8253 的区别

前面说过，8254 是 8253 的提高型，兼容 8253 的所有功能，也就是说，凡是用 8253 的系统，完全可以由 8254 代替(82C54 是一种低功耗定时/计数器)。8253 和 8254 的引脚定义完全相同，图 9.37 是 82C54 的框图及引脚图。

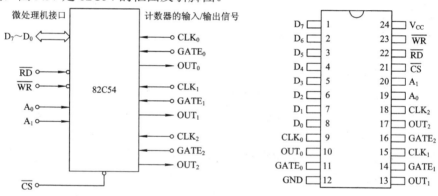

图 9.37　82C54 间隔定时/计数器的框图及引脚图

8253 编的程序对 8254、82C54 也适用，不过根据 Intel 公司提供的资料，两个芯片还是有以下一些主要差别：

(1) 允许计数脉冲(CLK)频率范围不同。8253-4 是 8253 的改进型，允许的频率范围为 0～2 MHz，8254 允许的频率范围为 0～8 MHz，而 8254-2 型允许的频率范围为 0～10 MHz。IBM PC/XT 机中使用的定时/计数器接口芯片是 8253-5，实现声音和时钟的接口。IBM PC/AT 机内使用的定时/计数器接口芯片是 8254-2。

(2) 内部结构有所不同。每个计数通道内，8253 仅包括一个控制寄存器，8254 还增加一个状态寄存器，且状态寄存器的信息可由 CPU 读入。

(3) 8254 提供了同时锁存三个计数器的当前计数值和状态信息的操作。它允许程序员用一条指令就可以锁存全部三个计数器的当前计数值和状态信息。这种工作方式称为读回命令，格式如下：

D_7	D_6	D_5	D_4	D_3	D_2	D_1	D_0
1	1	COUNT	STATUS	CNT_2	CNT_1	CNT_0	0

D_7，D_6=11：读回命令的特征标志。

D_5=0：锁存所选计数器的计数值。

D_4=0：锁存所选计数器的状态。

D_3=1：选计数器 2。

D_2=1：选计数器 1。

D_1=1：选计数器 0。

D_0=0：该位保留，用于将来扩充，现在必须为 0。

例如：要锁存计数器 1 和计数器 2 的当前计数值，读回命令的内容应为 11011100B = DCH；若要锁存三个计数器的状态信息，则读回命令的内容应为 11101110B = EEH。该读回命令必须写进 8254 的控制寄存器，即 A_1、A_0=11，CS=0，$\overline{RD}$=1，$\overline{WR}$=0 选中的端口。

由读回命令锁存的计数值和状态信息必须由输入指令(IN)读入，对一个计数器来说，如果同时锁存了计数值和状态，那么读入都用输入指令，而且 I/O 地址相同，怎样区分它们就由次序决定。第一次输入指令读入的一定是状态；接着的一条或两条输入指令(取决于方式控制字中 D_5D_4 所决定的读写方式)读入计数值。一旦一个计数器的计数值或状态被锁存，必须由输入指令读入锁存的值才能"解锁"，否则，即使再对该计数器发一个新的读回命令，锁存将不起作用，锁存值还保持上次读回命令锁存的值。也就是说，如果对同一个计数器发出多次读回命令，但并不读取锁存值，那么只有第一次发出的读回命令是有效的，后面的均无效。

每个计数器锁存的状态，可以由输入指令读回状态信息，格式如下：

D_7	D_6	D_5	D_4	D_3	D_2	D_1	D_0
OUTPUT	NULL COUNT	RW_1	RW_0	M_2	M_1	M_0	BCD

D_7：反映计数器输出引脚 OUT_i 的状态。D_7=1，输出引脚为高电平；D_7=0，输出引脚为低电平。

D_6：指明计数寄存器 CR 的初值是否装入计数工作单元 CE 中。D_6=1，向计数器设置了控制字或向 CR 置初值但没有装入 CE；D_6=0，表明 CR 初值已装入 CE。所以在读入计数值之前，应该读回和测试状态位 D_6 是否为 0，如果 D_6 为 1，说明置入的新初值还没有装入 CE，此时，读计数值显然是无意义的。

D_5～D_0：初始化编程时写入此计数器(通道)的控制字的相应部分。

9.4.5　8253 的编程与应用举例

在 IMB PC/XT 机中，系统板上使用了一片 8253 计数/定时器。8253 的片选信号是由系统板上 I/O 译码电路 74LS138 产生的，与片内地址线 A_1、A_0 相配合。8253 四个端口的地址范围为 040H～05FH。编程时采用 40H～43H 作为四个端口(计数器 0、1、2 以及控制寄存器)的地址。其中，计数器 0 用于为系统的电子钟提供时间基准，它的输出端作为中断源，接至 8259 的 IR_0 中断申请端；计数器 1(CNT_1)用于 DRAM 的定时刷新之用；计数器 2(CNT_2)

主要用来作为机内扬声器的音频信号源,可输出不同频率的方波信号。三个计数器的输入时钟脉冲频率均为 1.19 MHz。下面介绍三个计数器与系统的关系及其初始化程序。

1. 计数器 0(CNT$_0$)

用作系统时钟,端口地址为 40H。GATE$_0$ 端接 +5 V,处于常启状态。该计数器向系统日历时钟提供定时中断。计数初值预置为 0,以方式 3 工作。这样一来,OUT$_0$ 以 1.1931815 MHz/65536=18.2 Hz 的频率输出一方波序列。它直接连到系统的中断控制器 8259A 的中断请求端 IRQ$_0$。换言之,0 级中断每次间隔 55 ms 或每秒中断 18.2 次,此中断请求用于维护系统的日历时钟。

系统上电时,BIOS 中对计数器 0 产生 55 ms 方波定时中断的初始化程序如下:

```
MOV   AL, 00110110B    ; 选计数器 0,方式 3,写高低字节二进制计数
OUT   43H, AL
MOV   AL, 0            ; 预置计数初值=65536
OUT   40H, AL          ; 写低字节
OUT   40H, AL          ; 写高字节
```

2. 计数器 1

用于对动态 RAM 的刷新控制,端口地址为 41H。GATE1 端始终接 +5 V,处于常启状态。该计数器向 DMA 控制器定时提出动态存储器刷新请求。它选用方式 2 工作。计数初值预置为 18。这样,OUT$_1$ 以(1.1931816 MHz/18=66.2878 kHz)的频率输出一负脉冲序列,即 OUT$_1$ 每隔 15.0857 μs 向 DMA 提出一次 DMA 请求 DRQ$_0$,由 DMA 的通道 0 完成存储器一行的刷新。系统上电时,BIOS 对计数器 1 产生 15 μs DMA 请求信号的初始化程序如下:

```
MOV   AL, 01010100B    ; 选计数器 1,方式 2,写低字节,二进制
OUT   43H, AL          ; 写控制字
MOV   AL, 18           ; 预置计数初值=18=12H
OUT   41H, AL          ; 写低字节
```

3. 计数器 2

计数器 2 端口地址为 42H,该计数器用于控制发声。其输出 OUT$_2$ 通过与门和与非驱动器连接到扬声器。扬声器主要用于提示诊断机器错误和用户操作失误。但由于 8253 的可编程性以及发声的可控制性,利用这些特性可以编程控制 PC 扬声器唱出美妙的音乐。

发声系统受 8255A 的端口 B 的 PB$_1$ 和 PB$_0$ 的控制,PB$_0$ 控制计数器 2 的 GATE 端,高电平允许减 1 计数工作,PB$_1$ 与 OUT$_2$ 共同接到与门的输入端,与门输出接到与非驱动器控制驱动扬声器,这样就可以用 PB$_1$、PB$_0$(即端口 61H 的 D$_1$、D$_0$)控制发声系统。现利用计数器 2 产生 1 kHz 方波,并驱动扬声器发声。程序编制如下:

```
BEEP:   PROC  NEAR
        MOV   AL, 10110110B    ; 计数器 2,方式 3,16 位二进制计数
        OUT   43, AL
        MOV   AX, 1190         ; 产生 1 kHz 方波的初值
        OUT   42H, AL          ; 写入低位字节
        MOV   AL, AH
```

```
        OUT    42H，AL              ；写入高位字节
        IN     AL，61H
；从 8255 的 B 口(地址号=61H)读数据
        MOV    AH，AL              ；暂存 AH 中
        OR     AL，00000011B
；使 B 口中 PB0、PB1 置 1，其余位不变，打开 GATE₂ 和与门控制端输出，使扬声器发声
        OUT    61H，AL
        SUB    CX，CX
；CX 初值清 0，作为最大延时循环程序的次数，(10000H=65536)
LP1：   LOOP   LP1                 ；延时程序
        DEC    BL                  ；BL 中内容为发声持续时间的多少
        JNZ    LP1                 ；BL=1 发短音(约 0.5 s)，BL=6 发长音(约 3 s)
        MOV    AL，AH              ；取回 8255 状态
        OUT    61H，AL             ；恢复 8255 的 B 口值，停止发音(关扬声器)
        RET                        ；过程结束，返回
```

9.5　DMA 控制器 8237A-5

如果送往存储器的数据来自磁盘或光盘，则需要更快速的数据读取。直接存储器存取 (Direct Memory Access，DMA)的传送由专用硬件来实现。实现这种传送的专门硬件电路称 DMA 控制器(DMAC)。DMAC 向微处理器临时借用地址总线、数据总线和控制总线，以便直接从磁盘控制器将数据传送到连续的存储单元中(此时传输速度主要取决于存储器存取速度)，从而达到高速 I/O 传送数据的目的。8237A-5 及 82C37A-5 是专为 80X86 系统配备的具有 DMA 功能的大规模集成电路的 DMA 控制器，主要用于数据块传送。在 5 MHz 时钟频率下，每通道其传送速度可达 1.6 MB/s，最多可传送 64 KB 的数据块。在 IBM PC/XT 中用了一片 DMAC 芯片 Intel 8237A-5，它提供四个 DMA 通道。在 IBM PC/AT 中用了两片 8237A-5，提供了七个 DMA 通道。80386/486 微处理器系统所用的外设控制器中的 DMA 与 IBM PC/AT 兼容。本节主要介绍 NMOS 8237A-5 芯片的结构、工作方式和编程方法。

9.5.1　DMA 8237A-5 的结构和主要功能

Intel 8237A-5 芯片是一个 40 引脚的双列直插式器件。其内部编程结构及芯片的外部连接方法如图 9.38 所示。8237A-5 内部包括 4 个 DMA 通道和一组共用的基本逻辑控制电路。其中基本逻辑控制电路由时序与控制逻辑电路、优先级编码逻辑电路、命令控制逻辑电路、数据/地址缓冲器和一组内部寄存器组成；每个通道包括 4 个 16 位的寄存器，它们是基地址寄存器(Base Address)、当前地址寄存器(Current Address Register)、基字计数寄存器(Base Word Count)和当前字计数寄存器(Current Word Count Register)，还有一个 8 位的方式寄存器 (Mode Register，每个通道有自己的 6 位方式寄存器，由方式寄存器的位 0 和位 1 来选择)。四个通道共用命令寄存器(Command Register)、状态寄存器(Status Register)、屏蔽寄存器

(Mask Register)和请求寄存器(Request Register)。图 9.39 示出了 8237A-5 芯片的引脚排列与相应引脚名称。

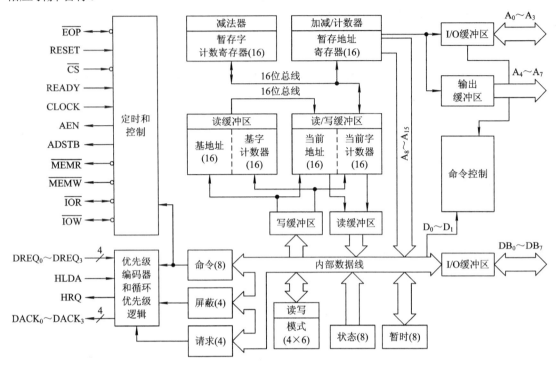

图 9.38　8237A-5 DMAC 内部编程结构与外部连接图

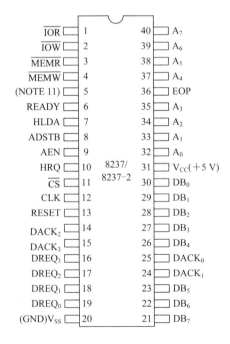

图 9.39　8237A-5 引脚排列

8237A-5 的基本功能如下：

(1) 有 4 个独立的 DMA 通道，每个通道的 DMA 请求可分别被允许或禁止，时钟频率为 5 MHz；

(2) 每个 DMA 通道一次最大可传送 64 KB 的数据，可在存储器与外设、存储器与存储器之间传送数据；

(3) DMA 有 4 种传送方式：单字节、数据块，请求传送和级连传送；

(4) 允许外部用 EOP 输入信号结束 DMA 传送或重新初始化；

(5) 每一个通道的 DMA 请求有不同的优先级，优先级可以是固定的，也可以由程序设定循环优先级；

(6) 多个 DMA 芯片可以级连，任意扩展 DMA 通道。

8237A-5 各部分主要功能及引脚信号说明如下：

1．时序与控制逻辑块

根据编程规定的工作方式，产生包括 DMA 请求、DMA 传送以及 DMA 结束所需的内部的时序控制及地址和读写控制信号。与此部分有关的引脚信号意义如下：

CLK：时钟输入。这是芯片内部操作的定时信号并决定 DMA 的传输速度。对于 8237A-5，最高频率可达 5 MHz。

$\overline{\text{CS}}$：片选输入信号，低电平有效。在非 DMA 传送(空闲状态)时，芯片仅作为 CPU 可访问的 I/O 接口，$\overline{\text{CS}}$ 有效，CPU 可对其进行通信，设置初始化程序。

RESET：复位输入信号，高电平有效。当芯片复位信号有效时，除屏蔽寄存器被置位(4 个通道均禁止 DMA 请求)外，其余寄存器均被清零，8237A 处于空闲周期，可接受 CPU 对 8237A 的初始化读/写操作。

READY：外设准备就绪输入信号，高电平有效。当选用慢速存储器或 I/O 设备时，为与读/写时序相配合，需插入等待状态。此时需外加一个等待电路使 READY 端在 S_3 状态后处于低电平，插入等待时钟 S_W，延长总线传送周期。一旦数据准备好，此 READY 端电位变高，表示准备就绪。只有当 8237A 芯片处于工作周期(DMA 传送期间)时此信号有效。

AEN：地址允许输出，高电平有效。在 DMA 传送期间，AEN 有效，可将 8237 内部 16 位地址信息中的高 8 位信息送至系统的地址总线。AEN 有效也禁止其他系统驱动器使用系统总线，也禁止 CPU 地址线接通系统总线。只有当 AEN 低电平非 DMA 传送时，才允许 CPU 控制系统其他 I/O 接口设备使用总线上的地址信息。

ADSTB：地址选通输出，高电平有效。它有效时将经内部数据缓冲器输出的高 8 位地址信息($A_{15} \sim A_8$)选通到外部的地址锁存器中锁存，并和加到地址线($A_7 \sim A_0$)的低 8 位地址信息一起组成 DMA 传送时所需的 16 位地址信息 $A_{15} \sim A_0$。

$\overline{\text{MEMR}}$：存储器读，输出，低电平有效，为三态输出端。

$\overline{\text{MEMW}}$：存储器写，输出，低电平有效，为三态输出端。

$\overline{\text{IOR}}$：I/O 读，双向信号线，低电平有效。在非 DMA 传送(空闲周期)时，为输入控制信号，CPU 利用此信号有效读取 8237 内部寄存器状态信息；在 DMA 传送时，为一条输出控制信号，与 $\overline{\text{MEMW}}$ 相配合，控制数据由外设传送至存储器，即用于 DMA 写传送。

$\overline{\text{IOW}}$：I/O 写，双向信号线，低电平有效。在空闲周期为输入控制信号，CPU 对 8237

进行初始化编程时,利用输出操作,使 $\overline{IOW}$ 有效,将信息写入 8237 内部寄存器中。在 DMA 传送时,为一条输出信号线,与 $\overline{MEMR}$ 相配合,把数据从存贮器传送至外设,即用于 DMA 读传送。

$\overline{EOP}$:过程结束,双向信号线,低电平有效。当 8237A 中任一通道计数终止,即 DMA 传送结束时,产生 $\overline{EOP}$ 输出信号。也可由外部输入 $\overline{EOP}$ 信号,强迫当前服务通道计数终止。不论采用内部终止还是外部终止,当 $\overline{EOP}$ 信号有效时,均立即终止 DMA 服务并复位内部寄存器。若 $\overline{EOP}$ 端不用,则应接上拉电阻,以免干扰信号的影响。

2. 优先级编码逻辑

此部分是对同时提出 DMA 请求服务的多个通道进行排队判优及优先级管理。

8237A 具有两种优先级管理方式:固定优先级和循环优先级。当设定为固定优先级方式时,通道 0 的请求优先级最高,顺序排列,通道 3 的优先级最低;当设定为循环优先级时,某次循环中最近一次服务的通道,则在下一次循环中变成最低优先级的通道,如图 9.40 所示。

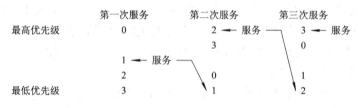

图 9.40　循环优先级示意图

用循环优先级可以防止任一通道垄断整个系统。

与本部分相关的引脚信号意义如下:

$DREQ_0 \sim DREQ_3$:通道 DMA 请求输入信号。$DREQ_0 \sim DREQ_3$ 分别是通道 $0 \sim 3$ 的 DMA 请求信号。其有效电平的极性可由初始化命令设定。芯片复位时,四个请求输入线均处于低电平。任何通道的外部设备需要 DMA 传送时,可通过各自的 DREQ 端加上有效电平即 DMA 请求。请求的有效电平应保持到 8237A 发出相应的响应信号 $DACK_0 \sim DACK_3$ 时为止。

$DACK_0 \sim DACK_3$:DMA 响应信号。同样,其有效极性可由编程决定。此信号是 8237 对 DREQ 信号的响应信号,分别对应于通道 $0 \sim 3$。当某个通道的 DREQ 请求被确认,8237A 进入工作周期,并开始 DMA 操作时,以此信号告诉外设。

HRQ:总线请求输出信号,高电平有效。这是 8237A 向 CPU 发出的用于请求总线控制权的信号。当通道收到有效的 DREQ 请求信号,而且相应的屏蔽位被清除时,8237A 就发出高电平 HRQ 信号。

HLDA:总线应答输入信号,高电平有效。表示 CPU 已让出对系统总线的控制权,并以此信号告之 8237A 可以接管对总线的控制权。

3. 命令控制逻辑

这部分对处理器送来的编程命令进行译码。在空闲周期,根据 I/O 地址缓冲器送来的最低 4 位地址线 $A_3 \sim A_0$ 与 IOW、IOR 信号相配合,对芯片内部寄存器进行预置。在 DMA 服务期间,对方式控制字的最低两位 D_1、D_0 进行译码,以选择 DMA 通道。表 9.6 为控制和状态寄存器的寻址信息表。

表 9.6　控制和状态寄存器的寻址信息

$\overline{CS}$	$\overline{IOR}$	$\overline{IOW}$	A_3	A_2	A_1	A_0	操　作
0	1	0	1	0	0	0	写命令寄存器
0	1	0	1	0	0	1	写请求寄存器
0	1	0	1	0	1	0	写单个屏蔽寄存器
0	1	0	1	0	1	1	写工作方式寄存器
0	1	0	1	1	1	1	写所有屏蔽位
0	0	1	1	1	0	1	读临时寄存器
0	0	1	1	0	0	0	读状态寄存器
×	1	0	1	1	0	0	清高低触发器命令
×	1	0	1	1	0	1	主清除命令

4. 内部寄存器组

8237A 内部寄存器组分成两大类，一类是通道寄存器即每个通道都有的当前地址寄存器、当前字计数寄存器和基地址及基字计数寄存器；另一类是命令和状态寄存器。这些寄存器的寻址是由最低 4 位地址 $A_3 \sim A_0$ 以及读写命令来区分的。这两类寄存器共占用 16 个端口，记作 DMA + 00H～DMA + 0FH 地址，可供 CPU 访问。这 16 个端口的定义及使用方法将在 9.5.3 节叙述。

5. 数据及地址缓冲器组

缓冲器组包含以下三部分：

(1) $A_3 \sim A_0$：最低 4 位地址线，是三态双向信号端；在芯片空闲周期(非 DMA 工作周期)，CPU 对芯片输出的低 4 位地址线。

(2) $A_7 \sim A_4$：高 4 位地址线。此信号仅用于 DMA 服务时提供高 4 位地址。

(3) $DB_7 \sim DB_0$：8 位双向数据线。在芯片空闲周期，CPU 在读操作时($\overline{IOR}$ 有效)，将内部寄存器的值送到系统总线上；在写操作时($\overline{IOW}$ 有效)，由 CPU 对芯片内部寄存器编程。在 DMA 工作周期，高 8 位的地址信息经数据缓冲器和 $DB_7 \sim DB_0$ 在 ADSTB 选通信号作用下锁存到外部地址锁存器中，再与 $A_7 \sim A_0$(低 8 位地址信息)组成 DMA 传送的 16 位地址信息。在 DMA 的存储器到存储器的传送方式下，存储器读出的数据经数据总线送入数据缓冲器，然后在存储器写周期里，此数据经数据总线装入到所指定的存储器单元中。DMA8237A 芯片提供 16 位地址信息，故对存储器的寻址范围为 64KB。如果进一步扩大寻址范围，可在 DMA 系统中为每一个通道配置一个页面寄存器。如 PC/XT 的 DMA 系统中，由于增加页面寄存器，每个通道的地址线为 20 条($A_0 \sim A_{19}$)，可寻址的范围达 1MB。PC/AT 的 DMA 系统可扩大至 24 条($A_0 \sim A_{23}$)，每通道可寻址的范围为 16MB。

8237A 在编程状态有三条软件命令，不需要通过数据总线写入控制字，而由 8237A 直接对地址和控制信号进行译码。$A_3 \sim A_0$ 的其他状态为操作无效状态。

8237A 的内部寄存器的类型和数量如表 9.7 所示。其中一些寄存器的功能将结合工作方式及工作过程加以叙述。

表 9.7   8237 内部寄存器

寄存器	容量/位	数量/个
基地址寄存器	16	4
基字计数寄存器	16	4
当前地址寄存器	16	4
当前字计数寄存器	16	4
暂存地址寄存器	16	1
暂存字计数寄存器	16	1
状态寄存器	8	1
命令寄存器	8	1
暂时寄存器	8	1
方式寄存器	6	4
屏蔽寄存器	4	1
请求寄存器	4	1

9.5.2   8237A 的工作方式

一般 DMA 传送过程需经过 4 个阶段。

(1) DMA 请求：DMA 控制器(8237A)接受由 I/O 接口发来的 DMA 请求信号 DREQ，并经判优后向总线裁决逻辑提出总线请求 HRQ 信号。

(2) DMA 响应：由总线裁决逻辑对总线请求进行裁决。如 CPU 不再对 DMA 初始编程时，则当 CPU 完成当前总线周期后予以响应，允许进行 DMA 传输。CPU 放弃对总线的控制权，向 8237A DMA 控制器发出总线应答信号 HLDA。

(3) DMA 传输：由 DMA 控制器控制总线，发出相应的地址与控制信息，按要传输的字节数直接控制 I/O 接口与 RAM 的数据交换。

(4) DMA 传输结束：当 DMA 传输结束时，DMA 控制器产生计数终止信号 $\overline{EOP}$，并通过接口向 CPU 提出中断请求，以使 CPU 进行 DMA 传输正确性检查和重新获得对总线的控制权。

8237A 的通道 DMA 请求方式可采用硬件请求和软件请求两种。硬件请求时，当 I/O 设备准备好数据后将 8237A 的 $DREQ_X$(即 $DREQ_0$~$DREQ_3$ 任一个通道 DMA 请求)端置成有效，向通道请求 DMA。软件请求方式是编程将 DMA 请求触发器置位，以实现 DMA 请求。软件请求时，不能用屏蔽寄存器加以屏蔽。当初始化编程完成以后，DMAC 就可以以设定的工作方式进行 DMA 数据发送。

1．DMA 数据传送方式和传送类型

8237A 在 DMA 传送时有四种工作方式。

1) 单字节传送方式

每一次 DMA 请求仅传送一个字节。一个字节数据传送后，当前字节计数器自动减量，同时当前地址寄存器也要进行相应修改(增量或减量取决于编程命令)。然后，HRQ 变为无效，DMAC 释放系统总线(即总线控制权交还给 CPU)。下一次 DMA 请求，再传送下一字节数据。若传送到使字节计数器的内容减为 0，则还要再传送一个字节，又从 0 减到 0FFFFH，才发出 $\overline{EOP}$ 信号，结束整个 DMA 传送过程。

通常，在 DACK 成为有效之前，DREQ 必须保持有效。每次字节传送后，DMAC 把总

线让给 CPU 至少一个总线周期，并检查 DREQ 输入信号，一旦仍有效，再进行下一字节数据的传送。

2) 数据块传送方式

在这种方式下，一旦 8237A 控制了系统总线，就一直占用总线，连续地传送字节数据，直到当前字节计数器减到 0，再减至 0FFFFH，产生 $\overline{EOP}$ 信号有效为止。若需提前结束 DMA 传送，也可由外部输入低电平有效的 $\overline{EOP}$ 信号强迫终止 DMA 传送，这时总线控制权才交还给 CPU。在传送期间不再检测 DREQ 请求信号。若数据块传送结束，则终止传送或重新初始化。

3) 请求传送方式

这种传送方式类似于数据块传送方式，不同之处在于每传送一个字节，8237A 都要对 DREQ 信号进行检查，若 DREQ 变为无效，则暂停传送。但是对 DREQ 信号的检测仍然进行，当测得 DREQ 又变为有效后，则在原来基础上继续传送，直到当前字节计数器为 0 或外部加入 $\overline{EOP}$ 有效负电平信号时停止传送，退出 DMA 传送。

4) 级联方式

为了扩展 DMA 通道数，可以将一片 8237A 芯片作为主 DMAC，几片 8237A 作为从 DMAC 进行级联。其连接方法是将从 8237A 芯片的 HRQ 和 HLDA 端分别接到主 8237A 某一个通道的 DREQ 和 DACK 端，主 8237A 的 HRQ 和 HLDA 信号再与 CPU 相连，如图 9.41 所示。此时主 8237A 应编程为级联方式，这样从 8237A 芯片中的 DMA 请求通过主 8237A 的优先级编码电路传递给处理机。

在级联方式下，应注意主 8237A 级联通道的优先级要高于从 8237A 通道的优先级。

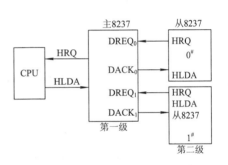

图 9.41　两级 DMA 的级联方法

当从 8237A 某个通道有 DMA 请求时，则通过主 8237A 级联的通道向 CPU 申请，响应后，由主 8237A 向从 8237A 发出 DACK 响应信号，由从 8237A 请求 DMA 的通道提供相应的地址与控制信号。故主 8237A 除输出 HRQ 信号外，其他输出均被禁止。

在前三种工作方式下，DMA 传送有三种类型：DMA 读、写和校验。DMA 读传送是把数据由存储器传送到 I/O 设备。操作时，当 $\overline{MEMR}$ 有效时，从存储器读出数据；当 $\overline{IOW}$ 有效时，将数据传送给外设。DMA 写传送是将由外设输入的数据写至存储器中。操作时，当 $\overline{IOR}$ 信号有效时，从外设读出数据；当 $\overline{MEMW}$ 有效时，将数据写入内存。校验操作是一种空操作，仅对 8237A 内部读/写功能进行校验。校验操作时如同 DMA 读/写传送一样，可产生地址及对 $\overline{EOP}$ 的响应等信号。但对存储器及 I/O 接口的控制信号均被禁止。

DMA 的工作方式是由对方式控制寄存器送入方式控制字中的 D_7、D_6 位所确定的，而传送类型的选择是由 D_3、D_2 来确定的。

2. DMA 的预置方式

预置方式是指预置地址寄存器和字节计数器的初始值，可分为两种。

(1) 自动预置。方式寄存器的 D_4 位为自动预置功能选择位，若 $D_4=1$，则该通道选择自动预置方式。当该通道完成一个 DMA 服务，字计数器到达 0，出现 $\overline{EOP}$ 信号，就自动将基地址、基字节计数器值复制到当前地址寄存器和当前字计数寄存器中，即自动恢复初始值。当自动预置后就可继续执行另一个 DMA 服务。需注意，如果一个通道设置成自动预置功能，那么该通道的对应屏蔽位必须为 0。

(2) 非自动预置方式。方式寄存器的 $D_4=0$ 为非自动预置方式，也称 CPU 预置方式。在 DMA 控制器开始工作之前，由 CPU 通过编程对基地址寄存器和基字节计数设置初值，这时当前地址寄存器、当前字计数寄存器也自动置成相应的值。

3. 8237A 的工作周期

8237A 有两种工作周期：空闲周期和有效工作周期，每个周期由多个 DMA 时序周期组成。为区别于 CPU 的时钟周期，常将 DMA 时钟周期称为一个 S 状态。DMA 传送的过程由 7 种状态组成：S_I、S_0、S_1、S_2、S_3、S_4 和 S_W，如图 9.42 所示。

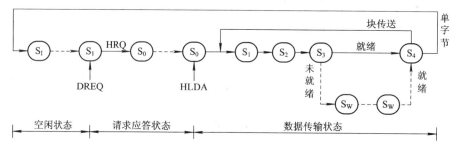

图 9.42　DMA 控制器工作时序(状态)流程图

(1) 空闲周期。8237A 初始化编程后，即处于 S_I 状态，而当 8237A 的任一通道无 DMA 请求，DMA 传送工作结束后，8237A 也进入空闲周期。在空闲周期，8237A 始终处于 S_I 状态，每一个时钟周期都采样 I/O 请求输入线 DREQ，同时也采样片选信号 $\overline{CS}$。一旦检测到有 DREQ 信号，8237A 使 HRQ 有效(低电平)，$\overline{CS}=0$，向 CPU 发出总线请求。然后脱离休闲状态 S_I，进入 S_0 请求应答状态。

(2) 有效工作周期。8237A 脱离 S_I 进入 S_0 状态，即为 DMA 服务的第 1 个状态。在这个状态，8237A 接收到 I/O 设备的 DMA 请求，并向 CPU 发出 HRQ 请求，但还未收到 CPU 的 HLDA 应答信号，此时称为"请求应答状态"。当 8237A 收到了 HLDA 应答信号后，进入 S_1 状态，开始 DMA 传送。

S_1 状态时，使输出端 AEN 有效，DMAC 利用 AEN 有效期间，把要访问的 RAM 单元 $A_{15}\sim A_8$ 地址接入 $DB_7\sim DB_0$ 数据线，并进入 S_2 状态。

S_2 状态时，使地址值选通信号 ADSTB 开始有效。ADSTB 的下降沿把 $DB_7\sim DB_0$ 上的地址信号锁存到外部的地址锁存器中，并在 S_3 状态使其出现在地址总线上；同时地址线 $A_7\sim A_0$ 上输出要访问的 RAM 单元 $A_7\sim A_0$ 的地址码，此信息存放在外围的锁存器中，被直接送到地址总线上，且在整个 DMA 传送期间保持此信息；使 $\overline{DACK}$ 有效，通知 I/O 端口做好数据传送的准备。

S_3 状态时，$\overline{IOR}$ 或 $\overline{MEMR}$ 有效，进行读操作，从源区读出数据。

S_4 状态时，$\overline{IOW}$ 或 $\overline{MEMW}$ 有效，进行写操作，将数据写入目的区。

$S_1\sim S_4$ 是标准的 DMA 工作周期，在 S_4 状态检测 $\overline{EOP}$ 信号，若有效，则结束 DMA 操作，8237A 又进入空闲周期。图 9.43 所示为 8237A 的状态变化流程图。

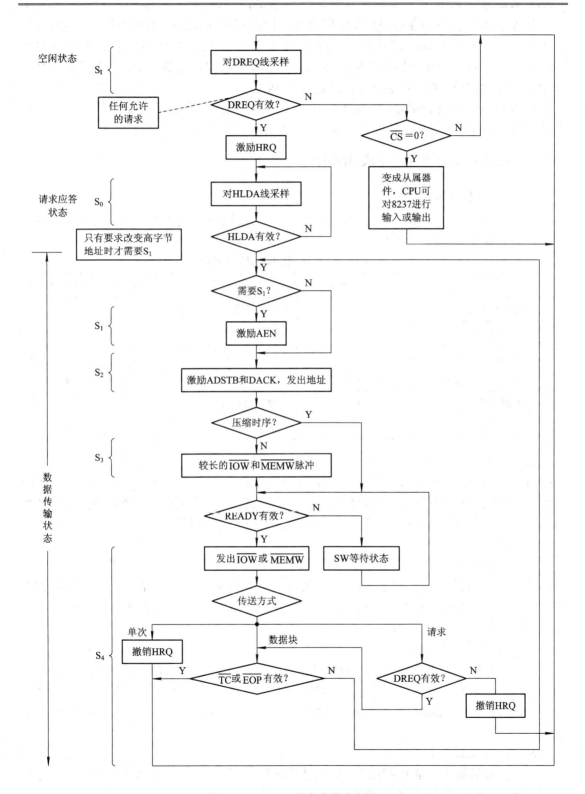

图 9.43 8237A 状态变化流程图

如果 RAM 或 I/O 设备传送数据速度较慢，不能在规定的时间完成数据写入，应设计等待电路，此时应使 READY 信号为低，等待数据准备就绪。8237A 在 S_3 后沿检测到 READY $=0$ 时，会自动插入一个等待状态 S_W，在 S_3 状态的所有控制信号都不变，从而延长了读/写时间。当 READY $=1$ 时，准备就绪，才进入 S_4 状态。

8237A DMA 进行存储器到存储器的传送时，每一次传送需要两个总线周期：第一个总线周期进行存储器读操作，第二个总线周期进行存储器写操作。

9.5.3 8237A 寄存器组与初始化编程

1. 8237A 的内部寄存器组

8237A 的内部寄存器组分为两类，一类是 4 个通道公用的寄存器，另一类是 4 个通道各自专用的寄存器，如表 9.8 所示。

表 9.8   8237A 的内部寄存器组

寄存器名	容量/位	数量/个	寄存器名	容量/位	数量/个
基地址寄存器	16	4	状态寄存器	8	1
基字计数寄存器	16	4	命令寄存器	8	1
当前地址寄存器	16	1	暂时寄存器	8	1
当前字计数寄存器	16	4	方式寄存器	8	1
暂时地址寄存器	16	1	屏蔽寄存器	8	1
暂时字计数寄存器	16	1	请求寄存器	4	1

1) 基地址和基字计数寄存器

每一个通道都有一个 16 位的基地址和基字节数寄存器，用于保存与当前寄存器相关的初值，在自动初始化时用于恢复现行寄存器中的初值。初始化编程时，基地址和基字计数寄存器与相应的当前寄存器是同时由 CPU 写入，但不能被 CPU 读出。

2) 当前地址寄存器

每一个通道都有一个 16 位的当前地址寄存器，用于提供本次 DMA 传送时的内存地址 (低 16 位)。在每次传送后，这个寄存器的值自动加 1 或减 1。这个寄存器的值可以被 CPU 写入或读出。当初始化选择"自动重装"功能时，一旦全部字节传送完毕，基地址寄存器的内容会自动装入此寄存器中。

3) 当前字计数寄存器

每一个通道都有一个 16 位的当前字计数寄存器，用于保存 DMA 要传送的字节数，在每次传送后这个寄存器减 1。当该寄存器值由 0 减到 FFFFH 时，产生计数结束信号，$\overline{EOP}$ 端子输出有效电平，DMA 传送结束。同样，"自动重装"时重装入基字计数寄存器预置的初值。

4) 命令寄存器

命令寄存器是 4 个通道共用的一个 8 位的寄存器，用于控制 8237A 的工作。命令寄存器的命令(控制)字格式如图 9.44 所示。

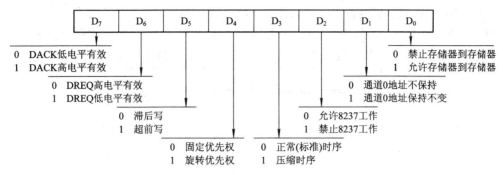

图 9.44　8237A 命令寄存器格式

5) 方式寄存器

8237A 四个通道共用一个 8 位的方式(模式)寄存器，共用一个端口地址，用于规定通道的工作模式，如图 9.45 所示。编程时，通过 D_1、D_0 两位来选择设置通道。事实上，每个通道都有一个 6 位的方式寄存器，用于存放 $D_7 \sim D_2$ 六位的模式设定，但不能寻址。当产生 $\overline{EOP}$ 信号后，自动用基地址寄存器和基字计数寄存器内容使相应当前寄存器恢复初值。当前寄存器和基寄存器的内容是 8237A 初始化时由 CPU 编程写入的，在 DMA 传送过程中，基寄存器中的内容是不变的。

D_7	D_6	D_5	D_4	D_3	D_2	D_1	D_0

模式选择		地址	自动		类型选择		通道选择	
00	查询方式	1　地址减1	1	自动预置	00	校验	00	0通道
01	单字节方式	0　地址加1	0	非自动	01	写传送	01	1通道
10	数据块方式				10	读传送	10	2通道
11	级连方式				11	无效	11	3通道

图 9.45　模式寄存器

6) 请求寄存器

8237A 四个通道共用一个请求寄存器，使用时写入请求命令字，其格式如图 9.46 所示。8237A 会根据 $D_2 \sim D_0$ 的状态向指定的通道提出"软件 DMA"请求。一般当 8237A 工作在数据块传送方式时，可用"软件 DMA"请求。

每个通道的软件请求可以分别设置，软件请求是非屏蔽的，但它们仍然受优先权的控制。只有在数据块传送方式下才允许软件请求。若用于存储器到存储器传送，则通道 0 必须使用软件请求，以启动传送过程。

图 9.46　8237 请求寄存器

7) 屏蔽寄存器

每个通道 I/O 设备可通过 DREQ 线发出 DMA 请求，它可单独地被屏蔽或允许，所以 8237A 内部设有一个屏蔽寄存器，如图 9.47 所示。在 RESET 信号作用后，图 9.47(a)中，

$D_2=1$，8237A 的 4 个通道全置于屏蔽状态，因此必须在编程时根据需要复位屏蔽位。8237A 也可以用图 9.47(b)格式对各个通道的屏蔽情况进行编程。若 $D_3 \sim D_0$ 的 4 位全部置 1，则屏蔽所有的 DMA 请求；若某一位写入 0，则允许相应通道的 DMA 请求。

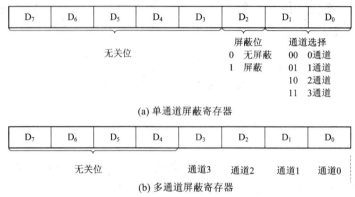

(a) 单通道屏蔽寄存器

(b) 多通道屏蔽寄存器

图 9.47　8237A 的单通道屏蔽寄存器与通道屏蔽寄存器

8) 状态寄存器

8237A 有一个可由 CPU 读取的状态寄存器，如图 9.48 所示。状态寄存器的低 4 位反映了当前每个通道的 DMA 请求是否结束，高 4 位反映每个通道的请求情况。

图 9.48　8237A 状态寄存器格式

9) 暂时寄存器

暂时寄存器又称暂存器，是 4 个通道共用的 8 位寄存器。用于存储器到存储器的传送方式，暂时保存从源存储单元读出的数据，再由它写入目的存储单元。在传送完成时，它保留传送的最后一个字节数据，这可由 CPU 读出。

2. 软件命令

8237A 在编程状态有三条软件命令，它们是：主清除、清除高/低触发器和清除屏蔽寄存器命令。这些软件命令只要对某个适当地址进行写入操作，就会自动执行清除命令。

1) 主清除命令

主清除命令在 8237A 内部所起的作用和硬件复位信号 RESET 相同，其作用是清除命令寄存器、状态寄存器、各通道请求标志位、临时寄存器和高/低位触发器。并把各通道的屏蔽标志位置"1"，均不响应 DMA 请求，使 8237A 进入空闲周期。此主清除命令寄存器的地址低 4 位为 0DH。

2) 清除高/低触发器命令

高/低触发器又称字节指示器或先/后触发器。因为 8237A 各通道的地址和字节计数器都是 16 位，而 8237A 每次只能接收一个字节数据，所以 CPU 访问这些寄存器时，要进行连续二次字节操作。当高/低触发器置"0"时，CPU 访问这些 16 位寄存器的低位字节；置"1"时，访问这些 16 位寄存器的高位字节。为了能按正确的顺序访问 16 位寄存器的高字节和低字节，首先 CPU 使用清除高/低触发器命令，使触发器置"0"，使 CPU 第 1 次访问这些 16 位寄存器的低字节。第一次访问后，触发器自动置"1"，则下一次访问的是高字节，然后触发器又自动恢复成"0"状态。此高/低触发器的地址低 4 位是 0CH。

3) 清除屏蔽寄存器命令

清除屏蔽寄存器命令清除 4 个通道的全部屏蔽位(屏蔽标志位清零)，使各通道均能接受 DMA 请求。此命令寄存器地址的低 4 位为 0EH。

3. 内部寄存器的寻址与初始化程序的编写

1) 寻址信息

每片 8237A 有 4 条片内地址选择线 $A_3 \sim A_0$，故可占用 16 个连续的 I/O 端口地址。在 CPU 用片选信号 $\overline{CS}$ 选中芯片 8237A 的前提下，由片内地址线 $A_3 \sim A_0$ 选择 8237A 内部的一个端口，再用 $\overline{IOR}$ 信号或 $\overline{IOW}$ 信号决定是对某个内部寄存器读出还是写入。CPU 对这些寄存器的寻址信息列于表 9.9 中。

从表 9.9 中可见，前 8 个地址($A_3=0$)是各个通道单独占有的，每两个地址对应一个通道内部的四个寄存器(计数器)：基地址寄存器和当前地址寄存器用同一个地址同时写入(但只有当前地址寄存器可以读出)；基字计数器和当前字节数计数器也是用同一个地址同时写入(但也只有当前字节数计数器可以读出)。由于这四个寄存器(计数器)是 16 位，而 8237A 的数据线仅 8 位，因而对它们的读写要分高低字节连续操作两次。8237A 内部设置有一个高/低触发器，利用其"0"/"1"状态进行低字节/高字节二次连续操作，完成 16 位的读/写。用户还可以用上面讲的软件命令使高/低触发器强制清零，以保证对 16 位寄存器的读写是从低字节开始。

表 9.9 中后 8 个地址($A_3=1$)是四个通道公用的，主要用以对 8237A 写入一些命令(称为软件命令)，设定 8237A 的某些工作状态。表中端口地址是 8237A 中各内部寄存器以符号地址 DMA + 0、DMA + 1……DMA+0FH 表示。

表 9.9　8237A 端口寄存器

$A_3A_2A_1A_0$	端口地址	通道	读操作	写操作
0000	DMA+1	0	读当前地址寄存器	写基/当前地址寄存器
0001	DMA+1		读当前字计数寄存器	写基/当前字计数寄存器
0010	DMA+2	1	读当前地址寄存器	写基/当前地址寄存器
0011	DMA+3		读当前字计数寄存器	写基/当前字计数寄存器
0100	DMA+4	2	读当前地址计数器	写基/当前地址寄存器
0101	DMA+5		读当前字计数寄存器	写基/当前字计数寄存器
0110	DMA+6	3	读当前地址计数器	写基/当前地址寄存器
0111	DMA+7		读当前字计数寄存器	写基/当前字计数寄存器
1000	DMA+8	公用	读状态寄存器	写命令寄存器
1001	DMA+9		—	写请求寄存器
1010	DMA+10		—	写单个通道屏蔽字
1011	DMA+11		—	写方式字寄存器
1100	DMA+12		—	清除先/后触发器
1101	DMA+13		读暂存寄存器	复位芯片(主清除)
1110	DMA+14		—	清除屏蔽寄存器
1111	DMA+15		—	写 4 通道屏蔽寄存器

2) 8237A 初始化程序的编写步骤

在进行 DMA 操作时，必须对 8237A 进行初始化编程。初始化编程有以下内容：

(1) 关闭 8237A，以保证对 8237A 初始化编程结束后才响应 DMA 请求。

(2) 发送清除命令。清除命令有 3 个：① 总清除命令，即用软件方法进行复位，通过它可清除 8237A DMA 控制器中所有寄存器的内容。该命令用在重新对 8237A 初始化前，端口地址为 0DH。② 使先/后触发器清 0，用在 CPU 读/写 8237A 中 16 位寄存器时，保证先读低字节，再读高字节。当读/写 8 位寄存器时，应使先/后触发器置 0，端口地址为 0CH。③ 清除屏蔽寄存器，端口地址为 0EH。对这三个端口写入任意数据便可完成各自的功能。

(3) 输出 16 位地址值给相应通道的地址寄存器。

(4) 设置传送的字节数给基字计数寄存器和当前字计数寄存器。

(5) 输出工作方式字，以确定 8237A 的工作方式和传送类型。

(6) 将屏蔽字写入屏蔽寄存器，去除屏蔽。

(7) 启动 8237A，并将命令字写入命令寄存器，控制 8237A 工作。

(8) 启动 DMA 传送，可用软件方法将请求 DMA 操作字写入请求寄存器，或用硬件方法，等待 DREQ 引线端发出 DMA 传送申请。

3) 编程应用举例

例 9.4　如要利用通道 1 从外设输入 54 KB 的一个数据块，传送至 5678H 开始的存储区域(增量传送)，采用块传送方式，传送完不自动初始化，DREQ 和 DACK 都为高电平有效。已知 8237 的端口地址为 50H～5FH。

根据要求，模式控制字应为

D_7	D_6	D_5	D_4	D_3	D_2	D_1	D_0
1	0	0	0	0	1	0	1

块传送　　　增量　　　非自动　　　写传送　　　　　通道1

屏蔽字应为

D_7	D_6	D_5	D_4	D_3	D_2	D_1	D_0
0	0	0	0	0	0	0	1

复位　　　通道1

命令寄存器的格式为

D_7	D_6	D_5	D_4	D_3	D_2	D_1	D_0
1	0	1	0	0	0	0	0

DACK高　DERQ高　超前写　固定优先　正常时序　启动　无关　非存储器到存储器

由于给定的 DMA 控制器的端口地址为 50H～5FH，由表 9-12 可知主清除命令端口地址为 5DH($A_3A_2A_1A_0$=1101)，基地址和当前地址寄存器的端口地址为 52H($A_3A_2A_1A_0$=0010)，基字计数寄存器和当前字计数寄存器的端口地址为 53H($A_3A_2A_1A_0$=0011)，模式控制字的端口地址为 5BH($A_3A_2A_1A_0$=1011)，写一单通道的屏蔽字的端口地址为 5AH($A_3A_2A_1A_0$=1010)，命令寄存器端口地址为 58H($A_3A_2A_1A_0$=1000)。

初始化程序片段如下：

OUT	5DH，AL	；主清除命令
MOV	AL，78H	；基地址和当前地址的低 8 位
OUT	52H，AL	
MOV	AL，56H	；基地址和当前地址的高 8 位
OUT	52H，AL	
MOV	AL，00H	；基字节数和当前字节数低 8 位(54 KB = 0D800H)
OUT	53H，AL	
MOV	AL，0D8H	；基字节数和当前字节数高 8 位
OUT	53H，AL	
MOV	AL，85H	；模式控制字
OUT	5BH，AL	
MOV	AL，01H	；屏蔽控制字，使通道 1 的屏蔽位复位(不屏蔽)
OUT	5AH，AL	
MOV	AL，0A0H	；命令字
OUT	58H，AL	

本段程序执行后，真正的数据传送不需要用 CPU 的指令，DMA 控制器 8237A 会自动将外部设备的 54KB 数据传送到从 5678H 到 12E77H 的内存区域中。

9.5.4　8237A 在 PC XT 和 PC AT 系统中的应用

8237A DMA 控制器接入微机系统并取得总线控制权以后，就成为系统的主控制器。它如何向存储器和 I/O 设备发出地址信息，这是在系统连接时应考虑的问题。

8237A 只能提供 16 位地址信息($A_0 \sim A_7$ 为低 8 位，$DB_0 \sim DB_7$ 为高 8 位)。而 PC XT 的地址总线有 20 位，1MB 的寻址空间；PC AT 的地址总线有 24 位，寻址空间为 16MB。虽然 8237A 与 PC 系统两者的地址线不能直接相连。解决的办法是在系统中另设置 DMA 页面地址寄存器，对 PC XT 而言，产生 DMA 的通道的高 4 位地址 $A_{16} \sim A_{19}$；对 PC AT 而言，要产生高 8 位地址($A_{16} \sim A_{23}$)。这样与 8237A 提供的 16 位地址一起组成 20 位地址线或 24 位地址线、从而能访问到存储器的全部存储单元和 I/O 设备端口。图 9.49 所示为 PC XT、PC AT DMA 系统产生地址信息的示意图。表 9.10 列出了 PC XT 与 PC AT 的 DMA 芯片的端口地址。

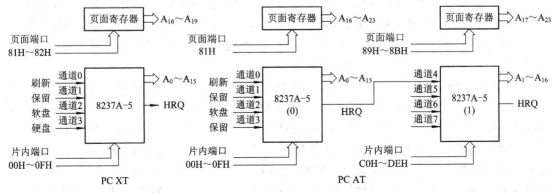

图 9.49　PC XT、PC AT DMA 系统产生寻址信息示意图

表 9.10　PC XT 与 PC AT 的 DMA 芯片端口地址

端口名称		0 号片 8237A	1 号片 8237A
通道 0	基/当前地址寄存器	0　(00H)	192　(C0H)
	基/当前字计数寄存器	1　(01H)	194　(C2H)
通道 1	基/当前地址寄存器	2　(02H)	196　(C4H)
	基/当前字计数寄存器	3　(03H)	198　(C6H)
通道 2	基/当前地址寄存器	4　(04H)	200　(C8H)
	基/当前字计数寄存器	5　(05H)	202　(C6H)
通道 3	基/当前地址寄存器	6　(06H)	204　(CCH)
	基/当前字计数寄存器	7　(07H)	206　(CEH)
读状态寄存器/写命令寄存器		8　(08H)	208　(D0H)
写请求寄存器		9　(09H)	210　(D2H)
写单个通道屏蔽寄存器		10　(0AH)	212　(D4H)
写方式字寄存器		11　(0BH)	214　(D6H)
写清除先/后触发器		12　(0CH)	216　(D8H)
读暂存寄存器/写总清除		13　(0DH)	218　(DAH)
写清除屏蔽寄存器		14　(0EH)	220　(DCH)
写 4 个通道屏蔽寄存器		15　(0FH)	222　(DEH)

1. PC XT 的 DMA 系统

PC XT 采用 1 片 8237A，可支持四个通道 DMA 传送。其中通道 0 用于对动态 RAM 刷新(刷新请求周期为 16.08 μs)，通过对存储器读(DMA 读)操作实现其刷新功能；通道 1 保留(有同步通信时，留给网络数据链路控制卡使用；当系统未配置网络卡时，由用户安排使用)；通道 2 用于软盘；通道 3 用于硬盘传送数据。

以上通道均传送 8 位数据，每次 DMA 传送最多为 64 KB，图 9.50 所示为 8237A 在 PC XT 机产生 20 位地址线的连接方法，可在 1 MB 空间范围寻址。CPU 对 8237A 访问的端口地址为 00H～0FH，即 DMA+0～DMA+15，而符号地址定义为 DMA EQU 00H。

74LS670 为页面地址寄存器，其内部有第 0～3 号，共 4 组寄存器，每组 4 位，占用 I/O 的 4 个端口地址号 80H、83H、81H、82H，分别对应通道 0、1、2、3。页面寄存器中 4 组寄存器用于存放各通道中 16 位地址寄存器所对应的高 4 位 A_{19}～A_{16} 的地址信号(页面号)。

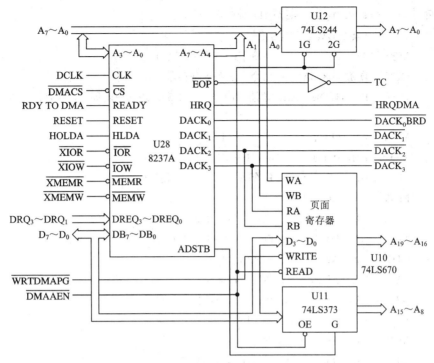

图 9.50　8237A 产生 20 位地址框图

2. PC AT 的 DMA 系统

PC AT 系统采用 2 片 8237A，支持 7 个通道的 DMA 传送。其中 0 号片的 4 个通道仅通道 2 仍作为软盘 DMA 的传送服务，原先 PC XT 中为动态 RAM 刷新和为硬盘 DMA 传送服务的通道 0 和通道 3 都空闲而未加使用。因为 PC AT 的动态 RAM 有专门的刷新电路支持刷新，硬盘驱动器采用了高速 PIO 传送数据，故无须 DMA 通道支持。另外，1 号片的通道 4 用作 0 号片与 1 号片的级连。当 1 号片的通道 4 响应 DMA 请求时，它本身并不发出地址和控制信号，而 0 号片中请求 DMA 传送的通道占用总线并发出地址和控制信息。在 PC AT 中的 0、1、3、5、6、7 共 6 个通道均保留使用。

0 号片的第 1、2、3 通道仍按 8 位数据进行 DMA 传送，最大传送 64 KB。0 号片的通道 0 和 1 号片的 5、6、7 通道按 16 位数据进行 DMA 传送。每次 DMA 传送最大为 64 KB。两个 8327A 芯片都支持 16 MB 空间的寻址范围。

CPU 对 0 号片访问的端口地址仍使用 00H~0FH，即 DMA+0~DMA+15。页面地址寄存器的端口地址为 81H(软盘)。CPU 对 1 号片的端口使用字边界(偶字节地址，A_0 固定为 0)，其起始端口定为 C0H，每个端口地址间隔为 2，端口地址为 0C0H~0DEH，即 DMA1+0~DMA1+30(DMA1 EQU C0H)。同样，对应每一个通道，都需要一个 8 位的页面地址寄存器。端口地址为 89H~8BH，对应的通道为 6、7、5 通道。

在 PC XT 和 PC AT 中，ROM-BIOS 都配置有对 DMA 系统的检测程序。同样，只有确定 DMA 系统工作正常后，才能进行 DMA 初始化编程，继而实现 DMA 传输。

下面将 PC 机系统的 BIOS 对 8237A 上电后进行检测的程序作一介绍。程序中设符号地址 DMA 是 00H，测试程序对 4 个通道的 8 个 16 位寄存器先后写入全"1"和全"0"，再读出比较，看是否一致。若出错，则停机。程序如下：

```
        检测前，禁止 DMA 控制器工作
        MOV   AL，04       ；命令字：禁止 8237A 工作
        OUT   DMA+08，AL   ；命令字送命令寄存器
        OUT   DMA+0DH，AL  ；总清除命令，使 8237A 进入空闲周期，包括清先/后触发器
                          ；作全"1"检测
        MOV   AL，0FFH     ；0FFH→AL
        MOV   AH，0FFH     ；0FFH→AH
C16：   MOV   BL，AL       ；保存 AX 到 BX，以便比较
        MOV   BH，AH
        MOV   CX，8        ；循环测试 8 个寄存器
        MOV   DX，DMA      ；FF 写入 0~3 号通道地址或字节数寄存器
C17：   OUT   DX，AL       ；写入低 8 位
        OUT   DX，AL       ；再写入高 8 位
        MOV   AL，01H      ；读前，破坏原内容
        IN    AL，DX       ；读出刚才写入的低 8 位
        MOV   AH，AL       ；保存到 AH
        IN    AL，DX       ；再读出写入的高 8 位
        CMP   BX，AX       ；读出的与写入的比较
        JE    C18         ；相等，则转 C18，转入下一寄存器
        HLT              ；不等，则出错，系统暂停
C18：   INC   DX          ；寄存器口地址+1，指向下一个寄存器，进行检查
        LOOP  C17         ；未完，继续
                          ；作全"0"检测
        INC   AL          ；已完，使 AL=AH=0(全"1"+1=0)
        INC   AH
        JE    C16         ；返回再作写全"0"检测
                          ；全"1"和全"0"检测通过，开始设置命令
        SUB   AL，AL       ；命令字=00H：DACK 为低电平，DREQ 为高电平
        OUT   DMA+8，AL    ；滞后写，固定优先级，芯片工作允许
                          ；禁止 0 通道寻址保持，禁止 M-M 传送
                          ；各通道方式寄存器加载
        MOV   AL，40H      ；通道 0 方式字，单字节传送方式，DMA 校验
        OUT   DMA+0BH，AL
        MOV   AL，41H      ；通道 1 方式字
        OUT   DMA+0BH，AL
        MOV   AL，42H      ；通道 2 方式字
        OUT   DMA+0BH，AL
        MOV   AL，43H      ；通道 3 方式字
        OUT   DMA+0BH，AL
```

⋮

上述测试程序通过后，就可进行对目前投入的通道初始化。若欲使通道 0 用于刷新，其工作方式为单字节读传输方式，基地址为 0000H，不考虑页面地址，基字节计数值为 128(即 7FH)，自动预置方式。初始化程序如下：

```
CLI                          ; 清中断标志位、禁止中断
MOV   AL, 04H                ; 屏蔽通道0(D₂=1)，禁止响应 DMA 请求
OUT   DMA+0AH, AL
MOV   AL, 01010000B          ; 送方式命令字。单字节，地址增量，自动预置方式，读传输
OUT   DMA+0BH, AL
MOV   AX, 0000H              ; 写基地址和当前地址计数寄存器低 8 位
OUT   DMA+00H，AL
OUT   DMA+00H，AL            ; 写基地址和当前地址计数器高 8 位
MOV   AX, 007FH             ; 送字节计数器值
OUT   DMA+1，AL              ; 写字节计数器低 8 位
MOV   AL, AH                 ; 写字节计数器高 8 位
OUT   DMA+1，AL
STI                          ; 置中断标志=1，允许中断
MOV   AL, 00H                ; 清除通道 0 的屏蔽位(D₂=0)，允许 DMA 请求
OUT   DMA+10，AL
```

⋮

3. 82C37A 与 32 位微处理器 80386DX 的接口

图 9.51 所示为 82C37A 与 32 位 80386DX 相连的接口方法。82C37A 含有 4 个独立的 DMA 通道，通常把每一个通道指定给一个专门的外围设备。82C37A 允许 I/O 设备输入 4 个 DMA 请求信号 $DREQ_0 \sim DREQ_3$，分别对应通道 0~3。在空闲周期，82C37A 不断地检测这些输入信号是否有效。当某一外设要求进行 DMA 操作时，就应使相应的 $DREQ_0$ 输入信号变为高电平有效，向 82C37A 请求 DMA 服务。

若 82C37A 采样到任何一个通道中出现一个 DREQ 有效，且未被屏蔽 DMA，则向 CPU 发出总线请求保持信号 HRQ 有效(高电平)并传送至 80386DX 的 HOLD 输入端，通知 CPU 外设有 DMA 请求，要求获得对总线的控制权。当 80386DX 允许 DMA 请求后，发出响应信号 HLDA，告之 DMAC，CPU 已放弃了对总线的控制权，DMAC 可接管对总线的控制权。

当 82C37A 获得了对总线的控制权后，就输出一个 DMA 响应信号 DACK(高电平)，告之请求 DMA 传送的外部 I/O 设备，82C37A 已处于就绪状态。这样选中的 I/O 设备就可在 82C37A 的控制下进行 DMA 操作。

在 DMA 工作周期，82C37A 产生相应的地址信息及产生存储器或 I/O 数据的全部控制信号。DMA 总线周期开始时刻，一个 16 位的地址信号，其中低 8 位地址信息直接由地址线 $A_0 \sim A_7$ 上传输，而高 8 位地址信息经数据线 $DB_0 \sim DB_7$ 上传输，并由 DMAC 产生的地址选通信号 ADSTB 将高 8 位地址信息锁存入 I/O 地址锁存器中，产生 $A_8 \sim A_{15}$ 地址信息，从而在地址线上形成有效的 $A_{15} \sim A_0$ 的 16 位地址信息，使 82C37A 能够直接寻址 64 KB 存储

单元。地址允许 AEN 信号在整个 DMA 工作周期均为有效状态，它一方面用于锁存选通的地址信息，另一方面又用于禁止其他电路连接到总线上。

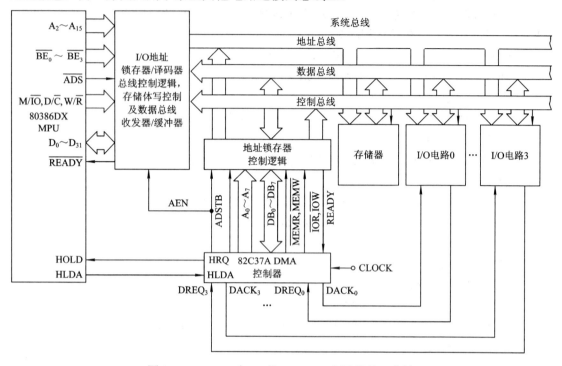

图 9.51　82C37A 与 32 位 80386DX 相连的接口方法

82C37A 的 DMA 操作可以在 I/O 设备与存储器之间进行，也可以在存储器到存储器之间进行。例如：

I/O 外部设备将数据传送到存储器时，82C37A 利用 $\overline{\text{IOR}}$ 输出信号通知 I/O 设备把数据放置到数据总线 $DB_0 \sim DB_7$ 上。与此同时，它利用 $\overline{\text{MEMW}}$ 信号把数据总线上的数据写入存储器。82C37A 仅产生地址及控制信息，就完成了直接从 I/O 设备将数据传送到存储器。同样利用 $\overline{\text{MEMR}}$ 和 $\overline{\text{IOW}}$ 信号，可完成从存储器到 I/O 设备的数据直接传送。上述 I/O 设备与存储器间的 DMA 操作都仅用 4 个时钟周期即可完成。

82C37A 完成存储器间的 DMA 传送，要用到 $\overline{\text{MEMR}}$ 和 $\overline{\text{MEMW}}$ 两个信号，故要用到 2 个总线周期，占 8 个时钟周期。一个是总线读周期，另一个是总线写周期。与 I/O 写存储器间的 DMA 传送不同的是：要用到 82C37A 中的临时(暂存)寄存器。在总线读周期中，要将从存储器中读出的数据先暂存到 82C37A 中的临时寄存器。在总线写周期中，将数据从临时寄存器中传送到目的存储单元。在 DMAC 用 5 MHz 时钟时，一个存储器到存储器的 DMA 操作周期需 $1 \sim 6$ μs。

READY 输入信号用于适应低速的存储器与 I/O 设备。READY 为高电平时不要插入等待时钟，若 READY 为低电平，则 DMA 总线周期中在 $S_3 \rightarrow S_4$ 状态中要插入等待时钟 S_W。

顺便指出，目前，许多公司都已生产大规模集成电路的 DMA 控制器，如 Zilog 公司的 Z8410(Z80DMA)和 Z8410A(Z80ADMA)。Motorola 公司的 MC6844，MC68A44 和 MC68B44。Intel 公司生产的 DMAC 主要有 8257/8257-5 和 8237A/8237-5。其中 8257-5 是与 8085 系列

兼容的 DMAC。而 8237A/8237A-5 是一种高性能 NMOS 的可编程 DMAC。8237A 可用于 3 MHz 时钟，而 8237A-5 时钟可提高到 5 MHz。82C37A-5 是 CHMOS 工艺的 DMAC。

在高档微机中，DMAC 和相关页面寄存器都被兼容的多功能外围芯片所取代。虽然电路结构相差甚远，但它们的基本功能是相似的。

9.6 串行通信及串行通信接口 8251A

在微型计算机的内部，数据都是以并行的方式传送的，因为这种方式的速度最快。但是，对于长距离通信，例如，计算机与外部设备，或计算机之间传输数据时，并行方式需要的通信线太多。因此，要进行长距离通信时，通常总是将并行数据转换为串行数据，以便能够使用串行通信进行传输。

串行通信是数据用一根传输线逐位顺序传送。串行通信按照通信类型可分为串行异步通信(Asynchronous)和串行同步通信(Synchronous)；按照数据传送方式可分为单工(Simplex)、半双工(half-duplex)和全双工(full-duplex)。

9.6.1 串行通信的基本概念

1. 串行异步通信

在异步传送中，一般以若干位表示一个字符，通信时以收/发一个字符为一帧独立的通信单位，传送中每个字符出现的时间是任意的。然而，一个字符一旦出现，字符中的各位则以预先规定的速率传送。所谓"异步"通信，主要体现在字符与字符之间，而每个字符内部的位与位间都是同步的。为了保证异步通信的正确，必须使收发双方在通信时按事先规定的字符格式及传送速率进行传送。接收端必须能识别字符从哪一位开始，何时结束。为此，异步传送的数据字前面应加起始位，结束后应加上停止位，形成一个完整的串行传送字符，也称一帧信息。

每个字符格式按顺序分别为起始位、数据位、奇偶校验位和停止位。

(1) 起始位：规定为低电平"0"。表示一帧字符信息的开始，以此通知接收方准备接收。

(2) 数据位：一般 5～8 位，紧跟在起始位后面，是要传送的有效信息，规定从低位至高位依次传送。

(3) 奇偶校验位：0～1 位，紧跟在数据字之后。它便于用来检验信息传送是否正确。

(4) 停止位：1 位、$1\frac{1}{2}$ 位或 2 位，规定为高电平"1"。

在异步传送中，字符之间的间隔不固定，在停止位后可以加空闲位，空闲位用高电平"1"表示，用于等待下一个字符传送。这样，接收和发送可以随时地或间隔地进行，而不受时间的限制。

图 9.52 所示为数据字是 7 位的 ASCII 码，第 8 位是奇偶校验位，加上起始位、停止位，组成帧信息。这样一个字符由 10 位组成，便可以按字符异步串行传送了。图 9.52(a)为字符间有空闲位，图 9.52(b)为字符间没有空闲位，图 9.52(c)为发收端口异步通信方式示意图。

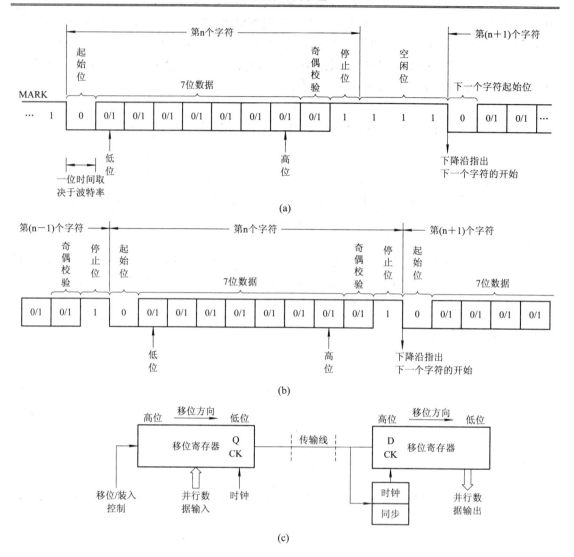

图 9.52 异步串行通信格式及传送方式

在异步通信中发送站与接收站之间除预先规定应有相同的字符格式外，还必须要求发送站接收站间要以相同的数据传送率工作，即要求以相同的比特率工作。所谓比特率，是指单位时间内传送二进制数据的位数，以 bit/s 为单位。它是衡量串行数据传送速度快慢的重要指标。

假设数据传送的速率是 120 字符/s，而每一个字符假定为 10 bit，则其传送的比特率为

$$10 \text{ bit/字符} \times 120 \text{ 字符/s} = 1200 \text{ bit/s}$$

或称为 1200 b/s。

有时也用"位周期"来表示传输速度，它表示每一位的传送时间 T_d，它是比特率的倒数。如上例中位周期

$$T_d = \frac{1}{1200} = 0.833 \text{ ms}$$

目前国际上规定了一个标准比特率系列,即 110、300、600、1200、1800、2400、4800、9600 和 19200 b/s。

因此,在异步通信中,收发双方必须要约定如下两点:

(1) 统一约定的字符格式。即规定字符各部分所占用的位数,是否采用奇偶校验,以及校验方式。

(2) 规定数据传送的速率,即比特率相同。

异步传送时,由于接收方靠每个字符的起始位可起到字符传送的同步时钟作用,因而收/发双方设备较简单,实现起来方便,对各字符间的间隔长度没有限制。缺点是每个数据位要加上起始位、停止位成帧信息。这样降低了传送速率,故此方式适用于低速通信场合。例如,大多数 CRT 终端按 110~9600 b/s 范围中的比特率工作,而打印机的机械速度较慢。因此一般串行打印机的比特率为 110 b/s。

2．串行同步通信

所谓串行同步通信,就是去掉异步传送时每个字符的起始位和停止位的成帧标志信号,而是以一组字符组成一个数据块(或称数据场),在每一个数据块前附加一个或两个同步字符或标识符,后面再附加校验字符。在传送过程中,发送端和接收端的每一位数据均应保持"位同步"。用于同步通信的数据格式有许多种,图 9.53 表示了最常见的几种格式。

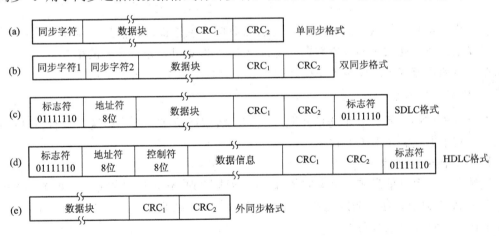

图 9.53　常见的几种同步通信格式

在图 9.53 所示的格式中,数据块的字节数是不受限制的,通常可以是几十到几千个字节,甚至更多,而其他每一部分仅占用一个字节(8 位)。图 9.53 中(a)为单同步格式,传送一串数据仅用一个同步字符。当接收端收到(检测出)一个相符的完整同步字符后,就连续接收数据。数据块传送结束就进行循环冗余校验码(CRC_1、CRC_2)校验,以判断数据块在传送中是否出现错误。图 9.53 (b)为双同步字格式,使用两个同步字符。图 9.53 (c)为同步数据链路控制 (Synchronous Data Link Control,SDLC)格式,而图 9.53(d)为高级数据链路控制 (High-Level Data Link Control,HDLC)格式,这两种通信格式的特点是,没有规定的同步控制字符,而是采用了一个比特组合(01111110)作为帧的开始和结束标志(Flag)符。为了实现标志符编码的唯一性,采用了"0"比特插入/删除技术,以保证接收站能正确识别出数据块信息中含有与标志符代码相同的数据信息。具体方法是:在发送数据块信息时,如遇到连续五个"1",则自动插入一个"0"。接收端在连续收到五个"1"后就自动将其后的"0"删除,以便恢复信息原有的含义。故只有在传送起始及结束标志符时才会有连续六个"1"产生,保证了标志符编码的唯一性。图 9.53 (e)是一种外同步方式所采用的数据通信方式。发送数据中不包含同步字符,而由专门的控制线路产生同步信号加到串行端口上。当外同步信号 SYNC 一到达,表明数据块开始传送,接口就连续接收数据和 CRC 编码。在同步传送中,要求用同步时钟来实现发送端和接收端之间的严格同步,否则,数据传输将出现错误,这就要求在收发两端使用同一时钟。

在实际应用中,当距离较近时,可增加一条时钟线,用同一时钟发送器驱动收/发设备,以保证收/发的正确性,如图 9.54 所示。而当距离较远时,可通过解调器从数据流中提取同步信号,用锁相技术来得到和发送时钟完全相同的接收时钟信号。所以,同步传送收/发双方设备相对较复杂些。

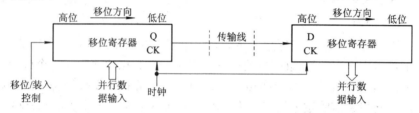

图 9.54　采用同一时钟的同步通信方式

从同步通信数据格式中可以看出,传送的数据信息越长,通信效率越高,故同步通信运用于要求快速、连续传输大量数据的场合。鉴于 80X86PC 系列微机的串行接口基本上都是采用异步通信方式,所以本节主要介绍异步串行通信及其接口电路。

3. 数据传送方式

在串行通信中,不论异步通信和同步通信,数据通信线路上的传送方式有三种:单工方式、半双工方式和全双工方式。

1) 单工(Simplex)方式

这种方式只允许信息在一个方向传输,即不具有双向传输信息的能力,如图 9.55(a)所示。图中 A 方只能发送,叫发送器;B 方只能接收,叫接收器。如终端设备发给计算机,而不能接收从计算机发来的信息。

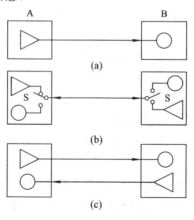

图 9.55　串行通信方式

2) 半双工(Half-duplex)方式

这种方式信息可以从 A 发送到 B，也可以从 B 发送到 A。因此 A 方、B 方都既作发送器，又可用作接收器，通常称之为收发器。但 A、B 之间只有一条传输线，在同一时间只能作一个方向的传送。信息只能靠分时方法控制传输的方向，这通常由收发控制开关来控制，故称为半双工通信。如图 9.55(b)所示。

3) 全双工(Full-duplex)方式

这种方式如图 9.55(c)所示。A、B 双方都既是发送器，又是接收器，而且相互间有两条信息传输线，A 方、B 方可以同时发送或接收，实现了全双工传输。这种全双工方式在通信线路和通信机理上都相当于两个方向相反的单工方式组合在一起。

图 9.56 所示的通信方式都是在两个站之间进行的，所以也称为点—点通信方式。图 9.56 所示为主从式多终端通信方式。A 站(主机)可以向多个终端(B，C，D 等从机)发出信息。根据数据传送的方向又可分为多终端半双工方式通信和多终端全双工方式通信。这种多终端通信方式常用于主—从计算机系统通信中。

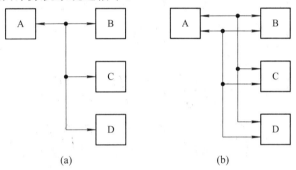

图 9.56　主从式多终端通信方式

4．信号的调制与解调

如果利用电话信息进行远距离传输，直接采用数字信号是不能实现的。为传输数字信号，必须采取一些措施，把数字信号转换成适于传输的模拟信号，而在接收端再将模拟信号转换成数字信号。前一种转换称为调制，后一种转换称为解调。完成调制、解调功能的设备叫做调制解调器(Modem)。

图 9.57 所示为采用调制解调器进行远程通信示意图。图中，调制解调器具有发送方的调制和接收方的解调两种功能。对于双工通信方式，通信的任何一方都需要这两种功能。实际应用中，用户可选用不同型号的调制解调器。

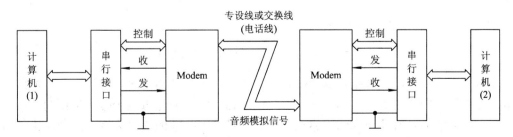

图 9.57　采用调制解调器实现远程通信示意图

　　调制的方式很多，按调制技术的不同，可分为调频(FM)、调幅(AM)和调相(PM)三种。它们分别按照传输数字信号的变化规律去改变载波(即音频模拟信号 A sin(2πft+φ))的频率 f、幅度 A 或相位 φ，使之随数字信号的变化而变化，如图 9.58 所示。在数据通信中，常将这三种调制方法分别称为频移键控(Frequency Shift Keying，FSK)法、幅移键控(Amplitude Shift Keying，ASK)法和相移键控(Phase Shift Keying，PSK)法。在计算机通信中用得最多的是频移键控法(FSK)。它的基本原理是把"0"和"1"的两种数字信号，分别调制成不同频率(如 f_1 和 f_2)的容易识别的音频模拟信号，其实现原理如图 9.59 所示。根据数字位的"1"和"0"控制不同频率音频模拟信号的输出。这种调制信号可以在电话线上不失真地传输 500 m 左右。如距离更远，则需加转换器或使用性能更好的通信电缆，传输距离可以增加到 1.5～2 km 以上。已调制的信号到了接收端，解调器再将不同频率的音频模拟信号转换为原来的数字信号。

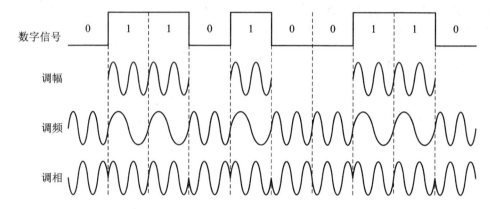

图 9.58　三种调制方法示意图

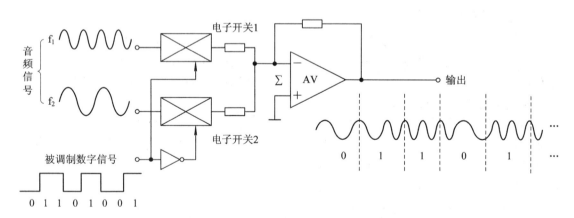

图 9.59　频移键控(FSK)法的实现原理示意图

　　在串行通信中，由于系统本身的硬、软件故障，或者外界电磁干扰等原因，数据在传输中发生差错是较难避免的。作为一个实用的通信系统，应尽量减少传输出错的概率，以及一旦出错后能够及时发现或纠正错误。为此，还应对传输的信息采用一定的检错、纠错编码技术，以便发现和纠正传输过程中可能出现的差错。实现检错、纠错的编码方法很多，比较常见的有奇偶校验、循环冗余码校验(CRC)、海明码校验、交叉奇偶校验等。而在串行通信中应用最多的是奇偶校验和循环冗余码校验。前者简单，效果尚好；后者较适于逐位出现的信号的运算。校验码在发送端的产生和在接收端的校验，既可用软件实现，又可用硬件实现。在此不加赘述。

5．通用异步接收器/发送器

串行通信和并行通信相比，虽然设备之间的连线大为减少，但也随之带来了数据串—并及并—串的转换和位计数等问题，使之比并行通信实现起来更为复杂些。但许多厂家针对异步通信设计了通用异步接收器/发送器(Universal Asynchronous-Receiver and Transmitter，UART)，用来实现并—串/串—并转换、错误校验以及发送/接收控制。图 9.60 所示即为硬件 UART 电路框图。

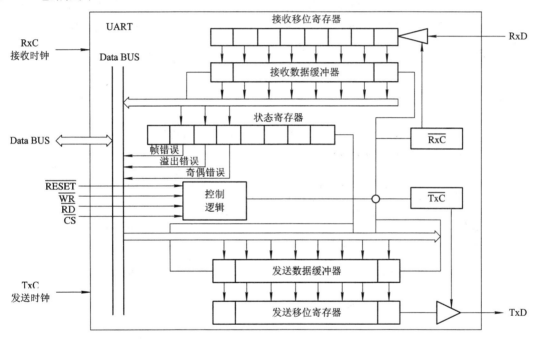

图 9.60　硬件 UART 逻辑框图

硬件 UART 电路既能发送，由并行→串行输出；又能接收，由串行→并行输入。对每一方来说都是一个双缓冲器结构。当 UART 接收数据时，串行数据先经 RxD 端(Receiver Data)进入移位寄存器，再经移位寄存器输出并行数据到缓冲器，最后通过数据总线送到CPU；当 UART 发送信息时，先由 CPU 经数据总线将并行数据送给缓冲器，再由并行缓冲器送给移位寄存器，最后逐位由 TxD(Transmitter Data)端输出。所有这些工作都是在时钟信号和其他控制信号作用下完成的。首先检查发送标志 TBE 信号，若发送数据缓冲器(空)，CPU 将数据并行发送到发送数据缓冲器中，然后在时钟信号的控制下送移位寄存器，加上成帧信息经 TxD 端移位输出。数据接收时，在时钟信号控制下，串行数据经 RxD 端一位一位地将有效数据信息移入接收移位寄存器中，当接收到停止位时，再并行送入接收数据缓冲器中。

数据在长距离传送过程中必然会发生各种错误，奇偶校验是一种最常用的校验数据传送错误的方法。奇偶校验分为奇校验和偶校验两种。UART 的奇偶校验是通过发送端的奇偶校验位添加电路和接收端的奇偶校验检测电路实现的，如图 9.61 所示。

UART 在发送时，⊕异或电路自动检测发送字符位中"1"的个数，并在奇偶校验位上添加"1"或"0"，使得"1"的总数(包括奇偶校验位)为偶数(奇校验时为奇数)。如图 9.61(a) 所示。

UART 在接收时，⊕异或电路对字符位和奇偶校验位中的"1"的个数加以检验，如"1"的个数为偶数(奇校验时为奇数)，则表明数据传输正确；如"1"的个数为奇数(奇校验时为偶数)，则表明数据在传输过程中出现错误。如图 9.62(b)所示。

(1) 奇偶错(Parity Error)：表示奇偶错误，由奇偶错误标志触发器指示。该触发器由奇偶校验结果信号置位(如图 9.61(b)所示)。

(2) 帧错误(Frame Error)：表示字符格式不符合规定，由帧错误标志触发器置位指示。

(3) 溢出(丢失)错误(Overrun Error)：CPU 没有及时取光数据，但又有后续字符数据送入数据缓冲器，使得原先数据丢失而产生错误。由溢出错误标志触发器置位指示。

一旦传送中出现上述错误，会发出出错指示信息。

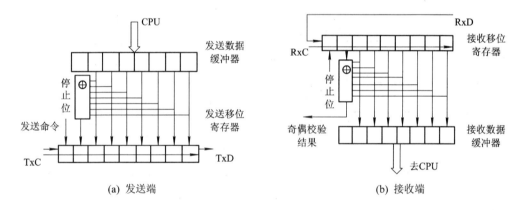

图 9.61　收发两端的奇偶校验电路

在 UART 处于工作状态时，接收部分始终检测着 RxD 线，一旦发现线路上出现低电平信号，便开始一个字符数据的同步过程。UART 使用外部时钟(RxC 及 TxC 统称外部时钟，通常 RxC = TxC)来同步接收字符。外部时钟的频率可以是位传输率(比特率)的 16 倍、32 倍或 64 倍，这个倍数称为比特率因子。

若设每一位信息所占的时间为 T_d，外部时钟周期为 T_c，则有如下关系：

$$T_c = \frac{T_d}{K}$$

其中，K 即为比特率因子，K = 16、32 或 64。

若 K = 16，在每一个时钟脉冲的上升沿采样接收数据线，当发现了第一个"0"(即起始位的开始)以后又连续采样 8 个"0"，则确定它为起始位(不是干扰信号)，然后开始读出接收数据的每个数值位，如图 9.62 所示。

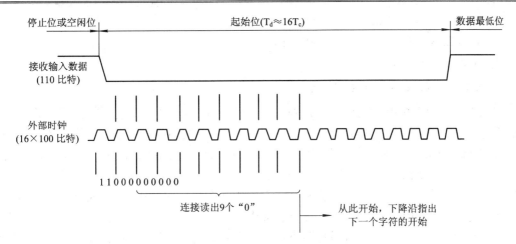

图 9.62　外部时钟与接收数据的起始位同步

由于每个数据位时间 T_d 为外部时钟周期 T_c 的 16 倍，因而每 16 个外部时钟脉冲读一次数据位，如图 9.63 所示。从图中可看出，采样时间正好在数据位时间的中间时刻，这就避开了信号上升或下降时可能产生的不稳定状态，保证了采样数值的正确。

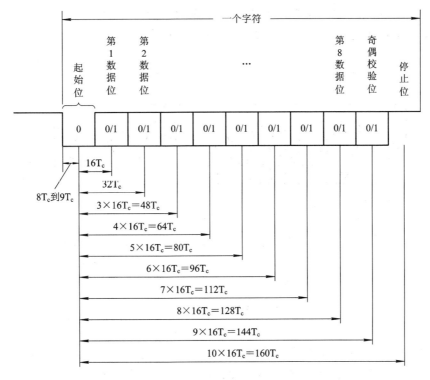

图 9.63　UART 接收数据的读数时刻

9.6.2　串行接口标准

在串行通信时，除对通信规程、定时控制有规定外，在电气连接上也有串行接口标准。常用的有以下三个串行接口标准：

(1) RS-232-C 接口标准;

(2) RS-422A、RS-432A 和 RS-485 接口标准;

(3) 20 mA 电流环接口标准。

1. RS-232-C 串行总线接口标准

RS-232-C 接口标准是美国电气工业协会(EIA)制定的一种广泛使用的标准，其他一些标准都是在 RS-232-C 标准基础上经过改进形成的。RS-232-C 是一种在数据终端设备(Data Terminal Equipment，DTE)和数据通信设备(Data Communication Equipment，DCE)之间通信的链接标准。最初,制定 RS-232-C 标准是为了促进与推广使用公用电话网络进行数据通信,它只提供了一个利用电话网络作为介质，并通过调制解调器(Modem)来完成把远距离通信设备连在一起的技术规范。现在，随着计算机应用的普及，计算机可以通过 Modem 与网络相连，实现网上的远距离通信，有些短距离场合，不需要使用电话网络或 Modem 时可直接通过 RS-232-C 接口在计算机与计算机或终端之间相连。

下面从 RS-232-C 接口标准的机械特性、接口信号功能和电气信号特性三方面作一介绍。

1) 机械接口

RS-232-C 标准采用 25 针 D 型插头插座 DB-25 作为接口连接器，并规定插头一侧为 DTE，插座一侧为 DCE。DB-25 的机械结构如图 9.64 所示。

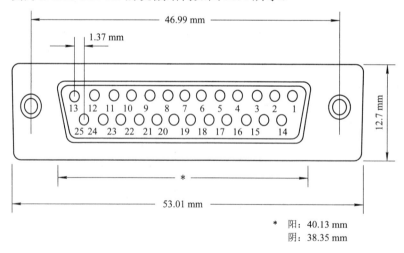

* 阳: 40.13 mm
阴: 38.35 mm

图 9.64   DB-25 连接器正视图

2) 接口信号功能

RS-232-C 标准定义了串行传送时 DTE 和 DCE 之间的接口信号，如表 9.11 所示。

RS-232-C 有 25 条信号线，仅定义了 22 个。这 22 个信号分成两个信道组，一个称主信道组，另一个称辅信道组(第二信道)。在多数情况下仅使用主信道组。对于一般的双工通信，仅需几条信号线就可实现，例如一条发送线、一条接收线和一条地线，多则 7 条或 8 条，即可完成通信。通信介质可选用双绞线、多芯电缆、光缆等。RS-232-C 标准规定的数据传输速率为 50、75、100、150、300、600、1200、2400、4800、9600、19200 b/s，即最高传输速率可达 19.2 kb/s，传输电缆长度不超过 15 m。通常两个计算机的近距离通信可以通过 RS-232-C 接口直接相连实现。当计算机和通信设备(如 Modem)连接时,计算机串行端口地位相当于 DTE。

表 9.11 RS-232-C 连接器信号

引脚号	符号	信号名	缩写名	功 能 描 述
1	AA	保护地		即设备地
2	BA	发送数据	TXD	输出数据到 Modem
3	BB	接收数据	RXD	从 Modem 接收数据
4	CA	请求发送	RTS	至 Modem,打开 Modem 发送器
5	CB	清除发送	CTS	由 Modem 来,说明 Modem 发送就绪
6	CC	数据设备就绪	DSR	由 Modem 来,指示 Modem 处于良好状态
7	AB	信号地		所有信号的公共地
8	CF	载波检测	DCD	由 Modem 来,指示 Modem 正接收通信链路信号
9		保留用于测试		
10		保留用于测试		
11		未定义		
12	SCF	反向信道载波检测		由 Modem 来,说明 Modem 正接收反向信道信号
13	SCB	反向信道清除发送		由 Modem 来,指示其反向信道发送器就绪
14	SBA	反向信道发送数据		至 Modem,输出低速率数据
15	DB	发送定时		由 Modem 来,给终端或接口提供发送器时序
16	SBB	反向信道接收数据		由 Modem 来,输入低速率数据
17	DD	接收定时		由 Modem 来给接口提供接收器时序
18		未定义		
19	SCA	反向信道请求发送		至 Modem,打开其反向信道发送器
20	CD	数据终端就绪	DTR	至 Modem,准许其接入通信线路,开始发送数据
21	CG	信号质量检测		由 Modem 来,接收数据中差错率检测位高时有效
22	CE	振铃指示		由 Modem 来,指示通信链路测出响铃信号
23	CH/CI	数据信号速度选择		
24	DA	外部发送定时		给 Modem 发送器提供时序
25		未定义		

当计算机用于远程通信时,图 9.65 所示就是其标准的链接方式。由于计算机和其他许多设备内部带有 RS-232-C 接口,因而在近距离串行异步通信中常用这些接口进行直接数据传输,不需要 Modem。此时通信的双方都是计算机或终端设备。根据具体应用场合的不同,常用以下几种连接方法,如图 9.66 所示。

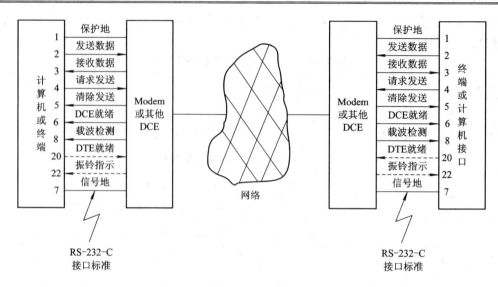

图 9.65　带有 Modem 的远程通信

　　图 9.66(a)为最简单、经济的连接方式。这种方式常用于一个 CRT 终端与计算机系统的连接而无需应答信号的双机通信中。对于那种需要有请求发送(RTS)和允许发送(CRT)等应答通信的场合，则需采用图 9.66(b)、(c)所示的连接方式。

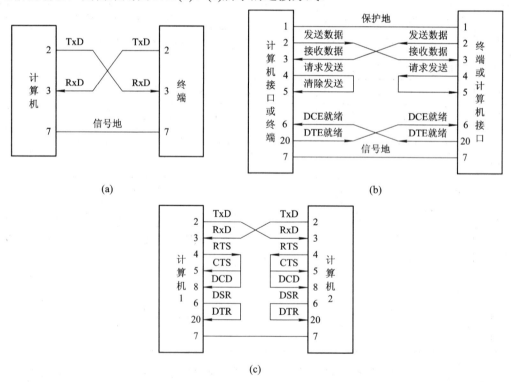

图 9.66　几种 RS-232-C 引脚连接方式

　　图 9.66(b)连接方式采用反馈与交叉相结合的连接方式。图中 2 与 3 的交叉线能使得双方正确地发送和接收，进行全双工通信；20 和 6 交叉线用于两边的应答(握手)信号，使两边

能相互检测对方"数据已准备好"的状态；4 与 5 的自环结构使得只要 RTS 信号一发出，立即返回给本方的 CTS 输入端，自身完成 RTS 与 CTS 的应答过程，使得传送请求总是被允许。有时将 4 与 5 的自环线省略，也可完成应答式全双工通信。图 9.66(c)中除了三条基本信号线外，其余为自环线。它适用于需要检测"清除发送 CTS"、"载波检测 DCD"、"数据设备就绪 DSR"等信号状态的通信场合。按图 9.66(c)的连接，程序并不能真正检测到对方状态，仅仅是满足了程序中原有对状态检测的需要，以使得程序能进行下去。

3) 电气信号特性

RS-232-C 的电气信号特性如下：

(1) 信号逻辑电平。由于是单线连接，线间干扰较大，因此 RS-232-C 采用 ±12 V 标准脉冲，特别要指出的是，它采用负逻辑。其逻辑电平定义如表 9.12 所示。

表 9.12　逻辑电平定义表

方向	电压幅值	数据信号称呼	控制信号称呼
DTE→DCE	$+5\ \text{V}<V_H<+15\ \text{V}$	逻辑 0(空号)	逻辑 1(ON)
DTE→DCE	$-5\ \text{V}>V_L>-15\ \text{V}$	逻辑 1(传号)	逻辑 0(OFF)
DCE→DTE	$+3\text{V}<V_H<+15\ \text{V}$	逻辑 0(空号)	逻辑 1(ON)
DCE→DTE	$-15\ \text{V}<V_L<-3\ \text{V}$	逻辑 1(传号)	逻辑 0(OFF)

(2) 信号电平转换。从表 9.12 可以看出，RS-232-C 定义的逻辑电平与 TTL 电平并不兼容，称之为 EIA 电平，因此它不能直接接入计算机，而必须进行电平转换。即在计算机输出时，要将 TTL 电平转换为 EIA 电平，而输入时，要将 EIA 电平转换为 TTL 电平。完成此项工作的大规模集成电路芯片，称为 EIA 线路驱动器和 EIA 线路接收器，例如，MC1488 或 SN75150 就是常用的 EIA 线路驱动器，而 MC1489 就是常用的 EIA 线路接收器。它们的结构如图 9.67 所示。

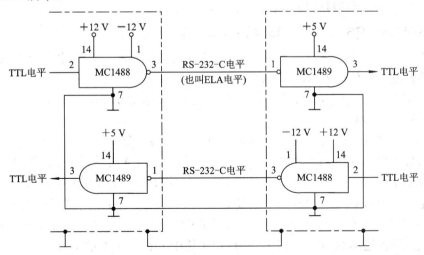

图 9.67　RS-232-C 与 TTL/CMOS 间电平转换

这种 1488/1489 芯片的缺点是：需要 ±12 V 和 ±5 V 多个电源供电，工作不够稳定可靠，容易烧坏。除 1488/1489 外，还有 75188/75189、75150/75154 芯片均可用于 RS-232-C 与 CMOS/TTL 间电平的转换。目前可有一种新的选择，即选用只需单一工作电源 +5 V，且带有光电隔离电路的新型 RS-232-C 串行通信转发器 FC232。FC232 是一种长线收发器，它由 RS-232-C 接口的 DRT 或 RTS 端得到馈电，经滤波后给电路供电；电路中采用了电流检测和光电隔离技术，电压信号被转换为二线平衡的电流信号在线路中差分传输，因此提高了系统的抗干扰能力，使有效传输距离可增长到 10 km 左右；光电隔离技术使两端设备地浮空，可避免电磁干扰对电路的损害。利用 FC232 可实现 4 线双向全双工通信，如图 9.68 所示。图中 PE-514A 为 PC 总线器用户卡，用于将 PC 机的一个串行口扩展为多个串行口。

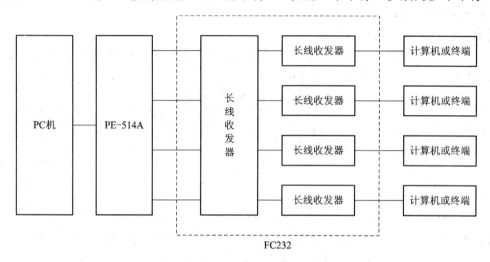

图 9.68　利用 FC232 作为通信转发器

(3) 信号传输速率。RS-232-C 协议允许信号传输速率在 0~20 kb/s 范围内。在实际应用中当传输距离不超过 15 m 时，速率被限制在 19.2 kb/s 之内。

(4) 信号接口的安全性。RS-232-C 协议接口能保证当任何两个引脚短接时(其短路电流小于 0.5 A)，本身及所连接的设备不会受到损坏。

2. RS-422A、RS-423A 和 RS-485 接口标准

如上所述，EIA RS-232-C 接口标准的直连距离为 15 m，传输速率小于 20 kb/s。为了增加数据传输速率和传送距离，后来产生了 RS 422/423 标准。其总线信号与 RS-232-C 标准相同，但是由于采用不同的传输方式，可使传输距离达 1500 m。

1) RS-422A 标准

RS-422A 标准是一种以平衡方式传输的标准。所谓平衡，是指双端发送和双端接收，所以传送信号要用两条线 AA′ 和 BB′。发送端和接收端分别采用平衡发送器和差动接收器，如图 9.69 所示。这个标准的电气特性对逻辑电平的定义是根据两条传输线之间的电位差值来决定的。当 AA′ 线电平比 BB′ 线电平低 0.2 V 时，表示逻辑"1"；当 AA′ 线电平比 BB′ 高 0.2 V 时，表示逻辑"0"。由于采用了双线传输，大大增强了抗共模干扰的能力。从而，当最大数据速率达 10 Mb/s 时，传送距离达 15 m；若传输速率为 90 kb/s 时，距离可达 1200 m。标准规定电路只许有 1 个发送器，可有多至 10 个接收器，它被广泛应用于计算机局域网的互联上。标准允许驱动器输出±2~±6 V，接收器输入电平可以低至 ±20 mV。为了实现 RS-422A 标准的连接，许多厂商推出了平衡驱动器/接收器集成芯片，如 MC3487/3486、SN75174/75175 等。

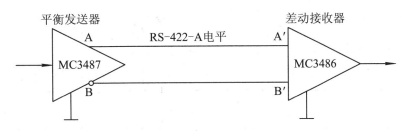

图 9.69　RS-422A 标准传输线连接

2) RS-423A 标准

这是一种非平衡(即单端传输线)方式传输的标准，规定信号参考电平为地，如图 9.70 所示。

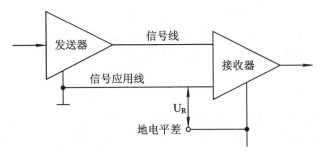

图 9.70　RS-423A 标准传输线连接

标准规定电路只许有一个单端发送器，但可有多个接收器，接收器采用平衡接收器。因此，允许在发送器和接收器之间有一个地电位差 U_R。同理，由于采用差动接收，提高了抗共模干扰能力。采用普通双绞线，当传输距离为 90 m 时，最大数据速率可达 100 kb/s；当传输速度降至 1 kb/s 时，传输距离为 1200 m。

3) RS-4*85 接口标准

RS-485 接口标准与 RS-422A 标准一样，也是一种平衡传输方式的串行接口标准，它和 RS-422A 兼容，并且扩展了 RS-422A 的功能。两者主要差别是，RS-422A 标准只许电路中有一个发送器，而 RS-485 标准允许在电路中有多个发送器，因此，它是一种多发送器的标准。RS-485 允许一个发送器驱动多个负载设备，负载设备可以是驱动发送器、接收器或收发器的组合单元。RS-485 的共线电路结构是在一对平衡传输线的两端都配置终端电阻，其发送器、接收器、组合收发器可挂在平衡传输线上的任何位置，实现在数据传输中多个驱动器和接收器共用同一传输线的多点应用，其配置如图 9.71 所示。

RS-485 标准有以下特点：

(1) 由于 RS-485 标准采用差动发送/接收，因而共模抑制比高，抗干扰能力强。

(2) 传输速率高，它允许的最大传输速率可达 10 Mb/s(传送 15 m)。传输信号的摆幅小(200 mV)。

(3) 传输距离远(指无 Modem 的直接传输)。采用双绞线，若不用 Modem，在 100 kb/s 的传输速率下，可传送的距离为 12 km；若传输速率下降，则传送距离可以更远。

(4) 能实现多点对多点的通信。RS-485 允许平衡电缆上连接 32 个发送器/接收器对。

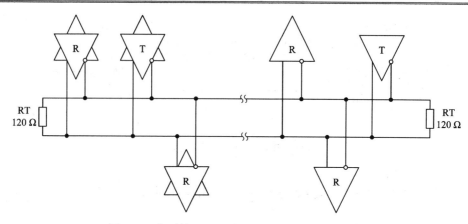

图 9.71   典型的 RS-485 共线配置标准传输线连接

目前 RS-485 标准已在许多方面得到应用，尤其是在多点通信系统中，如工业集散分布系统、商业 POS 收款机和考勤机的联网中用得很多，是一个很有发展前途的串行通信接口标准。

4) 三种标准的比较

表 9.13 列出 RS-232C、RS-422A 和 RS-485 三种标准的工作方式、直接传输的最大距离、最大数据传输速率、信号电平及传输线上允许的驱动器和接收器的数目等特性参数。

表 9.13   3 种标准的比较

特性参数	RS-232-C	RS-422A	RS-485
工作模式	单端发单端收	双端发双端收	双端发双端收
在传输线上允许的驱动器和接收器数目	1 个驱动器 1 个接收器	1 个驱动器 10 个接收器	32 个驱动器 32 个接收器
最大电缆长度	15 m	1200 m(90 kb/s)	1200 m(100 kb/s)
最大数据传输速率	20 kb/s	10 Mb/s (12 m)	10 Mb/s(15 m)
驱动器输出(最大电压值)	±25 V	±6 V	−7～±12 V
驱动器输出 (信号电平)	±5 V(带负载) ±15 V(未带负载)	±2 V(带负载) ±6(未带负载)	±1.5 V(带负载) ±5 V(未带负载)
驱动器负载阻抗	3～7 Ω	100 Ω	54Ω
驱动器电源开路电流(高阻抗态)	U_{max}/300 Ω (开路)	±100 mA (开路)	±100 μA (开路)
接收器输入电压范围	±15 V	±2 V	−7～12 V
接收器输入灵敏度	±3 V	±200 mV	±200 mV
接收器输入阻抗	2～7 kΩ	4 kΩ	12 kΩ(最小值)

3. 20 mA 电流环接口标准

RS-232-C 串行异步接口是采用电压控制的。另一种流行的串行接口方法是 20 mA

(60mA)电流环接口，它是以电流(20mA 或 60mA)的流通与不流通两个状态表示逻辑上的"1"与"0"。尽管 20mA(或 60mA)电流环接口至今未成为正式颁布的标准，但由于它的抗干扰能力和传输距离(可达 1km 左右)等许多方面比 RS-232-C 优越，因而在远距离通信中应用较为广泛。在许多微机系统中，往往同时提供 RS-232-C 和 20mA 电流环两种串行通信标准的接口电路和连接，供用户选用。发送器有一个 20mA 电流源和一个数据开关，接收器为一个电流检测器，如图 9.72 所示。在 20mA 电流环中，当传送数据为"1"时，数据开关 S 合上，回路中有 20mA 电流流过；数据为"0"时，数据开关 S 断开，电路中没有电流。接收端的电流检测器就能检测出有无电流，并根据规定的波特率就能分辨字符各位的"0"或"1"状态。

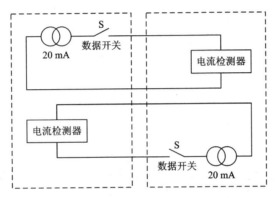

图 9.72　全双工 20 mA 电流环原理图

图 9.73 所示为 IBM PC/XT 机异步通信适配器串行通信接口。它提供了两个接口，一个按 RS-232-C 标准连接，另一个按 20mA 电流环标准连接。

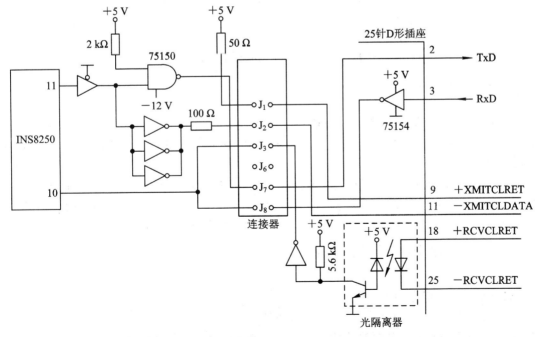

图 9.73　IBM PC/XT 异步通信适配器的 RS-232-C 和 20 mA 电流环的两种接口

从图 9.73 中可以看出，9 脚为正(发送电流环返回)，11 脚为负(发送电流环数据)，它们构成了 20 mA 电流信号的发送电路。在实际应用时，9、11 脚分别接到接收端的 18、25 脚(假设在接收端也配有同样的 25 针插座和发送、接收器)。这里所指的正，对应于接收端电流流进(18 脚)；所指的负，对应于接收端电流流出(25 脚)。18、25 脚构成了接收端的接收数据电路。这里 9、11、18、25 脚均为 RS-232-C 未定义的脚。这样就在一块接口板上提供了两种异步接口。用户可通过三线连接器使 $J_6 \sim J_8$ 接通而使用 RS-232-C 协议(标准)，也可使 $J_1 \sim J_3$ 接通而使用 20 mA 电流环标准，但二者绝不可混用。

图 9.74 给出了一种带光电隔离器的实用 20 mA 电流环接口电路。在发送端，将 TTL 电平转换为环路电流信号，在接收端又将环路电流还原为 TTL 电平。

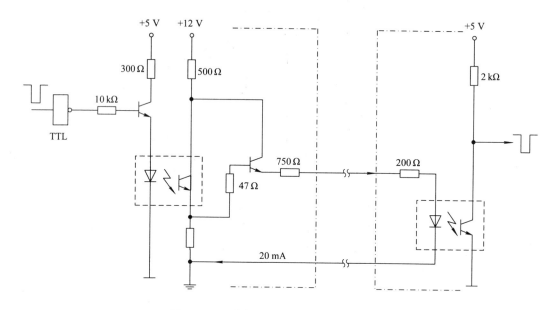

图 9.74　一种实用 20 mA 电流环接口电路

9.6.3　串行通信接口芯片 8251A

串行通信接口电路是微型计算机系统另一个重要的外围 I/O 接口电路。它可以方便地实现 CPU 与 I/O 设备的串行数据通信。例如，可以将 CRT 显示终端、打印机或调制解调器连接到微机上。Intel 8251A 是一种通用的同步异步接收/发送器 USART(Universal Synchronous/Asynchronous Receiver/Transmitter)。可以通过编程选用同步/异步通信方式。8251A 具有独立的发送器和接收器，能够以单工、半双工或全双工方式进行通信，它提供的控制信号，可以方便地与调制解调器连接。在此，我们将主要介绍用它来实现异步通信。

1. 8251A 的主要特点与内部结构

1) 主要特点

8251A 的主要特点如下：

(1) 可用于串行异步通信也可用于同步通信。

(2) 对于异步通信，其字符格式为一个起始位，5～8 个数据位，1 位、1 位半或 2 位停止位；对于同步通信，可设定单同步、双同步或者外同步。同步字符可由用户自行设定。

(3) 异步通信的时钟频率(外部时钟)可设定为比特率的 1 倍、16 倍或 64 倍。异步通信的比特率的可选范围为 0～19.2 kb/s。同步通信时，比特率的可选范围为 0～64 kb/s。

(4) 能够以单工、半双、全双工方式进行通信。

(5) 提供与外部设备(特别是调制解调器)的联络信号，便于直接和通信线路连接。

2) 内部结构

8251A 内部逻辑结构框图与引脚排列如图 9.75 所示。8251A 内部主要由五部分组成：总线接口 I/O 缓冲器、读/写控制逻辑、调制解调器控制部分、发送器部分和接收器部分。

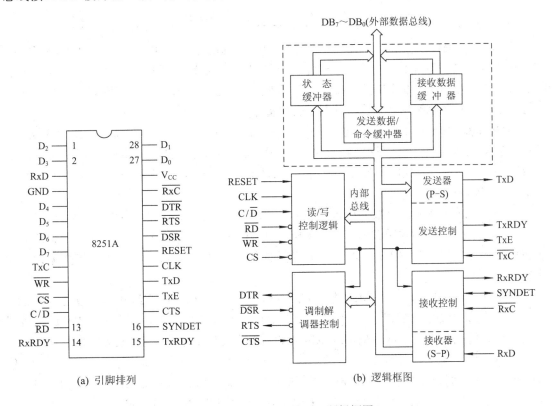

(a) 引脚排列 (b) 逻辑框图

图 9.75 8251A 引脚排列及逻辑框图

(1) 总线接口 I/O 缓冲器。它由发送数据/命令缓冲器、接收数据缓冲器、状态缓冲器三部分组成，是与 CPU 交换数据信息的通道。8251A 的 8 条数据线 $D_7 \sim D_0$ 和 CPU 系统数据总线相连，其功能主要为：

① 接收来自 CPU 向 8251A 发出控制字，及暂存发送的数据；

② 暂存从串行接收器中接收的数据，再传送给 CPU；

③ 状态缓冲器存放 8251A 工作状态信息，以便 CPU 读取。

(2) 读/写控制逻辑。它用来接收 CPU 送出的寻址及控制信号，对数据在 8251A 的内部总线上传送的方向进行控制。$\overline{CS}$、$C/\overline{D}$、$\overline{RD}$、$\overline{WR}$ 信息相互配合，可以决定 CPU 与 8251A 间的各种操作功能，如表 9.14 所示。其中 $C/\overline{D}$ 引脚一般与 A_0 地址线相连，在读操作($\overline{RD} = 0$)时，$C/\overline{D} = 1$，表示 CPU 要读取状态字；若 $C/\overline{D} = 0$，CPU 读取 8251A 接收到的数据。在写

操作($\overline{\text{WR}}$ =0)时，C/$\overline{\text{D}}$ =1，表示 CPU 对 8251A 写入命令字；C/$\overline{\text{D}}$ =0，表示 CPU 对 8251A 写入发送的数据。

表 9.14 8251A 操作信号

$\overline{\text{CS}}$	C/$\overline{\text{D}}$	$\overline{\text{RD}}$	$\overline{\text{WR}}$	操作功能	数据流向
0	0	0	1	CPU 读数据	8251A→CPU
0	0	1	0	CPU 写数据	CPU→8251A
0	1	0	1	CPU 读状态	8251A→CPU
0	1	1	0	CPU 写控制字	CPU→8251A
0	×	×	×	芯片未选中	数据总线浮空

(3) 调制解调器控制部分。此提供 4 个通用的控制信号：$\overline{\text{DTR}}$、$\overline{\text{DSR}}$、$\overline{\text{RTS}}$ 和 $\overline{\text{CTS}}$，在近距离串行通信时，作为与外设联络的应答信号；在远距离通信时，用于和调制解调器的连接，作为应答连接的控制信号。因此，8251A 对这些信号没有规定固定的含义。这些信号通常用来和调制解调器相连，此时其含义如下：

$\overline{\text{DTR}}$ (Data Terminal Ready，数据终端准备好)：输出线，低电平有效。当 $\overline{\text{DTR}}$ 有效时，通知调制解调器，8251A 已经做好接收数据的准备，可以进行通信。此信号可以由 8251A 命令字的第一位(D_1)来控制。当 D_1=1 时，使 $\overline{\text{DTR}}$ =0；当 D_1=0 或系统复位时，$\overline{\text{DTR}}$ 输出高电平。

$\overline{\text{DSR}}$ (Data Set Ready，数据设备准备好)：输入线，低电平有效。当外部设备(调制解调器)已准备好向 8251A 发送数据，则使 $\overline{\text{DSR}}$ =0。$\overline{\text{DSR}}$ 实际就是 $\overline{\text{DTR}}$ 的应答信号。此引脚状态作为状态字的第 7 位(D_7)存入状态字寄存器中，CPU 可以通过读状态来检测数据设备的状态。

$\overline{\text{RTS}}$ (Request To Send，请求送数)：输出线，低电平有效。此引线状态可以通过 8251A 的命令字的第 5 位(D_5)来控制。当 D_5=1 时，$\overline{\text{RTS}}$ =0，表明 8251A 已准备好要发送的数据给调制解调器或外设。通常用来请求调制解调器做好发送数据的准备(建立载波)。

$\overline{\text{CTS}}$ (Clear To Send，清除发送)：输入线，低电平有效。这个信号通常是调制解调器 $\overline{\text{RTS}}$ 信号的应答，表明调制解调器已做好发送数据的准备，允许 8251A 发送数据。8251A 只有在收到这个信号后，才有可能使引线信号 TxRDY=1。应注意，使 TxRDY=1 的条件除 $\overline{\text{CTS}}$ =0 外，同时还有 TxEN=1，而且发送数据缓冲器是空的。此时 CPU 向 8251A 发送数据，进行串行通信。

8251A 的调制解调器虽然提供了一些基本控制信号，但没有提供 EIA-RS-232C 标准中所有的全部信号。其输入/输出电平可以和 TTL 相容，如果需要和 EIA-RS-232C 的电平进行连接，则需要加上驱动器和接收器，如 MC1488(发送器)和 MC1489(接收器)。

(4) 发送器部分。此部分包含有发送缓冲器、发送移位寄存器、发送控制电路三部分。

8251A 从数据总线上接收从 CPU 送出的数据，暂存发送数据缓冲器中，然后自动加上成帧信号，接着放入发送器部分中的发送移位寄存器，将并行数据一位一位地从 TxD 引脚中串行发送出去。

在异步方式中，发送器总要加上启动位，并根据程序的设定加上奇偶校验位和停止位。在同步方式中，发送器最先发送的是同步(SYN)字符，随后发送的数据就不再加任何成帧信号。如果在发送过程中，CPU 没有及时供给新的字符，发送器会自动补上同步(SYN)字符。

这一点和异步通信是不同的。因为在同步通信中，两个字符之间是不允许有间隔的。与发送操作有关的信号含义如下：

TxD(发送数据端)：输出线。CPU 送入 8251A 的数据在此以串行的形式发送出去。

TxRDY(发送器准备好)：输出线，高电平有效。当 TxRDY=1 时，表明 8251A 已准备好接收来自 CPU 的数据或命令。TxRDY 信号可以作为发送器向 CPU 的中断请求信号，也可以作为状态信号供 CPU 查询测试。但是应该注意，状态字中的 TxRDY 位和 TxRDY 引线信号是有差别的。TxRDY 状态位每当发送数据/命令缓冲器空时就置位，而 TxRDY 引线信号必须在缓冲器空，且命令字中的 TxEN = 1(允许发送)，调制解调器又送来允许送数据信号($\overline{CTS}$ = 0)时，才会输出高电平。当 CPU 给 8251A 写入数据时，TxRDY 就复位，此时 CPU 不应该向 8251 送入新的数据或命令。

TxE(发送器空闲)：输出线，高电平有效。当 TxE = 1 时，表明发送器中的并/串变换器处于空闲状态。在同步方式中，如果 CPU 不及时装入新的字符，TxE 就变为高电平，并把 SYN 字符装入发送器，填充发送中出现的间隔。

TxC(发送时钟)：输入线。它为 8251A 的发送器提供外部时钟信号。在异步方式中，TxC 可以是比特率，也可以是经 16 或 64 分频后作比特率。同步方式中 TxC 等于比特率。

(5) 接收器部分。此部分从 RxD 引脚接收串行数据，按指定的方式把它变换成并行数据。在异步方式中，当接收器工作后，不断检测 RxD 端的电平，接收到有效启动位之后，8251A 便记录下数据、奇偶位和停止位，接着将数据通过内部总线送入接收数据缓冲器。RxRDY 信号有效(高电平)用来指明一帧信息已接收完毕，CPU 可以来读取数据。

在同步方式中，8251A 首先进行同步字(SYN)搜索，在 RxD 线上，以一次一位的方式移动数据。在接收到每一位后，接收寄存器就和存放 SYN 字符的寄存器(SYN 字符由程序装入)内容进行比较。若结果不等，8251A 就移入另一位再次比较；若比较结果相等，8251 就结束搜索，使 SYNDET = 1，表示已达到同步。接着就是记录数据，并将数据送入接收数据缓冲器；若程序设定接收外同步，则 SYNDET 引线用来接收外同步输入。

接收器有关的引线说明如下：

RxD(接收数据线)：输入线。接收器从该引线接收串行输入数据，并装配成并行形式的字符。从 RxD 输入的高电平代表逻辑"1"。

RxRDY(接收器准备好)：输出线。高电平有效。RxRDY = 1 时，表明接收器已经从 RxD 端接收到一帧信息，并已准备好将它送给 CPU。RxRDY 的置"1"条件还受到命令字中 RxE 位的控制。只有当 RxE = 1(允许接收)时，接收器接收到字符后，才使 RxRDY 置"1"。否则，虽然接收到字符，RxRDY 也不能置"1"。

RxRDY 一般作为接收器向 CPU 的中断请求信号，也可以作为状态信息，供 CPU 查询之用。CPU 读状态字后，RxRDY 便复位。

SYNDET(同步检出)：该线仅用于同步方式，它可以作为输入线，也可以作为输出线。当采用内同步方式时，它作为输出线。若 SYNDET = 1，表示接收器已获得同步，并开始装配字符。CPU 读状态字时，使 SYNDET 复位。当采用外同步方式时，SYNDET 作为输入线。外来同步信号的正跳变输入将使 8251A 在紧跟着的 RxC 时钟的下跳沿处开始装配字符。SYNDET 输入的高电平至少应保持一个 RxC 周期。

RxC(接收时钟)：输入线。它为 8251A 的接收器提供接收时钟信号，控制 8251A 接收数据的速率。在同步方式中，RxC 等于比特率，并由调制解调器提供。在异步方式中，RxC 可以是比特率，也可以是再经 16 或 64 分频后作为比特率。

2．8251A 的控制字及初始化编程

8251A 是可编程的通信接口，在正式投入通信之前，要先对其进行功能初始化编程。为此，CPU 必须把一组控制字装入 8251A 的控制寄存器，以确定 8251A 的全部功能和通信约定。为了解 8251A 投入工作后的工作状态，以保证收/发数据传送中，协调 CPU 与外设间的动作，8251A 中设有状态缓冲器。这样 8251A 有 2 种控制字、1 种状态字。

1) 方式控制字和命令控制字

(1) 方式控制字。确定 8251A 的通信方式(同步/异步)、校验方式(奇校验/偶校验/不校验)、数据位数(5/6/7/8 位)及比特率参数等。方式控制字的格式如图 9.76 所示。它是复位后首先写入的控制字，且只需写入一次。

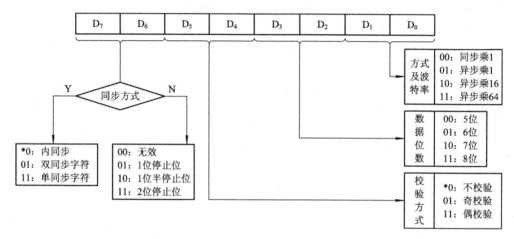

图 9.76 8251A 方式控制字格式

(2) 命令控制字。此可使 8251A 处于规定的状态，以准备发送或接收数据。命令控制字的格式如图 9.77 所示。它应在方式控制字写入后写入，用于控制 8251A 的工作，如通信需要可以多次写入。

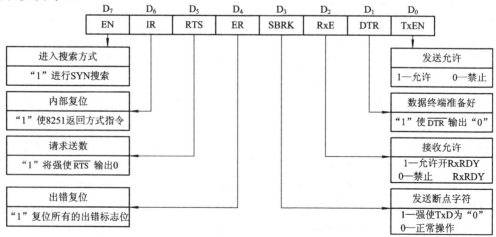

图 9.77 8251A 命令控制字格式

由于 8251A 的方式控制字和命令控制字本身没有特征标志，8251A 是从它们送入的顺序来识别的。因此，对 8251A 装入控制字的初始化程序，必须严格按照规定的先后顺序进行编写。8251A 的初始化流程如图 9.78 所示。

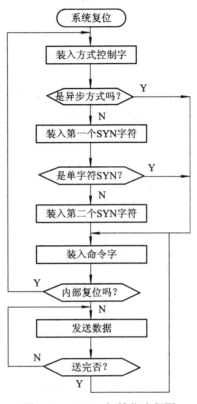

图 9.78　8251A 初始化流程图

(3) 8251A 的状态字。8251A 用状态寄存器来寄存本身的状态信息，状态寄存器的内容可由 CPU 读出。状态字各位的定义如下：

D_7	D_6	D_5	D_4	D_3	D_2	D_1	D_0
DSR	SYNDET	FE	OE	PE	TxE	RxRDY	TxRDY

其中各项含义如下：

FE(成帧出错)：仅对异步方式时有用。当 FE = 1 时，表示异步成帧有错，接收器不能检测到有效的停止位。它由命令指令中的 ER 位复位，FE 并不禁止 8251A 以后的操作。

OE(溢出错误)：当 OE = 1 时，表示接收器准备好一个字符，但 CPU 未及时读取前一个字符，因此造成字符丢失。OE 不禁止 8251A 操作，只是丢失字符而已。它由命令指令中的 ER 位复位。

PE(校验出错)：当检测出校验错误时，PE 置"1"。它不禁止 8251A 操作。PE 由命令指令中的 ER 复位。

DSR(数据设备准备好)：其状态同 $\overline{\text{DSR}}$ 引脚。

SYNDET：同步标志，同引脚定义。

TxE：发送缓冲器空，其状态同 TxE 引脚。

RxRDY：接收准备好标志，其状态同 RxRDY 引脚。

TxRDY：发送准备好标志，其状态同 TxRDY 引脚。但应注意，此位只要发送缓冲器空就置位，而引脚 TxRDY 除发送缓冲器空以外，还要满足 TxEN=1，$\overline{CTS}=0$ 才置位。

2）8251A 的初始化编程举例

【例 9.5】 假设 8251A 控制口地址为 301H，数据口地址为 300H，按下述要求对 8251A 进行初始化。

要求：

(1) 异步工作方式，比特率系数为 64(即数据传送速率是时钟频率的 1/64)，采用偶校验，总字符长度为 10(一位起始位，8 位数据，1 位停止位)。

(2) 允许接收和发送，使错误位全部复位。

(3) 查询 8251A 状态字，当接收准备就绪时，则从 8251A 输入数据，否则等待。

```
        ；初始化程序
        MOV   DX，301H          ；8251A 控制口地址
        MOV   AL，01111111B
        OUT   DX，AL            ；送方式控制字
        MOV   AL，00010101B
        OUT   DX，AL            ；送操作控制字
WAIT:   IN    AL，DX            ；读入状态字
        AND   AL，02H           ；检查 RxRDY=1?
        JZ    WAIT              ；RxRDY≠1，接收未准备就绪，等待
        DEC   DX
        IN    AL，DX            ；从 8251A 读入数据
```

【例 9.6】 8251A 采用同步传送方式，2 个同步字符(18H)，内同步，偶校验，7 位数据位。试编写其初始化程序。设控制口地址为 204H，数据口地址为 200H。

```
        ；初始化程序
        MOV   DX，0204H         ；对控制口送工作方式控制字
        MOV   AL，78H
        OUT   DX，AL
        MOV   AL，18H           ；输入 8251A 二个同步字符
        OUT   DX，AL
        OUT   DX，AL
        MOV   AL，97H           ；对 8251A 送命令控制字
        OUT   DX，AL
```

【例 9.7】 设 8251A 为异步传送，比特率系数为 64，偶校验，一位停止位，7 位数据位，数据口地址为 200H，控制口地址为 204H。试编写 8251A 与外设有握手信号、采用查询方式发送数据的程序。

```
        ；初始化及发送数据程序
        MOV   DX，0204H         ；对控制口送工作方式控制字
        MOV   AL，7BH
```

```
        OUT   DX，AL
        MOV   AL，37H      ；对 8251A 送命令字
        OUT   DX，AL
WAIT：IN    AL，DX       ；读入状态字
        AND   AL，01H      ；检查 TxRDY=1?
        JZ    WAIT        ；≠1，继续等待发送设备准备好
        MOV   DX,0200H    ；从数据口发送数据 55H
        MOV   AL，55H
        OUT   DX，AL
        ⋮
```

3. 8251A 应用举例

下面，引用两个实际例子进一步说明 8251A 的应用方法。

【例 9.8】 某一微机系统，用 8251A 作为 CRT 的串行通信接口，具体线路如图 9.79 所示。

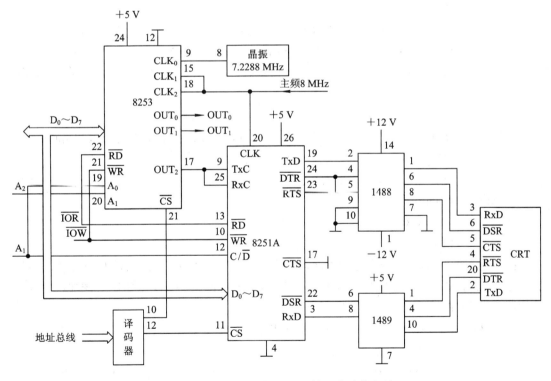

图 9.79　用 8251A 作为 CRT 接口的连接方法

8251A 的主时钟 CLK 是系统的主频，这里为 8 MHz，8251A 的发送时钟 TxC 和接收时钟 RxC 由 8253 的计数器 2 的输出供给。8251A 的片选信号 $\overline{CS}$ 由译码器供给。读信号 $\overline{RD}$ 和写信 $\overline{WR}$ 分别由控制总线上的 $\overline{IOR}$ 和 $\overline{IOW}$ 供给。8251A 的数据线 $D_0 \sim D_7$ 和微机系统的 16 位数据总线的低 8 位 $D_0 \sim D_7$ 相连。

8251A 的输出信号和输入信号都是 TTL 电平的,而 CRT 的信号电平是 RS-232-C 电平,所以, 要通过 1488 将 8251A 的输出信号变为 RS-232-C 电平, 再送给 CRT; 反过来, 要通过 1489 将 CRT 的输出信号变为 TTL 电平, 再送给 8251A。

下面是 8251A 的初始化程序段。这里要特别指出一点, 在实际使用中, 当未对 8251A 送方式字时, 如果要使 8251A 进行复位, 那么, 一般采用先送 3 个 00H, 再送 1 个 40H 的方法, 这也是 8251A 的编程约定, 40H 可以看成是使 8251A 执行复位操作的实际代码。其实, 即使在送了方式字之后, 也可以用这种方法来使 8251A 进行复位。在这个例子中, 我们可以看到, 在对 8251A 设置方式字之前, 先用这种方法使 8251A 进行内部复位。

```
INIT:    XOR   AX, AX        ; AX 清零
         MOV   CX, 0003
         MOV   DX, 00DAH     ; 往 8251A 的控制端口 DAH 送 3 个 00
OUT1:    CALL  KKK
         LOOP  OUT1
         MOV   AL, 40H       ; 往 8251A 的控制端口 DAH 送 1 个 40H, 使它复位
         CALL  KKK
         MOV   AL, 4EH       ; 往 8251A 的控制端口 DAH 设置方式字, 使它为异步方式, 比特
         CALL  KKK           ; 率因子为 16, 8 位数据, 1 位停止位
         MOV   AL, 27H       ; 往 8251A 的控制端口 DAH 送命令字, 使发送器和接收器启动
         CALL  KKK
    ⋮
KKK:     OUT   DX, AL        ; 下面是输出子程序, 将 AL 中的数据输出到 DX 指出的端口
         PUSH  CX
         MOV   CX, 0002      ; 等待输出动作完成
ABC:     LOOP  ABC
         POP   CX            ; 恢复 CX 的内容, 并返回
         RET
```

下面是往 CRT 输出一个字符的程序段, 要输出的字符事先放在堆栈中。程序段先对状态字进行测试, 以判断 TxRDY 状态位是否为 1, 如 TxRDY 为 1, 说明当前数据输出缓冲区为空, 于是 CPU 可以往 8251A 输出一个字符。

```
CHAROUT:  MOV   DX, 0DAH     ; 从状态端口 DAH 输入状态字
STATE:    IN    AL, DX
          TEST  AL, 01       ; 测试状态位 TxRDY 是否为 1, 如不是, 则再测试
          JZ    STATE
          MOV   DX, 0D8H     ; DX 寄存器中为数据端口号 0D8H
          POP   AX           ; AX 中为要输出的字符
          OUT   DX, AL       ; 往端口中输出一个字符
```

【例 9.9】 图 9.80 所示为利用 8251A 与 80386DX 相连的串行 I/O 接口电路图。编写实现下述功能的程序：连续地从 RS-232-C 接口读取串行字符，将接收的字符求反，然后将其送回 RS-232-C 接口。接口发送的每个字符的长度为 8 位，使用 2 位停止位，无奇偶校验，图中 8251A 左边的信号来自于 80386DX 经字节宽度 I/O 总线电路后的连接信号。比特率系数为 16。

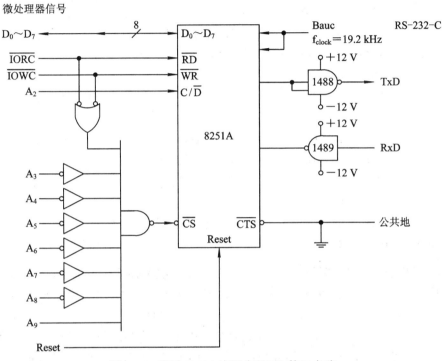

图 9.80 利用 8251A 实现串行 I/O 接口电路

根据图示连接，8251A 的片选信号来自于 $A_9A_8A_7A_6A_5A_4A_3 = 1000000B$。地址总线 A_2 位再与 $C/\overline{D}$ 引脚相连，则 8251A 端口的地址号为

数据口地址 = ××200H；控制(状态)口地址 = ××204H

工作方式控制字格式为

$$1\ 1\ 1\ 0\ 1\ 1\ 1\ 0\ B = EEH$$

命令控制字格式为

$$0\ 0\ 0\ 0\ 1\ 0\ 1\ 0\ 1\ B = 15H$$

按照工作方式控制字，比特率因子(系数)为 16，若外部时钟(比特率时钟)为 19 200 Hz，则串行通信的比特率=19200/16 = 1200 b/s。

程序编写如下：

```
STARTS:   MOV   AL，0EEH      ；送工作方式控制字
          MOV   DX，204H
          OUT   DX，AL
          MOV   AL，15H       ；送命令字
          OUT   DX，AL
```

```
       S8251RX:  IN     AL，DX       ; 读取状态字，检查 RxRDY=1?是否收到一个字符
                 ROR    AL，1
                 ROR    AL，1
                 JNC    S8251RX      ; RxRDY=0，没收到字符，等待。若
                 MOV    DX，200H     ; RxRDY=1，收到字符
                 IN     AL，DX       ; 从数据口读取接收的字符
                 NOT    AL           ; 把接收的字符取反
                 MOV    BL，AL       ; 暂存 BL 中
                 MOV    DX，204H
       S8251TX:  IN     AL，DX       ; 检查发送器是否可发送，TxRDY=1?
                 ROR    AL，1
                 JNC    S8251TX      ; 若没有准备好，等待
                 MOV    AL，BL       ; 发送已求反的字符
                 MOV    DX，200H
                 OUT    DX，AL
                 JMP    S8251RX      ; 重复上述过程，进行接收和发送操作
```

4. 8251A 应用中应注意事项

(1) 应可靠地对 8251A 复位。刚加电时，8251A 的状态往往是不定的，为了可靠，送入方式选择控制字。可以通过以下方法使 8251A 复位：先向 C/$\overline{D}$ = 1 的端口连续送三个 00H 代码，再向 C/$\overline{D}$ = 1 端口发复位命令 40H，使 8251 可靠复位。

(2) 对于串行通信接口，各种控制字发送后，由于内部操作需要一定的时间，所以最好发完一个命令字后，由几条 NOP 指令形成一段软件延迟，而且这个时间还不能太短(由计算机性能定)，然后再设置其他命令。否则，通信可能会不正常或不稳定。

(3) 在发送数据时，必须使 $\overline{CTS}$ 引脚有效(由通信对方提供联络信号，使其有效或自己一方直接使 $\overline{CTS}$ 有效)，同时发送允许位 TxEN = 1，才能串行发送数据。

5. BIOS、DOS 通信编程

串行通信的编程，可以采取直接往端口寄存器读写的方式编程，也可以利用 BIOS 提供的功能模块。不管是哪种方式，都必须首先进行通信初始化，确定通信双方的信息格式。BIOS 提供了 I/O 通信功能子程序"INT　14H"，利用这种方式通用性较强，编程简单，而且即使系统使用 UART 器件是 8251A 也同样适用。"INT　14H"有四个子功能，其入口和出口的作用分述如下：

1) *初始化串行接口*

入口：AH=0　　　　　　　　; 初始化

　　　DX=串行口编号　　　; DX=0，选基本串行通信口 COM1；DX=1，选辅助 COM2

　　　AL=初始化参数　　　; 初始化参数格式

初始化参数格式如图 9.81 所示。

D$_7$	D$_6$	D$_5$	D$_4$	D$_3$	D$_2$	D$_1$	D$_0$
波特率			校验位		停止位	字长	

000—110 bit/s　　　　00—无　　　　0—1位　　　　00—5位

001—150 bit/s　　　　10—无　　　　1—2位　　　　01—6位

010—300 bit/s　　　　11—偶校验　　　　　　　　　10—7位

011—600 bit/s　　　　01—奇校验　　　　　　　　　11—8位

100—1200 bit/s

101—2400 bit/s

110—4800 bit/s

111—9600 bit/s

图 9.81　初始化参数格式

返回：AH = 串行口线路状态；格式如图 9.82 所示，与线路状态寄存器内容基本相同，在线路状态寄存器 D$_7$ 位增加了超时错标志。

D$_7$	D$_6$	D$_5$	D$_4$	D$_3$	D$_2$	D$_1$	D$_0$
超时错	发送移位寄存器空	发送保持寄存器空	间断	帧格式错	奇偶校验错	接受超越错（即溢出错）	接收完成

图 9.82　串行口线路状态

2) 发送字符

入口：　AH=1　　　　　　　；发送字符

　　　　DX=串行口编号　　　；DX=0，选基本串行通信口 COM1；DX=1，选辅助 COM2

返回：　AH=串行口线路状态；与功能 0 相同

3) 接收字符

入口：　AH=2　　　　　　　；接收字符

　　　　DX=串行口编号　　　；DX=0，选基本串行通信口 COM1；DX=1，选辅助 COM2

返回：　AL=接收字符

　　　　AH=串行口线路状态；与功能 0 相同

4) 读取状态

入口：　AH=3　　　　　　　；读取状态

　　　　DX=串行口编号　　　；DX=0，选基本串行通信口 COM1；DX=1，选辅助 COM2

返回：　AL=MODEM 状态　　；与 MODEM 状态寄存器内容一样

　　　　AH=串行口线路状态；与功能 0 相同

5) DOS 功能调用

INT 21H 也提供了两项子功能支持串行接口通信。功能 3 等待从串行通信接口接收一个字符并送入 AL 中返回，功能 4 将存入 DL 中的字符发送出去，这两项功能不返回错误码和状态。默认的串行通信接口是 COM1。初始化参数在系统加电时设置，通常系统设置的比特率为 2400bit/s，无奇偶校验，1 位停止位，8 位数据位。

习题与思考题

1. 当接口电路与系统总线相连时，为什么要遵循"输入要三态，输出要锁存"的原则？

2．说明接口电路中控制寄存器与状态寄存器的功能。

3．简述 8255A 工作方式 0 与 1 的主要区别。方式 2 的特点是什么？

4．具体说明 8255A 工作于方式 1 时输入输出操作的时序。

5．假设 8255A 的端口地址分别为 60 H～63 H，编写下列各情况的初始化控制程序：

(1) 将 A 口、B 口设置为方式 0，A 口和 C 口作为输入口，B 口作为输出口。

(2) 将 A 口、B 口均设置为方式 1 输入口，PC_6、PC_7 作为输出端口。

6．试比较 8253 各种工作方式下门控信号 GATE 的作用。

7．8253 芯片共有几个通道？各有几种工作方式？简述主要特点。

8．设 8253 通道 0、1、2 的端口地址分别为 40H、42H、44H，控制端口地址为 46H。将通道 0 设置为方式 3，通道 1 设置为方式 2，通道 0 的输出作为通道 1 的输入；CLK_0 连接总线时钟频率为 4.77 MHz，要求通道 1 输出频率约 40 Hz 的信号。编写初始化程序片断。

9．简述 8251A 内各功能模块的功用。

10．说明 8251A 异步方式与同步方式初始化流程的主要区别。

11．已知 8251A 的收发时钟频率为 38.4 kHz，它的帧格式为：数据位 7 位，停止位 1 位，偶校验，比特率为 4800 b/s，写出初始化程序。

12．什么叫 DMA 传送方式？DMA 控制器 8237A 的主要功能是什么？

第 10 章　微型计算机系统

10.1　微型计算机系统组成

计算机系统由硬件和软件组成。计算机硬件是用以构成计算机系统的物理部件的总称。微型计算机系统中硬件包括微处理器、内存储器、外存储器及其接口电路、外围设备及其接口电路。

计算机软件是为了运行、管理和维护计算机所编制的各种程序及其有关资料的总称。软件是用户和计算机的桥梁。计算机配上各种各样的软件，就变成一台具有各种各样功能的计算机系统。用户通过软件使用计算机。

10.2　微型计算机系统中微处理器与 I/O 接口电路的连接

微型计算机系统中，微处理器总是通过数据总线、地址总线和控制总线与 I/O 接口电路相连。其中数据总线用来传送信息；地址总线用于指定被传送信息的地址；控制总线则用于区分所执行操作的性质和时刻，并且也用于传送中断、直接访存(DMA)及其它控制信息。几乎所有的 I/O 接口电路都与微处理器共用同一数据总线，因此微处理器与 I/O 接口寄存器的连接必须依靠地址信号和相应的控制信号来区分并保证。

10.2.1　I/O 接口电路的编址方式

为区分微处理器是与存储器交换信息还是与 I/O 接口寄存器交换信息，必须对存储器及 I/O 接口电路进行编址。编址方式有两种。

1. 独立编址法

独立编址法即存储器与 I/O 接口电路各自独立的编址方式，是计算机常用的做法，是将存储空间和 I/O 接口寄存器地址空间分开设置，互不影响的一种编址方式。采用独立编址法的微处理机中，指令系统包含有访内(访问内存)指令和访外(访问外设)指令，并且当这些指令被执行时，控制器会产生相应的控制信号，分别控制访内和访外操作。80X86 系列 CPU 都采用这种处理方法。8088 CPU 访内操作时，IO/$\overline{\text{M}}$ 引脚低电平有效，配合读、写控制信号 $\overline{\text{RD}}$、$\overline{\text{WR}}$ 及 20 位地址信号 $A_0 \sim A_{19}$ 就可以对选中的存储单元进行读、写操作；访外操作时，CPU 发出 IO/$\overline{\text{M}}$ 高电平有效信号，配合读、写控制信号 $\overline{\text{RD}}$、$\overline{\text{WR}}$ 及低 16 位地址信号 $A_0 \sim A_{15}$，就可以对选中的 I/O 接口寄存器进行读、写操作。

独立编址法的优点是：

(1) 可充分利用地址空间。对 20 位地址总线的微机系统，存储器占有 1 MB 地址空间；I/O 接口电路一般占用 $A_0 \sim A_{15}$ 16 根地址线，有 64 KB 地址空间。

(2) 由于有访内指令和访外指令的区别，程序编制比较清晰。

(3) 执行输入/输出指令时，常常需要安排一些"选通"、"就绪"等应答式控制信号。而访问存储器时不需要这些信号，故采用独立编址法容易安排这些应答联络信号，硬件设计比较方便。

(4) 通常 I/O 接口电路的地址信号只用低 8 位或低 16 为地址线，从而使输入/输出指令执行的时间较短，译码电路也较简单。

独立编址法的主要缺点是：对 I/O 接口寄存器的数据处理能力不强，只能进行数据的输入/输出，不能进行数据的运算。

2. 统一编址法

统一编址法即存储器与 I/O 接口电路统一编址的方式。它把所有 I/O 接口电路中相应的寄存器当作存储单元一样对待，每一个接口寄存器都给予相应的存储器地址号。这样，对外设进行输入/输出操作，就像对某一存储单元操作一样，所不同的仅是地址号不同而已。(而采用独立编址法的微型计算机系统中，则不必设置输入/输出类指令，如 M6800 和 6502 微处理机就是典型的例子。)

统一编址法也称存储器映像的输入/输出法。它的优点是：

(1) 访问存储器的各种指令也可用于输入/输出类操作，因而对 I/O 接口寄存器的数据处理能力强。

(2) I/O 接口部分可以和存储器部分共用译码及控制系统。

(3) CPU 无须产生区分访内操作及访外操作的控制信号。

统一编址法的缺点是：

(1) 不能充分利用地址空间，若用地址总线最高位作为选择线，则可用的存储单元地址空间减少了一半。

(2) CPU 与 I/O 接口寄存器交换数据的时间较长。

上述两种编址方式各有优缺点，可根据系统设计的总体考虑进行具体的选择。8086/8088 微型机系统中采用独立编址方式较多。

10.2.2 微型计算机系统中 I/O 接口的地址译码技术

微型计算机系统中，I/O 接口电路的编址方式确定后，为了使 CPU 能和 I/O 接口电路中某一寄存器准确地进行信息传送及处理，还必须对 I/O 接口寄存器进行确切的地址编号。也就是说，必须使每个可寻址的 I/O 接口寄存器都对应一个唯一的地址编码，使之能在操作过程中被正确选择。

对 I/O 接口寄存器进行确切的地址编码，实质问题是如何灵活、有效地使用 16 条地址总线。由第 6 章及第 9 章已知，片内地址线的连接较为简单，只要将芯片的地址输入端直接和地址总线中的片内地址线一一相连即可；而片选地址线的连接就较为复杂。CPU 片选地址线与芯片片选端的连接方法通常有 3 种：线性选址法、译码选址法和复合选址法。此外，当系统要求 I/O 接口芯片的地址号能适应不同场合的地址分配，或为系统以后扩展留有余地，则可采用开关式可选端口地址译码的方法。这种译码方式可以通过开关使接口芯片的地址根据要求加以改变，无需改变硬件线路，仅需改变开关的状态位置即可。

1. 线性选址法

线性选址法简称线选法。片选地址线不经译码，直接用于芯片(组)的选择，即 CPU 的片选地址线中的每一条都可直接与芯片的片选信号端相连。显然，用线选法进行芯片组连接十分方便、简单，但会出现地址的重叠。

独立编址时，对 8086/8088 CPU 来说，A_0～A_{15}16 根地址线中低位地址线 A_0 和 A_1 常用作 I/O 接口内寄存器的选择地址输入线，而其余高位地址线 A_2～A_{15} 常用作 I/O 接口的片选地址输入线。

2. 译码选址法

译码选址法简称译码法。它是将全部(或部分)片选地址线进行译码，译出全部或部分的片选信号，从而可以提供整个 1 MB(对 8086/8088 CPU)的寻址能力。对片选地址线进行译码时，可以采用中规模集成门电路，也可以采用中规模集成电路译码器。微处理机系统中，常用的地址译码电路有 74LS138(或 Intel 8205)3-8 译码器、74LS154 4-16 译码器及 74LS139 双 2-4 译码器等。图 10.1 为 IBM PC 机中采用 74LS138(3-8 译码器)译码产生 I/O 接口地址的逻辑图。IBM PC 机中选用 A_0～$A_9$10 条地址线作为 I/O 端口寻址线。

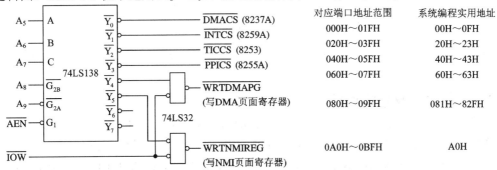

图 10.1　IBM PC 系统板 I/O 地址译码电路

图 10.1 中 A_5～A_9 作为高位地址线并经译码器，其输出 $\overline{Y_0}$ ～ $\overline{Y_5}$ 分别用作 I/O 接口芯片直接存储控制器 DMAC(8237A)、中断优先级控制芯片 PIC(8259A)、计时/计数芯片 T/C(8253)及并行接口芯片 PPI(8255A)的片选信号。而低位地址线 A_0～A_4 则用作对 I/O 接口芯片片内端口(或寄存器)的寻址线使用。图中 $\overline{AEN}$ 信号参加译码，用于对端口地址译码进行控制。只有 $\overline{AEN}=0$(低电平)即 CPU 不是 DMA 操作时，译码输出才有效；当 $\overline{AEN}=1$ 时，即 DMA 操作期间，译码无效。根据图 10.1 中寻址线的连接方法，8237A 的端口地址范围为 000H～01FH；8259A 的端口地址范围为 020H～03FH；8253 为 040H～05FH；8255A 为 060H～07FH；……

3. 复合选址法

复合选址法是将线选法与译码法相结合的一种选址方法。片选地址信号被分成两组，其中一组(通常为低位)经译码后产生各种组合状态，每一种组合状态作为一个片选信号，控制一个芯片组。另一组(通常为较高位)是一根地址线选中一个芯片组，或者与低位片选地址信号产生的译码信号相配合选中几个芯片组。

图 10.2 为 8088 系统中 I/O 接口信片的复合选址连接，可以选中 24 个 I/O 接口片。注意，这里只用地址总线的低 8 位与 I/O 接口相连。该系统进行 I/O 操作时，输入/输出指令只能用直接寻址方式。

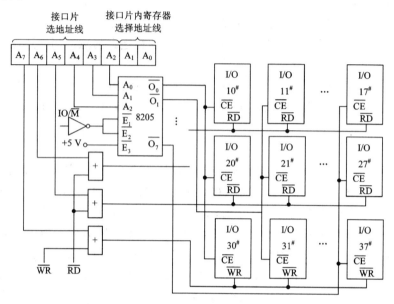

图 10.2　I/O 接口芯片的复合选址法连接

复合选址多用于中、小微型机系统中。由于采用部分线选法，使地址号不连续，浪费了地址空间。

4．开关式可选端口地址译码

开关式可选端口地址译码技术中，开关式的电路结构有多种形式。

在地址译码的基础上，通过线路板上的微型拨动开关 DIP 或跨接开关"跳线"连接，从而使得某个特定的 I/O 端口(或存储器)在一组地址中选定当前所使用的译码地址，增加地址译码的灵活性。图 10.3 中所示为 IBM PC 中两个异步通信接口 COM_1 和 COM_2 的地址译码电路。当跨接开关 U_{15} 使得 4、8 两点相接时，则地址范围为 3F8H～3FFH，U_2 的输出为低电平，选中 COM_1，为当前串行口主适配器；当使 2、6 两点相接时，则地址范围为 2F8H～2FFH，U_2 输出也为低电平，选中 COM_2 为当前串行口适配器。

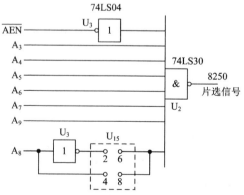

图 10.3　使用跳线开关选择 I/O 口译码地址

5．使用比较器 + 地址开关译码

图 10.4 所示为由比较器 74LS688 与 3-8 译码器组成的 I/O 芯片地址可选的译码电路。8位比较器 73LS688 对两组 8 位的输入端 $P_0 \sim P_7$ 和 $Q_0 \sim Q_7$ 信号进行比较。其比较规则如下：

当 $P_0 \sim P_7 \neq Q_0 \sim Q_7$ 时，$P = 1$，输出高电平；

当 $P_0 \sim P_7 = Q_0 \sim Q_7$ 时，$P = 0$，输出低电平。

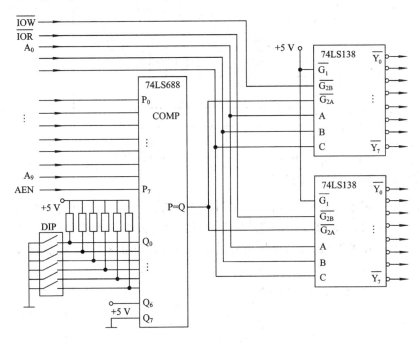

图 10.4　由比较器组成的可选式译码电路

应用时，可将 $P_0 \sim P_7$ 与地址线及控制线相连，$Q_0 \sim Q_7$ 与地址开关相连，而将比较器输出端 P 接到 74LS138 的控制端，如 $\overline{G}_{2A}$ 上。根据比较器的特性，当输入端 $P_0 \sim P_7$ 的地址与输入端 $Q_0 \sim Q_7$ 的开关状态一致时，输出为低电平，打开译码器 74LS138，允许进行译码。因此，使用时可预置微型拨动开关 DIP 为某一值，得到一组所要求的口地址。图 10.4 中让 $\overline{IOW}$ 和 $\overline{IOR}$ 信号参加译码，可分别产生 8 个读或写的端口地址。从图 10.4 中连线可以看出，仅当 $A_9 = 1$(因 Q_6 接 + 5 V)，$\overline{AEN} = 0$(因 Q_7 接地)，才使译码有效。

在组成地址译码电路时要注意 I/O 地址有效信号与控制信号的时序配合。一般当 I/O 地址信号稳定后，才使 $\overline{IOR} / \overline{IOW}$ 信号有效，以保证正确的读/写操作有效。

10.2.3　80X86 系统中的 I/O 地址译码

80X86 系统中数据总线为 16 位。若采用 8 位外设接口，则数据传送时，必须在 16 位数据总线的低 8 位传送偶地址的数据字节(即低字节)，在 16 位数据总线的高 8 位传送奇地址的数据字节(即高字节)。采用的连接方法有以下两种。

1．8 位外设接口仅用偶地址

接口的 8 位数据线直接与系统 16 位数据总线的低 8 位相连，如图 10.5 所示。图中 $A_3 \sim A_7$

译码后，再经 A_0 控制形成的信号连向 8255A 的片选端 $\overline{CS}$；8255A 的 A_1、A_0 端分别与系统总线的 A_2、A_1 相连。图 10.5 中 $\overline{IORC} = M/\overline{IO} + \overline{RD}$，$\overline{IOWC} = M/\overline{IO} + \overline{WR}$，分别为 I/O 端口读信号和 I/O 端口写信号。

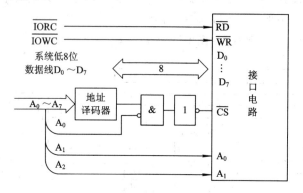

图 10.5　只使用偶地址的 I/O 接口

2. 外设接口采用连续的地址号

如外设接口采用连续的地址号，就必须附加 8 位数据至 16 位数据的转换逻辑，如图 10.6 所示。当 $A_0 = 0$，CPU 访问偶地址的外设端口时，只有低 8 位数据总线缓冲器被打开；当 $A_0 = 1$，且 $\overline{BHE} = 0$，CPU 访问奇地址的外设端口时，只有高 8 位数据总线缓冲器被打开。

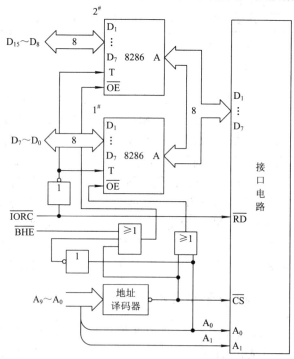

图 10.6　8 位接口与 16 位数据总线的连接

目前微型计算机的主板上系统保留了 1 K = 1024 个 I/O 端口地址(0000H～03FFH)。1 K 个以上(0400H～FFFFH)地址留给用户扩展使用。表 10.1 列出了 80386～PentimnⅢ CPU 的个人计算机中，1 K I/O 端口的地址分配应用情况。

表 10.1　典型个人计算机的 I/O 端口地址分配应用情况

I/O 地址	I/O 设备端口	I/O 地址	I/O 设备端口
0000H～000FH	DMA 控制器 1	0200H～0207H	游戏口
0020H～0021H	中断控制器(主中断控制器)	0274H～0277H	ISA 即插即用计数器
0040H～0043H	系统时钟	0278H～027FH	并行打印机口
0060H	键盘控制器控制状态口	02F8H～02FFH	串行通信口 2(COM$_2$)
0061H	系统扬声器	0376H	第二个 IDE 硬盘控制器
0064H	键盘控制器数据口	0378H～037FH	并行打印口 1
0070H～0071H	系统 CMOS/实时钟	03B0H～03BBH	VGA 显示适配器
0081H～0083H	DMA 控制器 1	03C0H～03DFH	VGA 显示适配器
0087H	DMA 控制器 1	03D0H～03DFH	彩色显示器适配器
0089H～008BH	DMA 控制器 1	03F2H～03F5H	软磁盘控制器
00A0H～00A1H	中断控制器(从中断控制器)	03F6H	第一个硬盘控制器
00C0H～00DFH	DMA 控制器 2	03F8H～03FFH	串行通信口 1(COM$_1$)
00F0H～00FFH	数值协处理器	没有指明端口，用户可以使用	
0170H～0177HH	标准 IDE/ESDI 硬盘控制器		
01F0H～01FFH	标准 IDE/ESDI 硬盘控制器		

在设计扩展接口时，应注意不要使用系统已占用的地址。表 10.1 中没有出现的地址是最为可靠的用户可用地址，如 0250H～026FH、0330H～034FH 以及 0400H 以上的端口等。要准确了解系统中使用了哪些端口，最好的方法是进入 Windows 后，通过控制面板中的系统程序，查看 I/O 端口的分配情况。

10.3　微型计算机的总线标准

20 世纪 70 年代初，随着 VLSI(超大规模集成电路)技术迅速发展，在世界上第一台微处理器 4004 问世 4 年后，1975 年，一家位于美国新墨西哥镇，名为 MITS 的小公司，由 Ed.Roberts 以 8080 微处理器设计安装了全球第一台 PC，即 Altair 单板机系统。然而这个全球第一台 PC 不幸在运输过程中丢失，Ed.Roberts 只好重新开始设计。正是他利用了面向总线的技术，较快地回忆起并重新制作出 Altair，在其结构中，制成了全球第一条 PC 扩展总线。当把 Altair 总线推向世界并被制造商接受后，便有了一个名字 S100。后来基于 S100 型总线得到了 IEEE 的认可，被命名为 IEEE 696 总线标准。

Roberts 的早期设计模式首先选择了设备上流行的边缘连接器，这是因为当其它内部连接线路形成时，将它们连到电路板上所需费用便宜。这个连接器有两排插头，每排 50 个，插头间距 0.1 英寸。就是这个总数为 100 的插头，确定了后来命名 S100 的基础。而 Roberts 的 Altair PC 仅使用了 86 个插头，预留下 14 个扩展用。这种远见使用于 8 位微处理器相兼容的 Altair 总线，可很快适应 16 位技术。正是 Roberts 的早期设计模式，确立了今天最流行的扩展总线设计基础。

10.3.1　总线规范

总线是计算机各模块间进行信息传输的通道。任何一个微处理器都要与一定数量的部件和外围设备连接，为了简化系统结构，常用一组线路和相应的接口电路，将 CPU 与各部件和外围设备连接，这组共用的连接线路被称为总线。而为了使这些模块之间能够相互替代与组合，就必须使微机系统中的总线按照一定规范形成一种标准，称为总线规范或者总线标准。每种总线标准都有详细的规范说明，通常都有几十万字的文档，主要包括：

(1) 机械结构规范：定义模板尺寸、总线插头以及边沿联接器等规格及位置。

(2) 功能规范：规定每个引脚信号的名称与功能，并对各引脚信号间相互的作用及定时关系做出说明。

(3) 电气规范：规定总线工作时信号的高低电平以及动态转换时间、负载能力及最大额定值。

在不同的总线标准中，信号线的数量和名称虽有差异，但总体上大约包括下列几类：

(1) 数据传输信号线，包括地址线、数据线及读/写控制信号线等。

(2) 中断控制信号线，包括中断请求线、中断响应线等。

(3) 总线仲裁信号线，包括总线请求线、总线许可线等。

(4) 其他信号线，包括系统时钟线、复位线、电源线、地线等。

10.3.2　总线的性能指标及总线接口电路

1. 总线的性能指标

总线的主要功能是实现模块之间的通信。通常，某一时刻会有一个以上的模块同时请求总线进行信息传输。因此，实现一个总线信息的传送过程可以分解为请求总线、总线裁决、寻找目的地址、信息传送及错误检测等几个步骤进行。其中，信息传送是影响总线通信畅通的关键因素，也是衡量总线性能的关键指标，主要反映在如下几方面。

1) 总线定时协议

信息在总线上传送必须遵守一定的定时规则，以便使信息从源端发送和从目的端接收能同步。通常定时协议有如下几种：

(1) 同步总线定时。在这种定时规则下，由公共时钟对信息传送进行控制。因此，公共时钟联接到所有模块，使所有信息发送操作都在公共时钟控制的固定时间发生，而不依赖于信息发送的源端和信息接收的目的端。

(2) 异步总线定时。在这种定时规则下，每一个信息传送操作都由信息发送源(或信息接收的目的端)的特定跳变确定。

(3) 半同步总线定时。在这种定时规则下，信息传送操作之间的时间间隔可以以公共时钟周期的整数倍来变化，如 ISA 总线。

2) 总线频宽

总线频宽是指总线本身所能达到的最高信息传输率，以 MB/s 为单位来表示。总线频宽受下列因素影响：

（1）总线驱动器及接收器的性能优劣，在信息传送中将引入不同的时滞。

（2）总线布线的长度将引起信息在总线上传输的延时。长度越长，延时也越大。

（3）连接在总线上的模块数要与总线的负载能力匹配。若不匹配，便会引起信号畸变，连接在总线上的模块数越多，信号产生的畸变越大。

3）总线传输率

总线传输率是指系统在一定工作方式下总线所能达到的传输率。总线传输率可用下列公式计算：

$$Q = f\frac{W}{N}$$

式中，f 为总线工作频率，单位为 Hz；W 是总线宽度，单位为 B；N 为传送一次数据所需时钟周期的个数。例如，在 EISA 总线上进行 8 位存储器存取时，一个存储器存取周期最快为 3 个 BCLK，因而当 BCLK 为 8.33 MHz 时，Q = 8.33 × 1/3，其总线传输率为 2.78 MB/s。但在 EISA 总线上进行 32 位突发(Burst)存取方式时，每一个存取周期为 1 个 BCLK，因而当 BCLK 为 8.33 MHz 时，Q = 8.33 × 4/1，其总线传输率为 33 MB/s(考虑了第一次存取周期要长)，这也是 EISA 总线的最大传输率。

总线数据传输方式分为正常传输方式和突发传输方式(Burstmode)两种。正常传输方式是指在一个传输周期内，先给出地址，然后给出数据，在后面传输周期里，不断重复这种先送地址、后送数据的方式进行传输。突发方式是指在传输大批量地址连续的数据时，除了第一个周期先送首地址、后给出数据外，以后的传输周期内，不需要再送地址(地址自动加 1)而直接送数据，从而达到快速传送数据的目的。总线传输方向分为单向和双向传输，一般地址总线和控制总线为单向传输，而数据总线一般为双向传输。

2．总线接口电路

总线接口电路用来实现信号间的组合及驱动，以满足总线信号线的功能及定时要求。总线传送数据信息时，如果每次传送都从发送地址信号开始，则传送一个数据信息的周期就需要几个总线周期方能完成。因而在这种情况下，总线传输率较低。如果总线以突变方式传送数据信息，只有第一次传送时需要发送地址信息，以后的地址信号是自动线性增量的，即数据是成块连续传送，每传送一个数据仅要一个总线周期。只有在这种情况下，总线才能达到最大传输率。然而，在组成系统时，不是每种 CPU、每个模块都能工作在突发方式下，如果互相传送信息的两个模块中只有一个模块有突发传送信息功能，则总线不能实现突发传送方式。只有两个模块同时具有突发传送功能时，总线才能实现突发传送方式。

此外，如果实现突发方式传送信息的两个模块，其存取速度不同，则必有一方要等待，从而使总线传输率下降。为此，常在总线接口电路中增加先进先出(FIFO)缓冲器，以便避免出现等待现象，提高总线传输率和系统的并发功能。

10.3.3 计算机总线的分类

微机中总线一般分为内部总线、系统总线和外部总线。其中，内部总线是微机内部各外围芯片与处理器之间的总线，用于芯片一级的互连；系统总线是微机中各插件板与系统板之间的总线，用于插件板一级的互连。近年来，为了提高微机系统的运行速度，已开发出一种局部总线，它用于 CPU 和内存及 Cache 的直接相连，使三者能同步工作，其他插件板则通过系统总线和 CPU 相连。外部总线是微机和外部设备之间的总线，如 IEEE 488 总线、USB 总线和 RS-232 总线等。微机作为一种设备，通过外部总线和其他设备进行信息与数据的交换，它用于设备一级的互连。

1. 内部总线

1) I^{2}C 总线

新一代单片机技术的显著特点之一就是串行扩展总线的推出。在没有专门的串行扩展总线时，除了可以使用 UART 串行口的移位寄存器方式扩展并行 I/O 外，只能通过并行总线扩展外围器件。由于并行总线扩展时连线过多，外围器件工作方式各异，外围器件与数据存储器混合编址等，都给单片机应用系统设计带来较大困难。外围器件在系统中软、硬件的独立性较差，无法实现单片机应用系统的模块化、标准化设计。

目前在新一代单片机中使用的串行扩展接口有 Motorola 的 SPI，NS 公司的 MICRO-WIRE/PLUS 和 PHILIPS 公司的 I^{2}C 总线。其中，I^{2}C 总线具有标准的规范以及众多带 I^{2}C 接口的外围器件，形成了较为完善的串行扩展总线。

I^{2}C(Inter-IC)总线 10 多年前由 PHILIPS 公司推出，是近年来在微电子通信控制领域广泛采用的一种新型总线标准。它是同步通信的一种特殊形式，具有接口线少，控制方式简化，器件封装形式小，通信速率较高等优点。在主从通信中，可以有多个 I^{2}C 总线器件同时接到 I^{2}C 总线上，通过地址来识别通信对象。

I^{2}C 总线最显著的特点是规范的完整性、结构的独立性和用户使用时的方便性。I^{2}C 总线有严格的规范，如接口的电气特性、信号时序、信号传输的定义、总线状态设置、总线管理规则及总线状态处理等。在 I^{2}C 总线规范中，总线上的器件节点具有极大的独立性，而且各节点上的器件、模块都有相对独立的地址编号，严格、完善的规范，并将这些规范的应用尽可能"傻瓜"化。除了有充分的硬件支持外，在软件方面，PHILIPS 公司为用户提供了一套完善的总线状态处理软件包，以至于用户可以不去熟悉 I^{2}C 总线的规范，不去理睬总线的管理方法，只要掌握 I^{2}C 总线的应用程序设计方法就可方便地使用 I^{2}C 总线，并且能很快地掌握 I^{2}C 总线系统的软、硬件设计方法。由于 I^{2}C 总线系统中，各个节点的电气特性及地址给定都具有较强的独立性，因此，在应用系统中采用 I^{2}C 总线结构就有可能实现用户梦寐以求的器件及功能单元的软、硬件标准化和模块化设计。器件及功能单元的标准化、模块化，取决于器件单元硬件电气连接的最少相关性与软件的独立性。软件的独立性则表现在独立编址及数据传送方式的简单化与单一性。而 I^{2}C 总线所具有的特点最好地满足了上述要求。

在硬件结构上，任何一个具有 I^{2}C 总线接口的外围器件，不论其功能差别有多大，都具有相同的电气接口；除了总线外，各器件节点没有其它电气连接，甚至各节点的电源都可以单独供电；在各器件节点上没有并行扩展时所必需的片选线，器件地址给定完全取决于器件类型与单元电路结构。在软件上，不论何种器件，其 I^{2}C 总线的数据传送都具有相同的操作模式，而且每个器件操作时都与其它器件节点无关。在实际使用中，总线节点上的器件甚至可在总线工作状态下撤除或挂上总线。

目前 I²C 总线大量应用在视频、音像系统中，PHILIPS 推出的近 200 种 I²C 总线接口器件主要是视频、音像类器件。除 PHILIPS 公司外，I²C 总线已被众多的厂家使用在高档电视机、电话机、音响、摄录像系统中。

2) SCI 总线/SPI 总线

串行通信接口(Serial Communication Interface，SCI)是由 Motorola 公司推出的。它是一种通用异步通信接口 UART，与 MCS-51 的异步通信功能基本相同。

串行外围设备接口(Serial Peripheral Interface，SPI)总线技术是 Motorola 公司推出的一种同步串行接口。Motorola 公司生产的绝大多数 MCU(微控制器)都配有 SPI 硬件接口，如 68 系列 MCU。SPI 总线是一种三线同步总线，因其硬件功能很强，所以，与 SPI 有关的软件就相当简单，使 CPU 有更多的时间处理其他事务。

SPI 与 SCI 串行异步通信有相似的地方，也有不同之处。相同之处在于它们都是串行的信息交换，不同的是 SCI 是一种异步(准同步)方式，两台设备有各自的串行通信时钟，在相同的比特率和数据格式下达到同步，而 SPI 是一种真正的同步方式，两台设备在同一个时钟下工作。因此，SCI 只需两根引脚线(发送与接收)，而 SPI 需要 3 根引脚线(发送、接收与时钟)。由于 SPI 是同步方式工作，因而它的传输速率远远高于 SCI。

采用 SPI 总线方式交换数据有主机、从机的概念。这里 DSP 作为主机，将数据送到从机 MCS-51 中用于显示。因此，只需要两根引脚(SPISIMO、SPICLK)即可，其中 SPISIMO 为发送数据口，SPICLK 为串行外设接口时钟。

由于 SPI 通过一根时钟引线将主机和从机同步，因此它的串行数据交换不需要增加起始位、停止位等用于同步的格式位，直接将要传送的信息(1 位到 8 位的数据)写入到主机的 SPI 发送数据寄存器 SPIDAT。这个写入自动启动了主机的发送过程，即在同步时钟 SPICLK 的节拍下把 SPIDAT 的内容一位一位地移到从机的引脚 RxD，当 SPIDAT 的内容移位完毕，将置一个中断标志 SPIINT FLAG，通知主机这个信息块已发送完毕。

对于从机，同样在同步时钟 SPICLK 的节拍下将出现在引脚 RxD 上的数据一位一位地移到从机的移位寄存器 SBUF 中；当一个完整的信息块接收完成后，将置一个中断标志，通知从机这个信息块已接收完毕。

2. 系统总线

1) PC/XT 总线

PC/XT 总线是 PC 历史上最早使用的总线结构，是 IBM 公司 1981 年推出的第一台 IBM PC 机以及随机推出的 IBM PC/XT 机所使用的总线，称之为 PC 总线或 PC/XT 总线。由于 IBM PC 或 IBM PC/XT 机上使用的都是 8088 CPU，因而这种总线只具有 20 条地址线和 8 位数据线，因此又称为 8 位的 PC 机。在 PC/XT 总线上的信号是目前各类总线中最为精简的，它的主板插槽上安装有 8 个 62 线的扩展板插座，即扩展插槽，允许插入不同功能的 I/O 接口卡，用来扩充 PC/XT 机的功能。扩展槽上提供了足够的负载驱动能力，允许每个插座上带 2 个低功耗的肖特基负载。连接到 PC/XT 总线扩展插槽上的信号线包括 8 位双向数据总线、20 位地址总线、6 级中断请求信号线、3 组 DMA 通道控制线以及内存与 I/O 读写控制线、动态 RAM 刷新控制线、时钟和定时信号线。此外，还有 I/O CHCK 线表示扩展选件中的奇偶校检状态，I/O CHRDY 线用于 CPU 读取低速存储器和 I/O 设备时，在速度上相匹配。另外，在扩展槽中还引入 4 种电源：+5 V、−5 V、+12 V 和−12 V。

2) ISA 总线

ISA(Industrial Standard Architecture)总线标准是 IBM 公司 1984 年为推出 PC/AT 机而建立的系统总线标准，所以也叫 AT 总线。它在 8 位的 PC/XT 总线的基础上扩展而成 16 位总线结构，以适应 8/16 位数据总线要求。同时，该总线同 8 位的 PC/XT 总线保持了兼容性。它在 80286 至 80486 时代应用非常广泛，以至于现在奔腾机中还保留有 ISA 总线插槽。ISA 总线有 98 只引脚，其中，数据线 16 根，地址线 24 根，其他包括中断线、信号线和电源线等等。工作频率为 8 MHz，传输率最高为 8 MB/s。这种总线结构是在不改变原来的 XT 总线的前提下增加了数条信号线，同时也增加了一些内存的控制信号。PC AT 总线在总线控制器中增加缓冲器，作为高速 CPU 与较低速的扩展总线间的缓冲空间。增加缓冲区的做法可以使 CPU 和总线分别使用各自的时钟频率，这样就可以允许总线工作于一个比 CPU 时钟相对较低的工作环境。由于这种总线的开放性，使得兼容于这一标准的板卡大量涌入 PC 市场，因此国际电子电气工程师协会(IEEE)成立了一个委员会，专门制定了以 PC AT 总线为标准的工业标准体系结构 ISA，因此 ISA 总线就成为 PC AT 总线的另一个名称。从硬件角度看，ISA 总线是一个单用户的结构，缺乏智能成分。ISA 总线的 8 个扩展槽公用一个 DMA 请求，这意味着当一个设备请求占用时，其余的只好等待。另外，ISA 总线还没有提供全面的中断共享功能，两级中断控制器提供了不到 15 个中断，其中一些被固定分配给一些特定的设备，所以在配置系统时，中断冲突是经常发生的。此外，在总线 I/O 过程的实现中，某一时刻只有一个 I/O 过程发生，这些都是与多用户系统相矛盾的。

3) MCA 总线

在 1987 年以前，存在于 CPU 和扩展总线之间速度上的差异影响了传输的性能。当 CPU 的速度和性能不断增加时，ISA 总线的传输率最高为 8 MB/s，从而产生了系统瓶颈。造成这种瓶颈的主要因素在于原来的 16 位 ISA 总线的设计无法满足新 32 位 CPU 的要求，因此需要有一种新的标准来解决这一系统瓶颈问题。IBM 公司为此开发了一种 32 位的总线结构，采用与传统总线完全不同的设计，包括音频、视频信号的传输，完全优先的仲裁机构。当时还没有 32 位总线的工业标准，这种命名为微通道结构(Micro Channel Architecture，MCA)的总线被用于 IBM 的 PS/2 系列 PC 机中，采用 10 MHz 总线时钟，最大数据传输率可达 20MB/s。MCA 使用了许多优于传统的设计新概念，将原来 ISA 所定义的信号以及传输规格推倒重来，并使用了不同的总线扩展插槽设计，使扩展槽插座的外观变得更加精细。由于 PC/XT 总线或 ISA 总线与 MCA 总线不兼容，因此目前的 PC 机主板没有采用这种总线结构。

4) EISA 总线

80386 推出以后，32 位的总线开始由 MCA 总线主导了一段时期。为了与 IBM 抗衡，1988 年 9 月由 Compaq 等 9 家公司联合推出 EISA 总线标准。它是在 ISA 总线的基础上使用双层插座，在原来 ISA 总线的 98 条信号线上又增加了 98 条信号线，也就是在两条 ISA 信号线之间添加一条 EISA 信号线。这是继 MCA 之后的又一个 32 位总线结构，它保持了与 ISA 的兼容性，在 ISA 总线上工作的各种 I/O 接口卡，不需要采取任何措施就可以在 EISA 总线上工作。

EISA 是一种比较先进的总线结构，其数据总线和地址总线的宽度都是 32 位，每个总线插槽都有各自的 DMA 请求线，可按级别来占用 DMA。EISA 还提供中断共享，允许用户配置多个设备来共享一个中断。EISA 主要解决了总线 I/O 的控制能力，着重解决硬盘子系统的多用户访问速度。EISA 总线结构是一个多用户结构，它比 ISA 总线复杂得多，包括了 16 位的 ISA 总线，16 位的 ISA 总线中又包括 8 位的 XT 总线，因此在 EISA 总线上，EISA 总线的 I/O 扩展卡、16 位的 ISA 扩展卡以及 8 位的 XT 扩展卡，虽然各自使用的数据总线宽度不同，但是都可以进行板间的互相访问。

系统总线从 PC XT 开始，经过了 ISA、MCA 和 EISA 等结构的不断改进。在这些改进中，首要的是增加寻址与数据传输能力，其次是增加仲裁系统与各类控制信号。随着 CPU 性能的提高，CPU 的处理速度越来越快，系统总线上的传输速度已渐渐不能满足要求，尤其是 Windows 操作系统的普及后对图像传输的要求大增，新的系统总线如果不提高数据传输速度，就很难满足视频处理上的要求。尤其是在显示全动画视屏时，显示器的速度会慢得让人难以忍受。解决这类问题的办法就是在 CPU 和任何高带宽设备之间的数据传输采用局部总线设计。市面上先后出现了 VESA、PCI、AGP 以及 AGP Pro 一系列局部总线产品，下面简要介绍这些局部总线。

3. 局部总线

随着计算机技术的不断发展，微型计算机的体系结构发生了显著的变化。如 CPU 运行速度的提高，多处理器结构的出现，高速缓冲存储器的广泛采用等，都要求有高速的总线来传输数据，从而出现了采用多总线结构的系统总线。所谓多总线结构，是指 CPU 与存储器、I/O 等设备之间有两种以上的总线，这样可以将慢速设备和快速设备挂接在不同的总线上，减少总线竞争现象，使系统的效率大大提高。在采用多总线结构的系统中，局部总线 (Local Bus) 的发展最令人瞩目，因此，将其作为一个独立的问题进行讲解。

1) VESA 局部总线

VESA(Video Electronics Standard Association) 局部总线是 1992 年由 60 家附件卡制造商联合推出的一种局部总线，简称为 VL(VESA Local Bus) 总线。该总线系统考虑到 CPU 与主存和 Cache 的直接相连，通常把这部分总线称为 CPU 总线或主总线。其他设备通过 VL 总线与 CPU 总线相连，所以 VL 总线被称为局部总线。它定义了 32 位数据线，且可通过扩展槽扩展到 64 位，最大传输率达 132 MB/s，可与 CPU 同步工作，是一种高速、高效的局部总线，可支持 386SX、386DX、486SX、486DX 及奔腾微处理器。

VESA 局部总线是一种 32 位的扩展总线系统，是专为 80486 系统设计的。80486 的总线时钟频率为 33 MHz，而 VESA 总线的最高工作频率也是 33 MHz，因此可以与 486 CPU 同步执行。也就是说，在最佳状况下，若使用 VESA 总线的显卡，当总线时钟频率为 33 MHz 时，可以完全没有延迟显示图像的情况。VESA 局部总线的扩展插槽在设计上有两个特点。第一个特点是在物理结构上，VESA 插槽是在与 ISA 插槽成一条直线的位置上增加了一个类似于 MCA 类型的插槽，这样，VESA 扩展插槽分成两部分，延长的部分即 VL-Bus 插槽以 33 MHz 的高速运行，而另一部分即为原来的 ISA 总线插槽，较低的数据传输则可由 ISA 插槽完成。因此 VESA 总线的扩展卡比其它的接口卡长，并可以同 ISA 总线的接口卡保持兼容。第二个特点，就是将 VESA 的数据总线和地址总线与 CPU 直接相连，这种把数据传输最频繁的数据总线和地址总线与 CPU 相连接的做法意味着可以达到与 CPU 相同的处理效率。但是这样的连接方式会增加 CPU 的负载，即要求 CPU 具有推动 VL-Bus 的功率。所以在 80486 主板上的 VL-Bus 插槽不得超过 3 个，就是为了防止 CPU 因负载过高而过热烧毁。

2) PCI 局部总线

PCI(Peripheral Component Interconnect，外部部件互连)局部总线是当前最流行的总线之一，它是由 Intel 公司推出的一种局部总线。它定义了 32 位数据总线，且可扩展为 64 位。PCI 局部总线主板插槽的体积比原 ISA 总线插槽还小，其功能比 VESA、ISA 有极大的改善，支持突发读写操作，最大传输速率可达 132 MB/s，可同时支持多组外围设备。PCI 局部总线不能兼容现有的 ISA、EISA、MCA 总线，但它不受制于处理器，是基于奔腾等新一代微处理器而发展的总线。

PCI 局部总线在 586 级主板扮演着十分重要的角色。PCI 局部总线的设计与 VESA 局部总线有较大的差异，PCI 未与 CPU 直接相连，而是采用一个桥接器使 CPU 与 PCI 总线相连。PCI 总线是位于 CPU 局部总线与标准的 I/O 扩展总线之间的一种总线结构。由于 PCI 总线是从 CPU 局部总线中经过桥接器隔离出来的，因此不会像 VESA 总线那样存在 CPU 负载过重的问题，允许主板上有 10 个负载，但这并不是说主板上可以加 10 个插槽，因为采用 PCI 总线的主板，一般已将软盘、硬盘控制器(如 IDE 接口)以及多功能 I/O 接口集成到了主板上。实际上，在大多数 Pentium 级的 PCI 主板上，一般都只安排了 4 个左右的 PCI 扩展槽。

- PCI 总线的特点

(1) 高性能。PCI 总线的时钟与 CPU 时钟无关，1992 年 6 月推出的 PCI 局部总线 1.0 版本支持 32 位的数据宽度，而 1995 年 6 月推出的 PCI 局部总线 2.1 版本则支持 64 位的数据通路以及 66 MHz 的总线时钟。运行在 33 MHz 下的 32 位 PCI 总线，其数据总线传输速率可达 132 MB/s，而运行在 66 MHz 的总线时钟下可达 264 MB/s；对于 64 位的 PCI，其传输速率可达 528 MB/s。PCI 与 VL-Bus 相比，其优越性在于：① PCI 支持无限读写突发方式，而 VL-Bus 仅支持 16 个字节的读突发方式；② PCI 总线支持并发工作，使其总线上的外设可与 CPU 并发工作。PCI 桥路有多级缓冲，CPU 访问总线上的外设时，把一批数据写入缓冲器中，当这些数据逐个写入 PCI 设备时，CPU 可以执行其他操作。显然，并发工作方式提高了微机系统的整体性能。

(2) 兼容性及扩展性好。PCI 总线插卡是通用的，可插到任何一个有 PCI 总线的系统中。然而，由于实际上插卡上的 BIOS 与 CPU 及操作系统有关，因而不一定能完全通用，但至少对同一类型 CPU 的系统能够通用。PCI 总线扩展性好，若将许多设备接到 PCI 总线上，可采用多 PCI 总线加以方便地扩展。

(3) 主控设备数据交换。在 PCI 总线标准中，任何一次数据交换都由主控设备发起。通常，总线控制器就是主控设备。同时，总线上的插卡和其他设备也可作为主控设备。这与 ISA 总线是不同的，ISA 总线通过 DMA 方式控制总线上的数据交换，而 PCI 总线标准中没有 DMA 方式。

(4) 自动配置。ISA 总线的插卡插入系统时需要设置开关和跳线槽。PCI 总线的插卡可以自动配置。一旦插卡插入系统，BIOS 将根据读到的关于该扩展卡的信息，结合系统实际情况，为插卡分配存储地址、端口地址、中断和某些定时信息，免除了人工操作，做到了即插即用(Plug and Play)。

(5) 严格的规范。PCI 总线标准对协议、时序、负载、电性能和机械性能指标等均有严格规定。这方面它优于 ISA、VESA 等总线，因而，它的可靠性、兼容性均较好。

(6) 低价格。PCI 总线接插件尺寸及插卡和主板尺寸均较小，因而价格低。

(7) 具有良好的发展前途。PCI 总线标准在制定时就考虑到长期应用的问题。例如，支持 3.3 V 的工作电压。此外，还可以在 64 位系统中工作。

- PCI 总线的体系结构和总线信号

PCI 总线的结构示于图 10.7，其中存储器直接通过 CPU 总线与 CPU 相连。PCI 桥路用来完成驱动 PCI 总线所需的全部控制功能。该 PCI 桥路与 CPU 并发工作。PCI 总线上的设备可为磁盘控制卡、图形卡、网卡等十多种高速设备。图 10.7 中，扩展总线桥路用来将 PCI 总线转换为标准的总线，如 ISA、EISA、MCA 等。

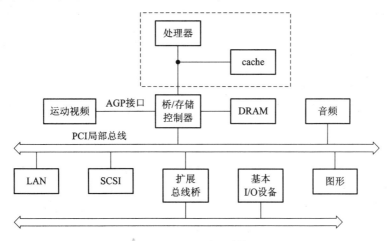

图 10.7　PCI 系统结构图

如果需要把更多外设接到 PCI 总线上，而总线驱动能力不够时，可采用图 10.8 所示的多 PCI 总线结构。图 10.8 中共有 2 级桥路，产生了 3 个 PCI 总线和 1 个标准总线。这些总线都可并发工作，每个总线上均可接若干设备。因此，PCI 总线的扩展性非常好。

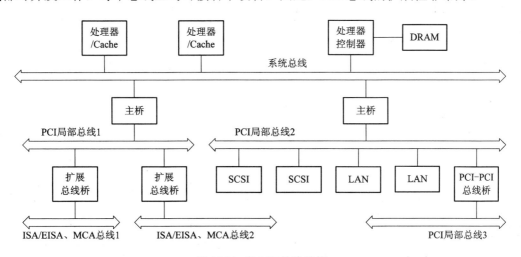

图 10.8　多 PCI 总线结构

PCI 的引脚分布如表 10.2 所示。

表 10.2 PCI 的引脚分布

32 位连接器				
引脚	5 V		3.3 V	
	B 面	A 面	B 面	A 面
1	−12 V	TRST	−12V	TRST
2	TCK	+12 V	TCK	+12 V
3	GND	TMS	GND	TMS
4	TDO	TDI	TDO	TDI
5	+5 V	+5 V	+5 V	+5 V
6	+5 V	INTA#	+5 V	INTA#
7	INTB#	INTC#	INTB#	INTC#
8	INTD#	+5 V	INTD#	+5 V
9	PRSNT1#	保留	PRSNT1#	保留
10	保留	+5 V(I/O)	保留	+3.3 V(I/O)
11	PRSNT2#	保留	PRSNT2#	保留

32 位连接器				
引脚	5 V		3.3 V	
	B 面	A 面	B 面	A 面
12	GND	GND	连接器键位	
13	GND	GND		
14	保留	保留	保留	保留
15	GND	RST#	GND	RST#
16	CLK	+5 V (I/O)	CLK	+3.3 V(I/O)
17	GND	GNT#	GND	GNT#
18	REQ#	GND	REQ#	GND
19	+5 V(I/O)	保留	+3.3 V(I/O)	保留
20	AD[31]	AD[30]	AD[31]	AD[30]
21	AD[29]	+3.3 V	AD[29]	+3.3 V
22	GND	AD[28]	GND	AD[28]
23	AD[27]	AD[26]	AD[27]	AD[26]
24	AD[25]	GND	AD[25]	GND
25	+3.3 V	AD[24]	+3.3 V	AD[24]
26	C/BE[3]#	IDSEL	C/BE[3]#	IDSEL
27	AD[23]	+3.3 V	AD[23]	+3.3 V
28	GND	AD[22]	GND	AD[22]
29	AD[21]	AD[20]	AD[21]	AD[20]
30	AD[19]	GND	AD[19]	GND
31	+3.3 V	AD[18]	+3.3 V	AD[18]
32	AD[17]	AD[16]	AD[17]	AD[16]

续表一

引脚	5 V		3.3 V	
	B 面	A 面	B 面	A 面
33	C/BE[2]#	+3.3 V	C/BE[2]#	+3.3 V
34	GND	FRAME#	GND	FRAME#
35	IRDY#	GND	IRDY#	GND
36	+3.3 V	TRDY#	+3.3 V	TRDY#
37	DEVSEL#	GND	DEVSEL#	GND
38	GND	STOP#	GND	STOP#
39	LOCK#	+3.3 V	LOCK#	+3.3 V
40	PERR#	SDONE	PERR#	SDONE
41	+3.3 V	SBO#	+3.3 V	SBO#
42	SERR#	GND	SERR#	GND
43	+3.3 V	PAR	+3.3 V	PAR
44	C/BE[1]#	AD[15]	C/BE[1] #	AD[15]
45	AD[14]	+3.3 V	AD[14]	+3.3 V
46	GND	AD[13]	GND	AD[13]
47	AD[12]	AD[11]	AD[12]	AD[11]
48	AD[10]	GND	AD[10]	GND
49	GND	AD[09]	GND	AD[09]
50	连接器键位		GND	GND
51			GND	GND
32 位连接器				

引脚	5 V		3.3 V	
	B 面	A 面	B 面	A 面
52	AD[08]	C/BE[0]#	AD[08]	C/BE[0]#
53	AD[07]	+3.3 V	AD[07]	+3.3V
54	+3.3 V	AD[06]	+3.3 V	AD[06]
55	AD[05]	AD[04]	AD[05]	AD[04]
56	AD[03]	GND	AD[03]	GND
57	GND	AD[02]	GND	AD[02]
58	AD[01]	AD[00]	AD[01]	AD[00]
59	+5 V(I/O)	+5 V(I/O)	+3.3 V(I/O)	+3.3 V(I/O)
60	ACK64#	REQ64#	ACK64#	REQ64#
61	+5 V	+5 V	+5 V	+5 V
62	+5 V	+5 V	+5 V	+5 V
32 位连接器终止				
连接器键位				
64 位连接器				

续表二

引脚	5 V		3.3 V	
	B 面	A 面	B 面	A 面
63	保留	GND	保留	GND
64	GND	C/BE[7]#	GND	C/BE[7]#
65	C/BE[6]#	C/BE[5]#	C/BE[6]#	C/BE[5]#
66	C/BE[4]#	+5 V(I/O)	C/BE[4]#	+3.3 V(I/O)
67	GND	PAR64	GND	PAR64
68	AD[63]	AD[62]	AD[63]	AD[62]
69	AD[61]	GND	AD[61]	GND
70	+5 V(I/O)	AD[60]	+3.3 V(I/O)	AD[60]
71	AD[59]	AD[58]	AD[59]	AD[58]
72	AD[57]	GND	AD[57]	GND
73	GND	AD[56]	GND	AD[56]
74	AD[55]	AD[54]	AD[55]	AD[54]
75	AD[53]	+5 V(I/O)	AD[53]	+3.3 V(I/O)
76	GND	AD[52]	GND	AD[52]
77	AD[51]	AD[50]	AD[51]	AD[50]
78	AD[49]	GND	AD[49]	GND
79	+5 V(I/O)	AD[48]	+3.3 V(I/O)	AD[48]
80	AD[47]	AD[46]	AD[47]	AD[46]
81	AD[45]	GND	AD[45]	GND
82	GND	AD[44]	GND	AD[44]
83	AD[43]	AD[42]	AD[43]	AD[42]
84	AD[41]	+5 V(I/O)	AD[41]	+3.3 V(I/O)
85	GND	AD[40]	GND	AD[40]
86	AD[39]	AD[38]	AD[39]	AD[38]
87	AD[37]	GND	AD[37]	GND
88	+5 V(I/O)	AD[36]	+3.3 V(I/O)	AD[36]

64 位连接器

引脚	5 V		3.3 V	
	B 面	A 面	B 面	A 面
89	AD[35]	AD[34]	AD[35]	AD[34]
90	AD[33]	GND	AD[33]	GND
91	GND	AD[32]	GND	AD[32]
92	保留	保留	保留	保留
93	保留	GND	保留	GND
94	GND	保留	GND	保留

64 位连接器终止

注：在信号名之后加一个"#"号，表示该信号低电平有效，否则为高电平有效；[ ]内数字表示引脚编号。

为处理数据、寻址、接口控制、仲裁及系统功能，PCI 接口要求作为目标设备的设备至少有 47 条引脚，作为总线主设备的设备至少有 49 条引脚。

信号类型定义：

in：即 input(输入)，是一种只用于输入的标准信号。

out：即 output(输出)，是一种标准的有效驱动器。

t/s：即 Tri-state(三态)，是一种双向、三态输入/输出引脚，无效时是高阻态。

s/t/s：即 Sustained Tri-state(持续三态)，是一种每次有且只有一个单元拥有并驱动的低有效双向、三态信号。驱动一个 s/t/s 信号到低的单元，在释放该信号为高阻状态之前必须将它驱动到至少一个周期的高电平以给总线预充电。在一个新的单元开始驱动 s/t/s 信号之前，要维持一个周期的无效状态，为此要求有一个提拉电阻，并且由中央资源(系统板)负责提供该措施。

o/d：即 OpenDrain(漏极开路)，允许多器件共享，可作线或。

系统引脚：

CLK in：系统时钟，为所有 PCI 总线上的传输及总线仲裁提供时序。除了 RST#和四个中断引脚外，其它的 PCI 信号都在 CLK 信号的上升沿采样。CLK 最小频率是直流(0 Hz)，最高可达 33 MHz。

RST# in：异步复位，用于使 PCI 专用的寄存器以及信号恢复到初始状态。在 RST# 有效期间，所有 PCI 信号必须驱动到它们的起始状态，即第三态(高阻态)。

地址和数据引脚：

AD[00~31] t/s：地址/数据复用信号。

FRAME#有效为地址信号，IRDY#和 TRDY#有效为数据信号。

C/BE[0~3] t/s：总线命令和字节使能复用信号。在 AD 为地址信号时，用这四根信号线传输总线命令。AD 作为数据信号时，传输字节使能信号，其中 BE_0 对应低字节，BE_3 对应高字节。

PAR t/s：数据偶校验，对 AD[00~31]以及 C/BE[0~3]上的数据进行偶校验。

接口控制引脚：

FRAME# s/t/s：帧周期信号。由主设备驱动，表示操作的开始和延续。该信号有效时，表示总线传输开始，并且一直维持到传输最后一个字节。

IRDY# s/t/s：主设备准备好信号。该信号有效表示主设备已经准备好传输数据。当 TRDY#也有效时，开始传输数据。

TRDY# s/t/s：从设备准备好信号。该信号有效表示从设备已经准备好传输数据。

STOP# s/t/s：停止，表示从设备要求主设备停止当前传输。

LOCK# s/t/s：锁定。该信号有效表示驱动它的设备进入一种排它性的操作，而非独占传输仍然可以对当前非锁定的地址进行。

IDSEL in：初始化设备选择。在配置空间读写操作中，用作片选信号。

DEVSEL# s/t/s：设备选择信号。该信号有效，表明驱动它的设备已经成为当前访问的从设备，即有设备被选中。

仲裁信号：

REQ#　t/s：总线请求信号。该信号表示驱动它的设备要求使用总线。

GNT#　t/s：总线占用允许信号。REQ#的应答信号，表示允许占用总线。

错误反馈信号：

PERR#　s/t/s：奇偶校验错。反馈除特殊周期外的传送过程中发生的奇偶校验错误。

SERR#　o/d：系统错误。反馈系统错误，包括奇偶校验错误，特殊周期中的奇偶校验错误，以及会引起灾难性后果的系统错误。

中断引脚：

INTA#～INTD#　o/d：中断 A～D 引脚信号。PCI 总线的中断引脚是电平触发方式，低电平有效，漏极开路方式驱动。其中 INTA#用于单一功能设备申请中断，其他三个引脚用于多功能设备申请中断。

高速缓存支持信号（可选）：

SBO#　in/out：监视返回。该信号有效，表示命中了某条变化线，无效时，且 SDONE 有效，表示一次"干净"的监视结果。

SDONE　in/out：监视完成。该信号有效，表示监视已经有了结果。

64 位总线扩展信号(可选)：

AD[32～63]　t/s：扩展的 32 位地址和数据复用信号。作为地址信号时，REQ64#必须有效；作为数据线时，除了 REQ64#之外，还要求 ACK64#也同时有效。

C/BE[4～7]　t/s：扩展的总线命令和字节使能复用信号。作为数据线时，当 REQ64#和 ACK64#同时有效时，BE4 对应第 4 个字节；依此类推，作为地址线时，且 REQ64#有效时，用来传输总线命令。

REQ64#　s/t/s：请求 64 位传输。表示设备要求采用 64 位通路传输数据。

ACK64#　s/t/s：64 位传输许可。表示允许 64 位传输。

PAR64　t/s：奇偶双字节校验。AD[32～63]和 C/BE[4～7]的校验位。

PCI 扩展卡配置信号：

PRSNT1#和 PRSNT2#：当两个引脚都开路时，表示不存在扩展卡；当 PRSNT1#有效而 PRSNT2#开路时，表示扩展卡的最大功耗为 25 W；当 PRSNT1#开路而 PRSNT2#有效时，表示最大功耗为 15 W；当 PRSNT1#和 PRSNT2#都有效时，表示最大功耗为 7.5 W。

此外，引脚中标有[I/O]标志的电压信号，表示是专用的电源引脚，用来区分和驱动 PCI 信号线。在通用板上，PCI 元件的 I/O 缓冲必须从这些专门的引脚引出电源。

4. 外部总线

1) RS-232-C 总线

RS-232-C 总线是美国电子工业协会(Electronic Industry Association，EIA)制定的一种串行物理接口标准。RS 是英文"推荐标准"的缩写，232 为标识号，C 表示修改次数。RS-232-C 总线标准设有 25 条信号线，包括一个主通道和一个辅助通道，在多数情况下主要使用主通道，对于一般双工通信，仅需几条信号线就可实现，如一条发送线、一条接收线及一条地线。RS-232-C 标准规定的数据传输速率为 50、75、100、150、300、600、1200、2400、4800、9600、19200 b/s。RS-232-C 标准规定，驱动器允许有 2500 pF 的电容负载，通信距离将受此电容限制，例如，采用 150 pF/m 的通信电缆时，最大通信距离为 15 m；若每米电缆的电容量减小，通信距离可以增加。传输距离短的另一原因是 RS-232-C 总线属单端信号传送，存在共地噪声和不能抑制共模干扰等问题，因此一般用于 20 m 以内的通信。

2) RS-485 总线

在要求通信距离为几十米到上千米时，广泛采用 RS-485 串行总线标准。RS-485 总线采用平衡发送和差分接收，因此具有抑制共模干扰的能力。加上总线收发器具有高灵敏度，能检测低至 200 mV 的电压，故传输信号能在千米以外得到恢复。RS-485 总线采用半双工工作方式，任何时候只能有一点处于发送状态，因此，发送电路须由使能信号加以控制。RS-485 总线用于多点互连时非常方便，可以省掉许多信号线。应用 RS-485 总线可以联网构成分布式系统，其允许最多并联 32 台驱动器和 32 台接收器。

3) IEEE-488 总线

上述两种外部总线是串行总线，而 IEEE-488 总线是并行总线接口标准。IEEE-488 总线用来连接系统，如微计算机、数字电压表、数码显示器等设备及其他仪器仪表均可用 IEEE-488 总线装配起来。它按照位并行、字节串行双向异步方式传输信号，连接方式为总线方式，仪器设备直接并联于总线上而不需中介单元，但总线上最多可连接 15 台设备。最大传输距离为 20 m，信号传输速度一般为 500 KB/s，最大传输速度为 1 MB/s。

4) USB 总线

USB(Universal Serial Bus)总线即通用串行总线，是 Compaq、DEC、IBM、Intel、Microsoft、NEC 和 Northern Telecom 等七大公司于 1994 年 11 月联合开发的计算机串行接口总线标准。它基于通用连接技术，实现外设的简单快速连接，达到方便用户、降低成本、扩展 PC 连接外设范围的目的。它可以为外设提供电源，而不像普通的使用串、并口的设备需要单独的供电系统。另外，快速是 USB 技术的突出特点之一，USB 的最高传输率可达 12 Mb/s，是串口的 100 倍，并口的近 10 倍，而且 USB 还能支持多媒体。

1995 年，USB 实施者论坛(USB Implementers Forum)对 USB 进行了标准化，1996 年 1 月 15 日颁布了 USB1.0 规范。其规范主要包括以下内容：① 两种数据传输速度，用于连接打印机、扫描仪等的速度可达 12 Mb/s，用于连接键盘、鼠标等的速度为 1.5 Mb/s；② 最多可连接 127 个外设；③ 连接节点的距离可达 5 m；④ 连接电缆按照相应的传输速度也分为两种，其中 12 Mb/s 的使用带屏蔽双绞线，传输速率为 1.2 Mb/s 的可使用普通的无屏蔽双绞线。USB 接口包括 4 条指针，2 条用于信号连接，2 条用于电源馈电。

2000 年 4 月 27 日由 Compaq、HP、Intel、Lucent、Microsoft、NEC 和 Philips 正式对外发布支持高速传输速率的 2.0 协议标准。它兼容所有 USB1.1 外部设备、线缆与连接件，支持原来只能利用 PCI 等总线高性能外部设备，数据速率达 480 Mb/s，使 USB 速度大大提高。

USB 总线与传统串行接口相比较，具有如下主要优点：① USB 是一种总线，而不仅仅是一种串行接口，这意味着通过 USB 总线可以连接多个设备，这与传统的串行接口有着本质上的不同。② USB 具有真正的即插即用特性，用户可以很容易地对外设进行安装和拆卸，主机可以按照外设的增删情况自动配置系统资源。同时，用户可以在不关机的情况下进行外设的更换，外设的驱动程序将自动进行安装与删除。③ USB-IF 是一个标准化组织，制定的标准不属于任何一家公司，不存在专利权问题，所以，这种开放性为其提供了强大的生命力。

USB 方式下，所有的外设都在机箱外连接，不必再打开机箱；USB 采用"级联"方式，即每个 USB 设备用一个 USB 插头连接到一个外设的 USB 插座上，而其本身又提供一个 USB 插座，供下一个 USB 外设连接用。通过这种类似菊花链式的连接，一个 USB 控制器可以连接多达 127 个外设，而每个外设间距离可达 5 m。尽管 USB 的传输速度是标准的串行口的 100 倍，并行口的 10 倍，但是，它仍被认为是一种中低速总线。

● USB 的基本概念

(1) 主机(Host)：安装了 USB 主控制器的计算机系统，包括相关的硬件(CPU、总线等)和软件(操作系统)。

(2) 端点(Endpoint)：主机与设备之间的逻辑通道。每一个设备(Device)会有一个或者多个逻辑连接点在里面，这些连接点叫 Endpoint。每个 Endpoint 有四种数据传送方式：控制(Control)方式传送、同步(Isochronous)方式传送、中断(Interrupt)方式传送、大量(Bulk)传送。

(3) 管道(Pipe)：在主机和设备的端点之间的虚拟连接叫做管道。管道包括流管道和消息管道。流管道是指没有确定的总线帧结构而以数据流的方式进行数据传输的管道。消息管道中的数据是具有一定的帧结构的。

(4) 接口(Interface)：同样性质的一组 Endpoint 的组合叫做接口。如果一个设备包含不止一个的接口，就可以称之为复合设备(Composite Device)。

(5) 配置(Configuration)：同样类型接口的组合可以称之为配置。但是每次只能有一个配置是可用的，而一旦该配置激活，里面的接口和 Endpoint 就都同时可以使用。主机(Host)从设备发过来的描述字(Descriptors)中来判断用的是哪个配置，哪个接口，等等，而这些描述字通常是在端点号"0"中传送的。

● 传输方式

在 USB 的数据传送方式下，有四种传输方式：控制(Control)、同步(Isochronous)、中断(Interrupt)、大量(Bulk)。如果是从硬件开始来设计整个系统，还要正确选择传送方式，而作为一个驱动程序的书写者，就只需要弄清楚他是采用的什么工作方式就行了。通常，所有的传送方式下的主动权都在 PC 边，也就是 Host 边。

(1) 控制(Control)方式传送。控制方式传送是双向传送，数据量通常较小。USB 系统软件主要用来进行查询、配置和给 USB 设备发送通用的命令。控制传送方式可以包括 8、16、32 和 64 字节的数据，这依赖于设备和传输速度。控制传输典型地用在主计算机和 USB 外设之间的端点之间的传输，但是指定供应商的控制传输可能用到其它的端点。

(2) 同步(Isochronous)方式传送。同步方式传送提供了确定的带宽和间隔时间(Latency)。它被用于时间严格并具有较强容错性的流数据传输，或者用于要求恒定的数据传送率的即时应用中。例如，执行即时通话的网络电话应用时，使用同步传输模式是很好的选择。同步数据要求确定的带宽值和确定的最大传送次数。对于同步传送来说，即时的数据传递比完美的精度和数据的完整性要更重要一些。

(3) 中断(Interrupt)方式传送。中断方式传送主要用于定时查询设备是否有中断数据要传送。设备的端点模式器的结构决定了它的查询周期在 1~255 ms 之间。这种传输方式典型的应用在少量的分散的、不可预测数据的传输。键盘、操纵杆和鼠标就属于这一类型。中断方式传送是单向的并且对于 Host 来说只有输入的方式。

(4) 大量(Bulk)传送。大量传送主要应用在数据大量传送和接收上，同时又没有带宽和间隔时间要求的情况下，要求保证传输。打印机和扫描仪属于这种类型。这种类型的设备适合于传输非常慢和大量被延迟的数据，可以等到所有其它类型的数据传送完成之后再传送和接收的数据。

USB 将其有效的带宽分成各个不同的帧(Frame)，每帧通常是 1 ms 时间长。每个设备每帧只能传送一个同步的传送包。在完成了系统的配置信息和连接之后，USB 的 Host 就会对不同的传送点和传送方式做一个统筹安排，用来适应整个 USB 的带宽。通常情况下，同步方式和中断方式的传送会占据整个带宽的 90%，剩下的就安排给控制方式传送数据。

- USB 的物理信号

USB 的电缆有四根线，两根传送的是 5 V 的电源，有一些直接和电源 HUB 相连的设备可以直接利用它来供电。另外的两根是数据线，数据线是单工的。在整个系统中，数据速率是一定的，要么是高速，要么是低速，没有一个可以中间变速的设备来实现数据码流的变速。在此，USB 和 1394 有明显的差别。USB 的总线可以在不使用的时候被挂起，这样一来就可以节约能源。有时总线还有可能挡机(Stall)，比如说，当数据传送的时候突然被打断，这时通过 Host 的重新配置可以实现总线的重新工作。

- USB 设备

USB 设备可以接在 PC 上任意的 USB 接口上。而使用 HUB 还可以扩展，使更多的 USB 设备连接到系统中，USB 的 HUB 有一个上行的端口(到 Host)，有多个下行端口(连接其它的设备)，从而可以使整个系统扩展连接 127 个外设，其中 HUB 也算外设。对于 USB 系统来说，USB 的 Host 永远是 PC 边，所有的其他连接到 Host 上的都称为设备。在设备与设备之间是无法实现直线通信的，只有通过 Host 的管理与调节才能够实现数据的互相传送。在系统中，通常会有一个根 HUB，这个 HUB 一般有两个下行的端口。一个 PC 可以拥有一个或多个 USB Host 控制器。一般有两种类型的控制器：UHCI(USB Host 控制器接口)和 OHCI(开放的 Host 控制器接口)。Windows 的 USB 类驱动程序对于每一种控制器类型都有一种 miniclass 驱动程序来支持。

- 数据交换(Transactions)

一个 Transaction 是在主机(Host)和设备(Device)之间的不连续相互数据交换。通常由主机开始交换，交换的开始是由 Token 的包开始的，接下来是数据包。数据包传送完之后，就会由设备(Device)返回一个握手(Handshake)包。USB 系统通过 IN、OUT 和 SETUP 的包来指定 USB 地址和 Endpoint(最多是 128 个，0 通常被用来做缺省的传送配置信息)，并且这些被指定的设备必须通过上面形式的包来回应这种形式的指定。每个 SETUP 的包包含 8 个 Byte 数据，该数据用来指示传送的数据类型。对于 DATA 数据包来说，设置两种类型的数据包是为了能够在传送数据的时候做到更加精确。ACK Handshake 的包用来指示数据传送的正确性，而 STALL Handshake 则表示数据包在传送的过程中出了故障，并且请示 Host 重新发数据或者清除这次传送。PRE 格式的包主要是用在一个 USB 的系统中如果存在不同速率的设备，则不同于总线速度的设备就会回应一个 PRE 包，从而会忽略该设备。各种不同类型包的大小是不同的，DATA 的数据包最大是 1023 B。

5) IEEE1394 串行总线

苹果公司于 20 世纪 80 年代中期开始研发 FireWire，它是一种允许连接多种高性能设备的串行总线。苹果公司将其定位为新一代的外部总线，以取代当时计算机与电子产品上种类繁多的各种总线。

　　FireWire 的这些特点引起了其它厂商的兴趣，它们纷纷加入到这种总线的研究过程中。SONY 公司在去掉原有的两根电源线以后，将其应用于自己的电子产品(数码相机、DV 等)中，并将其注册为 "iLink" (FireWire 为苹果公司的注册商标)。在经过各个厂家将近 10 年的研究之后，IEEE 协会在 1995 年正式将该总线采纳为标准，命名为 IEEE1394-1995。

　　在 IEEE 协会公布 IEEE1394-1995 标准之后，各厂家在实际应用过程中对标准协议理解出现了分歧，产品一方面遵循标准协议，另一方面却又不能通用，兼容性差。因此 IEEE 协会随后公布了 IEEE1394a 协议版本(修正版)，对 1995 版本中的问题作进一步说明与澄清。随着技术的发展与进步，IEEE 协会又公布了更新版本的 IEEE1394b，定义了更高的输入/输出速率：800 Mb/s、1600 Mb/s 和 3.2 Gb/s，同时向后兼容 IEEE1394-1995 和 IEEE1394a。

　　IEEE1394b 的主要特点如下：

　　(1) 可升级的性能：支持 100、200 和 400 Mb/s 的速度，最新的可支持 800 Mb/s。

　　(2) 热插拔：不需要将系统断电就可以动态加入或移除设备。

　　(3) 即插即用：每次加入或移除设备时，系统将自动重新复位，总线上的节点会自动配置，不需要主机系统(如 PC)的干预。

　　(4) 支持两类事务：支持等时和异步传输。

　　(5) 分层的硬件和软件模型：通信建立在事务层、链路层和物理层协议的基础之上。

　　(6) 对 64 个节点支持：在一条串行总线上最多支持 64 个节点地址(0～63)，节点地址 63 被用作一个所有节点都可以辨认的广播地址，从而允许在总线上连线 63 个物理节点。

　　(7) 每条总线上有 48 位的地址空间：每个节点都拥有 256 TB 的地址空间。

　　(8) 支持点对点的传输：串行总线设备能自主执行事务，而不需要主要 CPU 的干预。

　　(9) 支持 1024 条总线：CSR 体系结构最多可支持 1024 条总线。

　　(10) 支持公平仲裁：实现仲裁，可以确保等时应用获得一个恒定总线带宽，而异步应用能获得对总线的公平访问。

　　(11) 错误检测与处理：为验证总线的数据传输是否正确而执行 CRC 校验，如果失败，则可能重传事务。

　　(12) 使用两条双绞线来发送信号：一条用于数据传输，另一条用于等时化。

　　(13) 线缆电源：某特定的节点可能使用总线提供的电源，也可以向总线供电。

　　(14) 可扩展总线：可以将新的串行设备连接入串行总线节点提供的端口，从而扩展串行总线。拥有两个或两个以上端口的节点，称为分节点，其可将附加的节点以菊花状连接入总线；拥有一个端口的节点称为叶节点，它表示某一串行总线分支的结束。

10.4　微型计算机系统结构

　　随着微处理器技术的迅猛发展和新的微处理器芯片的不断推出，相应的计算机总线结构及系统结构也不断地发生着巨大的变化，展现在用户面前的是一代又一代速度更好、功能更强、使用更方便的微型计算机系统。本节简要介绍各发展阶段具有代表性的且应用面宽的微型计算机系统结构。

10.4.1 PC XT 微型计算机系统结构

PC 和 PC XT 是第一代通用微型计算机系统，采用 8088 CPU 和 XT 总线，系统结构见图 10.9。

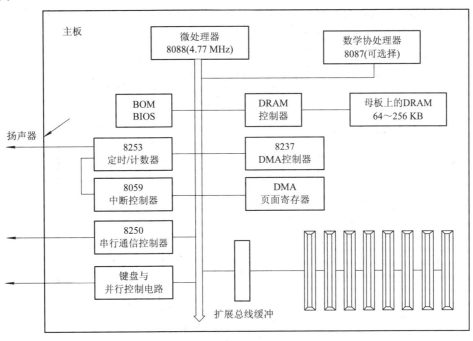

图 10.9 PC 和 PC XT 的系统结构

系统的其它配套部件包括 64～256 KB 主存储器 DRAM 及其控制器、BIOS ROM、定时/计数器 8253、中断控制器 8259、DMA 控制器 8237 及其界面寄存器组、串行通信控制器 8250、系统扩展缓冲器、键盘与并行口控制逻辑等。此外，数学协处理器 8087 为可选部件。系统基本配置的主要外设包括单色监视器、键盘、软磁盘、硬磁盘及打印机；扩充配置的外设可以增加彩色监视器、串行通信装置、网络选件板和游戏操纵杆等。XT 总线共 62 根引脚，包括 20 位地址线、8 位数据线和控制线等。其特点是 CPU 与系统中其它配套部件间直接通过 XT 总线相连，并以 CPU 为核心对全系统进行调度、控制和数据交换。XT 总线的时钟频率与 CPU 相同，均为 4.77 MHz。总线的数据传输率最高，接近 1 Mb/s。PC/XT 微型计算机支持 8 级硬件中断和 4 个 DMA 通道。

10.4.2 PC/AT/ISA 微型计算机系统结构

PC/AT 微型计算机系统是 IBM 公司推出的，采用 80286 CPU 和 AT 总线，其特点是总线时钟频率与 CPU 相同，为 6～8 MHz。由于 PC/AT 总线未公开，因此，没有得到广泛应用。

PC/ISA 总线是 Intel 联合几个微处理器生产厂家推出的一种公开的总线标准。它与 PC/AT 总线兼容，采用 80386/486 CPU，支持 24 位地址总线、16 位数据总线、15 级硬件中断和 7 个 DMA 通道。最高数据传输率可达到 8 Mb/s。PC/AT/ISA 系统结构(见图 10.10)的特点是采用了一个核心逻辑芯片组，将微处理器的主总线(也称局部总线)和 AT/ISA、XT 总线隔离开来。该逻辑芯片组集成了两个级联方式组合的 8237 DMA 控制器、两个级联方式组合的类 8259 中断控制器、一个类 8254 定时/计数器以及总线缓冲器和驱动器等。CPU 的主总线直接和高速的主存储器、高速缓冲存储器相连，而慢速的 BIOS ROM、键盘、鼠标、扩展总线 XT、AT/ISA 插槽等均连接到核心逻辑芯片组上。这样，CPU 和主存及高速缓存间交换数据可在局部总线上快速进行，而其它慢速设备如键盘、鼠标等与 CPU 交换数据则是通过 XT、AT/ISA 总线及核心逻辑芯片组的控制进行的。

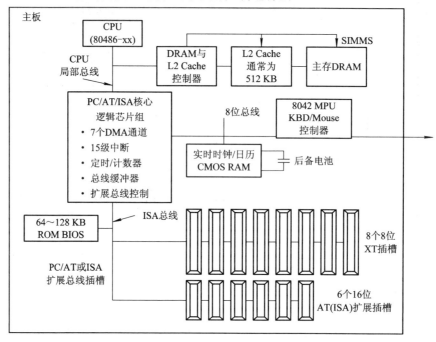

图 10.10　PC AT/ISA 的系统结构

　　RAM 方面，80486 微机系统采用单列式存储器组件(SIMM)封装的动态存储器(内存条)。80486 支持单条容量为 256 KB、1 MB 或 4 MB 以至 32 MB 的内存条。

　　I/O 插槽方面，80386/486 微机系统除了具有 ISA 总线标准的 8 位和 16 位扩展槽外，，有些还有 VESA 标准的 32 位扩展槽。需要指出的是，后期的 80486 微机还采用了 VESA 总线以及 PCI 总线作为各个部件的连线。由于 VESA 总线固有的缺点以及 PCI 总线的及时推出，因此 VESA 总线很快退出市场。而 PCI 总线在 Pentium 机中被广泛使用，所以常被作为 Pentium 系列主机的主要总线结构。

　　软件方面，可运行 DOS3.X 以上版本、XENIX 以及 OS/2 等操作系统。

10.4.3　Pentium 级微型计算机系统结构

　　Pentium 系列微机是指采用 Pentium 系列微处理器的微型计算机系统，其基本配置除具有前述微机系统的配置外。还增加了光驱和鼠标，声卡、音箱也经常是基本配置内容，系统软件主要使用美国微软公司的视窗系列操作系统。另外，系统的基本结构发生了革命性的变化，最主要的表现是改变了主板总线结构。为了提高微机系统的整体性能，规范系统的接口标准，根据各部件处理信息的速度快慢，采用了更加明显的三级总线结构，即 CPU

总线(Host Bus)、局部总线(PCI 总线)和系统总线(一般是 ISA)。其中，CPU 总线为 64 位数据线、32 位地址线的同步总线，具有 66 MHz 或 100 MHz 的总线时钟频率；PCI 总线为 32 位或 64 位数据/地址分时复用同步总线。PCI 局部总线作为高速的外围总线，不仅能够直接连接高速的外围设备，而且通过桥路芯片和更高速的 CPU 总线，与较低速的系统总线相连。

外围总线由低速总线发展到以高速的 PCI 总线为主。这一结构的改变，对现代微机性能的提高起了很重要的作用。

另外，三级总线之间由高集成度的多功能桥路芯片组成的芯片组相连，形成一个统一的整体。通过对这些芯片组的功能和连接方法的划分，可将微机系统结构分为南北桥结构和中心(Hub)结构。

1. 南北桥结构的 Pentium Ⅱ微机

在这种结构中，主要通过两个桥片将三级总线连接起来。这两个桥片分别是被称做"北桥"的 CPU 总线—PCI 桥片和被称做"南桥"的 PCI-ISA 桥片。这种南北桥结构的芯片组种类很多，既有 Intel 芯片组，也有非 Intel 芯片组。图 10.11 所示的是由 Intel 公司著名的南北桥结构的芯片组 440BX 所组成的 Pentium Ⅱ微机的基本结构。

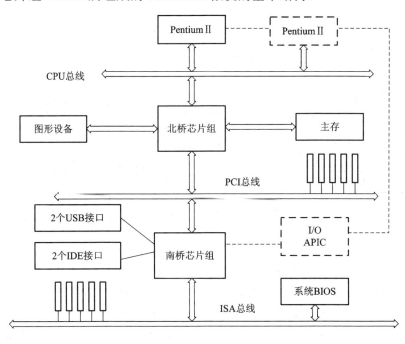

图 10.11　南北桥结构的 Pentium Ⅱ微机

440BX 芯片组主要由两块多功能芯片组成。其中，北桥芯片 82443BX 集成有 CPU 总线接口，支持单、双处理器，双处理器可以组成对称多处理机(SMP)结构；同时，82443BX 还集成了主存控制器、PCI 总线接口、PCI 仲裁器及 AGP 接口，并支持系统管理模式(SMM)和电源管理功能，是 CPU 总线与 PCI 总线的连接桥梁。

440BX 芯片组的南桥芯片是 82371EB 芯片。该芯片组集成了 PCI、ISA 连接器、IDE 控制器、两个增强的 DMA 控制器、两个 8259 中断控制器、8253/8254 时钟发生器和实时时钟等多个部件；另外，它还集成了一些新的功能，如 USB 控制器、电源管理逻辑及支持可选的外部 I/O 可编程中断控制器等。82371EB 作为 PCI 总线和 ISA 总线的桥梁。这个结构的最大特点就是将局部总线 PCI 直接作为高速的外围总线连接到 PCI 插槽上。这一变化适应了当前高速外围设备与微处理器的连接要求。在早期的三级总线结构中，图形显示卡也是通过 PCI 总线连接的，由于显示部分经常需要快速传送大量的数据，这在一定的程度上增加了 PCI 总线通路的拥挤度，而 PCI 总线 132 MB/s 的带宽也限制了数据输出到显示子系统的速度。因此，440BX 芯片组中使用的专用 AGP 总线将加快图形处理速度，以适应高速增长的 3D 图形变换和生动视频显示等的需要，同时，也使 PCI 总线能更好地为其他设备服务。

2. 中心结构的 Pentium Ⅲ微机

南北桥结构尽管能够为外围设备提供高速的外围总线，但是，南北桥芯片之间也是通过 PCI 总线连接的，南北桥芯片之间频繁数据交换必然使得 PCI 总线信息通路依然存在一定的拥挤，也使得南北桥芯片之间的信息交换受到一定的影响。为了克服这个问题，同时也为了进一步加强 PCI 总线的作用，Intel 公司从 810 芯片组开始，就抛弃了南北桥结构，而采用了如图 10.12 所示的中心结构。

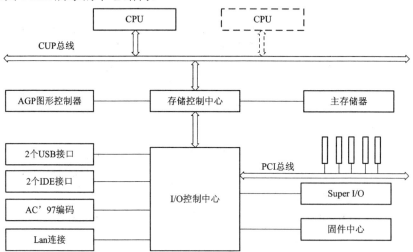

图 10.12　中心结构的 Pentium Ⅲ微机

构成这种结构的芯片组主要由三个芯片组成：存储控制中心(Memory Controller Hub，MCH)、I/O 控制中心(I/O Controller Hub，ICH)和固件中心(Fireware Hub，FWH)。

MCH 的用途是提供高速的 AGP(加速图形端口)接口、动态显示管理、电源管理和内存管理功能。此外，MCH 与 CPU 总线相连，处理 CPU 与系统其他部件之间的数据交换。在某些类型的芯片组中，MCH 还内置图形显示子系统，既可以直接支持图形显示，又可以采用 AGP 显示部件，这时称其为图形存储控制中心(GMCH)。ICH 含有内置 AC'97 控制器，提供音频编码和调制解调器编码接口，IDE 控制器提供高速磁盘接口、2 个或者 4 个 USB 接口、局域网络接口以及与 PCI 插卡之间的连接。FWH 包含了主板 BIOS、显示 BIOS 以及一个可用于数字加密、安全认证等领域的硬件随机数发生器。此外，ICH 通过 LPC I/F(Low Pin Count Interface)与 Super I/O 控制器相连接，而 Super I/O 控制器主要为系统中的慢速设备提供与系统通信的数据交换接口，比如串行口、并行口、键盘和鼠标等。

比较图 10.11 和图 10.12，MCH 和 ICH 两个芯片之间不再用 PCI 总线相连，而是通过中心高速专用总线相连，这样可以使 MCH 与 ICH 之间频繁大量的数据交换不会增加 PCI 的拥挤度，也不会受 PCI 带宽的限制。在图 10.12 中，已经看不到 ISA 总线，这是符合发展需要的。目前使用 ISA 总线的慢速外围设备已经越来越少，新的设备都选用了高速的 PCI 总线，PC'99 规范中也取消了 ISA 总线。在这种情况下，ISA 总线已经不是必要的部件了。考虑到部分用户的特殊需要，有些主板还是带有 1 个 ISA 插槽，这需要 ICH 芯片外接一片可选的 PCI-ISA 桥片。采用这种中心结构的 Intel 芯片组主要有 810 系列、815 系列、820 系列、850 系列和 860 系列等。

Pentium Ⅱ 和 Pentium Ⅲ 微机系统除了上面介绍的系统支持芯片组外，在其他方面也有较大的变化。在内存方面，Pentium Ⅱ 和 Pentium Ⅲ 采用 DIMM 封装的内存条，适合的 RAM 主要有同步 DRAM(SDRAM)以及基于协议的 DRAM(DRDRAM)，单条容量主要有 64 MB 和 128 MB，常规配置的总存储容量一般有 64 MB、128 MB 和 256 MB 等。在 I/O 插槽方面，一般的 Pentium Ⅱ/Ⅲ 微机主要有 PCI 插槽 5～6 个、AGP 插槽 1 个，有些主板保留了 1 个 ISA 插槽。根据使用的芯片组的不同，有些主板上还带有 AMR(音频/调制解调器)接口或者 CNR(通信/网络)接口。通过 PCI 插槽，可以插上网卡、调制解调卡以及符合 PCI 规范的其他扩展卡。AGP 插槽是为显卡准备的一个专用插槽。其他 I/O 接口方面，除了常规的串行口及并行口外，很多主板都带有 USB 接口，有些主板还带有红外线传输接口和 IEEE 1394 规范接口。

10.5　微型计算机系统的外围设备

10.5.1　概述

外部设备是计算机系统不可缺少的组成部分，是计算机与外部世界联系的桥梁。用户在使用计算机系统时，接触最多的是外部设备。随着计算机技术的飞速发展及广泛应用，计算机系统要求外部设备的种类越来越多。在计算机硬件系统中，外部设备是相对于计算机主机来说的，凡在计算机主机处理数据前后，把数据输入计算机主机、对数据进行加工的设备均称为外部设备，不论它们是否受中央处理器的直接控制。外部设备的种类很多，一般按照对数据的处理功能进行分类。除了输入/输出设备外，外部设备还应包括外存储器设备、网络与通信设备等。

1. 输入设备

输入设备是最重要的接口，其功能是把原始数据和处理这些数据的程序和命令通过输入接口输入计算机中。因此，凡是能把程序、数据和命令送入计算机进行处理的设备都是输入设备。由于需要输入计算机的信息多种多样，如字符、图形、图像。语音、光线、电流、电压等，各种形式的输入信息都需要转换为二进制编码才能为计算机使用，因此，不同的输入设备在工作原理、工作速度上相差很大。

输入设备包括字符输入设备(如键盘、条形码阅读器、磁卡机等)、图形输入设备(如鼠标器、图形数字化仪、操纵杆等)、图像输入设备(如扫描仪、传真机、摄像机等)、模拟量输入设备(如模/数 转换器、话筒等)。

2．输出设备

输出设备也是十分重要的人机接口，其功能是输出人们所需要的计算机的处理结果。输出的形式为数字、字母、表格、图形、图像等。最常用的输出设备是各种类型的显示器、打印机和绘图仪，以及 D/A 转换器等。

3．外存储器设备

在计算机系统中，除了主机中的内存储器(包括主存和高速缓冲存储器)外，还应有外存储器，简称外存。外存储器用于存储大量的暂时不参加运算或处理的数据和程序，因而速度允许较慢。一旦需要，可成批地与内存交换信息。它是主存储器的后备和补充，因此称之为辅助存储器。外存储器的特点是存储容量大，可靠性高且价格低廉，在脱机情况下可以永久地保存信息，且可以重复使用。外存储器按存储介质可分为磁表面存储器和光盘存储器两类。磁表面存储器主要是磁盘和磁带。

4．网络与通信设备

随着互联网的迅速普及，网络和通信技术获得了前所未有的发展。为了实现数据通信和资源共享，要求有专门的设备将计算机连接起来，实现这种功能的设备就是网络与通信设备。目前的网络通信设备主要有调制解调器、网卡、中继器、集线器、网桥、路由器及网关等。

10.5.2　显示输出设备及接口

1．LED 显示器

LED 是发光二极管的简称。LED 显示器可以用来显示数字和字符。通常将 LED 显示器分为 7 段显示器和点阵式显示器。前者接口电路简单，但显示内容有限；后者可以显示数字、字符甚至简单的图形，但是接口较为复杂。

1) 7 段 LED 显示器

7 段 LED 显示器常用来显示十进制数字或十六进制数字，也能显示少量符号。一个 7 段 LED 显示器的原理图如图 10.13 所示。

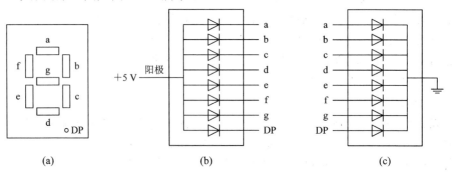

图 10.13　7 段 LED 显示器的原理图

(a) 发光管阵列图形；(b) 共阳极接法；(c) 共阴极接法

图中，每个发光二极管对应一个引脚，当引脚上出现有效电平信号(共阳极接法为低电平，共阴极接法为高电平)时，对应的 LED 就会发光。将要显示的字符的代码(如分离的 BCD

数)转换为显示码，再通过电路锁存显示码，就可实现显示器的接口功能。

2) 点阵式 LED 显示器

点阵式 LED 显示器如图 10.14 所示(显示字符为 "S"、"A")。接口电路将需要显示的字符存储在字符 ROM 中，通过字符 ROM 的地址来选择字符中的一个。

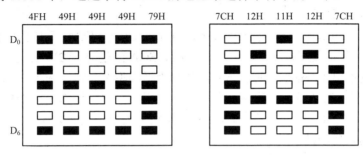

图 10.14　点阵式 LED 显示器

2. 监视器显示系统

显示系统由显示适配器和监视器两大部分组成。监视器主要由 CRT 或 LCD 构成，CRT 是阴极射线管(Cathode-Ray Tube)的简称，LCD 指的是液晶显示器。显示适配器就是通常被称为显示接口卡或显(示)卡的、插在主机扩充插槽上的接口卡。它是主机与监视器之间的接口。

1) 显示适配器

显示适配器(显示卡)通常包括 3 个主要部分：视频控制器(Video Controller)、视频 BIOS(Video BIOS)和视频显示存储器(Video Display Area)。视频控制器是控制完成显示功能的核心部件。它是一片专用的大规模集成电路芯片，有一组寄存器，接受 CPU 指令的直接控制；它产生监视器工作所需要的定时和控制信号；它把显示存储器中的信息变换成显示屏面上的信息。视频 BIOS 是微机系统 ROM BIOS 的扩展部分，它是分布在显示卡上的 ROM BIOS，其中包含多种用户可以调用的显示子程序。视频显示存储器存储着监视器显示的信息，它有自己的存储格式。需要在屏幕上显示什么，处理器把所要显示的信息变换成相应的格式，写入显示存储器。

2) 显示适配器的标准

显示适配器的标准经历了几代的发展。其发展主要体现在显示方式的不断增多。而任何一种显示方式都包含一组参数：显示字符的行数和列数、组成一个字符的水平和垂直的点数、图形方式下的分辨率，即整个屏幕水平和垂直的光点(像素)数，以及可以显示的颜色数等。

MDA(Monochrome Display Adapter)为单色(黑白)字符显示适配器，CGA(Color Graphics Adapter)为彩色字符/图形显示适配器，它们是 IBM 公司于 1981 年为 IBM PC 机推出的第 1 代显示适配器标准。

EGA(Enhanced Graphics Adapter)为增强型彩色字符/图形适配器，是 IBM 公司于 1984 年推出的第 2 代显示适配器标准。它不仅包含了 MDA 和 CGA 的全部功能，还增加了某些新的显示方式。EGA 分辨率可以达到 640×350，颜色总数为 64 种，可同时显示 16 种颜色。

MCGA(Multicolor Graphics Array)为多彩色图形阵列，VGA(Video Graphics Adapter)为视

频图形阵列，它们是 IBM 公司于 1987 年推出的第 3 代显示适配器，适应 IBM PC/AT 及以后微机系统的 AT 总线(ISA 总线)和 PS/2 系列机的 MCGA 总线。MCGA 与 CGA 兼容且具有更高分辨率和更多颜色的显示方式，最大的改进是采用了 Analog RGA 图像信号系统，最高分辨率为 640×480。MCGA 可以兼容 CGA，但与 EGA 不兼容。VGA 则包含了 MDA、CGA 和 EGA 的全部功能。

当 VGA 标准推出后，由于显示种类多，凡是在 CGA、EGA 标准下使用的软件都可以在 VGA 下运行，因而就出现了 VGA 取代 CGA、EGA 的趋势。IBM 公司推出 VGA 后，其它一些公司相继推出了 VGA 的兼容产品，统称为增强型 VGA(Super VGA)。

这些 VGA 显示芯片虽然分辨率和色彩都有所提高，但它们都只有 2D 的显示功能，只能算是 2D 显示卡。真正的 3D 显示卡是 1996 年推出的第一代 3D 显示卡。到现在，3D 显示卡已发展到第六代产品。

3) AGP 和 AGP Pro 局部总线

目前，市场上占绝对主流的显示接口是 AGP，当然，还有少量 PCI 接口的显卡存在。

AGP(Accelerated Graphics Port)是由 Intel 开发的新一代局部图形总线技术，它为任务繁重的图形加速卡提供了一条专用的"快车道"，从而摆脱了 PCI 总线拥挤的情况。AGP Pro 是 AGP 的升级产品，是为了解决由于显卡上集成晶体管数量增加而引起的电能增加和散热问题。AGP Pro 能够提供额外的电能，另外对输入输出托架等机械部分进行了重新设计，并增加了 AGP Pro 系统的隔热层。

AGP 在使用时，必须对系统结构作相应的改变，主板上要求有 AGP 插槽以安装相应的插卡；系统芯片组要有一个新的 32 位 I/O 口用于插槽；而图形控制器和图形卡都需要转换从 PCI 到 AGP 的通信协议。AGP 使信息在图形控制器和系统芯片组之间通过专用的点对点通道上进行传输。而 AGP 仅仅是一种一对一连接的"端口"，它不是一种系统总线，甚至称其为总线也是不够严密的，因为"总线"必须是两个以上设备之间信息传输的公共通路。而 PCI 是目前 PC 机中使用最为广泛的一种系统总线，AGP 仅仅是对 PCI 某些方面性能的补充。

10.5.3　打印机及接口

1. 并行打印机接口

并行打印机接口是一种标准接口，称为 Centronics。只要是符合 Centronics 标准的并行设备都可以与之相连。

并行口与打印机之间的连接采用 25 芯插头插座，见图 10.15。其信号定义可分为三组：

(1) 数据信号(DATA$_1$～DATA$_8$)，共 8 条，占据引脚号的 2～9，发射方向为 CPU 至打印机。

(2) 控制信号，4 条，其中数据选通($\overline{\text{STROBE}}$)为 1 号引脚，选择输入($\overline{\text{SLCT IN}}$)为 17 号引脚，自动输纸(AUTOFOXT)为 14 号引脚，打印机初始化(INIT)为 16 号引脚。发射方向为 CPU 至打印机。

(3) 状态信号，5 条，其中回答($\overline{\text{ACK}}$)为 10 号引脚，打印机(BUSY)忙为 11 号引脚，无打印纸(PE)为 12 号引脚，打印机选中(SLCT)为 13 号引脚，打印机出错(ERROR)为 15 号引脚。发射方向为打印机至 CPU。

剩余的 18 号引脚到 25 号引脚都是接地线。

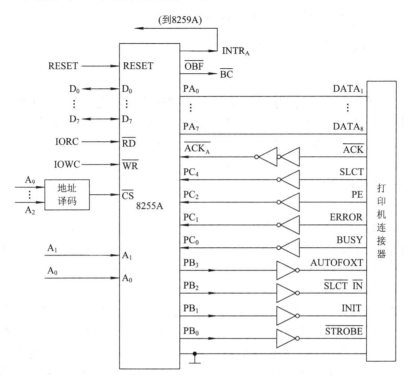

图 10.15　并行口与打印机的连接

2. 打印机技术简介

现代打印机已经基本上从并行接口转换到 USB 接口。打印速度有了很大提高。从打印技术来分，打印机主要可分为针式打印机、喷墨打印机和激光打印机等。

1) 针式打印机

针式打印机的基本工作原理类似于用复写纸复写资料。针式打印机中的打印头是由多支金属撞针组成，撞针排列成一直行，在纸张和色带之上行走。当指定的撞针到达某个位置时，便会弹射出来，在色带上打击一下，让色素印在纸上成为一个色点，配合多个撞针的排列样式，便能在纸上打印出文字或图画。如果是彩色的针式打印机，色带还会分成四种颜色，打印头下带动色带的位置还会上下移动，将所需的颜色对在打印头之下。

2) 喷墨式打印机

喷墨式打印机的主要工作原理是利用控制指令来控制打印头上的喷嘴，让喷嘴孔能够根据用户的需求，喷出定量的墨水，墨水喷在纸张上就呈现出用户所需要的文字或图形。由于喷嘴的数量较多，且墨点细小，能够做出比针式打印机更细致、混合更多种色彩的效果。

3) 激光打印机

激光打印机是利用碳粉附着在纸上而成像的一种打印机，其工作原理是利用机内的一个控制激光束的磁鼓，来控制激光束的开启和关闭，当纸张在磁鼓间卷动时，上下起伏的激光束会在磁鼓产生带电荷的图像区，此时打印机内部的碳粉会受到电荷的吸引而附着在纸上，形成文字或图像图形。由于碳粉属于固体，而激光束有不受环境影响的特性，所以激光打印机可以长年保持印刷效果清晰细致。

10.5.4　键盘接口

1．键盘接口

键盘一般是采用阵列式排列的按键，通常为按压式或触摸式。常用的键盘主要有两种类型：编码键盘主要用于按键较多的情况，带有硬件编码器，因此不需要花费 CPU 的额外时间；非编码式键盘主要用于按键较少的场合，只需很少的硬件逻辑，主要靠程序完成键盘的主要功能，因而会占用 CPU 较多的时间。

2．微型计算机键盘的分类

1) 按键数分类

微型计算机键盘按键数分类有早期的 83 键，到后来的 101、102 键，再到后来的 104 键(称为 Win 95 键盘)。微软的 Windows 98 流行后，市场上又出现了一种 107、108 键的 Win 98 键盘，区别是多了 Win 98 的功能键：Power、Sleep 和 Wake Up。

2) 按结构分类

按照按键的结构分，键盘还可分为机械式和电容式两大类。早期的键盘都是机械式的，它的特点是：手感较差，击键时用力大，击键的声音大，手指易疲劳，键盘磨损快，故障率高，但维修比较方便。目前这种键盘已不多见。现在最常见的键盘按键都是电容式的，这种键盘的好处是击键声音小，因为电容器没有接触，所以不存在磨损，它的寿命较长，手感好。由于电容式按键采用密封组装，键体不可拆卸，所以不易维修。

3) 按接口分类

键盘的接口主要有三种：AT 接口、PS/2 接口和 USB 接口。AT 接口就是一般说的"大口"，用于 586 以前的电脑上。目前，应用最多的是 PS/2 接口的键盘，俗称"小口"键盘。而 USB 接口的键盘现在也逐渐多了起来。

10.5.5　点式输入设备

1．鼠标器

鼠标器是控制计算机监视器光标移动的输入设备，它能够在屏幕上实现快速精确的光标定位，可用于屏幕编辑、菜单选择和屏幕作图等。随着 Windows 环境越来越普及，鼠标器已成为计算机系统中不可缺少的输入设备。

鼠标器按它上面的按键数分为二键鼠标器和三键鼠标器，并可由软件定义各键的含义。当按键按下或移动时，鼠标器拾取信息和发送信息，所以鼠标器常称为指点式输入设备。

鼠标器按测量部件的不同常分为光机式和光电式两类。尽管结构不同，但控制光标移动的原理基本相同，都是把鼠标器的移动距离和方向变为脉冲信息送给计算机，计算机再把脉冲信号转换成显示器光标的坐标数据，从而达到指示位置的目的。

1) 光电式鼠标器的工作原理

光电式鼠标器的精度较高。它是利用发光二极管(LED)发出来的光投射到鼠标板上，其反射光经过光学透镜聚焦投射到光敏三极管上；由于鼠标板在横轴和纵轴两个方向均印有间隔相同的网格，当鼠标器在该板上移动时，反射的光有强弱之分，在光敏三极管中则变成强弱不同的电流，经放大、整形变成表示位移的脉冲序列。鼠标器的运动方向是由相位相差 90° 的两组脉冲序列决定的。因此，必须有两组发光二极管和光敏三极管。其安装位置对应于鼠标板的栅格几何尺寸相差 90°。

2) 光机式鼠标器的工作原理

光机式鼠标器也是常用的鼠标器之一，这种鼠标器也用半导体光敏元件测量位移，但其工作方式与光电式鼠标器有所不同。它里面有 2 个滚轴，各连一个码盘。这 2 个滚轴都与同一个可滚动的小球接触，小球的一部分露出鼠标器底部。当在桌面上拖动鼠标器时，摩擦力使小球滚动，小球带动 2 个滚轴转动，其中，X 和 Y 方向的滚轴带动码盘旋转。码盘上等角度地刻有透明的小孔，两组发光二极管(LED)和光敏三极管分别对称地安装在码盘的两侧，在几何位置上相差 90°，分别称为 A 组和 B 组。当光码盘转动时，LED 发出的光束有时照射光敏三极管，有时被阻断，从而产生两列相位相差 90° 的脉冲序列。脉冲的个数代表鼠标器的位移量，而相位表示鼠标器运动的方向。

随着便携式计算机的出现，又开发了轨迹球和操作杆作为控制显示器光标的工具。轨迹球的工作原理与光电式鼠标器完全相同，只是用手代替了摩擦平板。

3) 接口

鼠标器与主机的接口主要有串行接口、PS/2 接口和 USB 接口。鼠标器与计算机的接口包括两个方面，即硬件接口和通信协议，以采用 RS-232-C 串行接口与主机相连的鼠标为例，通常使用 8 位数据位，1 位停止位，无奇偶校验，比特率为 1200 b/s，与主机通信数据格式是 5 个字节为一组，包含了鼠标器的按钮状态信息和鼠标的位移量信息。

2. 触摸屏

触摸屏是一种常见的多媒体界面，是随着多媒体技术发展而兴起的一种新型输入设备，它提供了一种人与计算机非常简单、直观的输入方式。在目前很多证券所、金融机构、车站、商场、广场上的公众信息查询系统都采用触摸屏作为输入设备，这样给一般人的使用带来了很多方便。

触摸屏有多种配置方式，其中应用很广泛的为外挂式。外挂式触摸屏由透明材质制成，外形像一张薄膜，大小与显示器屏幕相当，四周有边框，利用胶纸或其它物体把它固定在显示器上。外挂式触摸屏通过串行口与计算机相联。

从原理上来看，触摸屏目前主要分为三类：红外线式、电阻式、电容式。红外线式触摸屏的工作原理如下：在屏的左边和上边各安放一排红外线发射管，屏的下边和右边对应安放一排红外线接收管。通常状态下红外线接收管都可收到相应发射管的红外线信号，当手指触摸到屏幕时，某些红外线被阻断，这样通过横纵向阻断的红外线可以确定手指的位置，并通过串行口把此信息传给计算机，以进行相应处理。

红外线触摸屏分辨率通常较低、反应速度较低。其程序接口也比较简单，一种是通过鼠标的模拟驱动程序，另一种是通过坐标值来确定。红外线触摸屏一般只适用于文本状态或用于菜单项的选择等对分辨率要求不是很高的交互式环境。

电阻式触摸屏和电容式触摸屏分辨率很高，可以达到 1600×1280 甚至更高。电阻式触摸屏由二层膜组成，膜之间有网格触点阵列，对膜的压力会造成电阻的变化，从而定位压点的位置，送往计算机，通过计算机对此信息分析，即可确定手所触摸的位置并作出相应的处理。与电阻式触摸屏略为不同的是，电容式触摸屏上镀有一层金属膜，通过触摸金属膜而产生的电流变化来定位压点的位置。由于电阻式和电容式触摸屏分辨率很高，常常比显示器的分辨率还高，可以用它来完成绘图等较高精度的复杂输入功能。

10.5.6 扫描式输入设备简介

扫描仪诞生于 20 世纪 80 年代初，是一种光机电一体化的高科技产品，是除键盘和鼠标之外被广泛应用于计算机的输入设备。

1. 扫描仪的分类

扫描仪有很多种，按不同的标准可分成不同的类型。按扫描原理可将扫描仪分为以 CCD 为核心的平板式扫描仪、手持式扫描仪和以光电倍增管为核心的滚筒式扫描仪；按扫描图像幅面的大小可分为小幅面的手持式扫描仪、中等幅面的台式扫描仪和大幅面的工程图扫描仪；按用途可分为适用于各种图稿输入的通用型扫描仪和专门用于特殊图像输入的专用型扫描仪，如条码头读入机、卡片阅读机，等等。

手持式扫描仪体积较小、重量较轻、携带比较方便，但扫描精度较低，扫描质量和扫描幅面与平板式扫描仪相比都有较大的差距，现在已逐渐被淘汰。

滚筒式扫描仪一般应用在大幅面扫描领域上，因为图稿幅面大，为节省机器体积而采用滚筒式走纸机构。滚筒式扫描仪为 CAD、工程图纸管理等应用提供了输入手段，在测绘、勘探、地理信息系统等方面也有许多应用。滚筒式扫描仪近年来发展很快，产品种类和用户都在迅速增加。

2. 扫描仪的主要性能指标与技术

扫描仪的性能指标主要有表示扫描仪精度的分辨率、表示扫描图像灰度层次范围的灰度级、表示扫描图像色彩范围的色彩数以及扫描速度和扫描幅面等。

分辨率体现了扫描仪对图像细节的表现能力，通常用每英寸长度上扫描图像所含有像素点的个数表示，记为 DPI(Dot Per Inch)。灰度级表示灰度图像的亮度层次范围，级数越多，扫描图像的亮度范围层次越丰富。色彩数表示彩色扫描仪所能产生的颜色范围，通常用表示每个像素点上颜色的数据位表示。色彩数越多，扫描图像越鲜艳、真实。

大多数扫描仪一般都采用 CCD(电荷耦合器件)技术。该技术要求有一套精密的光学系统配合，这使得扫描仪结构复杂、成本昂贵。CIS(Contact Image Sensor)技术采用点触式图像感光元件——光敏传感器来进行感光，取代了 CCD 扫描仪中的 CCD 阵列、透镜、荧光管等复杂的结构，变 CCD 扫描仪的光机电一体为 CIS 扫描仪的机电一体，大大缩小了扫描仪的体积。

目前，CIS 扫描仪多采用 USB 接口。同时，有些新型 CCD 扫描仪也采用了 USB 接口。扫描仪采用 USB 接口，能充分利用 USB 的即插即用性，方便初学者安装使用。而且，它的速度高于 EPP 接口，可以有效地提高扫描速度，但仍低于 SCSI 接口扫描仪的速度。

10.5.7 智能驱动电路(IDE)接口

1. IDE 接口

智能驱动电路 (Intelligent Drive Electronics，IDE)接口也称为 ATA(PC/AT Attachment)接

口，它支持微型计算机系统与硬盘等外部存储器的连接。在 IBM 推出 PC/AT 时，驱动硬盘的控制电路是一个单独的适配卡，它插在 PC/AT 或 ISA 槽中，用一个低级串行接口连到硬盘构件。后来，硬盘生产厂家将硬盘控制电路与硬盘构件封装在一起，整个称为硬盘驱动器。IDE 接口是由 Compaq 公司开发并由 Western Digital 公司生产的控制器接口。IDE 是在原有的 ST506 基础上改进而成的，它的最大特点是把控制器集成到驱动器内。因此在硬盘适配卡中，不再有控制器这一部分了。这样做的最大好处是由于把控制器和驱动电路集成到一起，可以消除驱动器和控制器之间的数据丢失问题，使数据传输十分可靠。这就可以将每一磁道的扇区数提高到 30 以上，从而增大可访问容量。由于控制器电路并入驱动器内，因而从驱动器中引出的信号线已不是控制器和驱动器之间的接口信号线，而是通过简单处理后可以与主系统连接的接口信号线，这种接口方式是与 ST506 接口不同的。IDE 采用了 40 线的单组电缆连接。在 IDE 的接口中，除了对 AT 总线上的信号做必要的控制之外，其余信号基本上是原封不动地送往硬盘驱动器。可以说 IDE 接口是 ISA 总线信号的一个子集，因而接口简单，适于推广。由此可见 IDE 实际上是系统级的接口，而 ST506 属于设备级接口。由于把控制器集成到驱动器之中，适配卡已变得十分简单，因此，在很多新一代的系统中已把适配电路集成到主板上，并留有专门的 IDE 连接器插口。IDE 由于具有多种优点，且成本低廉，在个人微机系统中得到了最广泛的应用。IDE 接口支持容量最大为 528 MB 的硬盘驱动器，并且，操作时对系统软件透明。

大多数 IDE 接口和驱动器不支持 DMA 方式的数据传送，而使用标准的 I/O 端口指令来传送所有的命令、状态和数据。这种数据传送模式通常称为编程 I/O 模式或 PIO 模式，每次数据传送操作都涉及 PC 软件。由于硬盘驱动器内有多个扇区缓冲区，因此，对它的读写可使用重复的 I/O 串操作指令，这些指令只需一次取指即可重复多次 I/O 操作，以提高数据传输率。这种办法与 DMA 传送相比，有较高的速度和较低的总线利用率。IDE 端口通过使用扩展的第 14 号硬件中断来请求 PC 以中断方式接收硬盘驱动器的状态和数据。表 10.3 列出了 IDE 端口连接器的引脚和信号定义。IDE 接口定义数据总线宽度为 16 位，占用两组 I/O 端口地址。IDE 接口为 20x2 引脚，排成双列，每列 20 个引脚，其中，第 20 号引脚是插销位或称为键位。

表 10.3 IDE 接口信号定义

引脚编号	功能定义	引脚编号	功能定义	引脚编号	功能定义	引脚编号	功能定义
1:RESET	复位键	11:DD_3	数据线-3	21:DMARQ	DMA 请求	31:INTRQ	中断请求
2:GND	地	12:DD_{12}	数据线-12	22:GND	地	32:IOCS16	16 位 I/O
3:DD_7	数据线-7	13:DD_2	数据线-2	23:DIOW	I/O 写	33:DA_1	地址位 AD
4:DD_8	数据线-8	14:DD_{13}	数据线-13	24:GND	地	34:PDIAQ	诊断信号
5:DD_6	数据线-6	15:DD_1	数据线-1	25:DIOR	I/O 读	35:DA_0	地址位 A_0
6:DD_9	数据线-9	16:DD_{14}	数据线-14	26:GND	地	36:DA_2	地址位 A_2
7:DD_5	数据线-5	17:DD_0	数据线-0	27:IORDY	I/O 准备好	37:CS_0	片选 0
8:DD_{10}	数据线-10	18:DD_{15}	数据线-15	28:CSEL	电缆选择	38:CS_2	片选 2
9:DD_4	数据线 4	19:GND	地	29:DMACK	DMA 应答	39:DASP	设备有效
10:DD_{11}	数据线-11	20:	键位	30:GND	地	40:GND	地

笔记本 PC 中，IDE 端口必须接到直径为 2.5 或 1.8 英寸的小硬盘驱动器，故 IDE 连接器也较小。此端口还增加了 4 个信号，用于给笔记本型 IDE 驱动器提供电源和电源管理信号。这个由 44 个引脚组成的 IDE 连接器由 SFF(Small Form Factor)工业组定义。

2. 增强型 IDE(EIDE)ATA-2 接口

通过改进 IDE 接口性能，使其支持多个驱动器接口(一般支持两个接口：第一个 IDE 接口和第二个 IDE 接口)，提高数据传输率(IDE 驱动器的最大突发数据传输率只有 3 MB/s，而 EIDE 支持的数据传输率可达 11.1 MB/s 以上)，扩大对单个硬盘驱动器容量的支持，这种增强型的 IDE 接口称为 EIDE 或 ATA-2 接口，通过 EIDE 接口连接的单个硬盘容量最大为 8 GB。除此之外，EIDE 规范中还通过一种称为 ATAPI(AT Attached Packed Interface)的新标准，使 IDE 或 ATA 接口支持 CD-ROM 驱动器。

通常，IDE 接口只提供一个 IDE 插座，因此最多只能挂主、从两个硬盘，而 EIDE 标准允许一个系统可连接 4 个 EIDE 设备。EIDE 通常提供两个插座，称为主插座和辅插座，每个插座又可连接主、从两个设备。主插座通常与高速的局部总线相连，供硬盘使用。而辅插座则与 ISA 总线相连，供磁带机或 CD-ROM 驱动器使用。

在 EIDE 规范中，定义了几种改进的数据传送模式和数据传输速率，除标准的 PIO 数据传送模式之外。还采用了单字和多字的 DMA 传输模式。单字 DMA 传送是指每次 DMA 请求只传输一个 16 位的字。多字 DMA 传输是指只要 DMA 请求信号保持有效，就将持续不断地传送 16 位的数据项，直到终止计数，即采用上述 DMA 控制中的扩展通道来完成以字为单位的数据传输，使 EIDE 接口的数据传输率达到 16 MB/s，当应用在硬盘接口上时，EIDE 接口一般都采用 PIO 模式。表 10.4 定义 EIDE 传送模式及其最小总线周期时间。

表 10.4　EIDE 传送模式及其最小总线周期时间

PIO 模式	最小总线周期/ns	DMA 模式	最小总线周期/ns
PIO-0	600	单字 DMA_0	960
PIO-1	383	单字 DMA_1	480
PIO-2	240	单字 DMA-2	240
PIO-3	180	多字 DMA_0	480
PIO-4	120	多字 DMA_1	150
		多字 DMA_2	120

超级 DMA/33 是一种用于数据传输的新物理协议，这种传输发生在一个超级 DMA/33(有时也称为 ATA/33)兼容的 IDE 控制器(一般位于南桥逻辑中)与一个或多个超级 DMA/33 兼容的 IDE 设备之间，它通过标准的总线主控器 IDE 和接口电路来启动和控制这种传输。超级 DMA/33 通过一个源同步信号协议来传输数据，以支持数据传输的突发操作。此外，还定义了一种 CRC-16 检错协议。

通过对 IDE 接口信号的重新定义，采用 DMA 传输协议可使源设备与目标设备之间的数据传输率达到 33MB/s，但需要双方接口的支持。除传输速率外，在传输方式上，超级 DMA/33 也与以往的方式有所不同。在 PIO 方式中，CPU 直接进行读写控制，而超级 DMA/33 是采用总线主控方式，在硬盘上安装控制硬盘读写的 DMA 控制器。由于 CPU 不直接控制硬盘的读写，因此，其间可进行其他处理。

超级 DMA/33 协议并不要求在 IDE 连接器的基础上增加额外的信号引脚，当工作在超级 DMA/33 模式时，只是对一些标准的 IDE 控制信号进行了重新定义，这些重新定义的信号如表 10.5 所示。从 IDE 设备到 IDE 接口的数据传输定义为读周期，从 IDE 接口到 IDE 设备的数据传输定义为写周期。

表 10.5　超级 DMA/33 控制信号的重新定义

标准 IDE 信号定义	超级 DMA/33 读周期定义	超级 DMA/33 写周期定义	所对应的第一个 IDE 接口信号	所对应的第二个 IDE 接口信号
DIOW#	STOP	STOP	PDIOW#	SDIOW#
DIOR#	DMARDY#	STROBE	PDIOR#	SDIOR#
IORDY	STROBE	DMARDY#	PIORDY	SIORDY

#表示低电平有效。

对于将 IDE 接口规范中的写控制信号 DIOW#重新定义为 STOP 信号，由 IDE 接口驱动，用于停止所请求的传输，该信号还可用来应答 IDE 设备请求，以停止数据的传输。

在 CPU 经过 IDE 设备到 IDE 接口的传输数据的读周期期间，信号 DIOR# 重新定义为 DMARDY#，被 IDE 接口所采样。由 IDE 设备在准备传输数据时驱动，以决定在当前传输周期中是否需要插入等待状态。在 CPU 经过 IDE 接口到 IDE 设备的写周期期间，信号 DIOR# 重新定义为 STROBE，为 IDE 接口驱动的数据有效信号，在该信号的上升沿和下降沿期间进行数据传输。

在从 IDE 设备经 IDE 接口到 CPU 的读周期期间，信号 IORDY#重新定义为 STROBE，为 IDE 设备驱动的数据有效信号，在该信号的上升沿和下降沿期间进行数据传输。在 CPU 经过 IDE 接口到 IDE 设备的写周期期间，信号 IORDY#重新定义为 DMARDY#，被 IDE 设备所采样，以决定在当前传输周期中是否需要插入等待状态。IDE 连接器的所有其他信号在超级 DMA/33 操作期间都维持不变。

3. Serial ATA 接口

传统的 Ultra ATA 是采用并行方式传送数据，尽管一次可传输多位数据，但是它的缺点也是显而易见的，在并行传输模式下，线路之间存在着信号串扰问题，在数据的高速传输过程中，信号间的互相干扰对系统的稳定性来说是致命的。另外，并行 ATA 设计时需要 5 V 的电压，这显然是不符合业界推行的不断降低系统部件电压以减小能耗的要求。因此，在计算机硬件技术不断发展的今天，并行 ATA 已经显得力不从心了。在这样的背景下，Intel 在 2000 年的 IDF 中发布了 Serial ATA 标准，并联合 IBM、Dell、APT、Maxtor、Quantum 和 Seagate 等组成研究小组。在同年底，Serial ATA 1.0 规范首次被提出。2002 年春，Serial ATA 2.0 规范公布。Serial ATA 即串行 ATA，是一种完全不同于并行 ATA 的新型接口类型。Serial ATA 采用连续串行的方式传送数据，每一个时钟周期只传输一位二进制数据。

虽然并行 ATA 一次可传输 4 个字节(4×8 位)的数据，而串行 ATA 每次传输的数据只有 1 位，但是串行传输由于没有信号干扰的问题。理论上来说串行传输的工作频率可以无限提高，串行 ATA 就是通过提高工作频率来提升接口传输速率的，因此串行 ATA 可以实现更高的传输速率。另外，串行 ATA 有效地减少了 ATA 接口的针脚数目，使连接的电缆数目变少，效率也会更高。实际上串行 ATA 仅用很少的针脚就能完成所有的工作。这样的架构有助于降低系统的能耗和减小系统的复杂性。

10.5.8　PS-Ⅱ串行接口

计算机的 PS-Ⅱ串行接口有两种连接方式：5 针和 6 针。这两种连接器的电器连接是完全一致的，不同的仅仅是引脚的排列(见表 10.6)。其中，连接的外设为键盘时，可以采用 5 针或 6 针的方式连接，而连接鼠标时，仅能通过 5 针接口连接。无论是 5 针的接口还是 6 针的接口，都只有 4 个有效的引脚，

表 10.6　PS-Ⅱ接口引脚定义

引脚	5 针接口	6 针接口
1	时钟	数据
2	数据	未定义
3	未定义	地
4	地	+5 V
5	+5 V	时钟
6		未定义

PS-Ⅱ协议是外设与主机之间通信的一种同步双向串行协议，在该协议中主机端拥有较高的优先级，在一定条件下它可以终止外设正在进行的发送过程。该协议采用的短帧格式传达数据的数据帧格式为：1 位起始位(0)，8 位数据位，1 位奇校验位，1 位停止位(1)。数据线上的数据发送时低位在前，高位在后。每一位数据的持续时间为 60~100 μs。

在一帧数据的通信过程中主机在时钟的下降沿读取由外设发来的数据，外设在时钟的上升沿读取主机发来的数据。无论是主机端发送信息还是外设端发送信息，同步时钟都是由外设来产生的，同步时钟的最大频率为 33 kHz，一般情况下使用 10~20 kHz 的频率。

1. 外设发送，主机接收的通信

这一通信过程发生在工作人员操作外设或外设应答主机端发来的命令时。DATA、CLOCK 信号线空闲状态下维持高电平状态。当外设要发送信息时，它首先检测时钟线是否为高。如果时钟线不是高电平，则主机禁止外设发送，外设需把要发送的信息存储起来待总线空闲时再发送数据。如果时钟线为高，则表明总线空闲，外设可以发送数据。

2. 主机发送，外设接收的通信

该过程发生在主机上电自检时，即主机发送测试信号检测外没是否存在并判定是何种类型的外设时。在这一通信过程中，同步时钟仍然是由外设产生的，主机发送数据前要通知外设让其产生同步时钟。为了做到这一点，主机首先拉低时钟线以禁止外设的发送，该时钟低电平至少要维持 60 μs；其次主机拉低数据线，以这两个低电平通知外设开始产生同步时钟；然后主机释放时钟线，但不释放数据线，等待外设产生的时钟将时钟线拉低，这个低电平是第一个时钟脉冲，因为此时数据线为低，这个低电平将作为起始位被发送出去。

主机在时钟的低电平时将数据放到数据线上，时钟上升沿将数据锁定在数据线上，外设在时钟上升沿后 5~25 μs 内采样数据线，将数据读入。

习题与思考题

1. 微型计算机系统由哪几部分组成？

2. 什么是计算机的硬件？什么是计算机的软件？它们各由几部分组成？

3. 总线和总线规范的定义是什么？与之相关的性能指标有哪些？

4. 为什么说 PCI 总线是局部总线？它的特点是什么？

5. 试说明 XT、ISA、MCA 及 EISA 这四种系统总线的各自特点。

6. USB 和 IEEE 1394 总线的特点是什么？

7. USB2.0 与 USB1.0 相比，主要进行了哪些改进？

8. 列举微型计算机系统使用的主要输入/输出设备及各自的特点。

9. 试述 386/486 微机系统的组成。

10. 试述 Pentium 微机系统的组成。

11. 南北桥结构系统与中心结构系统的区别是什么？

12. 通常所说的 CMOS 设置和 BIOS 设置是否是同一概念？为什么？

13. ROM-BIOS 程序包括哪些部分？各有哪些基本功能？

14. 简述计算机显示系统的原理。

15. AGP 是否是总线标准？为什么？

16. 硬盘驱动器接口电路标准都有哪些？主要性能指标如何？

17. 为什么会出现 Serial ATA 接口？它与传统的 Ultra ATA 接口相比，作了哪些改进？

主要参考文献

[1] 姚燕南，薛钧义，等. 微型计算机原理与接口技术. 北京：高等教育出版社，2004.

[2] 姚燕南，薛钧义，等. 微型计算机原理. 4 版. 西安：西安电子科技大学出版社，2002.

[3] Barry B Brey. The Intel Microprocessors. 5th ed. Pearson Education，2001.

[4] Barry B Brey. Intel 微处理器结构、编程与接口. 6 版. 金惠华，等，译. 北京：电子工业出版社，2003.

[5] 薛钧义，等. 微型计算机原理及应用(Intel 80X86 系列). 北京：机械工业出版社，2002.

[6] 冯博琴，等. 微型计算机硬件技术基础. 北京：高等教育出版社，2003.

[7] William Kleitz. 数字与微处理器基础：理论与应用. 4 版. 张太镒，等，译. 北京：电子工业出版社，2004.

[8] Kip R Irvine. Intel 汇编语言程序设计. 4 版. 温玉杰，等，译. 北京：电子工业出版社，2004.

[9] John Paul Shen & Mikko H . Lipasti. 现代处理器设计：超标量处理器基础. 张承义，等，译. 北京：电子工业出版社，2004.

[10] 吴宁，等. 80X86/Pentium 微型计算机原理及应用. 北京：电子工业出版社，2000.

[11] 艾德才，等. 微机接口技术实用教程. 北京：清华大学出版社，2002.

[12] 冯博琴，等. 微型计算机原理与接口技术. 北京：清华大学出版社，2002.

[13] 薛钧义，虞鹤松，张彦斌. 微型计算机原理及应用. 西安：西安交通大学出版社，2000.

[14] 尹建华，等. 微型计算机原理与接口技术. 北京：高等教育出版社，2003.

[15] 易先清，等. 微型计算机原理与应用. 北京：电子工业出版社，2001.

[16] 王永山，等. 微型计算机原理与应用. 2 版. 西安：西安电子科技大学出版社，1999.

[17] 舒贞权，等. Intel 8086/8088 系列微型计算机原理. 西安：西安交通大学出版社，1993.

[18] 李贵山，等. PCI 局部总线开发者指南. 西安：西安电子科技大学出版社，1997.